中国铸造协会

铸造专业系列教材

铸造工程师认证培训用书

灰铸铁 球墨铸铁及其熔炼

吴德海　钱　立　胡家骢　编

内 容 提 要

本书是中国铸造协会新世纪铸造专业系列教材之一，介绍了灰铸铁和球墨铸铁的组织、性能、应用及其熔炼技术，着重论述了近几年灰铸铁、球墨铸铁及其熔炼的发展应用的新成果，文中还突出介绍了蠕墨铸铁的最新发展。全书分铸铁的凝固结晶和灰铸铁、球墨铸铁、铸铁熔炼三篇，共十七章。

作为铸造工程师认证培训用书，本书可作为普通高等学校和大专院校铸造专业课程教材，还可供机械工程专业技术人员参考。

图书在版编目（CIP）数据

灰铸铁、球墨铸铁及其熔炼 / 吴德海，钱立，胡家骢编．—北京：中国水利水电出版社，2006（2009 重印）
（铸造专业系列教材）
铸造工程师认证培训用书
ISBN 978-7-5084-3606-7

Ⅰ.灰… Ⅱ.①吴…②钱…③胡… Ⅲ.①球墨铸铁-高等学校-教材②灰口铁-铸铁-高等学校-教材③铸铁-熔炼-高等学校-教材 Ⅳ.TG143 TG243

中国版本图书馆 CIP 数据核字（2006）第 012077 号

书　　名	铸造专业系列教材　铸造工程师认证培训用书 **灰铸铁　球墨铸铁及其熔炼**
作　　者	吴德海　钱立　胡家骢　编
出版发行	中国水利水电出版社 （北京市海淀区玉渊潭南路 1 号 D 座　100038） 网址：www.waterpub.com.cn E-mail：sales@waterpub.com.cn 电话：（010）68367658（营销中心）
经　　售	北京科水图书销售中心（零售） 电话：（010）88383994、63202643 全国各地新华书店和相关出版物销售网点
排　　版	中国水利水电出版社微机排版中心
印　　刷	北京市地矿印刷厂
规　　格	184mm×260mm　16 开本　23.25 印张　551 千字
版　　次	2006 年 3 月第 1 版　2009 年 11 月第 2 次印刷
印　　数	3101—5100 册
定　　价	**58.00** 元

序

“铸造”是一种既经济又便捷的金属成形工艺。无论过去、现在还是将来，铸造都是机械制造业的重要组成部分，它对社会进步和经济发展始终起着重要的作用。

我国的铸造业不仅历史悠久，而且在21世纪初，铸件产量已连续4年跃居世界第一位，已成为名副其实的铸造大国。然而铸造大国并不就是铸造强国。目前，我国铸造技术水平与发达国家相比仍存在不小的差距，主要表现在铸件质量较差、铸件产品构成落后、企业专业化程度低、绿色环境意识和可持续发展观念不强等方面。究其根本原因，在于人才素质与现代铸造要求不相适应。可以说，没有我国铸造专业人才素质的全面提高，就不会有我国现代铸造技术的进步和发展。

培养专业人才，教育要先行，教材是基础。以往，铸造专业教学及培训用教材大都是20世纪80年代末编印的，已不能适应培养现代铸造技术人才的需求，因此，编写出版新教材的工作已成为当务之急。同时，为开展铸造工程师的认证工作，也需要一套适用的考试用书。有鉴于此，中国铸造协会主动担起这一重任，并于2004年制订了“铸造专业人才教育培训和教材建设规划”，设立“教育培训专项基金”，组织和邀聘国内知名铸造专家、学者编写铸造专业培训系列教材，首批入选规划的教材包括《铸造工艺学》、《造型材料》、《特种铸造》、《灰铸铁、球墨铸铁及其熔炼》、《铸钢及其熔炼》、《铸造非铁合金及其熔炼》、《铸造设备》、《铸造企业管理》共8本专业教程。

以上教材都是为了在21世纪之初，满足我国铸造专业人才教育培训的迫切需要而优先规划并出版的，这批教材的编写既要从国情出发，又要面向世界、面向未来；既要保证基础性、实用性，又要突出新颖性；要体现本专业的新面貌、新特点，反映学科前沿，培养创新意识和创新精神。总之，应按精品教材的高标准来完成，希望这套铸造专业系列教材的问世，能够开创我国铸造专业技术培训的新局面，加速铸造队伍的专业水平和整体素质的提高，并为我国铸造行业的新发展作出贡献。

本套系列教材适用于大学、大专层次的铸造专业教学用书，也是铸造工程师认证的培训用书，同时亦可供从事铸造生产的管理与技术人员和其他相关专业技术人员参考。

郭材言

2005年10月

前　言

铸铁是近代工业生产中应用最为广泛的铸造金属材料。学习与研究铸铁技术，对于发展铸造生产，充分发挥铸铁在各个工业领域中的作用，具有重要的现实意义。

铸铁学应包括灰铸铁、球墨铸铁、可锻铸铁和白口抗磨铸铁及其熔炼。但是，本教材的内容只包括灰铸铁、球墨铸铁及其熔炼，其中没有包括可锻铸铁和白口抗磨铸铁，这是基于如下的考虑：

（1）据报导，2004 年全世界铸件产量为 7975 万 t，其中灰铸铁占 4044 万 t，球墨铸铁占 1870 万 t，可锻铸铁为 112 万 t。由此，灰铸铁与球墨铸铁之和为 5914 万 t，占当年全部铸件产量的 74.2%；而可锻铸铁则仅占当年全部铸件产量的 1.4%。由此表明，可锻铸铁所占比例很小，并且这个比例还在逐年减小。

（2）白口抗磨铸铁虽有较大的市场，但在每年世界铸件年产量统计中，从未有它的统计数据。另外，白口抗磨铸铁是一个专门的领域，它的组织结构、性能、制取及其应用均与灰铸铁、球墨铸铁有很大的区别，并且已有许多相关的专著问世。因此，白口抗磨铸铁也不在本教材讨论之列。

本教材的基本内容是从冶金学（物理冶金和化学冶金）角度阐述灰铸铁和球墨铸铁的组织结构、性能、制取、质量控制及应用的全部生产技术。

在编写本教材过程中，编者在制定大纲的基础上，力求加强基础理论，阐明基本概念，尽可能结合国内当前的生产实际，并努力反映国内外的先进技术。考虑到本教材的读者对象及其特点，编者力求使本教材的内容简明，说理清楚，数据可靠、实用，便于学习和掌握，特别是能提高读者分析和解决生产实际问题的能力。

本教材由绪论、第一篇“铸铁的凝固结晶和灰铸铁”、第二篇“球墨铸铁”和第三篇“铸铁熔炼”组成。其中，第一篇由中国农业机械化科学研究院胡家骢教授级高工编写；绪论、第二篇由清华大学吴德海教授编写；第三篇由河北工业大学钱立教授编写。全书由陆文华教授统一审校。对陆文华教授在审校过程中付出的辛勤劳动，致以衷心的感谢。另外，在本书编写过程中得到了中国农业机械化研究院张伯明、薛纪二、郑丹云，津唐铸管王堂、许广荣，科兴铸机张明，唐冶机械宫恩学，亨特尔（天津）科技任玉宝等专家的支持和帮助，特此致谢。作者谨向在本书编写和出版过程中进行了大量组织工作的清华大学姜不居教授和雷霆高级工程师致以由衷的谢意。

编者衷心感谢中国水利水电出版社编辑的鼎力支持，他们严谨的科学精神和忘我的工作态度让我们铭记在心。在本书编写过程中，编者参阅并引用了大量专著和相关文献，在此向有关作者表示感谢。

由于编者的水平所限，书中难免有错误和欠妥之处，对此敬请读者批评指正，编者将不胜感激。

编　者

2005 年 8 月于清华园

目　录

第二章 灰铸铁的组织及性能

第三章 灰铸铁件的生产

第二篇 球 墨 铸 铁

第四章 概 述

第五章　球墨铸铁的凝固

第六章　球墨铸铁的化学成分

第七章 球化处理和孕育处理

第八章 铸造缺陷及防止

第九章 球墨铸铁热处理

第十章 铸态球墨铸铁

第十一章 厚大断面球墨铸铁

第十二章 等温淬火球墨铸铁

第十三章 球墨铸铁的性能

第十四章 球墨铸铁的生产应用

第十五章 蠕墨铸铁

第三篇 铸铁熔炼

第十六章 冲天炉熔炼

第十七章 感应炉熔炼

绪论

如果不借助铸造工作者的智慧、力量和坚持不懈的努力，我们的世界就不可能有这样快的发展速度。

自从地球上的矿物被发现以来，金属铸造在人类社会发展中一直起着重要作用。作为各种技术发展不可分割的一部分，铸造使我们能制造出人类赖以生存的设备；使人类能为争取自立而奋斗；使我们能够制造出汽车、火车和飞机。总之，金属铸造是人类迈向美好生活不可缺少的关键一环。

人类进入文明社会是以使用金属铸造材料（铜与铁）开始的。世界上最早的文明古国都先后进入过青铜器时代。早在公元前 4000 年，古埃及人便掌握了炼铜技术。我国用矿石炼铜始于公元前 2000 年（夏代早期）。晚商和西周是我国青铜时代的鼎盛时期，重达 875kg 的“司母戊”大方鼎，至今仍珍藏在我国的博物馆里。铜是人类最先使用的金属。在青铜器时代，铁比铜要宝贵，这是因为当时炼铜比炼铁更容易；并且，在地球表层中往往有呈自然金属状态、“露头”形式存在的自然铜，因而容易被发现和开采。

人类最早使用的铁是陨石铁（又称自然铁，也叫陨铁）。古埃及在至今 5000 年以前的前王朝时期，曾用含镍 7.5%[1]的陨石铁作成铁珠。陨石铁的主要成分是铁和镍，这两者的共同含量一般在 98%以上，其中，含镍量为 w（Ni）＝4%～20%，余为铁；其他杂质元素中除含钴为 w（Co）＝0.3%～1.0%以外，磷、硫和碳含量均很低［含磷 w（P）＝0.1%～0.3%，含硫 w（S）＝0.2%～0.6%，含碳 w（C）＝0.01%～0.2%］。

陨石铁来自宇宙空间，从被撞击的陨石坑数目来看，地球至少经受过 139 次重大撞击，每年新发现的陨石坑平均有 5～6 个。1994 年 7 月 17 日苏梅克—列维彗星按照科学家一年前的精确计算（误差只有几分钟），准确地与木星相撞。这是人类历史上第一次观察到的宇宙奇观。这颗彗星直径 10km，重达 5000 亿 t，它的碎块以 210000km/h 的速度撞击木星。彗星总加起来的撞击能量相当于 400000 亿 t TNT 爆炸。在 6500 万年以前，地球曾遭受到彗星的一次严重撞击，由此可能导致了恐龙的灭绝。科学家们预测，2126 年 8 月 14 日，斯威夫特—塔特尔彗星将有万分之一的几率与地球相撞，届时，又将有大量的陨石从天而降。另外，1994 年 9 月 18 日发现的麦克霍兹 2 号彗星的碎块正朝着地球方向前进。

从美索不达米亚出土的文物证明，在公元前大约 3000 年就有了铁器，在公元前 2000 年就知道了铸铁技艺。尽管古希腊人和古罗马人在很有限的范围内知道铸铁的技艺，但是对铸铁的应用，他们远不如当时中国人。

古代文物表明，中国人早在 2500 年前，就制作了铸铁件。重达 270kg 的铸铁刑鼎，是公元前 513 年铸造成功的。春秋晚期的铸铁器出土的有江苏六合程桥楚墓的铁丸，长沙楚墓的铁锸和铁鼎等。战国初期出现了用热处理法制取韧性铸铁的工艺，战国后期出现了

[1] 本文中化学成分均为质量分数。

铁范。由此可见，在中国生产铸铁要比其他国家早许多个世纪。

铸铁在中国得到迅速的发展，这在很大程度上是由于熔炼设备的改善和拥有丰富的原材料。采用风箱，取得了较大的风量；使铁矿石与木炭在高温下长时间保持接触，从而得到了适于浇注入铸型的铁液。为了增加流动性，中国人早就知道加入动物或人体骨骼以增磷。

多少世纪以前，我国人民就把铸铁件用于制作各种制品，如铸铁炊具、钟、农业机具和各种容器等。但是，就全世界范围来说，在工业革命以前，铸铁件的用途主要是兵器、祭器和艺术品。

由于铸铁技术长期受控于经验水平，所以它的强度一直很低。到 1860 年，铸铁的强度只有 60～100MPa。第一次世界大战期间（1914～1918 年），铸铁的抗拉强度提高到 120～140MPa。后来，通过在铸铁熔化时加入废钢（占炉料的 40%～80%）和采用熔化过热的方法，从而使铸铁的抗拉强度达到 200MPa 以上，但是，当增加废钢量过大时，反而使力学性能恶化。为此，1922 年美国人 A. F. Meehan 发明了孕育铸铁，这就是采取严格控制化学成分、高温熔炼并在炉前进行孕育处理的方法，可使铸铁的抗拉强度达到 300MPa。这种铸铁的特点是：基体为 100%珠光体组织，对断面敏感性小并具有中等、均匀分布的（呈 A 型）石墨，并且共晶团数量明显增多。

孕育铸铁的出现，在铸铁冶金史上是划时代的，这是因为，在此以前人们并不知道通过孕育处理可以大幅度提高铸铁的性能；而在这以后，通过孕育处理不仅可以提高普通灰铸铁的性能，而且还出现了优质的球墨铸铁和蠕墨铸铁。孕育处理就是人为地把某种物质加入到液态金属（铁液）中，以改变其物理冶金状态，从而改善材质的性能指标，而这种改善又不能以合金化作用得到解释。虽然，A. M. Meehan 当时发明的孕育铸铁（又叫作密烘铸铁——Meehanite）至今在生产中所占比重并不很多，但他采用的孕育技术、孕育剂及由此而发展的孕育概念和孕育机制，对于铸铁的发展来说，是起了重要的里程碑作用，而且至今仍起着重要作用。

进入 20 世纪 30 年代，在孕育铸铁发展的基础上，附加合金元素（镍、铬、钼、铜等）可使铸铁中的珠光体细化，从而得到索氏体、托氏体基体组织。就当时的工业技术而言，采用合金化使灰铸铁的抗拉强度可达到 400MPa，已是很高的性能指标，这就是合金铸铁的应用。

灰铸铁力学性能低的重要原因是其石墨形态呈片状所致。为此，曾试图通过热处理改变石墨形态。早在 1722 年，法国人 Rèaumur 制作了白心可锻铸铁；1826 年美国人 Seth Boyden 发明了黑心可锻铸铁，结果均使石墨变成团絮状。但是，这两种可锻铸铁都对化学成分要求严格（对碳、硅、硫、锰等均有严格要求），需要长时间的可锻化热处理，并且只限于生产薄壁的、小尺寸铸件。另外，可锻铸铁的石墨形态也不圆整，只能达到团絮状。因此，冶金学者的多年宿愿就是要能得到具有良好的强度、塑性与韧度、石墨呈球状的铸铁。

1947 年和 1948 年，英国人和美国人相继研究并生产了球墨铸铁。它的抗拉强度达到了 600MPa，还有 3%的伸长率，基体组织为珠光体。1977 年，出现了由贝氏体和奥氏体组成的等温淬火奥氏体球墨铸铁（又称奥氏体—贝氏体球墨铸铁，国际上称 ADI），其抗拉强度达到了 1200MPa，并有 2%的伸长率。

由此可以看出，铸铁的发展是以追求高强度作为驱动力的。从 1860 年灰铸铁抗拉强度 60～80MPa 提高到 1977 年的奥氏体—贝氏体球墨铸铁的 1200MPa，由于技术的进步，铸铁的抗拉强度提高了近 20 倍。

第一篇

铸铁的凝固结晶和灰铸铁

di yi pian

di yi pian

第一章 铸铁的凝固结晶及组织形成

第一节 铁—碳双重相图

铸铁是以铁元素为基的含有碳、硅、锰、磷、硫等元素的多元铁合金。为了改善铸铁的某些性能，还经常有目的地向铸铁中加入其他合金元素。其中对铸铁的金相组织起决定作用的主要是铁、碳和硅，所以除根据铁—碳相图来分析铸铁的金相组织外，还必须研究铁—碳—硅三元合金的相图。

一、铁—碳双重相图及其分析

由于铸铁中的碳能以石墨或渗碳体（Fe_3C）两种独立相的形式存在，因而铁、碳合金系统存在着 Fe—C（石墨）、Fe—Fe_3C 双重相图，如图 1-1 所示。图中虚线表示 Fe—C（石墨）稳定系相图，实线表示 Fe—Fe_3C 介稳定系相图。在实际生产中，石墨和渗碳体往往会同时出现在一个铸件上，因而必须研究铁—碳合金的双重相图，以及铸铁各种组织的形成。现分别从热力学和动力学观点分析铁—碳的双重相图。

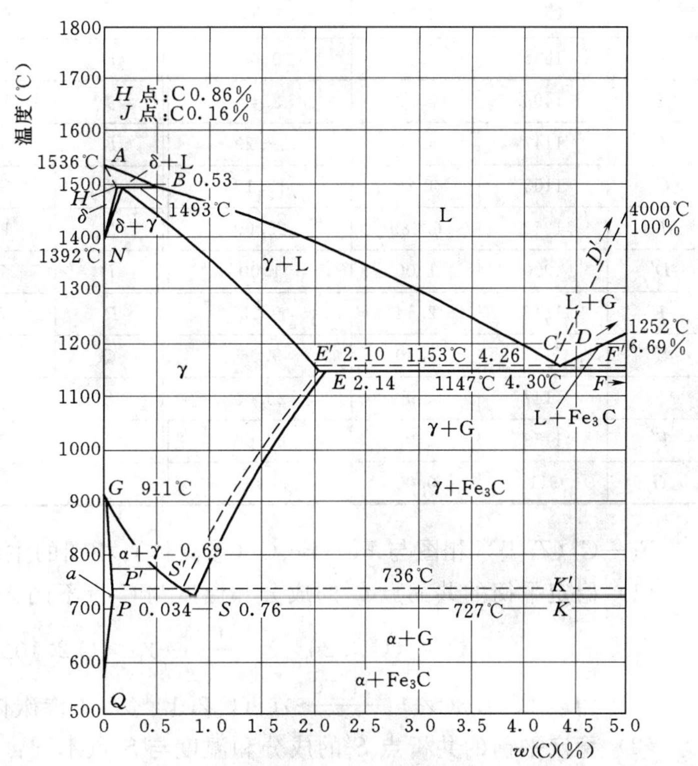

图 1-1 铁—碳双重相图

注：该图是 1988 年资料，1996 年发表了新图［见周继扬，发表于《现代铸铁》2005（2）第 23 页的“影响铸铁凝固组织的隐性因素（Ⅰ）”］，但两图相差不大

G—石墨；Fe_3C—渗碳体

从热力学观点看，奥氏体加渗碳体二相系的自由能要比奥氏体加石墨二相系的自由能高（见图 1-2）。在一定的条件下，高温时的渗碳体能自动地分解为奥氏休加石墨，故一定成分的铸铁以奥氏体加石墨的状态存在时具有较低的能量，是处于稳定平衡的状态；而奥氏体加渗碳体的组织，虽然亦是在某种条件下形成，在转变过程中也是平衡的，但不是最稳定的。

从结晶动力学（晶核的形

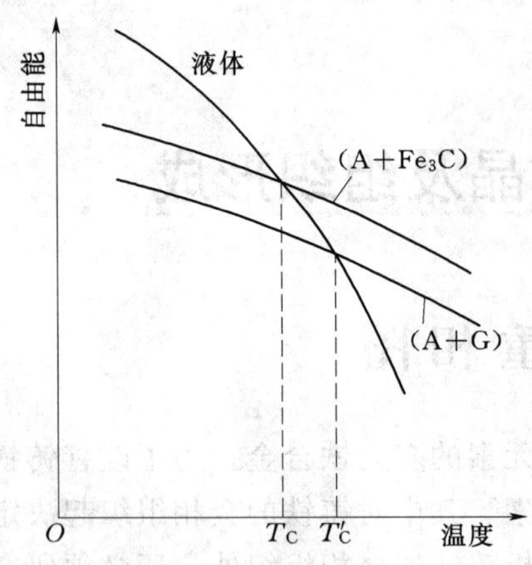

图 1-2 铸铁中各种组成体的自由能随温度而变化的示意图

成与长大过程）的观点看，对含 C 4.3%的共晶成分液体，在液体中形成含 C 6.67%的渗碳体晶核要比形成含 C 100%的石墨晶核容易，而且渗碳体是间隙型的金属间化合物，并不要求铁原子从晶核中扩散出去。因此在某种条件下，奥氏体加石墨共晶转变的进行不如奥氏体加渗碳体共晶转变那样顺利。

至于共析转变，也可以从热力学、动力学两个方面分析而得到与上面相似的结论。

由此可见，从热力学观点上看，Fe—Fe_3C 相图只是介稳定的，Fe—C（石墨）相图才是稳定的。从动力学观点看，在一定条件下，按 Fe—Fe_3C 相图转变亦是可能的。因此就出现了铸铁在结晶过程中的铁—碳相图两重性。

表 1-1 为图 1-1 中各临界点的温度及含碳量。

表 1-1 铁碳相图各临界点的温度、成分

点	温度 t (℃)	w (C) (%)	碳的摩尔分数 (%)	点	温度 t (℃)	w (C) (%)	碳的摩尔分数 (%)
A	1536	0.00	0.00	H	1493	0.086	0.40
B	1493	0.53	2.43	J	1493	0.16	0.74
C	1147	4.30	17.29	K	727	6.689	25.00
C'	1153	4.26	17.13	K'	736	6.689	25.00
D	1252	6.689	25.00	N	1392	0.00	0.00
D'	4000	1.00	1.00	P	727	0.034	0.16
E	1147	2.14	9.23	P'	736	0.032	0.15
E'	1153	2.10	9.06	Q	0	0.00	0.00
F	1147	6.689	25.00	S	727	0.76	3.43
F'	1153	6.689	25.00	S'	736	0.69	3.12
G	911	0.00	0.00				

Fe—C（石墨）相图与 Fe—Fe_3C（渗碳体）相图的主要不同处在于：

（1）稳定平衡的共晶点 C' 的成分和温度与 C 点不同：

$$L_{C'}\ (\text{C } 4.26\%) \xrightarrow{1153℃} \gamma_{E'}\ (\text{C } 2.10\%) + \text{石墨}$$

$$L_{C}\ (\text{C } 4.30\%) \xrightarrow{1147℃} \gamma_{E}\ (\text{C } 2.14\%) + \text{渗碳体（二相组成莱氏体）}$$

（2）稳定平衡的共析点 S' 的成分和温度与 S 点不同：

$$\gamma_{S'}\ (\text{C } 0.69\%) \xrightarrow{736℃} \alpha_{P'} + \text{石墨}$$

$$\gamma_{S}\ (\text{C } 0.76\%) \xrightarrow{727℃} \alpha_{P} + \text{渗碳体（二相组成珠光体）}$$

从这里看出，在稳定平衡的 Fe—C 相图中的共晶温度和共析温度都比 Fe—Fe_3C 介稳

定平衡的要高一些。共晶温度高出6℃，共析温度高出9℃。如图1-2所示，共晶成分液体的自由能和共晶莱氏体（奥氏体加渗碳体）的自由能都是随着温度的上升而减低的，这两条曲线的交点就是共晶温度 T_C。稳定平衡的奥氏体加石墨两相组织的自由能总是比共晶莱氏体的低些，即这条曲线一定在共晶莱氏体曲线的下方，因而它与液体曲线的交点 $T_{C'}$（表示稳定系的共晶温度）就一定比 T_C 高些。共析转变温度也与此相似。

由于共晶转变和共析转变都是恒温转变，所以稳定平衡相图中的共晶线 $E'C'F'$ 要与 BC 线交于 C'，与 JE 线交于 E'。显然 C' 和 E' 的含碳量（分别为4.26%及2.10%）就要比 C、E 的（分别为4.30%及2.14%）低些；稳定平衡共析线 $P'S'K'$ 要与 GS 线交于 S'，其含碳量（0.69%）要比 S（0.76%）低些，与 GP 线交于 P'，其含碳量（0.032%）比 P 点（0.034%）略低。因此，$E'C'F'$、$E'S'$、$P'S'K'$ 各线由于转变温度较高，含碳量较低，就分别落在 ECF、ES 和 PSK 的上方或左上方。石墨的熔点 D' 高达4000℃左右，所以 $C'D'$ 线亦在 CD 线的左上方。分别把这些线段画在 Fe—Fe_3C 相图上，就构成了双重相图。

在共晶温度时，与石墨平衡的奥氏体中的含碳量（相当于 E'）比与渗碳体平衡的奥氏体中的含碳量（相当于 E）亦要低些。

在铸造生产中，经常会碰到这样的问题：用相同成分的铁液，浇注不同壁厚的铸件时，或用冷却速度不同的铸型时，会得到灰口或白口断面的铸件，这是由于冷却速度不同而导致共晶凝固温度的高低不同所致。如在 $T_{C'}$ 以下、T_C 以上凝固时，一般可得到灰口断面；如过冷至 T_C 以下凝固时，则有可能进行奥氏体加渗碳体的结晶，形成白口断面。

除冷却速度外，化学成分对铸铁组织的形成亦发生很大的影响，其中尤以硅（除碳以外）的影响为最大，因此必须要使用Fe—C—Si三元相图进行解释。但为简便计，常用三元相图的等硅切面图分析问题。

二、Fe—C、Fe—Fe_3C 双重相图中的基本组成

（一）纯铁

铁的密度为7.68g/cm³。工业纯铁中约含有0.1%～0.2%的杂质。纯铁的熔点或凝固点为1536℃，在1392℃和911℃有两个同素异构变化，经X射线结构分析证实，其变化过程为：

$$\underset{\substack{(\text{体心立方})\\ \alpha=29.3\text{nm}}}{\delta\text{—Fe}} \xrightleftharpoons{1392℃} \underset{\substack{(\text{面心立方})\\ \alpha=36.4\text{nm}}}{\gamma\text{—Fe}} \xrightleftharpoons{911℃} \underset{\substack{(\text{体心立方})\\ \alpha=28.7\text{nm}}}{\alpha\text{—Fe}}$$

纯铁在加热或冷却过程中还有磁性转变。温度高于770℃时无磁性，温度低于770℃时有磁性。

工业纯铁（C≤0.0218%）的力学性能与组织中的晶粒大小有密切关系。在其他条件相同时，晶粒越细，强度越高。工业纯铁的力学性能见表1-2。

由于不同晶体的致密度不同，当纯铁由一种晶体结构转变为另一种晶体结构时，将伴随有比容的跃变，即体积发生突变。如由室温加热到911℃以上时，致密度较小的α—Fe转变为致密度较大的γ—Fe，体积突然减小。冷却时则相反。图1-3是实验测得的纯铁加热时的膨胀曲线，在α—Fe转变为γ—Fe，或者γ—Fe转变为δ—Fe时，均会因体积突

变而使曲线上出现明显的转折点。

表 1-2 工业纯铁的力学性能

力学性能指标	性 能	力学性能指标	性 能
抗拉强度 σ_b (MPa)	180～230	断面收缩率 ψ (%)	70～80
屈服点 σ_s (MPa)	100～170	冲击韧度 A_K (J)	128～160
断后伸长率 δ (%)	30～50	硬 度 HBS	50～80

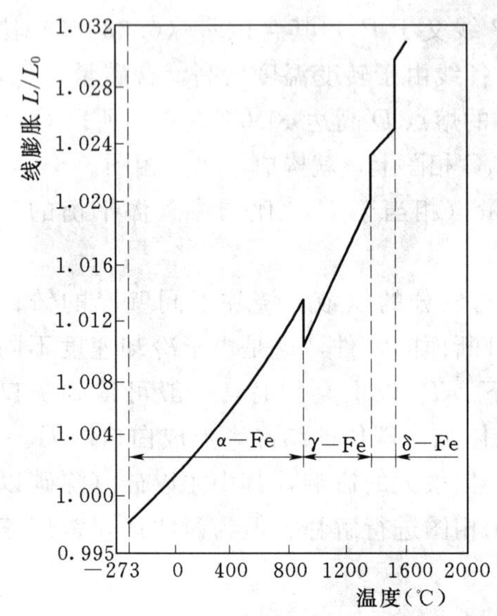

图 1-3 纯铁加热时的膨胀曲线

L_0—原长度；L—某温度下的长度

(二) 渗碳体 (Fe_3C)

渗碳体是具有复杂晶体结构的间隙化合物。碳与铁的原子半径比为 0.63。Fe_3C 的晶体结构如图 1-4 所示。碳原子构成一个正交晶格，即三个轴间夹角 $\alpha=\beta=\gamma=90°$，三个晶格常数 $a\neq b\neq c$ ($a=45.235$nm，$b=50.888$nm，$c=67.431$nm)。在每个晶胞中具有 12 个铁原子、4 个碳原子，在每个碳原子周围都有 6 个铁原子构成八面体，各八面体的轴彼此倾斜某一角度，每个八面体内都有 1 个碳原子，而每个铁原子又为 2 个八面体所共有，所以在渗碳体中铁与碳原子的比例为：

$$Fe/C=\frac{6\times 1/2}{1}=3/1$$

因而这种间隙化合物用 Fe_3C 表示。渗碳体的密度为 7.67g/cm^3。

在渗碳体中，铁原子可以被其他金属原子如 Mn、Cr、W、Mo 等置换，分别形成 $(FeMn)_3C$ 和 $(FeCr)_3C$ 等以 Fe_3C 为基的置换固溶体，称为合金渗碳体。Fe_3C 中的碳可被硼所置换，形成 $Fe_3(C、B)$，但碳不能被氮置换。

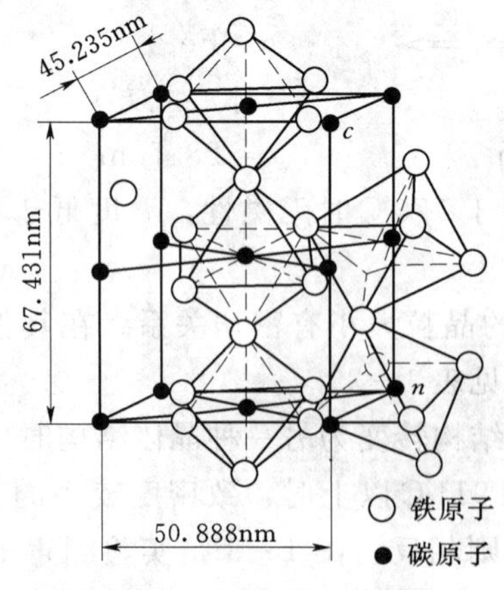

图 1-4 Fe_3C 的晶体结构

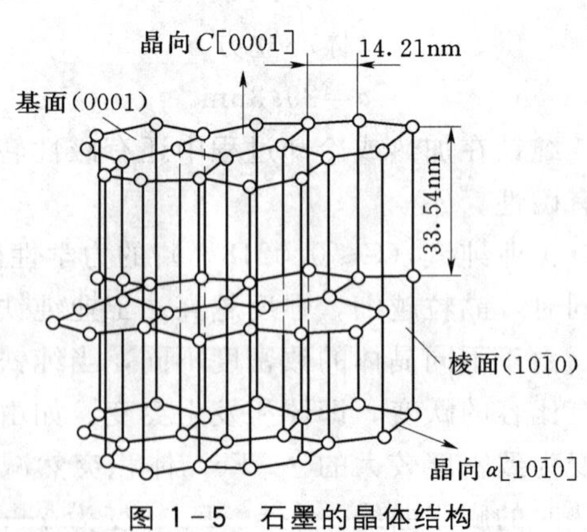

图 1-5 石墨的晶体结构

渗碳体的显微硬度为950～1050HV。

（三）石墨

石墨是碳的一种同素异构体，属六方晶系。石墨的晶体结构如图1-5所示。石墨的密度为2.25g/cm³。石墨晶体中的碳原子是层状排列的，在同层原子之间是以共价键结合，其结合力较强；而层与层之间则是以极性键结合，其结合力较弱。因此，石墨极易分层剥离，强度极低。由于石墨晶体具有这样的结构特点，因此在铁液中长大时就容易长成片状结构。

三、Fe—C、Fe—Fe_3C双重相图中的组成相

Fe—C、Fe—Fe_3C双重相图中的各组成相情况见表1-3。

表1-3　Fe—C、Fe—Fe_3C双重相图中的组成相

组成相	说　明
液溶体L	即液相，符号为L，为碳或其他元素在铁中的无限液溶体，存在于液相线之上，二相区内也有液溶体存在，但成分随温度而变化
δ铁素体 α铁素体	即δ相、α相，为碳在铁中的间隙固溶体，体心立方晶格，δ相存在于1392～1536℃之间，1493℃时最大溶碳的质量分数为0.086%；α相存在于911℃以下，727℃时最大溶碳的质量分数为0.034%
奥氏体A	即γ相，符号为γ或A，为碳在γ铁中的间隙固溶体，面心立方晶格，存在于727～1493℃之间，1147℃时的最大溶碳的质量分数为2.14%
石墨G	符号为G，铸铁中以游离状态存在的碳，按稳定态转变时的高碳相。在铸铁中取决于化学成分及析出的时间不同，有初生石墨、共晶石墨、二次石墨和共析石墨，其形态主要有片状、蠕虫状、团絮状及球状
渗碳体 Fe_3C	符号为Fe_3C，铁和碳的间隙化合物，具有复杂的正交晶格，碳的质量分数为6.69%，按介稳定态转变时的高碳相。取决于化学成分及析出的时间，有初生渗碳体（一次渗碳体）、共晶渗碳体、二次渗碳体及共析渗碳体，渗碳体的形状有大片状、莱氏体型、板条状及网状
莱氏体Ld	为按介稳定态转变时的共晶组织，由奥氏体与渗碳体组成的机械混合物，冷却到Ar_1以下温度时，则由珠光体与渗碳体组成
珠光体P	是过冷奥氏体在共析温度时形成的机械混合物，由铁素体和渗碳体按层片状交替排列的层状组织，根据珠光体转变时的过冷度大小，可形成正常片状珠光体、细片状珠光体（索氏体）及极细珠光体（托氏体）。还可通过热处理，使珠光体中的渗碳体粒状化而得到粒状珠光体

四、铁—碳—硅准二元相图

铸铁中的硅含量一般在0.8%～3.5%范围内变动（特殊铸铁除外）。目前常用一定含硅量的铁—碳—硅三元垂直截面图来分析铸铁中碳、硅含量对结晶过程和组织的影响。

在铁—碳—硅三元合金中，高碳相有可能以石墨或渗碳体两种形式存在，故相应地就有铁—石墨—硅和铁—渗碳体—硅两种准二元相图。

图1-6为不同硅量的铁—石墨—硅准二元相图。对比铁—石墨和铁—石墨—硅准二

元相图，硅的作用有如下几点：

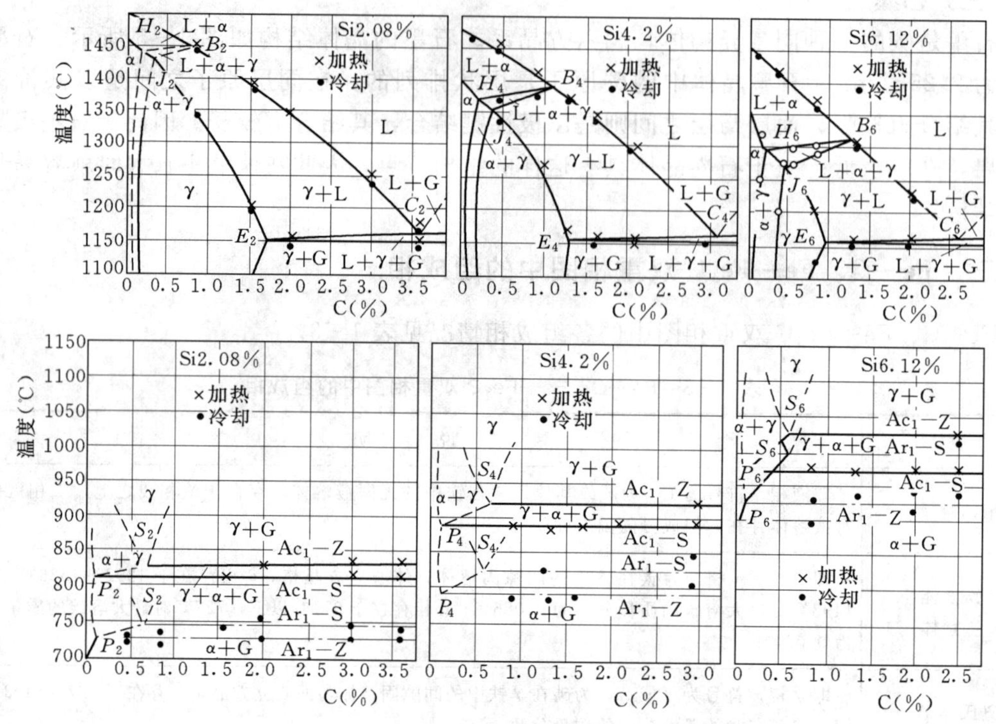

图 1-6 铁—石墨—硅准二元相图

注：Ac1—S、Ac1—Z 分别表示加热时临界温度范围的开始及终了；Ar1—S、Ar1—Z 分别表示冷却时临界温度范围的开始及终了

(1) 共晶点和共析点含碳量随硅量的增加而减少。铁—石墨二元共晶合金含 C 4.26%，共析合金含 C 0.69%。在三元系中，含 Si 2.08%时其共晶点和共析点含碳量则相应为 3.65%和 0.65%；含 Si 4.2%时则含碳量相应为 3.15%和 0.6%。E'点的含碳量也随着硅量的增高而减少，亦就是碳在液体共晶合金及奥氏体固溶体中的溶解度减少了。

(2) 硅的加入使相图上出现共晶和共析转变的三相共存区（共晶区：液相、奥氏体加石墨；共析区：奥氏体、铁素体加石墨）。这说明铁—碳—硅三元合金的共析和共晶转变，不像铁—碳二元合金那样在一个恒定的温度完成，而是在一个温度范围内进行，并且共析转变温度范围随着硅量的增加而扩大。

(3) 共晶和共析温度范围有所改变。硅对稳定系和介稳定系的共晶温度的影响是不同的。随着含硅量的增加，两个共晶温度的差别扩大，即含硅量越高，奥氏体加石墨的共晶温度高出奥氏体加渗碳体的共晶温度越多。由于硅量的增高，共析转变的温度提高更多，因此有利于铁素体基体的获得。

(4) 硅量的增加，还缩小了相图上的奥氏体区。硅量超过 10%以后，奥氏体区趋于消失，这对研究高硅耐酸铸铁的凝固过程及组织有参考意义。

以上各点，有助于分析铸铁的凝固过程、组织形成，也有助于热处理工艺的制定。

五、铸铁中常见元素对铁—碳相图上各临界点的影响

表 1－4 定性地列举了一些常见元素在一般含量范围内对双重相图中各临界点的影响趋势。

表 1－4　元素对铁碳相图的影响

项目 元素	铁—石墨系					铁—渗碳体系					碳的活度	石墨化	元素含量增加时，促进形成的组织
	共晶温度（℃）	共析温度	共晶点碳量（%）	奥氏体饱和碳量	共析点碳量	共晶温度	共析温度	共晶点碳量	奥氏体饱和碳量	共析点碳量			
S	−	＋	−0.36	＋	−	−	＋	−	＋	−	＋	−	珠光体、渗碳体
Si	＋14	＋＋	−0.31	−	−	−	＋	−	−	−	＋	＋	铁素体
Mn	−8	−	−0.027	＋	−	−	−	＋	＋	−	−	−	珠光体、碳化物
P	−21	＋	−0.33		−	−	＋	−			＋	＋−	珠光体
Cr	−6	＋	＋0.063	＋	−	＋	＋	−	＋	−	−	−	珠光体、碳化物
Ni	＋3	−	−0.053	−		−					＋	＋	珠光体，并细化
Cu	＋3	−	−0.074			−					＋	＋	珠光体
Co	＋	−				−					＋	＋	
V	−	＋	＋0.135			＋					−	−	碳化物，珠光体
Ti	−	＋				＋					−	−	铁素体
Al	＋	＋	−0.25			＋					＋	＋	铁素体
Mo	−10	＋	＋0.025			−					−	−	铁素体、细化珠光体
W	−	＋				−					−	−	
Sn	−	−				−					＋	＋−	珠光体
Sb	−					−					＋	−	珠光体
Mg	−					−						−	珠光体、渗碳体
Nb											−	−	−
RE												−	珠光体、渗碳体
B												−	珠光体、渗碳体
Te												−	珠光体、渗碳体

注　1. "＋"代表增加、提高、促进；"−"代表降低、阻碍。
　　2. 数字代表加入 1%合金时的波动值。

六、碳当量和共晶度的意义及表达式

根据各元素对共晶点实际碳量的影响，将这些元素的量折算成碳量的增减，称为碳当量，以 CE 表示。为简化计算，一般只考虑 Si、P 的影响，因而：

$$CE\% = C\% + 1/3(Si + P)\% \tag{1-1}$$

将 CE 值与 C' 点碳量（4.26%）相比，即可判断某一成分的铸铁偏离共晶点的程度，

如 CE＞4.26％为过共晶成分，CE＝4.26％为共晶成分，CE＜4.26％为亚共晶成分。

铸铁偏离共晶点的程度还可用铸铁的实际含碳量与共晶点的实际含碳量的比值来表示，称为共晶度，以 S_C 表示。

$$S_C = \frac{C_{铁}}{C_{c'}} = \frac{C_{铁}}{4.26\% - 1/3(Si + P)} \tag{1-2}$$

式中 $C_{铁}$——铸铁实际含碳量（％）；

$C_{c'}$——稳定态共晶点的含碳量（％）；

Si、P——铸铁中硅、磷含量（％）。

如 $S_C>1$ 为过共晶、$S_C=1$ 为共晶、$S_C<1$ 为亚共晶成分铸铁。

根据 CE 的高低、S_C 的大小还能间接地推断出铸铁铸造性能的好坏，以及石墨化能力的大小，因此它是一个比较重要的参数。

第二节 铸铁的一次结晶过程

铸铁从液态转变成固态的一次结晶过程，包括初析和共晶凝固两个阶段。具体的内容有初析石墨或初析奥氏体的形成及其形貌；共晶凝固以及共晶后期组织的形成；碳化物的形成及其特征。

一、铸铁熔液的结构

铸铁熔液作为一种金属熔液在结构上具有一般金属熔液所具有的共同特点，即它是近程有序的，并伴随着温度起伏，存在着结构起伏和浓度起伏。作为一种高碳多元铁合金的铁碳合金熔液，其结构又与碳的存在形态密切相关。由于碳在铁液中的存在形态对铸铁的凝固过程、组织和力学性能有决定性影响，因此研究铸铁熔液的结构主要是研究碳在铁液中的存在形态。

研究表明，铸铁在熔融状态下并非单相液体，而是存在着未熔解石墨分子和渗碳体分子的多相体。

用离心分离的方法可以证明铸铁熔液中存在着碳原子集团。在离心分离后，未溶石墨悬浮物由于密度较小而向中心偏析集聚。根据计算，富碳的悬浮分子的平均尺寸约为1nm。对于含碳量为2％的 Fe—C 熔体，在1300～1400℃时碳原子集团在铁液中的数量为 2.7×10^7 个/mm^3，每个原子集团含有15个以上碳原子。对于在热力学上处于平衡状态的铁液而言，碳原子集团的存在是铁液浓度起伏的结果。

在实际铸造生产中，铁液的遗传性对铸铁的组织形成和各种性能影响很大。铁液的遗传性表现在：

(1) 结构信息保留。其特征表现为原炉料中某些组织结构特征（如碳原子集团种类、颗粒粗细、不均匀性、微观多相组织等）在炉料—熔体—铸件转变过程中被继承下来。如炉料含废钢、白口铸铁较多时，铁液的白口倾向增大，这是由于原始的、未被熔解的渗碳体原子集团被保留于铁液中作为核心的缘故。同样，如果炉料以石墨类铸铁为主，熔化后在铁液中会保留未熔解的石墨原子集团。当炉料中使用大量含粗大石墨的生铁时，在铸铁凝固时会促使粗大石墨析出。

(2) 成分遗传效应。除常规元素外，炉料中还经常含有诸如 Pb、Ti、Sb、As、Bi 等微量元素及 Ni、Cu、Cr、Mo、V 等合金元素，它们来自生铁、废钢或混杂的废料中，有些元素在熔炼过程中被保留于铸件，发生各种遗传效应。如强碳化物元素促使铸件收缩、裂纹、白口倾向增大；微量表面活性元素促使产生网状、魏氏石墨、水草形等特殊石墨形状；气体元素容易促使气孔形成。因此，提高炉料纯度是获得高质量铸铁的重要因素。

(3) 物性特征保存。熔液的物理性质（黏度、表面张力）、凝固时的白口、收缩、气孔、裂纹都可能存在遗传效应，更换炉料后某些特性就会消失。因为熔体中的弥散质点是炉料金属组织信息的遗传因子（或载体），从炉料遗传下来的弥散质点成为潜在的结晶核心。

改良不良遗传性的途径有更换炉料、多种炉料搭配使用、熔液的过热和针对性处理等。其中提高过热温度是最有效的措施：当温度提高到 1550℃时，熔体结构发生明显变化，微观均匀性明显提高。

二、石墨的结晶

（一）初析石墨的凝固过程

当过共晶成分的铁液冷却时，先遇到液相线，在一定的过冷下便会析出初析石墨的晶核，并在铁液中逐渐长大。由于结晶时的温度较高，成长的时间较长，又是在铁液中自由地长大，因而常常长成分枝较少的粗大片状石墨。

初析石墨的结晶过程如图 1-7 所示。成分为 a 的铁液冷却时，在 ab 阶段内没有任何结晶产生。当冷却到 b 点时，达到了铁液中石墨的饱和溶解度，由于铁液中存在着局部区域的浓度和温度起伏，开始了石墨的结晶析出。

在过冷至 d 时，当石墨核心形成后，在核心周围铁液中缺碳，成分由 d 点变为 c 点，而远离石墨核心处铁液中碳的浓度仍为 d 点，于是在铁液中产生了碳的浓度差，远离石墨核心处铁液中的碳将向石墨周围贫碳的铁液扩散，使 L/G 相界面处铁液中的碳重新达到过饱和状态，因此碳将继续在石墨晶核上沉析结晶，造成石墨的继续长大。当全部铁液的成分均达到 C 点时，平衡条件也就达到了，石墨不再继续结晶长大。只有继续冷却，才能使石墨继续沉析结晶。初析石墨的结晶可一直持续进行到 $E'C'F'$ 线为止，那时残留的铁液成分 C'，就要进行共晶转变了。

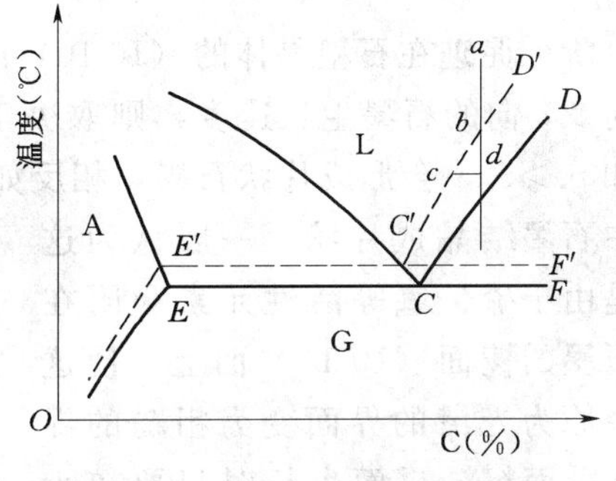

图 1-7 初析石墨的结晶

在初析石墨的结晶过程中，碳在铁液中向 L/G 表面扩散。但石墨的生长只有在铁原子由 L/G 表面让开后才有可能，否则没有比容大的石墨生长的空间，而铁原子由 L/G 表面扩散出去则要有缺位才行。在凝固时，由于结晶周围比较松散，缺位比较多，铁原子比较容易由 L/G 周围移出到附近的缺位中去。当 L/G 周围的缺位完全被铁原子填满后，石墨化的继续进行就需要通过缺位的扩散。在远离 L/G 周围的地方及其他界面处均有大量的缺位存在着。由于缺位本身造成的浓度梯度，缺位也要向 L/G 表面扩散，这就为铁原子从 L/G 表面的自扩散和碳向 L/G 表面的扩散沉析结晶创造了条件，使初析石墨的结晶可以继续下去。初析石墨的结晶过程，实质上包括缺位由外部向 L/G 表面扩散，铁原子由 L/G 表面通过缺位向外自扩散，碳原子由铁液中向 L/G 表面扩散来弥补铁原子自扩散后所遗留下来的位置。

（二）石墨的晶体结构及片状石墨的长大

石墨的晶体结构如图 1－5 所示，呈六方晶格结构。由于石墨具有这样的结构特点，从晶体学的晶体生长理论看，石墨的正常生长方式应是沿基面的择优生长，最后形成片状组织。然而在不同的实际条件下，石墨往往会出现多种多样的形式，因而必然存在着影响石墨生长的因素，而这主要与石墨的晶体缺陷及结晶前沿熔体中的杂质含量有关。

在实际的石墨晶体中确实存在着多种缺陷，其中旋转晶界、螺旋位错及倾斜孪晶对石墨的生长有很大的影响。而且在不同成分、经不同处理所得到的铁液及在不同的过冷度下，形成这些缺陷的倾向是不同的。

石墨是非金属晶体，在纯 Fe—C—Si 合金中的生长界面为光滑界面，无论在基面上或棱面上，要依靠二维形核的生长是比较困难的，需要的过冷度较大。但如果在基面上存在螺旋位错缺陷，则可为石墨的生长提供大量的生长台阶（见图 1－8），石墨沿这些台阶生长，看起来是沿着基面的 a 向生长，其实还包括着向 c 向的生长，即既有增大片状面积的作用，又有增加石墨厚度的倾向。除此之外，在石墨晶体中还存在着旋转晶界缺陷（见图 1－9）。石墨内旋转晶界的存在，提供了晶体生长所需的台阶，这种台阶可促进在石墨晶体的（10$\bar{1}$0）面上即 a 向的生长。因此，如果以 v_a 及 v_c 分别表示 a 向及 c 向的石墨生长速度，则取决于 v_a/v_c 的比值，在铸铁中便会出现不同形式的石墨。如 $v_a>v_c$，会形成片状石墨，相反如 $v_a=v_c$ 或 $v_a<v_c$，则会形成球状石墨。在普通灰铸铁中石墨结晶成片状，一般认为这是由于硫、氧等活性元素吸附在石墨的棱面（10$\bar{1}$0）面上，使这个原为光滑的界面变为粗糙的界面，而粗糙界面生长时只要较小的过冷度，生长速度快，因而使石墨棱面的生长速度迅速，即 a 向生长占优势，此时 $v_a>v_c$，使石墨生长成片状。

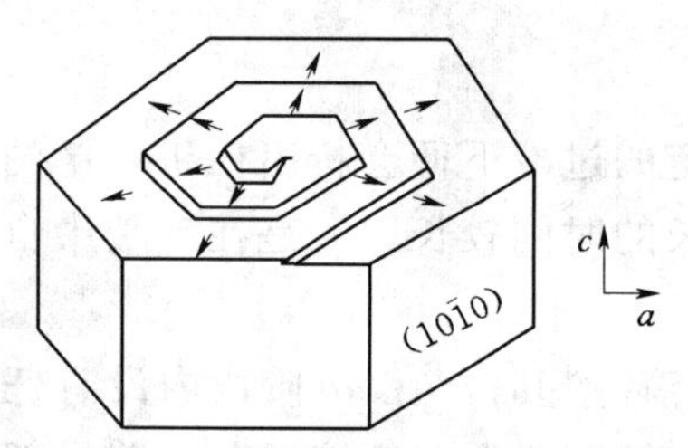

图 1－8 石墨螺旋位错台阶示意图

铸铁中石墨的生长方式和最终形貌还受到碳原子的扩散这一动力学因素的限制。在石墨生长过程中，石墨两侧被奥氏体包围，

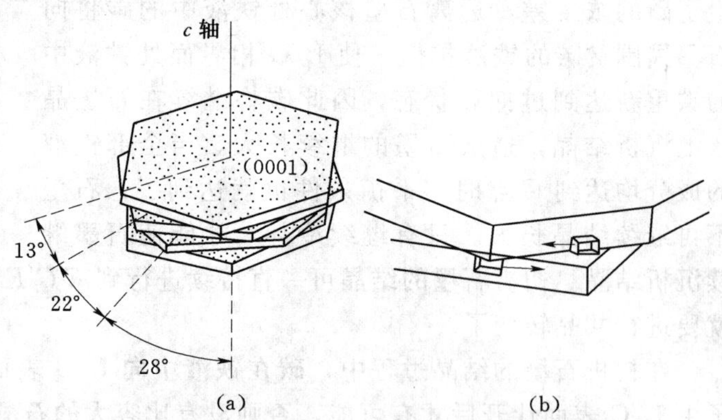

图 1－9 石墨在［10$\bar{1}$0］方向上以旋转晶界台阶生长的示意图

（a）c 轴旋转的堆叠缺陷示意图；（b）石墨从台阶上平面形核生长示意图

碳原子向石墨两侧的扩散受到严重阻碍，而石墨端部直接与铁液接触，能够不断地得到碳原子的堆砌，生长很快，最终形成片状石墨。

另外石墨析出时，相邻近的熔体内贫碳富硅，这会促进奥氏体的形成，更造成共晶相前沿某些溶质元素或杂质元素的富集。富集的这些元素，尤其是表面活性元素的存在，导致石墨沿一定的方向迅速生长。

（三）球状石墨的形成

一定成分的铁液，经过球化处理，使铁液中硫和氧的含量显著下降，此时球化元素在铁液中有一定的残留量，这种铸铁在共晶凝固中将形成球状石墨。

用显微镜低倍观察时，球状石墨接近球形；用显微镜高倍观察时，球状石墨则呈多边形轮廓，内部呈现放射状。石墨球内部结构具有年轮状的特点，其中可见到白色小点，它被认为是球状石墨借以长大的核心。从球状石墨的这些结构和外形的特征，结合石墨晶体结构的特点，可以认为球状石墨具有多晶体结构，从核心向外呈辐射生长。每个放射角皆由垂直于球的径向而呈相互平行的石墨堆积而成，石墨球就是由大约20～30个这样的锥体状的石墨单晶体组成。

球状石墨生成的两个必要条件是铁液凝固时必须有较大的过冷度和较大的铁液与石墨间的界面张力。加入任何一种球化剂（Mg、Ce、Y、La等）都会使铁液的过冷度加大，而且亦会影响到铁液与石墨界面间的界面张力。

铁液中的硫、氧是表面活性物质，当向铁液中加入球化剂时，球化元素首先与氧、硫发生反应，因而使铁液中的氧、硫含量降低，表现出使铁液的表面张力升高，同时也使铁液/石墨间界面张力增加，对球状石墨的生长提供了必要的条件。因而显示出球化元素的主要作用在于去除表面活性元素（氧、硫）对石墨长成球状的干扰作用。

研究认为，球状石墨可以从熔体中直接析出，这可通过离心浇注时能分离出石墨球、厚大铸件顶面有石墨球的漂浮等现象得到证实。

试验证实，无论在亚共晶或共晶成分的球墨铸铁中，首批小石墨球在远高于平衡共晶转变温度就已形成，这是不平衡条件所造成的。随着温度的下降，有的小石墨球会重新解体，而有的则能长大成球，随着这一过程的进行，又会重新出现新的小石墨球，说明石墨球的成核可在一定的温度范围内进行。

石墨球能在熔体中单独成长至一定尺寸，然后被奥氏体包围。所以，石墨球的长大包括两个阶段，即：在熔体中直接析出核心并长大；形成奥氏体外壳，在奥氏体外壳包围下成长。在整个共晶转变的相当一段时间内，球状石墨和奥氏体两个相析出的格局是：石墨在先，奥氏体在后，两个相没有平滑的共同结晶前沿，而且在时间和场合上都是分离的。

球化处理后，一般都要进行孕育处理，以促使石墨的析出和消除自由渗碳体的出现，同时也有利于得到细小而圆整的石墨球，加上球墨铸铁有离异共晶转变的特点，因而球墨铸铁的共晶团数要比灰铸铁的高得多，一般要高50～100倍。

（四）蠕虫状石墨的形成

通过对蠕墨铸铁的凝固过程研究认为，蠕虫状石墨主要也是在共晶凝固过程中从铁液中直接析出的，最初形态呈小球状或聚集状，经过畸变，并经没有被奥氏体全包围的长出口，在与铁液直接接触的条件下长大而成的。

蠕虫状石墨与铁液直接接触的生长端与其四周的奥氏体所形成的生长口在二维照片上观察，有凹形、平齐形和凸出形等形态，这表明蠕虫状石墨的生长速度可小于、等于或大于包围它的奥氏体的生长速度。蠕虫状石墨生长的主导方向为 *a* 向，在一定的条件下，其成长在 *a* 向和 *c* 向上是可以相互转换的。

微区分析表明，稀土元素和镁是通过富集于蠕虫状石墨的生长端部而起蠕化作用的。它们在蠕墨生长端的富集程度，将随着蠕墨生长过程的推移而发生变化，因而改变着石墨沿 *a* 向和沿 *c* 向两种生长速度的大小和比例，从而改变着蠕虫状石墨的结晶取向和结构形态。

在常用成分的蠕墨铸铁铁液中，在凝固开始阶段往往有先共晶的初析奥氏体析出，此时的奥氏体对蠕虫状石墨的形成并不起决定性作用，而只能影响蠕虫状石墨的形成位置、分枝程度、伸展方向和取得碳原子的条件等。

关于球状石墨和蠕虫状石墨形成过程及其分析的详细内容可参阅本书第二篇的有关章节。

三、初析奥氏体的结晶

初析奥氏体树枝晶对铸铁的组织及力学性能有间接或直接的影响，它在灰铸铁中的作用与钢筋在钢筋混凝土中的作用一样，能起到骨架的加固作用，并能阻止裂纹的扩展。

（一）初析奥氏体枝晶的凝固过程

当凝固在平衡条件进行时，只有当化学成分为亚共晶时才会析出初析奥氏体。

亚共晶成分的灰铸铁结晶是从初生相——奥氏体成核及长大开始的（见图 1-10）。奥氏体首先在型壁附近开始形核，当温度低于液相线后，铁液内部也可能成核。奥氏体的晶核可能是自发的，也可能是由某些杂质构成的非自发的晶核。当铁液温度降低到液相线（由 *a*→*b*），并有一定的过冷度时，就要析出奥氏体。奥氏体结晶的过冷度大小与液态金属的状态有关。如果铁液熔化时的过热温度越高，铁液越纯净，外来杂质越少，则结晶开始时所需的过冷度也越大。假定铁液过冷到 *C* 点开始奥氏体的结晶，奥氏体成核后，由于奥氏体富铁（成分为 *e*），故在奥氏体与铁液相界面（L/A）处缺铁，铁液成分变为 *d*，在远离 L/A 界面处铁液成分仍为含铁量较高的 *c*，这样在铁液中就形成了铁的浓度差。铁原子将由铁液中向 L/A 界面扩散，相反碳原子则由 L/A 界面向铁液中扩散。这样在 L/A 界面处铁液中的铁原子浓度达到饱和，它将要在奥氏体晶核上析出结晶，使 L/A 界面附近铁液的成分重新恢复到 *d* 点。这样，铁原子不断地向 L/A界面扩散，碳原子不断地离开 L/A 界面向铁液中扩散，于是奥氏体晶核就不断地生长，一直到全部残留下的铁液成分均变为 *d* 点时才达到平衡，奥氏体就不再继续生长。如果想要奥氏体继续结晶出来，只有继续冷却，直到 *EC* 线为止，这时初析奥氏体结晶才告结束。

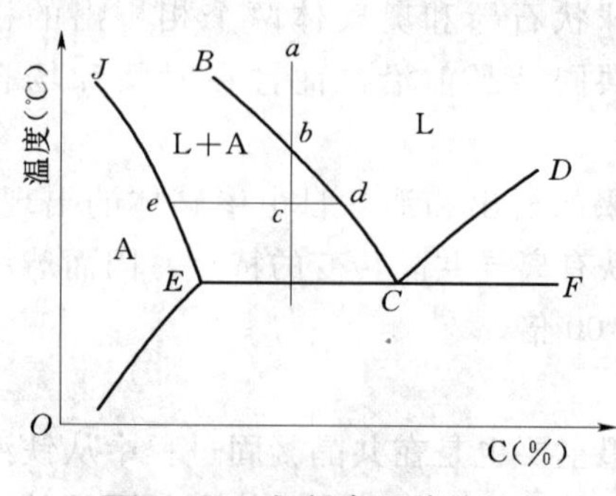

图 1-10 初析奥氏体的结晶

在非平衡条件下，铸铁中存在一个共生生长区，而且偏向石墨的一方。因而在实际生产条件非平衡情况下，往往共晶成分的铸铁，甚至过共晶成分的铸铁，在凝固过程中亦会析出初析奥氏体。

通过用连续液淬的方法研究初析奥氏体枝晶的凝固过程，观察在液淬温度下所得到的金相组织，即可窥其全貌（见图 1-11）。图中初析奥氏体已转变成马氏体，尚未凝固的液体经液淬后直接转变成细小的莱氏体。可把初析奥氏体枝晶的凝固过程描述如下：在液相线温度以上，铁液处于全液态，当液体冷却到液相线温度以下时，奥氏体枝晶便开始析出并长大［见图 1-11（a）］，当进入共晶阶段后，液体中开始形成共晶团［见图 1-11（b）］，此时初析奥氏体还会继续长大，数量也有增加。从图 1-11（b）可见，初析奥氏体枝晶和共晶团的生长实际上有一个重叠的生长温度区间。工艺条件不同时，共晶转变开始的温度会有高低，因而重叠的温度区间也会有改变。在组织上就可能出现虽然成分相同，但初析奥氏体的百分比不一样的情况。

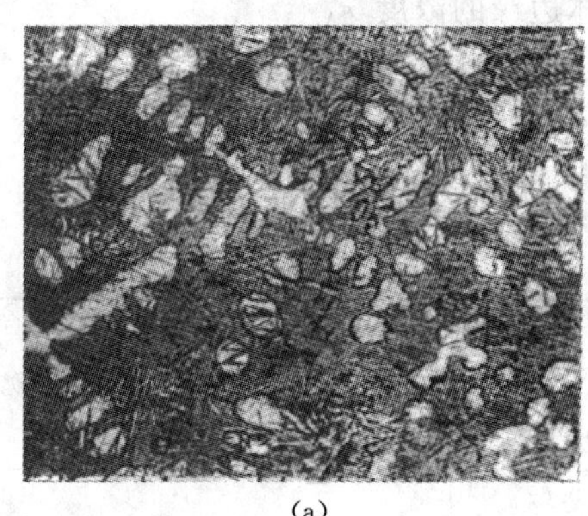

(a)

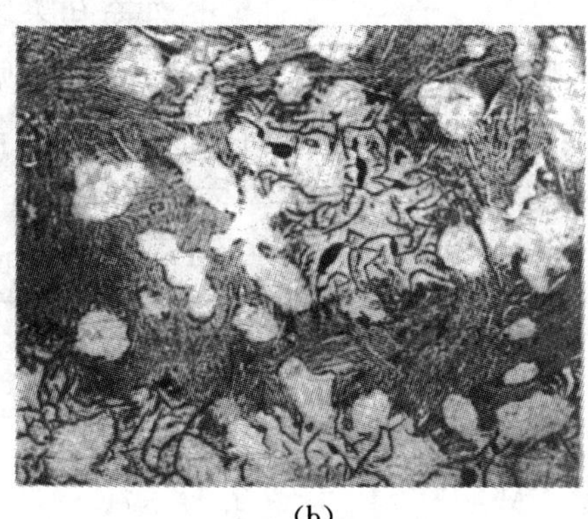

(b)

图 1-11 普通灰铸铁的液淬组织

［w（CE）=4.1%，冷却速度为 20℃/min，4%硝酸酒精侵蚀］

（a）1180℃液淬，初生奥氏体生长的初期；（b）1145℃液淬，初生奥氏体继续长大，共晶团也已长大到一定程度，说明已进入共晶阶段

（二）初生奥氏体的形态

奥氏体为面心立方体，其原子密排面为（111）面，当奥氏体直接从熔体中形核、成长时，只有按密排面生长，其表面能最小，析出的奥氏体才稳定，由原子密排面{111}构成的晶体外形是八面体。八面体的生长方向必然是八面体的轴向，也即［100］方向，由于八面体尖端的快速生长，便形成了奥氏体的一次晶枝，在一次晶枝上长起微小的突起，以此为基础长出二次晶枝，进而长出三次晶枝，最后长成三维树枝晶。奥氏体枝晶生长的特点之一是晶枝的生长程度不同，有的晶枝生长快，有的晶枝因前沿有溶质元素的富集而生长受到阻碍，因而生长较慢，故铸铁中的奥氏体枝晶往往具有不对称、不完整的特征，加上奥氏体枝晶的二维形貌实际上是三维树枝晶在不同切面上的反映，因而便呈现出更加复杂的形态。

（三）奥氏体枝晶中的成分偏析

奥氏体枝晶中的化学成分不均匀性是由凝固过程所决定的。按照相图，先析出的奥氏体枝晶心部碳量较低，在逐渐长大的以后各层奥氏体中的碳量沿着图 1－1 中 JE'线变化，即碳逐渐增高，形成所谓芯状组织。

对奥氏体枝晶及其结晶前沿的微观分析表明，在初析奥氏体中有硅的富集，锰则较低，而在枝晶间的残存液体中则是碳高、锰高、硅低。这样在奥氏体的生长过程中，在结晶前沿就有不同元素的富集或贫乏，如形成了硅的反偏析和锰的正偏析，即存在着较大的浓度不均匀性。在普通灰铸铁和合金灰铸铁中，各元素在各相之间和相内的分布皆有这样的现象。相间成分分布的不均匀性通常由分配系数 K_p 表示，而晶内偏析程度则由偏析系数 K_l 表示。

$$K_p=\frac{\text{元素在奥氏体中的浓度 } x_A}{\text{元素在铁中的平均浓度 } x_I}$$

$$K_l=\frac{\text{元素在奥氏体枝晶心部的浓度 } x_A^c}{\text{元素在奥氏体边缘的浓度 } x_A^e}$$

实际测定结果如表 1－5 所示。由表可见，与碳亲和力小的石墨化元素（如 Al、Cu、Si、Ni、Co）在奥氏体中皆有富集，$K_p>1$；这些元素在奥氏体内的偏析系数 $K_l>1$，说明在奥氏体心部的含量高于奥氏体边缘的含量，即形成晶内反偏析。

表 1－5 奥氏体和铁中各种元素的浓度

序号	元素	元素含量（质量分数，%）			分配系数 $K_p=\frac{x_A^c}{x_I}$	偏析系数 $K_l=\frac{x_A^c}{x_A^e}$
		铁中 x_I	奥氏体中			
			中心 x_A^c	边缘 x_A^e		
1	Al	0.68	0.74	0.67	1.07	1.10
2	Si	1.27	1.39	1.21	1.09	1.15
3	Cu	1.12	1.22	1.11	1.09	1.10
4	Ni	1.07	1.10	0.96	1.03	1.15
5	Co	1.09	1.15	1.01	1.05	1.14
6	Mn	1.07	0.75	1.00	0.70	0.75
7	Cr	0.98	0.50	0.59	0.51	0.85
8	W	0.89	0.35	0.37	0.39	0.95
9	Mo	1.13	0.39	0.45	0.35	0.87
10	V	1.48	0.56	0.58	0.38	0.97
11	Ti	0.26	0.03	0.04	—	—
12	S	0.12	痕量	痕量	—	—
13	P	0.58	0.09	0.13	0.16	0.69

白口化元素（Mn、Cr、W、Mo、V）与碳的亲和力大于铁，富集于共晶液体中，$K_p<1$，而且与碳结合力越大的元素，K_p 越小。在奥氏体内则呈中心浓度低、边缘浓度高的正偏析，即 $K_l<1$。

由于在奥氏体内部及奥氏体间剩余液体中都存在成分上的不均匀性，因此它既可对铸铁的共晶凝固过程发生影响，如在共晶凝固时，可激发由按稳定系凝固向介稳定系凝固的转变，促使形成晶间碳化物；又可对凝固以后的固态相变或热处理过程发生影响，如破碎状铁素体的获得，就是在热处理时利用了奥氏体内部的成分不均匀的特点。

（四）影响奥氏体枝晶数量及粗细的因素

铸铁中奥氏体枝晶的数量将直接影响到作为坚固骨架数量的多少。因而研究奥氏体枝晶数量的变化及其影响因素，对控制铸铁的组织和性能很有意义。

在平衡条件下，奥氏体枝晶数量可利用相图及杠杆定律算出；但在非平衡条件下，可用定量金相的原理直接测定奥氏体枝晶的数量。

在相同碳当量时，初析奥氏体数量受铸铁中碳、硅含量的影响。Si/C 比增加，初析奥氏体的数量随之增高（见图 1-12）。在高碳当量时，除影响数量外，碳量对初析奥氏体的粗细也有影响。在冷却速度一定时，随着碳量的增高，奥氏体枝晶枝细化（见图 1-13）。随着硫量的提高，奥氏体枝晶有粗化的倾向。

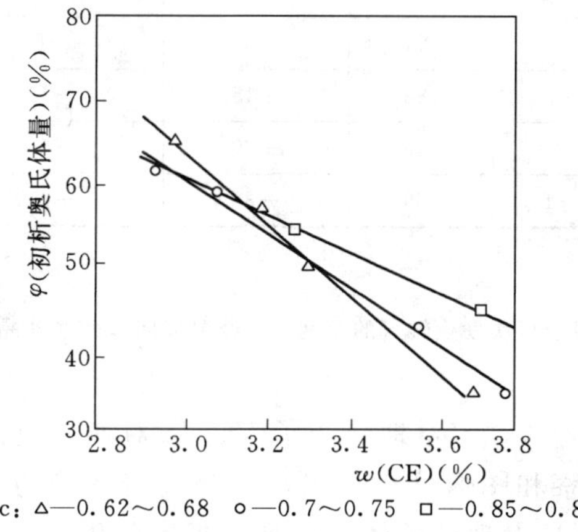

图 1-12 Si/C 与初析奥氏体量的关系

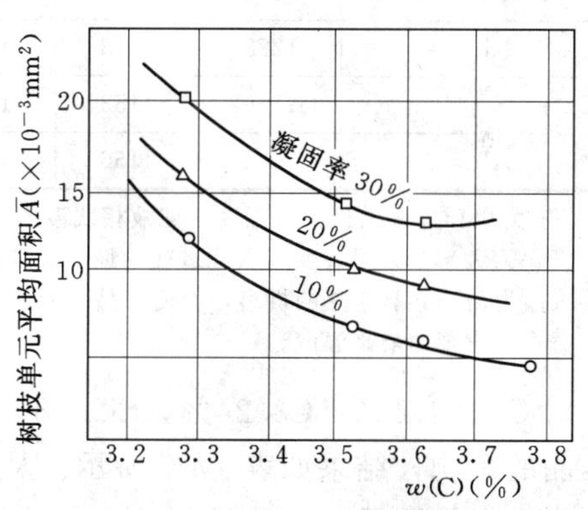

图 1-13 碳量与奥氏体枝晶细化程度的关系

（冷却速度为 2.5℃/min）

合金元素的加入，会影响初析奥氏体析出温度 T_L 的高低，以及初析奥氏体的生长区间（$T_L \sim T_{EU}$）。研究认为，合金元素对前者影响较小，对后者影响较为显著（见表 1-6）。另外，加入合金元素以后，会引起奥氏体界面前沿的溶质浓度发生改变，因而使结晶前沿的成分过冷程度发生变化，亦即改变了初析奥氏体的生长条件和环境，必然会影响初析奥氏体的数量及形态。

向亚共晶灰铸铁中分别加入 V、Ti、Cr、Mo、Cu、Ni、Si 和 Al 各 1%，然后用液淬的方法研究这些合金元素对铸铁中初析奥氏体形态的影响。合金元素对冷却曲线上各特征点的影响见表 1-6。从表中可以看出，与不加合金的铸铁相比，使（$T_L - T_{EU}$）值增加超过 10℃的元素有 V、Mo，使（$T_L - T_{EU}$）值减小超过 10℃的元素有 Al、Si、Ni。元素 Ti、Cr、Cu 对（$T_L - T_{EU}$）值的影响较小，在±6℃范围以内。观察液淬后的试样发现，未加合金元素的亚共晶铸铁的奥氏体枝晶方向性较强，二次枝晶不发达，且二次枝晶间距较大。V 和 Mo 都是增大共晶凝固过冷度并增大初析奥氏体生长区间的元素，它们都能使奥氏体枝晶的分枝程度增高，使二次晶枝发达，细化二次晶枝间距。加入 Al 和 Ni 可减小共晶结晶过冷度，缩小初析奥氏体生长的温度区间。Ni 促使形成分枝较少的短胖状奥氏体，Al则形成细而短小、不规则分布的奥氏体。Cu、Ti、Cr的影响介于上述两类元素的影响之间，如Ti能促进奥氏体枝晶的形成，Cr则促使形成短小而无方向性分布的奥氏体枝晶，且分枝较少。

表 1-6 合金元素对冷却曲线上特征点的影响

加入的合金元素（加入质量分数为1%）	冷却曲线上特征点温度（℃）					T_{EU}的变化（℃）	T_L～T_{EU}的变化（℃）
	T_L	T_{ER}	T_{EU}	ΔT_E	T_L-T_{EU}		
原铁液	1220	1125	1120	5	100	0	0
V	1225	1102	1105	−3	120	−15	+20
Mo	1225	1110	1112	−2	113	−8	+13
Ti	1227	1122	1124	−2	103	+4	+3
Cr	1226	1123	1125	−2	101	+5	+1
Cu	1222	1130	1128	2	94	+8	−6
Ni	1223	1138	1135	3	88	+15	−12
Si	1196	1153	1150	3	46	+30	−54
Al	1224	1156	1155	1	69	+35	−31

注 T_L为奥氏体开始析出的温度，即液相线温度；
T_{EU}为大部分共晶转变前铁液过冷的最低温度；
T_{ER}为由于共晶潜热的析出，而使共晶凝固期间冷却曲线上再次发生转折的温度，或经温度回升而在共晶阶段出现的最高温度。

对CE=4.1%（C3.24%，Si2.58%）的灰铸铁，定量地研究了V、Ti对初析奥氏体树枝晶的影响，结果如表1-7所示。从金相观察和图像分析看出，非合金铸铁的初析奥氏体生长最初阶段，枝晶排列的方向性较强，而且发现奥氏体树枝晶主要是在共晶转变前形成，在共晶期间它的数量、形态基本上无变化。Ti能使奥氏体枝晶的数量增多并细化枝晶，而且可看到在共晶转变期间，含Ti铁液的初析奥氏体仍在继续长大，这期间初析奥氏体的增加量占总量的25%。V也使初析奥氏体枝晶数量增加，同时也减小一次和二次枝晶长度，细化枝晶，但没有Ti的作用大。V使枝晶在共晶期间增加的数量更多，约占总量的37%。V、Ti同时加入铁液时，影响更为明显，使枝晶数量增加很多，并细化枝晶，在共晶转变期间，枝晶数量增长量约占总量的35%。

表 1-7 钒、钛对初析奥氏体数量的影响

序号	化学成分（质量分数,%）				临界点温度（℃）			初析奥氏体量（%）		
	C	Si	V	Ti	T_L	T_{EU}	T_S	1200℃	1160℃	1120℃
1	3.24	2.58	—	—	1220	1160	1120	23.9	37.15	37.6
2	3.24	2.58	—	0.17	1223	1160	1119	30.0	37.58	49.9
3	3.24	2.58	0.24		1227	1160	1120	29.2	35.0	56.12
4	3.24	2.58	0.24	0.17	1227	1160	1117	32.8	41.2	63.3

增加冷却速度，将使奥氏体枝晶量增加，特别是随着初析阶段冷却速度的增加，枝晶明显地细化。随着冷却速度的增加，初析奥氏体分枝的程度亦会增加，这可用允许溶质元

素扩散离去时间的缩短来解释。同样，冷却速度增加会引起界面前沿的过冷度增大，使枝晶生长速率增大及枝臂间距缩小。因此枝晶凝固阶段的冷却速度不仅会影响初析奥氏体的数量，而且还会改变它的分枝及细化的程度。

四、共晶凝固过程

根据化学成分和冷却条件的不同，铸铁有两种共晶凝固转变方式：稳定系共晶转变和介稳定系共晶转变。前者转变产物为奥氏体加石墨，形成灰口断面的铸铁；后者转变产物为奥氏体加渗碳体，形成白口断面的铸铁。当然还可能有混合型的，断面呈麻口，这种铸铁的应用范围极为有限。

（一）稳定系的共晶转变

当铁液温度降低到略低于稳定系共晶平衡温度，即具有一定程度的过冷后，初析奥氏体间熔体的含碳量就达到饱和程度。如果此时能形成石墨晶核并长大，则出现了石墨/熔体的界面，由于石墨含碳量高，因而界面上含碳量低，这就为共晶奥氏体的析出创造了条件，奥氏体的析出反过来又促进了共晶石墨的继续生长，因此出现了从熔体中同时析出奥氏体和石墨的格局。至此，铸铁便进入了共晶凝固阶段。

在实际铸造生产中，由于在不平衡条件下凝固，即使是共晶成分，甚至是过共晶成分，都或多或少地会出现一些初析奥氏体，因此铸铁的共晶凝固常在有初析树枝状奥氏体晶体存在的状态下进行。

现已证实，奥氏体—石墨的共晶体不是在初析奥氏体树枝晶上以延续的方式在结晶前沿形核并长大，而是在初析奥氏体晶体附近的枝晶间、具有共晶成分的液体中单独由石墨形核开始。铸铁熔体中存在的亚微观石墨团聚体，未熔的微细石墨颗粒，某些高熔点的夹杂物颗粒（硫化物、碳化物、氧化物及氮化物等）都可能成为石墨的非均质晶核。石墨形核以后，在其生长过程中很快形成片状分枝，邻近石墨的熔体发生贫碳，促使奥氏体以石墨的（0001）面为基础，在石墨片之间析出。奥氏体的生长反过来又引起邻近熔体的富碳，促进了石墨片的继续生长。就这样，由石墨领先，石墨与奥氏体从晶核出发，互相促进，同时向四周熔体内生长。石墨在生长过程中不断发生分枝，奥氏体便不断地在石墨片分枝之间析出，从而形成石墨和奥氏体同时交叉生长的模式。在结晶前沿，石墨和奥氏体两相与熔体接触的界面并不呈光滑形式。在过冷度不太大时，石墨片的端部始终凸出在外，伸向熔体之中（即所谓领先相），保持着领先向熔体内生长和分枝的态势。以每个石墨核心为中心所形成的这样一个石墨—奥氏体两相共生生长的共晶晶粒称为共晶团。图 1-14 是正处在共晶转变初期的亚共晶灰铸铁的金相照片（经液淬获得），照片清楚地显示了凝固期间的一个共晶团的成长情况。

图 1-14　亚共晶灰铸铁共晶转变期间的液淬组织
[w（CE）=4.1%，冷却速度为 20℃/min]

图 1-15 说明了亚共晶灰铸铁共晶转变的全过程。当共晶凝固结束时，共晶团之间或共晶团

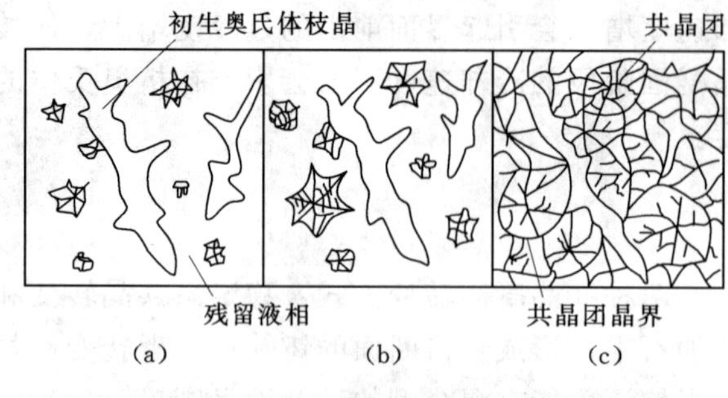

图 1-15 亚共晶灰铸铁共晶转变过程示意图
(a) 共晶转变开始阶段；(b) 转变中期；(c) 共晶转变终了

和初析奥氏体枝晶相互衔接形成整体。其实在凝固后期会出现不同的情况，如在普通成分的灰铸铁中，在各共晶团之间常聚集着较多的低熔点夹杂物（如磷共晶体）。当铸铁中存在偏析倾向较高的合金元素时，随着凝固过程的进行，残液中的合金元素含量会越来越高，至凝固结束前，在各共晶团之间或几簇共晶团集团之间的正偏析元素含量，有可能增高至足以在局部区域形成弥散度很高的晶间碳化物或局部的硬化组织，这一凝固现象对制造减摩铸铁非常有利。

至共晶凝固结束时，各个共晶团内的奥氏体和初析奥氏体枝晶构成连续的金属基体，每个共晶团内的石墨构成连续的分枝立体形状，分布于金属基体之中。一些晶间夹杂物或硬化相则分散分布于共晶团或共晶集团之间。

灰铸铁共晶团数（个/cm^2）决定于共晶转变时的成核及成长条件。冷却速度和过冷度越大，非均质晶核越多，生长速度越慢，则形成的共晶团数越多。随共晶团数量的增加，白口倾向减少，力学性能略有提高。但由于增加了共晶凝固期间的膨胀力，使铸件胀大的倾向增加，从而增加了缩松倾向。控制共晶团数，对铸铁生产具有重要作用，尤其对耐压铸件更为重要。由于共晶团数随生产条件而异，且不同铸件的要求也有所不同，所以各工厂应有各自的控制要求，并将共晶团数作为控制和分析铸铁质量的一个指标。

过共晶灰铸铁的凝固过程则由析出初析石墨开始，到达共晶平衡温度并有一定的过冷度后，才进入共晶阶段。此时共晶石墨及共晶奥氏体可在初析石墨的基础上析出，所以可见到共晶体与初析石墨相连的组织特征。其最后的室温组织与共晶成分、亚共晶成分的灰铸铁基本相似，所不同的是组织中有粗大的初析片状石墨存在，而共晶石墨也显得较多和较粗些。

共晶石墨不像初析石墨呈粗大的简单叶片状，而是分瓣的，并且随共晶转变时过冷度增加，石墨分瓣程度也会更加严重。其原因是由于过冷度增加，结晶前沿碳的过饱和程度增加了，结晶的领先相变为奥氏体，碳向 L/G 界面周围的扩散速度降低了，奥氏体结晶生长的线速度提高了。

共晶团实际上是由奥氏体的基底及分瓣的石墨骨架所构成，分瓣的石墨骨架被奥氏体紧紧地包围，只有其尖端边缘伸到共晶团表面上并且一直保持与铁液直接接触。石墨骨架是呈整体的三度空间花朵状。我们在金相显微镜下是不能全面地看到石墨的立体形状的，所看到的片状石墨只是共晶团中石墨骨架的截面形式而已。

（二）介稳定系的共晶转变

当铸铁的化学成分和冷却速度变化时，铸铁的凝固现象也会发生变化，当共晶转变进入介稳定区域时，原共晶转变时的液相—奥氏体—石墨将改变成液相—奥氏体—渗碳体的三相平衡，转变成共晶奥氏体加渗碳体组成的共晶组织，即莱氏体。

渗碳体的晶格结构为复杂的正交晶格，各层内原子以共价键结合，层间原子则以金属键结合。在 c 轴方向的生长速度要比 a 轴和 b 轴低，有沿［010］晶向择优生长的特点，因此渗碳体一般也长成片状。在渗碳体长大的过程中，螺旋位错缺陷在新层长大时起到一定的作用，同时杂质元素也会促使层状的渗碳体产生许多分枝。

在普通白口铸铁中，莱氏体中的奥氏体和渗碳体以片状协同生长的方式，同时在侧向上以奥氏体分隔晶体的蜂窝结构成长，即共晶渗碳体（领先相）的（0001）面是共晶团的基础，排列得很整齐的奥氏体芯棒沿［001］方向嵌入渗碳体基体，形成蜂窝状共晶团。但在最初，共晶团并不具有规律的蜂窝结构，常在渗碳体团之间生长着奥氏体的片状分枝，但逐渐地它们便成为杆状。这个转化与共晶结晶前沿的杂质富集有关，所形成的成分过冷非常适宜于凸出部分的长大。由于渗碳体的各向异性结构，不大可能在［001］方向有分枝的长大，而奥氏体则可能垂直于共晶团基面的方向发生分枝。奥氏体的长大使周围液体富碳，促使渗碳体又在奥氏体分枝之间生长，使奥氏体形成为被隔开的晶体，这就是所谓莱氏体的侧向生长（见图 1－16），最后在连续的渗碳体基体中构成蜂窝状的共晶体。

在普通白口铸铁中，渗碳体共晶组织不仅可以是莱氏体型，而且也可以是板条状渗碳体型。前者一般在过冷度较小的条件下形成，如果在过冷度较大的条件下凝固，则趋向于形成板条状渗碳体，此时共晶生长以片状渗碳体和奥氏体呈分离的形式进行，得到的也是一种离异型的共晶组织。这种板条状渗碳体共晶组织的白口铸铁比具有莱氏体共晶组织的白口铸铁有较好的性能，特别是韧性。

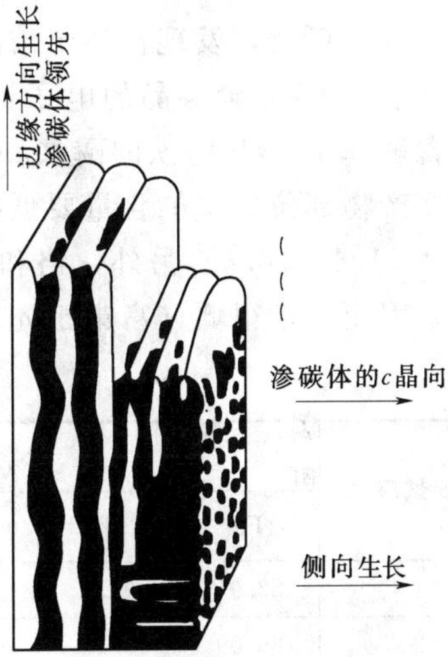

图 1－16　莱氏体的“边缘方向生长”及“侧向生长”

在铬系白口铸铁中，低铬铸铁中的碳化物是 M_3C 型，为正交晶型，呈表面带有规则沟槽的连续片状；而高铬铸铁中的碳化物呈 M_7C_3 型，具有六方、斜方和菱形三种晶型，在二维状态下呈孤立的空心杆状和板条状。但在深腐蚀下，经扫描电镜观察其立体形貌，发现这些孤立的杆和板条在其“根部”仍然是连续的。

如果向低铬白口铸铁中加入稀土元素，则随着稀土元素的浓度达到一定量时，共晶凝固时的领先相由基本上是碳化物变成基本上是奥氏体；碳化物由表面平整的板状变为波纹状，并带有分枝的结构；碳化物的长度变短，宽度变窄；有相当一部分板状碳化物转变成板条状和杆状；同时碳化物有明显的细化。以上说明稀土元素对低铬白口铸铁的共晶转变具有明显的影响。

含铬 20％的高铬铸铁的共晶凝固则与低铬铸铁不同，即使在不含稀土元素的情况下，也主要是奥氏体为领先相。加入稀土元素对共晶生长时的领先相、领先程度及碳化物的形貌没有明显的影响，但使碳化物有所细化。

在铬系白口铸铁中，近年来还发展了使碳化物球团化的工艺，即在一定成分的铬系白口铸铁中加入特殊的变质剂，使共晶碳化物成球团状分布，借以提高白口铸铁的韧性。

五、磷共晶的形成

磷在铸铁中是一个容易偏析的元素。铸铁中含磷0.05%时，便有可能在铸铁中形成磷共晶组织。磷共晶常以不连续网状或孤岛状的形式分布于共晶团之间的界面及孔隙处。对于大多数铸件来说，磷共晶会增加铸件的脆性，被认为是铸铁中应限制的元素（但在某些减摩铸铁中，则往往有意识地加入磷，其目的是利用磷共晶的耐磨性）。二元磷共晶是α—Fe与Fe_3P的共晶混合物，硬度为750～800Hv；三元磷共晶由α—Fe＋Fe_3P＋Fe_3C组成，硬度为900～950Hv。由于后者比前者更硬而脆，因而容易从基体上剥落下来，成为磨料，进而加速磨损，所以铸造工作者一直关注铸铁中的含磷量和控制三元磷共晶的出现。

对于铸铁中磷共晶的形态、组成、形成过程及其对力学性能的影响，曾作过不少研究，但对某些问题还存在一定的分歧，特别是关于二元磷共晶及三元磷共晶形成机理问题。搞清磷共晶形成的首要问题是研究磷的偏析情况。

通过对含C 3.1%、P 0.11%的灰铸铁件（Mn 0.62%、Si 2.49%、S 0.022%、Ni 0.18%、Cr 0.42%）中的磷共晶进行电子探针分析，以及对磷共晶部位进行X射线面分布扫描分析后，发现在整个磷共晶部位有磷、锰、铬的富集，而且磷的分布很不均匀。

表1-8是磷共晶的电子探针定量分析结果。数据表明，磷的偏析及不均匀性严重。在含磷0.11%灰铸铁的磷共晶中，含磷量可高达8.23%～11.29%。在有颗粒状的奥氏体转变产物部位，磷的含量要低些，为8.23%（2点），在其他部位则高些。磷的偏析系数高达51.4～70.6。另外，铬和锰也形成正偏析，富集于磷共晶区内，而硅则是反偏析元素，因而含量很低（富集于先前形成的奥氏体中）。

表1-8 磷共晶的电子探针分析结果

测试部位	元素含量（质量分数,%）						剩下值 *C*（%）	磷的偏析系数 *S.R.*
	Fe	Si	Mn	P	Ni	Cr		
1点	82.91	0.12	1.92	10.54	0.00	2.70	1.81	65.9
2点	86.09	0.17	1.97	8.23	0.01	2.90	0.63	51.4
3点	82.95	0.13	1.73	11.29	0.01	2.51	1.39	70.6
珠光体区	95.24	2.11	0.82	0.16	0.09	0.40	1.19	

注 $S.R.=\dfrac{\text{磷共晶中含磷量（\%）}}{\text{珠光体中磷量（\%）}}$。

关于二元和三元磷共晶的形成，可以这样分析：图1-17是Fe—C—P三元相图的富铁端投影图，这个图是采用直角坐标，以不同比例的方式表示成分，从该图可以看出：在平衡条件下，位于*QDR*三角形内的成分将发生三相共晶转变，析出Fe_3C＋Fe_3P＋γ—Fe三元磷共晶，三元共晶点为E_T，温度为950℃。位于*QFGT*四边形内的成分将发生四相平衡的包晶转变，进行L＋α—Fe→Fe_3P＋γ—Fe转变，析出Fe_3P＋γ—Fe二元磷共晶，包晶点为1005℃。当成分位于*QDT*三角形内时，将先转变析出二元磷共晶，然后液相成分沿TE_T线移动到三元共晶点E_T，析出三元磷共晶。

以上述铸铁试样为例，它的平衡成分为C 3.1%，P 0.11%，位于QDR三角形之外，因此在平衡条件下，既不能进行三元共晶转变，更不能进行包晶转变。显然上述试样中的磷共晶是不平衡条件下的产物，是完全由于磷的严重偏析造成的。

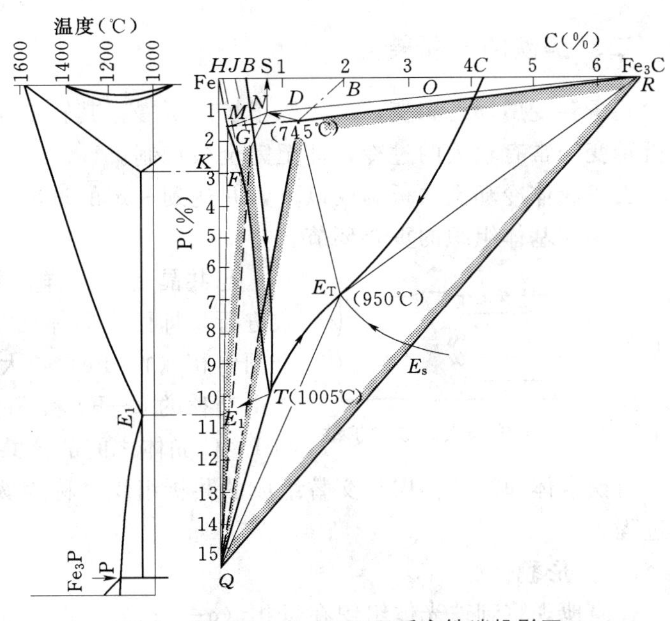

图1-17　Fe—C—P三元系富铁端投影图

表1-8中对三点测定的磷量分别为8.23%、10.54%、11.29%，而且含碳量都很低，分别为1.81%、0.63%、1.39%。因此，实际上最后凝固的这部分铁液的成分已远离平均成分，移到了相区的左下角区。其中2点成分位于$QFGT$四边形内，是包晶转变的结果，此时可直接得到二元磷共晶。1点和3点的成分则位于QDR三角形内，将进行三元共晶转变，而形成γ—Fe+Fe_3P+Fe_3C三元磷共晶。

根据这样的分析可认为，铸铁中的二元磷共晶可在凝固过程中直接析出，而不是由于三元磷共晶中的Fe_3C分解而形成。

有人通过实践提出，在普通灰铸铁中，随着化学成分和冷却条件的不同，会形成不同的三元磷共晶。如果铸铁的石墨化能力较强或冷却速度较低，就形成Fe（C、P）+Fe_3P+石墨的稳定系三元磷共晶，它在形式上与一般认为的二元磷共晶相似；反之，则形成Fe（C、P）+Fe_3P+Fe_3C的介稳定系三元磷共晶，而不可能有二元磷共晶形成。并且认为，在灰铸铁中，主要是稳定系三元磷共晶。

第三节　铸铁的固态相变

铸铁凝固后，在继续冷却过程中，会产生奥氏体的共析转变。在铸铁热处理时，会产生过冷奥氏体的中温、低温转变。

一、奥氏体中碳的脱溶

普通成分的铸铁，按稳定系共晶转变后的组织为含碳约2.10%的奥氏体加石墨。如继续冷却，奥氏体的含碳量将沿$E'S'$线（见图1-1）减少，以二次石墨的形式析出。如为白口铸铁，由于共晶转变时按介稳定系转变，则此时一般亦按介稳定系析出二次渗碳体。在固态连续冷却的条件下，析出的高碳相往往不需要重新形核，而只是依附在共晶高碳相上。如对于灰铸铁来说，由奥氏体脱溶而析出的二次石墨就堆积在共晶石墨上。

二、铸铁的共析转变

共析转变属固态相变，由于原子扩散缓慢，其转变速度要比共晶凝固速度低得多，故共析转变经常有较大的过冷，甚至完全被抑制。

当奥氏体冷却至共析温度以下，并达到一定的过冷度后，就开始共析转变。共析转变是决定铸铁基体组织的重要环节。

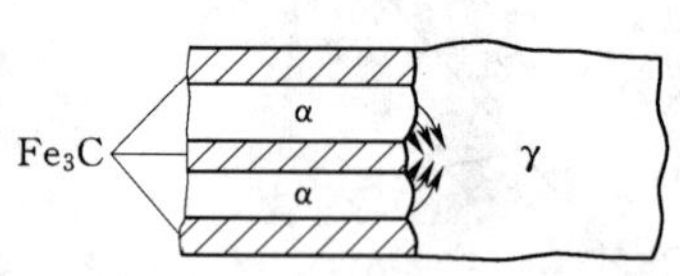

图 1-18 珠光体长大时碳的扩散

与共晶转变一样，共析转变也往往按成对长大的方式进行，即两个固体相 α—Fe 与 Fe_3C 相互协同地从第三个固体相（γ—Fe）长大（见图 1-18）。成对相的组织通常由交替的 α—Fe 和 Fe_3C 片层组成，而且一般在 α—Fe 与 Fe_3C 晶体之间的公共界面上存在着择优的位向关系。

由铁素体和渗碳体层片交替组成的共析组织，称为珠光体。以下主要讨论珠光体的形成过程。

（一）形貌

普遍地观察到珠光体组织在母相（α—Fe 相）的界面上形核，并以球团状晶粒向母相内长大［见图 1-19（a）］。每个珠光体团由多个结构单元组成，在这些结构单元中，大部分片层是平行的。这些结构单元一般称珠光体领域［见图 1-19（b）］。可观察到珠光体团只向相邻晶粒中的一个晶粒内长大［见图 1-19（a）］。

共析组织除层片结构（如片状珠光体）外，也有例外，如粒状珠光体。

（二）形核

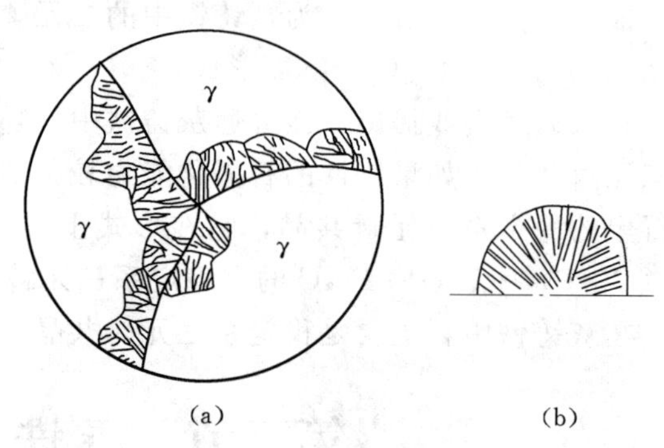

图 1-19 珠光体长大示意图

（a）珠光体团由晶界向奥氏体晶内长大示意图；
（b）含有三个领域的一个珠光体球团

在铸铁中究竟哪个相先析出成为珠光体的核心，未见确切报道。从铸铁实际情况出发，到达共析温度后，铸铁中除奥氏体外，尚有石墨（灰铸铁）或共晶渗碳体（白口铸铁）两种情况，因而可推论，在不同情况下可能也会有不同的相先析出。如对于白口铸铁，共析转变时可能由 Fe_3C 领先析出；对于灰铸铁，则先由奥氏体中发生碳的脱溶，然后析出铁素体，进而进入共析阶段，这可由石墨边上经常有一薄层铁素体及 D 型石墨铸铁往往易得大量铁素体基体而得到间接的证实。

共析转变常在奥氏体的界面或奥氏体/石墨界面上形核，先析出的领先相与奥氏体之间有一定的晶体学位向关系。一个相形成后，其邻近的奥氏体中碳的浓度将发生改变，引起碳原子的界面扩散，为第二相的析出创造了条件，由于铁素体和渗碳体存在着晶体学位向关系，因而认为珠光体转变时这种形核方式是可信的。

（三）生长

一旦渗碳体或铁素体从奥氏体界面上并向奥氏体相内生成后，就开始生长。在渗碳体或铁素体同时生长的过程中，各自的前沿和侧面分别有铁和碳的富集。在生长前沿产生溶质元素的交替扩散，使晶体生长。生长时不但有向前生长，而且有通过搭桥或分枝的方式沿其侧面交替地生长，形成新片层，最后形成团状共析领域。在一个共析领域中，所有铁素体和渗碳体片分别属于两个彼此穿插的、有一定位向关系的单晶体。

共析转变时还有一个特点，先析出的领先相虽然长自与晶核有位向关系的某个奥氏体晶体，却长入与它们无特定位向关系的另一个奥氏体晶粒中。

共析转变产物层片间的间距与转变温度有关。转变温度降低，层片间距变小，因而转变产物就由粗片状珠光体逐渐过渡到细片状珠光体（索氏体）及极细片状珠光体（托氏体）。

共析转变的速率亦随转变温度的不同而改变，过冷度增大会使共析领域生长加快，但是扩散系数却随温度的下降而减小，所以共析转变的速率并不随温度的下降而单调地增高，低于一定温度后就转为减慢，故其等温转变曲线具有 C 形曲线的特征。

在一般成分的或低合金灰铸铁中，共析转变主要是珠光体转变，但在蠕墨铸铁、D 型石墨灰铸铁及铸态铁素体球墨铸铁中的共析转变则有其自己的特点，其中一个共同而主要的原因是其共晶石墨的特点（分枝频繁、细小石墨量较多、石墨球较细小等），影响到共析转变过程。由于石墨密集，奥氏体中的碳极易脱溶而堆积到共晶石墨上去，奥氏体中的碳扩散出去后就很容易在奥氏体或奥氏体/石墨的界面上析出铁素体的核心。随着过程的进行，不断析出石墨及铁素体，使最后的基体成为以铁素体为主的组织。这些铸铁大多数都有硅较高、锰较低的特点。因此，共析转变的平衡温度较高，更有利于扩散过程的进行，因而更易得到以铁素体为主的铸铁。

三、过冷奥氏体的中温及低温转变

与钢一样，如果把铸铁加热到奥氏体区温度，然后以较快的速度进行连续冷却或等温冷却，也可得到不同基体的铸铁。

如把奥氏体化后的铸铁（加热、保温后）很快冷至 450～250℃范围，并在此温度区进行保温，使过冷奥氏体进行等温分解，则其转变产物为贝氏体组织，它是由含碳过量的铁素体和极细小的渗碳体混合而成。贝氏体比珠光体具有更高的强度和硬度。

过冷至 350～450℃之间得到的组织为上贝氏体，过去所称的奥—贝球墨铸铁（现称等温转变球墨铸铁，简写 ADI）即属上贝氏体类型；过冷至 250～350℃之间转变得到的组织称为下贝氏体，我国曾研制过的经等温淬火的贝氏体球墨铸铁齿轮的基体属下贝氏体类型。

如果把加热至奥氏体化温度后的铸铁，以很快的冷却速度过冷到 230℃以下，则进行无扩散转变而生成马氏体，它实质上是过饱和的 α—Fe 固溶体。马氏体是一种不稳定组织，它具有较高的硬度，但塑性、韧性都很差。马氏体可通过不同温度的回火而得到回火马氏体、回火托氏体或回火索氏体，从而得到不同性能的铸铁。

如加入足够数量的稳定奥氏体的合金元素，如锰和镍，则可使奥氏体一直稳定到室温而不发生转变，从而获得奥氏体铸铁。

思 考 题

1. 为什么铁—碳合金会存在着双重相图？双重相图的存在对铸铁件生产有何实际意义？

2. 请说明 Fe—C 和 Fe—Fe_3C 双重相图中的各组成相。

3. 请说明“碳当量”和“共晶度”的意义，并写出表达式。

4. 试分析初析奥氏体的结晶和稳定系的共晶转变。

5. 分析讨论石墨的长大过程及形成条件。

6. 分析讨论铸铁的固态相变过程及其对铸铁最后形成组织的影响。

第二章 灰铸铁的组织及性能

灰铸铁通常是指断面呈灰色，其中碳主要以片状石墨形式存在的铸铁。

第一节 灰铸铁的金相组织及其对性能的影响

灰铸铁力学性能的高低，是由其金相组织所决定的。所以首先必须研究灰铸铁的金相组织，以及组织与性能间的关系。

一、灰铸铁的金相组织

灰铸铁的金相组织主要由片状石墨、金属基体和晶界共晶物组成。

（一）石墨

1. 石墨的形状和分布

由于凝固条件不同（指化学成分、冷却速度、形核能力等），灰铸铁的片状石墨可出现不同的形状和分布。《灰铸铁金相》（GB/T 7216—87）把灰铸铁的石墨形状分为六种（见表 2-1 和图 2-1）。

各型石墨的形成条件见表 2-2。

表 2-1 石 墨 形 状 分 类

名　　称	代　　号	说　　明
片　　状	A	片状石墨均匀分布
菊花状	B	片状与点状石墨聚集成菊花状分布
块片状	C	部分带尖角块状、粗大片状初生石墨及小片状石墨
枝晶点状	D	点状、片状枝晶间石墨呈无向分布
枝晶片状	E	短小片状枝晶间石墨呈有方向分布
星　　状	F	星状（或蜘蛛状）与短片状石墨混合均匀分布

表 2-2 各型石墨的形成条件

石墨类型	形 成 条 件	石墨类型	形 成 条 件
A	石墨成核能力强，冷却速度慢，过冷度小	D	碳当量低，成核条件差，初析奥氏体多，冷却速度快，过冷度大
B	实质上中心是 D 型，外围是 A 型，开始时过冷度大，成核条件差，先析出 D 型，后期析放出凝固潜热，过冷度减少而析出 A 型	E	碳当量较形成 D 型时更低，但冷却速度较慢，共晶凝固时液体数量已很少，故呈方向性分布（取决于初析奥氏体）
C	过共晶成分，慢冷时形成的初析石墨	F	过共晶成分，快冷时形成，如活塞环中常出现 F 型石墨

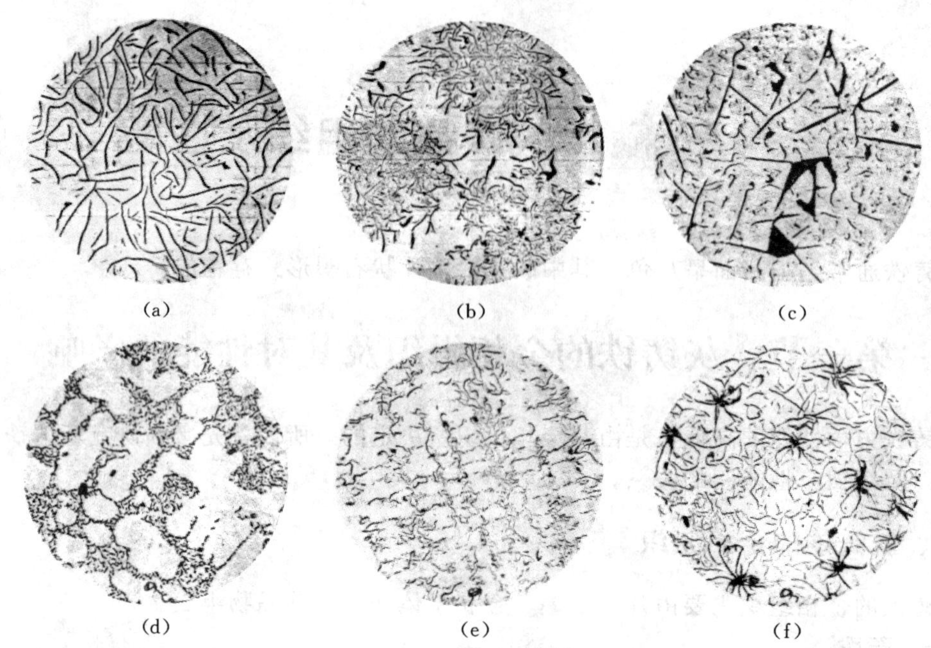

图 2-1 石墨分布形状图 100×

(a) 片状(A型);(b) 菊花状(B型);(c) 块片状(C型);
(d) 枝晶点状(D型);(e) 枝晶片状(E型);(f) 星状(F型)

2. 石墨长度

按标准,石墨长度分为八级,见表 2-3。

表 2-3 石墨长度分级

级别	名称	石墨长度($\times10^2$mm)	级别	名称	石墨长度($\times10^2$mm)
1	石长 100	>100	5	石长 9	>6~12
2	石长 75	>50~100	6	石长 4.5	>3~6
3	石长 38	>25~50	7	石长 2.5	>1.5~3
4	石长 18	>12~25	8	石长 1.5	<1.5

(二)基体

按组织特征,铸态或经热处理后的灰铸铁基体可以是铁素体、片状珠光体、粒状珠光体、托氏体、粒状贝氏体、针状贝氏体、马氏体(见表 2-4)。

片状珠光体是铁素体和渗碳体片层相间、交替排列的组织,按其片层间距大小,可分为四级[注:技术说明及金相组织图详见《灰铸铁金相》(GB/T 7216—87),下同]。

珠光体数量(珠光体+铁素体=100%),按 *A*(薄壁件)、*B*(厚壁件)两组分八级进行评定。

(三)碳化物

在灰铸铁中的碳化物,按其分布形状可分为针条状、网状、块状和莱氏体状。按其在大多数视场中的百分比分六级进行评定。

表 2-4　基体组织特征

组织名称	说　明
铁素体	白色块状组织为α铁素体
片状珠光体	珠光体中碳化物和铁素体均成片状，近似平行排列
粒状珠光体	在白色铁素体基体上分布着粒状碳化物
托氏体	在晶界呈黑团状组织，该种组织在高倍观察时，可看到针片状铁素体和碳化物的混合体
粒状贝氏体	在大块铁素体上有小岛状组织，岛内可能是奥氏体或奥氏体分解产物（珠光体或马氏体）
针状贝氏体	形态呈针片状，高倍观察时，可看到在针片状铁素体上分布着点状碳化物，边缘多分枝，无明显夹角关系
马氏体	高碳马氏体外形为透镜状，有明显的中脊面，不回火时针面明亮。有明显的60°或120°夹角特征

（四）磷共晶

磷共晶按其组成可分为二元磷共晶、三元磷共晶、二元磷共晶—碳化物复合物及三元磷共晶—碳化物复合物四种类型。其中含磷相主要是 Fe_2P 和 Fe_3P 两种。

磷共晶按其数量百分比分为六级。按其在共晶团晶界的分布形式可分为孤立状块、均匀分布、断续网状及连续网状四种。

（五）共晶团

按标准规定，灰铸铁共晶团数按选择的放大倍数，按 *A*、*B* 两组分八级进行评定（见表 2-5）。

表 2-5　共晶团数量分级

级别	直径Φ70mm图片中共晶团数量（个）		单位面积中实际共晶团数量（个/cm²）	级别	直径Φ70mm图片中共晶团数量（个）		单位面积中实际共晶团数量（个/cm²）
	放大10倍	放大40倍			放大10倍	放大40倍	
1	＞400	＞25	＞1040	5	≈150	≈9	≈390
2	≈400	≈25	≈1040	6	≈100	≈6	≈250
3	≈300	≈19	≈780	7	≈50	≈3	≈130
4	≈200	≈13	≈520	8	＜50	＜3	＜130

二、金相组织对性能的影响

金相组织决定了灰铸铁的各种性能。炉料构成、化学成分、熔炼方式、铁液过热与孕育处理、冷却速度等各种因素最终都是通过改变金相组织而影响灰铸铁性能的。

（一）石墨的影响

石墨是灰铸铁中的碳以游离状态存在的一种形式。其特性是软而脆，强度极低（σ_b＜20MPa，伸长率近于零），密度约 2.25g/cm³，约为铁的 1/3，即约 3%（重量比）的游离碳就能在铸铁中形成占体积 10%的石墨。

1. 石墨对强度的影响

石墨存在于基体中，就好像在基体中存在的裂口，使金属基体强度得不到充分发挥，故常把灰铸铁看作为有大量微小裂纹或孔洞的碳钢。一方面由于它在铸铁中占有很大的体积，使基体能承受负荷的有效截面积减少；另一方面因石墨呈叶片状，它尖锐的边缘在承受负荷时很容易引起应力集中现象。这种应力集中现象的存在，使灰铸铁即使在承受比较小的负荷，即使远未达到基体的屈服强度时，在石墨边缘处基体的实际应力就会超过它的屈服强度，致使在此处出现金属的残留变形，甚至裂纹。这种边缘裂纹的出现，会进一步减少灰铸铁承受负荷的有效截面积，加剧应力集中现象，从而使裂纹很快扩展，直至发生整个铸件的脆性破坏。

石墨对基体的破坏作用程度是与灰铸铁中石墨的形状、大小、数量和分布形式有关的。片状石墨的分布形态与铸铁的过冷度有关。

A 型为均匀无方向性分布的片状石墨。这是普通灰铸铁最常见的一种石墨形式。一般认为 A 型石墨对力学性能最为有利。

B 型为均匀无方向性分布的菊花状石墨。这种石墨成簇地分布着，中心石墨片比较细小，而边缘石墨片比较粗大，具有明显的菊花形状。它与 A 型石墨比较，由于石墨成簇分布，易造成基体上集中的弱点，故强度有所下降。

C 型为均匀无方向性分布的初生片状石墨。它的特点是在普通 A 型石墨中分布着很粗大的针片状石墨。它对基体的破坏性极大，故力学性能也最差。

D 型为无方向性分布的枝晶间石墨。这种石墨非常细小，而且无秩序地分布在枝晶之间。传统观念认为，D 型石墨分枝发达，对基体割裂严重，且常伴有大量铁素体出现，故 D 型石墨铸铁强度较低。但近期国内外研究指出，尤其是水平连续铸造的铸铁型材问世以来，在相同基体的情况下，D 型石墨铸铁的强度性能反而高于 A 型石墨铸铁的强度。因此，对 D 型石墨的作用，还需作进一步的研究论证。

E 型为有方向性分布的枝晶间石墨。由于石墨排列的方向性很强，在较小的外力作用下，铸铁有可能沿石墨排列方向呈带状脆断。所以当 E 型石墨出现时，强度性能就要下降。

在灰铸铁中，随石墨数量和长度的增加石墨变粗，会降低铸铁的抗拉强度、挠度和疲劳强度。石墨数量和长度与抗拉强度的关系见图 2-2 和图 2-3。

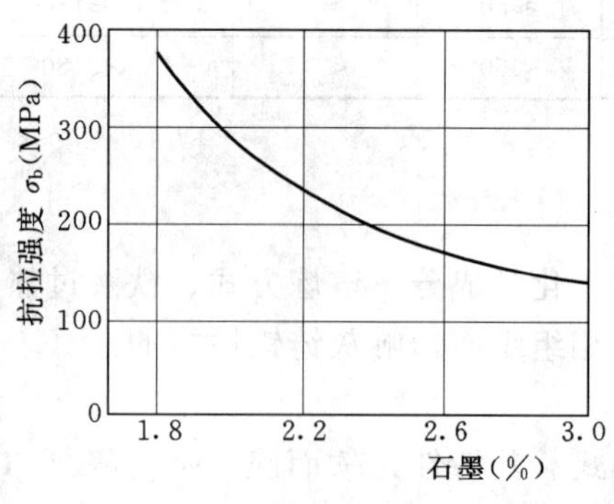

图 2-2 石墨数量与抗拉强度的关系

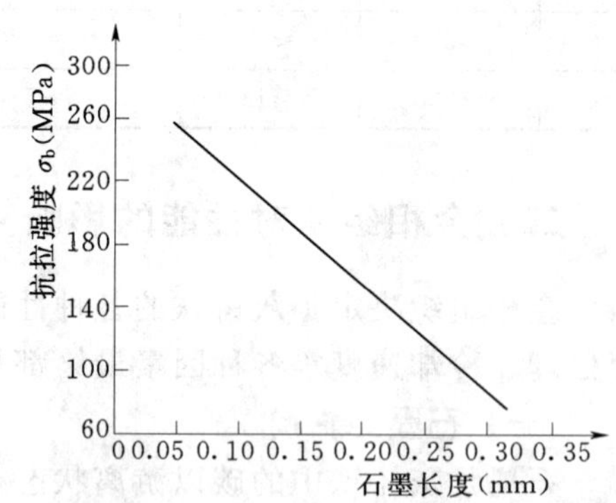

图 2-3 石墨长度与抗拉强度的关系

2. 石墨对弹性模量的影响

普通灰铸铁在受应力作用时，它的石墨片边缘由于应力集中常引起少量的残留变形存

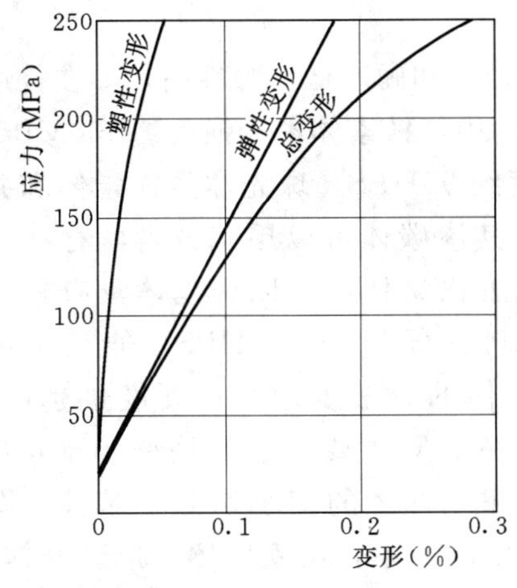

图 2-4　灰铸铁的应力—应变曲线

在，所以灰铸铁的应力—应变曲线即使在较低的应力作用下也不呈直线，而有一定的曲率（见图 2-4)。铸铁的弹性模量比碳钢明显下降，石墨数量与灰铸铁弹性模量的关系见图 2-5。

3. 石墨对减振性的影响

灰铸铁有很好的减振性，这是由于组织中大量的片状石墨割裂了基体，阻止振动的传播，并能把它转化为热能而散失所致。石墨对基体破坏越严重，它的减振性也越好。因此具有片状石墨的铸铁减振性比具有球状石墨的铸铁为好，而球状石墨铸铁的减振性又比钢好。石墨片越粗大，减振性越好。由于灰铸铁具有这种优良性能，所以它是制造机器底座的优良材料。

4. 石墨对缺口敏感性的影响

由于石墨片给铸铁基体中带来了大量的裂口，所以也就减少了外来缺口（如铸件上的孔洞、非金属夹杂和由于加工粗糙度高所造成的刀痕）对力学性能影响的敏感性。石墨片越粗大，对缺口越不敏感。随着石墨的细化或形状的改善，对缺口敏感性就会提高。

5. 石墨对铸铁减摩性的影响

石墨对铸铁的减摩性也具有重要的作用。当半干摩擦时，它本身可作为润滑剂；在液态摩擦时，它又能吸附和保存润滑油，维持油膜的连续性；当石墨脱落后，它留下的孔穴又可以作为储存润滑油的场所。此外石墨还是一种冷却剂，可使被摩擦加热的金属基体冷却。所以石墨对灰铸铁的减摩性起着有利的作用。珠光体基体加上数量和长度适中、均匀、无方向性分布的石墨的灰铸铁，具有良好的减摩性能。

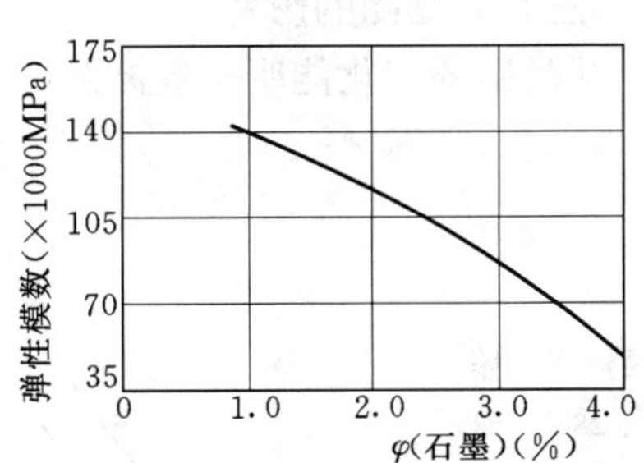

图 2-5　石墨数量与灰铸铁弹性模量的关系

6. 石墨对铸铁致密性和导热性的影响

片状石墨的存在破坏了灰铸铁基体的连续性，因而灰铸铁比蠕墨铸铁、球墨铸铁易产生渗漏，而且石墨片越粗大，灰铸铁的致密性越低。

片状石墨会提高铸铁的导热能力，因而灰铸铁比蠕墨铸铁、球墨铸铁有更高的热导率。

不同类型的片状石墨各有其独特的性能，可应用在某些特殊的领域：大部分灰铸铁件具有 A 型石墨，而中等长度的 A 型石墨较之其他石墨更适用于如内燃机缸套（筒）类型的摩擦情况；C 型石墨由于增加热导率、降低弹性模量，降低了热应力，从而提高了抗热冲击的能力；D 型石墨在不加合金情况下往往伴随着铁素体的产生，在铸件中产生软点，但切削加工后能获得较好的粗糙度；E 型石墨往往可在高强度珠光体灰铸铁中获得，它常与主要是 A 型石墨混合存在，其耐磨性像珠光体加 A 型石墨的组织一样好。

（二）基体的影响

灰铸铁的基体通常由珠光体和铁素体组成。铁素体强度和硬度低，塑性高，如在普通灰铸铁（含硅约2%）中，铁素体本身强度约400MPa，伸长率约50%，硬度约95HBS。珠光体是铁素体和共析渗碳体的混合物，其渗碳体可以层状或粒状存在于铁素体中，因而强化了铁素体，所以珠光体具有较高的强度，大约700MPa，硬度约200HBS，伸长率约15%。珠光体中渗碳体的分散度越高，硬度也越高。为了获得高强度灰铸铁，除了要注意石墨形状、分布和数量外，应力争获得100%的细小珠光体基体。图2-6表明了基体与硬度的关系，从铁素体变成珠光体，灰铸铁的硬度可提高50%左右，随之抗拉强度和抗压强度也有所提高。随着珠光体量的增加，灰铸铁的耐磨性也有所提高。

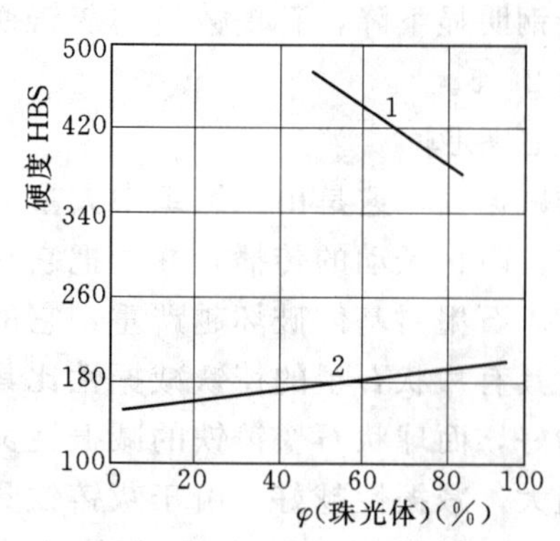

图2-6 基体中珠光体数量对灰铸铁硬度的影响

1—白口铸铁；2—灰铸铁

灰铸铁的性能主要由石墨组织所决定，基体变化所起的作用远远赶不上石墨片对基体的切割破坏作用，所以可明显地看到基体对灰铸铁性能的影响较小。

（三）共晶团的影响

共晶团的细化能明显提高灰铸铁的强度性能（见图2-7）。增加共晶团数也可以减少白口倾向（见图2-8）。

灰铸铁共晶团数受炉料、化学成分、熔化工艺、孕育剂与孕育方法、冷却速度等各种因素的影响。过多的共晶团数不仅会增加缩孔、缩松倾向（见图2-9），而且由于结晶时的"糊状凝固"方式，以及共晶膨胀引起的型壁移动都会增加铸件缩松、渗漏的倾向（见表

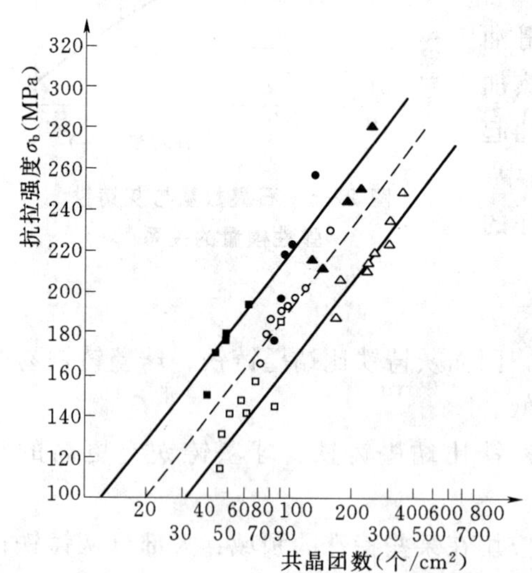

图2-7 共晶团数与抗拉强度的关系

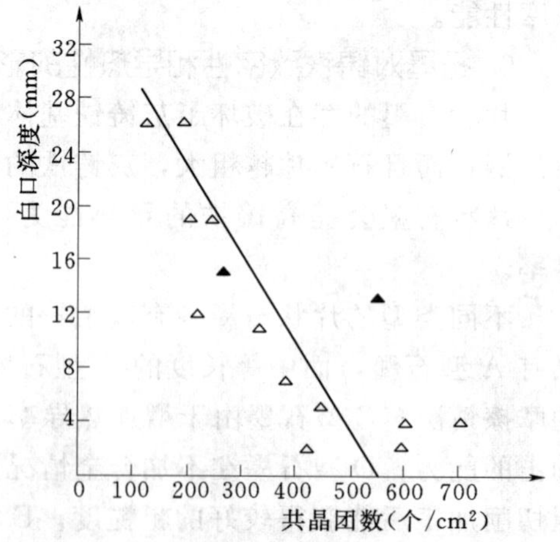

图2-8 共晶团数与白口倾向的关系

2-6)。合适的共晶团数只能按各自的生产条件来选择。

表 2-6　缩松程度与共晶团关系

缩松程度	微量	少量	较严重	严重
共晶团数（个/cm²）	236	320～400	590	700

（四）非金属夹杂物的影响

除基体和石墨外，铸铁中尚有一定数量的非金属夹杂物，最常见的有硫化夹杂物和磷共晶体。

硫可以以硫化铁的形式完全溶解于铁液中，但凝固时硫在固溶体（奥氏体）或渗碳体中的溶解度很小。含硫 0.02%时，即可能有独立的硫化物出现。如锰量较低、冷却速度较大时，形成三元硫化物共晶（Fe—FeS—Fe_3C，含 C 0.17%，S 31.7%，$t_{熔}=975℃$），或以富铁硫化物形态存在于共晶团晶界上，能降低铸铁的强度性能。当锰量较高时，则形成高熔点的 MnS（$t_{熔}=1650℃$）或（Fe、Mn）S 质点，对强度性能则无多大影响。

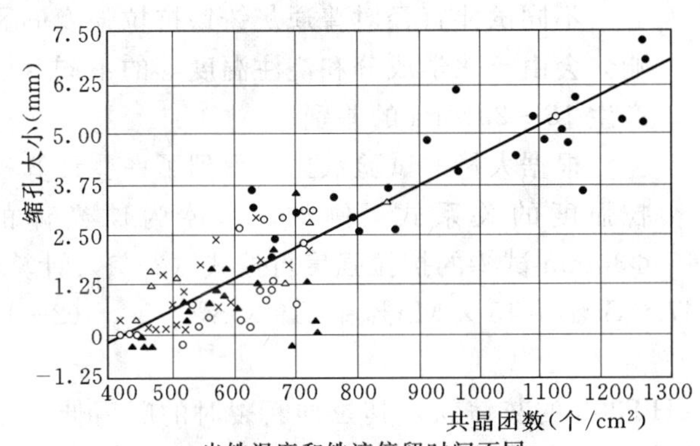

图 2-9　共晶团数与缩孔大小的关系

硫化锰质点在光学显微镜下呈灰色小点。

磷共晶常沿共晶团晶界呈网状、岛状或鱼骨状分布。它的性质硬而脆，使铸铁的韧性降低，脆性增加，因此质量要求高的铸件常要限制磷的含量。

第二节　灰铸铁的性能

灰铸铁的性能可划分为力学性能、物理性能、使用性能和工艺性能四类。本节介绍生产中常用的灰铸铁性能（具体的性能数据请参阅《铸造手册　铸铁卷》，北京：机械工业出版社，2002 年第二版）。

一、力学性能

灰铸铁的力学性能数据一般都从单铸的 Φ30mm 试棒上获得。由于灰铸铁的组织和力学性能受凝固区间和共析相变区间冷却速度的影响很大，故从试棒上测得的性能并不完全能代表形状、壁厚与试棒不同的实际铸件的性能。图 2-10 是用楔形试块表示铸件不同壁厚造成各部分冷却速度不同而引起的组织、性能的变化。所以从试棒上获得的数据仅代表在约定条件下所浇铸铁的组织和力学性能。对于有特殊要求的铸件，可按其关键

表 2-7　据铸件壁厚选定试棒尺寸

试棒直径（mm）	代表铸件的平均壁厚（mm）
15	≤10
22	11～19
30	20～29
41	30～41
53	>41

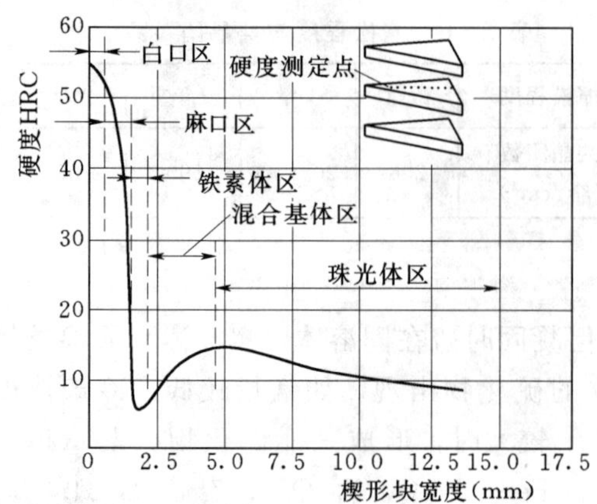

图 2-10 断面尺寸对组织、性能的影响

［试验用铁液成分（均为质量分数）：C=3.52%，Si=2.55%，Mn=1.01%，P=0.215%，S=0.086%］

部位壁厚，选用冷却速度与其相近的单铸试棒或附铸试棒来测定性能。表 2-7 是英国标准推荐的试棒尺寸及它所代表的铸件平均壁厚。

（一）抗拉强度

抗拉强度是评价灰铸铁的主要性能指标，各国都以抗拉强度大小来划分灰铸铁的等级。承受拉伸和弯曲负荷的零件必须计算拉应力，计算时取用的安全因素在 2～12 之间。

不同试棒直径对普通灰铸铁抗拉强度的影响，会由于化学成分和浇注温度等的不同，而产生 15～23MPa 的差别。

根据大量的试验数据，得到了一些计算抗拉强度的关系式。例如，基体为珠光体的 Φ30mm 试棒的抗拉强度可按式（2-1）计算：

$$\sigma_b = 786.5 - 150 \times C\% - 47 \times Si\% + 45 \times Mn\% + 219 \times S\% \qquad (2-1)$$

（二）断后伸长率

灰铸铁的断后伸长率很低，HT150～HT300 的灰铸铁，其拉伸断裂时的断后伸长率在 0.3%～0.8%之间，且随抗拉强度的提高而提高，随硅量的提高而降低。断裂时灰铸铁的永久变形为 0.2%～0.6%。

（三）抗压强度

灰铸铁用作机器底座、支承重量等构件时需计算抗压强度。灰铸铁的抗压强度非常高（见表 2-8），可与钢相比，一般为抗拉强度的 3～4 倍。

灰铸铁的抗压强度值（MPa）与硬度值（HBS）之间有一定关系：对未经孕育的灰铸铁，其比值为 3.4～4.0；孕育后的灰铸铁，硬度小于 175HBS 时，比值小于 3.7，硬度大于 175HBS 时，比值大于 3.7。

与钢、可锻铸铁等韧性材料不同，灰铸铁在压缩负载下破坏之前几乎没有塑性变形。

表 2-8 灰铸铁的抗压强度

美国灰铸铁牌号	抗拉强度（MPa）	抗压强度（MPa）
20	152	572
25	179	669
30	214	752
35	252	855
40	293	965
50	362	1130
60	431	1293

（四）抗弯强度

抗弯强度通常在未经加工的 Φ30mm 标准试棒上测定。从直径 15～40mm 圆柱试棒上测出的抗弯强度与抗拉强度之间有很好的线性关系（见图 2-11）。这也是过去把抗弯强度作为灰铸铁另一个分级指标的原因。但由于不加工试棒往往会带进更多不稳定因素，世界上除俄罗斯外，都不再以抗弯强度作为评定灰铸铁的力学性能指标。

（五）硬度

硬度在一定条件下可表示灰铸铁的强度大小、耐磨性高低及切削性能的好坏。

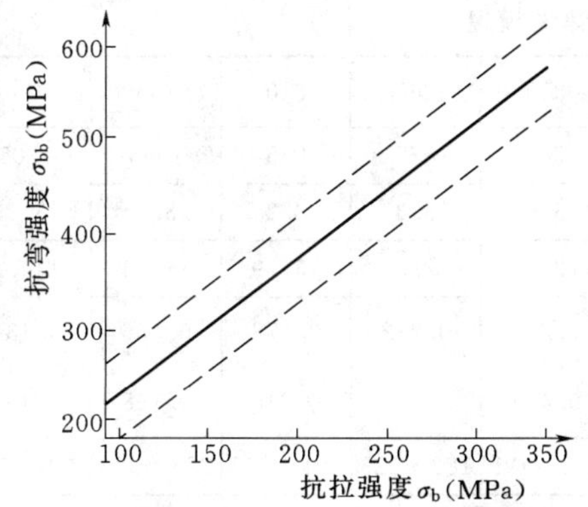

图 2-11　抗弯强度与抗拉强度的关系

[试棒直径：Φ15mm、Φ22mm、Φ30mm、Φ40mm；抗弯强度可根据共晶度 S_C 计算：$\sigma_{bb}=1365-971S_C$ (MPa)]

灰铸铁的硬度值在石墨和基体两者硬度值之间，它的大小极大程度上取决于石墨的形状、分布和数量。尽管基体硬度相近，铸铁硬度随着总碳量的降低而明显地提高。当石墨由 A 型转变为 D 型时，往往由于 D 型石墨周围伴随着铁素体基体的出现，而使灰铸铁的硬度下降。

灰铸铁的布氏硬度与抗拉强度的关系见图2-12。

布氏硬度可根据其化学成分按式（2-2）计算：

$$HBS = 444 - 71.2 \times C\% - 13.9 \times Si\% + 21 \times Mn\% + 170 \times S\% \qquad (2-2)$$

抗拉强度与布氏硬度之比 m 按式（2-3）计算：

$$m = \frac{\sigma_b}{HBS} \qquad (2-3)$$

抗拉强度与布氏硬度之比 m 是评述灰铸铁切削性能的指标。m 值大表明在较高强度时，硬度值相对较低，从而有良好的切削性能。有的单位取 $m=1.0\sim1.4$ 作为灰铸铁的内控指标。

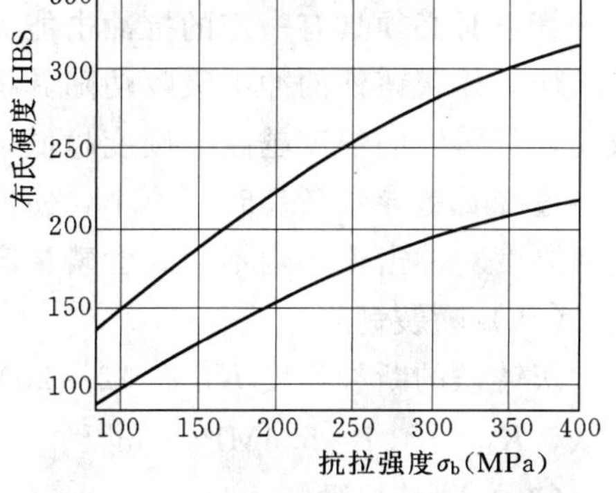

图 2-12　布氏硬度与抗拉强度的关系

（六）拉伸弹性模量（杨氏模量）

石墨的存在使灰铸铁在很小的应力下就会发生塑性变形。所以灰铸铁没有一个固定的弹性模量。灰铸铁的弹性模量与应力的关系，可用式（2-4）表示：

$$E = E_0 - b\sigma \qquad (2-4)$$

式中　E——应力为 σ 时的弹性模量（MPa）；

σ——试件所受应力；

E_0——零应力时的弹性模量；

b——系数，与石墨形状、数量等有关。

影响灰铸铁弹性模量的最重要因素是片状石墨的数量和形状。E_0 随石墨数量的增加而降低。石墨切割基体作用越大，弹性模量越小。D 型石墨比 A 型石墨有较高的 E_0，且随应力的增加，下降速度比较小。磷对 E_0 影响不大，但有增加 E_0 的趋势。石墨量一定时，基体对 E_0 影响不大，退火铁素体灰铸铁弹性模量低是由于渗碳体分解、更多的石墨析出。

随着灰铸铁抗拉强度的提高，弹性模量也提高，见表 2-9。用添加少量合金元素的方法，既可提高抗拉强度，又可提高弹性模量。

表 2-9 普通灰铸铁的弹性模量

抗拉强度 σ_b（MPa）		155	185	215	265	310	355	400
抗压强度 σ_{bc}（MPa）		620	690	765	875	985	1095	1205
抗压强度/抗拉强度		4.0	3.7	3.6	3.3	3.2	3.1	3.0
E_0（GPa）		103.5	111.7	120.0	129.7	137.9	141.4	144.8
每增 1MPa 应力时	弹性区弹性模量下降（GPa）	0.357	0.301	0.245	0.212	0.178	0.156	0.134
	总变形量中弹性模量下降（GPa）	0.536	0.460	0.404	0.320	0.246	0.198	0.161
布氏硬度 HBS		134～164	149～182	162～199	182～223	201～247	226～276	250～305

精密机床等受载很小的构件，设计时可采用 E_0 来代表弹性模量。通常在灰铸铁构件中，使用应力很少超过抗拉极限的 1/4，设计师们愿用应力为 $\sigma_b/4$ 时的 $E\times\sigma_b/4$ 来代替该牌号灰铸铁的弹性模量。

灰铸铁在同一应力下反复加载时，具有加载次数增加、应变曲线弯曲程度明显减少、卸载后残余塑性变形也减少的特性。利用这种特性，可通过精加工前一定次数的预加载，获得高的构件尺寸稳定性。

（七）冲击性能

灰铸铁是一种脆性材料，不推荐在需要高冲击性能的场合使用。但有的灰铸铁件，如用于管道时必须具有一定的抗冲击能力，以防在运输及安装中损坏。

珠光体灰铸铁的冲击吸收功随其抗拉强度增加而提高。铁素体基体具有较高的冲击吸收功。灰铸铁的强度越高，硬度越低，则冲击性能越好。

过冷石墨导致断裂时变形小，使冲击值降低。从不同断面切出的试样试验结果表明，断面厚度对冲击值影响不大。含磷量高于 0.2%后，随磷量增加，冲击吸收功明显下降。

（八）断裂韧度

灰铸铁的断裂韧度 K_{1C} 在 12～20MPa·$m^{1/2}$ 之间。C=3.8%、Si=2.5%的过共晶灰铸铁，K_{1C} 为 4.7～5.6MPa·$m^{1/2}$。

（九）疲劳极限

零件损坏的原因中，80%是疲劳失效。按应力分类，疲劳可分为弯曲疲劳、抗压疲劳、剪切疲劳和扭转疲劳。

灰铸铁的应力 σ—循环次数 N 曲线与钢一样，其试样在承受一定次数（10^7）应力循环后不断裂，将永不会断裂。

疲劳极限与抗拉强度之比称为疲劳比。灰铸铁的弯曲疲劳比在 0.33～0.47 之间，抗拉强度值越高，此比值越低。设计时推荐使用 0.35 的疲劳比。抗压疲劳比约为 0.26，扭转疲劳比约为 0.42。

采用合金化或热处理方法增加抗拉强度会导致疲劳比下降，也即疲劳极限的增加并不与抗拉强度的增加成正比。贝氏体灰铸铁强度高，但其疲劳比却比珠光体灰铸铁低。

片状石墨是灰铸铁自身所带的缺口和应力源，故人为的缺口对灰铸铁疲劳极限值无明显影响。

表面滚压能增加灰铸铁的疲劳极限和在高于极限应力下工作的寿命。这种强化方式，对于珠光体基体的疲劳极限，可增加 20%；对于铁素体基体的疲劳极限，可提高 100%。

（十）高低温力学性能

在室温至 400℃范围内灰铸铁的力学性能变化不大，其抗拉强度在 400℃以上时显著下降（见图 2－13）。添加少量合金元素能提高室温和高温下的抗拉强度，但在高温下强度下降的百分比与不加合金时一样。无合金灰铸铁的蠕变比加合金的有明显的增加。

灰铸铁的持久强度极限随温度的提高而降低（见表 2－10）。普通灰铸铁可以在 350℃时长期承受设计应力的载荷。大多数抗拉强度为 300～430MPa 的低合金灰铸铁，可以在 427℃以下长期承受设计应力的载荷。铸铁高温性能下降的原因之一是组织的不稳定。

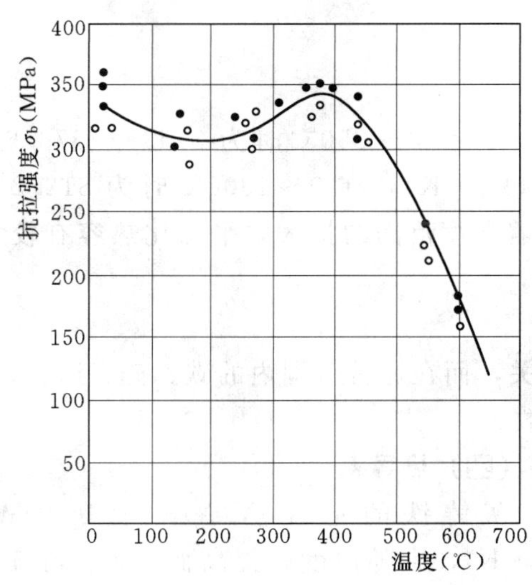

图 2－13　温度对抗拉强度的影响

［灰铸铁的成分（均为质量分数）为：C=2.84%，Si=1.52%，Mn=1.05%，P=0.07%，S=0.12%，Cr=0.31%，Ni=0.20%，Cu=0.37%］

表 2－10　灰铸铁的持久强度极限

单位：MPa

20℃短时	425℃		500℃	
	短时	4000h	短时	4000h
223	220	130	163	70

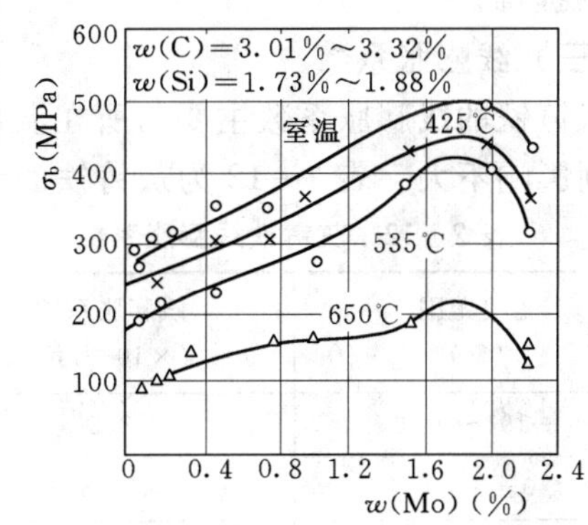

图 2－14　钼对灰铸铁高温强度的影响

钼对提高灰铸铁的高温力学性能有良好的作用，见表 2－11 和图 2－14。

低于室温时，灰铸铁的硬度和强度增加，从室温降至－100℃，抗拉强度约增加 10%～15%。拉伸和压缩应力作用下的弹性模量随温度的升高几乎呈直线下降。

表 2－11　钼铸铁的持久强度极限

单位：MPa

试验温度	425℃ (4000h)	535℃ (4000h)	650℃ (4000h)
普通灰铸铁	143	103	17
w（Mo）=0.5%的铸铁	204	120	28
w（Cr）=0.6%、w（Mo）=0.5%的铸铁	267	204	42

灰铸铁在 400℃左右能获得最高的疲劳极限值，随后随温度的上升，疲劳极限下降。但疲劳比不随抗拉强度下降，而基本保持不变。

冲击韧度在室温至 240℃内变化不大，但低温会降低灰铸铁的冲击韧度。有资料认为从室温降至－100℃，冲击韧度约降低 30%。

二、物理性能

（一）密度

灰铸铁的密度取决于其结构中各组成物的相对量，尤其受含碳量、石墨含量的影响最大。不同牌号灰铸铁的密度在 6.95～7.35g/cm³ 之间。

实验室小试块密度可用式（2-5）计算：

$$密度 = 8.11 - 0.223 \times C\% - 0.091 \times Si\% - 0.071 \times P\% \quad (g/cm^3) \qquad (2-5)$$

固态密度为 7.17g/cm³ 的灰铸铁，1200℃熔化时，密度为 6.92g/cm³。

密度随碳当量的增加而降低。但碳当量一定时，密度随碳、磷量的增加而增加，随硅量的增加而降低。

（二）比热容

灰铸铁的比热容与其成分及加热温度有关。

对于不同成分灰铸铁的平均比热容数据如下：在 0～300℃时为 376.8～573.6J/（kg·K），在 0～1000℃时为 632.2～736.9J/（kg·K），在 0～1300℃时为 812.2～912.7J/（kg·K）。对于同一成分的灰铸铁，随着温度范围的扩大，平均比热容有较大幅度的提高。

（三）线膨胀系数

灰铸铁的线膨胀系数主要与所在温度范围有关，而在通常范围内的碳、硅、锰、磷、硫量则影响不大。表 2-12 为灰铸铁的线膨胀系数。

表 2-12 灰铸铁线膨胀系数

温度范围（℃）	线膨胀系数（$\times 10^{-6}$/K）
−191～+16	8.5
0～+100	10.5
0～+500	13.0
室 温	10.0

（四）热导率

灰铸铁的室温热导率为 46.05W/（m·K），它随温度的提高而降低。在 100～450℃之间，每增加 100℃，热导率下降 1.47～1.88W/（m·K）。

加入合金元素硅、锰、磷、铝、铬、铜、镍等会降低热导率，钼、钨则增加热导率，钒则无影响。

（五）电阻率

灰铸铁的电阻率因碳、硅含量和基体组织的不同有较大的变化，一般在 0.20～0.80μΩ·m 之间。石墨越粗大、越多，灰铸铁电阻率就越大。

磷、镍、铝和硅一样都增加电阻率，铜、钼、铬、钒等增加电阻率的作用较小。

（六）磁性能

灰铸铁磁性能的变化范围很大，它可以从低磁导率、高矫磁力一直变至高磁导率、低矫磁力。这些变化主要取决于灰铸铁的组织。

铁素体磁导率高，磁滞损失小，珠光体刚好相反。珠光体退火成铁素体，磁导率可提高 4 倍。增大铁素体晶粒能减少磁滞损失。渗碳体的存在降低磁感应强度、磁导率及剩磁，增加矫磁力和磁滞损失。粗大石墨存在会降低剩磁，A 型石墨变至 D 型石墨，可明显增加磁感应强度和矫磁力。

在达到非磁性的临界温度前，温度上升使材料磁导率明显增加。纯铁的居里点即为 α—γ 转变的温度 770℃。Si 为 5%时，居里点降至 730℃。无硅渗碳体的居里点温度为 205～220℃。

常用牌号的灰铸铁，基体以珠光体为主时，其最大磁导率在 309～400μH/m 之间。

三、使用性能

（一）耐磨性

有耐磨要求的灰铸铁零件大多在滑动条件下工作。刹车（蹄）片、刹车毂、离合器片、气缸套、活塞环、机床导轨、轴承、液压阀件等都是其典型件。

显微组织决定了磨损特性。C 型片状石墨逐渐向 A 型石墨过渡，粘着磨损减少；D 型石墨及其伴生的铁素体增加磨损；珠光体、贝氏体、回火马氏体在硬度相同时，耐磨性一样；石墨类型相同时，基体珠光体量越多、越硬，耐磨性越好。

正常磨损或以磨料磨损为主的磨损，基体硬度越高，抗磨性能越好。因此高速柴油机缸套、凸轮轴、齿轮等零件可用表面硬化来获得高耐磨性。但对于大部分阀门、机床、大小功率内燃机等各种在有润滑条件下工作的、由减磨铸铁制造的滑动零件，如缸套、导轨，都可以在铸态下就能满足技术要求，此时总希望其铸铁为含有约 C=3.4%的 A 型石墨珠光体铸铁，并且在组织中有一些磷共晶或其他碳化物硬相组织。

（二）减振性

灰铸铁中的片状石墨促使在循环应力下铸铁易产生微观塑性变形或位错，使振动能量受到不可逆转的损耗，加速振动的衰减，因此灰铸铁具有良好的阻尼性能或减振性。这是灰铸铁广泛应用于制造内燃机和机床零件的一个原因。

灰铸铁中，片状石墨越细小，石墨量越少，减振性越差，共晶过冷石墨最差。

减振性可根据外加应力所产生的应变量减少率求得比衰减率的方法来衡量，用式（2-6）计算：

$$\psi = \frac{\varepsilon_1 - \varepsilon_2}{\varepsilon_1} \times 100\% \tag{2-6}$$

式中 ψ——比衰减率；

ε_1——第一次变形量；

ε_2——第二次变形量。

（三）耐热疲劳性能

铸铁被反复加热冷却时，由于温度差造成各部分热膨胀、热应变不同，从而产生了热应力。反复加热也可能引起珠光体分解造成的体积变化及局部产生氧化。这几项因素和零件原承受的负载一起往往造成一个超过材料本身强度的总应力，使零件失效开裂。

研究表明珠光体基体的铸铁具有较好的热疲劳性能；A 型石墨比 D 型石墨具有较高的热疲劳性能；强度相同时，石墨量多有利于提高热疲劳性能。一般说来，球墨铸铁、蠕墨铸铁的抗热疲劳能力比灰铸铁高。

合金元素，尤其是钼能明显改善热疲劳性能，它们作用的强弱可用式（2-7）来表示：

$$\ln N = 0.41 + 0.6226 \times \sigma_b(\text{MPa}) + 1.89 \times \text{V}\% + 1.79 \times \text{Mo}\% + 0.11 \times \text{Cr}\% - 0.14 \times (\text{Ni}\% + \text{Cu}\%) \quad (2-7)$$

式中 N——加热次数。

需经受热循环的内燃机灰铸铁件设计时，可使用热品质系数来表达材质耐热疲劳性能的优劣：

$$\text{热品质系数} \propto \frac{\text{材质传热系数} \times \text{材质抗拉强度}}{\text{材质线膨胀系数} \times \text{材质弹性模量}}$$

基体、石墨量及形状、合金元素等对热循环次数的影响，是它们对上述四性能综合作用的结果。

(四) 抗氧化、抗生长性能

把铸铁置于高温下，或将其反复加热冷却，铸铁会产生不可逆的膨胀，这种现象称为铸铁的生长。它取决于基体中碳化物和珠光体的分解，以及从铸铁表面开始向内进行的氧化，它们会影响铸铁在使用时的尺寸稳定性。变形量足够大时会使零件失效。

试验表明，普通灰铸铁在350℃以下的大气中几乎不氧化和生长；在700℃以下氧化较少，但有生长，并会造成尺寸变化；700℃以上，氧化和生长两者都急剧增加。

为抑制生长，可采取如下措施：①避免碳化物生成；②预先使珠光体分解；③防止碳化物在使用时分解；④控制氧化生长。

生产中常用添加合金元素来控制氧化生长，其中铬用得最普遍。

(五) 致密性

石墨的存在破坏了基体的连续性和致密性。故灰铸铁的致密性在很大程度上取决于石墨的形状和数量。导致石墨数量增多、粗大及缩孔、缩松、粗晶组织形成的因素都会降低致密性。

添加少量合金元素的灰铸铁具有较高的耐渗漏能力。

四、工艺性能

(一) 铸造性能

铸造性能的好坏是衡量铸造合金优劣的一个重要方面。与其他铸造合金相比，灰铸铁由于凝固温度范围较窄，熔化温度较低，具有较好的铸造性能。这是灰铸铁获得广泛应用的主要原因之一。

1. 流动性

流动性是指铁液充填铸型的能力，常用螺旋试样法等方法进行测定。

影响灰铸铁流动性的最大因素是铁液在液相线上的过热度。在同样的过热度下，不同碳当量的铁液具有相仿的流动性。浇注温度一定时，接近共晶成分的铁液具有较好的流动性，因为此时灰铸铁的结晶范围小，初析奥氏体枝晶不太发达。故在正常浇注温度下，在铁—碳合金中接近共晶成分的铁液的流动性是最好的。

在实际生产中灰铸铁的流动性受碳当量影响很大。碳和硅主要影响共晶度，$S_C<1$时，增加C、Si量能使流动性提高；$S_C>1$时，由于有初析石墨析出，因而流动性较差，此时如果要提高流动性，只有降低碳、硅含量。

磷能使铸铁的共晶度增加，又形成低熔点共晶体，并能降低铸铁液相线温度，因而磷能有效地提高铸铁的流动性。薄壁且要求高表面光洁度的铸件可使用高磷铸铁。锰和硫对流动性影响不显著，少量合金加入对流动性影响并不大，而氧降低铁液的流动性。

影响流动性的另一个重要因素是浇注温度。当其他条件不变时，提高浇注温度可有效地增加铸铁的流动性。生产中常选择不同的浇注温度以适应各种壁厚及形状铸件的要求。

2. 收缩性

铸铁的收缩包括液态收缩（$\varepsilon_{液}$）、凝固收缩（$\varepsilon_{凝}$）和固态收缩（$\varepsilon_{固}$）三部分。

从浇注温度到液相线温度之间发生的收缩称为液态收缩。其收缩率受浇注温度高低和碳量的影响，浇注温度越高、碳量越高，则液态收缩率 $\varepsilon_{液}$ 越大。

凝固期间发生的收缩及由于析出石墨而产生膨胀的总和称为凝固收缩。

$$\varepsilon_{凝} = 6.9\% - 0.9C - 2G$$

其中，C 和 G 分别表示铁液中的含碳量和凝固时析出的石墨量。

灰铸铁的凝固收缩比球墨铸铁、可锻铸铁均小，普通灰铸铁的凝固收缩约 2%，合金高强度灰铸铁约 4%。

液态收缩和凝固收缩决定了缩孔的大小和缩松倾向。普通灰铸铁由于成分接近共晶，石墨化能力又强，所以其收缩孔总体积只在−0.5%～0.2%，常可以不用补缩冒口即可获得健全铸件。对于碳、硅含量较低的高强度灰铸铁，则由于有一定程度的收缩量，为了得到健全的合格铸件，在某些情况下必须设置适当的冒口以补偿液态及凝固收缩。

对于灰铸铁件来说，在考虑收缩问题时，必须要联系到铸型条件。湿型铸造时，由于铁液的静压力和共晶石墨析出时要发生体积膨胀，这常导致铸型型壁向外移动。型壁移动导致铸型扩大，造成了在凝固期间较大的补给需求。所以，同样条件的一个灰铸铁件，采用湿型时就可能比干型时需要较大的冒口，以补给由于铸型型壁扩张所增加的补给需要。

固态收缩 $\varepsilon_{固}$ 是指铸件凝固后期在铸件内形成连续的固相骨架开始一直到室温阶段内所发生的固态收缩，常以线收缩值表示，几种铸造合金的线收缩曲线如图 2－15 所示。由图 2－15 可见，在凝固后期，对灰铸铁来说，由于有石墨化过程的发生，故有一个不但不收缩，反而发生膨胀的阶段。碳钢和白口铸铁由于没有石墨化过程，也就没有这个收缩前的膨胀阶段。凝固完毕后，紧接着的就是珠光体前收缩。在共析转变时，这三种铁—碳合金都有二次膨胀现象。而灰铸铁由于有共析石墨化的缘故，二次膨胀量也比较大。经过共析转变后，三者的线收缩基本相似。灰铸铁的线收缩值在铁碳合金中是比较小的，一般为 0.9%～1.3% 左右。在实际生产中，往往由于铸型的机械阻碍及铸件结构等许多因素的作用，实际的线收缩值要比自由线收缩值小，常称为受阻线收缩值，灰铸铁的受阻线收缩值约为 0.8%～1.0%。

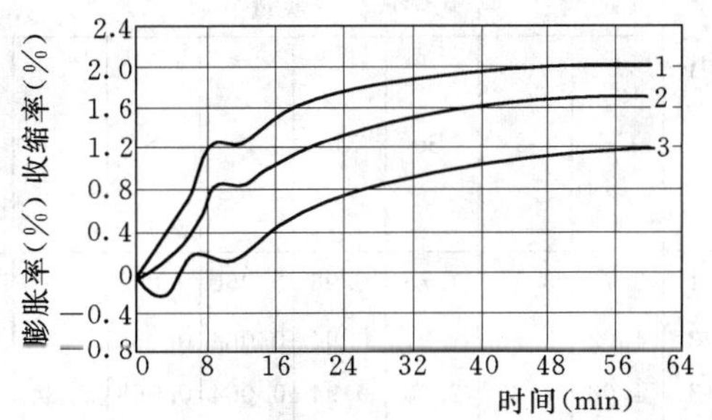

图 2－15 线收缩曲线

1—碳钢；2—白口铸铁；3—灰铸铁

促进石墨化的因素都能减少灰铸铁的收缩；反之亦然。

由收缩伴生的现象除形成缩孔、缩松外，主要还有热裂、内应力及变形和冷裂。

铸件的热裂是由于在凝固后期受到来自铸型、型芯或其他方面的机械阻碍所造成的。热裂常产生在铸件的厚壁处或截面突然变化的地方。铸件的凝固收缩越小，收缩前的膨胀越大，如此时受到的机械阻碍越小，则产生热裂的可能性也越小。所以凡是能提高灰铸铁石墨化能力的因素都有利于防止热裂的产生。

3. 铸造应力

铸铁件在凝固后的冷却过程中，温度将继续下降而产生收缩，如收缩受到阻碍，便会在铸件中产生铸造应力。铸造应力按其形成原因可分为热应力、相变应力和机械阻碍应力三种。

(1) 热应力。由于铸铁件的各部分在冷却过程中的冷却速度不同，造成各部分在某一时刻的收缩量不同，但铸件各部分是连为一个整体的，彼此间互相制约因而产生应力。这种由于线收缩受热阻碍而产生的热应力一般成为铸件内的残余应力，其大小与铸件厚壁部分由塑性状态转变为弹性状态时厚薄两部分的温度差成正比，即铸件的壁厚差越大，残余热应力也越大。凡能促使铸件同时凝固或减缓冷却速度的因素，都能减少铸件中的残余热应力。

(2) 相变应力。铸件各部分在冷却过程中发生固态相变的时间和程度不同，使体积和长度的变化也不一样，而各部分之间又互相制约，由此引起相变应力。由于灰铸铁件粗厚部分的石墨化程度比细薄部分更充分些，因此细薄部分受拉应力，而粗厚部分受压应力。

(3) 机械阻碍应力。铸铁件冷却到弹性状态后，由于收缩受到机械阻碍而产生机械阻碍应力。它可表现为拉应力或切应力。当机械阻碍一经消除，应力也随之消失，所以它是一种临时应力。

铸造应力是热应力、相变应力和机械应力三者的代数和。目前常用应力框法测量应力。

不同成分灰铸铁的铸造性能测定数据见表 2-13。

表 2-13 浇注温度 1400℃时，不同碳当量（无合金和加少量合金）灰铸铁的铸造性能

序号	化学成分（质量分数，%）								抗拉强度（MPa）	螺旋线长度（mm）	残余应力（MPa）	体收缩			
	CE	C	Si	Mn	P	S	Cr	Cu				致密块密度（g/cm^3）	缩孔相对容积（%）	缩松相对容积（%）	体收缩率（%）
1	3.76	3.15	1.76	0.96	0.060	0.063	—	—	275	703	70.7	7.282	2.57	0.76	3.33
2	4.02	3.35	1.94	0.94	0.064	0.068	—	—	246	947	50.0	7.225	2.34	0.64	2.98
3	4.08	3.39	2.00	0.94	0.064	0.068	0.34	—	256	965	52.0	7.220	2.58	0.64	3.22
4	4.05	3.34	2.06	0.96	0.064	0.068	0.34	0.43	253	995	51.0	7.204	2.23	0.57	2.80

4. 断面敏感性

断面敏感性是指铸件各部位（外层与内层、厚壁处与薄壁处）在结晶后所得组织和性能的差异程度。它取决于铸铁成分、处理工艺和冷却速度。由于冷却速度不同，不仅影响到灰铸铁结晶晶粒的大小，而且影响到碳的存在形式和分布，因此灰铸铁的断面敏感性要比其他金属大：薄壁处易形成过冷石墨及白口，厚壁处石墨粗大，从而使铸件不同部位有

不同的硬度、强度，影响到机械加工和最终的使用性能。

（二）切削性能

灰铸铁由于片状石墨对刀具的润滑作用和断屑作用，故有良好的切削性能。

灰铸铁本身的切削性能取决于基体组织和硬度，铁素体基体最好，其次是珠光体基体。当有游离渗碳体存在时，切削性能急剧下降。

合金元素的加入使灰铸铁的基体强化，硬度升高，因此加入合金后的切削性能要比未加入前的差。在同样硬度下比较，由于合金元素使组织均匀化而提高了灰铸铁的切削性能。故用合金来提高灰铸铁性能时，为保持良好的切削性能，应尽量选取提高硬度不多的合金组成。某些合金元素，如 V、Ti、B、Cr、P 加入会使灰铸铁组织中产生硬化相（碳化物、氮化物、磷共晶），在增加耐磨性的同时，会严重降低灰铸铁的切削性能。

实际生产中常用抗拉强度与硬度之比值来控制切削性能。在提高强度时，希望获得较低的硬度，以保持良好的切削性。

（三）焊补性能

铸铁中由于石墨的存在，以及铁碳合金在冷却结晶过程中的二重性（稳定系与介稳定系），铸铁的焊补性能都较钢为差。灰铸铁的焊补性能较球墨铸铁等为好。

焊补有氧—乙炔焊补和电焊焊补两种方法。在焊补灰铸件缺陷时，往往会遇到下列困难：①易形成渗碳体，在铸件上产生硬点，增加随后切削加工的困难；②在焊补区和过渡区都可能产生裂纹；③焊补材料和母体不能有良好的结合或有新的渣孔和气孔；④焊后冷却过快，或焊补金属与母材有不同的收缩率，会使局部产生应力，甚至开裂。

为防止这些问题，焊补一般在铸件预热的状态下进行，预热温度以不超过 600℃ 为好。焊补时必须使用焊剂。为获得良好的可焊接性及能加工的焊补区，常使用含 Si 量为 3.0%～3.5%的高碳铸铁焊条。对要求更高的可再添加 1.25%～1.75%的镍。焊后必须强迫缓冷或进行必要的高温退火。

冷焊（电焊）用在焊补一些不重要的小件或焊后不再加工的表面缺陷。此时要用 Ni 系、Fe—Ni（含 Ni 40%～60%）系和 Cu—Ni（含 Ni≥60%）系焊条。

第三节　对灰铸铁组织和性能的影响因素

影响石墨化能力的工艺因素对灰铸铁的组织和性能产生很大的影响。

对于一般铸铁的组织来说，共晶凝固时的石墨化问题及共析转变时的珠光体转变环节是两个关键性问题。对于上述两个阶段发生重要影响的主要因素有：①铸件的冷却速度；②化学成分；③与成核能力有关的因素；④气体；⑤炉料特征和铁液的纯净程度。

一、冷却速度的影响

当化学成分选定以后，铸铁共晶阶段的冷却速度可在很大的范围内改变铸铁的铸态组织，得到灰铸铁或白口铸铁。改变共析转变时的冷却速度，其转变产物亦会有很大的变化。图 2-16 表示了冷却速度增大后对铸铁凝固组织所造成的影响，图中 T_{EG} 相当于稳定系的平衡温度，T_{EC} 相当于形成莱氏体共晶的介稳定系平衡温度。随着冷却速度的增加，铁液的过冷度增大［见图 2-16（a）～（d）］，共晶反应平台离莱氏体共晶线的距离越来越近，说明铸铁的白口倾向越来越大。如果共晶过冷温度低于莱氏体共晶线，或最后的凝固部分进入介稳定区凝固，则铸件最后的组织中将出现自由状态的共晶渗碳体。

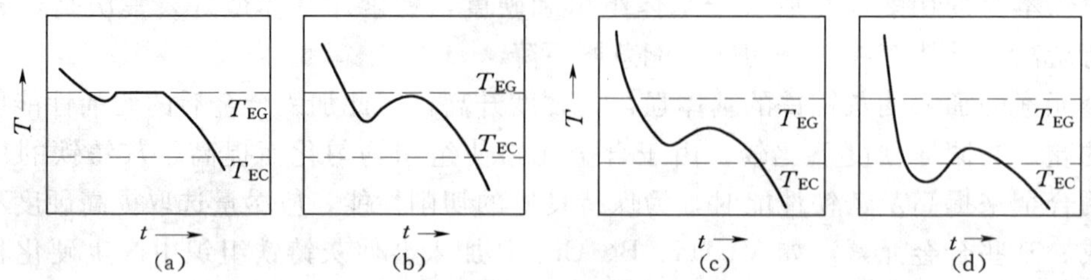

图 2-16 冷却速度对铸铁凝固组织的影响示意图

T—温度；t—时间

提高铸件的冷却速度，石墨化作用减弱，石墨数量减少、细化，由均布的 A 型石墨变为菊花状的 B 型或枝晶状的 D 型、E 型。铸铁中的共晶团数目，随冷却速度的加大而增加。

当共晶过冷度较大（1148℃以下）时，不易析出石墨，而有利于形成渗碳体。在共析过冷度较小（738～723℃）的共析转变时，从奥氏体中直接析出石墨；而过冷度较大（723℃以下）时，则形成珠光体＋铁素体或珠光体。

影响冷却速度的主要因素有如下几点。

1. 铸件的大小和壁厚

铸件尺寸大且壁较厚，冷却速度慢，易出现粗大石墨片；若铸件尺寸小或壁厚逐渐减薄，可出现细小的石墨片，直至出现共晶渗碳体。

2. 铸型条件

不同的铸型材料具有不同的导热能力，能导致不同的冷却速度。干砂型导热较慢，湿砂型导热较快，金属型更快，而石墨型最快。有时可以利用各种导热能力不同的材料来调整铸件各处的冷却速度，如用冷铁加快局部厚壁部分的冷却速度，用热导率低的材料减缓某些薄壁部分的冷却速度，以获得所需的组织。

3. 浇注温度

浇注温度对铸件的冷却速度略有影响，如提高浇注温度，则在铁液凝固以前把型腔加热到较高温度，降低了铸件通过型壁向外散热的能力，所以延缓了铸件的冷却速度，这既可促进共晶阶段的石墨化，又可促进共析阶段的石墨化。因此提高浇注温度可稍使石墨粗化，但实践中很少用调节浇注温度的办法来控制石墨尺寸。

二、化学成分的影响

工业上的铸铁实际上是一种以铁、碳、硅为基础的十分复杂的多元合金，其中每个元素对铸铁的凝固结晶、组织和性能均有一定的影响和作用。

（一）各元素在铸铁中存在的状态与分布

铸铁中的各元素可能以下列状态存在：固溶于铁素体、奥氏体、渗碳体或其他相中；组成特殊的碳化物；与氧、硫、氮等化合，形成夹杂物；形成金属间化合物；较纯的金属相等。

1. 固溶体

不同的元素在铁素体、奥氏体、渗碳体中的溶解度有很大的差别。就是同一个元素，在不同相中的溶解度也是不同的，往往相差好几倍，并且随着温度的高低和其他元素的存在而变化。硅在铸铁的常见含量范围内完全溶于奥氏体或铁素体中。锰、镍、钴可无限溶于奥氏体，锰还可溶入渗碳体内。硫、磷两元素在奥氏体中的溶解度很低，并且随着奥氏体中含碳量的增加而减少。硫、磷均可少量溶入渗碳体中。

2. 组成碳化物

根据各元素在铁碳合金中形成碳化物的倾向不同，可分为以下几类：

（1）强碳化物形成元素。属这类的元素有钒、锆、铌、钛等。由于这些元素与碳有极强的亲和力，故只要有足够的碳，在适当的条件下，就形成它们自己特殊的碳化物。

（2）中强碳化物形成元素。铬、钼、钨属这类。这些元素与碳的亲和力稍小于强碳化物形成元素，故很小一部分溶入铁的固溶体中，而大部分则溶入渗碳体，置换其中部分的铁原子，形成置换式渗碳体，如 $(Fe、Cr)_3C$，但当含量超过一定限度时，又将形成它们各自的特殊碳化物，如 $(Fe、Cr)_7C_3$、$(Fe、W)_6C$ 等。碳化物中这类元素的浓度，一般都比在奥氏体和铁素体中的高得多。

（3）弱碳化物形成元素。如锰。锰与碳的亲和力仅略强于铁，故除溶入铁的固溶体外，仅能溶入渗碳体而形成含锰的合金渗碳体 $(Fe、Mn)_3C$，而不形成特殊碳化物。

在以上列举的碳化物形成元素中，按其与碳的亲和力由弱到强可大致排成以下次序：锰、铬、钼、钨、钒、钛（铌、锆）。

还有一个与碳作用比较特殊的元素——铝。随着含量的不同，其作用特点也不同。如铝量在8%～9%以下时及在20%～24%之间时，铝与铁的联系较强，故进入固溶体中，表现为对石墨化有利；铝量在10%～20%之间，则形成 Fe_3AlC_n，此时表现为反石墨化；而当铝量超过24%时，则会形成特殊碳化物 Al_4C_3。

3. 组成硫化物、氧化物、氮化物等夹杂

硫在铸铁中形成 FeS、MnS、MgS、FeS—MnS、FeS—Fe 等各类硫化物；钒、钛、钙、镁形成各自的硫化物、氧化物和氮化物；磷在铸铁中会形成 Fe_3P，并经常与 Fe（P）或 Fe（P）和 Fe_3C 组成二元或三元磷共晶。

4. 组成金属间化合物

合金元素含量较高时，有的元素与铁之间或彼此之间可能会形成金属间化合物。在铸铁的常见成分范围内，这种金属间化合物很少出现。但考虑到某些局部区域内元素的偏析和富集，某些金属间化合物还是有可能出现的。

5. 纯金属相

某些合金元素的含量超过铸铁允许的溶解度时，会以纯金属相的形式析出，如铜、铅即是如此，并往往以微粒状态均匀分布于基体组织之中。

（二）化学成分对灰铸铁组织的影响

1. 各元素对石墨化作用的影响

各元素对铸铁石墨化能力的影响，可定性地列于表 2－14。各元素对石墨形状、分布的影响是：C、Si增高能使石墨粗化，在一定限度前降低C、Si量能使石墨细化，但降得很低时则有促成D型石墨分布的倾向；Cu、Ni、Mo、Cr、Sn等元素能细化石墨。

表2-14 各元素对铸铁石墨化能力的影响

元素组别	元　素	共晶转变期间	共晶共析温度之间	共析转变期间
1	C、Si、Al、	+	+	+
2	Mn、S、Mo、Cr、V、H、N、Te、Sb	—	—	—
3	P、Ni、Cu、As、Sn	+或0	+或0	—
4	Mg、Ce	—	0或弱	0或弱
5	Bi	—	0	0

注 +为促进石墨化，—为阻碍石墨化，0为无影响。

实际上各元素对铸铁石墨化能力的影响更为复杂，其影响与各元素本身的含量及是否与其他元素发生作用有关，如Ti、Zr、B、Ce、Mg等都阻碍石墨化，但如其含量极低时（如B、Ce<0.01%，Ti<0.08%），它们又表现出有促进石墨化的作用。

2. 各元素对金属基体的影响

各元素对基体的影响主要表现在对铁素体和珠光体的相对数量和珠光体弥散度的变化上。

某些合金元素加入量多时，由于奥氏体的稳定性大为提高，可抑制珠光体转变而出现奥氏体的中温或低温转变产物，甚至保留奥氏体至室温而成为奥氏体铸铁。

各元素对金属基体的影响如表2-15所示。

表2-15 元素对基体的影响

条　件	基体变化情况	条　件	基体变化情况
C、Si、Al增高	铁素体增加	提高Cu、Ni、Mo量	可出现中温转变产物——贝氏体
Mn、Cr、Cu、Ni、Sn Sb（一定量内）	珠光体增加并细化	中Mn（5%～7%）	形成马氏体
Mo	珠光体细化	高Mn、高Ni	形成奥氏体

（三）五个常见元素的影响

灰铸铁中常见五个元素的存在形式见表2-16。

表2-16 灰铸铁中五元素的存在形式

元　素	存　在　形　式
碳	以化合碳存在量小于0.80%。其余以石墨存在
硅	固溶于铁素体中
锰	少量固溶于铁素体。大部分溶于共析碳化物和渗碳体中，以（Fe、Mn)$_3$C合金渗碳体形式存在
磷	少量固溶于铁素体，其固溶量随碳当量增加和冷却速度降低而减少。主要以二元、三元磷共晶和磷共晶—碳化物复合物形式存在
硫	少量溶于铁素体和渗碳体。大部分以各种硫化夹杂物（MnS、FeS）的形式存在

1. 碳和硅

碳和硅是普通灰铸铁中最主要的两个元素，对铸铁的组织和性能起着决定性的影响，生产上经常是通过控制与调整碳和硅的含量来控制和改善普通灰铸铁的使用性能。

碳是铸铁中产生石墨的基础。含碳量越高，亚共晶铸铁越接近共晶点，在一定条件下（如缓慢冷却，有一定的含硅量），灰铸铁中石墨的数量就越多。含碳量增加容易形成较多的石墨自发晶核，并能增加碳原子之间的结合能力，因此碳能促进石墨化。随着含碳量的降低，铸铁成分远离共晶点，结晶间隔加大，能得到较多的初生奥氏体，使基体骨架更为坚强，在不产生枝晶间石墨的条件下，能使铸铁性能提高。

硅是强烈促进石墨化的元素，它的作用要比碳的作用大。硅能使铁碳合金的共晶和共析点向上、向左移动，即向温度较高、碳量较低的方向移动。因此硅使铁碳合金能在比较高的温度下进行共晶和共析转变，有利于碳原子和铁原子的扩散，也利于渗碳体的分解而促进石墨化。另外，共晶和共析点向左移动，表示硅降低了碳在液相和固相中的溶解度，增加了碳的活度，石墨就比较容易析出、长大，也促进石墨化过程的进行。由于硅能改变铁碳平衡图的临界点位置，硅的增加就相当于增加了一部分碳的作用。

作为孕育剂加入到铁液中的硅，其石墨化效果要比原铁液中的硅大得多。因为此时的硅起到孕育作用，硅的浓度起伏促使结晶核心的形成和石墨化，并减少铁液的白口倾向。

碳和硅不仅改变了铸铁组织中石墨的数量，并且尚能改变石墨的大小和分布。随着含碳量的增加，形成细小枝晶间石墨所必需的冷却速度也提高了，产生枝晶间石墨的可能性减少了。

除了对共晶凝固时石墨化影响外，碳和硅也能促进共析石墨化，使基体中的珠光体数量减少，铁素体数量增加。硅溶于铁素体后，使铁素体的强度、硬度均有提高，而塑性相应要降低。

生产中采用碳当量（CE）来综合考虑碳和硅对铸铁组织和性能的影响。碳当量实际上表示铸铁实际成分离开共晶点的远近，也反映了铸铁一次结晶时结晶间隔的大小。如碳当量为4.3%时，表示这种含硅的铸铁成分是共晶成分，其结晶间隔最小。由于碳和硅都是促进石墨化的元素，也常近似地用碳当量来表示铸铁石墨化能力的大小。

可用碳当量 CE 来说明它们对灰铸铁金相组织和力学性能的影响。提高碳当量促使石墨片变粗、数量增多，强度和硬度下降。图 2-17 是从 Φ30mm 试棒上得到的碳、硅，即结晶时的石墨化能力与灰铸铁基体的关系。图 2-17 用四条曲线划分为五个区域，每个区域表示在相应的碳、硅含量时铸铁的组织。

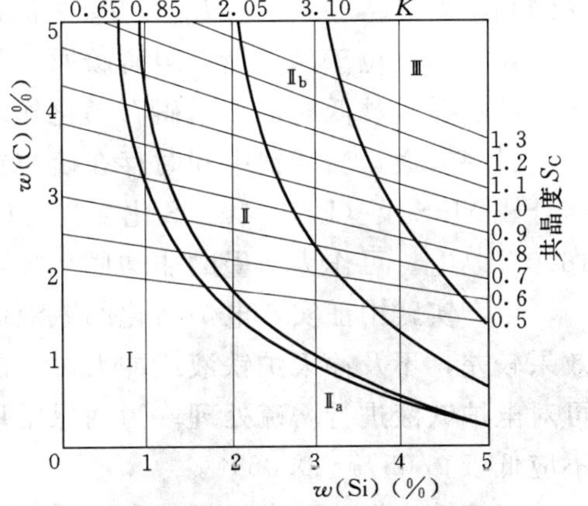

区域Ⅰ — 珠光体+渗碳体组织的白口铸铁
区域Ⅱa— 珠光体+渗碳体+石墨的麻口铸铁
区域Ⅱ — 珠光体+石墨的灰铸铁
区域Ⅱb— 珠光体+铁素体+石墨的灰铸铁
区域Ⅲ — 铁素体+石墨的灰铸铁

图 2-17　灰铸铁组织图

$$\left[\text{石墨化因子 } K=\frac{4}{3}w\ (\text{Si})\% \times\left(1-\frac{5}{3w\ (\text{C})\%+w\ (\text{Si})\%}\right)\right]$$

灰铸铁中碳的含量大多为2.6%～3.6%，硅的含量为1.2%～3.0%。生产高强度的孕育铸铁时，应采用较低的碳当量（碳、硅含量均较低），一般选择碳量为2.8%～3.2%（厚壁件含碳量取下限，薄壁件含碳量取上限），孕育前铁液含硅量为1.0%～1.4%，孕育后含硅量增至1.3%～1.7%。

2. 锰和硫

锰和硫本身都是稳定碳化物、阻碍石墨化的元素。

锰在铸铁中能强烈地降低铸铁的共晶、共析转变温度，扩大奥氏体区，使等温曲线右移，降低马氏体开始转变点 M_S，当含锰量达到3.78%时，快冷能使基体完全奥氏体化。锰之所以阻碍石墨化，是因为锰溶入渗碳体时［形成 $(Fe、Mn)_3C$］，加强了碳原子与铁原子的结合力，使渗碳体更加稳定。另外，锰降低了碳的活度，并使铸铁在较低的温度下进行共晶转变和共析转变。锰阻碍共晶凝固时石墨化的作用不很强烈，而阻碍共析转变石墨化的作用则比较明显，故锰较强烈地促进并稳定珠光体，使灰铸铁强度提高。一般灰铸铁中含锰量为0.4%～1.2%。

当含锰量在1.5%以上，甚至超过硅的含量时，该灰铸铁已属合金化铸铁，它具有强度高、密度高、致密性高、耐磨的优点，过去曾经在机床铸件上应用过，但此时含硅量也需作相应的提高。

硫对石墨化有双重作用。

一方面硫本身是一个阻碍石墨化较强烈的元素。硫阻碍石墨化的原因目前认为有：①硫属于表面活化物质，它能吸附在正生长着的石墨晶核表面，阻碍了碳原子由铁液中向其表面扩散；②硫能溶于渗碳体和铁素体中，加强了铁原子与碳原子之间的结合力，降低了碳的活度，使碳不能自由析出；③硫降低稳定系共晶结晶温度 T_{S1}，提高了介稳定系共晶结晶温度 T_{S2}，缩小了 T_{S1} 与 T_{S2} 之间的间隔；④当硫以富铁的硫化物（Fe、Mn）S形式存在时，它位于晶界处，阻碍碳原子的扩散，阻碍凝固过程的石墨化。冷却速度越快，碳和硅的含量越低时，硫阻碍石墨化作用越显著。

另一方面，当铸铁中同时存在硫与锰时，两者在高温有比较大的亲和力，所以它们会结合成MnS及（Fe、Mn）S化合物，以颗粒状弥散分布在铁液中。这些化合物的熔点在1600℃以上，可作为石墨的非均质晶核，从而有利于石墨的析出。

生产实践中证实，电炉熔化的铁液因含硫量太低，硫化物晶核数目少，故铁液的孕育效果较差，不及冲天炉铁液或冲天炉—电炉双联熔制的铁液。为了增加铁液的孕育效果，可对电炉铁液进行增硫处理。为确保常用孕育剂的孕育效果，灰铸铁铁液中的含硫量一般不应低于0.05%～0.06%。

灰铸铁中锰与硫在互相中和以后，过量的锰或硫才能单独起作用。为中和硫所必需的锰量大约为：

$$Mn\% = 1.73 \times S\% + 0.3\% \qquad S \leqslant 0.2\%$$

$$Mn\% = 3.3 \times S\% \qquad S \geqslant 0.2\%$$

当铸铁中含锰量较低时，硫除与锰形成MnS外，还以FeS的形式与铁形成低熔点共晶Fe—FeS（熔点为985℃）；当冷却速度较大时，还能形成Fe—Fe_3C—FeS三元共晶（熔点为975℃）。低熔点的硫化物共晶体会在晶界上析出，易使灰铸铁产生热裂，影响灰铸铁的力学性能。当铸铁中含锰量较高时，硫才能与锰形成高熔点的 MnS（熔点为1650℃）或富锰的硫化物（Mn、Fe）S。

实践证明，只要防止铁液氧化，正确使用孕育的防白口能力，含锰量增加不仅能增加并细化珠光体，而且可以适当放宽对灰铸铁铁液的含硫量控制。欧洲许多工厂经常用 S=0.12%～0.15%的铁液来制造汽车和拖拉机上 HT250 以上牌号的零件。

3. 磷

磷使铸铁的共晶点左移，且作用程度与硅相似，故计算碳当量时，应计入磷的含量。在含磷量为 1%以下时，磷没有明显的石墨化作用。

磷在 γ—Fe 中的固溶度为 0.5%，而在 α—Fe 中为 2.8%。在铸铁中磷常以低熔点的二元或三元磷共晶存在于晶界，其硬度分别在 750～800HV 和 900～950HV 之间，有利于提高灰铸铁的耐磨性。由于磷共晶较脆，故磷量高往往是铸件冷裂的原因。

灰铸铁件中的含磷量一般小于 0.20%；有耐磨和高流动性要求的，磷量可高至 0.3%～1.5%；有致密性要求的，磷量需低于 0.06%。

(四) 合金元素的影响

从对共晶凝固时的石墨化作用、临界转变温度、奥氏体的稳定性、能否细化珠光体等方面分析合金元素的具体作用。

1. 镍

镍溶于液态铁和奥氏体中。随着含镍量增加，碳在铁液中的溶解度逐渐降低。镍在铸铁共晶凝固期间促进石墨化，其作用相当于硅的 1/3。镍对石墨粗细影响较小，对基体的影响较大；镍降低奥氏体转变温度，扩大奥氏体区，细化并增加珠光体，以及使珠光体中的铁素体强化，灰铸铁强度性能得到显著的提高。

根据镍量对基体组织的影响，含镍灰铸铁分为三种类型：

(1) Ni＜3.0%（低镍）时为细珠光体型铸铁，由于镍可提高强度，故主要用作结构材料。

(2) Ni=3%～8%（中镍）时为马氏体型灰铸铁，主要用作耐磨材料。

(3) Ni＞10%（高镍）时为奥氏体灰铸铁，主要用作耐腐蚀材料、无磁性材料等。

2. 铜

纯铜与纯铁在液态时互不相溶。在铁中加入碳后可增加铁液中铜的溶解度，如含 C 3.0%～3.5%的铁液能溶解 Cu 5%～6%。超过此值，则铜会呈圆点形状析出，称为一次铜。当铁中含碳量为 3.5%时，铜在奥氏体中极限固溶量为 3.5%。超过此值，在冷却期间便会析出细的富铜小点，即所谓二次铜。当铸铁中同时存在镍和硅时，能增加铜的溶解度，加入 Ni 1%约能提高铜的溶解度 0.5%。

铜有弱的石墨化作用，可促进共晶阶段石墨化。铜的石墨化能力约为硅的 1/5，因此可降低铸铁的白口倾向。

铜可降低奥氏体转变临界温度，在共析转变时显著稳定、细化并增加珠光体，其促进珠光体的能力为锰的 3 倍。含有 0.4%～0.6%的铜，可获得 97%以上的珠光体。同时铜可强化珠光体中的铁素体，增加铸铁的强度和硬度。铜可减少铸件断面敏感性，特别适用于断面变化较大的铸件。生产中铜的常用量小于 1.0%。

3. 铬

铬在铸铁中是一个使用广泛的元素，其加入量范围从0.2%到30%，一般灰铸铁中含铬量少于1.5%，高铬铸铁中则可高至30%。

铬对灰铸铁组织的影响表现为：如果硅的石墨化作用为+1，则铬的作用为−1（即反石墨化），每加1.0%Cr时，共晶碳量减少0.05%，共晶温度则相应升高1～1.5℃。

在灰铸铁中，当铬量增至0.5%时，稍能细化石墨，阻止铁素体的形成，增加珠光体的数量，提高灰铸铁强度。灰铸铁件中一般只加入0.2%～0.3%铬。如加铬量超过0.35%，有可能出现少量游离渗碳体而增加铸件的缩松倾向；加铬量超过0.5%，则有可能出现较多的游离渗碳体，影响铸件的加工切削性能。

铬可提高奥氏体分解温度，稳定珠光体，因此可改善铸铁的耐热性。

4. 钼

钼亦是典型的碳化物形成元素。在Mo<0.6%时，钼的作用十分温和。这时铸铁的基本成分无需由于钼的加入而作某种改变。

钼能细化石墨，仅有轻度的白口倾向。在Mo<0.8%时，钼能细化珠光体，增加珠光体含量，同时能强化珠光体中的铁素体，因而能有效地提高铸铁的强度、硬度及在550℃以下的热强性。

钼是很强的珠光体稳定元素，如加入0.5%钼时，铸铁中的铁素体即消失。与其他合金元素一样，钼对T—T—T曲线（C曲线）发生明显影响，加入钼时，使C曲线右移，在485～500℃范围内更为显著。有硅存在或壁厚发生变化时，钼对基体的影响更为复杂。对25mm厚的铸件，如加入Mo<0.8%时，可得到均匀且很细的珠光体组织。

提高钼的含量，使奥氏体转变成珠光体的过程受到抑制，而代之以转变成针状组织，这种基体的铸铁具有高强度性能和高耐磨性。如当铸铁的碳当量为3.8%，加入钼量小于1.0%时，仅能得到细化的珠光体；钼量增加到1.54%时，部分珠光体变化受阻，而形成珠光体加针状组织的混合基体；钼量提高到2.02%时，可获得90%的针状基体，同时加上某些细小的渗碳体。

以钼为合金元素时，磷必须低于0.2%，这是由于要形成复杂的四元共晶之故（共晶中含P 4.4%，Mo 5.8%），增加脆性。此时磷要消耗部分钼，高于铸铁溶解度（约0.12%P）的1份磷约要消耗1.3份钼。

5. 钨

钨是稳定碳化物的元素，它在铸铁中的作用与钼十分相似，不过作用较钼弱。钨对铁—碳状态图的主要影响概括起来有三点：①提高A_1和A_3点，缩小奥氏体区；②降低碳在奥氏体中的溶解度；③使C、E、S点向左移，亦即共晶点和共析点向含碳量低的方向移动。因而在同样碳量的条件下，加入钨后可使组织中共晶组织及共析组织的量相应增加。此外随着钨含量的增高，亦能使C曲线较为明显地向右移动（但较钼的效果小），降低临界冷却速度，提高淬透性，促使奥氏体转变为贝氏体或马氏体，可增高硬度，提高耐磨性。

6. 锰

在铸铁中锰含量较高时会形成Mn_3C型碳化物，它比Fe_3C稍稳定、坚固，一般在白口铸铁中以（FeMn)$_3$C 型碳化物形式存在。锰由于能有效地降低奥氏体向珠光体转变的温度，故对在连续冷却条件下获得细密的珠光体、索氏体，甚至马氏体组织是非常有利的。随着含锰量的增加，C 曲线明显右移，增加了奥氏体的稳定性，延长了奥氏体分解的孕育期，降低了临界冷却速度，提高了淬透性。

锰的促进和稳定珠光体作用，有利于提高灰铸铁的强度。锰既强化了基体，又增加了碳化物的弥散度和稳定性，这对提高铸铁的耐磨性有良好的作用。

7. 钒

钒是强烈形成碳化物的元素，并能形成几种稳定的碳化物（VC，V_2C，V_4C_3）。钒的碳化物有极高的硬度，VC 的 HV 为 2800。如铸铁中有 0.94%V 时，约有 0.84%的 V 在碳化物中，其形式主要为 V_4C_3。

钒能显著地影响奥氏体的临界转变点，如在 Si 2.5%的铸铁中加入 0.6%V 时，珠光体—奥氏体转变温度提高 9℃，而奥氏体—珠光体的转变温度则不受影响。钢中加入钒很少影响到 C 曲线，铸铁亦是如此。钒并不能增加铸铁的淬透性。

钒能细化石墨，在慢冷条件下，这个影响更引人注意，因为这就可以在大断面铸件上从外面到中心形成均匀、大小基本一致的石墨组织。其对基体的影响，则有促进形成珠光体的作用。因此只要在铸件中不出现麻口组织，加钒能使铸铁的力学性能得到提高。钒也有增加珠光体高温稳定性的作用，但没有铬的作用大。

由于钒比较昂贵，所以很少单独使用，而常常用作加强其他合金元素的效果。

8. 钛

钛也是强烈的碳化物形成元素。此外钛与氧、氮都有极强的亲和力，能与它们形成相应的极为稳定的化合物。钛的碳化物一般以 TiC 的形式存在，它有极高的硬度（HV 达 3200）。

钛加入铁液中会促使 D 型石墨形成。当铁液中含钛量增加到 0.1%～0.2%时，D 型石墨的比例超过 95%，因此 D 型石墨铸铁均含有一定量的钛（0.06%～0.11%）。当钛为微量时，D 型石墨呈弥散分布；随着钛量的增加，D 型石墨大量集中于晶界，偏聚现象逐渐严重。伴随着 D 型石墨的增多，产生大量的铁素体。

钛有强化铁素体的作用，是属于缩小 γ 区的合金元素。钛可抵制氮的有害作用，在铁液中加入适量钛铁，使铁液含钛量达 0.02%～0.025%时，可有效消除铸件裂隙状的氮气孔。0.02%～0.03%钛还可有效防止龟裂缺陷。

钒和钛的碳化物、氮化物和氧化物通常以细小的颗粒状（一般呈方形、多边形等）存在于铸铁中，可有效地提高灰铸铁耐磨性，但也给灰铸铁的切削加工性能带来不利的影响。

微量的钒和钛加入铸铁中，它们的微小化合物质点可作为铸铁凝固时的结晶核心，从而能有效地细化铸铁组织（特别是钛还有促进石墨化的作用）。因此以钒钛共生生铁作为原料而熔制的铸铁往往可得到比用一般生铁作为原料时的铸铁较细而致密的组织，因而力学性能和耐磨性都有相应的提高。

9. 铌

铌能改变石墨的形态及分布。随着含铌量的增加，石墨明显变细变短，数量也明显减少，珠光体数量增多，使灰铸铁的强度和硬度提高。其加入量在0.25%～0.5%时，力学性能最优。

铌在灰铸铁中可形成大量弥散分布的碳化物质点，如Nb（CN），从而提高了耐磨性。铌在缸套等减磨灰铸铁中应用效果十分显著。

（五）常见微量元素的影响

锡、锑、铋、铅、锌等元素能显著影响铁液的特性（如粘度、表面张力等）及凝固后的组织特点（如基体及石墨均受它们的影响较大）。它们对铸铁组织的影响有二重性，有其有害的一面，但有时也有可以利用的一面。因此有必要全面地评价它们对铸铁的影响和作用。

各常见微量元素的作用如下：

1. 锡

在灰铸铁中，加入锡是为了增加珠光体数量，提高力学性能。锡的稳定珠光体作用是铜的8～12倍。锡含量为0.04%～0.06%时，可获得几乎100%的珠光体。在普通灰铸铁中，加入Sn 0.05%～0.1%可将灰铸铁的强度提高将近一级。锡对石墨稍有改善作用，加锡后石墨呈中等片状的A型分布。只要严格控制其含量，对力学性能、耐磨性能有益，而能保持灰铸铁良好的铸造性能。如含锡量超过0.12%，则有增加脆性的可能。

随着共晶凝固的进行，锡逐渐向熔体中偏析。最后，共晶凝固接近结束时，在共晶团晶界处形成锡的高浓度相。研究表明，上述锡的高浓度相中，有$FeSn_2$化合物存在。因此在有韧性要求的情况下，要特别注意锡量的控制。同时硅的含量最好控制在2.0%～2.5%之间。否则可能更会引起脆性的增加。

2. 锑

在灰铸铁中，微量锑（≤0.01%）可以细化石墨，改善石墨形态。锑是强烈稳定珠光体元素，其作用是锡的2倍。它可消除铁素体，增加铸铁的耐磨性，提高高温时珠光体的稳定性，因此可提高在较高温度（700℃以下）时灰铸铁的使用寿命。灰铸铁中锑的加入量应小于0.02%。

3. 铋

铋是表面活性物质，它具有细化共晶团、细化并增多石墨的作用。铋会增大灰铸铁的白口倾向，如含0.08%Bi时，硬度急剧增加，切削性能下降。

4. 铅

微量铅即可以引起石墨形态恶化。铅量由少量渐增时，铸铁中A型石墨逐渐变为长而尖的，以及网状或魏氏石墨。如0.0025%左右的铅已使缸体铸件中的石墨发生明显的石墨畸变。由于石墨形态的变异，使其对基体的割裂作用增强，因而强烈地降低灰铸铁的力学性能。如含铅量从0.0012%上升至0.0045%，缸体本体抗拉强度由216.8MPa降低到170.8MPa。因此灰铸铁中含铅量应控制在0.0008%以下。

5. 锌

锌对灰铸铁的组织有明显作用，并显著地提高其力学性能。铸铁中加入0.3%Zn时，铸铁中的氧含量可降低到原有含量的1/3，这可能是由于锌蒸气对那些不致被还原的氧化物夹杂浮起所致。同时锌含量由零增加到 0.3%时，铸铁中的氮含量由 0.003%增高到 0.007%。

锌能细化石墨，同时使化合碳量增加，白口倾向也加大，因此强度性能及硬度亦随之增高，其原因是形成了复合碳化物 Fe_3ZnC 和增加了氮含量。

6. 硼

硼细化并减少石墨，强烈稳定珠光体。0.002%硼就能在晶间形成非常稳定的碳化物，它很难通过热处理将其去除。硼可提高灰铸铁的硬度，稍降低其塑性及韧性。硼在含磷铸铁中可形成硬度 HV>1000 的复合共晶体。硼还有强烈增加共晶团数量的倾向。

7. 碲

碲是强烈阻碍石墨化和促进白口化的元素。它可促进形成 D 型或网状石墨，急剧增加共晶团数。小于 0.005%的碲就可明显地增加灰铸铁的白口倾向。把碲粉涂刷在铸型壁上，可促使铸件接触面处白口化。

8. 锆

锆可促进石墨化。Zr 为 0.05%～0.1%时，可形成共晶石墨；Zr 为 0.3%～0.6%时，使石墨粗大。

三、其他铸造工艺条件的影响

（一）铁液的过热和高温静置的影响

在一定范围内提高铁液的过热温度，延长高温静置的时间，都会导致铸铁的石墨及基体组织的细化，使铸铁强度提高，硬度下降，弹性模量有少许提高，泊松比先下降、随后又提高。

进一步提高过热温度，铸铁的成核能力下降，因而使石墨形态变差，甚至出现自由渗碳体，使强度性能反而下降，因而存在一个临界温度。临界温度的高低，主要决定于铁液的化学成分及铸件的冷却速度。所有促进增大过冷度的因素（如碳和硅低、冷却速度快、成核能力低等），皆使临界温度向低温方向移动。此临界温度与炉料组成、熔炼设备、化学成分等因素有关。一般认为，灰铸铁的临界温度约在 1500～1550℃左右，所以在此限度内总希望出铁温度要高些。故目前工业发达国家的灰铸铁熔炼出铁温度保持在 1520～1550℃，铁液保温炉的温度为 1480～1500℃。

关于过热和静置对铸铁组织的作用机理，可解释为：从铁液的成核能力看，过热的作用无疑地是减少了铁液中原有的石墨结晶核心。研究认为，铁液中含有一种“活化杂质的细微颗粒”，这些颗粒中有极细的显微洞穴，洞穴中贮有极细的具有凹入面的石墨微粒。根据物理化学原理，溶质的颗粒表面如果具有负的半径，即曲面凹入，则在溶剂中具有较高的溶解温度。所以在一般熔炼温度下熔炼时，这些洞穴中的细微石墨颗粒是不会溶解的，因而在冷凝过程中便成为预存的石墨晶核，既能使共晶转变在较高温度进行以避免较大的过冷，又能提供大量的石墨核心。如果提高过热温度，洞穴中的石墨微粒也溶入铁液，预存晶核减少，因此铁液冷凝时增加了对均质成核的依靠，即依靠过冷度进行凝固的程度。在一定的过冷度下凝固时，石墨和基体组织都能得到改善。如果过热太高，则过冷度太大，因而先使石墨形态有较大的变化，然后开始出现白口倾向。

随着过热温度的提高，铁液中含氮量、含氢量略有上升，但1450℃以后的含氧量大幅度下降，铁液的纯净度有了提高。较高的氮除了易引起针孔缺陷外，对铸铁的抗拉强度和硬度有提高作用。

按 $Si+O_2=SiO_2$ 的反应计算，铸铁中的平衡溶氧量随温度的提高而提高。但铸铁中碳的存在，在一定的平衡温度之后，发生了 $SiO_2+2C \rightarrow Si+2CO\uparrow$ 的反应，使铸铁中溶氧量开始下降。此平衡温度 t_G 可按铁液中碳、硅含量以式（2-8）进行计算：

$$\lg \frac{Si\%}{(C\%)^2} = \frac{27486}{t_G} + 15.47 \qquad (2-8)$$

对于C=3.2%、Si=1.6%的铸铁，其 t_G 为1415℃。

铁液温度低于 t_G，则氧留于铁液中，与硅等元素的化合物可作为部分结晶核心。温度高于 t_G，则铁液中的氧以CO形式逸出，减少了铁液的氧化。平衡温度 t_G 只是个理论值，实际反应温度要高于此值。由于CO的放出，铁液开始沸腾，故实际反应温度称为沸腾温度 t_H，它可按式（2-9）计算：

$$t_H(℃) = 0.7866 \times t_G(℃) + 362 \qquad (2-9)$$

对于C=3.2%、Si=1.6%的铁液，其 t_H=1475℃。这也是工业发达国家把铁液出炉温度提高至1480℃以上的另一重要原因。

经过高温过热的铁液如在较低温度下长时间静置，过热效果便会局部或全部消失，这便是过热效果的可逆性现象。其原因可能是重新形成大量非均质晶核，使成核能力提高，因而又使过冷度降低而恢复到过热以前的状态。

（二）孕育处理的影响

铁液进入型腔前，在一定条件下（如需要一定的过热温度、一定的化学成分、合适的加入方法等）向铁液中加入一定量的物质（孕育剂）以改变铁液的凝固过程，改善铸态组织，从而达到提高性能为目的的处理方法，称为孕育处理。它在灰铸铁和球墨铸铁的生产中得到了广泛的应用。

在生产高强度灰铸铁时，往往要求铁液过热并适当降低碳硅含量，它伴随着形核能力的降低。因此往往会在铸态组织中出现过冷石墨（同时形成多量铁素体），甚至还会有一定量的自由渗碳体出现。孕育处理能降低铁液的过冷倾向，促使铁液按稳定系进行共晶凝固，形成较理想的石墨形态，同时还能细化晶粒，提高组织和性能的均匀性，降低对冷却速度的敏感性，使铸铁的力学性能得到改善。目前生产的高牌号灰铸铁或薄壁铸件几乎都要经过孕育处理。它是在过冷度较大（碳、硅含量较低的）铁液中，加入硅铁或其他孕育剂，使铁液在很短的时间内形成大量的均匀分布的核心，细化了共晶团和石墨，使石墨由枝晶状的D型、E型分布变成细小均匀的A型分布。

对于灰铸铁的孕育工艺技术及有关情况可参阅第三章第三节。

（三）气体的影响

氧、氢、氮是可以存在于铸铁中的三种气体元素。它们以三种形态存在于铸铁中：①溶解于液态或固态铸铁中；②与铸铁中其他元素形成化合物；③从液态铸铁中析出，以气相形式存在，形成单质气体的气体杂质，即成为气泡。

1. 氢

氢具有强烈稳定碳化物和阻碍石墨析出的能力。铁液中溶解的氢会增大铸铁共晶凝固结晶的过冷度。铸件冷却速度越大，氢增大过冷度的效应就越明显。随着含氢量的增加，先是由分散的片状石墨变成枝晶间石墨，最后形成紧密状石墨并伴有渗碳体，致使白口深度也随着增加。此外，当氢集中在铸件中心部分时，会促使中心部分形成白口，是产生“反白口”现象的可能原因之一。铁液中氢含量高时，铸件易出现成群的、小的氢气孔，并且促使铸铁件形成皮下气孔，有时会产生枝晶间裂隙状气孔。一般说来，铸铁件形成氢气孔的临界含氢量为 $1.8\times10^{-6}\sim3.6\times10^{-6}$。随着含氢量的增加，灰铸铁的抗拉强度和塑性均下降，硬度稍有提高，铸造性能恶化。

2. 氮

在铁液中溶解的氮具有阻碍石墨化，增加碳化物的稳定性，促进 D 型石墨的形成，提高硬度，恶化铸铁的加工性能等影响。若含氮量恰当，则可以减少铁素体，增加珠光体并使之稳定。氮如达到一定含量，可以使片状石墨变得短、厚而且弯曲，石墨片头部变钝，促进蠕虫状石墨形成，提高铁素体和珠光体的显微硬度，提高灰铸铁的强度。当溶解的氮与氮化物形成元素（Al、B、Ti、Zr 等）共存于铸铁中时，则会形成稳定的氮化物，而削弱了各自对铸铁石墨化过程的影响。

如铁液中的含氮量大于 100×10^{-6}时，则可形成氮气孔缺陷（像裂纹状的气孔），尤其含量大于 140×10^{-6}时更甚，此时可用加 Ti 的方法消除氮。因 Ti 有很好的固氮能力而形成 TiN 硬质点相，以固态质点状态分布于铸铁中，氮气的有害作用可大为降低。

3. 氧

氧对灰铸铁组织有四方面的影响：

（1）根据条件不同，铁液中溶解的氧既可阻碍石墨化，又可促进石墨化。铁液中未化合的氧可阻碍石墨化，使铸铁的白口倾向增大。含氧量增高时，组织图上灰口、白口的分界线右移。但用硅基孕育剂（含有适量的 Al、Ca 等具有脱氧能力的元素）进行铸铁孕育处理时，可形成 SiO_2 微粒，成为石墨结晶的外来晶核而促进石墨化。

（2）含氧量增加，铸铁的断面敏感性增大。

（3）含氧量增高时，容易在铸件中产生气孔，因为要发生 [FeO] + [C] = [Fe] + [CO] 的反应，反应生成物 CO 不溶于铁液，高温时可逸出。但随着铁液温度的降低，铁液粘度增大，CO 无法逸出，往往留在铸件皮下形成气孔。这种气孔一般呈簇状，位于铸件顶部，在生产中是常见的，铁液氧化严重时更易产生。

（4）增加孕育剂和变质剂的消耗量。

（四）炉料的影响

在生产实践中，往往会碰到更换炉料后，虽然铁液的主要化学成分不变，但铸铁的组织（石墨化程度、白口倾向及石墨形态，甚至基体组织）都会发生变化，炉料与铸件组织之间的这种关系，通常用铸铁的遗传性来解释。这种遗传性与生铁中的气体、非金属夹杂、不经常分析的微量元素及生铁的原始组织有关。

改变炉料的组成对灰铸铁组织和性能的影响，以及在生产中应采取的措施，详见第三章第三节。

思 考 题

1. 灰铸铁的金相组织及性能的特点是什么?
2. 石墨的形状、大小和数量是如何影响灰铸铁力学性能的?
3. 灰铸铁的铸造性能有什么特点?对流动性的主要影响因素是什么?
4. 冷却速度是如何对灰铸铁组织发生影响的?
5. 碳当量(以及碳、硅含量)高低是如何影响灰铸铁的力学性能和铸造性能的?
6. 常用合金元素及微量元素是如何对铸铁组织发生影响的?
7. 铁液过热和静置,以及炉料的组成是怎样影响灰铸铁性能的?

第三章 灰铸铁件的生产

第一节 灰铸铁的标准及合理选用原则

一、灰铸铁的力学性能标准

国家标准《灰铸铁件》(GB/T 9439—1988)中规定，我国灰铸铁的牌号按单铸Φ30mm试棒的抗拉强度值划分为六级(见表3-1)。标准还对各牌号的上限进行了规定(见表3-1注)，如有特殊要求时，还可采用附铸试棒，对各牌号在不同壁厚的铸件上附铸试棒的性能也作了具体规定。

表3-1 按单铸试棒性能分类

牌 号	抗拉强度 σ_b (MPa)	牌 号	抗拉强度 σ_b (MPa)
HT100	≥100	HT250	≥250
HT150	≥150	HT300	≥300
HT200	≥200	HT350	≥350

注 验收时，n 牌号的灰铸铁，其抗拉强度应在 n～(n+100) MPa的范围内。

表3-2 灰铸铁件硬度分级

硬度分级	铸件上硬度范围 HBS	硬度分级	铸件上硬度范围 HBS
H145	≤170	H215	190～240
H175	150～200	H235	210～260
H195	170～220	H255	230～280

按照国际标准规定，如双方同意，也可在规定的铸件部位按布氏硬度的高低进行验收，而且硬度值也可双方协商确定，但一经确定后，其波动范围必须在±25HBS以内。表3-2为《灰铸铁件》(GB/T 9439—1988)中规定的数据。

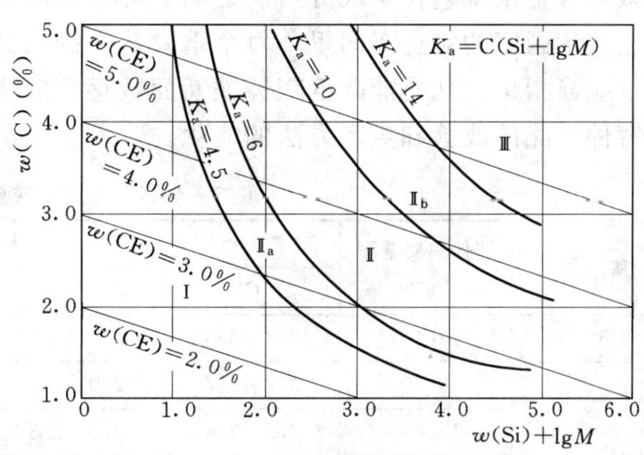

Ⅰ—白口区 Ⅱa—麻口区 Ⅱ—珠光体区
Ⅱb—珠光体+铁素体区 Ⅲ—铁素体区

图3-1 考虑到铸件壁厚影响的组织图

二、灰铸铁力学性能与铸件壁厚的关系

灰铸铁的力学性能取决于它最终的显微组织。而且其组织不仅受化学成分、孕育处理的影响，而且也取决于冷却速度的大小。铸件壁越厚，冷却速度越小。壁厚对铸件冷速的影响可通过折算厚度即模数 M 来计算：

$$M = \text{铸件体积} / \text{铸件的表面积}$$

或

$$M = \text{铸件的截面积} / \text{截面的周长}$$

图 3-1 是化学成分、壁厚对金相组织的综合影响。随着碳当量的提高、壁厚的增加，石墨化程度就越高、铁素体量就越多。根据大量生产数据的处理，总结出不同壁厚情况下，化学成分与抗拉强度的关系（见表 3-3）。借此可计算出相同成分、不同壁厚下的强度，或固定壁厚时，不同强度对化学成分的要求。

表 3-3 不同壁厚的抗拉强度计算公式

试棒直径（mm）	7.5	10	15	20	30	40	50	60	90
抗拉强度 σ_b（MPa）计算公式	840—415S_c	920—485S_c	990—700S_c	1010—770S_c	1020—825S_c	1015—850S_c	1005—850S_c	990—850S_c	950—850S_c

注 表中 S_c 为灰铸铁的共晶度。

三、试棒与铸件本体性能

冷却条件不同，使铸件本体性能与试棒性能有很大的差别，当铸件重量远大于试棒重量时尤其如此。铸件本体强度比单铸试棒强度一般低 20～150MPa，硬度值低 40～80HBS。

针对这种差距，自 20 世纪 70 年代以来各工业发达国家逐渐提出了铸件本体上的力学性能指标，以供设计人员和检验人员参考和正确选用。由于实际铸件的壁厚并不均匀，铸件结构也会影响散热条件，因此铸件不同部位的力学性能有明显的区别。

从试棒性能向铸件性能作为验收依据的转变，给铸造工作者带来了技术上的难度。过去生产同一牌号铸铁，采用同一化学成分而不管铸件种类和壁厚的做法必须改变。表 3-4 是考虑到壁厚影响时，选取化学成分范围的方法。同一铸件有不同的壁厚，其成分的选取应按关键部位的壁厚来定。由于生产厂不可能只生产一种铸件，合理的做法是首先把铸件分类，然后选定一种基本成分进行高温熔炼，在炉前用干净废钢、碳系孕育剂、原生铁和微量合金来调整化学成分，满足同一牌号不同铸件、不同牌号不同铸件的性能要求。在工业发达国家的铸造车间里，每个重要铸件都做到有其合适的成分。

应当指出，凡是能降低灰铸铁断面敏感性的措施，例如孕育处理和低合金化，都有助于铸件性能的改善和生产方法的简化。

表 3-4 不同壁厚灰铸铁的成分

牌 号	铸件主要壁厚（mm）	化学成分（质量分数,%）				
		C	Si	Mn	P	S
HT100	所有尺寸	3.2～3.8	2.1～2.7	0.5～0.8	<0.3	≤0.15
HT150	<15	3.3～3.7	2.0～2.4	0.5～0.8	<0.2	≤0.12
	15～30	3.2～3.6	2.0～2.3			
	30～50	3.1～3.5	1.9～2.2			
	>50	3.0～3.4	1.8～2.1			

续表

牌　号	铸件主要壁厚(mm)	化学成分（质量分数,%）				
		C	Si	Mn	P	S
HT200	<15	3.2～3.6	1.9～2.2	0.6～0.9	<0.15	≤0.12
	15～30	3.1～3.5	1.8～2.1	0.7～0.9		
	30～50	3.0～3.4	1.5～1.8	0.8～1.0		
	>50	3.0～3.2	1.4～1.7	0.8～1.0		
HT250	<15	3.2～3.5	1.8～2.1	0.7～0.9	<0.15	≤0.12
	15～30	3.1～3.4	1.6～1.9	0.8～1.0		
	30～50	3.0～3.3	1.5～1.8	0.8～1.0		
	>50	2.9～3.2	1.4～1.7	0.9～1.1		
HT300	<15	3.1～3.4	1.5～1.8	0.8～1.0	<0.15	≤0.12
	15～30	3.0～3.3	1.4～1.7	0.8～1.0		
	30～50	2.9～3.2	1.4～1.7	0.9～1.1		
	>50	2.8～3.1	1.3～1.6	1.0～1.2		

四、合理选用原则

由于灰铸铁具有优越的铸造性能、良好的切削性能和较为简单的生产方法，因此被广泛地应用于各个领域。但选用灰铸铁时决不能只考虑强度一项，而应有效地综合利用灰铸铁的多种特性，获得适应不同用途的优良铸件。例如：

（1）由于灰铸铁的摩擦阻力小、磨损小，强度、耐磨性、耐蚀性之间有很好的配合，吸振性好，铸造性能好，能铸造复杂的形状，灰铸铁又适应大量生产方式，铸件质量容易稳定，因此被广泛应用于发动机的缸体、缸盖。

（2）减摩性好，并有一定的强度和弹性，铸造性能好，被广泛应用于活塞环和缸套。

（3）吸振性好，变形小，通过调整使灰铸铁具有均匀分布的石墨和一定的强度，保证良好的润滑性能和耐磨性，从而被广泛应用于机床铸件、水压机、轧机、齿轮和飞轮。

（4）由于灰铸铁耐磨性好、缩孔倾向小、铸造性能好、加工性能好，从而被广泛应用于要求承受低压的阀类铸件。

（5）采用较高碳当量能使灰铸铁有更好的流动性和防止出现白口，从而被广泛应用于对强度要求不太高的薄壁铸件。

（6）石墨片形态良好的灰铸铁导热性好、弹性模量低，能够很好吸收急剧加热冷却时产生的应力，因此可用于某些钢锭模和汽车、拖拉机的排气管。

（7）灰铸铁具有良好的流动性和抗大气和土壤的腐蚀性，仍广泛应用于低压和排水铸铁管的制造上。

（8）利用灰铸铁缺口敏感性小和表面能局部激硬成白口组织的优点，低合金灰铸铁可用于小负载的曲轴和凸轮轴。

（9）具有良好的耐磨性、强度、噪声吸收能力和摩擦制动能力，灰铸铁被广泛应用于制动毂、制动片和闸瓦。

(10) 具有吸振和抑制噪声的作用，使灰铸铁被广泛应用于印刷机械、电动机壳和端盖。造纸机的机架、台面、齿轮、干燥器直至滚筒都采用灰铸铁。

(11) 对于空调器和电冰箱用旋转压缩机气缸和曲轴等铸件，采用弹性模量高（$E=110\sim140$GPa）、组织致密性好且均匀、耐渗漏的 D 型石墨灰铸铁。

表 3-5 则是设计手册中所推荐的各种牌号灰铸铁的应用场合。

表 3-5 灰铸铁的应用

<table>
<tr><th rowspan="2">牌号</th><th colspan="2">应用范围</th></tr>
<tr><th>工作条件</th><th>用途举例</th></tr>
<tr><td>HT100</td><td>1. 负荷极低
2. 磨损无关重要
3. 变形很小</td><td>盖、外罩、油盘、手轮、手把、支架、座板、重锤等形状简单、不甚重要的零件，这些铸件通常不经试验即被采用，一般不必加工，或者只须经过简单的机械加工</td></tr>
<tr><td>HT150</td><td>1. 承受中等负荷的零件
2. 摩擦面间的单位面积压力不大于 490kPa</td><td>1. 一般机械制造中的铸件，如支柱、底座、齿轮箱、刀架、轴承座、轴承滑座、工作台、齿面不加工的齿轮和链轮，汽车拖拉机的进气管、排气管、液压泵进油管等
2. 薄壁（重量不大）零件，工作压力不大的管子配件及壁厚不大于 30mm 的耐磨轴套等
3. 圆周速度大于 6～12m/s 的带轮及其他符合左列工作条件的零件</td></tr>
<tr><td>HT200</td><td rowspan="2">1. 承受较大负荷的零件
2. 摩擦面间的单位面积压力大于 490kPa 者（大于 10t 的大型铸件大于 1470kPa）或需经表面淬火的零件
3. 要求保持气密性或要求抗胀性及韧性的零件</td><td rowspan="2">1. 一般机械制造中较为重要的铸件，如气缸、齿轮、链轮、棘轮、衬套、金属切削机床床身、飞轮等
2. 汽车、拖拉机的气缸体、气缸盖、活塞、刹车毂、联轴器盘、飞轮、齿轮、离合器外壳、分离器本体、左右半轴壳
3. 承受 7840kPa 以下中等压力的油缸、泵体、阀体等
4. 汽油机和柴油机的活塞环
5. 圆周速度大于 12～20m/s 的带轮及其他符合左列工作条件的零件</td></tr>
<tr><td>HT250</td></tr>
<tr><td>HT300</td><td rowspan="3">1. 承受高弯曲力及高拉力的零件
2. 摩擦面间的单位面积压力大于等于 1960kPa 或需进行表面淬火的零件
3. 要求保持高度气密性的零件</td><td rowspan="3">1. 机械制造中重要的铸件，如剪床、压力机、自动车床和其他重型机床的床身、机座、机架和大而厚的衬套、齿轮、凸轮；大型发动机的气缸体、缸套、气缸盖等
2. 高压的气（液）压缸、水缸、泵体、阀体等
3. 圆周速度大于 20～25m/s 的带轮及符合左列工作条件的其他零件</td></tr>
<tr><td>HT350</td></tr>
<tr><td>(HT400)</td></tr>
</table>

第二节 灰铸铁冶金质量的指标

实践表明，同一成分的铁液经不同的处理，便能获得不同性能的铸铁，因此必须对灰铸铁件生产的冶金过程作周密的考虑，以便既能得到必需的强度指标，又能保证铸铁具有良好的工艺性能，尤其是切削性能。为衡量灰铸铁的冶金质量，发展了一些综合性指标，如成熟度、硬化度、品质系数等。这些指标已逐渐为工程结构件（如机床铸件、内燃机铸件等）的生产控制所接受，但它不适用于要求耐磨、高硬度的特殊性能铸件。

一、成熟度及相对强度

Φ30mm 试棒上测得的抗拉强度值与由共晶度计算出的抗拉强度之比称为成熟度，可用式(3-1)来计算：

$$RG=\frac{\sigma_{b测}}{1000-800S_C} \tag{3-1}$$

式中　RG——成熟度；

$\sigma_{b测}$——从 Φ30mm 试棒测得的抗拉强度（MPa）；

S_C——共晶度。

对于灰铸铁，RG 可在 0.5～1.5 内波动，适当的过热和孕育处理能提高 RG 值。如 $RG<1$，表明孕育效果不良，生产水平低，未能发挥材质的潜力。希望 RG 在 1.15～1.30 之间。

Φ30mm 试棒上测出的抗拉强度与由其上测得的布氏硬度求出的强度值之比，称之为相对强度，可用式（3-2）计算：

$$RZ=\frac{\sigma_{b测}}{2.27\text{HBS}-227}\times100\% \tag{3-2}$$

式中　RZ——相对强度；

$\sigma_{b测}$——Φ30mm 试棒上测得的抗拉强度（MPa）；

HBS——Φ30mm 试棒上测得的布氏硬度值。

RZ 值可在 60%～140%之间波动。

二、硬化度及相对硬度

Φ30mm 试棒测得的布氏硬度与由共晶度计算出的硬度之比，称为硬化度，可用式（3-3）计算：

$$HG=\frac{\text{HBS}_{测}}{530-344S_C}=\frac{\text{HBS}_{测}}{170.5+0.793(T_L-T_S)} \tag{3-3}$$

式中　HG——硬化度；

S_C——共晶度；

T_L、T_S——铸铁液相线和固相线温度；

$\text{HBS}_{测}$——Φ30mm 试棒上测得的布氏硬度。

Φ30mm 试棒测得的布氏硬度与由抗拉强度计算出的布氏硬度之比，称为相对硬度，可用式（3-4）计算：

$$RH=\frac{\text{HBS}}{100+0.44\sigma_{b测}}=\frac{\text{HBS}}{\text{从 }\sigma_b\text{ 计算出的布氏硬度值}} \tag{3-4}$$

式中　RH——相对硬度；

HBS——Φ30mm 试棒上测得的布氏硬度值；

$\sigma_{b测}$——Φ30mm 试棒上测得的抗拉强度（MPa）。

RH 波动在 0.6～1.2 之间，以 0.8～1.0 为佳。RH 低，表明灰铸铁的强度高、硬度低，有良好的切削性能。良好的孕育处理能降低 RH 值。

三、品质系数

品质系数 Q_i 为成熟度与硬化度之比：

$$Q_i = \frac{RG}{HG} \tag{3-5}$$

Q_i 在 0.7～1.5 之间波动，希望 Q_i 控制在大于 1。可用品质系数来衡量各种工艺措施提高灰铸铁质量的程度。例如，良好的孕育可提高品质系数 15%～20%。

人们在生产实践中通过大量数据的采集和处理，根据热分析试验测得的液相线温度 t_L 和凝固温度回升值 Δt（相对过冷度），就能从图表预测到 Φ30mm 试棒上的抗拉强度和硬度值，以及弹性模量 E_0 和共晶团数。

必须指出，Q_i 和用 RZ/RH 算出的比，两者有很大的差别，因此在实际计算评定时，应严格按定义进行，否则所得的结果无对比性。

第三节 提高灰铸铁性能的主要途径

为提高灰铸铁的性能，常采用下列几种措施：选择合理的化学成分，改变炉料组成，过热处理铁液、孕育处理，微量或低合金化。采取何种措施取决于所要求的性能及生产条件，往往同时采取两种以上的措施。

一、合理选择化学成分

对灰铸铁性能影响最大的因素是碳当量。图 3-2 是碳当量与力学性能的关系。根据所希望获得的组织和性能，选取合适的碳、硅含量。降低碳当量可减少石墨数量、细化石墨、增加初析奥氏体枝晶量，是提高灰铸铁力学性能时常采取的措施。但降低碳当量会导致铸造性能降低、铸件断面敏感性增大、铸件内应力增加、硬度上升、加工困难等问题，因此必须辅以其他措施。

在碳当量保持不变的条件下，适当提高 Si/C 比（一般质量比由 0.5 左右提高至 0.7 左右），在凝固特性、组织结构和材质性能方面有以下变化：

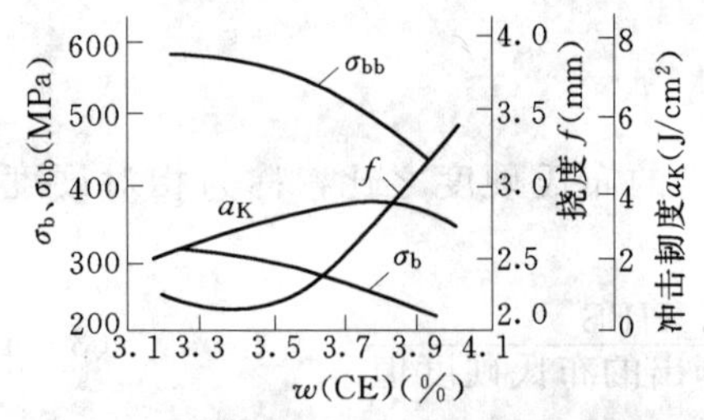

图 3-2 碳当量对灰铸铁力学性能的影响

注：①$w(\text{CE}) = w(\text{C}) + \frac{1}{3}w(\text{Si+P})$；②$\alpha_K$ 为 10mm×10mm 试样上测得的冲击韧度

（1）组织中初析奥氏体数量增多，有加固基体作用。

（2）由于总碳量的降低，石墨量相应减少，减轻了石墨片对基体的割裂作用。

（3）固溶于铁素体中的硅量增多，强化了铁素体（包括珠光体中的铁素体）。

（4）提高了共析转变温度，珠光体在较高温度下生成，易粗化，对强度起负面影响。

（5）降低了奥氏体的含碳量，使奥氏体在共析转变时易生成铁素体。

(6) 在硅高碳低情况下，易使铸件表层产生过冷石墨并伴随有大量铁素体，有利于切削加工，但不加工面的性能有所削弱。

(7) 提高了液相线凝固温度，降低了共晶温度，扩大了凝固范围，降低铁液流动性，增大了缩松渗漏倾向。

图 3-3 表明，在不同碳当量条件下，Si/C 比变化对强度的影响是不一致的。在碳当量较低时，适当提高 Si/C，强度性能会有所提高，并在 Si/C=0.75～0.80 时出现强度峰值，切削性能有较大改善，但要注意缩松渗漏倾向的增加和珠光体数量的减少，但在较高碳当量（CE 值超过 3.9%～4.1%）时提高 Si/C，由于片状石墨尺寸的增大和铁素体数量的增加（特别是非合金灰铸铁），反而使抗拉强度下降。此时提高硅碳比仍有减少白口倾向的优点（见图 3-4），适用于性能要求不很高的薄壁铸件的铸造。

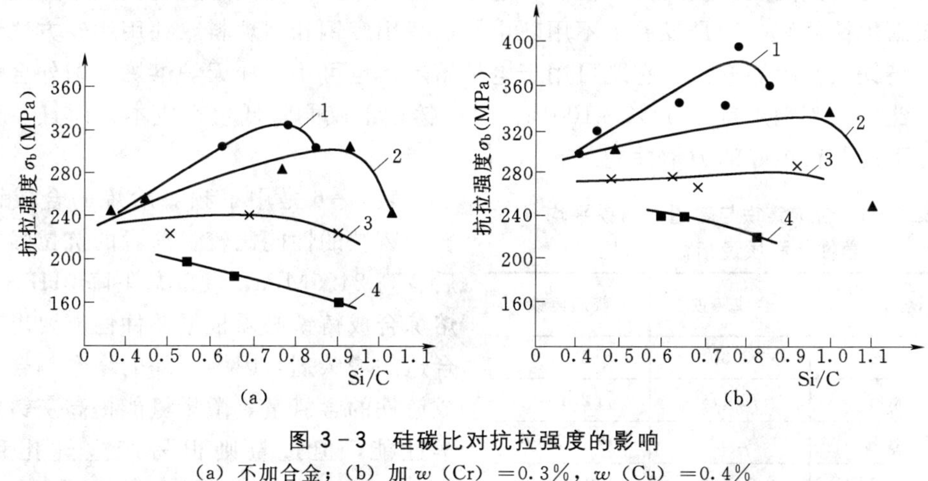

图 3-3　硅碳比对抗拉强度的影响

(a) 不加合金；(b) 加 w (Cr) =0.3%，w (Cu) =0.4%

1—w (CE) =3.42%～3.70%；2—w (CE) =3.71%～3.90%；

3—w (CE) =3.91%～4.05%；4—w (CE) =4.06%～4.34%

对于高强度薄壁灰铸铁件（如缸体、缸盖、箱体、壳体等），为同时保证有良好的铸造性能，在采用较高碳当量（CE=3.9%～4.1%）条件下，不宜采用高的 Si/C（一般不能超过 0.75～0.8）。

在普通灰铸铁件中，一般采用 0.5%～0.9% 含锰量。在选定合适化学成分的基础上，适当采用较高锰量，无论对强度、硬度、致密度及耐磨性都有好处。含锰较高的灰铸铁已在机床铸件上得到了一定的应用。

灰铸铁件为防止冷脆（裂）问题，一般要求含磷量小于 0.2%，对有耐磨和高流动性要求的铸件，含磷量可高至 0.3%～1.5%。

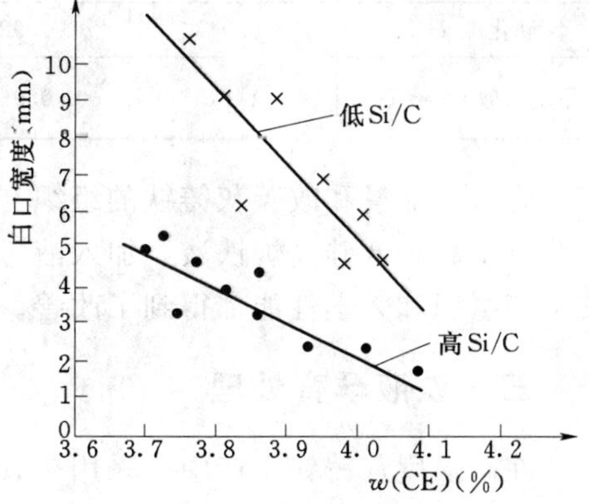

图 3-4　Si/C 与白口倾向的关系

冲天炉熔制的灰铸铁铁液，一般含硫量达0.05%～0.09%。硫与锰结合形成MnS或(FeMn) S化合物，可作为石墨化的非自发晶核，有利于提高灰铸铁的孕育效果。所以生产实践中，常常因电炉熔制的铁液含硫量较低，其孕育效果不及冲天炉熔制的铁液，而在电炉熔炼的铁液中添加适量的FeS，以提高孕育效果。

高碳当量灰铸铁获得优良性能的技术途径是：提高基体显微组织硬度，增加组织中奥氏体枝晶数量，细化石墨和细化共晶团。主要强化措施是：

(1) 控制五大元素中的正偏析元素Mn和反偏析元素Si，在一定的Mn+Si范围内，调整Mn/Si，可改善灰铸铁基体的显微硬度分布及适当提高基体平均显微硬度。

(2) 添加少量Cr、Cu或微量Ti，以增加组织中的奥氏体枝晶数量和细化石墨。

二、改变炉料组成

灰铸铁的金属炉料一般由新生铁、废钢、回炉料和铁合金等组成。加入废钢，降低铁液含碳量，可以提高灰铸铁的力学性能。近年来由于工业发达国家废钢供应十分充裕，价格也远较新生铁便宜，于是发展了不用新生铁而只用废钢和回炉料，并用增碳方法调节碳量的合成铸铁及其冶炼方法。它既可用于电炉熔炼，也可用于冲天炉熔炼。国外合成铸铁的炉料配比中，废钢用量占60%～100%。合成铸铁不仅能降低生产成本，而且在相同的化学成分下能获得更好的力学性能。

表3-6 合成铸铁与普通灰铸铁平均力学性能和质量指标的对比

指标名称	合成铸铁	普通铸铁
w (C) (%)	3.30	3.31
w (Si) (%)	2.17	2.16
w (CE) (%)	4.02	4.03
抗拉强度 σ_b (MPa)	260.7	236.2
抗弯强度 σ_{bb} (MPa)	476.3	471.4
硬度HBS	197	206
成熟度 RG	1.04	0.94
硬化度 HG	0.94	0.98
品质系数 $Q_1=\frac{RG}{HG}$	1.11	0.96

表3-6是用工频炉冶炼的合成铸铁与普通铸铁的性能比较。前者的抗拉强度要比后者高24.5MPa，硬度却下降9HBS。电炉熔炼合成铸铁必须根据铸件性能要求来选用合适的增碳剂，因为不同的增碳剂会影响合成铸铁的含氮量，微量氮能提高灰铸铁的力学性能，但过量则很易产生气孔和针孔缺陷。

用冲天炉获得合成铸铁时，铸铁中的含碳量来自于焦炭，增碳量取决于温度、焦铁比及炉气成分。其铸铁性能改善与电炉冶炼的情况相似。

两者都表明，合成铸铁的生产需要将铁液过热温度提高到1500℃以上的熔炼设备。

为节约能量和改善灰铸铁的组织与性能，还可在配料中采用合成生铁代替铸造生铁。为此可用高碳低硅高炉铁液，加入液态硅铁，制得合成生铁。用合成生铁生产的灰铸铁，其金相组织和力学性能都得到了改善。

三、铁液孕育处理

在高强度灰铸铁生产中，采用孕育处理是提高强度、改善石墨形状及其分布的很有效手段，已得到普遍应用。

（一）孕育目的及其效果的评定

1. 孕育处理目的

孕育的目的在于：①促进石墨化，减少白口倾向；②改善断面均匀性；③控制石墨形态，减少过冷石墨和共生铁素体的形成，以获得中等大小的A型石墨；④适当增加共晶团数和促进细片珠光体的形成；⑤改善铸铁的力学性能（如抗拉强度）和其他性能（如切削性能）。

2. 孕育效果的评定

孕育目的不同，评定孕育效果的指标也不同。但常用减少白口倾向、增加共晶团数及减少过冷度来评述。

（1）减少白口倾向。常用三角试样的白口深度或宽度来评定孕育前后的白口倾向。孕育前后的白口深度差别越大，说明效果越好。

（2）共晶团数。在工艺条件相同的情况下才能以此来评定孕育的效果，因为炉料、熔化条件、过热处理、孕育剂、孕育方法等工艺条件改变时，都会引起共晶团数的改变。一般在试样上测定孕育前后的共晶团数，借以衡量孕育前后成核程度的差别。有些孕育剂，如含锶孕育剂，并不过多增加共晶团数，却有很强的降低白口倾向的作用。

（3）测定共晶过冷度。铁液孕育后，结晶核心大量增多，因而共晶过冷度减少，一般可以用孕育前后的过冷度大小比值来衡量孕育效果。比值越大，孕育效果越好。

实际生产不能追求最大的孕育效果。为防止缩松等缺陷出现，不少企业规定相对过冷度 Δt 小于4℃为孕育过度，而力求孕育后获得6～8℃的相对过冷度。

孕育剂的作用及有效性均随时间而衰退，因此在筛选孕育剂时常把保持孕育效果的时间长短作为一个评定指标。图3-5是晶核数（可反映孕育有效性）随时间变化的示意曲线。在 AB 阶段，铁液中的晶核数取决于化学成分、熔炼条件和温度。在 BC 阶段，由于加入了孕育剂，开始形成了新的晶核，使晶核数猛增。此时孕育剂逐渐熔解直到它最终达到顶点 C，这时活化晶核数达到最大值。随后孕育剂的有效性便开始随着时间而衰退。晶核数目逐渐减少直到 D 点，铁液又恢复到原有的晶核数，这时看来好像温度与成分均没有发生过什么变化，但孕育效果已衰退失效。好的孕育剂能缩短 BC 段的时间、延长 CD 段的时间区段。人们按生产所需选用不同的孕育剂与孕育方法来调整曲线与时间的相对位置。

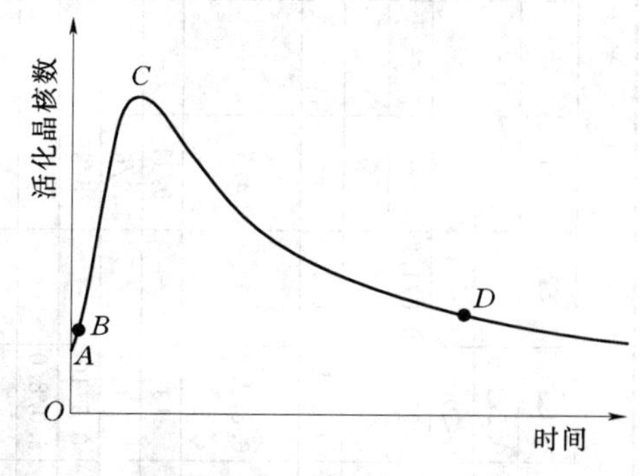

图3-5 晶核数随时间的变化

（二）孕育处理要求的铁液条件

1. 选择合适的化学成分

根据铸件要求，选择合理的化学成分——CE%、Si/C、Mn%，并确定是否要加入合金元素等。对于需要进行孕育处理的高牌号灰铸铁，一般选用较低的碳、硅含量，使成分处于铸件组织图上的麻口区内或靠近麻口区的白口区域的边缘地带（即铁液有一定的过冷倾向）；如不孕育，铁液会部分按介稳定系凝固。孕育处理后，铁液可按稳定系凝固，转

表 3-7 国内外一些商品孕育剂的成分

编号	商业名称	化学组成(质量分数,%)														生产厂(公司、国家)
		Si	Al	Ca	Sr	Ba	Zr	Ti	RE	Mn	Mg	C	Cr	Cu	N	Fe	
1	SiFe-1	74/79	0.8/1.6	0.5/1.0	—	—	—	—	—	—	—	—	—	—	—	余	吉林铁合金厂
2	SiFe-2	74/79	0.8/1.6	<0.5	—	—	—	—	—	—	—	—	—	—	—	余	山川铁合金厂
3	SrSiFe	73/78	≤0.5	≤0.1	0.6/1.2	—	—	—	—	—	—	—	—	—	—	余	吉林铁合金厂
	(Superseed75)																南京特种合金厂
4	Superseed50	46/50	≤0.5	≤0.1	0.6/1.0	—	—	—	—	—	—	—	—	—	—	余	ELKEM(德国)
5	BaSiFe	60/68	1.0/2.0	0.8/2.2	—	4/6	—	—	—	8/10	—	—	—	—	—	余	丹东铁合金厂、吉林铁合金厂、南京特种合金厂
6	Ba10G	60/65	1.3/1.7	10	—	9/11	—	—	—	—	—	≤0.1	—	—	—	余	Soferen(法国)
7	Inocarb	30/33	0.6/0.8	0.3/0.6	—	4.0/6.0	—	—	≤0.5	—	—	45/50	—	—	—	余	Soferen(法国)
8		55/65	0.5/4.0	0.5/10	—	25/35		—	—	—	—	—	—	—	—	余	前苏联
9	TG-1	33/40	≤1.0	5.0/8.0	—	—	—	—	—	—	—	27/37	—	—	—	余	南京特种合金厂
10	RECaBa	46/54	≤3.0	1.0/3.0	—	1.5/4.0	—	—	3.0/5.0	—	—	—	—	—	—	余	南京冶金研究所、丹东铁合金厂、南京特种合金厂
11	REMnCr	35/40	3/4	5/6	—	—	—	—	6/8	6	—	—	15	—	—	余	湖北特种合金厂
12	CaSi	60/65	≤0.2	30/33	—	—	—	—	—	—	—	—	—	—	—	余	GFE(德国)
13	CFS-10	36/40	—	—	—	—	—	—	10.5/15.0 (Ce9/11)	—	—	—	—	—	—	余	Foote(美国)
14	KM	35/40	4.0/6.0	2.0/4.0	—	—	—	—	26/30	—	—	—	—	15	—	余	前苏联
15	SMZ	60/65	0.75/1.25	0.6/1.0	—	—	5.0/7.0	—	—	5.0/7.0	—	—	—	—	—	余	ELKEM(德国)
16	ZL80	~78	2.0/3.0	~2.5	—	—	~1.5	—	—	—	—	—	—	—	—	余	GFE(德国)
17	CaSiZr	50/55	~1.0	15/20	—	—	15/20	—	—	—	—	—	—	—	—	余	GFE(德国)
18	Inoculin25	60/65	≤1.5	2.0	—	—	5.0	—	—	3.5	—	—	—	—	—	余	Foseco(英国)
19	Craphidox	50/65	1.0/1.3	5.0/7.0	—	—	—	9/11	—	—	—	0.15/0.25	—	—	—	余	Foote(美国)
20	Graphidox(低 Ca)	50/55	1.0/1.3	0.5/1.5	—	—	—	9/11	—	—	—	—	—	—	—	余	Foote(美国)
21	Vp205	74/79	3.0/4.0	0.5/0.8	—	—	—	—	—	—	0.5/1.0	—	—	—	—	余	GFE(德国)
22	Cuемпш-3	52.6	4.6	3.7	—	—	—	—	21.8	—	1.3	—	—	—	—	余	前苏联
23	DWF	25/50	—	<1.0	—	—	0/5.0	—	—	—	—	—	5.0/50	Bi 适量	2/10	余	上海市汇南综合厂
24	石墨	—	—	—	—	—	—	—	—	—	—	98/99.9	—	—	—	—	

注 表内编号 1、2、3、5、9、10、11、23 等 8 种孕育剂是“七五”期间国家攻关确定的系列化、商品化孕育剂。

入珠光体区域。一般认为，碳当量越低（如 C=2.8%～3.2%，Si=1.0%～1.4%），孕育效果越好，灰铸铁强度越高；相反，碳当量高，孕育效果差。如果原铁液碳、硅含量较高，不经孕育处理时就为灰口组织，那么孕育处理后可能进一步引起石墨的粗大化，反而使强度降低。孕育处理的铁液可选用较高的含锰量（Mn=0.7%～1.1%）和合适的含硫量（S=0.05%～0.09%）。

2. 铁液要有一定的过热温度

温度、化学成分、纯净度是铁液的三项冶金指标。铁液温度的高低又直接影响到铁液的成分及纯净度。铁液温度的提高有利于铸造性能的改善，更主要的是，如果在一定范围内提高铁液温度，能使石墨细化，基体组织细密，抗拉强度提高。对于孕育铸铁来说，过热铁液的要求是着眼于纯化铁液，提高铁液的过冷度，以期在孕育情况下加入大量的人工核心，迫使铸铁在“受控”条件下进行共晶凝固，从而达到真正孕育的目的。因此要做好孕育铸铁，要在最大程度上改变它受控于原来自身条件的凝固特点，就必须有相当的过热温度（如高于 1450～1470℃）。

（三）孕育剂的成分及选用

表 3-7 列出了目前国内外应用的商品孕育剂成分。

不同孕育剂具有不同的特点，原因在于其组成中各元素都有各自的功能。因此选择孕育剂，必须根据孕育剂组成元素的特性，按照自己的生产条件和对铸件的要求进行。

表 3-8 列出了选择孕育剂的原则和方法。

表 3-8　孕育剂的选用原则

序号	孕育目的及使用条件	孕育剂种类及用量
1	降低白口深度	低硫铁液时采用 RE、Ca、Sr 系孕育剂，高硫铁液时采用碳系或石墨
2	降低白口深度，提高抗拉强度	采用石墨化和稳定化（含有珠光体稳定元素）复合孕育剂；采用石墨化孕育剂时，RE、Ca、Ba 系较好
3	提高抗拉强度	采用稳定化孕育剂，其次是氮系和稀土系
4	减少断面敏感性	采用稳定化系、Ba 系孕育剂
5	电炉熔炼铁液	增加孕育剂用量或采用稀土孕育剂；冲天炉—电炉双联熔炼时，采用含 Zr 孕育剂
6	使用带锈的炉料或铁液氧化（铁液不允许严重氧化）	采用脱氧能力强的孕育剂（例 RE、Mg），增加孕育剂加入量
7	铁液成分	高牌号铁液需用较多的孕育剂；铁液含硫量低的需增加孕育剂量（尤其是 w（S）$<0.05\%$）或用稀土孕育剂
8	大件、厚件及衰退明显	采用“长效”孕育剂，例 Ba、Zr、Sr 系，采用高熔点、块大的孕育剂
9	薄壁件	防白口能力强的孕育剂，并适当加大用量
10	铸型条件	高压造型、铬矿石砂型等传热快的铸型需用较多的孕育剂
11	出铁温度和浇注温度	温度高使用熔点高、衰退慢的孕育剂

续表

序号	孕育目的及使用条件	孕育剂种类及用量
12	浇注方法	大包浇注、气压浇包浇注、机械化自动化浇注应采用衰退慢的孕育剂，并加大用量
13	孕育方式	出铁槽孕育、包内孕育、孕育剂用量大，后孕育、铁液流孕育、型内孕育、孕育剂用量可少，熔点要低，粒度要小，FeSi75 较好
14	降低成本	使用 FeSi75 孕育剂，减少孕育剂用量（防铁液氧化，应用迟后孕育，采用最佳加入量少，使用成本与 SiFe-1、SiFe-2 相当的 BaSiFe、RE-CaBa 孕育剂）

在一定条件下，每种孕育剂都有其最佳加入量，过多地使用孕育剂不会带来更大的孕育效果，反而浪费孕育剂、降低铁液温度、增加铸件的缺陷和成本。一般建议，孕育剂带进铁液中硅量不大于 0.3%，碳量不大于 0.1%。国内熔化的铁液氧化程度较大，故使用孕育剂量往往会超过此值。

至今国内大部分铸造车间使用的孕育剂仍然是 FeSi75。其原因除便宜易得外，主要是它在孕育后的短时间内（约 5～6min）有良好的孕育效果。国内近几年发展了增加锶、铈、钡、钛、锆等强化孕育元素的特种孕育剂，促进了孕育铸铁的发展。

孕育剂的加入量与铁液成分、温度及氧化程度、铸件壁厚、冷却速度、孕育剂类型及孕育方法有关，尤其以铁液成分、铸件壁厚及孕育方法的影响为最大。灰铸铁要求的牌号越高，选择的铁液碳当量越低，则需要加入孕育剂的量越大。在采用普通孕育剂及一般方法孕育时，孕育剂用量大致在 0.2%～0.7% 范围内波动。如果选用强化孕育剂，用量就可适当降低。

（四）孕育方法

孕育方法对孕育效果有直接影响。孕育处理方法近 20 年来有很大发展，最常用的方法是在出铁槽将一定粒度的孕育剂（粒度大小随浇包大小而定，一般在 5～10mm 左右）加入。这种方法看来简单易行，但也有不少缺点。主要缺点有两个方面：一是孕育剂消耗量大；二是很易发生孕育衰退现象。衰退的结果导致白口倾向的重新加大及力学性能的下降。为此，近年来发展了许多瞬时孕育（后孕育）技术，方法是尽量缩短从孕育到凝固的时间，可极大程度上防止孕育作用的衰退，亦即最大程度地发挥了孕育的作用。

图 3-6 是各种孕育方法的分类。

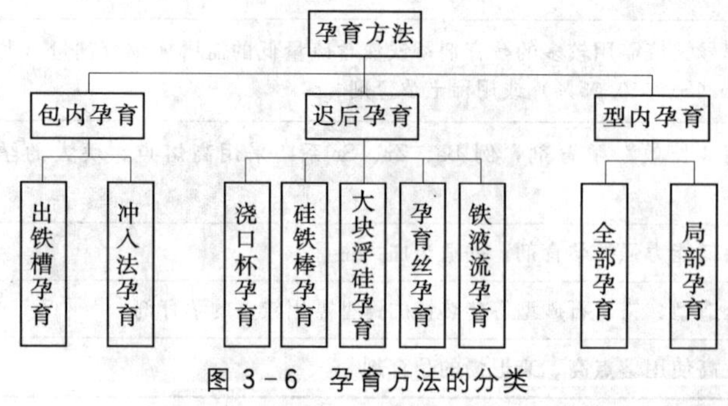

图 3-6 孕育方法的分类

表 3-9 是这些孕育方法的优缺点。为加强孕育也常把包内孕育和另两类方法结合使用。迟后孕育和型内孕育技术的开发不仅减少了孕育剂的用量，从而节省了开支、减少了针孔等缺陷，而且由于在浇注的同时进行孕育，因而衰退作用很小甚至不衰退。此时各种孕育剂的孕育效果较之

包内孕育方法来说，可大为改善。要注意的是，虽然普通 FeSi75 的抗衰退能力差，但仍不失为是一种最常用的孕育剂。

用较低的碳当量铁液经孕育处理获得的孕育铸铁，具有较高的强度（抗拉强度可达 250～400MPa），且该种灰铸铁还有一个可贵的性能特点，即铸铁组织和性能的均匀性大为提高，断面敏感性很小。

孕育铸铁含碳、硅量较低，虽然有较大的结晶温度区间，同时有较普通灰铸铁大的体积收缩倾向，但只要能充分补缩，铸件仍可得到很高的致密性。而且随着碳当量或含碳量的降低，铸件耐压能力迅速提高，密度增高。这对制造压缩机、柴油机、蒸汽机的缸体、缸盖、缸套、液压阀体等铸件是很有益的。

表 3-9　孕育方法原理及优缺点

<table>
<tr><th colspan="2">孕育方法</th><th>方法和原理</th><th>优缺点</th></tr>
<tr><td rowspan="2">包内孕育</td><td>包内冲入法</td><td>孕育剂加入包中，然后冲入铁液</td><td>方法最简单，但孕育剂易氧化，烧损大；在包内易浮起和渣混在一起，不起孕育作用，孕育剂用量多，孕育至浇注的间隔最长，衰退最严重</td></tr>
<tr><td>出铁槽孕育</td><td>出铁时，用手工、孕育剂料斗或振动给料器把孕育剂加到出铁槽的铁液流中，或倒包时加到铁液流中</td><td>孕育剂氧化减轻；孕育剂浪费少，但用量仍偏多；浇注前停留时间长，衰退严重</td></tr>
<tr><td rowspan="5">迟后孕育</td><td>浇口杯孕育</td><td>把孕育剂（粒或成型状）放入浇杯中，铁液进入浇杯，使孕育剂溶解后进入铸型</td><td>增加造型工作量，孕育剂颗粒易浮起、浪费；孕育后铁液立即进入铸型，基本无衰退；孕育剂用量比包内孕育法少</td></tr>
<tr><td>硅铁棒孕育</td><td>浇注时，通过铁液流对包嘴处硅铁棒的冲刷来达到孕育</td><td>衰退少；孕育剂用量比包内法少；硅铁棒制造麻烦；孕育剂用量不易控制，对浇注工艺要求高</td></tr>
<tr><td>大块浮硅孕育</td><td>将大块孕育剂放在包底，冲入铁液使孕育剂边熔边浮，铁液表面仍有 1/4～1/5 的硅铁块，或包内冲入法后在液面撒一层硅铁</td><td>铁液液面处富硅，浇注的铁液似刚孕育，衰退小；操作简单；减少破碎工作量
但块度要与温度、包容量相配；孕育剂消耗量大</td></tr>
<tr><td>孕育丝孕育</td><td>把孕育剂包在空心金属丝中，采用改进的焊丝给料机，均匀进入直浇道或浇杯的铁液中</td><td>孕育剂加入量可减少至 0.08%以下；孕育丝能自动均匀地进入铁液；无衰退
孕育丝供应成本高，都为定点使用，要求控制系统可靠</td></tr>
<tr><td>铁液流孕育</td><td>把孕育剂用重力或气力加到进入铸型的铁液流中</td><td>孕育剂用量可减至 0.1%；孕育剂粒能均匀进入铁液流，无衰退，效果比包内孕育法要好。最好定点使用，控制系统要可靠</td></tr>
<tr><td rowspan="2">型内孕育</td><td>全部孕育</td><td>把孕育块（一定块度或成型块）放在浇注系统内（过滤芯上、直浇道底部或横浇道内），铁液进入时就被孕育</td><td>孕育均匀，无衰退，孕育剂用量可降至 0.05%～0.10%
要求孕育块能连续均匀熔化；易生渣孔；要修改浇注系统、降低成品率。一般作辅助孕育用，已有成型块供应</td></tr>
<tr><td>局部孕育</td><td>在铸型局部放小孕育块或撒孕育剂粉</td><td>能明显减少铸件局部产生白口，作辅助孕育用</td></tr>
</table>

孕育铸铁的减振性较普通灰铸铁差，但耐磨性、抗生长性要比普通灰铸铁高。尽管孕育铸铁绝大多数的性能优于普通灰铸铁，而伸长率和冲击韧性仍然极低。因此它常用于动载荷较小、静力强度要求高的重要铸件上，如机床床身、发动机机体等。

孕育铸铁虽然碳、硅含量较低，但由于经孕育处理后降低了过冷度，因而白口倾向不大。

由于其成分的亚共晶程度较大，结晶温度区间较宽，初生奥氏体树枝晶较发达。在孕育处理后，增高了铁液的黏度，且温度有所下降，因而流动性不及普通灰铸铁。因此要求必须有高的浇注温度，例如只有在1380℃以上，浇注气缸体之类复杂薄壁铸件才没有困难。同时应适当地加大浇注系统尺寸，采取加快浇注等措施。

孕育铸铁的线收缩和体收缩值都比普通灰铸铁稍大，加上弹性模量较高，因而铸造应力较大，所以铸造薄壁复杂件时，必须留有足够的收缩余量，并防止变形、开裂。为防止形成缩孔、缩松缺陷，对于某些铸件，设置合适的冒口是必要的。

重要的孕育铸铁铸件，一般都要进行人工时效——去除内应力的退火处理。

四、低合金化

灰铸铁的合金化是提高其力学性能和使用性能、节省材料的重要途径。在生产实践中，也常常采用炉内或炉前添加少量合金元素与孕育技术相配合的措施，生产出不同成分的铁液，以满足不同牌号或同一牌号不同壁厚铸件的要求（在某些情况下，亦可采用炉前调整法，以满足少量不同牌号铸件的生产需求）。

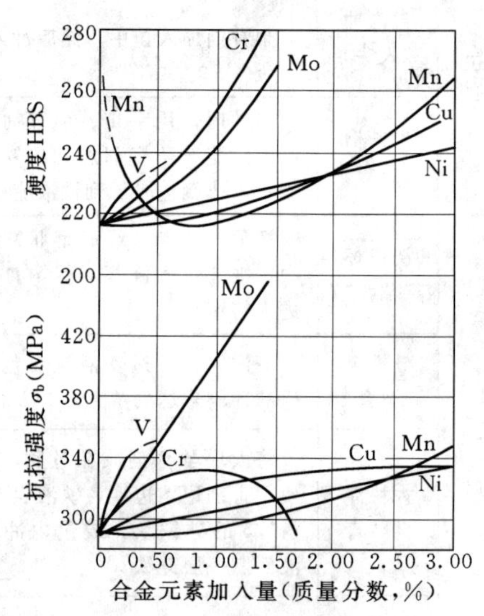

图3-7 合金元素加入量与抗拉强度、硬度的关系

在灰铸铁中加入少量合金元素具有如下作用：①改善并显著提高铸铁的强度性能，增高硬度；②增加铸件组织和性能的均匀性，降低断面敏感性，改善切削性能；③改善铸件的塑性；④改善铸铁的高温和低温性能；⑤提高铸铁热处理的淬透性和改善耐磨性。

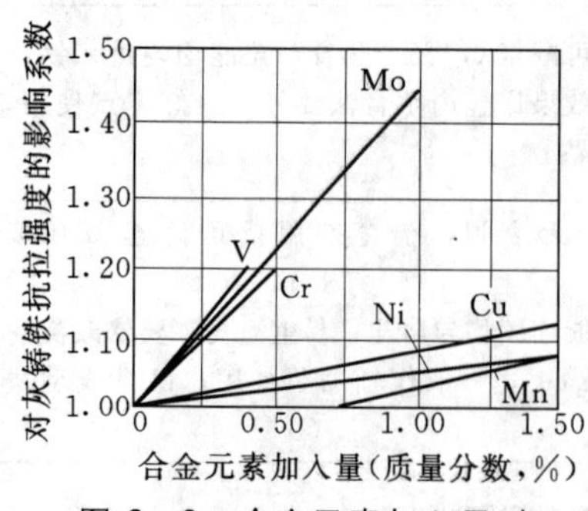

图3-8 合金元素加入量对灰铸铁抗拉强度的影响系数

铸铁中常用合金对铁碳相图及灰铸铁结晶的影响见表1-6。大部分常用的合金元素在合适的加入量范围内，能促进珠光体生成并能部分细化珠光体、强化铁素体，从而提高灰铸铁的抗拉强度和硬度（见图3-7）。但各元素的作用程度有别，可用合金元素对抗拉强度的影响系数来表示（见图3-8）。在灰铸铁中加入一种以上合金时，它们对抗拉强度的总影响可用各个合金元素的影响系数相乘来估算，并可用式（3-6）来表达。

$$\sigma_{b合金} = f_1 f_2 \cdots f_n \sigma_{b普通} \tag{3-6}$$

式中 $\sigma_{b合金}$——加入 n 种合金元素后的抗拉强度；

f_1、f_2、…、f_n——第一个、第二个、…、第 n 个合金元素的影响系数；

$\sigma_{b普通}$——普通灰铸铁（未加合金）的抗拉强度。

计算值与实测值的差距小于15%。

在灰铸铁中加入少量合金元素，不仅使抗拉强度提高，而且还可以使获得高强度的区域扩大，即可使相对应的允许含碳量、含硅量范围扩大，方便于生产中的控制。

促进铸铁石墨化的元素可同时减少灰铸铁的白口倾向。如把硅的石墨化能力当作基准1，则常用元素的石墨化能力如表3-10所示。

目前认为阻碍铸铁石墨化的次序为W、Mn、Mo、Cr、Sn、V、S，依次递增。

表3-10 常用合金元素的石墨化能力

合金元素	Si	Al	Ni	Cu	Mn	Mo	Cr	V
石墨化能力	1	0.5	0.3～0.4	0.2～0.35	-0.25	-0.35	-1	-2

通常加入合金元素含量小于3%的灰铸铁称为低合金铸铁。合金元素不仅贵，而且某些元素，尤其是碳化物稳定元素在超过一定量后，不仅无益，反而会增大白口倾向，促使基体内有硬质点产生。表3-11是低合金化灰铸铁经常使用的合金量。

表3-11 常用合金加入量

合金元素	加入量（质量分数,%）	合金元素	加入量（质量分数,%）
Cr	≤1.0，一般<0.5①	Sb	<0.03
Cu	≤3.0	Ti	<0.35（增奥氏体枝晶，得D型石墨）
Ni	<3.0		
Mo	≤1.0	W	<0.3
V	≤0.3	B	<0.04
Sn	0.04～0.1	N	$<120\times10^{-6}$

① 对有致密性要求的铸件：Cr<0.35%。

锡、锑、铜、铬是一些强烈稳定珠光体的元素，它们对细化珠光体的作用甚微。而钼、钒等是细化珠光体的元素，但不能消除基体中的铁素体。实践证明，基体中体积分数为30%的铁素体和完全是珠光体基体的抗拉强度能相差35MPa以上，粗细珠光体之间的强度差可至100MPa。所以利用合金化来改善灰铸铁性能，必须根据工厂生产现状和要求，选择合适的合金元素及其加入量。常用合金元素的使用量和每加1%时对灰铸铁强度提高的百分比见表3-12。

根据合金元素的不同特性，实际生产中往往选用两种以上的合金元素，如Mo+Cu，Mo+Sn，Cr+Mo，Cr+Cu，Cr+Mo+Ni等。两种以上合金元素的配合使用，也提供了用一种合金元素和另一种合金元素配合，防止另一种合金元素易产生白口倾向及生成碳化物的可能。常用Ni、Cu来中和Cr、V的白口倾向，其组成比例刚好和它们石墨化能力相适应。

表 3-12 常用合金元素使用量与强度提高百分比

合金元素	最大用量（质量分数，%）	加入1%强度提高百分比	激冷倾向	合金元素	最大用量（质量分数，%）	加入1%强度提高百分比	激冷倾向
Ni	3.0	10	弱或没有	Cr	0.50	20	强
Cu	1.5	10	弱或没有	Mo	1.00	40	中等
Mn	①	10	弱	V	0.35	45	很强

① 决定于铸铁中的含硫量。

氮可使石墨片长度缩短、弯曲程度增加，端部钝化，共晶团细化和珠光体数量增多，从而提高灰铸铁的力学性能。对于高碳当量的灰铸铁，加入适量的氮可得到100%的珠光体组织。

加入合金元素以后，铁液可维持比不加合金时较高的碳当量，因此其白口倾向可较小，铸造性能好，不易产生缩孔和缩松。而且在较高碳当量时，应选用较高的碳量、较低的硅量，防止硅增加铁素体、粗化珠光体、中和合金元素作用的有害倾向，这样在添加合金元素后，就能获得最好的强度和断面均匀性。

最后，广大灰铸铁铸造工作者还应注意以下两个问题：

（1）在设法提高灰铸铁强度性能的同时，必须使灰铸铁维持尽可能高的碳当量，以使灰铸铁具有较好的铸造性能，从而发挥灰铸铁的特长。

（2）必须严格控制好铁液的化学成分精度，以保证灰铸铁件的组织和性能均匀、稳定。美国约翰·迪尔公司生产275MPa牌号缸盖的成分精度控制见表3-13，其成分精度为：C≤±0.05%，Si≤±0.10%。在这一方面，国内铸造生产的差距是较大的。

表 3-13 美国约翰·迪尔公司275MPa牌号缸盖成分

项 目	化学成分（质量分数，%）									
	CE	C	Si	Mn	P	S	Cr	Cu	Mo	Ni
最高上限成分	4.13	3.42	2.22	0.70	0.070	0.10	0.40	0.95	0.50	1.20
控制上限成分	4.07	3.37	2.19	0.65	0.052	0.08	0.37	0.92	0.43	1.13
目标成分	4.01	3.32	2.12	0.60	0.042	0.06	0.30	0.85	0.36	1.06
控制下限成分	3.95	3.27	2.07	0.55	0.032	0.05	0.23	0.78	0.33	1.03
最低下限成分	3.89	3.22	2.02	0.40	0.010	0.03	0.20	0.75	0.30	1.00

第四节 灰铸铁件生产中炉前质量控制

为了保证灰铸铁件的生产质量，减少废品，必须对出炉和浇注前的铁液质量进行严格的控制。

一、炉前试样质量控制

（一）三角试样

三角试样的形状和尺寸见表3-14。

根据三角试样断口的颜色、晶粒大小和尖角部的白口宽度，可以判断灰铸铁的牌号、化学成分和白口倾向。

(1) 白口宽度与灰铸铁牌号的关系见表3-15（铸件平均壁厚为25～30mm）。

表3-14 三角试样的尺寸、选用与制备

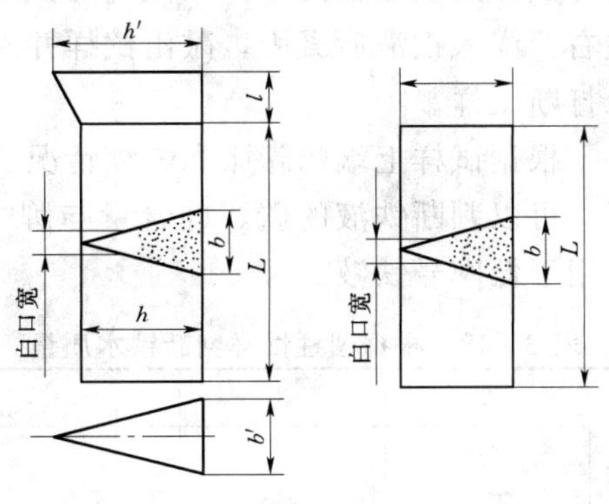

三角试样的尺寸

三角试样的形状如图所示，尺寸如下表：

编号	b	h	L	b'	h'	l	白口宽的测量限度（mm）
1	12.5	25	100	14.5	30	20	6
2	15	30	100				7
3	20	40	100				10
4	20	40	130	26	48	25	10
5	25	50	150	32	60	30	12
6	50	100	180	55	110	40	25

表3-15 白口宽度与灰铸铁牌号的关系

铸铁牌号	HT100	HT150	HT200	HT250	HT300
白口宽度（mm）	1～2	2.5～4	3.5～6	4.5～7	6～8

(2) 根据白口宽度与铸件壁厚，可判断铸件性能，见表3-16。

表3-16 按白口宽度与铸件壁厚之比，判断铸件性能

$\frac{\text{白口宽度}}{\text{铸件壁厚}}$	0.15	0.15～0.20	0.25	0.40～0.50	>0.70
铸件性能	强度低，易加工	易加工	强度最高	耐磨性最好	加工困难

(3) 断口颜色与灰铸铁含碳量关系，见表3-17。

表3-17 断口颜色与灰铸铁含碳量的关系

断口颜色	黑 灰	深 灰	浅 灰	银 灰
C（质量分数，%）	>3.4	≈3.2～3.3	≈3.1～3.2	<3.0

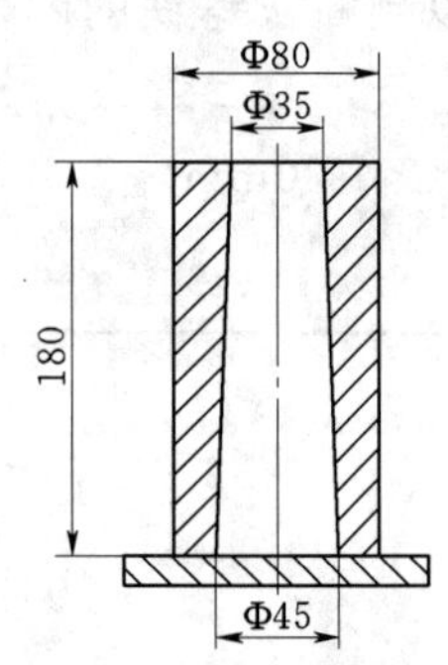

图 3-9 圆柱试样的铁型

白口宽度太小时，则说明铁液碳当量高，可在炉前加适量锰铁等；白口宽度太大时，说明碳当量低，可在炉前增加硅铁。硅铁（含 Si75%）每增多 0.1%，白口宽度减少 1mm。

（二）圆柱试样

试样的铁型如图 3-9 所示。内壁刷石墨涂料，预热至 200℃左右。浇入铁液后凝固，敲出试样并冷至暗红色，浸水激冷，然后打断试样。

根据试样上端的膨胀和收缩情况、断口的颜色、白口层的深度，可以判断铁液的碳、硅含量与牌号，见表 3-18，圆柱试样宜用于低牌号铁液。

表 3-18 根据圆柱试样判断铁水质量

序号	1	2	3	4	5	6
试样外形	*a*	*b*	*c*	*d*	*e*	*f*
断口状况	*a'*	*b'*	*c'*	*d'*	*e'*	*f'*
白口深度（mm）	2～3	3～5	5～8	8～10	15	全白
碳、硅含量	高——→低					
铁水牌号	≤HT150	HT150 HT200	HT200 HT250	HT250	HT300	

低牌号铁液含碳、硅量高，共晶石墨化膨胀量大，故试样凸顶；随着碳、硅量减少，膨胀与收缩相近，试样顶部变平或稍凹陷；碳、硅量很低时，以收缩为主，故试样陷顶。

二、热分析仪

国内外许多工厂在炉前使用热分析仪控制灰铸铁的质量。热分析仪是将铁液浇入装有热电耦的样杯里，在其冷却过程中，由热电耦测温，用二次仪表绘出反映温度—时间关系的冷却曲线。灰铸铁的典型冷却曲线如图 3-10 所示。

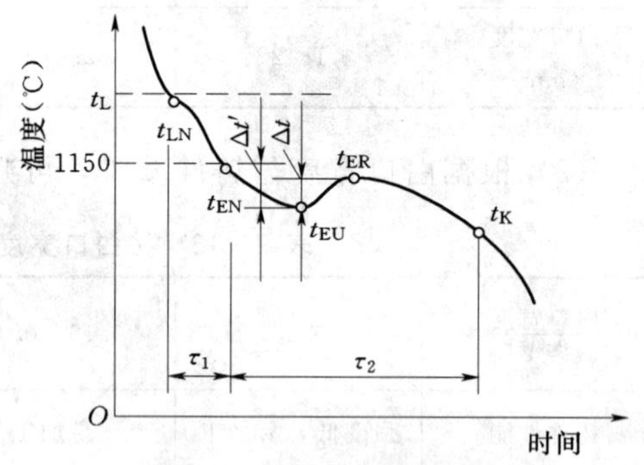

图 3-10 灰铸铁的冷却曲线

t_L—液相线温度；t_{LN}—初生奥氏体析出温度；t_{EN}—共晶开始生核温度（近似值为 1150℃）；t_{EU}—共晶团大量形成与生长温度；t_{ER}—共晶结晶温度回升最高值；t_K—共晶结晶全部结束温度；$\Delta t'$—绝对过冷度，$\Delta t'=1150-t_{EU}$（℃）；Δt—相对过冷度，$\Delta t=t_{ER}-t_{EU}$（℃）；τ_1—开始结晶至共晶凝固开始的时间（s）；τ_2—共晶凝固时间（s）

在保持样杯冷却速度一定的条件下，冷却曲线的形状与灰铸铁的临界温度、化学成分、组织有密切关系。根据共晶过冷度，可以判断灰铸铁的化学成分（CE、C、Si 量）、孕育效果、共晶团数量和石墨分布形状等。

近年来在研制多功能热分析仪的同时，国内研制出多功能铸铁性能速测仪，用标准铸态试棒与被测试棒对比法，在炉前快速打印出 C、Si、共晶团数、σ_b 和 HBS 值。

第五节　主要缺陷及防止

一、料硬、白口与反白口

在灰铸铁中，碳化物可造成下列组织缺陷：料硬、白口和反白口。“料硬”一般指发生在铸件局部（如棱角、凹槽、凸面、表面等）的难加工点。料硬、白口和反白口缺陷的特征、成因和控制见表 3-19。

消除灰铸铁中碳化物的根本途径在于在铸态避免产生共晶渗碳体。当化学成分或冷却速度不当，铸件出现共晶渗碳体时，可进行石墨化退火消除。

表 3-19　白口与反白口缺陷

组织缺陷	料硬与白口	反白口
特征	铸件断面上，局部或全部出现白亮组织（渗碳体），通常位于薄断面、棱角、边缘等部位。硬度高，性脆，难加工	在热节部位出现白亮块或隐约呈现有方向的白亮针。其金相特点为过冷密集细针状渗碳体，穿透分布。小件多出现，厚大件的心部有时会产生网状渗碳体
形成原因	1. 碳当量过低，锰、硫等阻碍石墨化的元素过多 2. 铸件的冷却速度太快，如薄壁，冷铁设计不当，开箱过早在铸型内的冷却时间不足等	1. 碳化物稳定元素 Cr、Mn、Mo、Mg、Ce 等富集在铸件中心。镁、铈偏析强烈形成反白口 2. 铸件结构。反白口常发生在薄壁交叉的热节处，如连杆的杆身 3. 孕育失效。如包底剩余铁水常造成反白口 4. 铁液含氢量高，凝固过程中氢气集中在铸件中心部分，阻止石墨化而促使形成反白口
预防措施	1. 正确配料，注意废钢、白口铁、含气炉料对白口倾向的遗传性。废钢尤应薄料、小块进炉 2. 保证碳当量（宜低碳高硅），限制反石墨化元素硫、铬、碲、钒等 3. 合理选择孕育剂及其加入量，减少白口、增加共晶团数量 4. 合理使用涂料、冷铁；造型起模、修型时，不宜多刷水 5. 复杂、薄壁灰铸铁件，延迟开箱	1. 严格控制铁液的化学成分和反石墨化元素 2. 加强孕育，减少孕育衰退。如在浇口杯内孕育剂量由 0.15%增加到 0.3%，解决了 120 柴油机连杆的反白口 3. 提高小铸件的浇注温度

二、缩孔与缩松

（一）形成原因

铸铁件在凝固过程中，因液态收缩和凝固收缩，在铸件的热节或最后凝固的部位将出现缩孔和缩松。缩孔的容积大而集中，形状不规则，表面粗糙，可以看到相当发达的树枝状晶末梢。缩松细小而分散，常分布在铸件的热节轴心处或集中性缩孔的下方。

灰铸铁在凝固过程中还将伴随石墨的析出而发生体积膨胀，这种膨胀可能将凝固前期所形成的体收缩的一部分或全部抵消。如果铸型刚度较差，在石墨化膨胀压力作用下，就会造成型壁向外迁移，使铸铁件的尺寸增大，体积也相应增加，最终将使铸铁件内缩孔总容积增加。

当铁液的结晶温度范围或凝固区域较宽，倾向于糊状凝固方式，或铸铁件断面上的温度梯度小，均易形成细小分散的缩松。

形成铸铁件缩孔和缩松的总体积可用式（3-7）表示：

$$V_{缩总} = V_{液缩} + V_{凝缩} - V_{石胀} + V_{型移} \tag{3-7}$$

式中 $V_{缩总}$——缩孔、缩松总体积；

$V_{液缩}$——液态收缩体积；

$V_{凝缩}$——凝固收缩体积；

$V_{石胀}$——石墨化膨胀体积；

$V_{型移}$——型壁迁移增加的缩孔体积。

按含碳量的不同，灰铸铁的凝固体收缩率在＋4.3%～－1.5%之间。碳当量为4.43%的灰铸铁，在1300℃浇注时的缩孔率为0.91%。

（二）防止方法

主要从铁液本身、铸型条件和铸造工艺等方面考虑。

（1）铁液的化学成分，特别是碳、硅含量的选择，能影响到灰铸铁的石墨化膨胀体积。对于亚共晶灰铸铁，含碳量增加，析出的石墨量增多，使石墨化膨胀体积增大，有利于减少或消除缩孔和缩松。

（2）铁液的浇注温度直接影响到液态收缩体积的大小，故不论对何种铸铁，都应有适宜的浇注温度。浇注温度太高，将使液态收缩体积增大，也将增加缩孔、缩松的趋势。

（3）铸型刚度的大小将直接影响到灰铸铁在凝固过程中因型壁迁移所增加的缩孔体积大小，所以应根据铸铁件的要求及实际生产条件合理地选择铸型。

（4）根据灰铸铁的凝固特点，采用合理补缩的原则来设计浇冒口系统。应充分利用铸件的自补缩能力，冒口只是补充自补缩不足的差额。

三、铸造应力、变形和开裂

（一）影响铸造应力的因素

铸铁件在凝固、收缩时受到阻碍会产生铸造应力。当铸造应力（有时还有外力作用）超过铸铁的屈服强度，则会产生变形和挠曲。而当铸造应力超过铸铁的强度极限时，则会使铸铁件开裂。铸造应力的形成原因见第二章第二节。

凡是能促进石墨化、降低弹性模量、减少收缩量及减缓铸件冷却速度的因素都有利于减少铸件中的残余应力。为此应提高碳当量，尤其是碳量。在相同碳当量下，硅量过高（Si＞3%）会减少石墨量、降低热导率、增加收缩。锰和硫阻碍石墨化，尤其是锰高硫低会增加应力。合金元素含量较高时，使传热系数降低、弹性模量提高、线收缩增加、铸造应力加大。

铸铁件产生变形和开裂的共同原因是由于在冷却过程中产生了铸造应力。因此将铸造应力减至最小程度是防止铸铁件产生变形和开裂的最根本方法。

（二）减小铸造应力的方法

减小铸铁件中的铸造应力，可使经机械加工后的铸件具有较好的尺寸稳定性和精度的持久性。主要应设法减小铸铁件在冷却过程中各部分的温度差，实现同时凝固原则；改善铸型和型芯退让性；适当增加铸铁件在型内的冷却时间，以免扩大各部分的温差。

形状比较复杂、尺寸稳定性要求较高的铸铁件应用人工加热时效、振动时效或自然时效的方法来降低铸造应力。

铸造应力一般在400～600℃之间产生。有时过强的抛丸清理也会在铸件表层产生压应力。

铸造应力可在480～600℃之间的人工时效热处理来消除，但仅推荐用于单件小批、尺寸精度要求特别高的铸件。

四、非金属夹杂物

（一）存在形态

铸铁中的非金属夹杂物是指石墨、碳化物、基体、磷共晶以外的组成物。按其成分有氧化物、硫化物、硅酸盐、氮化物，以及由它们组成的多种元素的复杂化合物。

在普通灰铸铁中，用电解法分离发现，在1cm^3体积内，仅稳定的氧化物SiO_2、FeO—MnO、Al_2O_3等就达500万个，其中70%的尺寸在0.2～1.0μm之间。用定量金相分析方法发现，1cm^3体积中约有4300万个硫化物（MnS、FeS—MnS等）夹杂，其尺寸为2～23μm。上述这些夹杂物在普通灰铸铁中的总含量约为0.01%。在合金铸铁中有各种合金元素的硫、氧、氮化合物和复合物。

夹杂物的形状和分布方式与夹杂物的类型及来源有关。若夹杂物形成时间早，并以固态夹杂物的形式出现在铁液中，一般多具有一定的几何形状（如方形、三角形的TiN夹杂物）；若夹杂物以液态的第二相存在于铁液中，由于表面张力的作用，则多呈球状（如一些硅酸盐）。若夹杂物析出的时间晚，则多沿晶界分布，按其晶界湿润情况的不同，或呈颗粒状，或呈薄膜状（如FeS）。

铸铁中氧化物夹杂的数量比钢中少。由于铸铁中的碳、硅含量高，足以脱氧，故不应有游离的氧化亚铁夹杂物。铸铁中锰高、硫低时，析出的夹杂物几乎纯粹是晶体状的硫化锰；而锰低、硫高时，在硫化物中主要是硫化铁，其形状较圆。

（二）非金属夹杂物对灰铸铁件质量的影响

非金属夹杂物对灰铸铁件质量的影响见表3-20。

（三）非金属夹杂物的控制

（1）减少非金属夹杂物的途径见表3-21。

（2）铁液的过滤。目前铁液的过滤多在浇注系统内进行，即在其适当位置安放高硅氧

表 3-20 非金属夹杂物对灰铸铁件质量的影响

项 目	影响规律及说明
力学性能	对于普通灰铸铁，粗大的片状石墨，对铸铁基体的削弱程度远大于非金属夹杂物。但不可忽视非金属夹杂物的作用；对于高牌号或特殊性能的灰铸铁而言，非金属夹杂物的破坏作用有时大于石墨的影响
疲劳性能	1. 疲劳裂纹。疲劳裂纹的起点处往往有夹杂物。铸件的脆断与由夹杂物生成的裂纹长大变宽的过程有关 2. 疲劳强度。当夹杂物增多时，基体经热处理后，硬度越高，疲劳强度下降越显著
铸造性能	1. 流动性。当铁水中含有悬浮状难熔固体夹杂物时，其数量越多，对于流动性影响越大。低温氧化铁水的流动性极差，就是因为其中含有大量悬浮状硅、锰和其他合金元素的氧化夹杂物，这种铁水是由于炉内温度低，强氧化性炉气和氧化物不能被碳还原所致 2. 裂纹。易熔的非金属夹杂物往往是造成铸件热裂的主要原因 3. 疏松与渗漏。一些非金属夹杂物，由于热膨胀系数的差异，在铸铁凝固时形成缩松组织，使承受水压或气压的铸件发生渗漏
电性能	非金属夹杂物不是铁磁性物质，它的存在减少了铁磁性基体的体积，破坏其连续性；夹杂物的存在（在晶界上或晶粒内）使基体变形产生内应力，因而基体磁化不均匀 对于磁性，细小分散的夹杂物比粗大聚集的影响大，长条针状夹杂物比球状的影响大 非金属夹杂物各有不同的导电性质，其分布形态亦对铸铁的电阻有很大的影响
可切削性能	铁铁中的夹杂物数量多、分散性大时，其可切削性能差，对刀具磨损严重

表 3-21 减少非金属夹杂物的途径

项 目	内 容
控制金属炉料带入非金属夹杂物	1. 要求选用低硫低磷生铁 2. 对金属材料进行除锈除脏的滚筒处理 3. 选用成分适宜的合金材料避免在炉内大量烧损 4. 限制一些合金钢、废钢材料入炉 5. 限制一些合金铸铁、废机铁材料入炉
高的铁水温度和静置	1. 炉内温度大幅度提高，就能在熔化过程中使碳还原各种氧化物，从而减少氧化夹杂物；高温和高碱度的炉渣能获得低硫铁水，减少硫化物夹杂 2. 在高温下熔化和过热的铁水（达 1500℃）能减少氧化夹杂物，并有利于非金属夹杂物聚集，成渣 3. 采用优质低硫的铸造焦 4. 用感应炉化铁时尽量不过分长时间保温，以免产生较多的氮化物 5. 高温铁水静置，可使非金属夹杂物聚集，上浮便于扒除
控制铁水成分，合理孕育	根据化铁炉熔铁时元素的增减规律，控制配料、熔化，使出炉铁水化学成分既符合要求又具有足够高的温度，然后进行合理的孕育，使铁水的非金属夹杂物最少
防止在浇注过程中产生二次夹杂物	1. 浇道应避免产生二次夹杂物的条件 2. 足够高的浇注温度能使卷入铁水的夹杂物漂浮出来

纤维网或小方孔蜂窝状的高温陶瓷或碳化硅等材质的过滤片。铁液经过过滤，能阻挡住大量硫化物、氧化物、大尺寸的石墨等夹杂物和渣，从而改善了铸铁的结晶，提高了灰铸铁的力学性能和切削性能，降低了铸件废品率。

五、气孔

铸铁中存在气孔将大大降低力学性能，尤其使冲击韧度和疲劳强度大幅度下降。铸铁件凝固时析出气体的反压力，阻碍铁液的补缩，造成微观缩松，降低铸铁件的致密性，使某些需经水压试验的铸铁件因渗漏而报废。

析出性气孔一般在铸铁件的最后凝固处，冒口附近较多。铸铁件中形成析出性气孔的气体主要有氧、氮、氢等。

铸铁中的气体含量一般为：氧在 80×10^{-6} 以下，氮在 140×10^{-6} 以下，氢在 4×10^{-6} 以下。随着温度下降，气体在铁液中的溶解度减小。

（一）析出性气孔的形成及其防止

铸铁溶解气体是一个可逆过程。温度降低时，溶解的气体处于过饱和状态，气体能向铁液表面扩散而脱离吸附状态。溶于铁液中过饱和的气体能形成气泡的条件有以下几个：

（1）气泡内各种气体分压的总和（气体总压力）大于作用于气泡的外压力。

（2）溶解在铁液中的某种气体析出的分压力应大于该气体在气泡中的分压力，该气体才能自动向气泡扩散而不断长大。要满足这一条件，主要依靠铁液温度的降低。

（3）必须要有大于某临界尺寸而稳定存在的气泡核心。铁液中存在的大量非金属夹杂物，熔炼、炉前处理或浇注过程中形成和卷入的气泡，以及包衬、型壁等都可能成为气泡的非自发核心的基础，气泡很容易在这些表面上形成。

附着在外来夹杂物表面的气核形成后，溶于铁液中的气体由于压差必将自动向气泡扩散，当气泡长大到一定临界尺寸时，就会脱离表面而上浮，有时附着在非金属夹杂物表面的气泡，可带着夹杂物一起上浮。气泡越小，上浮速度越慢。要使气泡能及时上浮而排除，气泡直径一般应大于 0.001～0.01cm。

铁液在铸型内降温较快，气泡上浮困难，或铸件表面已凝固，气泡来不及排除而造成气孔。

防止析出性气孔的最根本方法是减少铁液的吸气量，其次是将它含有的气体排除或阻止气体析出。如废钢应经清理滚筒除锈，焦炭、铁料不应在露天堆放，炉衬、浇注工具必须充分烘干，孕育剂应烘烤后加入，提高浇注温度，提高铸铁件的冷却速度等。

（二）反应性气孔的形成及其防止

铁液与铸型之间或铁液内部发生化学反应而析出气体所产生的气孔，称为反应性气孔。它们常分布在铸铁件表面皮下 1～3mm 处，所以通常称为皮下气孔。

皮下气孔的形成与铁液—铸型界面处的化学反应有关。在高温铁液作用下，铸型中的水分被蒸发，黏土中的结晶水分解，产生大量水蒸气。铁液中的 Fe、C、Si、Mn、Mg、Al 等元素都会与水蒸气发生作用，产生汽化反应，析出 H_2。

造型材料中的自由碳（如煤粉等）及有机物会发生燃烧反应，产生 CO 和 CO_2，直至自由氧气耗尽为止。

经氧化—热分解反应后，在界面处形成了 H_2O、H_2、CO、CO_2 等气相，它们与铸型表层上残存的固体碳又继续相互作用，产生 CO、CO_2 和 H_2。在高温下，CO 和 H_2 含量增加并渗入铸件表面而形成反应性气孔。

皮下气孔的形成原因比较复杂，一般认为，皮下气孔主要是在铁液—铸型界面上的化学反应析出气体过程中产生的。

生产中可采取如下措施防止皮下气孔：

(1) 采用湿型铸造时，必须严格控制型砂中的水分，其最高水分含量不得超过5.5%。

(2) 提高浇注温度，特别是对于薄壁铸件，浇注温度不得低于1300℃。

(3) 提高铸型的透气性，有助于减轻皮下气孔。

(4) 避免铁液中含有铝，因为它易与水蒸气反应而产生氢气孔：$3H_2O+2Al \rightleftharpoons Al_2O_3+H_2\uparrow$。为此，硅铁中含铝量应限制在0.5%～1.0%范围内。如含铝量大于2%，则容易生成氢气孔。

(5) 在型砂中附加还原性的碳质添加物，可防止皮下气孔的产生。

(6) 改进浇注系统设计。

(三) 裂隙状氮气孔的形成及其防止

随着高牌号灰铸铁件的增长，我国铸造业采用电炉熔炼，呋喃树脂等有机树脂砂造型、制芯也越来越普遍，炉料中废钢配比也逐渐增多，因此一种裂隙状的皮下气孔也增多起来。这种裂隙状的皮下气孔大都是由于铁液或树脂砂中的含氮量过高而引起的氮气孔。工艺上应采取如下措施来防止这种氮气孔的出现。

1. 防止铁液含氮量过高的方法

(1) 在含氮量过高的铁液中加入钛铁。对于灰铸铁，薄壁件的氮含量应控制在0.013%以下，而厚壁件的氮含量应控制在0.008%以下。当铁液中含氮量过高时，可加入与氮结合力强的钛。实践证明，铁液中残留有0.02%～0.025%的钛，足以消除由于氮的析出而造成的铸件裂隙状的氮气孔。

(2) 降低熔炼时的铸铁白口倾向。生产中可采取以下方法：①增加炉料中的新生铁比例，除孕育外，硅铁、锰铁均在冲天炉内加入；②尽量不用锈蚀严重、薄壁的废钢；③正确掌握冲天炉熔炼状况，防止铁液氧化。

(3) 尽量采用含氮量低的电极石墨作增碳剂，而不使用含氮量高的沥青焦炭。

2. 防止有机树脂砂中树脂含氮量过高的方法

(1) 选择含氮量低的有机树脂。为防止氮气孔，一般铸铁件可选用中氮树脂（2.0%～5.0%N），而铸钢件和高级铸铁件选用低氮树脂（0.3%～2.0%N）。

(2) 在型砂或涂料中加入氧化铁粉。在型砂中加入氧化铁粉后，当铸铁浇注温度在1300℃以上，砂型表面温度超过1000℃，在这样的温度下氧化铁粉促进呋喃树脂的热分解，起到将NH_3分解成H_2的催化剂作用。即便产生了N_2气体，在某种条件下产生气体，但通常不溶入铁液和形成皮下气孔，为降低生产成本，通常在面砂中加入3%的氧化铁粉。在涂料中加入10%的氧化铁粉将更为有效和经济。

(3) 妥善保管树脂。要确保聚异氰酸脂容器的密封，减少它与空气的接触，防止NCO与水反应产生NH_2。

(四) 渣气孔的形成及其防止

渣气孔通常出现在铸件浇注位置的上表面或型芯的底部。多数渣气孔呈球状，偶尔也呈不规则形状。孔洞表面多具灰色或蓝灰色，偶见孔洞内含有金属铁豆。孔洞直径一般不超过 10mm，呈密集分布，在初加工时即完全暴露。

防止渣气孔有以下有效措施：

（1）采用较高的浇注温度（1300℃以上），防止低温铁液进入型腔。

（2）避免铁液长时间停留。

（3）使用干净浇包，最好选用茶壶式浇包。加强浇注前挡渣。

（4）强化浇注系统的撇渣功能。

（5）适当控制硫、锰含量，一般要求 Mn%＝1.7×S%＋0.3%。当含硫量过高时，可适当提高浇注温度约 40～50℃。

第六节 灰铸铁的热处理

对灰铸铁进行热处理的主要目的是消除内应力和改善切削加工性能。至于说提高强度和耐磨性等热处理方法只局限于某些领域。这是因为热处理仅能改变基体组织，对石墨形态的改变甚微，利用热处理来改善灰铸铁力学性能的效果不明显，因此灰铸铁的热处理用得不多。

由于灰铸铁的含硅量高和金相组织中有石墨存在，使灰铸铁在加热和冷却过程中的相转变有其自己的特点：

（1）共析转变是在一定宽度范围内进行。

（2）石墨的存在，使奥氏体的含碳量随升温温度和保温时间的改变而改变。

（3）硅量高和石墨的存在，易使渗碳体分解和珠光体向铁素体转变。

一、灰铸铁常用的热处理工艺

（一）去除应力处理

去除应力处理是指灰铸铁的时效热处理，旨在减少铸件内的残余应力。其原理是把铸件重新加热到 530～620℃，利用塑性变形降低残余应力，然后在炉内缓慢地冷却，得到残余应力比原先小的铸件。这是灰铸铁用得最多的热处理方法。图 3－11 是其典型的工艺曲线。

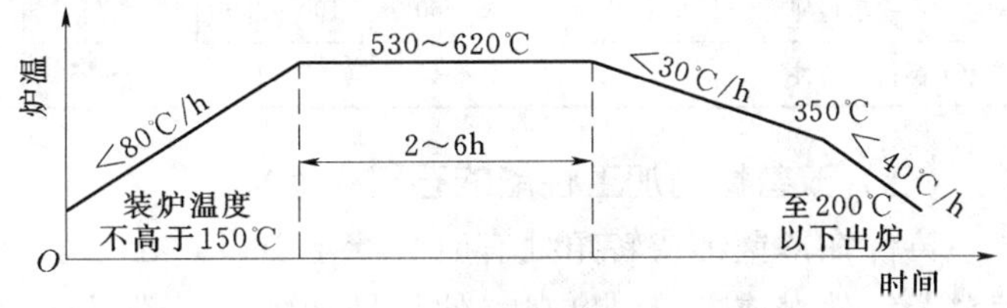

图 3－11 典型时效热处理曲线

时效热处理温度越高，铸件残余应力消除越显著，铸件尺寸稳定性也越好。随着时效温度的提高，时效后铸件的力学性能有所下降。

加热速度一般取 50～100℃/h，复杂铸件应控制在 20℃/h 以下。保温时间的影响要比时效温度的影响小，一般按每小时热透铸件 25mm 计算。随炉冷却速度应控制在 30℃/h以下，在 200℃后再空冷。表 3－22 是冷却速度对应力消除程度的影响。

要防止炉温不匀引起的应力消除不匀的现象。

表 3-22 炉冷速度对铸件应力消除的影响

降温速度（℃/h）	残余应力消除程度（%）
130	6～27
50	42
30	85

铸件表面被切削加工后破坏了原已平衡的应力场，导致铸件应力的重新分布，因此时效热处理最好在粗加工后进行。对于要求特别高的精密仪器铸件，可在铸态和粗加工后各进行一次时效热处理（见表 3-23）。

表 3-24 是各类灰铸铁件的时效热处理规范。应指出，严格控制铁液成分、浇注工艺、铸型工艺、落砂工艺（开箱时间及冷却条件）能减少铸造应力，对一般灰铸铁件（包括轿车发动机缸体等）可不采用时效热处理。

表 3-23 二次时效处理的效果

时效次数	一次热时效	二次热时效
残余应力（MPa）	18	12
尺寸精度稳定性（μm/a）	5.0～7.5	1.8～3.0
加载 40MPa，经 300h 后的变化（μm）	1.99	1.04
室温变化 5℃时精度变化量（μm）	1.5～2.6	0.3～1.0

表 3-24 各类铸件的时效热处理规范

铸件种类	铸件重量（t）	铸件厚度（mm）	时效工艺参数					
			装炉温度（℃）	升温速度（℃/h）	退火温度（℃）	保温时间（h）	降温速度（℃/h）	出炉温度（℃）
较大的机床件	>2	20～80	<150	30～60	500～550	8～10	30～40	150～200
较小的机床铸件	<1	<60	≤200	<100	500～550	3～5	20～30	150～200
纺织机械小铸件	<0.05	<15	<150	50～70	500～550	1.5	30～40	150
结构复杂有较高精度要求的铸件	>1.5	>70 40～70 <40	<200 <200 <150	<75 <70 <60	500～550 450～550 420～450	9～10 8～9 5～6	20～30 20～30 30～40	<200 <200 <200
一般精度要求铸件	0.1～1.0	15～60	100～200	<75	500	8～10	40	<200
简单或圆筒状铸件	<0.3	10～40	100～300	100～150	550～600	2～3	40～50	<200

（二）改善切削加工性能的石墨化退火

铸件在薄壁部或转角处有时会产生白口，在化学成分控制不当、孕育处理不足时，会使整个铸件变成白口、麻口，使机械切削加工难以进行。石墨化退火是一种补救措施，在高温下使白口部分的渗碳体分解，达到石墨化。

其处理工艺为：低于 200℃装炉，以 70～100℃/h 的速度升温至 900～960℃，保温 1～4h（取决于壁厚），然后炉冷至临界温度下空冷。若需得到铁素体基体，则可在 720～760℃保温一段时间，炉冷至 250℃以下出炉。

高温保温时间与化学成分有关，碳、硅含量高可相应缩短，硫高、稳定碳化物的元素高应适当延长。

应从化学成分、孕育技术上进行严格控制，尽量减少白口或自由渗碳体的产生，而不应依靠石墨化热处理去消除。

（三）表面热处理

需要耐磨的缸套、机床导轨经常采用表面淬火热处理。淬火后的表面能获得马氏体＋石墨的组织，珠光体基体淬火后表面硬度可达到50HRC左右。

表3－25列举了3种常用表面淬火的工艺特点。普通灰铸铁含硅高、淬透性差，添加少量镍、铬、钼能改善其淬透性。

表3－25 3种表面淬火工艺特点

表面淬火类别	工 艺 特 点
火焰淬火	用氧—乙炔火焰加热表面，随后喷水冷却。淬硬厚度可达2～8mm，硬度达40～48HRC。工艺及设备简单易行，但加热温度难以控制，容易过热，淬后变形大
中频淬火	加热频度约8000Hz，电流穿透层深，淬硬层可至3～4mm，硬度可至50HRC以上，通过频率、阳极电流及时间可调节淬火温度与深度。淬火后铸铁导轨一般下凹1～2mm，变形较小
高频淬火	采用高频（约25万Hz），淬硬层为1mm左右，硬度可达50HRC以上。氧化脱碳少、变形小，淬火质量稳定，淬火后导轨下凹小于1mm（变形与床身结构、长度有关）

齿轮、缸套、凸轮、链轮常用高频淬火，机床导轨用火焰淬火。

国内试验在立式通用淬火机床上对灰铸铁汽缸套进行感应淬火。淬火加热采用双匝有效线圈，淬火时喷液冷却，淬火后经160℃×2h回火，金相组织为：回火马氏体＋少量珠光体＋石墨，淬硬层深1.7mm，硬度50HRC，有效地提高了气缸套的使用寿命。

电接触自冷淬火是另一种表面淬火工艺，具有设备和工艺操作简单、投资小的优点。

激光用于表面淬火已在国内外生产上得到应用。激光固态相变硬化技术早已应用于机床和汽车内燃机耐磨铸件，美国通用汽车公司1978年建成EMD柴油机灰铸铁缸套激光热处理生产线，用激光器在缸套内壁处理出宽2.5mm、深0.5mm的螺旋线硬化带，以增加缸套的耐磨性。

利用高密度激光束可对铸铁表面层进行快速加热和急冷的非平衡冶金过程处理，使表面金属重熔、合金化和熔敷。如用石墨增碳剂辅以少量合金元素对铸铁表面进行激光合金化处理，可以有效防止裂纹的产生，并获得性能优良的共晶或过共晶的表面合金强化层，它含有多种介稳定相，具有高耐磨性。国外研究表明，在铸铁表面涂敷B、Si和Co的混合粉末，表面形成非晶态硬化层，其硬度为70HRC，为基体的2倍以上。

为改善缸套内壁的润滑性，有人用固体激光器对珠光体灰铸铁表面进行处理，此时基体金属并未熔化，仅使石墨近旁的金属蒸发，因而沿石墨形成微小的凹坑，用以积存润滑油，提高缸套的耐磨性。

国内已有不少单位在气缸套等灰铸铁件上进行激光表面处理，缸套寿命可比高频淬火的提高1倍以上。

二、其他热处理工艺

（一）正火

灰铸铁的正火加热规范与石墨化退火一样，区别仅在保温后不是炉冷而是空冷，有时

（如厚大件或夏天）还需吹风或喷雾冷却。正火的目的是为了消除白口，使铸件易于切削加工，或是为了减少铁素体量，使灰铸铁强度、硬度和耐磨性有所提高。

需要表面淬火的灰铸铁件，若原始组织中有铁素体存在，则进行一次正火处理能保证随后的淬火效果。

（二）淬火回火

形状简单、不易开裂的灰铸铁件在需要时也可以进行淬火回火热处理。

普通灰铸铁，其共析转变温度范围在760～845℃之间。淬火加热温度不同，基体中化合碳含量和表面硬度也不同，故可按需要选择淬火温度，一般取860～870℃。过高淬火温度会使残余奥氏体量增多，硬度不会提高。

淬火介质可以是油、水、热盐浴，一般常用油。它既能防止铸件开裂、变形，又能防止淬不硬。

淬火后的回火目的在于去除淬火应力，调整硬度，提高韧性。一般回火温度取150～400℃。

370℃回火后，灰铸铁的韧性能达到原先铸态的韧性，基体硬度仍在50HRC左右，抗拉强度比铸态高35%～40%。当韧性不是主要要求时，回火温度可取150～260℃，目的仅是消除应力。

生产中采用淬火—回火热处理的目的主要不在于提高灰铸铁的强度性能（它可用更经济的添加合金或降低碳、硅含量来获得），而是增加硬度、提高耐磨性。

（三）等温淬火

灰铸铁为获得贝氏体组织可以采用等温淬火热处理。镍、铬、钼等元素能使灰铸铁的C曲线右移，即推迟灰铸铁的相变开始和终了温度，有利于获得贝氏体组织。

（四）化学热处理

为提高减摩、抗咬合及耐磨性和疲劳性能，导轨、液压件、缸套等有滑动摩擦面的灰铸铁零件，可以采用各种化学热处理的方法，使其表面获得数十至几百微米的高硬度层。

第七节 几个典型的灰铸铁件

一、机床铸件

机床铸件厚度一般为15～30mm。灰铸铁作为机床基础零件的主要结构材料，应具备良好的精度稳定性、抗压强度和减振性，高的弹性模量和耐磨性，良好的切削性能和铸造性能，以及低的生产成本。机床导轨的配合副是在边界润滑条件下工作的，要求灰铸铁具有较高的宏观硬度（200～240HBS），数量适当、长度小于250μm且分布良好的A型石墨，基体有较高的显微硬度，并有硬质点弥散分布，以保证机床导轨的耐磨性。对机床用灰铸铁的质量要求，除要满足强度指标外，加工表面硬度应小于255HBS，对机床导轨表面硬度及硬度差的要求见表3-26。

目前国外机床铸件大多采用σ_b=300MPa或350MPa高强度灰铸铁铸造。在提高灰铸铁强度和刚度的基础上，国外机床铸件向轻量化方向发展，机床的主要壁厚已从过去的

表 3-26　机床对导轨处硬度的规定

导轨长度或铸件重量	导轨布氏硬度 HBS		布氏硬度差 ΔHBS
	≥	≤	
≤2500mm	190	255	25
>2500mm 或 3t	180	241	35
>5t	175	241	—
>10t	165	241	—

20～25mm 减至近来的 14～20mm，切削力小的小型精密机床床身主要壁厚仅 8～10mm。目前我国机床主要铸件（如床身、工作台、立柱、横梁等）一般采用 HT200、HT250 和 HT300 三种牌号的灰铸铁。为了提高机床的使用期限，尤其是不再经热处理的机床导轨寿命，国内机床铸件广泛采用低合金高强度减磨铸铁，其化学成分和金相组织见表 3-27。

表 3-27　机床导轨用合金铸铁

名称	牌　号	化学成分（质量分数,%）						抗拉强度 σ_b (MPa)	金相组织 (×100) (铸件小于 2t)
		C	Si	Mn	S	P	其他		
磷铜钛减磨铸铁	MTP—CuTi20	3.2～3.5	1.8～2.5	0.5～0.9	≤0.12	0.35～0.65	Cu0.6～1.2 Ti0.08～0.15	≥200	A 型石墨，石墨长 10～25mm，珠光体数量为珠 95%；磷共晶在磷 4 至磷 8，呈断续网状分布，自由渗碳体小于碳 3
	MTP—CuTi25	3.0～3.3	1.4～1.8	0.5～1.0				≥250	
	MTP—CuTi30	2.9～3.2	1.2～1.7	0.6～1.0				≥300	
高磷减磨铸铁	MTP20	3.2～3.5	1.8～2.5	0.5～0.9		0.40～0.65		≥200	
	MTP25	3.0～3.3	1.4～1.8	0.5～1.0				≥250	
	MTP30	2.9～3.2	1.2～1.7	0.6～1.0				≥300	
钒钛减磨铸铁	MTV—Ti20	3.3～3.7	1.4～2.2	0.6～1.2	≤0.12	≤0.40	V0.15～0.45 Ti0.06～0.15	≥200	A 型石墨，石墨长 10～25mm 或 D 型、E 型为主，珠光体数量为珠 90%；磷共晶在磷 4 以下，自由渗碳体在碳 3 以下，V—Ti—C—N 化合物弥散分布
	MTV—Ti25	3.1～3.5	1.3～2.0					≥250	
	MTV—Ti30	2.9～3.3	1.2～1.8					≥300	
铬钼铜减磨铸铁	MTCr—MoCu25	3.0～3.5	1.5～2.4	0.6～1.0	≤0.12	≤0.15	Cr0.2～0.45 Mo0.15～0.35 Cu0.6～1.1	≥250	A 型石墨，石墨长 10～25mm，珠光体数量为珠 95%，磷共晶在磷 4 以下，自由碳化物在碳 3 以下
	MTCr—MoCu30	2.9～3.3	1.4～2.1	0.7～1.1				≥300	
	MTCr—MoCu35	2.8～3.1	1.3～1.9	0.8～1.2				≥350	
铬铜减磨铸铁	MTCr—Cu25	3.0～3.5	1.5～2.4	0.6～1.0		≤0.25	Cr0.2～0.5 Cu0.6～1.1	≥250	
	MTCr—Cu30	2.9～3.3	1.4～2.1	0.7～1.1				≥300	
	MTCr—Cu35	2.8～3.1	1.3～1.9	0.8～1.2				≥350	

几种减磨铸铁的金相组织分析可知，在含磷铸铁中，较高的含磷量（P＝0.35%～0.65%）形成断续网状的磷共晶；在磷铜钛铸铁中，铜促进并细化珠光体，钛则与碳、氮形成高硬度的化合物质点；在钒钛铸铁中，钒钛两元素形成具有很高显微硬度（1000～

1900HV）的钒钛碳氮化合物，并以细小的硬质点弥散分布于基体组织中，从而显著地提高了机床铸件的耐磨性。对于采用淬火硬化的机床导轨，则灰铸铁牌号必须高于HT200，珠光体量不小于90%，珠光体片间距不大于2μm。

为了适应机床铸件材质向高强度、高刚度发展，并进一步提高机床的耐磨性和使用可靠性，国内近年来开发应用了多项新材质：

（1）HT350高强度孕育铸铁。将铁液出炉温度从1450℃以下提高到1470～1520℃，提高炉料组成中废钢比例（加入量达40%～50%），以及采用C—Si，Ca—Ba和CaMnSi-Bi系孕育剂等技术措施，在CE≥3.5%条件下获得HT350牌号。

（2）高Si/C比灰铸铁。在碳当量CE=3.4%～3.8%条件下，适当增加废钢加入量，将Si/C比从0.4～0.5提高到0.7～0.8，铁液温度提高到1450℃以上，抗拉强度可提高20～30MPa。E_0值也有提高，铸件具有较小的变形倾向。但对于机床这类壁较厚的铸件，提高Si/C值会增加厚断面处的铁素体含量，反而使强度降低。此时应加入Cr、Cu、Sb和Sn等合金元素，提高机床厚断面处的珠光体含量，减少断面硬度差，增加机床的精度稳定性。

国内试验采用振动时效，降低并均匀机床铸件内的残余应力。它对残余应力的影响见表3-28。

表3-28 振动时效对残余应力的影响

时效方法	孔 深 5mm		孔 深 10mm		孔 深 17mm	
	残余应力平均值（MPa）	最大最小应力差值（MPa）	残余应力平均值（MPa）	最大最小应力差值（MPa）	残余应力平均值（MPa）	最大最小应力差值（MPa）
热时效	24.6	70.3	61.7	17.4	46.4	16.0
热时效+振动时效	11.9	33.6	24.2	6.3	24.0	7.4

由于振动后材料弹性模量的提高，铸件抗承载变形的能力增加，抗静载能力提高30%，抗动载能力提高100%～300%。

二、发动机气缸体、气缸盖

气缸体在发动机工作时承受复杂的负荷，应采用足够刚度和强度的铸铁。气缸盖在工作中还承受很大的热负荷，应采用强度高、热疲劳性能好的铸铁。这两种铸件结构复杂、尺寸较大、壁厚较薄又很不均匀（最薄处仅3.5～5.0mm），砂芯多且复杂，毛坯铸造相当困难。所以对此类大批量生产的复杂薄壁铸件的铸铁材质，不仅要求有良好的力学和物理性能，而且要求有良好的铸造性能和切削性能。

对于缸体、缸盖的材质，国内外经过几十年的生产实践，基本上已规范化。国外缸体和缸盖、国内缸盖及自带缸套的缸体（如解放、东风汽车缸体）、20世纪80年代新开发的先进发动机缸体（如R100、475发动机）一般采用相当于我国的HT250或更高牌号的合金灰铸铁制造。表3-29为国外几个公司的发动机缸体、缸盖的化学成分和性能。

表 3-29 国外几个公司的发动机缸体、缸盖的化学成分和性能

序号	国别	公司名	铸 件	重量(kg)	化学成分(质量分数,%)										力学性能	
					C	Si	Mn	P	S	Cr	Ni	Cu	Mo	CE	σ_b(MPa)	HBS
1	德国	M. A. N	单缸缸盖	—	3.4～3.5	1.9～2.0	0.6～0.7	≤0.1	≤0.13	0.15	—	0.2	0.25	4.0	≥250	—
2	德国	M. A. N	双缸缸盖	22.0	3.5～3.55	1.7～1.8	0.6～0.65	≤0.1	≤0.13	0.3	0.75	—	—	—	≥250	—
3	德国	M. A. N	6缸缸体	337.4	3.4～3.5	1.7～1.8	0.6	<0.1	<0.125	0.3	—	0.3	—	3.85～3.95	≥250	顶面>195
4	德国	Motortex	柴油、双缸缸盖	121.0	3.4～3.45	1.8	0.65	—	—	0.3	1.0～1.1	—	0.35～0.45	—	≥280	197～235
5	德国	Benz	缸体	—	3.1～3.4	1.7～2.1	0.6～0.9	≤0.15	≤0.12	0.25～0.35	—	0.5～0.7	—	—	≥260	—
6	德国	Benz	V—8大缸体	—	3.15～3.45	1.8～2.2	0.6～0.9	≤0.15	≤0.12	0.15～0.25	0.6～0.9	—	—	—	≥240	—
7	英国	Rolls-Royce	缸盖、6缸缸体	—	3.3～3.5	1.8～2.4	0.8	<0.1	<0.06	0.25～0.4	—	0.5	0.4	—	≥260	—
8	美国德国	John Deere	4缸缸体、缸盖	—	3.42～3.48	1.8～2.0	0.65～0.85	0.05～0.08	0.1～0.12	—	—	0.3～0.5	—	4.12～4.16	≥250	—
9	美国	John Deere	缸盖	—	3.0～3.4	1.75～2.25	0.6～0.9	<0.20	<0.12	0.2～0.4	1.0～1.2	0.75～1.0	0.3～0.5	—	≥300	223～264
10	德国	John Deere	缸盖	—	3.2～3.6	2.0～2.5	0.4～0.9	0.05～0.15	0.02～0.18	0.2～0.4	1.0～1.2	0.75～1.0	0.3～0.5	—	≥225	204～255

表3－30为20世纪80年代国内发动机缸体、缸盖用合金灰铸铁。从以上两表可见，发动机缸体、缸盖铸件，在化学成分的选择和控制上，采用较高的碳当量（CE＝3.9%～4.1%），以保证铸铁有良好的铸造性能。化学成分中绝大部分含有Cr＝0.13%～0.4%和一定量的铜（Cu＝0.2%～0.8%），有的则还含有Mo、Ni和Sn等元素，以提高铸件的本体强度、硬度及其均匀性，以及薄断面处（缸盖的三角区）的珠光体含量（一般不少于80%）。加入合金元素的另一个重要作用是可以提高灰铸铁件的抗热疲劳性能。

表3－30 国内发动机缸体、缸盖用合金灰铸铁（1989年资料）

厂名	化学成分（质量分数,%）								牌号或实际测定的抗拉强度 σ_b（MPa）	铸件	备注
	C	Si	Mn	P	S	Cr	Cu	Mo			
一汽集团	3.2～3.4	1.8～2.0	0.5～0.8	<0.07	<0.12	—	0.4～0.6	0.4～0.6	HT250	缸盖	各厂要求成分范围
东风汽车集团	3.2～3.4	1.9～2.1	0.6～0.9	≤0.08	≤0.12	0.25～0.35	—	—	HT250	EQ—140缸体	
一拖集团	3.25～3.45	1.8～2.2	0.6 0.9	≤0.08	≤0.10	0.25～0.35	0.35～0.45	—	HT250	R100缸体、缸盖	
北内集团	3.15～3.4	2.1～2.5	0.65～0.75	0.06	0.06	0.25～0.35	0.3～0.4	—	HT250	475Q缸体	
红岩机器厂	3.1～3.3	1.6～2.1	0.75～1.0	≤0.2	≤0.1	0.2～0.4	0.5～1.0	0.3～0.5	HT250	缸盖	
华源莱动内燃机有限公司	3.2～3.5	2.0～2.4	0.6～1.0	≤0.15	≤0.1	0.2～0.4	0.7～1.0	—	HT250	195缸盖	
红岩机器厂	3.15	2.01	0.65	0.054	0.069	0.38	0.89	0.25	315	缸盖	均为Φ30mm试棒实际测定数据
南昌柴油机有限责任公司	3.21	1.83	0.98	0.068	0.088	0.16	0.10	—	287、297、304	4105缸盖	
上海拖拉机内燃机公司	3.30	1.92	0.82	0.063	0.123	0.18	0.73	—	297	S495A缸盖	
华源莱动内燃机有限公司	3.39	1.82	0.83	0.072	0.061	0.28	1.09	—	245、260、275	195缸盖	
潍坊柴油机厂	3.27	1.62	0.88	0.057	0.098	0.19	0.60	—	268、268、265	195缸盖	
常柴集团	3.19	1.58	1.10	0.073	0.095	0.33	0.90	—	270	195缸盖	
无锡县柴油机厂	3.15	2.07	0.83	0.099	0.085	0.21	0.73	—	296	S195缸盖	
四川内燃机厂	3.32	1.91	0.84	0.075	0.109	0.15	—	0.78	291、280、289	缸盖	

为改善缸体、缸盖铸件的断面均匀性，合适的孕育工艺是必不可少的技术措施。灰铸铁经孕育处理后，不仅可以提高强度，而且可以改善石墨形态，消除薄壁、边缘毛刺处的白口，从而改善铸件的切削性能。在孕育技术上，不仅要使用抗衰退性好，高效强效的孕

育剂，而且应注意采用各种迟后孕育处理方法，如铁液流、孕育丝和型内孕育等。

在大批量流水生产中，为保证材质的稳定性，宜采用冲天炉—电炉双联熔炼工艺。它可保证出炉的铁液温度在1500℃以上，温度波动范围$\Delta T \leqslant \pm 10$℃，化学成分精度达到$\Delta C \leqslant \pm 0.05\%$，$\Delta Si \leqslant \pm 0.10\%$。

过去灰铸铁一直是气缸体、气缸盖的基本材料，由于发动机性能提高及减轻重量的要求，不少发动机制造厂把缸体、缸盖改用铝合金制造。近年来由于发动机功率的提高，缸体、缸盖的工作温度不断上升，铝合金又满足不了要求，因而又转向采用蠕墨铸铁铸造。目前在欧洲，已有不少工厂生产出了蠕墨铸铁的缸体、缸盖，详见第二篇第十五章“蠕墨铸铁”。但是目前毕竟还是以高强度灰铸铁为主，所以灰铸铁自身也应发展，如壁厚至3mm的铸造技术等，以便使高强度薄壁灰铸铁件的铸造技术更好地满足科技进步的要求。

三、薄壁减磨灰铸铁件

气缸套和活塞环是一对典型的薄壁减磨灰铸铁摩擦副。它们在高温、高压、润滑条件不良、有固体微粒和腐蚀介质条件下作高速相对运动，零件内部产生很大的机械应力和热应力，同时承受强烈的磨损。

用于气缸套和活塞环的减磨灰铸铁，最适宜的组织应是多相组织，即在柔韧的基体上牢固地嵌有坚硬的组分。在铸铁的各种基体中，较合适的是片状珠光体，其中铁素体作为软的基底，共析渗碳体作为坚硬的组分。铸铁中的石墨对减少磨损起着积极有利的作用，它能够吸附和保存润滑油，保持油膜的连续性。石墨一般应以中等数量（体积分数为6%～8%）、均匀分布的中小片状或球状为宜。

国内外常用的气缸套和活塞环，还要求组织中析出硬质相，以提高零件的耐磨性。如高磷铸铁中的断续网状磷共晶（斯氏体600～800HV），硼铸铁中的块状含硼复合碳化物（900～1200HV），钒钛铸铁中弥散分布的钒钛碳氮化合物（1000～1900HV），含铌铸铁中的Nb（CN）质点，这些硬质相在摩擦面上会造成不均匀磨损，对油膜保持性极为有利，同时可有效地减少零件的磨损。

气缸套和活塞环铸件属于薄壁（壁厚大多小于20mm，机加工后小于10mm）小件（大多小于10kg）。由于其需要量大，一般采用专业化生产。

（一）气缸套

一般采用$\sigma_b \geqslant 250$MPa的灰铸铁和合金铸铁制造，也有采用QT500-7球墨铸铁制造的。有的并采用高频感应淬火，整体淬火和等温淬火等工艺，以及经调质、渗氮或硬质镀铬等特殊处理，以减少磨损。

气缸套材料的强度应不低于HT200牌号。对各类气缸套的硬度要求见表3-31。国内气缸套的减磨铸铁成分、性能和应用见表3-32。

对内燃机高磷铸铁气缸套金相组织的要求是：石墨应为片状、菊花状，允许有过冷石墨，但不允许有呈严重枝晶的过冷石墨；

表3-31　我国《内燃机湿式铸铁气缸套》GB/T1150—1993对气缸套硬度要求

类　型	布氏硬度HBS	其他要求
汽油机干式气缸套	≥190	
汽油机湿式气缸套 柴油机干式气缸套	≥210	
经表面淬火气缸套	≥43 HRC	硬化层深度≥1.5mm
经整体淬火气缸套	363～444	

注　非淬火的同一气缸套硬度差不得大于30HBS。

表 3-32 气缸套减磨铸铁成分、性能及应用

材 质	化学成分(质量分数,%)								
	C	Si	Mn	P	S	Cr	Mo	Cu	其他
磷铬铸铁	3.0~3.4	2.1~2.4	0.8~1.2	0.55~0.75	<0.10	0.35~0.55	—	—	—
磷铸铁	2.9~3.4	2.2~2.6	0.8~1.2	0.6~0.8	<0.10	—	—	—	—
磷铬铜铸铁	3.2~3.4	2.4~2.6	0.6~0.7	0.25~0.4	≤0.12	0.2~0.3	—	0.4~0.7	—
磷钒铸铁	3.2~3.6	2.1~2.4	0.6~0.8	0.4~0.5	≤0.10	—	—	—	V 0.15~0.25
磷铬钼铸铁	3.1~3.4	2.2~2.6	0.5~0.8	0.55~0.8	≤0.10	0.35~0.55	0.15~0.35	—	—
铬钼铜铸铁	3.2~3.9	1.8~2.0	0.5~0.7	≤0.15	≤0.12	0.3	0.4	0.6	—
铬钼铜铸铁	2.7~3.2	1.5~2.0	0.8~1.1	≤0.15	≤0.10	0.2~0.4	0.8~1.2	0.8~1.2	—
磷锑铸铁	3.2~3.6	1.9~2.4	0.6~0.8	0.3~0.4	≤0.08	—	—	—	Sb 0.06~0.08
铬钼铜铸铁	2.9~3.3	1.3~1.9	0.7~1.0	0.2~0.4	≤0.12	0.25~0.45	0.3~0.5	0.7~1.3	—
稀土铌铸铁	3.0~3.3	2.0~2.5	1.3~1.8	0.2~0.25	≤0.08	0.2~0.3	Nb 0.2~0.3	0.3~0.5	RE 0.02~0.04
硼铸铁	2.9~3.5	1.8~2.4	0.7~1.2	0.2~0.4	≤0.10	0.2~0.5	B 0.04~0.06	Sn 0.07~0.15	Sb 0.05~0.10
超硼铸铁	2.9~3.5	1.8~2.4	0.7~1.2	0.2~0.4	≤0.10	0.2~0.5	B 0.06~0.10	Sn 0.07~0.15	—
硼钒钛铸铁	3.0~3.6	1.8~2.5	0.7~1.2	0.2~0.4	≤0.10	—	B 0.04~0.06	V 0.10~0.25	Ti 0.07~0.15

续表

材质	力学性能					应用
	σ_b(MPa)	σ_{bb}(MPa)	挠度 f(mm)	布氏硬度 HBS	布氏硬度差 ΔHBS	
磷铬铸铁	＞196	＞392	—	220～280	＜30	汽车、拖拉机缸套、金属型离心浇注、湿涂料
磷铸	＞196	＞392	—	＞220	＜30	柴油机、拖拉机缸套
磷铬铜铸铁	245	460	—	190～240	＜30	—
磷钒铸铁	＞196	＞392	—	＞220	＜30	汽车、拖拉机缸套
磷铬钼铸铁	245	460	—	240～280	＜30	柴油机，金属型离心铸造
铬钼铜铸铁	245	460	—	—	—	砂型铸造
铬钼铜铸铁	294	529	≥1.2（支距100）	202～255	—	内燃机车、柴油机缸套、砂型铸造
磷锑铸铁	196	392	—	＞190	—	汽车缸套
铬钼铜铸铁	≥274	≥470	—	190～248	—	大型船用柴油机缸套
稀土铌铸铁	≥200	≥400	—	220～270	—	汽车、拖拉机缸套
硼铸铁	≥200	—	—	≥210	—	汽车、拖拉机缸套、金属型离心铸造或砂型铸造
超硼铸铁	≥200	—	—	≥210	—	
硼钒钛铸铁	≥200	—	—	≥210	—	

注　硼铸铁气缸套中的Cr、Sn、Sb元素根据需要加入。

基体应为细片状或中等片状珠光体，允许有少量游离铁素体（小于5%）和小块游离渗碳体（小于3%）存在，磷共晶为均匀断续网状或分散分布，允许有枝晶状、聚集状及复合物磷共晶存在，但其数量和偏析程度应有一定的控制。

气缸套生产工艺为：国内气缸套生产大部分采用冲天炉熔炼，要求$t_{出}\geqslant$1380℃，$t_{浇}$=1260～1330℃。部分工厂对质量要求高的低合金铸铁大型缸套采用电炉熔炼，$t_{出}\geqslant$1420℃，$t_{浇}$=1300～1350℃。中小型气缸套一般采用金属型单机离心铸造，部分工厂则应用多工位离心机。离心机转速为1000～1400r/min，机头预热及浇注前金属型温度为150～250℃。机头喷水冷却并控制每次浇注的间隔时间，以提高机头使用寿命。缸套出型温度为600～650℃（暗红色）。每次缸套出型后，涂刷干粉涂料。涂料成分配比为：70/140号硅砂90%～92%，100～120号焦油沥青粉8%～10%。用涂料斗撒入机头内，涂料厚度为1.0～1.5mm。离心机机头的前后端盖内侧放置石棉垫，以控制缸盖端头的金相组织。大型缸套则采用砂型，铸件经500～650℃消除应力退火处理。

（二）活塞环

活塞环毛坯生产采用筒体和单体铸造两种方法。单体环又可分为正圆环和椭圆环两种。正圆环经热定形后使用。我国大多数工厂采用椭圆环单体铸造方法。

发动机对活塞环的内在质量（包括化学成分、力学性能和金相组织）提出十分严格的要求。我国对发动机用合金铸铁活塞环的技术要求见表3-33。该技术标准还规定活塞环必须进行热稳定性试验，合金铸铁环的弹力保持系数应不低于88%。第一道气环和撑簧油环外圆面应镀铬，其他环应磷化、镀锡或作其他表面处理。

表3-33 我国《内燃机活塞环》(GB/T 1149—1994) 对合金铸铁活塞环规定的技术要求

<table>
<tr><th colspan="3">硬 度</th><th colspan="3">弹 性 模 量</th><th colspan="3">抗 弯 强 度</th></tr>
<tr><th colspan="2">材质和环别</th><th>HRB</th><th colspan="2">材质和环别</th><th>E（MPa）</th><th colspan="2">材质和环别</th><th>σ_{bb}（MPa）</th></tr>
<tr><td rowspan="2">合金铸铁环</td><td>D≤150mm</td><td>98～108</td><td rowspan="2">合金铸铁环</td><td>单体铸造</td><td>≥95000</td><td rowspan="2">合金铸铁环</td><td>单体铸造</td><td>≥392</td></tr>
<tr><td>D>150mm</td><td>94～105</td><td>筒体铸造</td><td>≥115000</td><td>筒体铸造</td><td>≥471</td></tr>
<tr><td colspan="2">钨合金铸铁环</td><td>96～106</td><td colspan="2">—</td><td>—</td><td colspan="2">—</td><td>—</td></tr>
</table>

注 同一片环上的硬度差应不大于3HRB。

我国目前生产中常用的活塞环采用含有W、Cr、Ni、Cu的低合金灰铸铁，近年来研制并使用了含硼（B=0.03%～0.05%）灰铸铁。部分活塞环用铸铁的化学成分和力学性能见表3-34和表3-35。

活塞环生产工艺为：国内活塞环生产大部分采用0.5～1.5t三相酸性电弧炉熔炼。将新生铁、废钢、铁合金和回炉料按配料要求熔化后，在1400～1420℃取样分析化学成分，浇注单箱环毛坯观察断口，并进行金相组织分析检查（如共晶石墨、铁素体和碳化物数量，以及磷共晶形貌等）。结合快速分析碳、硅含量的结果，进行炉内增碳或调整碳、硅量。升温至1460～1480℃出炉，然后在炉外（包内）加结晶硅、电极粉等进行孕育处理，$t_{浇}$=1350～1400℃。对单体铸造的中小尺寸椭圆环，国内工厂一般采用震压顶杆式造型机造型，叠箱（12～13个单箱、每箱4～8只环）浇注。对于尺寸较大的合金灰铸铁活塞环，则采用筒体离心浇注或砂型浇注。机加工后的成品活塞环必须进行严格的性能和组织检查。

表 3-34　活塞环铸铁成分

材　质	化学成分（质量分数，%）					
	C	Si	Mn	P	S	合　金　元　素
W—Cr 环	3.6～3.8	2.2～2.8	0.8～1.0	0.3～0.5	≤0.1	W＝0.5～0.9、Cr＝0.2～0.3
W—Cr—Mo 环	3.6～3.8	2.5～2.7	0.7～0.9	0.3～0.5	≤0.1	W＝0.35～0.45、Cr＝0.2～0.3、Mo＝0.2～0.3
Mo—Cr—Cu 环	3.0～3.3	1.9～2.4	0.8～1.2	0.35～0.7	≤0.1	Mo＝0.3～0.6、Cr＝0.2～0.4、Cu＝0.7～1.0
Mo—Cr—Cu—Ti 环	2.9～3.3	2.0～2.4	0.9～1.0	0.35～0.7	≤0.1	Mo＝0.3～0.6、Cr＝0.25～0.5、Cu＝0.7～1.0、Ti＝0.05～0.15
Mo—Cr—W—Cu 环	2.9～3.1	1.7～2.1	0.8～0.9	0.5～0.6	0.06～0.10	Mo＝0.2～0.3、Cr＝0.4～0.45、W＝0.35～0.45、Cu＝0.8～0.9
Ni—Cr—Mo 环	2.9～3.3	2.0～2.4	0.9～1.3	0.35～0.6	≤0.1	Ni＝0.8～1.2、Cr＝0.2～0.4、Mo＝0.3～0.6
Ni—Cr 环	3.0～3.3	2.0～2.4	0.8～1.2	0.4～0.6	≤0.1	Ni＝0.6～1.0、Cr＝0.3～0.5
Cu—V—Ti 环	3.6～3.9	2.5～2.7	0.6～0.9	0.4～0.6	≤0.1	Cu＝0.4～0.6、V＝0.15～0.25、Ti＝0.1～0.2
P 环	3.6～3.8	2.4～2.6	0.8～1.1	0.5～0.8	≤0.1	
B—W—Cr 环	3.6～3.9	2.6～2.8	0.7～1.0	0.2～0.3	<0.06	B＝0.03～0.05、W＝0.3～0.6、Cr＝0.2～0.3
B—V—Ti 环	3.6～3.9	2.6～2.8	0.7～1.0	0.2～0.3	<0.06	B＝0.03～0.05、V＝0.1～0.25、Ti＝0.05～0.15

注　本表以汽车拖拉机活塞环为主。

表 3-35　活塞环减磨铸铁力学性能

材　质	硬度（HRB）	硬度差 ΔHRB	σ_{bb}	弹性模量 E	E/σ_{bb}	残余变形 C（%）	径向压力 F_2（kN）	弹　力消失率 φ（%）
			（MPa）					
W—Cr 环	98～105	≤3.0	500	96400～83400	190～168	7.7～10	54～80	25
W—Cr—Mo 环	98～102	≤3.0	500	76400～83400	150～168	6.6～10	54～70	25
Mo—Cr—Cu 环	98～105	≤3.0	≥600	100000～130000	≤220	≤10		18
Mo—Cr—Cu—Ti 环	98～105	≤3.0	≥550	100000～140000	≤220	≤10		18
Mo—Cr—W—Cu 环	99～102	≤3.0					40～65	
Ni—Cr—Mo 环	98～107	≤3.0	≥550	100000～130000	≤220	≤10		20
Ni—Cr 环		≤3.0	≥550	100000～140000	≤220	≤10		20
Cu—V—Ti 环	103～107	≤3.0	539	94300	176	4.5	83	21.6
P 环	101～103	≤3.0	450	90000	201	5.5	81	25
B—W—Cr 环	100～106		≥480	90000～108000				
B—V—Ti 环	100～108		≥500	96000～110000				

应该指出，缸套和活塞环是一对摩擦副，单纯提高某一方面的性能往往会造成总的配合寿命下降，故在采用改进措施时，要全面考虑配合要求。

四、D型石墨铸铁件

目前国内外较普遍采用重力金属型铸造方法生产小型、薄壁、复杂的D型石墨灰铸铁件。用这种工艺方法生产的铸件，除有优良的表面粗糙度和尺寸精度外，还具有无气孔和缩孔的致密组织、耐油气渗漏、切削性能优良等特点。

用重力金属型铸造的小型薄壁灰铸铁件由于铸型冷却速度快，铁液过冷度大，容易获得以D型石墨为主的金相组织。目前此类灰铸铁件已应用于大批量生产空调器和电冰箱旋转压缩机的气缸和曲轴铸件，年产量达几千万件。此外，此类灰铸铁件还广泛应用于汽车刹车毂、液压和气动部件、机床主轴和齿轮、运输机械的轴瓦和带轮，以及玻璃模具等，铸件重量一般为250g～15kg。

几个生产厂的D型石墨铸铁件的化学成分、力学性能和应用铸件见表3-36。

表3-36 几个生产厂D型石墨铸铁件的化学成分、力学性能和应用铸件

序号	应用铸件	化学成分（质量分数，%）								力学性能	
		C	Si		Mn	P	S	Ti	Sb	σ_b（MPa）	硬度
			孕育前	孕育后							
1	空调器压缩机气缸和曲轴	3.50～3.60	2.2～2.3	2.45～2.55	0.9～1.0	0.06～0.10	—	0.09～0.11	0.02～0.04	—	—
2	皮带驱动轮、液压泵体	3.55～3.65	2.4～2.6		0.45～0.55	0.2～0.3	—	0.06～0.09	—	—	—
3	空调器旋转压缩机气缸	3.1～3.7	2.3～3.0		0.5～1.1	≤0.40	≤0.015	≤0.12	—	≥250	84～96 HRB
4	旋转压缩机气缸和曲轴	3.45～3.65	2.45～2.65		0.6～1.0	≤0.35	≤0.015	—	—	≥200	170～229 HBS

一般对这些用重力金属型铸造壁薄小灰铸铁件，为获得D型石墨，宜采用过共晶成分，碳当量（CE）约为4.45%～4.50%。在灰铸铁中加入一定量的钛（Ti=0.02%～0.10%），由于其影响奥氏体形核能力和增加共晶过冷度，而使灰铸铁凝固时促进D型石墨的形成。加入过量的钛使灰铸铁产生的组织变化，引起抗拉强度有相当大的变动。对于CE=4.50%的灰铸铁，钛量由0.05%提高到0.075%，或对于CE=4.45%的灰铸铁，钛量提高到0.085%，均会使抗拉强度相当快地增加。如继续提高含钛量，则抗拉强度的提高相对地减缓。

灰铸铁中加入钛后，大部分钛化合物存在于金属基体中，但仍有一部分钛的氮化物或碳氮化物存在于铁素体与石墨界面层内。

硬度为3200HV或更高的钛化合物存在，将大大地降低铸件的切削性能，影响刀具的使用寿命。另外过高含量的钛（Ti=0.096%）会使车削铸件时产生热裂纹。在含磷较高的灰铸铁中，钛的碳化物会与磷共晶融合在一起，增加钛对切削性能的不良影响。为获

得所需的显微组织，以及抗拉强度与良好的切削性能的最佳结合，在重力铸造的灰铸铁中钛的含量最好不要超过 0.1%。

空调器和电冰箱压缩机气缸和曲轴等铸件的金相组织应以 D 型石墨为主，在铸件心部允许有少量的 A 型、B 型或 C 型石墨，A 型石墨的长度为 0.04～0.06mm。由于孕育会促进不希望产生的 A 型石墨出现，原则上冲天炉熔制的铁液不需进行孕育处理，而由无芯感应电炉熔制的铁液仍必须进行孕育处理，以恢复形核条件，控制白口和收缩。

在灰铸铁的重力金属型铸造中，常获得混合金属基体，所有铸件都应进行热处理：退火或正火。在 843～927℃奥氏体化（保温）至少 1h，然后炉冷或空冷。退火后的金属基体全部为铁素体，正火后的金属基体中一般含有 30%珠光体。如果希望获得更多的珠光体，则应加入少量的锑（S_b=0.02%～0.04%）。对空调器和电冰箱压缩机的气缸和曲轴铸件，一般要求进行正火处理，获得 10%～20%珠光体。

在欧洲，采用重力金属型铸造工艺生产的铸件已占铸铁件总量的 6%～8%。美国、加拿大、日本、比利时、中国和印度等国也采用该工艺专业化大批量生产旋转压缩机气缸和曲轴、汽车刹车和液压部件等铸件，年产量达 0.6 万～1.8 万 t。

日本某专业化大批量生产空调器铸件的工艺为：采用 8t 无芯感应电炉熔制铁液，再转入 2 台 3t 容量的保温炉保温，铁液通过转运包倒入浇注包。铸造厂内有两条生产线，每条生产线上有 14 台半自动单工位造型机，铸型用内水套冷却。铸件的生产周期为 6.5min。生产工艺过程为：开型、推出铸件→压缩空气清理铸型内腔，铸型通水冷却→型内腔喷敷炭黑涂层（由乙炔气体燃烧获得）→组装芯子→合型、浇注→铸件凝固、冷却。金属型正常使用温度为 204～316℃。

美国“Grade”铸造厂采用该工艺生产多种工业产品，如空调压缩机、汽车防闭锁刹车系统、带驱动器、汽车刹车系统部件和家庭用燃料泵等铸件。该铸造厂装备有 12 台 12 工位的半自动化圆盘传送器，在一个设定的周期内自动地完成整个工艺过程，生产周期为 4～7min，采用两班制，每天生产 17.5h。

国内也试验采用 D 型石墨铸铁生产制瓶机玻璃模具。其化学成分为：C= 3.28%，Si=1.95%，Mn=0.56%，P=0.079%，S=0.047%，Cr=0.5%，Ti=0.2%，Al=1.2%，B=0.3%，Sb=0.4%和 RE=0.5%。铁液在 1320～1340℃浇注成型后经 (760～780)℃×8h 缓冷热处理，硬度为 211～233HBS。研究表明，在模具频繁地与 1100℃以上的熔融玻璃液接触，模腔温度达 500～700℃工况下，由于 D 型石墨具有良好的抗氧化、抗生长和抗热疲劳性能，它与常用的 CrMoCu 灰铸铁相比，使用寿命提高了 3 倍。

思　考　题

1. 为什么强调对铸件本体性能的测定，并把它作为铸件验收的依据？
2. 如何衡量灰铸铁的冶金质量？说明成熟度、硬化度和品质系数的正确概念。
3. 提高灰铸铁性能的主要途径有哪些？

4. 在灰铸铁生产中如何正确选择合理的Si/C比？

5. 高牌号灰铸铁的铁液为什么必须进行孕育处理？如何理解孕育衰退现象？

6. 生产中较常用的孕育方法有哪些？

7. 如何用三角白口控制炉前的铁液质量，以及进行化学成分的调整？

8. 在炉前质量控制时，如何减少铸件的夹杂物、气孔和缩孔缩松等铸造缺陷？

9. 常用的灰铸铁热处理工艺有哪些？

10. 高强度薄壁灰铸铁件（缸盖、缸体）生产，在化学成分选择、低合金化和孕育处理等方面应采取哪些措施？

参 考 文 献

1 中国机械工程学会铸造分会．铸造手册　铸铁卷．第2版．北京：机械工业出版社，2002

2 陆文华等．铸造合金及其熔炼．北京：机械工业出版社，2002

3 陆文华．铸铁及其熔炼．北京：机械工业出版社，1981

4 北京机械工程学会铸造分会．铸铁件质量手册．北京：机械工业出版社，1989

5 东北工学院等．铸铁及其熔化．北京：冶金工业出版社，1978

6 沈阳铸造研究所等．铸铁手册．北京：机械工业出版社，1979

7 Angus，H. T. Cast iron. London，1976

8 American Society for Metals. Metals handbook. Ninth Edition. Ohio：ASM，1978

9 〔日〕日本钢铁协会．铸铁与铸钢．陈君文等译．上海：上海科学技术出版社，1982

10 陈琦，彭兆弟．铸铁件配料实用手册．北京：机械工业出版社，1992

11 机械工程手册编委会．机械工程手册．3　工程材料卷．北京：机械工业出版社，1996

12 吴德海．发展高强度灰铸铁的途径．机械工业专业化，1984

13 罗志健、张伯明等．高强度薄壁件铸造技术的综述．球铁，1988（3）

14 翟启杰．铸铁物理冶金理论与应用．北京：冶金工业出版社，1995

15 吴德海，冶金因素对铸铁质量的影响．球铁，1986（2）

16 Brunhuber，E. Gieβerei Lexikon. Berlin. Fachverlag Schiele & Schön GmbH，1988

17 Taschenbuch der Gieβerei－Praxis. Berlin. Fachverlag Schiele & Schön GmbH，1979

18 洛阳市科学技术协会．铸铁熔剂．北京：机械工业出版社，1983

19 〔美〕Walton，C. F.，Opar，T. J. 铸铁件手册．童本行等编译．北京：清华大学出版社，1990

20 Александрова，Н. Н. Высококачественные чугуны для Отливок. Москва：Машиностроение，1982

21 Steed S.，U. Maier. 铁—碳合金熔液结构的研究．铸铁冶金学．上海工业大学等译．北京：机械工业出版社，1983

22 Röhrig. Legiertes Guβeisen. Gieβerei—Verlag，1970

23 Wallace，J. F. 硫及微量元素对铸铁石墨形状的影响．见："铸铁冶金学"第二届国际铸铁基础理论研究论文集，1974

24 Wallace，J. F. 某些微量元素对铸铁组织的影响．Trans. A. F. S. Vol. 83，1975

25 陈巨乔．铁液温度与灰铸铁内在质量．铸造，1986（4）

26 潘庚生等．铁液过热温度对铸件质量的影响．球铁，1986（4）

27 陆文华．铸铁中气体．球铁，1988（2）

28 王春琪．孕育与气体．球铁，1987（1）

29 Röhrig K. Thermal Fatigue of Grey and Ductile Irons. Trans. A. F. S. Vol. 86，1978

30 刘兴鹏等．铸铁热疲劳性能的研究．铸造，1989（5）

31 钟雪友等．灰铸铁组织对弹性模量的影响．现代铸铁，1988（4）

32 王贻青等．灰铸铁凝固中有关奥氏体枝晶若干问题的探讨．球铁，1985（2）

33 王贻青等．锰对灰铸铁结晶、组织和性能影响的研究．陕西机械学院学报，1984（3）

34 Hilert，M. and Steinhauser，H. Eutectic Structure in White Cast Iron. J. BCIRA，1961，9（1）

35 杨相寿等．关于白口铸铁碳化物的孤立化与团球化．球铁，1978（4）

36 孙国雄．铸铁中的磷共晶．现代铸铁，1986（4）

37 中国农机院工艺所，第一拖拉机厂．不同碳当量条件下，Si/C变化对灰铸铁性能和组织的影响．铸造，1989（2）
38 孙国雄等．灰铸铁硅碳比的选择．铸造，1988（5）
39 廖民新，李龙成．机床用高强度灰铸铁．现代铸铁，1986（4）
40 中国农机院工艺所，第一拖拉机厂．灰铸铁孕育剂对比．现代铸铁，1988（4）
41 中国农机院工艺所，第一拖拉机厂．铁液流孕育工艺的研究．铸造，1988（11）
42 华国柱，杨颐．当代农机实用新技术．北京：农业出版社，1987
43 Yurys Lerner. Status and Developments in Gravity diecasting of Iron. Foundry Trade Journal, May 1999
44 李崇礼．玻璃模具用D型石墨铸铁的组织与性能．铸造，1997（12）
45 周继扬．影响铸铁凝固组织的隐形因素（I）．现代铸铁，2005（2）
46 曾大本，唐靖林．灰铸铁研究和生产的新进展与展望．现代铸铁，2005（1）
47 Rriahi M. Surface Treatment of Cast Iron by Adding Different Alloying Elements to Form a Metallic Glass Structure Layer Using and Industrial Carbon Dioxide Laser. J Mater. Proc. Techn, 1996（58）
48 杨胶溪，杨武雄等．铌微合金化船用柴油机硼铸铁缸套组织与性能研究．现代铸铁，2005（2）
49 金仲信．灰铸铁件的氮气孔及其防止．现代铸铁，2005（1）
50 艾小玲．感应淬火灰铸铁气缸套的耐磨性研究．现代铸铁，2004（3）

第二篇

球墨铸铁

di er pian

di er pian

第四章 概 述

第一节 球墨铸铁的发现

一、前期工作

1934 年，N. Ahmad 借助于相交的尼科尔偏光镜，第一次发现了呈径向辐射状的球状石墨，它区别于无序分枝的团絮状回火碳。一年以后，H. A. Nipper 用偏振光研究了回火碳的结构。其中，他很清楚地观察到了少数球状石墨中的十字架图像。Nipper 认为，这种在回火碳中偶然存在的球状石墨是与石墨的六边形晶体结构相关。这些石墨晶体在熔体中呈径向辐射长大。尽管 Nipper 在观察中对球状石墨的形成特征有了显著的深化认识，但他并未采取任何进一步的措施来说明这种石墨结构的重大意义，也未有意识地设法采取措施来获得这种石墨结构。

早在 1935～1936 年，德国阿汉铸造研究所就已知道，在低碳高硅的铸铁中可以获得普遍呈球状石墨的方法。1936 年在杜塞尔道夫举办的第 12 届国际铸造年会上，展出了这种球状石墨照片。并且，当时展出的铸件与记录一直由阿汉铸造研究所保存至今。

1937 年，H. Gröbel 和 H. H. Hanemann 在研究过共晶 Fe—C 合金时，在石墨与渗碳体结构中发现了石墨球。这是在含碳量特别高，比渗碳体含碳量［$w(\mathrm{C})=6.7\%\sim 7.7\%$］高出许多的情况下，发现了个别的石墨球。为此，他们认为，只有当含碳量超过渗碳体的含碳量时，在熔体中才会析出石墨球。

1937 年，由 Hanemann 编著的金相图谱中首次示出了球状石墨的金相照片。这幅照片是 C. Adey 从事高碳 Fe—C 合金的研究时得到的，这项研究与从事活塞环生产密切相关。为此，Adey 获得了相应的专利。Adey 在最后一版的专利保护中说：“获得高强度铸铁的方法特点就是：不含有夹渣的共晶或过共晶铸铁，含硅量的质量分数大于 1，在快速凝固条件下，石墨全部或部分地呈球状在金属基体中析出。”

Adey 在其博士论文中全面阐述了他在此领域的研究工作，其部分内容公开发表于 1948 年。在 1947 年阿汉铸造研究所举行的学术报告会上，Adey 作了研究报告，相关内容至今并未公开发表。根据 Adey 的研究，为了在铸铁中得到球状石墨，必须满足下列条件：

（1）铸铁的化学成分应该是共晶或过共晶的，也就是说共晶度不小于 1。

（2）铁液应是纯净的，特别重要的是铁液中含硫量要极低［$w(\mathrm{S})<0.008\%$］，为此，要采取过热和脱硫处理措施。

（3）要使铁液经受快速凝固及相当快速的冷却。

Adey 采取上述措施，成功地得到球化良好的球墨铸铁。把这种铁液浇注到砂型中，只要是壁厚小于 30mm 的铸件，就可得到球状石墨。对于壁厚更大的铸件来说，则要采取附加的冷却措施（采用金属型等）。

二、在铁液中加铈处理

英国铸铁学会的 H. Morrogh 和 W. J. Williams 根据他们早期对可锻铸铁的研究，确认在黑心可锻铸铁中，含硅、锰较高时，绝大部分形成的是团絮状的回火碳。但是，在白心可锻铸铁中，含硅、锰较少时，则形成球状的回火碳，并且，悬浮状的 FeS 夹杂物在这种回火碳结晶时起着形核作用。他们的这些研究结果是与 C. W. Palmer 的研究结果一致的，后者指出，在贫锰和贫硫的可锻铸铁中，会出现紧密的、呈球状的回火碳。

随后，Morrogh 和 Williams 研究了 Fe—C—Co 合金的石墨化过程。他们确认，其结晶过程与 Fe—C—Si 合金很相似。在提高冷却速度，特别是在加入 SiCa 合金以后，石墨呈球状。此时，本来可以用镁取代钙。但是，在纯的 Fe—C 合金中，钙、镁这些元素均没有作用。正如后来所解释的那样，原因是把钙、镁这些元素加入到熔融金属中的方法有问题。后来才得知，金属铈在 Fe—C—Ni、Fe—C—Si 和 Fe—C—Co 这三种合金系中，在含硫很低的情况下，均能促使球状石墨的形成，由于纯铈很贵，后来便采用含铈的质量分数为 45%～55%的混合金属。经 Morrogh 等人的研究，为了得到球状石墨，必须满足下列要求：

（1）在未加入铈以前，铸铁应呈灰口凝固。

（2）铸铁成分应是过共晶的，即 $C+\frac{1}{3}(Si+P)>4.3\%$。

（3）含硅量的质量分数为 2.3～7.0。

（4）含硫量应尽可能低，经加铈处理后，含硫量 $w(S)\leqslant 0.02\%$。

（5）Mn、Cu、Ni、Cr、Mo 等元素可以任何含量单独或联合加入，但要满足其成分是过共晶的。

其中，最为重要的条件是含碳量与含硫量。用铈经两次球化处理，抗拉强度可达到 800MPa。并且，通过合金化，基体组织可以是珠光体或是奥氏体。

Morrogh 认为，工业生产球墨铸铁不会有特殊的困难，如果有低硫生铁，并在坩锅炉、电弧炉、电阻炉或感应电炉中熔炼均可。当时的困难发生在采用冲天炉熔炼，由于焦炭增硫，使用含铈的混合金属是不利的。这是因为，要使含硫量从 $w(S)=0.06\%$ 降至 $w(S)=0.02\%$，必须加入 0.6%的混合金属；如果原始含硫量只有 $w(S)=0.02\%$，为使残留铈量达到 0.05%，则只要加入 0.1%～0.2%的混合金属。

三、在铁液中加镁处理

早在 1902 年，A. Ledebur 就报道了在液态的可锻铸铁中加入少量镁的可能性。1908 年，由德国专利 No. 209914 表明，Griesheim－Elecfron 化工厂曾生产了 Fe－Mg 和 Mg—Fe—Si 合金，用于铸铁和铸钢件的脱氧。在铸铁和铸钢过热温度不高的情况下，可把镁以合金方式加入其中。当把镁加入到铸铁中时，可使其抗拉强度和抗压强度明显提高。加入质量分数为0.05%～0.1%的Mg即可达到此目的。在该专利的附录中还推荐制作Mg—Al或Mg—Ni合金，并把它们加入到液态的硅铁合金中。在1918～1920年，德国的研究人员还推荐一种脱氧剂的成分为：w(Si) =10%～40%，w(Mn) =0～20%，w(Fe) =0～10%，其余是镁。

1922～1931年，美国人A. M. Meehan获取了多项专利，其内容是把Ca、Mg、Ba、Li、Te分别或是与Cr、Ni、Ti等元素复合加入到灰铸铁中，以便使石墨细化，但一开始并未取得成功。

取得决定性成果的是Meehan用镁或钙处理取得的专利。他在这项专利中指出，为了在处理后使铸铁达到所要求的效果，必须加入一定数量的活性元素。Meehanite公司于1941年取得的美国专利（No. 2364922）指出，采用Si—Ca合金作为石墨化元素处理铁液后，再采用碲元素作为反石墨化元素，就可得到球状石墨。此外，E. Piwowarsky曾建议在灰铸铁中加入Cu、Ba、Li、Mg等元素，以提高过共晶铁碳合金的强度。此时，由于这些元素作用的结果降低了合金的熔点，也就是相对提高了过热度，因而可得到细小石墨，由此导致最终形成的石墨形态与回火碳相似。

1947年，美国的Mond - Nickel Co. 从事了加镁获得球墨铸铁的研究。最基本的成就是由A. P. Gangnebin、K. Millis和N. B. Pilling三人于1947年11月21日获得的专利（美国专利No. 2485760和No. 2485761）。他们要求保护的权利是，制作所有牌号的灰铸铁，石墨由短片状到球状，含镁量从痕迹量到w（Mg） =0.3%。遗憾的是，他们并未注意到1910～1941年，世界各国，首先是美国、英国和德国已经取得的大量成就，这些成就旨在细化石墨，从而获得团絮状乃至球状石墨。

1948年5月7日Gangnebin等三人第一次发表了在铁液中添加镁，随后用硅铁进行孕育处理，在残余镁量超过w(Mg) =0.04%时即可得到球状石墨。他们采用Mg—Ni合金加入到铁液中，这在当时的技术上是重大的突破，这种球化技术具有毋庸置疑的可靠性。由此获得了球墨铸铁，它与同样成分但未经球化处理的原铸铁相比，在力学性能上显示出了无可争议的优越性。

正是因为采取镁处理铁液取得的突破性进展，从1948年起，在全世界开始了球墨铸铁的工业生产，以致它作为重要的工程材料，在过去的50多年里，对人类文明和社会进步发挥了重大作用。

我国是球墨铸铁发展较早、也是发展较快的国家。早在1948年清华大学王遵明教授就开展了球墨铸铁的研究。他在抚顺举办了全国第一个球墨铸铁学习班，为全国培养了第一批球墨铸铁技术人才。20世纪60年代初，针对国内铁液中含硫量高、出铁温度低及生铁中含钛量较高的特点，由机械科学研究所与无锡柴油机厂、南京汽车厂等单位利用我国富有的稀土资源研究开发了稀土镁球墨铸铁，在生产中得到了普遍应用。1977年，我国与美国、芬兰几乎同时宣布，独立地研究开发了等温淬火奥氏体球墨铸铁。

最近20年来，我国球墨铸铁的研究与生产均取得了长足的进步，年产量超过200万t，位居世界第二。在汽车、建筑、农用机械及铸管领域，我国生产的球墨铸铁件，不仅用于国内，也大量远销国外。

第二节 球墨铸铁的发展

球墨铸铁的发展速度是令人惊异的。1949年全世界的球墨铸铁产量是5万t，1960年是53.5万t，1970年是500万t，1980年是760万t，1990年是915万t，1995年是1290万t，2000年是1310万t，2002年是1405万t，2004年是1870万t。并且，这种发展势头还将继续下去。预计到2010年，全世界球墨铸铁的产量将超过1800万t。

在全世界的球墨铸铁产量中，大部分是由几个为数不多的工业发达国家所生产。在发展球墨铸铁生产的同时，这些国家的可锻铸铁和铸钢的生产则在下降。

美国在球墨铸铁的生产中发展最为迅速。美国自1950～1969年的20年来，可锻铸铁和铸钢件的产量变化不大，而球墨铸铁产量则不断增长。至1969年，美国球墨铸铁产量已经超过了可锻铸铁，这时，已有许多汽车零件由可锻铸铁改成球墨铸铁生产。1969年美国可锻铸铁产量为115万t，而球墨铸铁产量则超过了150万t。至1980年，美国的铸钢件产量是168万t；而当年的球墨铸铁产量已达215万t。这就意味着，美国球墨铸铁的年产量也已超过铸钢件的年产量。这种情况在其他工业发达国家也是如此。

还要指出的是，进入20世纪80年代，灰铸铁的生产在全世界范围里有明显下降。1980年全世界灰铸铁件的产量是5230万t，至2000年，则降至3400万t。这种下降也导致全世界铸件总产量下降，尽管在此期间，球墨铸铁和铸造铝（镁）合金的产量在迅速增加。

全世界铸件总产量呈下降趋势的原因是，铸件用量大的支柱产业（汽车工业、住宅建筑和农业机械）发展速度减慢及其他工程材料［塑料、复合材料、铝（镁）合金、陶瓷等］的崛起。例如，美国1980年每辆汽车的平均重量是1500kg，1990年则减至1020kg；灰铸铁所占比重由15%减至11%，此时，铝合金则由4%增至9%，工程塑料则由6%增至9%。

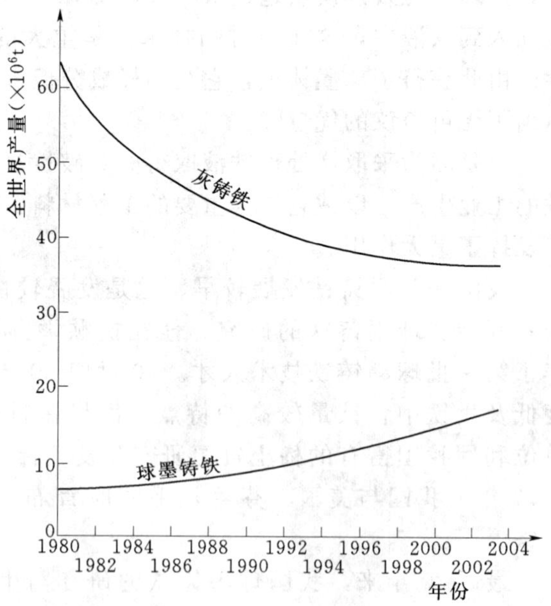

图4-1 1980～2004年全世界灰铸铁与球墨铸铁年产量的变化

至今，球墨铸铁年产量占灰铸铁年产量的比值在增大。如果说1980年这两者在全球的比值是14.46%；到2002年，这两者的比值在美国已增至83%。这也就是说，在美国，球墨铸铁的年产量已占灰铸铁年产量的2/3以上。在可望的未来，在全世界范围里，这两者的比值还将继续增大，球墨铸铁还将以每年2%～4%的速率递增。

球墨铸铁迅速发展的原因可以归结为：

（1）可在相当宽广的范围里，满足设计对材质的要求。

（2）与相同水平的材质相比，球墨铸铁的价格低廉。例如，汽车曲轴用球墨铸铁制作代替锻钢件，生产成本减少50％。

（3）生产技术不断进步与完善，这表现在：①熔炼技术的改善；②脱硫、球化和孕育处理新技术的开发；③新的铸造方法与技术的应用；④质量控制体系的完善。

总之，由于出现了球墨铸铁，使机械零件和铸件本身的质量有了很大提高，从而球墨铸铁的产量也就迅猛增加。可以这样说，球墨铸铁占铸件年产总量的比例，特别是它与灰铸铁的比例，从一个侧面，标志着一个国家的工业发展水平。

图4-1示出1980～2004年全世界灰铸铁与球墨铸铁年产量的变化。由图中可以看出，灰铸铁年产量递减和球墨铸铁递增的趋势必将持续下去。可以预期，全世界的球墨铸铁年产量终将超过灰铸铁的年产量。

第五章 球墨铸铁的凝固

第一节 球状石墨的形成

一、球状石墨的形核

（一）球状石墨呈液态形核

现已得出确切的结论，即石墨球是从铁液中直接析出的。这与铁液的成分无关，对于亚共晶、共晶和过共晶成分的铸铁来说，均是如此。

为了证实铁液经球化与孕育处理后，石墨球首先是在铁液中析出。国内外学者均采用液淬法进行试验研究。液淬法就是将处于液态或固—液态的熔体直接淬火，从而将不便观察的高温组织“固定”下来，加以研究。因此，液淬方法成为研究铁液中石墨形核与长大的重要方法。最常用的方法是，把微小体积（Φ1～3mm）的铁液，在不同的高温下，分别快速地淬入到冷却介质中。由此，确定石墨出现的温度及其随温度而变化的情况。

液淬试验的结果令人信服地表明：无论是镁或铈处理的铁液，都可在液态组织中发现球状石墨，并且没有奥氏体包围。而且，无论过共晶、共晶、亚共晶的铁液，球形石墨都可以在液态直接析出并开始长大。这是因为球化、孕育处理所造成的不平衡状态使得局部铁液形成过共晶的结果。

我国学者陈熙琛用液淬—热分析法清楚地记录了球状石墨从母液中直接析出，并在母液中自由长大的全过程。他的试验表明，在过共晶铁液中，奥氏体是在共晶转变初期才开始产生，并优先在石墨表面生长，但这并不排除奥氏体独立结晶的存在。经球化、孕育处理的亚共晶铁液在冷却曲线上出现在 1350～1450℃ 的特殊转变点。液淬后的金相观察表明，在液相线温度以上，熔体中析出许多小石墨球，只是到了共晶转变，这些石墨球才被奥氏体包围。此外，他还用液淬法研究了球状石墨畸变问题和过共晶铁液中片状石墨的生成过程，并得出结论，球状石墨的畸变开始于液态；在未经球化处理的过共晶铁液中首先析出小石墨球，而后在生长过程中开始分枝，由于这些分枝的迅速生长，最后导致片状石墨。

G. S. Cole 也认为，石墨球是由铁液中析出，并为此进行了试验。他把铸型以 100rpm 的速度旋转，首先向一个方向转 3 圈，再向反方向转 3 圈。这样，由于两个石墨球在铁液中相遇，会形成双球石墨。结果，果然在试验中发现了双球石墨。并且，在两个石墨球的界面上，没有发现任何的铁层。

（二）球状石墨是多相形核——球化剂是必需的

到目前为止，如果不加入球化剂，就不能在工业生产中得到球墨铸铁。虽然，在低硫（质量分数为0.001%）铁液或在快速淬火、不加球化剂的铁液中，也能偶然发现球状石墨。事实上，许多研究人员采用快冷、真空熔炼、成分为高碳含量的铸铁，均可在实验室制成球墨铸铁，并且已经得出结论，低硫或高纯度足以保证得到球状石墨。但是，这种苛刻的条件难以在生产中实现。要在工业生产中制作球墨铸铁，则球化剂是必需的。

在工业中采用的球化剂（为促进球状石墨生成的元素）具有以下共同特性：

（1）与硫、氧有很高的亲和力，生成稳定的反应生成物，大大减少溶于铁液中的反球化元素的含量。

（2）在铁液中的溶解度低。

（3）在凝固过程中有明显的偏析倾向。

（4）与碳有一定的亲和力，在石墨晶格中有低的溶解度。

根据大量的生产实践和理论研究，到目前为止，认为镁是球化剂中最主要的元素。

镁与铁液中的硫、氧结合，生成相应的硫化物和氧化物，它们就是可在其上结晶的石墨晶核。

镁在铁液的温度下处于气态，它先与铁液中与镁有很大亲和力的元素进行反应。在镁溶解到铁液中以后，镁最初与铁液中的氧进行反应，随后则与硫反应。

（1）纯镁在铁液中的分压与温度的关系：

$$\log P_{\mathrm{Mg}} = -\frac{7100 \pm 1090}{T} + 5.16$$

式中　P_{Mg}——镁的分压（Pa）。

随着温度升高，镁的分压呈超越函数增大，由此可得出不同温度下镁的分压。

（2）镁与铁液中氧的反应：

$$[\mathrm{Mg}]_{液} + [\mathrm{O}]_{液} = \mathrm{MgO}_{固}$$

$$\Delta F^0 = -121200 + 35.9T \pm 10000 \ (\mathrm{kcal/mol})$$ [1]

$$\log[\%\mathrm{Mg}] \cdot [\%\mathrm{O}] = -\frac{26500 \pm 2200}{T} + 7.85$$

式中　ΔF^0——标准状态下生成自由能（kcal/mol）。

所以，经镁处理后，在铁液中残留的氧量很少，完全不能用分析的方法来测定（例如，当含镁量为0.04%和温度为1550℃时，只有4×10^{-5}%的氧）。一般铁液中含氧量为0.001%～0.007%之间，因此用镁处理铁液时（1.5倍的镁与1倍的氧结合），大约有0.002%～0.010%的镁与氧结合，而形成氧化物。由于这个反应，首先是使铁脱氧，因而消耗一定数量的镁。

（3）镁与铁液中硫的反应：

$$[\mathrm{Mg}]_{液} + [\mathrm{S}]_{液} = \mathrm{MgS}_{固}$$

$$\Delta F^0 = -70330 + 27.4T \pm 10000 \ (\mathrm{kcal/mol})$$

---

[1] 1cal = 4.1868J。

$$\log[\%Mg]\cdot[\%S]=-\frac{15400\pm2200}{T}+5.4$$

(4) 镁在铁液中的溶解度：

$$\log[\%Mg]_{饱和度}=\frac{7000}{T}-5.1+\log P_{Mg}$$

可见，镁的溶解度与温度和压力有关（见表 5－1）。

表 5－1 纯镁的溶解度与温度和压力的关系

温 度 (℃)	Mg 的分压 P_{Mg}	Mg 饱和度（质量分数,%）		
		1atm*	2atm	6atm
1200	2.08	0.45	0.89	—
1250	2.88	0.32	0.63	—
1300	3.97	0.22	0.45	—
1350	5.48	0.16	0.32	—
1400	7.30	0.12	0.25	0.74
1450	9.30	0.091	0.12	0.55
1500	11.70	0.071	0.14	0.43

* $1atm=1.013250\times10^5Pa$。

热力学计算表明，镁首先和铁液中已有的氧进行反应。经镁处理后，在铁液中残留的氧量极少。在镁溶解到铁液中以前，它还与硫反应，并在很大程度上去硫。当镁与铁液中的氧和硫反应以后，镁在铁液中的饱和浓度则非常强烈地与温度和压力有关。

经镁处理铁液的动力学研究表明，如在铁液中的平衡含氧量为 $30\times10^{-6}\sim40\times10^{-6}$，经用镁处理后，铁液中含氧量大约减少 40%～50%；这恰好接近于要获得球状石墨要求的、临界含氧量为 20×10^{-6}。因此，现实生产中如利用过度氧化的铁液，将不利于球状石墨的获得。加镁不仅可以使铁液脱氧；并且由于镁处理铁液过程中镁蒸气的沸腾、搅拌作用，使铁液中的含氮量由 0.004%～0.012%降至 0.003%～0.008%。由此表明，加镁可使铁液去气（脱氧、去氮）、精炼，并通过此去气沸腾作用，造成铁液的浓度起伏，使其局部成分富集，有利于球状石墨从铁液中析出。

二、球状石墨的长大

（一）呈离异共晶生长——球状石墨的形成

球墨铸铁属共晶系合金。共晶系合金在共晶凝固时，一般是所形成的几个固相在共同的相界上析出，而且共晶生长的凝固速度比几个彼此无关的结晶要快。共晶系一般存在着共生区域，对二元合金而言，即存在着在每一温度及每一成分下两相以同一速度共同生长的区域。而球墨铸铁的共晶凝固是完全变态的共晶生长，这种生长与正常的共晶系相反，形成的各相在时间上、场合上是彼此分开的。或者说，各相的生长是完全处于共生区之外的。这种变态的共晶生长可能是由于系统本身造成的，即由于偏离共晶成分或共晶反应的过冷度太大；也可能是由于成核的原因造成的，因为球化、孕育处理后造成的温度、浓度起伏可能会导致一相（如石墨）形成而不立刻引起另一相形核。

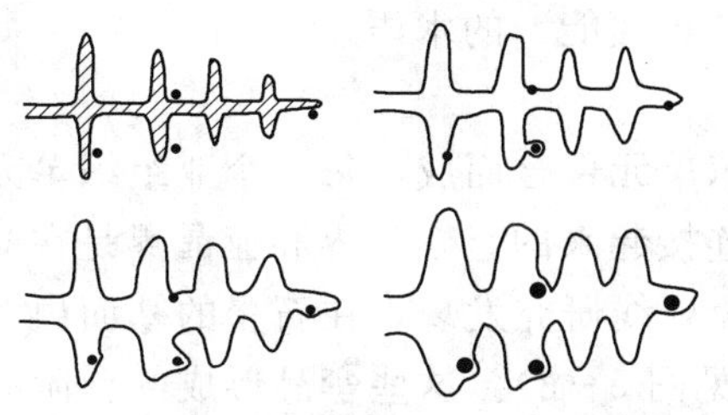

图 5－1　球墨铸铁中石墨球被奥氏体枝晶包围过程的示意图

S. E. Wetterfall 采用液淬方法研究了球墨铸铁的凝固顺序，即球墨铸铁的形成过程。他研究了亚共晶、共晶和过共晶成分的球墨铸铁。在一定的长大情况下，所测量到的石墨球长大速度与计算的长大速度相接近。他得出的具体结论如下：

（1）早期石墨球的长大是在与铁液直接接触的条件下进行的，由于奥氏体枝晶在铁液中的漂浮，石墨球便与奥氏体枝晶相遇而进入其中（见图 5－1）。

（2）在整个凝固过程中，会有新的石墨球不断析出，其长大速度最初是由碳在铁液中的扩散来决定。

（3）在形成奥氏体壳以后，石墨球继续长大到足够大的尺寸，但其长大速度要明显降低，这是因为此时碳是通过奥氏体壳的扩散进行的。并且，此时石墨球的长大速度可以通过理论计算得知。

（二）界面张力的行为

液滴技术是把熔融的铁液停放在石墨板上，由于表面张力和水力学压力达到平衡，液滴具有特定的形状，通过测量液滴的形状和计算，可求出液滴与石墨板之间的界面张力。图 5－2 示出界面张力与表面张力的关系。

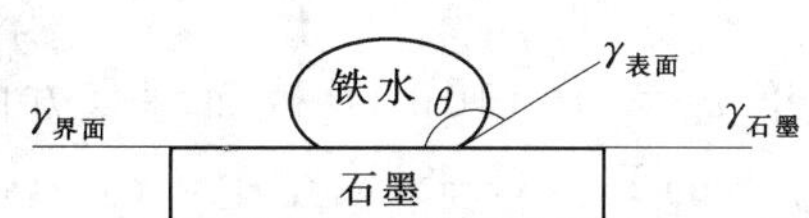

图 5－2　界面张力与表面张力间的关系
（$\gamma_{界面}=\gamma_{石墨}-\gamma_{表面}\cdot\cos\theta$）

R. H. Mcswain 采用液滴技术，令铁液分别与具有高度取向的热解石墨的棱面和基面接触，测定了两种铸铁（加镁的球墨铸铁和含硫的灰铸铁）的表面张力和它们在液态时与特定石墨晶面之间的界面张力，其结果见表 5－2。

表 5－2　不同铁液的表面张力和界面张力

铸铁—石墨		表面张力（$\times10^{-5}$N/cm）	接触角（°）	界面张力（$\times10^{-5}$N/cm）
加镁球墨铸铁	棱　面	1147.0	123	1720.7
	基　面	1127.9	115	1459.7
含硫灰铸铁	棱　面	1152.8	77.4	845.5
	基　面	1056.7	105.7	1269.8

表 5－2 示出，由于加入了球化剂镁，使铁液与石墨棱面、基面间的界面张力都得到提高，而且更为重要的是，在含硫的普通灰铸铁中铁液—石墨基面的界面张力高于铁液—石墨棱面的界面张力。而石墨总是沿着具有最低界面张力的晶面轴向优势生长。铁液中若含有足够多的硫，则它将降低在棱面旋转台阶的界面张力，因而使石墨长大呈片状。相反，在铁液中加入镁，使铁液中的硫、氧含量降低；特别是在石墨棱面的旋转台阶处，因硫、氧含量的降低而使该处的界面张力增加。由此，在该处的石墨生长受到抑制，因而导

致石墨优先沿其 c 轴生长，结果使石墨长大呈球状。

由于界面张力的量纲是“10^{-5} N/cm”，而界面能的量纲是“10^{-5} N · cm/cm^2”，因此，它们是相等的。为了便于分析讨论，文中将采用“界面能”的术语。

(三) 球状石墨的长大方式——呈螺旋长大

在 Fe—C（石墨）共晶中，石墨片是由许多亚组织单元聚合而成，每一个亚组织单元是一个单晶体。它们之间是通过孪晶界或亚晶界互相连接起来的。孪晶界和亚晶界是在凝固过程中由于石墨与奥氏体收缩量的不同所造成的。X 射线研究发现，在石墨的基面内含有旋转孪晶（见图 5-3)。这些孪晶形成的台阶有利于石墨片垂直于棱面长大，同时也为石墨晶体在长大过程中改变其空间方向创造了条件。共晶石墨的分枝就是依靠这些孪晶形成的。当冷却速度增加时，奥氏体长大超过石墨片的长大更加频繁，这就使孪晶缺陷大量产生，使石墨更加频繁地弯曲和分枝，以致形成过冷石墨组织。

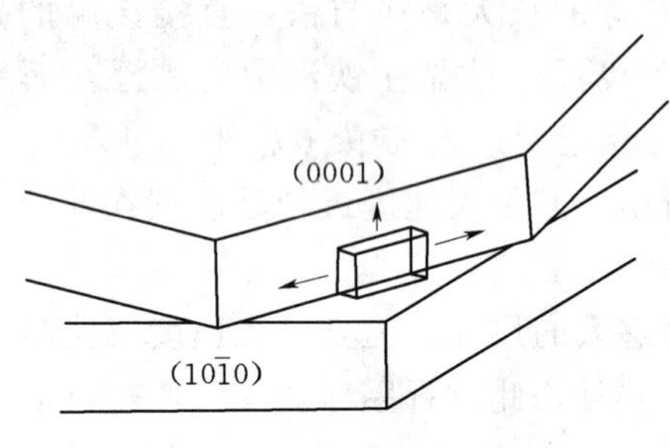

图 5-3 石墨的旋转孪晶形成的台阶

在纯的 Fe—C—Si 合金和加入球化剂的 Fe—C—Si 合金中，垂直于（0001）基面方向上的长大速度 v_B 大于（10$\bar{1}$0）棱面垂直方向上的长大速度 v_P，由此，石墨将成为球形。在含有 O、S 的 Fe—C—Si 合金中，$v_P > v_B$，结果是石墨长大为片状（见图 5-4)。

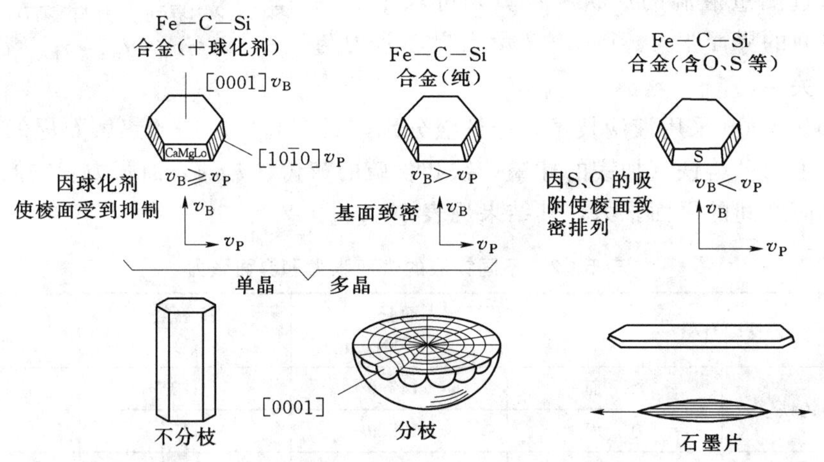

图 5-4 O、S 等元素对 Fe—C—Si 合金中石墨长大的影响

石墨晶体的长大，或者是按照图 5-3 所示的旋转台阶（也称旋转孪晶），或者是按照图 5-5 所示在（0001）基面上出现的螺形位错方式进行。前者使石墨长大成片状，后者使石墨长大成球状。石墨究竟按照哪种方式长大，则取决于合金的过冷度和 O、S 元素的作用。灰铸铁中 O、S 元素含量多，石墨长大成片状；球墨铸铁中，加入球化剂后，使 O、S 元素降至最低，石墨长大成球状（见图 5-5)。

由图 5-4 可以看出，Fe—C—Si 合金的三种情况：①含有球化剂；②纯净的、含有的氧硫极少；③含有铸铁中一般的氧、硫含量。由于球化剂在某一晶面上的吸附，及去硫与脱氧作用，因而影响了石墨沿棱面轴向（a 向）或沿基面轴向（c 向）的长大方向。已经证实，在铁液中含有的氧、硫及某些干扰元素，会吸附在石墨的棱面上，特别容易吸附在旋转台阶上。这样，就会引起棱面上的铁—石墨界面能降低，因而导致石墨沿 a 轴呈片状长大。当铁液中没有这些元素存在时，则石墨的棱面具有更高的界面能，石墨则是沿 c 轴方向长大，因而形成球状石墨。

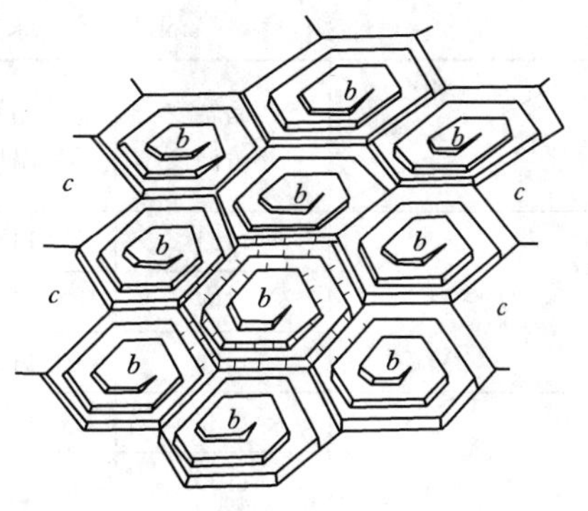

图 5-5　球化剂使石墨沿［0001］晶向呈螺旋长大示意图

球化剂的作用主要是清除硫、氧这些表面活性物质，因而使石墨在棱面上的长大速度 v_P 和在基面上的长大速度 v_B 得以改变。但是，球化剂元素本身也是表面活性物质，所以，过量的球化剂会使球状石墨畸变，不再能得到圆整的球状石墨。

第二节　球墨铸铁的凝固特性

一、呈粥样凝固

工业生产中的球墨铸铁，按其碳当量大多属于过共晶或接近共晶成分的铸铁，它的一次结晶过程主要是共晶转变。

球墨铸铁的共晶转变是从液相中首批析出石墨球开始的。首批石墨球是在远高出平衡共晶转变温度（1150℃）之上，例如，在1300℃或更高的温度就已形成。

由于球状石墨的生长，在其周围的铁液发生贫碳，逐渐形成一个围绕石墨球的环形（或称壳形）液态贫碳区，由于碳量低，则这个环形区内的铁液的凝固温度就相应升高，因而它处于过冷的状态。在液态时，环形贫碳区就可能转变环绕球状石墨的奥氏体外壳。在一般的冷却条件下，当球状石墨生长到一定的程度时，环形液态贫碳区中同样会形成奥氏体外壳。奥氏体外壳形成的时间与其冷却速度有关。冷却速度越高，结晶速度越快，熔体内的碳越来不及扩散均匀，则环形区的贫碳程度就越大，由此，则奥氏体外壳就越早形成。相反，当冷却速度很慢时，由于熔体的扩散来得及达到平衡，则贫碳区不易发展，奥氏体外壳形成的也就晚，甚至难以形成。

球状石墨的奥氏体外壳一旦形成，石墨球的生长速度就急剧下降。这是因为奥氏体外壳阻碍了碳由熔体向球状石墨的扩散。这就使放出结晶潜热的速度显著减慢，因而使过冷度继续加大，结晶过程在很大程度上要靠更大的过冷度条件下形成新的石墨晶核来推动。因此，球墨铸铁的共晶转变虽然是在不大的过冷度下开始的，但在共晶转变期间，则过冷度不断增大，因而整个凝固过程是在比普通灰铸铁更大的过冷度下才能完成，它所跨越的温度范围也就比普通灰铸铁要宽。表 5-3 是球墨铸铁与灰铸铁共晶转变温度的对比。由表 5-3 可以看出，这两种铸铁的共晶转变开始温度相差较少；但其共晶转变终了温度则相差较多，因此，它们的共晶转变温度与终了温度之间的间隔范围相差较大。

表 5-3 球墨铸铁与灰铸铁共晶转变温度的对比 单位:℃

相变温度 / 铸铁种类	共晶转变开始温度	共晶平台温度	共晶转变终了温度	共晶转变开始温度与终了温度差	共晶平台温度与终了温度差	
					测量值	平均值
灰铸铁	1151	1146	1122	29	24	26
	1164	1143	1118	46	25	
	1166	1145	1117	49	28	
球墨铸铁	1155	1149	1107	48	42	43
	1153	1145	1105	48	40	
	1159	1150	1104	55	46	

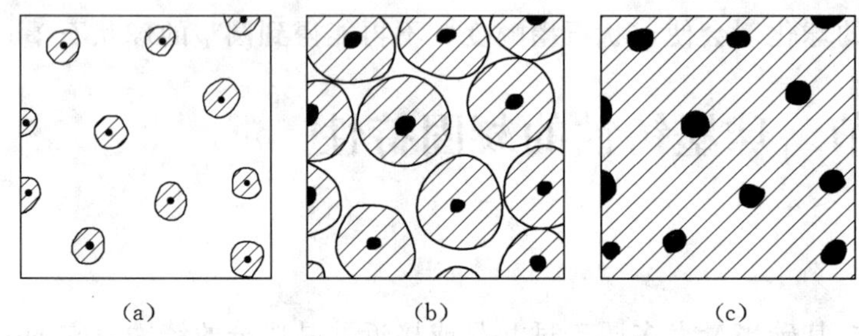

图 5-6 球墨铸铁共晶从液体生长的各个阶段示意图

由此表明，球墨铸铁的凝固特点是呈粥样凝固。图 5-7 是球墨铸铁共晶从液体生长的各个阶段（由 a 阶段至 c 阶段）的示意图。

图 5-6 清楚地表明，由球状石墨与奥氏体壳体组成的共晶体呈粥样漂浮在铁液中，并不断地增多和长大，直至最后凝固结束。

球墨铸铁在一次结晶时呈粥样凝固的特点也反映在冷却曲线上。图 5-7 示出，灰铸铁的共晶转变是在一个较狭窄的温度范围内进行完毕，其共晶平台的开始与终了转折点比较明显。对于球墨铸铁，由于石墨形核温度较高，但在奥氏体外壳形成后，球状石墨的生长速度急剧下降，因而共晶转变开始以后结晶温度继续下降，过后不久有一个较显著的温度回升，以后又向下倾斜，直至在比灰铸铁更低的温度下共晶转变才结束。因此，球墨铸铁的共晶转变终了点并不明显。图 5-7 中还示出了蠕虫状石墨的冷却曲线，由于这种石墨兼有球状石墨和片状石墨的特征，因此，它的冷却曲线特征也位于球墨铸铁和灰铸铁之间。

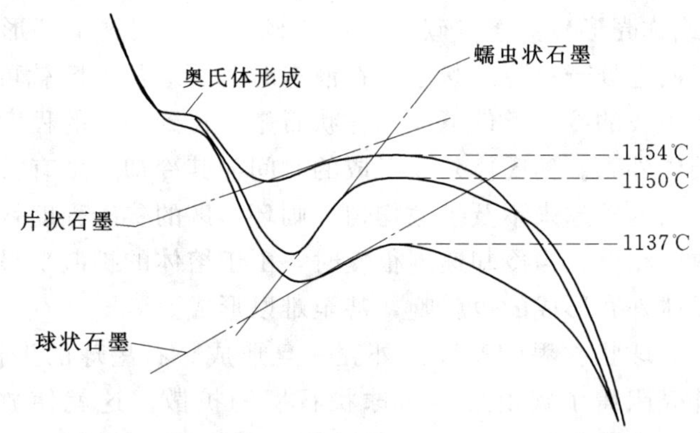

图 5-7 从各种石墨形态的试样中测得的冷却曲线

二、奥氏体枝晶发达

1961 年 I.Karsay 首次提出，在厚大断面球墨铸铁中有奥氏体枝晶存在。但是长期以来，对球墨铸铁中奥氏体枝晶的研究远不及对灰铸铁中奥氏体枝晶的研究深入。随着球墨铸铁生产与技术的发展，对奥氏体枝晶的认识不断深化。对球墨铸铁作过长期研究的 van de Velde 提出，奥氏体枝晶的形态对石墨球的尺寸、存在的位置及其形状具有决定性的影响，这是因为存在于奥氏体枝晶间的铁液将析出石墨球和其他组织。该作者认为，控制奥氏体枝晶的数量与形态是获得高质量球墨铸铁的重要环节。我国学者周继扬教授对奥氏体枝晶作了深入研究。根据冷却速度的不同，可将奥氏体枝晶区分为：薄壁球墨铸铁快速冷却的奥氏体枝晶和厚壁球墨铸铁缓慢冷却的奥氏体枝晶。

（一）薄壁球墨铸铁的奥氏体枝晶

一般认为，壁厚为 3 ～6mm 的球墨铸铁件称作薄壁球墨铸铁件。由于铸件壁厚减小，则其凝固过程加速。与壁厚 15mm 的相比，壁厚为 3mm 的球墨铸铁件的冷却速度要快 10 倍。由此导致凝固的特点就是后者具有发达的奥氏体枝晶。此外，在激冷的球墨铸铁件距表面一定深度范围（1～2mm）内，可看到垂直于激冷面的奥氏体枝晶。这种枝晶的一次轴细长，枝晶平直无分叉，枝晶内没有石墨球。

当铸件断面尺寸为 3mm 时，在凝固组织中除了有初生奥氏体枝晶（这种奥氏体枝晶在共晶凝固阶段与石墨组成共晶团）外，还要生成不包含有石墨球的过冷奥氏体枝晶。随着铸件断面尺寸的增大，当铸件断面尺寸增大到 10mm 时，这种过冷奥氏体枝晶数量开始明显减少；当铸件断面尺寸大于 10mm 时，则独立存在的这种过冷奥氏体枝晶就不复存在。

在奥氏体枝晶与共晶团析出后，在其间的残留铁液在快速的凝固条件下很容易形成碳化物。这种在薄壁球墨铸铁中形成的晶间碳化物多呈长条状、呈一定方向的束状分布。

提高 C、Si 含量，减少形成碳化物的元素，增加共晶团数量（加强孕育），减少晶间残留铁液的数量，以及减慢铸型的散热速度等措施，均可减少晶间碳化物的形成。

此外，石墨球数与凝固速度有直接的关系。随着凝固速度的加快，石墨球数也会增多。迄今为此，在快速凝固的条件下（如采用水冷金属型）可得到石墨球数达 2000 个/mm^2 或者更多。

（二）厚壁球墨铸铁的奥氏体枝晶

在壁厚为 100mm 以上的共晶、过共晶球墨铸铁，抛光蚀显后肉眼可看到图 5－8 示出的枝晶形貌，由于在缓慢冷却条件下形成，故叫缓冷枝晶，文献中称高温奥氏体枝晶。枝晶主干垂直型壁并随热流方向向上弯曲，最大长度可达 70～80mm，二次枝晶臂比激冷枝晶发达，但仍以一次枝晶臂排列为主；断面中心热流方向不明显，呈等轴枝晶无规律分布。本书作者在 6320 型曲轴冒口中心部位曾发现了长达数厘米的等轴树枝晶体（见图 5－8）。

周继扬教授认为，如果熔液中石墨核心少或奥氏体的形核条件较好，离异的奥氏体便会较早地在高温下率先析出形成缓冷枝晶。厚壁球墨铸铁冷却慢、凝固时间长，球墨核心显著减少，从而增加枝晶析出倾向。含 C、Si 量高的球墨铸铁，如形成漂浮石墨，即使截面不太厚也可生成明显的奥氏体枝晶，因为析出的初生石墨上浮后，熔液内的含碳量减少，利于奥氏体成核，加速枝晶形成。缓冷枝晶是在共晶凝固早期阶段形成的离异奥氏体，析出时释放的结晶潜热使冷却曲线在 1170～1190℃ 出现一高温平台，然后，进入共

图 5-8 在 6320 型曲轴冒口(断面尺寸 Φ350mm)中心部位出现的等轴奥氏体枝晶 2×

晶主反应阶段，形成共晶主平台。

所以，在冷却曲线上会出现两个共晶平台，这是生成缓慢冷却的奥氏体枝晶的标志。缓慢冷却的奥氏体枝晶的另一特点是在奥氏体枝晶内有石墨球，石墨球沿奥氏体枝晶排列。这是由于离异奥氏体枝晶旁的铁液发生碳的过饱和，有利于石墨球在奥氏体枝晶附近的形核与长大，继而形成晕圈后，晕圈便与奥氏体枝晶接触并融成一体，使石墨球沿奥氏体枝晶排列。

第三节 球墨铸铁的组织

一、石墨

（一）石墨的形貌

球状石墨外貌近似球形，内部呈放射状，有明显的偏振光效应。经深腐蚀显露出的球状石墨的立体形貌，可在扫描电子显微镜下直接观察。经透射电子显微镜观察表明，石墨球面是由许多角锥体组成的多晶体，石墨球面则是由许多石墨基面（0001）沿切面排列组成，每个角锥体中的基面垂直于石墨球的直径，石墨的 *c* 轴呈辐射状指向球心，关于球状石墨的形貌和偏振光照片，分别示于图 5-9 和图 5-10。

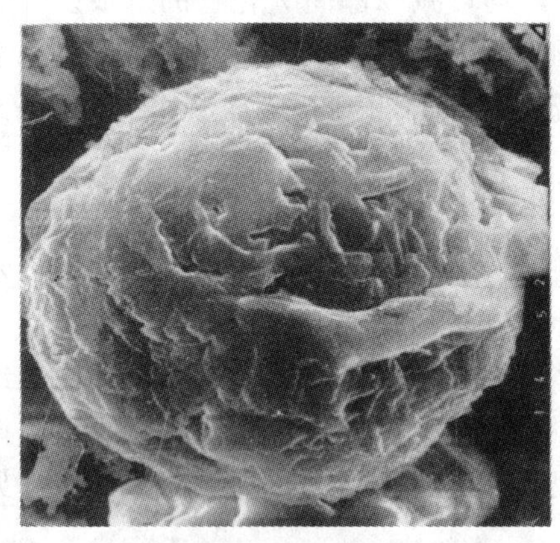

图 5-9 球状石墨的扫描电子显微镜照片 1500×

图 5-10 球状石墨的偏振光照片 1000×

球墨铸铁中允许出现的石墨形态，除了主要是球状石墨以外，还可以有少量的非球状石墨，如团状、团絮状、蠕虫状等。国家标准《球墨铸铁金相检验》（GB 9441—88）是球墨铸铁金相检验标准，将球化等级分为六级，见表 5-4 和图 5-11。此外，该标准还将石墨大小分为六级，见表 5-5 和图 5-12。

表 5-4　球化分级［《球墨铸铁金相检验》(GB 9441—88)］

球化分级	说　　明	球化率（%）	图　号
1 级	石墨呈球状，少量团状，允许极少量团絮状	≥95	图 5-11 (a)
2 级	石墨大部分呈球状，余为团状和极少量团絮状	90～<95	图 5-11 (b)
3 级	石墨大部分呈团状和球状，余为团絮状，允许有极少量蠕虫状	80～<90	图 5-11 (c)
4 级	石墨大部分呈团絮状和团状，余为球状和少量蠕虫状	70～<80	图 5-11 (d)
5 级	石墨呈分散分布的蠕虫状、球状、团状、团絮状	60～<70	图 5-11 (e)
6 级	石墨呈聚集分布的蠕虫状、片状及球状、团状、团絮状	≤60	图 5-11 (f)

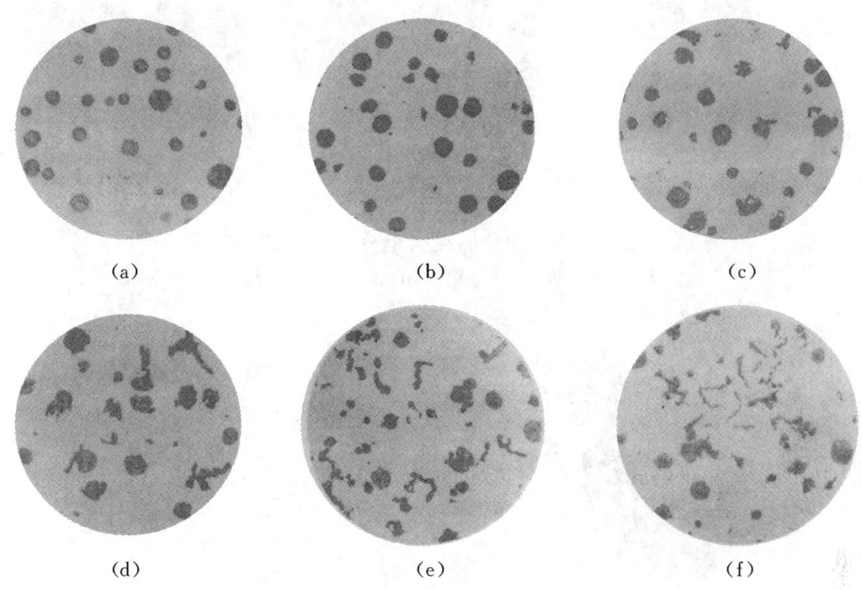

图 5-11　球状石墨球化分级　100×

(a) 1 级；(b) 2 级；(c) 3 级；(d) 4 级；(e) 5 级；(f) 6 级

表 5-5　石墨大小分级［《球墨铸铁金相检验》(GB 9441—88)］

级　别	石墨直径（×100）(mm)	图　号	级　别	石墨直径（×100）(mm)	图　号
3 级	>25～50	图 5-12 (a)	6 级	>3～6	图 5-12 (d)
4 级	>12～25	图 5-12 (b)	7 级	>1.5～3	图 5-12 (e)
5 级	>6～12	图 5-12 (c)	8 级	≤1.5	图 5-12 (f)

（二）球状石墨的结构

采用热腐蚀方法（把球墨铸铁试样抛光后，在大气下加热至 750～800℃，时间为 1min），然后制备复膜，在电子显微镜下观察结果得知：

（1）在每一个球状石墨中心，可以看到一个线型的黑暗纹里，其厚度大约有 4μm（晶核区）。

（2）离开球心区域，就是“肋骨”组织。

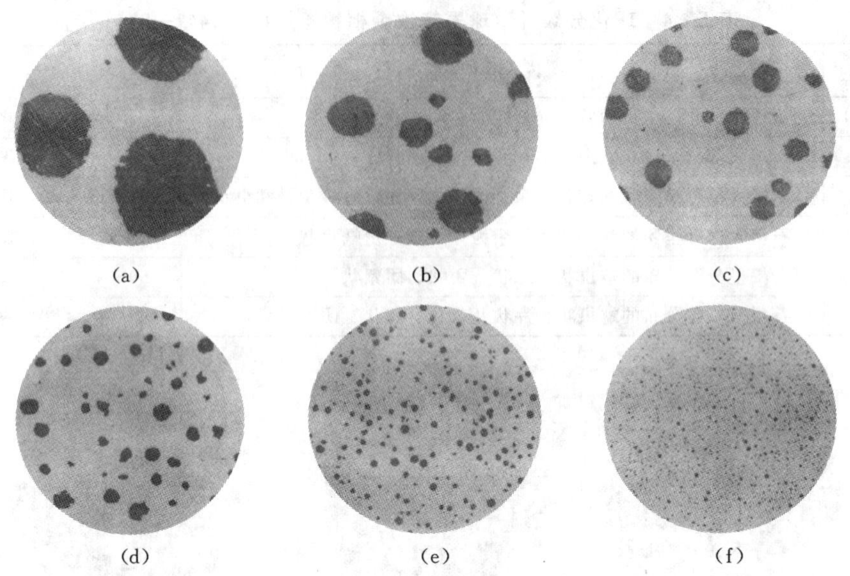

图 5-12 球状石墨大小分级 100×

(a) 3 级；(b) 4 级；(c) 5 级；(d) 6 级；(e) 7 级；(f) 8 级

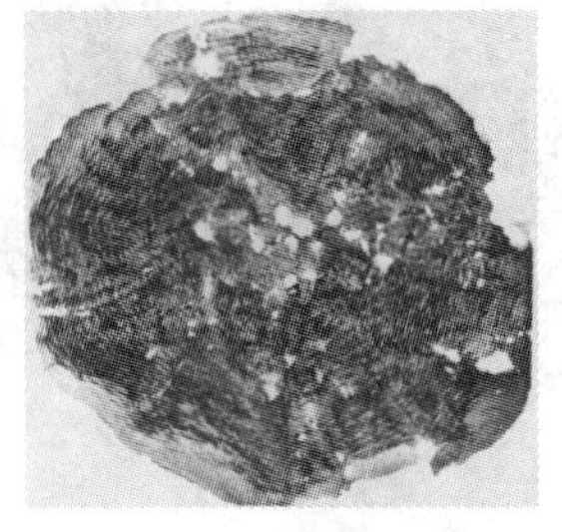

图 5-13 球状石墨经热氧腐蚀后的扫描电子显微镜照片 1400×

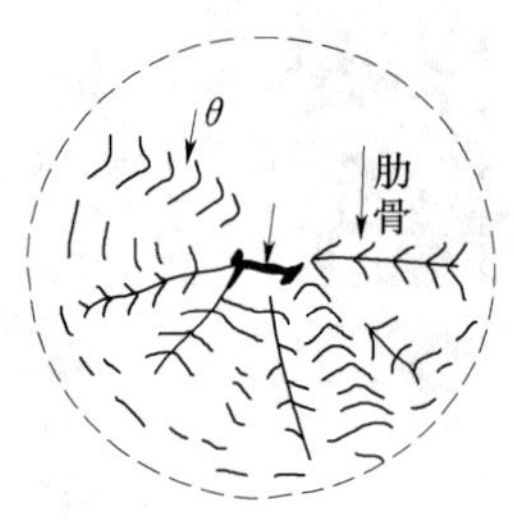

图 5-14 沿直径横切面的石墨球特征示意图

(3) 山形夹角 θ 随着距球心的距离增加而增大。

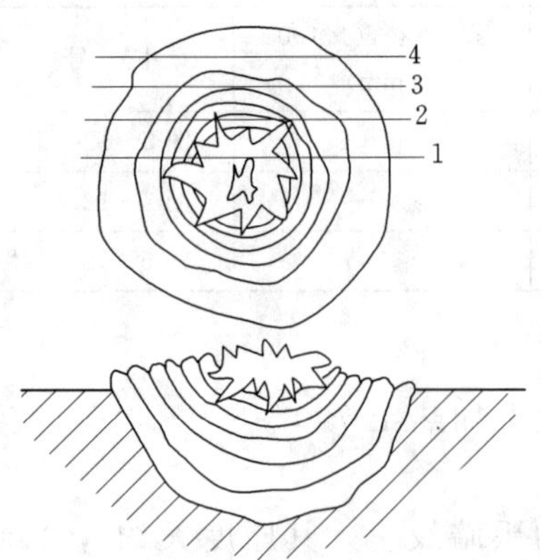

图 5-15 球状石墨的贝壳组织与晶核示意图

图 5-13 所示是球状石墨经热氧腐蚀后的扫描电子显微镜照片；图 5-14 所示是沿直径横切面上石墨球的主要特征示意图。

M. J. Hunter 等人分析了 10 个石墨球，采取逐层磨制抛光，使切面通过石墨球心，发现石墨呈年轮状分布，同时还有一个球心，而这个球心就是晶核区。采用透射和扫描电子显微镜对退火状态的球墨铸铁观察表明，石墨球呈贝壳状结构，在其间也呈贝壳状有规则地分布着 Mg、Si、Ca、Fe 等元素。

石墨球的最中心部分通常是由呈星状的形体组成。如果横切面未通过球心，则观察到的中心星体总是很小的；只有通过赤道面时，才能观察到最大的星体部分。星体部分则是由两部分组成，即外核部分和内核部分。其结构示意图如图5-15所示，图中1～4表示不同的横切面。

石墨球中含有大量的铁，这是因为，当石墨长大时，将铁也包裹到石墨球中，并且，此时的铁呈游离状态，它并不与石墨球的核心相结合。石墨球中含有铁可由下列事实得到证实：

（1）化学分析大量的石墨球，发现有很高的铁量。

（2）石墨球呈铁磁性。

（3）石墨球具有居里点（大约为740℃）。

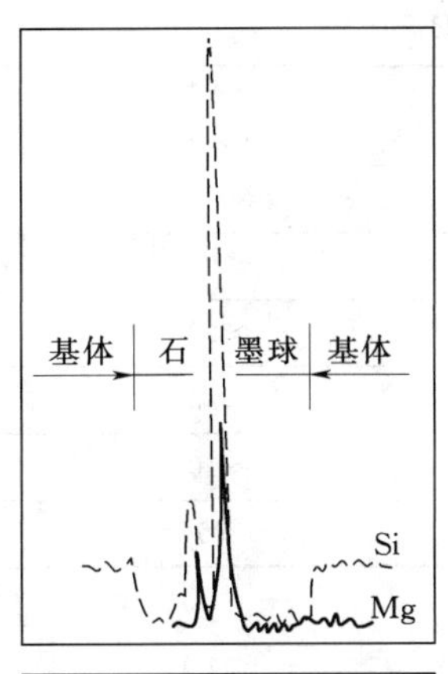

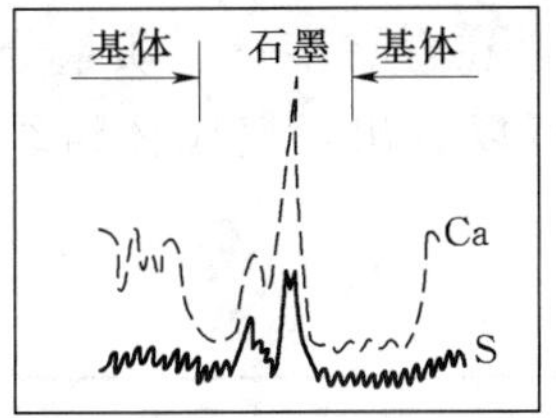

图5-16 石墨球中心部位的元素线分布

（三）球状石墨晶核的成分

采用X射线微区分析仪对石墨球的核心进行了成分分析，以便确定石墨在结晶时作为晶核的元素成分。分析结果表明，在石墨球的中心（晶核），除了镁、硅、钙以外，还有硫，而且其浓度远比基体中的高，如图5-16所示。

对大量经过石墨球中心横切的石墨球进行的电子探针表明，石墨球含有外来质点，其直径大约为1μm，位于石墨球的中心。由此得出：

（1）石墨球在外来质点上呈多相生核。

（2）已经成核的质点具有双层结构，中间有一个晶种（内核），周围有一个外壳（外核）。

（3）在采用硅铁孕育时，石墨球中心的晶核（内核）是钙、镁的硫化物。

（4）晶种的外围（外核）是具有尖晶石型的镁、铝、硅、钛氧化物。

图5-17示出经热氧腐蚀后揭示的球状石墨核心，它由内核（大约为0.7μm）和外核（大约为1μm）组成。整个核心是非碳质的，它区别于与其相邻的石墨。由此可见，球状石墨晶核是由非金属属性的硫化物及氧化物组成。

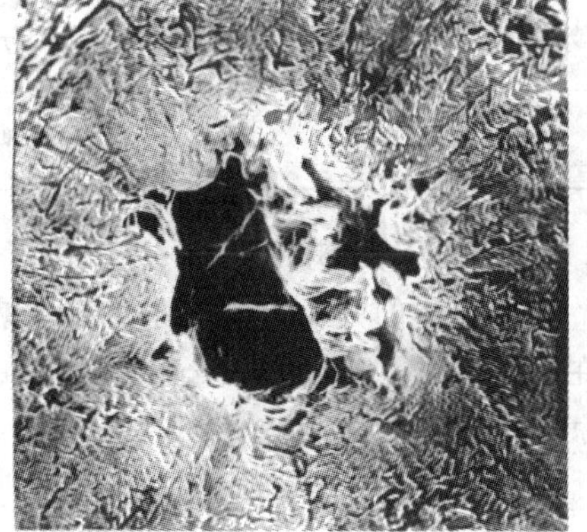

图5-17 热氧腐蚀揭示的球状石墨核心 6000×

二、基体组织

球墨铸铁的基体组织取决于化学成分、一次结晶和二次结晶过程，可以是铁素体、珠光体（包括片间距细小的索氏体和托氏体）、奥氏体、贝氏体（包括上贝氏体和下贝氏体）和马氏体。其中，在生产中大约有90％的球墨铸铁基体组织是由铁素体和珠光体组成（包括有纯铁素体或纯珠光体基体组织）。

（一）珠光体和铁素体

根据国家标准《球墨铸铁金相检验》（GB 9441—88）评定珠光体数量。其百分比，按大多数视场对照标准图谱进行评定，并按石墨大小分别有*A*、*B*两组。珠光体分级说明列于表5-6。与珠光体数量（％）对应的则是铁素体数量（％），两者相加按百分之百计。此外，珠光体因其片间距不同，被区分为粗片状珠光体、片状珠光体和细片状珠光体，它们的标准金相照片在《球墨铸铁金相检验》（GB 9441—88）中均有规定。

表 5-6 珠光体数量分级说明［《球墨铸铁金相检验》（GB 9441—88）］

名称	珠光体数量（%）	名称	珠光体数量（%）
珠 95	＞90	珠 35	＞30～40
珠 85	＞80～90	珠 25	≈25
珠 75	＞70～80	珠 20	≈20
珠 65	＞60～70	珠 15	≈15
珠 55	＞50～60	珠 10	≈10
珠 45	＞40～50	珠 5	≈5

（二）奥氏体

奥氏体形态及生成条件示于表 5-7。由表 5-7 中可以看出，在含有多量（质量分数超过 10）镍或锰时，即可在铸态获得奥氏体基体组织。同时还可以看出，奥氏体组织还可以与上贝氏体、下贝氏体及马氏体或回火组织相伴随存在。

表 5-7 奥氏体形态及生成条件

类别	形态及伴生组织	生成条件
奥氏体基体球墨铸铁	奥氏体为主，伴有碳化物	含有多量稳定奥氏体元素 Ni、Mn 等，铸态下获得，例如含 Ni18%～36%及适量 Cr
上贝氏体球墨铸铁中的奥氏体	含有一定比例的奥氏体及贝氏体，奥氏体分散分布于晶界附近	奥氏体化处理后在上贝氏体转变温度（如 370℃左右）等温淬火，生成 30%～40%稳定化高碳奥氏体及上贝氏体
下贝氏体球墨铸铁中的残余奥氏体	石墨周围以贝氏体为主，远离石墨在晶界附近分布少量奥氏体及马氏体	奥氏体化处理后在下贝氏体转变温度（如 280～320℃）等温淬火，生成下贝氏体、残余奥氏体及马氏体
马氏体或回火组织中的残余奥氏体	分布于晶界附近	奥氏体化处理后，淬火生成马氏体及残余奥氏体，回火后仍是残余奥氏体

（三）贝氏体

贝氏体的分类及生成条件列于表 5-8 中。上贝氏体和下贝氏体的金相组织标准图谱，在国家标准《球墨铸铁金相检验》（GB 9441—88）中均有列举（可参阅《铸铁手册》，北京：机械工业出版社，2002 年，第二版）。

表 5-8 贝氏体分类及生成条件

类别	形态特征	生成条件
上贝氏体	羽毛状组织，由晶界向晶内平行排列	奥氏体化加热后，在上贝氏体形成温度（350～450℃）等温淬火或连续冷却转变
下贝氏体	交叉分布细针状，较淬火马氏体针细，且易受浸蚀	奥氏体化加热后，在下贝氏体形成温度（230～350℃）等温淬火或连续冷却转变

（四）马氏体及其回火组织

淬火马氏体、回火马氏体、回火索氏体和回火托氏体在球墨铸铁的基体组织中均可出现。它们的组成特征和生成条件列于表5-9。

表5-9　马氏体及其回火组织特征和生成条件

类　别	组　织　特　征	生　成　条　件
淬火马氏体	由奥氏体经共格式相变而成的碳在α—Fe中的过饱和间隙固溶体，呈白色针叶形状交叉或成排分布	奥氏体化加热后，快速冷却至Ms点（大约230℃）以下，快冷（油淬或水淬）
回火马氏体	从淬火马氏体中析出极细碳化物颗粒，使马氏体含碳量降低，易受浸蚀，呈黑色针叶状	马氏体淬火后，经150～250℃低温回火
回火托氏体	从淬火马氏体分解而形成的铁素体和细小弥散渗碳体质点组成的混合物	马氏体淬火后，经350～500℃中温回火
回火索氏体	从淬火马氏体分解而形成的铁素体和细小渗碳体组成的混合物	马氏体淬火后，经500～650℃高温回火，也称调质处理

思　考　题

1. 球状石墨是在液态析出的根据是什么？
2. 不加球化剂，可在怎样的条件下得到球状石墨？
3. 工业用球化剂应具有怎样的特性？
4. 热力学计算表明，球化剂中镁在铁液中脱氧作用大，还是脱硫作用大？
5. 用球化剂改变石墨基面和棱面界面能，由此可说明球状石墨形成的机制吗？
6. 为什么球墨铸铁呈“粥样凝固”？
7. 为什么球墨铸铁共晶平台温度与共晶转变终了温度之差要比灰铸铁的大？
8. 请绘图描述石墨球的微观结构。
9. 球墨铸铁中最常见的基体组织是什么？
10. 在工业条件下生产球墨铸铁，可否因自发形核而形成球状石墨？

第六章 球墨铸铁的化学成分

第一节 基 本 元 素

一、碳

（一）碳对球墨铸铁铸造性能和球化效果的影响

含碳量高，则析出的石墨数量多，石墨球数多，球径尺寸小，圆整度增加。提高含碳量可以减小缩孔体积，减少缩松面积，可使铸件致密。大约碳在4.0%～4.3%的范围，缩松倾向最小；含碳量过高，降低缩松的作用不明显，反而出现严重的石墨漂浮。

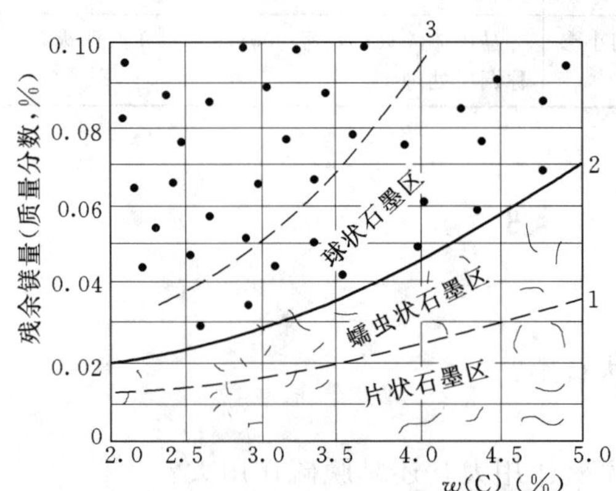

图6-1 球墨铸铁含碳量、残余镁量与石墨形状的关系

注：w（Si）=2.5%，试棒为Φ30mm

含碳量在一定程度上影响球化效果，图6-1表示镁球墨铸铁含碳量、残余镁量与石墨形状的关系。图6-1中曲线2表示保证球化所需镁量的临界值，此线以下出现片状石墨，此线以上为球化区；超过曲线3，即出现白口。图6-1表明，含碳量高，则为保证球化所需的残余镁量要增多，例如，碳由3.0%提高到4.0%时，则残余镁量要由0.028%增加到0.044%，才能保证球化。

（二）碳对球墨铸铁力学性能的影响

含碳量高，则石墨球数随之增加；因石墨呈球状，则含碳量对力学性能的影响就不如片状石墨的显著。因此，含碳量对球墨铸铁力学性能的影响主要是通过其对金属基体的影响起作用。对铸态球墨铸铁来说，增加含碳量可以减少游离渗碳体，碳接近3%时，渗碳体消失；超过3.0%时，开始出现铁素体。此时力学性能相应发生变化；增加含碳量导致硬度下降，断后伸长率上升；当碳的质量分数接近3.0%时，则出现最高的抗拉强度（见图6-2）。

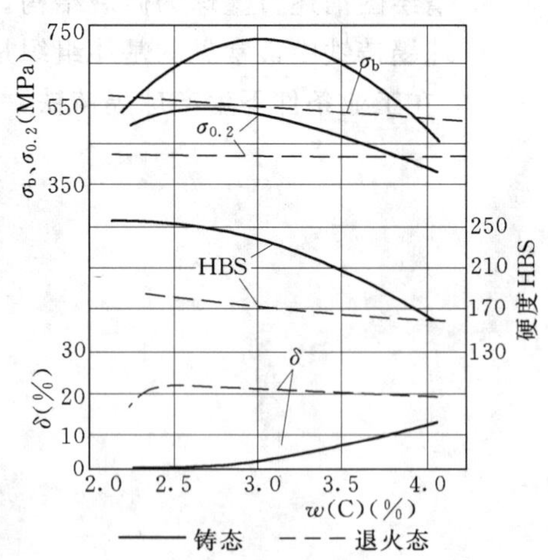

图6-2 碳量对铸态和退火态球墨铸铁力学性能的影响

球墨铸铁退火后，游离渗碳体分解，基体组织为铁素体。此时，含碳量是通过对石墨球数量、

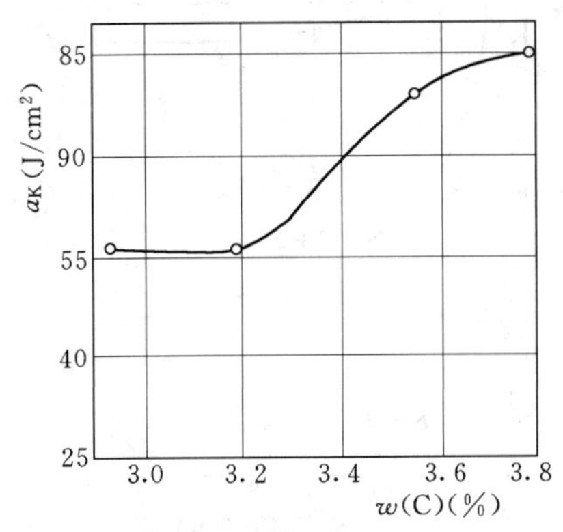

图 6-3 碳对球墨铸铁冲击韧度的影响
（试样中的硅为 2.61%～2.76%）

球径大小及其圆整度的变化来影响力学性能。随着含碳量的增加，硬度和抗拉强度相继下降，屈服强度亦有稍许下降。这是因为，随着含碳量增加，石墨球数量增多，导致金属基体抵抗外力的有效面积减少所致。

提高含碳量（碳高于 3.2%的范围），可以增加冲击韧度（见图 6-3）。

综合上述，选择含碳量应从保证球墨铸铁具有良好的力学性能和铸造性能两方面考虑，选择高碳量有助于获得健全铸件。对于退火铸件来说，含碳量对力学性能的影响不显著；对于铸态球墨铸铁件来说，则应采用高碳量。在球墨铸铁的生产中，碳一般为 3.5%～3.8%，高碳量即指碳为 3.8%。

但是，在球墨铸铁生产中，需要加入较多的硅，而引起碳当量发生变化。因此，球墨铸铁力学性能还必须考虑碳当量的影响。

（三）碳当量

1. 对流动性的影响

碳当量对球墨铸铁的流动性影响很大。提高碳当量可以增加球墨铸铁的流动性。在碳当量为 4.6%～4.8%时，流动性最好，有利于浇注成形、补缩；碳当量继续增加，则流动性反而下降。

2. 对缩孔、缩松的影响

图 6-4 表明碳当量与球墨铸铁缩孔体积的关系。随着碳当量的增加，缩孔体积不断增加；碳当量在 4.2%左右时，缩孔体积最大。碳当量继续增加，缩孔体积反而减小。

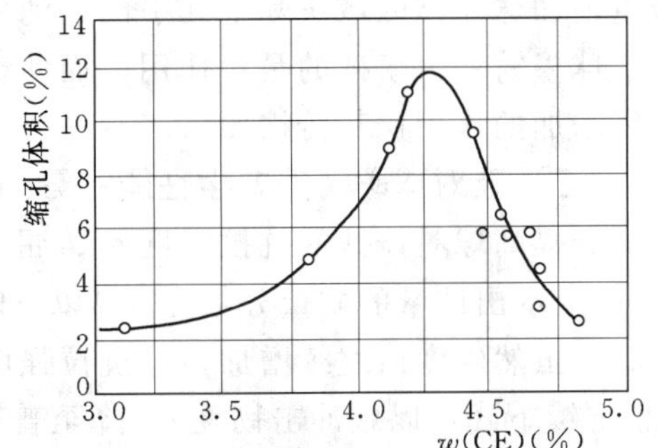

图 6-4 球墨铸铁碳当量和集中缩孔体积的关系

碳当量对缩松的影响列于图 6-5。图中表明，碳当量为 4.8%时，缩松倾向最小，大于或小于该数值，缩松倾向均增加。为此，把碳当量控制在 4.2%～4.8%之间，则缩孔小、缩松少，可以获得健全铸件。

二、硅

（一）硅对球墨铸铁基体组织的影响

硅是 Fe—C 合金中能够封闭 γ 区的元素。硅降低碳在 γ—Fe 中的溶解度。硅使共析点的含碳量降低。硅提高共析转变温度。

硅是促进石墨化元素，硅使共晶温度升高，使共晶含碳量降低。

化学分析表明，在珠光体等温转变所形成的碳化物中，含硅量很少，这说明，硅原子能迅速从碳化物移向 α 固溶体。这也就是说，硅是不形成碳化物的元素。

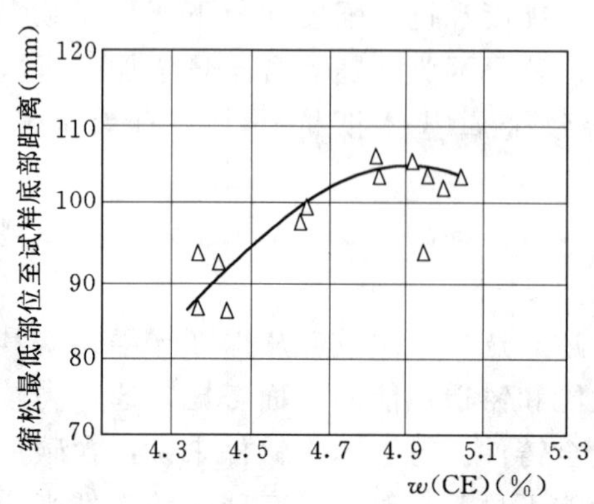

图 6-5 球墨铸铁碳当量和缩松的关系

注：①试样尺寸：Φ90mm×140mm；②用缩松范围最低部位至试样底部位置表示缩松严重程度；③图中距离越大，缩松越小

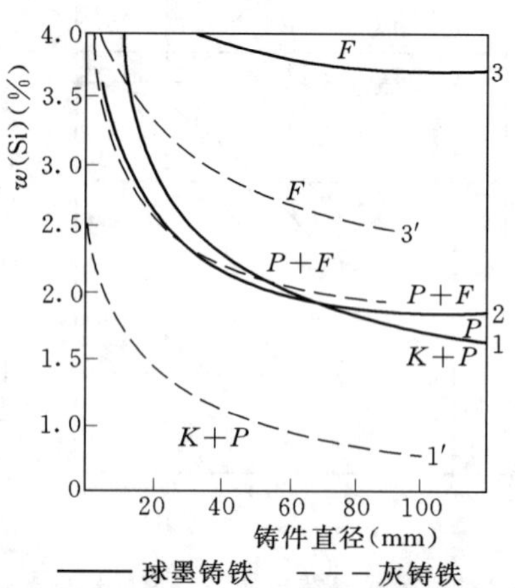

1′～1 区为 $K+P$ 区域 1～2 区为 P 区域

2～3′区为 $P+F$ 区域 3′～3 区为 F 区域

图 6-6 含硅量与冷却速度对球墨铸铁与灰铸铁基体组织的影响

F—铁素体；P—珠光体；K—渗碳体

关于含硅量与铸件壁厚对球墨铸铁基体组织的影响如图 6-6 所示。为了对比，图中虚线表示普通灰铸铁的基体组织。可以看出，球墨铸铁的碳化物＋珠光体、珠光体＋铁素体的组织区域均扩大，而珠光体区域和铁素体区域则缩小。在该图中也可以看出，随着含硅量增加珠光体区域实际上几乎已经消失。

球墨铸铁由于硅的孕育作用，而使珠光体和铁素体的比例改变。硅在球墨铸铁中使铁素体增加的作用比灰铸铁要大。

（二）硅对球墨铸铁力学性能的影响

硅提高球墨铸铁的抗拉强度 σ_b、屈服强度 $\sigma_{0.2}$ 和硬度 HBS，同时也使塑性指标降低。图 6-7 示出硅量的质量分数在 5%以下时对力学性能的影响。当硅的质量分数超过 5%以上时，虽然硬度值继续增加，但抗拉强度则急剧下降，同时，冲击韧度 a_K 和断后伸长率 δ 也继续下降，以致冲击韧度 a_K 降至普通灰铸铁所具有的水平。图 6-8 是硅对球墨铸铁和灰铸铁力学性能的影响对比。

对低锰铸态铁素体球墨铸铁来说，增加含硅量会使冲击韧度明显下降。当硅超过 3%时，冲击韧度急剧降低。硅使球墨铸铁的脆性转变温度升高。

三、锰

（一）锰对球墨铸铁基体组织的影响

锰是扩大 γ 区的元素。锰在 α—Fe 和 γ—Fe 中进行扩散要比碳在其中进行扩散要困难得多。由 Fe—Mn 相图得知，铁与锰在液态可完全互相溶解。当含锰量很高时，液相线与固相线几乎重叠在一起。

在球墨铸铁中，硫和氧已经在用镁或铈处理时被去除，或者结合成稳定的化合物。因此，少量的锰就可以作为合金元素而发挥作用。此时，锰的作用就是形成碳化物和珠光体。

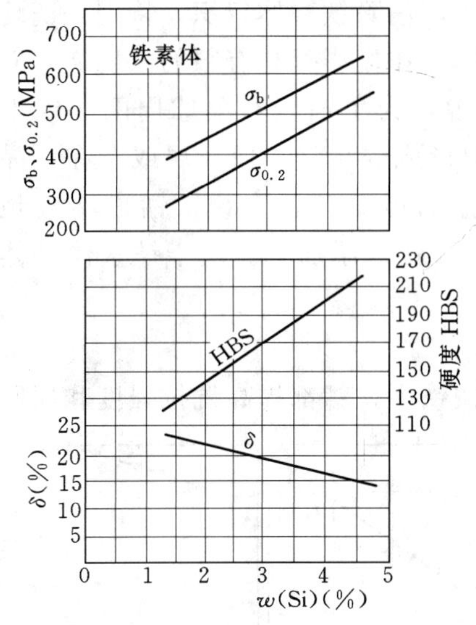

图 6-7　硅对球墨铸铁力学性能的影响

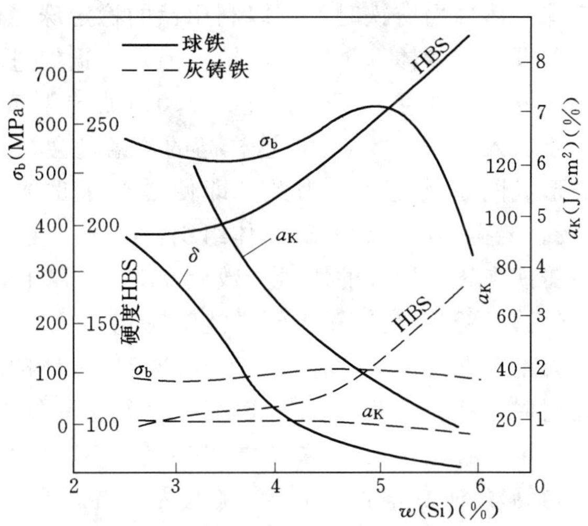

图 6-8　含硅量对球墨铸铁和灰铸铁力学性能的影响对比

在球墨铸铁凝固时，锰使白口倾向增加。由于球墨铸铁具有粥样的凝固方式及含有残余镁量，所以它本身就具有很大的白口倾向。为此，要尽量把球墨铸铁的含锰量保持在最低的水平。这在制作薄壁铸件时，更要特别注意。例如，对于壁厚6mm以下的铸件，要求锰小于0.3%，只有这样才能得到没有游离渗碳体的基体组织。

对于厚大断面的铸件来说，锰是偏析倾向特别显著的元素。锰是在残余铁液中富集的元素。锰被不断长大着的共晶团所排挤，以致富集在共晶团边界上，因此便在共晶团边界上形成富锰的组织成分，最后则以碳化物形式凝固。如果形成的碳化物呈网状分布在共晶团边界上，则对力学性能极为有害。

锰是强烈稳定奥氏体的元素，它延迟奥氏体转变，并使其转变温度推移向更低的温度，每加入1%的Mn，可使转变开始温度大约下降20℃。图6-9表明不同含锰量的球墨铸铁奥氏体等温转变图。

锰对稳定珠光体的作用也很明显。在

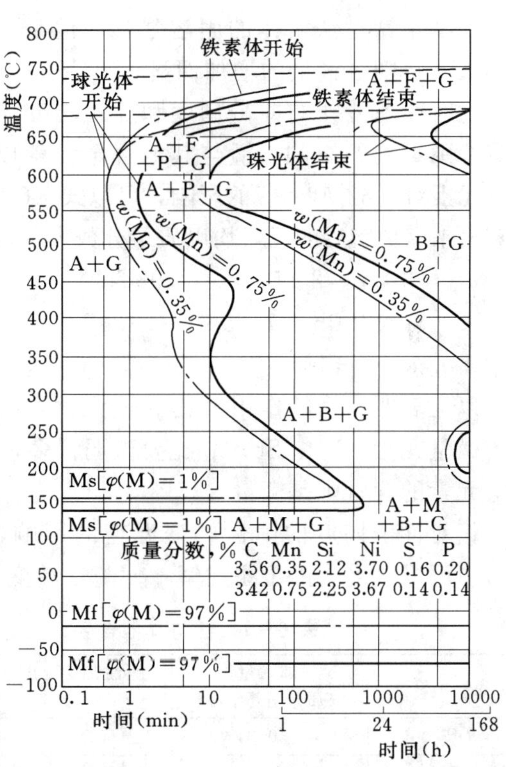

图 6-9　两种不同含锰量的球墨铸铁的奥氏体等温转变图（925℃×5h 均匀化，900℃×3h 奥氏体化）

A—奥氏体；F—铁素体；P—珠光体；B—贝氏体；M—马氏体；G—石墨；Ms—马氏体转变开始温度（此时马氏体体积分数为1%）；Mf—马氏体转变终了温度（此时马氏体体积分数为97%）

生产珠光体球墨铸铁时，可以利用锰的稳定珠光体作用，消除铁素体组织，特别是消除石墨球周围的铁素体（牛眼）组织。但是，锰促进珠光体的作用毕竟是有限的。例如，对于壁厚20mm、碳为3.85%、硅为2.0%的球墨铸铁来说，为了消除石墨球周围的铁素体圈，须加入锰为1.3%。但这样高的含锰量会在基体中形成碳化物、白口层或者在共晶团边界形成网状碳化物。为此，即使是对于珠光体基体的球墨铸铁来说，锰也不应超过0.6%。要得到所期望的珠光体组织，准确和可靠的方法就是添加铜。对于铁素体基体的球墨铸铁来说，则锰的质量分数应在0.3%以下。

（二）锰对球墨铸铁力学性能的影响

无论是在铁素体基体，还是在珠光体基体的球墨铸铁中，锰都提高抗拉强度和屈服极限，同时也提高硬度，如图6-10所示。由图6-10可以看出，对于珠光体球墨铸铁来说，提高含锰量对力学性能的影响更为明显。此时，珠光体随着锰量的增加而细化成为索氏体。对于铁素体球墨铸铁来说，锰的质量分数从0.6%～0.8%开始，对强度有明显的提高，这要归结于锰对铁素体的固溶强化。但是，断后伸长率将随含锰量的增加而显著下降。

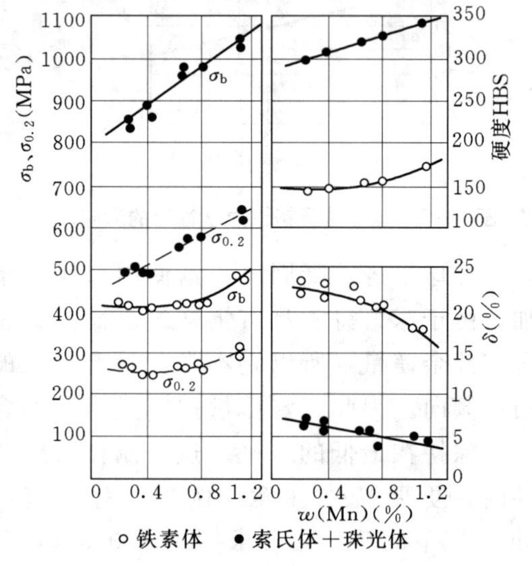

图6-10 锰对球墨铸铁力学性能的影响

［球墨铸铁化学成分：w（C）＝4.0%，w（Si）＝2.2；w（Mg）＝0.08%］

锰对球墨铸铁的冲击韧度和脆性转变温度都有特别不利的影响。锰与其他合金元素以及微量元素对冲击韧度 a_K 的影响，可以式（6-1）计算出来（数字后的元素均以质量分数表示）：

$$a_K = 3.55 - 2.96\text{Mn} - 7.98\text{Cu} - 468\text{Pb} - 77.5\text{Sb} - 24.8\text{P} \quad (6-1)$$

式中 a_K——冲击韧度，以“×10J/cm²”表示。

以上表明，锰的作用要比其他元素，特别是与微量元素（Pb、Sb）相比要微弱得多，但要指出的是，锰的含量是千分之几，而铅、锑等元素的含量则是微量。

锰对冲击韧度的脆性转变温度的影响，与其他合金元素对比，示于表6-1。由表6-1中可以看出，由于添加锰，使脆性转变温度的上限与下限变化很大。

表6-1 锰与其他合金元素对铁素体球铁脆性转变温度的对比

合金元素	加入量（质量分数，%）	脆性转变温度（℃）	合金元素	加入量（质量分数，%）	脆性转变温度（℃）
P	±0.01	±（4～4.5）	Ni	±0.1	±（3.5～4.0）
Si	±0.1	±（5.5～6.0）	Cu②	±0.1	±（0.8～1.0）
C①	±0.1	±（2.0～2.5）	Sn③	±0.01	≈±6.0
Mn	±0.1	±（10～12）			

① 碳的质量分数在3.4%～4.0%之间。

② 铜的质量分数在0.1%～1.0%之间。

③ 锡的质量分数在0.01%～0.06%之间。

四、磷

（一）磷与磷共晶

磷是随金属炉料（生铁、废钢、回炉料、铁合金等）进入球墨铸铁中的，磷不影响球化，却是有害元素，它可以溶解在铁液中，降低铁碳合金的共晶含碳量，其降低的碳量相当于它含量的1/3。磷降低共晶温度和凝固开始温度，磷大约每增加0.1%，则凝固开始温度下降4～5℃。磷有微弱的石墨化作用。

磷在固态α—Fe中的最大溶解度为$w(P)=2.6\%$；随着温度降低，其溶解度也降低，当室温达到$w(P)=1.2\%$。磷在铁中的溶解度随含碳量增加而降低，对于$w(C)=3.5\%$铸铁来说，磷的溶解度只有$w(P)=0.3\%$。

当含磷量超过其溶解度，就会出现新相Fe_3P[$w(P)=15.6\%$，$w(Fe)=84.4\%$，熔点1166℃]。Fe_3P可以和Fe_3C及含碳、磷的γ—Fe共同结晶组成三元共晶体——三元磷共晶。在常温下，奥氏体分解成铁素体或珠光体，所以在常温下三元磷共晶是由$Fe_3P+Fe_3C+\alpha$—Fe组成。三元磷共晶中化学成分为$w(P)=6.89\%$、碳$w(C)=1.96\%$和$w(Fe)=9.15\%$，熔点953℃。三元磷共晶也称作斯氏体（Steadit）。

有时，铸铁具有较强的石墨化能力（如含硅量高、孕育充分、冷却速度缓慢等）则没有Fe_3C存在。此时，Fe_3P与α—Fe组成二元磷共晶，其化学成分为$w(P)=10.2\%$和$w(Fe)=89.8\%$，熔点为1050℃。

在球墨铸铁中，因其呈粥样的凝固方式，磷很容易偏析，当磷的质量分数接近0.1%时，就会出现体积分数为2%左右的磷共晶。随着铸件壁厚增加，则偏析加剧，在热节部位，磷共晶数量就多。例如，直径为84mm的汽车曲轴，其边缘部位磷共晶很少，而在中心部位磷共晶数量高达体积分数的5%。一般来说，形成磷共晶的数量取决于含磷量，形成磷共晶的体积分数大体上是含磷量的10～20倍。

磷共晶熔点低，在球墨铸铁凝固过程中一直保持液态，不断被共晶团所排挤，最后在共晶团边界凝固，由此，磷共晶呈多角状分布于共晶团边界，急剧恶化球墨铸铁的力学性能。

（二）磷对球墨铸铁力学性能的影响

图6-11示出磷对铸态铁素体球墨铸铁力学性能的影响。当磷量超过0.07%时，基体内出现了磷共晶，使断后伸长率δ急剧降低。

球墨铸铁退火后，磷的有害作用有所减弱。图6-11（a）是铸态球墨铸铁，当磷超过0.02%时，塑性和冲击韧度a_K开始下降，并且，随着含磷量的增多，塑性和冲击韧度则急剧降低；但此时，抗拉强度σ_b却下降不多，屈服强度$\sigma_{0.2}$甚至有些上升。当球墨铸铁退火后，磷为0.1%时，断后伸长率δ才开始下降，并且冲击韧度的下降也减缓。这是因为，此时磷共晶有一定的钝化，应力集中作用有所减弱所致。另外，原来铸态中的三元磷共晶经过退火，有部分转变成二元磷共晶，致使冲击韧度有些改善。但是，这种退火并不能取得实质性的改善。

与铁素体球墨铸铁相比，磷对珠光体球墨铸铁的有害作用要严重得多。磷超过0.06%时，塑性（即断后伸长率δ）和冲击韧度a_K急剧下降。为此，珠光体球墨铸铁要

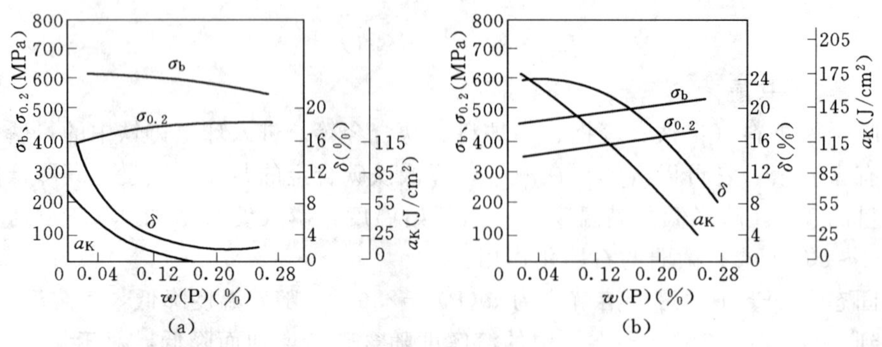

图 6-11 磷对球墨铸铁退火前后力学性能的影响

(a) 铸态；(b) 退火态

求含磷量更低，对于结构零件，磷不应大于 0.06%。

磷显著提高脆性转变温度，磷的质量分数每增加 0.01%时，脆性转变温度升高 4.0～4.5℃。当磷的质量分数超过 0.16%时，脆性转变温度已在室温以上，冲击断口出现脆性断裂。

含磷量高，还会在铸件中容易出现缩松，具有明显的冷脆现象，容易冷裂。

热力学表明，在铸铁中是不可脱磷的。生产球墨铸铁就必须采用低磷生铁。采取强化孕育（增加石墨球数）或各种热处理（高温退火或部分奥氏体化）只能减轻但不能从根本上消除磷的有害作用。

五、硫

（一）硫在球墨铸铁中的存在形态

硫是反石墨球化元素，属于有害杂质。它随金属炉料、燃料带入球墨铸铁中，因而，在球墨铸铁中总有一些硫。在 Fe—S 系中，硫溶解在铁液中，而几乎不溶解在 α—Fe 和 γ—Fe 中。铁与硫可以组成各种硫化物，其中 FeS 中硫为 36.5%，熔点 1193℃。FeS 和 Fe 可以组成共晶体，其中硫的质量分数为 30.9%，熔点 985℃。在 Fe—C—S 系中，硫几乎不溶于铁素体、奥氏体和渗碳体。Fe、FeS 和 Fe_3C 可以组成三元共晶体，其中 Fe_3C 数量很少，硫为 31.7%，碳为 0.17%，熔点 975℃。三元共晶体凝固后分布在共晶团边界。

在 1000～1900℃范围内，铈、钙、镁、锰几个元素与硫的亲和力依次下降。用稀土镁球化剂处理铁液，硫首先应该和稀土元素起作用，生成稀土硫化物。实际上，由于动力学因素，总有一部分硫与镁、锰起作用，生成硫化镁和硫化锰。因此，加入铁液中的稀土和镁，其中有相当部分与硫化合，其余剩下来的稀土和镁才能起球化作用。

生成的各种硫化物根据它们的密度、熔点和铁液温度不同，可以上升至铁液表面进入浮渣中，或者浮到铸件上表面，有的则残留在铸件内部。表 6-2 是几种硫化物的熔点和密度。由表 6-2 可以看出，稀土硫化物和硫化镁都有很高的熔点，超过铁液温度；稀土硫化物的密度比硫化镁大得多，几乎接近铁液密度。因此，稀土硫化物上浮至铁液表面进入浮渣中要比硫化镁困难得多，它们将残留在铸件中，破坏基体强度或形成渣孔。

表 6-2 几种硫化物的熔点和密度

化学式	熔点 (℃)	密度 (g/cm^3)	化学式	熔点 (℃)	密度 (g/cm^3)
CeS	2450±100	5.88	No_2S_3	2200	5.18
Ce_2S	1930	5.02	MgS	>2000	2.6～2.8
LaS	1970	5.75	MnS	1530～1620	3.6～4.0
La_2S_3	2100～2150	6.51	FeS	1173～1197	4.8

(二) 硫对球化效果的影响

生产实践表明，加入球化剂后，只有当铁液中硫降到0.02%（对于镁球墨铸铁）或0.03%（对于稀土镁球墨铸铁）以下，又有一定的残余镁量和稀土量，才能保证球化良好。原铁液含硫量过高，如硫达0.1%以上，球化处理时又不能保证必要的脱硫，则不能获得球化良好的铸件。即使短时间内石墨能球化，也会很快衰退。相反，如果含硫量很低（例如，其质量分数在0.005%以下），即使不加任何球化剂，在快速凝固条件下，也可得到球墨铸铁。因此，硫是反球化元素，它的数量对球化效果影响很大。

生产上根据原铁液含硫量决定球化剂加入量，原铁液含硫量越高，则球化剂加入量越多。研究表明，原铁液中硫为0.02%～0.03%时，需加入球化剂为0.8%～1.0%；若把原铁液含硫量降至0.02%以下，则只要加入球化剂为0.6%～0.8%，就能获得球化良好的效果。

球化剂的加入量不仅取决于原铁液的含硫量，而且还与所要生产铸件的壁厚、铁液处理温度、球化剂组成及球化处理工艺有关。

(三) 降低原铁液含硫量

降低原铁液含硫量是确保球化处理成功的前提，也是获得优质铸件的基础。为此，可在生产中采取的措施有：①采用低硫的金属炉料；②采用含硫低的燃料；③提高铁液温度使之超过1450℃；④采用碱性炉衬熔化铁液；⑤采取炉外脱硫。

在炉外脱硫方法中，有多孔塞法、摇动包法、喷射法等，其中多孔塞法应用最广、效果最好。

随着球墨铸铁生产技术的发展，要求原铁液中的含硫量达到最低。型内球化处理要求原铁中的含硫量达0.01%，一般冲入法也要求在0.03%以下。

第二节 合 金 元 素

一、铜

(一) 铜对石墨形状的影响

最早，美国福特汽车公司用球墨铸铁生产汽车曲轴时，采用铜—镁合金作球化剂，因而使铸件中带入了铜。一些时候以来，总认为铜对石墨形状有干扰破坏作用。其实，铜对石墨球形并不是有害的，而是铜带入的 Ti、Pb、Bi、Sb、Sn、As、Te 等元素的干扰起破坏作用，导致曲轴中出现畸变石墨。工业纯铜或电解铜实际上是不纯的，例如，工业纯铜含有 0.028%的 Pb；电解铜含有 0.018%的 Pb。因此，在生产含铜球墨铸铁时，不管加铜量是多少，必须考虑其中含有的干扰元素的作用。

当原铁液中含有的干扰元素很少，而且是用纯镁处理时，则加入质量分数为 2%～3%的 Cu 并不会阻碍石墨球的形成。但是，如果原铁液中含有较多的干扰元素时，则加入 1%～2%的 Cu 就会使石墨球有明显的畸变。如果原铁液中的干扰元素越多，则允许加入的铜量也就越少。在含铜球墨铸铁中所允许的干扰元素临界含量，一般要比不含铜的球墨铸铁要低。

在用稀土镁球化剂处理时，能把含铜球墨铸铁中干扰元素使石墨球畸变的作用予以抑制。此时，如果铁液非常纯净，加铜可改善石墨球的形状和增加石墨球数，铜的这种作用在厚大断面球墨铸铁中，显得特别突出。

根据现今国内一般的铁液纯净度，铜作为合金元素，通常以 2%定为加入量的上限，以防止其中干扰元素破坏球化。

（二）铜对球墨铸铁基体组织的影响

铜对球墨铸铁基体组织的影响可以归结为如下几方面：

（1）在共晶转变时，促进石墨化，可减少或消除游离渗碳体的形成。

（2）在共析转变时，促进珠光体的形成，可减少或完成抑制铁素体的形成。

（3）提高淬透性。

（4）改善铸件断面组织与性能的均匀性。

（5）对基体固溶强化。

（6）对基体沉淀硬化。

（7）不形成游离渗碳体，不与碳形成碳化物。

（8）呈负偏析，铜元素富集在共晶团内部。

（三）铜对球墨铸铁力学性能的影响

图 6-12 是球墨铸铁分别经退火和正火处理后相应得到铁素体基体和珠光体基体时，含铜量对其力学性能的影响。图 6-12 中表明，无论是对于铁素体基体，还是对于珠光体基体，随铜量的增多，其强度和硬度均相应增加。但是断后伸长率 δ 的变化则不同，铁素体基体的球墨铸铁随含铜量的增多，断后伸长率明显下降，而珠光体基体的球墨铸铁则变化不大。

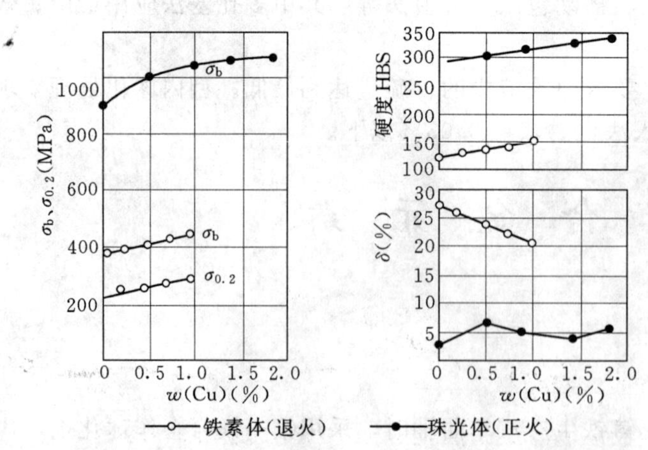

图 6-12 含铜量对球墨铸铁退火和正火后力学性能的影响

图 6-13 是不同含铜量对铸态球墨铸铁力学性能的影响。图 6-13 中的一组数据是铸态时大部

分（体积分数占70%）呈铁素体基体组织；另外两组数据是铸态时几乎全部（分别含有体积分数为5%和体积分数为10%的铁素体）呈珠光体基体组织。对于铸态呈铁素体基体来说，加铜使抗拉强度 σ_b 有明显的提高，而断后伸长率 δ 则有明显的下降。对于铸态是珠光体基体的球墨铸铁来说，附加0.5%～2.0%的铜，对抗拉强度增加不多，对断后伸长率实际上也没有影响。

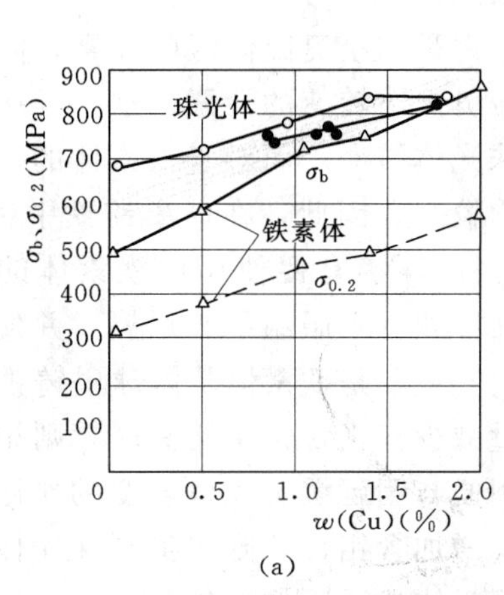

(a)

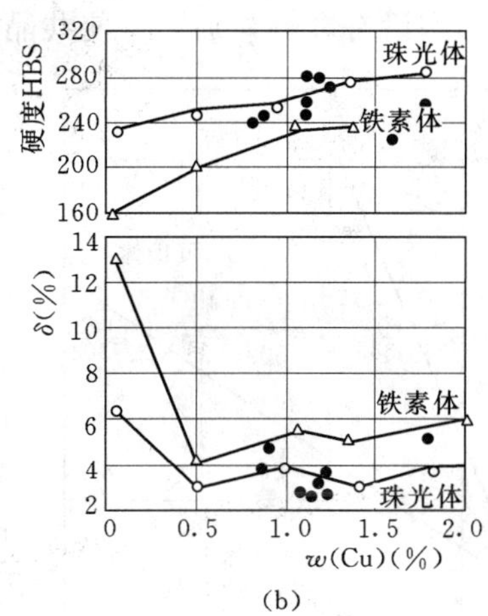

(b)

图中试验数据	化学成分（质量分数,%）					基体组织（体积分数）
	C	Si	Mn	P	Mg	
○	3.37	2.18	0.40	0.017	0.081	珠光体5%＋铁素体
●	3.50	2.50	0.62	0.08	0.04	珠光体10%＋铁素体
△	3.67	2.45	0.10	0.013	0.023	珠光体70%＋铁素体

图6-13　含铜量对球墨铸铁铸态力学性能的影响

图6-14是有V形缺口的铁素体球墨铸试样，进行脆性转变温度的试验结果。随着含铜量的增加，球墨铸铁的冷脆转变温度升高，并且冲击韧度 a_K 值下降。

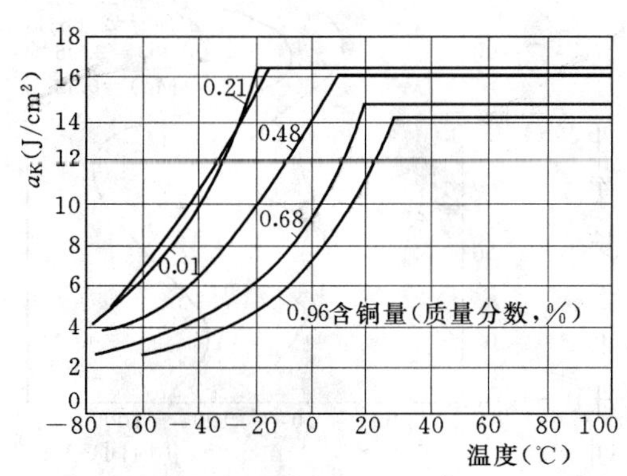

图6-14　含铜量对铁素体球墨铸铁脆性转变温度的影响

二、钼

（一）钼对球墨铸铁基体组织的影响

由Fe—Mo相图得知，当钼为2.5%～3.0%时，封闭 γ—Fe区，因而钼在很宽广的区域里溶解在 α—Fe区。在Fe—C—Mo系中，钼提高 Ac_3 点，降低 Ar_1 点。因为钼能减小Fe—C合金的临界冷却速度，因而可改善淬透性。

钼是形成碳化物能力较弱的元素。如果硅的石墨化系数是1，则钼的石墨化系数是−0.3。

在含钼较高时，会出现复杂的铁—碳化钼。当含钼量 $w(Mo)>2.5\%$时，会出现特殊的碳化物。钼呈正偏析，在球墨铸铁凝固过程中，即使在含钼量 $w(Mo)<1\%$的情况下，也会在共晶团边界出现含钼的碳化物，这种碳化物常与莱氏体共存，其外形有如鱼骨状。并且，它往往与磷相伴随，形成含钼的四元磷共晶。这种含钼碳化物一般是 M_6C 型碳化物，它很稳定，以致长时间高温退火也不可能将其分解。

钼对石墨形态没有影响，加钼可使共晶团细化。

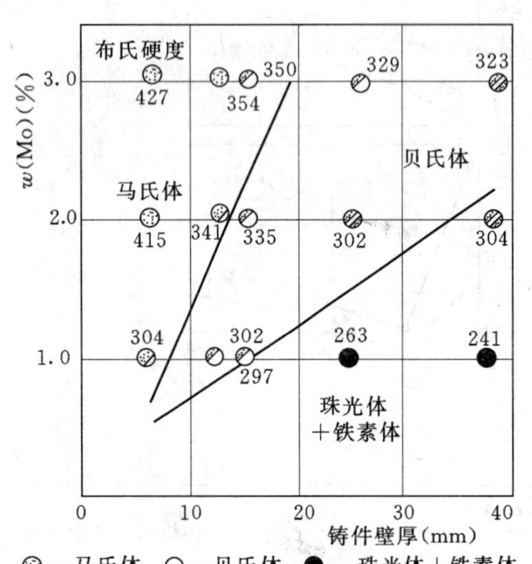

图 6－15 钼对不同壁厚球墨铸铁基体组织的影响

[球墨铸铁成分（质量分数,%）：C=3.4、Si=2.2、Mn=0.6、Mg=0.03]

注：图中标注的数字是各种组织测得的布氏硬度值

钼是缩小奥氏体区的元素，同时又是强烈延缓奥氏体转变的元素。这种延缓作用涉及的是珠光体转变，而对于铁素体的形成，则相对影响较小。因此，在球墨铸铁中钼为 0.1%～0.3%时，钼有促使形成铁素体的作用，它使铁素体圈（牛眼组织）增厚，并使（在未加钼以前）主要是铁素体基体球墨铸铁中的珠光体数量减少。当含钼量增高时，则钼的铁素体化作用便与钼延缓奥氏体转变的作用抵消。再进一步增加含钼量，则将抑制珠光体的形成，得到贝氏体或马氏体组织。因此，在单加钼的球墨铸铁，可以同时出现铁素体、珠光体、贝氏体和马氏体的混合基体组织。

图 6－15 示出含钼球墨铸铁组织分布图。从图 6－15 中可以看出，要得到完全贝氏体的基体组织，单靠加钼几乎是不可能的，必须采用钼与铜或者钼与镍复合加入（见图 6－16）。

图 6－16 是钼与镍复合加入后球墨铸铁奥氏体等温转变图。由于钼的铁素体化作用，使原来的 C 形曲线，变成了 S 形曲线，其下部区域是贝氏体转变区域，在此区域保持足够的时间，就能得到贝氏体组织。

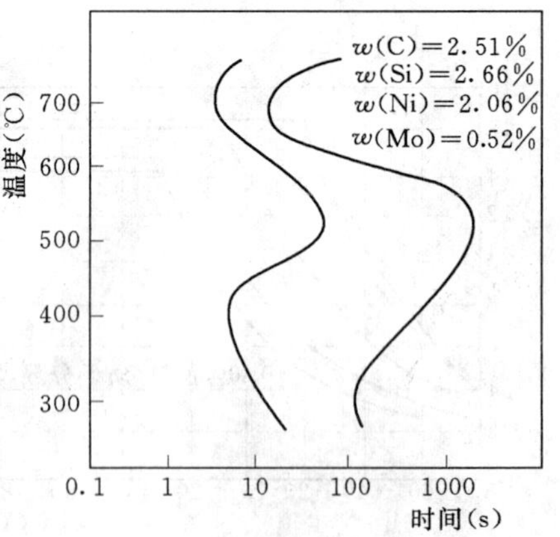

图 6－16 钼与镍复合加入后球墨铸铁的奥氏体等温转变图

（二）钼对球墨铸铁力学性能的影响

钼对铸态铁素体和珠光体球墨铸铁力学性能的影响如图 6－17 所示。钼提高强度的作用，要比锰、铜明显得多。但此时，断后伸长率和冲击韧度则随着强度的提高而降低。对于铸态珠光体球墨铸铁来说，断后伸长率和冲击韧度下降的幅度较小，而屈服点提高的幅度却比抗拉强度提高的幅度要大，因而改善了屈服比。

表 6－3 示出钼对正火和回火后球墨铸铁力学

性能的影响（正火温度 900℃，回火温度 595℃；不含钼的回火时间为 8h，含钼的回火时间为 13h）。由表 6-3 可以看出，加钼可使屈服点有显著提高，断后伸长率下降，特别是对于壁厚 25mm 的 Y 形试块，断后伸长率几乎下降了 1 倍。

单独加钼的质量分数在 0.3% 以下时，并不会使球墨铸铁的强度有明显提高，这是因为钼能轻度增加铁素体的数量。

在 $w(\mathrm{Mo})=0.8\%\sim1.0\%$ 时，会形成贝氏体与马氏体的混合组织，对力学性能不利。

钼可以防止回火脆性。这种回火脆性在铁素体、珠光体基体或经调质处理的球墨铸铁中均会出现，只要球墨铸铁在 350～500℃ 范围内缓慢冷却或者在此温度长时间保温。这种回火脆性表现的形式就是脆性转变温度急剧升高，远远超过室温，呈脆性断口。

硅超过 2.3% 和含磷超过 0.05% 时，都会加剧回火脆性。为此，除了尽量降低含硅量与含磷量以外，通常采取的措施就是在 500℃ 以上使铸件快速冷却，再有，最有效的措施就是附加质量分数为 0.1%～0.3% 的钼。

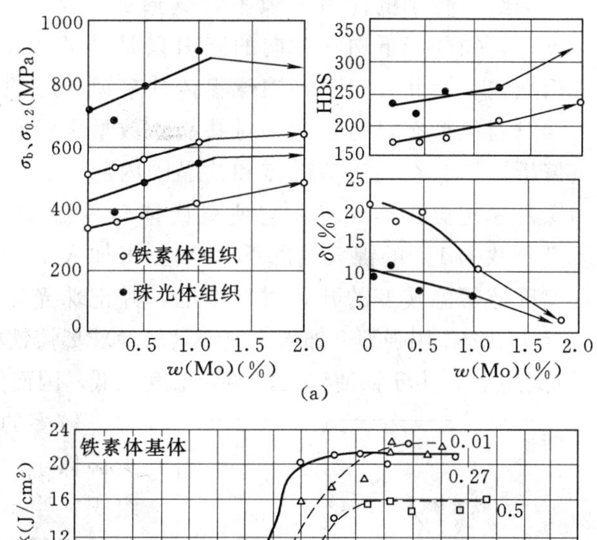

(a)

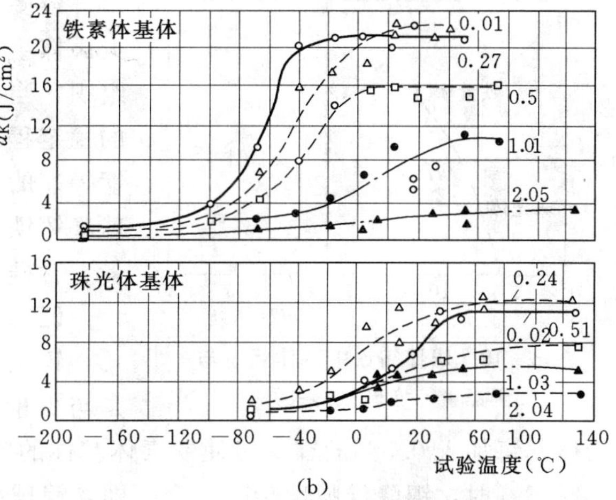

(b)

图 6-17　钼对铸态铁素体和铸态珠光体球墨铸铁力学性能的影响

[冲击韧度试样尺寸为 10mm×10mm×55mm，无缺口；图中的数字表示含钼量（质量分数,%）]

(a) 含钼量对球墨铸铁力学性能的影响；(b) 试验温度对不同含钼量球墨铸铁的冲击韧度影响

表 6-3　钼对正火、回火处理球墨铸铁力学性能的影响

试块状态 \ 性能	抗拉强度(MPa)	屈服强度(MPa)	断后伸长率(%)(标距 50mm)
壁厚 25mm 的 Y 形试块（不含钼）	795	475	8.25
壁厚 25mm 的 Y 形试块 [w(Mo)=0.3%]	784	637	4.75
壁厚 75mm 的 Y 形试块（不含钼）	770	498	4.80
壁厚 75mm 的 Y 形试块 [w(Mo)=0.3%]	754	627	3.75

三、镍

(一) 镍对球墨铸铁基体组织的影响

镍在铁液中和固态球墨铸铁中均能无限溶解。镍具有排碳作用，这在高镍球墨铸铁

中，必须给予特别的注意。镍不与碳形成碳化物。作为石墨化元素，镍可使白口倾向降低；不过，镍的降低白口倾向的能力只是硅的1/4～1/3，并且这种能力还随着含镍量的增加而减弱。因此，对于高镍球墨铸铁来说，必须含有一定量的硅，以确保呈灰口凝固。

镍对石墨形态没有影响，对共晶团数量也没有影响。与铜相似，镍在球墨铸铁凝固时呈负偏析，即它在初生奥氏体和共晶团内部富集，而在残余铁液中则贫化。

镍是稳定奥氏体元素，它使奥氏体转变温度降低，在 $w(Ni)=1\%\sim5\%$ 的范围内，每质量分数为1%的镍大约降低30℃。每加入1%的镍，共析含碳量大约减少0.05%。加镍使奥氏体等温转变的开始时间推迟，并把珠光体转变温度推移至较低的温度。

镍比铜的作用强烈，加入少量镍就可使球墨铸铁中的铁素体受到抑制。镍可减小球墨铸铁的断面敏感性。由于镍使奥氏体转变温度降低，因而使珠光体细化，并使珠光体数量增多。

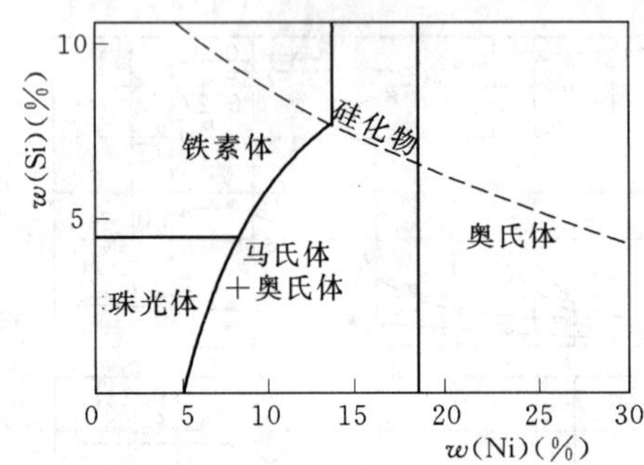

图6-18 球墨铸铁中基体组织与含镍量、含硅量的关系

较多的镍与钼结合，可使球墨铸铁具有针状贝氏体组织，更多的镍会使球墨铸铁具有马氏体组织，当 $w(Ni)>18\%$ 时，得到奥氏体组织。它的稳定程度取决于铸件壁厚和其他元素（如硅、锰等）的含量。对壁厚25mm、碳为2%～3%的球墨铸铁，图6-18示出了预期的基体组织与含镍量、含硅量的关系。

（二）镍对球墨铸铁力学性能的影响

镍可提高球墨铸铁的强度和冲击韧度，特别是与少量钼结合使用时，效果更为明显。镍强化铁素体，每加入0.5%的镍，可使铁素体基体的球墨铸铁屈服强度提高18MPa。当 $w(Si)=2\%\sim3\%$ 时，镍降低脆性转变温度，即含镍球墨铸铁在低温具有更高的冲击韧度。

含有2.25%的Si、0.75%的Mn和2.0%的Ni的球墨铸铁，在25mm和100mm断面上分别具有的力学性能见表6-4。

表6-4 加镍球墨铸铁的力学性能

性能 / 断面尺寸（mm）	抗拉强度 σ_b (MPa)	屈服强度 $\sigma_{0.2}$ (MPa)	断后伸长率 (%)
25	720～800	540～580	3～7
100	610～700	450～510	3～6

含镍球墨铸铁经正火处理后的硬度随壁厚的变化如图6-19所示。由图6-19可以看出，随着含镍量增加，硬度增加，在与钼或钒的复合作用下，硬度增加更为明显。对于壁厚25mm断面来说，$w(Ni)=1\%\sim2\%$ 的球墨铸铁经正火处理后具有珠光体基体组织；当把含镍增加至3.75%并附加 $w(Mo)=0.25\%$ 时，基体组织为贝氏体；含有3.75%的Ni和0.55%的Mo的球墨铸铁则具有最高的硬度，其体组织是马氏体和少量残余奥氏体。

四、铬

（一）铬对球墨铸铁基体组织的影响

由Fe—Cr相图得知，铬与铁可以彼此无限制地互相溶解。最大含铬量［$w(Cr)=$

17%] 时，把 γ 区封闭。在 Fe—Cr—C 三元合金中，铬有两个重要作用：缩小 γ 区和形成特殊的碳化物。铬与碳的亲和力比铬与铁的亲和力要大得多，因而形成很稳定的碳化物。

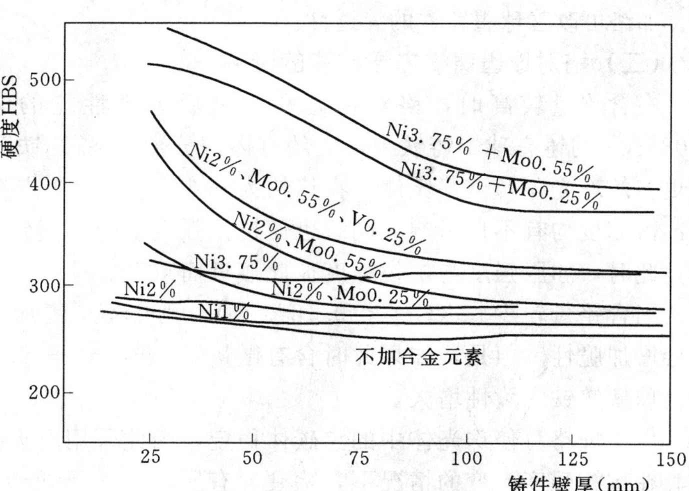

图 6-19 镍及其与钒、钼复合对球墨铸铁经正火处理后的硬度的影响

注：图中合金元素为质量分数

铬提高 Fe—C 合金的共析转变温度，大约为 1% 的铬，可使共析转变温度提高 10～15℃。

铬与碳对 Fe—Cr—C 系合金的液相线温度 t_L 和固相线温度 t_S 的影响，有如下关系（式中的 C、Cr 为质量分数，以“%”表示）：

$$t_L = 2600.7 - 534.8C - 43.5Cr + 18.16C \cdot Cr$$

$$t_S = 2454.1 - 459.3C - 40.68Cr + 16.12C \cdot Cr$$

在球墨铸铁中，含有很少量的铬［如含铬 $w(Cr) = 0.1\%$］，就会形成碳化物。由于这种碳化物偏析在共晶团边界，会形成网状分布，而且即使使用热处理也很难消除。为此，把铬的质量分数一般控制在 0.05%以下，以防止这种碳化物的形成。

在球墨铸铁中形成的莱氏体，通过热处理是可以分解的。但是，由于铬使这种莱氏体变得更加稳定，所以需要更长的退火时间。

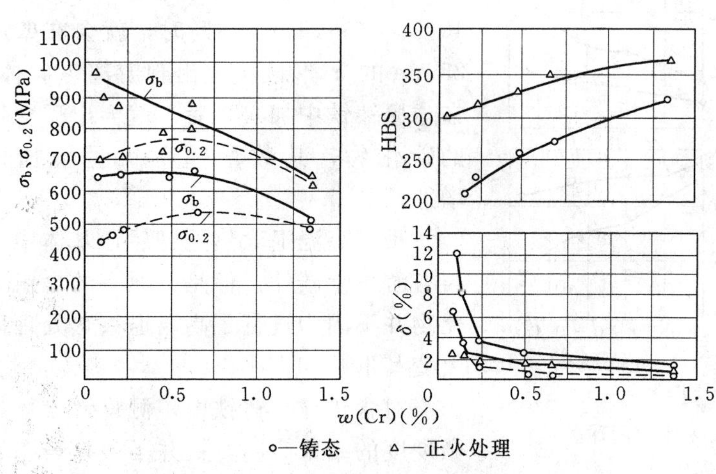

图 6-20 铬对铸态和正火后球墨铸铁力学性能的影响

［化学成分（质量分数）：C=2.9%～3.14%，Si=2.9%～3.13%，Mn=0.5%，P=0.1%～0.12%］

加铬可得到完全是珠光体的基体组织。但是在大多数情况下，得到的是莱氏体与铁素体牛眼组织共存。铬主要分布在碳化物中，如对于含铬为 0.45%、含硅为 2.7%的球墨铸铁来说，碳化物中的含铬量与铁素体中的含铬量的质量比是 2.84∶1。这种含铬渗碳体在退火处理时十分稳定。

加铬可使珠光体粒状化，为此，须在 680～750℃ 的温度进行保温，然后空冷。加铬可改善球墨铸铁的淬透性。

（二）铬对球墨铸铁力学性能的影响

在含铬量较高时，铬对铸态和正火后力学性能的影响如图 6－20 所示。在含有 0.08%Cr 的铸态球墨铸铁中，大约有体积分数 60%的铁素体。随着含铬量的增加，会出现更多的珠光体乃至莱氏体。在铬约为 0.6%时，屈服点有明显提高。加铬对断后伸长率和冲击韧度均有不良影响，同时也使抗拉强度下降，当铬超过 0.6%时，则屈服强度也下降，此时，屈服强度与抗拉强度彼此接近而重合。

当含铬量较少［$w(Cr) < 0.18\%$］时，则铬不会增加球墨铸铁的一次渗碳体数量，也不会增加脆性。但是，如果此时含有微量锡［$w(Sn) = 0.07\%$］时，则这样低的含铬量也会使球墨铸铁的脆性增大。

由于加铬可使珠光体中的渗碳体稳定，因此采用退火处理可得到粒状珠光体组织。此时，在抗拉强度不变的情况下，除硬度有所下降外，断后伸长率和冲击韧度均有增加，用这种措施可以达到强度与塑性的良好配合。

表 6－5 含钒与不含钒铁素体退火热处理前后的显微硬度对比

类　别	铸态显微硬度 HV	退火热处理后的显微硬度 HV
不含钒的铁素体	238	257
含钒的铁素体	241	278

注 均为 10 点测量的平均值。

五、钒

（一）钒对球墨铸铁基体组织的影响

钒在共晶转变和共析转变时，形成钒的碳化物，是强烈反石墨化的元素。

当 $w(V)$ 在 0.5%以下时，对于球状石墨的形成没有不利的影响。当含有 0.5%的 V 时，可明显增加珠光体数量。对于元素 C＝3.44%～3.55%、Si＝2.01%～2.13%、Mn≤0.04%、P≤0.014%、S＝0.004%～0.008%和 Mg＝0.043%～0.057%的球墨铸铁来说，加入质量分数为 0.5%的 V，可使珠光体的体积分数由原来的 5%增加至 40%。当钒超过 0.3%时，就会在壁厚 25mm 的 Y 形试块上出现游离渗碳体。在球墨铸铁中加入钒后，就会出现含钒的碳化物，其数量随含钒量增加而增加。

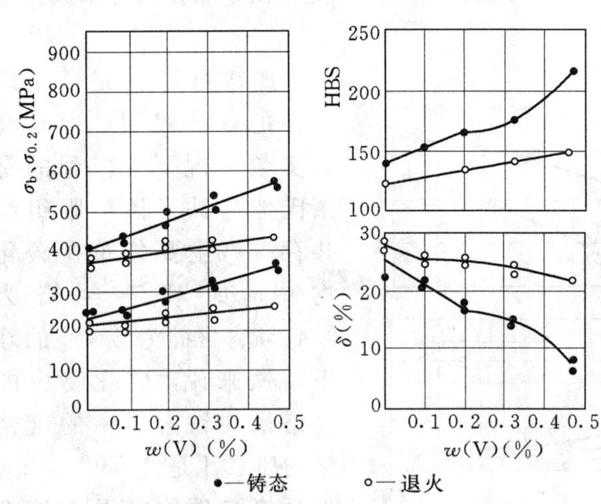

图 6－21 钒对铸态和退火热处理后球墨铸铁力学性能的影响

［退火规范：940℃，2h；730℃，11h；化学成分（质量分数，%）：C＝3.44～3.55，Si＝2.01～2.13，Mn＝0.04，P＝0.014］

采用高温退火热处理后，基体中不再有游离渗碳体。但是，原有的含钒碳化物并不因为进行了高温退火热处理而改变其形状和大小。

对含钒球墨铸铁中，测量铁素体显微硬度的结果表明，钒并不强化铸态铁素体，但是在退火热处理以后，铁素体的硬度有所提高（见表 6－5）。这可能是由于弥散析出含钒碳化物所造成的。

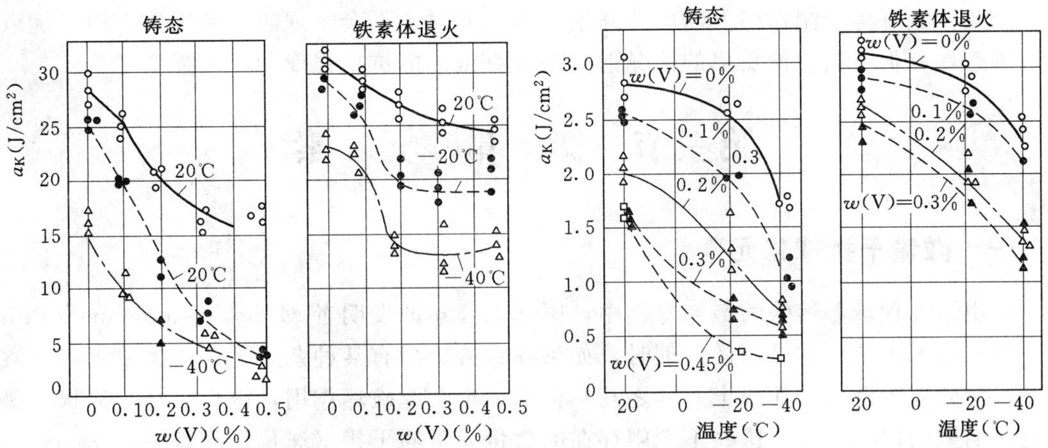

图 6-22　钒对铸态和退火后球墨铸铁冲击韧度的影响

注：退火规范及成分与图 6-21 的相同

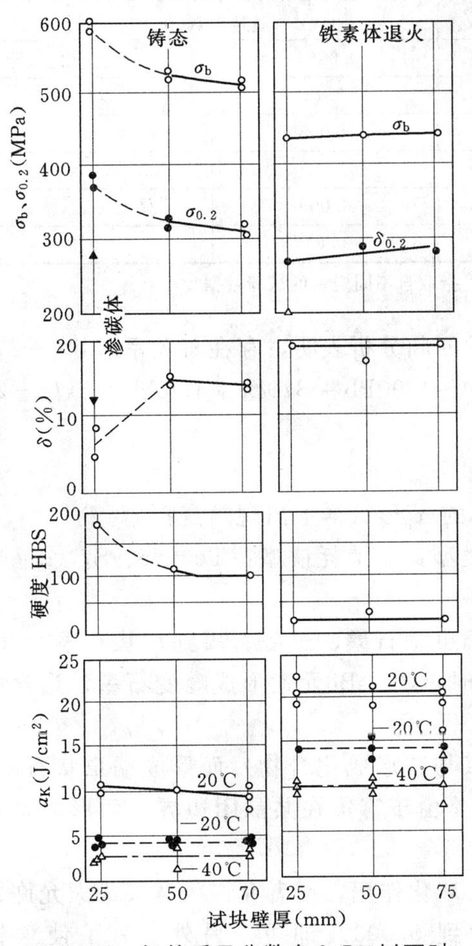

图 6-23　钒的质量分数在 0.5% 以下时，不同壁厚对球墨铸铁力学性能的影响

注：退火规范及成分均与图 6-21 的相同

(二) 钒对球墨铸铁力学性能的影响

含钒在 0.5% 以下时，铸态球墨铸铁的抗拉强度和屈服强度随着含钒量的增加呈直线上升。由图 6-21 可以看出，每增加 0.1% 的 V，抗拉强度约增加 35MPa，即增加 8.5%；屈服强度约增加 25MPa，即增加 10%。断后伸长率则随含钒量的增加而下降，硬度则升高。

当含钒的质量分数超过 0.3% 时，会出现游离渗碳体，因而使硬度急剧升高和断后伸长率急剧下降。但是，通过强化孕育和提高含硅量，也可使钒在 0.3% 以上时，不会出现游离渗碳体。

冲击韧度 a_K 随含钒量的增加而下降（见图 6-22），并且铸态时下降得更明显，这是因为无论是形成钒碳化物，还是由于含钒量增加都使珠光体数量增多，使冲击韧度降低。此外，钒还使球墨铸铁的脆性转变温度升高。

钒对不同壁厚 Y 形试块球墨铸铁力学性能的影响示于图 6-23。当壁厚在 50mm 以上时，0.5% 的 V 并不会出现游离渗碳体。此时，铸态达到的力学性能是：抗拉强度 $\sigma_b = 510 \sim 530$MPa，屈服强度 $\sigma_{0.2} = 310 \sim 330$MPa，断后伸长率 $\delta = 14\% \sim 15\%$，硬度 180HBS。但是，对于壁厚 25mm 的 Y 形试块来说，含钒 w(V) $> 0.3\%$ 时，就会出现游离渗碳体。

因此，钒可用于制作厚大断面的球墨铸铁。此时，不会出现游离渗碳体，而其优点就是在铸态具有很高断后伸长率的情况下，还具有很高的抗拉强度和屈服强度。

第三节 微量元素

一、微量干扰球化元素

在用镁处理球墨铸铁的最初专利中，国际镍公司的发明者 Millis，Gagnebin 和 Pilling 三人曾发出警告说，在采用镁处理时，如果在铁液中含有某种杂质元素，哪怕仅仅是微量的（质量分数为万分之几或十万分之几）存在，也会起破坏作用，得到的将是片状石墨而不是所期望的球状石墨。这些不希望存在的微量元素叫干扰（球化）元素。

这些干扰球化元素的共同特点就是，只要它们各自的质量分数只有万分之几到十万分之几就可显示其作用；这种干扰球化的作用与铁液中的含镁量、冷却速度有关；且各单个元素的干扰作用是叠加发生作用的。

关于 Sb、Sn、Bi、Te、Pb、As 等这些元素对石墨球化的干扰作用，业已进行了大量研究工作。结果表明，在用镁处理的铁液中，各种微量干扰球化元素的最大允许含量列于表 6－6 中。

表 6－6 干扰球化元素的最大允许含量

元素	用纯镁处理时的反球化元素最大允许含量（质量分数，%）	
Sb	0.026①	0.01①
Sn	0.13	—
Bi	0.003	0.005
Te	—	0.05
Pb	0.009	0.010
Ti	0.04	0.08

① 指取自不同资料的试验数据。

关于干扰球化元素对球状石墨的影响，进行的回归分析表明，存在着关系式（6－2）：

$$SB = 4.4Ti + 2.0As + 2.3Sn + 5.0Sb + 290Pb + 370Bi + 1.6Al \quad (6-2)$$

式中 SB——球化指数；

Ti、As、Sn、Sb、Pb、Bi、Al——各元素加入量（质量分数，%）。

如果 SB>1，则在用纯镁处理的、20mm 壁厚的 Y 形试样上出现畸变石墨。

可把微量干扰球化元素进行分类，共有 3 种类型：①消耗镁型：Te、Se、S；②晶界偏析型：Sb、Sn、As、Ti；③混合型：Pb、Bi。

随着含量的增加，Te、Se、S 元素促使形成蠕虫状石墨、过冷石墨到片状石墨。Sb、Sn、As、Ti 等元素则形成畸变石墨。在含量较少时，Pb、Bi 元素形成畸变石墨，当含量增多时，则形成过冷石墨到片状石墨。

Te、Se、S、Pb、Bi 等元素是由于消耗了镁（与镁形成化合物）而形成蠕虫状石墨、过冷石墨到片状石墨。Sb、Sn、As、Ti 等元素则是由于富集在共晶团边界，而形成畸变石墨。

添加稀土元素可以抑制微量干扰球化元素的反球化作用，或者允许放宽其最大允许含量。这通常取决于铁液的纯净度，使残余铈达到 0.003% 即可。另外，为了使含铅 [w (Pb)=0.001%～0.005%] 的铁液达到 85%以上的球化率，必须使残余镁为 0.06%，同时必须使铈达到 0.005%。由于我国生铁中含有的干扰球化元素较多，原铁液含硫量也高，因此，要求残余稀土量比国外要高。

二、微量合金化元素

进入20世纪70年代，把干扰球化元素以微量添加到厚大断面球墨铸铁中，可以取得良好的效果。特别是在有稀土作用的情况下，可使其干扰球化的作用得到中和。因此，把这些元素有意加入到球墨铸铁中就叫作微量合金化。

（一）锑

在球墨铸铁中，如果锑为0.002%～0.01%，则会使石墨圆整度提高，使石墨球数增加，尤其对于厚大断面球墨铸铁，效果更为明显。为此，美国汽车工程师学会制定了加锑球墨铸铁的标准。

生产实践表明，只要加入0.002%的锑，就可使石墨球数量增多。对于壁厚200mm的铸件，加入0.005%的锑，经过孕育处理后，可得到十分圆整的石墨球，并且在单位面积上石墨球的数量与不加锑相比增加了1倍。

锑可使球墨铸铁基体组织中的珠光体数量增加，一般加入在0.006%～0.01%范围内。

为了改善大断面球墨铸铁件的性能，除了控制锑的加入量以外，还要加入一定数量的稀土（一般在球墨铸铁中的残余稀土为0.01%～0.03%）。

（二）铋

在球墨铸铁中加入微量铋[$w(\mathrm{Bi}) \leqslant 0.01\%$]，在含有稀土铈的情况下，在直径为300mm的试样中，可以得到是原来相同条件（但不含铋）下6倍数量的石墨球。当加铋量在一定的范围以内时，它对消除变态石墨、形成球状石墨是有利的。但是，由于其他因素的影响，在球墨铸铁中单独加铋的效果往往是时好时坏。

（三）钛

在球墨铸铁中，即使有少量的钛，也会导致形成变态石墨，并且还使镁处理后对断面的敏感性增高。当$w(\mathrm{Ti}) > 0.1\%$时，由于石墨畸变，导致断后伸长率和冲击韧度降低，同时，抗拉强度和屈服极限也急剧下降。

钛的干扰球化作用可能是间接的，钛具有很强还原能力，由此钛在铁液中可把锑、铋、铅等微量元素还原出来，从而破坏石墨的球化。

（四）铅

铅是强烈干扰球化的元素，只要球墨铸铁中含有0.01%的铅，就会使石墨球严重畸变。但是，在厚大断面的球墨铸铁中，加入微量铅（质量分数为十万分之几），并在有适量稀土的情况下，可以改善石墨畸变。研究表明，铅可使奥氏体的导热能力降低，防止铁液中奥氏体壳的崩解，因而有助于最终形成球状石墨。

（五）锡

与锑相似，在球墨铸铁中附加0.06%～0.1%的锡，可使基体组织中的珠光体数量明显增加。在$w(\mathrm{Sn}) = 0.02\% \sim 0.03\%$、$w(\mathrm{Pb}) = 0.0005\%$时，冲击韧度得到改善，这种作用归结为在晶界形成了低熔点的区域，因而改善了变形能力。如果锡为0.08%或铅达0.001%时，则冲击韧度下降和脆性转变温度升高，这是由于石墨形状的恶化所造成的结果。

(六) 碲

与硫相似，碲在球化处理的过程中要消耗镁，导致为球化所必须的镁量减少，使石墨畸变。在厚大断面球墨铸铁，特别是在轧辊生产中往往加入微量蹄，以改善和防止石墨畸变。

上述的微量合金元素均可在不同程度上改善石墨形态，防止畸变，并可增加石墨球数。此外，这些微量合金化元素还能在不同程度上促使形成珠光体，使基体组织中的珠光体数量增多。式（6－3）列举了微量合金化元素 Sn、Pb、Bi、As、Sb 与一般形成珠光体的元素 Mn、Cu、Cr 共同影响珠光体数量的结果。这是通过回归分析得出的各种元素对铸态球墨铸铁基体组织的影响：

$$P_x = 3.0\text{Mn} - 2.65(\text{Si} - 2) + 7.75\text{Cu} + 90\text{Sn} + 357\text{Pb} + 333\text{Bi} + 20.1\text{As} + 9.6\text{Cr} + 71.1\text{Sb} \quad (6-3)$$

$$F = 96.1e^{-P_x}(\%) \quad (6-4)$$

式中 P_x——珠光体系数，它与基体中铁素体含量有式（6－4）的关系；

F——铁素体的体积分数（%）；

e——自然对数的底。

在式（6－3）中，各元素含量的临界范围分别是（质量分数,%）：

As≤0.02 Pb≤0.005 Mn≤1.0

Sb≤0.005 Bi≤0.005 Mg＝0.05～0.09

Sn≤0.02 Cr≤0.15

Cu≤0.2 Si＝2.1～3.1

尽管上述微量合金化元素对球墨铸铁，特别是对厚大断面球墨铸铁具有一定良好的作用，但这一定要同时加入相应数量的稀土元素。虽然，这些微量合金化元素在防止石墨畸变提高力学性能方面，效果是显著的，但一定要遵循严格的定量控制，还要防止因这些元素在共晶团边界的富集导致材质脆性的增加。换句话说，用其优点，但必须警惕其有害的一面。

思 考 题

1. 为什么球墨铸铁的含碳量比一般灰铸铁偏高（一般在 3.6%以上），过低或过高的含碳量有何不利？

2. 含硅量不小于 3%时，球墨铸铁的性能将有何变化？

3. 锰是促进珠光体元素，为什么在珠光体球墨铸铁中还要限制其含量在最低的水平？

4. 磷、硫均是有害元素，为什么在球墨铸铁中更强调要采用低磷生铁？

5. 分析“加铜可使球墨铸铁得到 100%珠光体基体组织”的原因和使用条件。

6. 在何种条件下，必须在球墨铸铁中附加钼？

7. 在何种条件下，在球墨铸铁中要附加铬？

8. 钒对球墨铸铁基体组织有何影响？

9. 有哪些元素是微量干扰元素？它们共分几类？

10. 在何种条件下，可在球墨铸铁中添加微量元素？

第七章 球化处理和孕育处理

第一节 球 化 处 理

一、球化剂

为使铸铁中的石墨结晶成球状而加入铁液中的添加剂叫作球化剂。目前，在工业生产领域，主要的球化剂是镁、稀土元素（以铈、镧为主的轻稀土和以钇为主的重稀土）和钙。但至今，后两者（稀土和钙）已不单独使用，而是与镁复合使用作球化剂。

镁是球化能力最强的元素，也是应用最广泛的球化剂。由于镁的沸点低，比铁液温度低得多，用镁作球化剂时，镁会猛烈气化，因此会使生产不安全，又不经济，同时也恶化环境。现在，一般不采用纯镁作球化剂，而采用镁的质量分数不超过10%的硅铁镁合金或稀土硅铁镁合金。并且根据需要，这两个系列的球化剂会人为地附加少量钙。但是，为了节约成本，目前在转包法、压力加镁和镁焦碳法及镁团块球化剂中，还用纯镁作球化剂，但其用量的相对比重较小。

稀土元素的沸点比镁要高，它们在铁液中的沸腾作用比较平稳，而且可以不受其他反球化元素的影响。但稀土的价格较贵，并且单纯用稀土处理铁液后得到的石墨圆整度比镁处理的要差。所以，以轻稀土为主作球化剂的应用范围受到了限制。重稀土合金则可用于厚大断面球墨铸铁的生产，以防止球化衰退。

钙的沸点也比镁要高，在铁液中的沸腾作用也较镁平稳，但球化能力弱，需加入的量要大。一般不单独使用钙作球化剂。

镁、铈、钙等元素在铁液中首先是脱氧，其次是脱硫。对此，可由它们的氧化物与硫化物的热力学计算得知，铈的脱氧能力比钙和镁都强，铈的脱硫能力也比钙和镁都强；并且，铈、钙和镁的脱氧能力均比其相应的脱硫能力要强（见表7-1）。

表7-1 镁、铈与钙的氧化物与硫化物的生成热

氧化物	25℃的生成热（kJ/mol）	硫化物	25℃的生成热（kJ/mol）
MgO	602.06	MgS	375.97
CeO_2	1089.41	CeS	494.04
CaO	635.97	CaS	475.20

下面就镁系球化剂、稀土系球化剂和钙系球化剂进行分述。

（一）镁系球化剂

镁的蕴藏量约占地壳质量分数的2.1%，主要矿石有菱镁矿（$MgCO_3$）和白云石

($CaCO_3 \cdot MgCO_3$)。镁的相对原子质量为 24.32，属密六方晶格排列，密度为 1.74 g/cm^3，熔点为 651℃，沸点为 1107℃，比热容为 2.5μJ/（g·K)，熔化潜热为 8.63μJ/g，汽化潜热为 1254μJ/g±6.18μJ/g。随温度升高，镁的蒸气压急剧升高（见表 7-2)。

表 7-2 镁蒸气压与温度的关系

温度（℃）	1107	1150	1200	1250	1300	1350	1400	1450	1500
压力（kPa）	101.3	146.4	220.3	312.4	440.3	606.3	819.8	1086.2	1421.6

加镁处理后，铁液中硫减少 80%～90%，氧下降 40%～50%。由于镁的沸点低，加入到铁液后迅速蒸发，引起铁液剧烈沸腾，铁液中的气体、夹杂物向着镁蒸气泡的方向扩散与吸附，由此而排出，使铁液净化。因此，尽管从热力学上，镁与氧、硫的亲和力要次于钙和铈，但从动力学角度，镁的实际脱氧去硫能力却大于钙和铈。

镁球化剂可得到圆整的石墨球，对铁液处理前的含硫量范围可放宽，可在亚共晶或过共晶成分的铁液中均能取得良好的球化效果。但是，镁球化剂的抗干扰元素能力差，形成夹渣、缩松和皮下气孔等缺陷的倾向大。

考虑到我国生铁中一般均含有球化干扰元素，尤其是含钛量一般均在 0.03%以上。因此，在镁系球化剂中均附加一定量的稀土元素，最常用的是稀土硅铁镁合金，其成分见表 7-3。

表 7-3 我国球墨铸铁用球化剂机械行业标准［《球墨铸铁用球化剂》(JB/T 9228—1999)］

牌号	化学成分（质量分数,%）							
	Mg	RE	Si	Ca	Mn	Al	Ti	Fe
					≤			
QRMg5RE1	4.0～<6.0	0.5～<1.5	35.0～44.0	1.5～2.5	4.0	0.5	0.5	余量
QRMg7RE1	6.0～<8.0	0.5～<1.5	35.0～44.0	≤4.0	4.0	0.5	0.5	余量
QRMg6RE2	5.0～<7.0	1.5～<2.5	35.0～44.0	2.0～3.0	4.0	0.5	0.5	余量
QRMg7HRE2	6.0～<8.0	(HRE) 1.5～<2.5	35.0～44.0	≤4.0	4.0	0.5	0.5	余量
QRMg8RE3	7.0～<9.0	2.5～<4.0	35.0～44.0	2.0～3.5	4.0	0.5	1.0	余量
QRMg8RE5	7.0～<9.0	4.0～<6.0	35.0～44.0	≤4.0	4.0	0.5	1.0	余量
QRMg8RE7	7.0～<9.0	6.0～<8.0	35.0～44.0	≤4.0	4.0	0.5	1.0	余量
QRMg10RE7	9.0～<11.0	6.0～<8.0	35.0～44.0	≤4.0	4.0	0.5	1.0	余量
QLMg6RE2	5.5～6.5	1.5～<2.5	4.0～5.0	≤0.4	1.3	0.5	0.4	余量
QLMg8RE3	7.5～8.5	2.5～3.5	4.5～5.5	≤0.5	1.4	0.5	0.6	余量
QLMg8RE5	7.5～8.5	4.5～5.5	7.5～8.5	≤0.8	1.6	0.5	1.0	余量
Mg99	≥99.85	—	0.03	—	—	0.05	—	≤0.05

注 1. Q、R、L 分别为球化剂、热熔炼法、冷压制法的汉语拼音字头。

2. HRE 为重稀土的代号。

当炉料中干扰元素含量较高时，则选用稀土含量较高的稀土硅铁镁合金。如果生铁的纯净度高，即主要干扰元素和杂质元素总含量∑T＝Ti%＋Cr%＋Sn%＋V%＋Sb%＋Pb%＋Zn%＜0.1%时，则可用不含稀土的纯镁或硅铁镁合金做球化剂。

（二）稀土系球化剂

稀土元素指周期表第ⅢB族中的17个元素，其特点是外层电子结构为$5d^1 6S^2$。稀土元素包括原子序数57（镧）到71（镥）的镧系元素，以及与镧系元素化学性质十分相近的钪（原子序数21）和钇（原子序数39）。根据原子结构、物理化学性质和矿石中共存的相似程序，把稀土金属分为两类：铈组（又称轻稀土）和钇组（又称重稀土）。轻稀土包括镧、铈、镨、钕、钷、钐、铕、钆，重稀土包括铽、镝、钬、铒、铥、镱、镥、钪、钇。钷为人工放射性元素。

稀土元素在地壳中约0.015%。其中，在地壳中含量较多的为铈（0.0044%）、钇（0.0031%）、镧（0.0019%）。稀土元素并不稀少，地壳中稀土含量比锌、铅、锡、钼、钨及金、银、铂多几十倍或几百倍，比常见的铜（0.00454%）、铅（0.000454%）还要多。表7-4列举了稀土金属的熔点、沸点及密度。

表7-4　稀土金属的熔点、沸点、密度

名　称	元素符号	原子序数	相对原子质量	密　度 (g/cm³)	熔　点 (℃)	沸　点 (℃)
钪	Sc	21	44.956	2.989	1539	2832
钇	Y	39	88.905	4.457	1526±5	3337
镧	La	57	138.91	6.166	920±1	3454
铈	Ce	58	140.12	6.771	798±3	3257
镨	Pr	59	140.907	6.772	931±5	3212
钕	Nd	60	144.24	7.003	1016±5	3127
钷	Pm	61	147		1080±10	(2460)
钐	Sm	62	150.35	7.537	1073±1	1778
铕	Eu	63	151.96	5.253	822±5	1597
钆	Gd	64	157.25	7.898	1312±2	3233
铽	Tb	65	158.924	8.234	1353±6	3041
镝	Dy	66	162.50	8.540	1409	2335
钬	Ho	67	164.930	8.781	1470	2720
铒	Er	68	167.26	9.045	1522	2510
铥	Tm	69	168.934	9.314	1545±15	1727
镱	Yb	70	173.04	6.972	816±2	1193
镥	Lu	71	174.97	9.835	1663±12	3315

从和硫氧的生成热看，稀土元素的脱氧与脱硫能力均比镁强（见表7-1）。各种稀土元素的球化能力各不相同，并且还与铁液成分有关。铈对于过共晶成分的铁液具有稳定的球化作用。对于硫小于0.06%的过共晶成分的铁液，在残余铈为0.04%以上时，就能得到球墨铸铁。但是，对于亚共晶成分的铁液，则要求含硫量极低（硫为0.006%）并且要

加入更多的铈才能球化。在以铈为主的轻稀土作球化剂时（与镁复合时也如此），常出现团状及团片状石墨，在厚大断面球墨铸铁件及热节部位易产生石墨畸变，白口倾向及石墨漂浮都比镁球墨铸铁严重。铈中和反球化元素、抗干扰的能力较强，铈和其他稀土元素密度大、沸点高、熔点与铁液温度相近，球化处理比较方便，处理时无沸腾及火光烟尘，劳动条件较好。但球化反应的动力学条件不好。在生产中不宜单独使用铈及其他轻稀土元素做球化剂，最好与镁复合使用。

镨、钕的球化作用比铈差，镧的作用最弱，只有在激冷区有一定的球化能力。轻稀土元素起球化作用的浓度范围较窄，加入量不足则难以球化，加入过多，则白口倾向严重并出现异形石墨。

钇对高碳过共晶铁液有很好的球化作用。碳量较低时，冷却快则成白口，冷却慢则不球化。在高碳过共晶铁液中，钇的球化能力比铈强，略逊于镁。镁球墨铸铁中石墨圆整度很好，一般为球状和点状石墨。球化衰退后出现枝晶状石墨，最后成为片状石墨。与镁、铈不同之处，钇可以过量加入，在碳当量和冷却速度适当时，加入量达到正常球化需要量的 3.5 倍，也不出现白口。因此可以采用增大钇残余量的办法延长其衰退时间。钇的脱硫能力极强，经钇球化处理的铁液硫质量分数可在 0.008%以下，而且不回硫。钇球墨铸铁在液态下保温时，钇的含量衰减速度比镁略低，主要因氧化而损耗。钇球墨铸铁抗衰退能力较强，除允许增大残余量外，可能与不回硫有关。钇可以在高温（1450℃以上）进行球化处理，反应很平稳，为提高球墨铸铁浇注温度创造了有利条件。钇处理时的反应动力学条件较差。生产中不宜单独用钇或钇基重稀土合金作球化剂，最好与镁复合使用。

表 7－5 给出了我国按《稀土硅铁合金》（GB/T 4137—1993）生产的稀土硅铁牌号与成分。为了对比，表 7－6 列出了国内外常用球化剂类别及适用范围。

表 7－5 稀土硅铁合金［《稀土硅铁合金》（GB/T 4137—1993）］

牌 号	化学成分（质量分数，%）						用 途
	RE	Si	Mn	Ca	Ti	Fe	
		≤					
FeSiRE21	20.0～<23.0	46.0	4.0	5.0	3.5	余量	供炼钢、铸铁中作添加剂或配制稀土硅铁中间合金
FeSiRE24	23.0～<26.0	45.0	4.0	5.0	3.5	余量	
FeSiRE27	26.0～<29.0	43.0	4.0	5.0	3.5	余量	
FeSiRE30	29.0～<32.0	40.0	4.0	4.0	3.5	余量	
FeSiRE33—A	32.0～<35.0	40.0	4.0	4.0	3.5	余量	
FeSiRE33—B	32.0～<35.0	40.0	4.0	4.0	1.0	余量	
FeSiRE36—A	35.0～<38.0	39.0	4.0	4.0	3.0	余量	
FeSiRE36—B	35.0～<38.0	39.0	4.0	4.0	1.0	余量	
FeSiRE39	38.0～<41.0	39.0	3.0	3.0	3.0	余量	
FeSiRE42	41.0～<44.0	37.0	3.0	3.0	3.0	余量	
FeSiRE45	44.0～<47.0	35.0	3.0	3.0	3.0	余量	

注 1. 需方对化学成分有特殊要求时，由供需双方另行协商。

2. 产品呈银灰色块状，其粒度范围为 3～<50mm、50～100mm，合金不得有粉化。

表 7-6 国内外常用球化剂类别及适用范围

序号	名称	主要成分（质量分数，%）	密度（g/cm^3）	熔点（℃）	沸点（℃）	球化处理工艺	适用范围
1	纯镁	Mg≥99.85	1.74	651	1105	压力加镁法 转包法 钟罩压入法 镁丝法 镁蒸气法	用于干扰元素含量少的炉料，生产大型厚壁铸件、离心铸管、高韧性铁素体基体的铸件
2	稀土硅铁镁合金	RE=0.5～20 Mg=5～12 Si=35～45 Ca<5 Ti<0.5 Al<0.5 Mn<4 Fe 余量	4.5～4.6	≈1100	—	冲入法 型内球化法 密封流动法 型上法 盖包法 覆包法	用于含有干扰元素的炉料生产各种铸件，有良好的抗干扰脱硫、减少黑渣、缩松的作用
3	镁焦	Mg=43 浸入焦炭	—	651	1105	转包法 钟罩压入法	大量生产（用转包法球化时）大中型铸件、高韧性铁素体基体铸件
4	钇基重稀土硅铁镁合金	RE=16～28 （重稀土） Si=40～45 Ca=5～8	4.4～4.5	—	—	冲入法	大断面重型铸件，抗球化衰退能力强
5	铜镁合金	Cu=80 Mg=20	7.5	800	—	冲入法	大型珠光体基体铸件
6	镍镁合金	Ni=80，Mg=20 Ni=85，Mg=15	—	—	—	冲入法	珠光体基体铸件、奥氏体基体铸件、贝氏体基体铸件
7	镁硅铁合金	Mg=5～20 Si=45～50 Ca=0.5 RE=0～0.6	—	—	—	冲入法	干扰元素含量少的炉料
8	镁铁屑压块	Mg=6～10 RE=0～7 Si≤10	—	—	—	冲入法	可大量使用回炉料，使用它可减少增硅，与稀土硅铁镁混用
9	稀土硅铁	RE=17～37 Si=35～46 Mn=5～8 Ca=5～8 Ti≤6 Fe 余量	4.57～4.8	1082～1089	—	—	与纯镁联合使用，以抵消干扰元素的作用
10	含钡稀土硅铁镁合金	Ba=1～3 Mg=6～9 RE=1～3 Si=40～45 Ca=2.5～4 Ti<0.5 Al<1	—	—	—	冲入法	铸态铁素体球墨铸铁，电炉用：Mg、RE 较低，Ba 较高；冲天炉用：Mg、RE 较高，Ba 较低

（三）钙系球化剂

钙是自然界中分布非常广泛的金属元素，它在地壳中的丰度是第5位，地壳中钙含量达3.25%。自然界中大部分钙以石灰石（$CaCO_3$）、石膏（$CaSO_4 \cdot 2H_2O$）和白云石[（Ca·Mg）CO_3]的形式存在。

钙的相对分子质量为40.8，20℃时的密度为1.55g/cm^3，熔点为850℃，沸点为1439℃，在0～300℃之间的线胀系数为22×10^{-6}/K，在0～100℃之间的比热容为0.62kJ/（kg·K），热导率为126W/（m·K）。

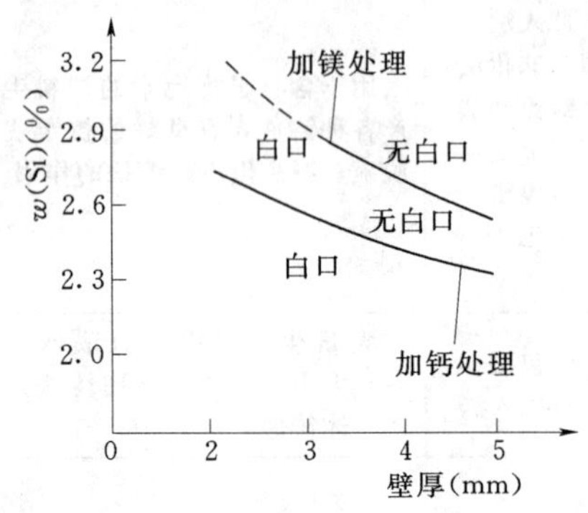

图7－1 含硅量不同时加钙处理与加镁处理球墨铸铁的白口倾向对比

加钙处理的球墨铸铁白口倾向比加镁处理的要小，且随着壁厚的减小，白口倾向加大。图7－1是含硅量不同时，加钙处理与加镁处理的白口倾向对比。图7－2是在含锰量不同时，加钙处理与加镁处理的白口倾向对比。由以上两图可以看出，加钙处理的球墨铸铁白口倾向比加镁处理的要小。这也就是说，加钙处理的球墨铸铁对硅、锰含量的敏感性较小。

加钙处理球墨铸铁采用的铁液成分为（质量分数，%）：C＝3.4～3.9，Si＝1.7～2.2，Mn＜0.6，P＜0.08，S＜0.025，Cr＜0.025。如果采用化学成分（质量分数，%）：C＝3.77，Si＝2.71，Mn＝0.28，P＝0.07，S＝0.007，可在2mm断面上得到没有游离渗碳体的铁素体基体的铸态球墨铸铁。

加钙处理球墨铸铁时，如果壁厚大于15mm，则不必采用孕育处理；如果壁厚小于15mm，则需加入0.3%～0.5%的FeSi75进行孕育处理。

加钙处理的球墨铸铁很容易在铸态得到铁素体基体。而对于相同成分的铁液来说，加镁处理，除非采用多次瞬时孕育或者采用低锰生铁，否则在铸态得到铁素体基体就困难得多。

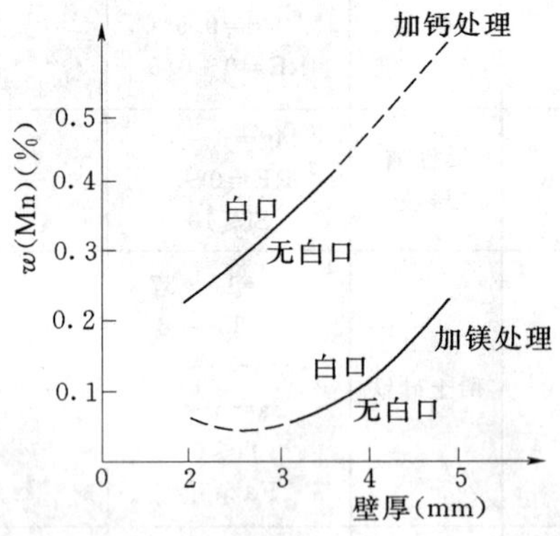

图7－2 含锰量不同时加钙处理与加镁处理球墨铸铁的白口倾向对比

对于Fe—C合金，单纯使用Ca—Si合金处理球墨铸铁的缺点是其加入量要比镁系球化剂多（采用液面加入法，需加入达5%），并且，还时常出现片状或类似片状石墨。为此，在采用钙系球化剂时，发展了几种钙系球化剂处理方法。这几种方法已应用不多，但它们在球墨铸铁生产的历史中，曾发挥过重要作用，如OZ剂处理、KC剂处理法和电解法。

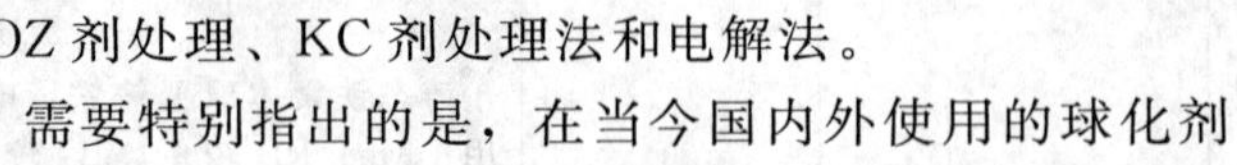

需要特别指出的是，在当今国内外使用的球化剂中，镁是主导元素并加入少量稀土元素以克服干扰元素的作用。由于国外的生铁比较纯净，球化剂中稀土在1%以下。由于国内生铁中含有较多的干扰元素及原铁液中的含硫量较高，因此球化剂中稀土的含量较多。随着我国球墨铸铁生产技术的进步，应采用稀土含

量少的球化剂，如采用稀土为3%或更少的稀土硅铁镁合金。

另外，对于要求高温球化处理（大于1500℃）的球墨铸铁来说，除了采用低镁低稀土的成分外，还可在球化剂中添加1%～3%的钙，由此可延缓铁液与球化剂反应的剧烈程度。

二、球化处理方法

自球墨铸铁问世至今已将近60年，其间，发展了许多球化处理方法。其中，有的方法已经过时，被淘汰；有的方法虽然仍在沿用，但其应用范围和应用数量较少。为此，本书只列举两种球化处理方法：一种是至今国内外普遍采用的冲入法；另一种是具有良好发展前景的喂丝法。另外，还有压力加镁法、转包法、镁焦碳法、型内球化法、密封流动法等，它们在生产中仍有应用，但所占比重相对较少。要了解它们的细节，可参阅《铸铁手册》（北京：机械工业出版社，2002年第二版）。

（一）冲入法

冲入法是迄今国内外应用最广泛的球化处理工艺。这种工艺要求原铁液温度不小于1450℃，硫的质量分数小于0.01%。一般采用稀土硅铁镁球化剂，其含镁量与处理铁液温度的关系，可参照表7-7。球化剂中稀土含量应低于镁含量，例如，冲天炉铁液处理温度为1450℃，原铁液中硫为0.06%～0.08%时，可选用含镁为8%、稀土为3%～5%的球化剂。

表7-7　铁液温度与稀土硅铁镁合金含镁量的关系

铁液温度（℃）	1400～1450	1450～1500	1500～1550
稀土硅铁镁合金含镁量（质量分数，%）	8～10	6～8	5～6

球化处理包的深度与内径之比值应大于1.5，见图7-3。处理包的凹坑面积占包底面积的2/5～1/2。

在处理铁液量0.5～3.0t、温度在1400～1430℃时，球化剂的粒度为10～30mm，粉状物不大于10%。先把球化剂放在处理包底，在其上覆盖孕育剂，其粒度可略大于或等于所用的球化剂粒度，最后表面覆盖珍珠岩。

处理时，将铁液冲向处理包中未放置球化剂的一侧。最好是一次处理，这就是将铁液一次冲满处理包所能允许的容量，此时，铁液的充满高度应低于处理包深度200～250mm，球化剂的反应时间一般在1～2min为宜。当球化剂反应完毕，在铁液表面覆盖珍珠岩后，扒渣，再放珍珠岩覆盖，反复扒渣2～3次。

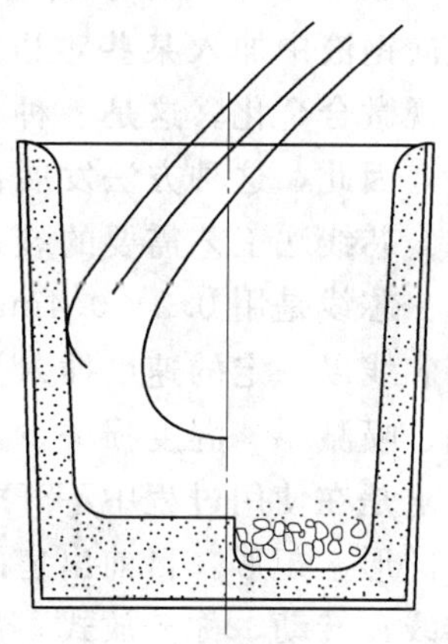

图7-3　冲入法球化处理包示意图

球化处理后，0.5～3.0t包铁液降温50～100℃。冲入法的镁吸收率在25%～40%左右。这种工艺的优点是操作简便，在严格监控的情况下，可以实现稳定生产。这种工艺的缺点是镁的吸收率偏低，由于镁在空气中的大量燃烧，导致闪光与烟雾，使劳动条件恶化。

为克服上述缺点，发展了盖包法球化处理（见图 7－4）。在冲入法处理包上安装盖式中间包接收铁液，通过中间包底部浇口直径 D 控制注入处理包中的铁液流量，从而减少镁在反应过程中的闪光与烟雾及大气对流过程带来的镁烧损，镁的吸收率一般可提高 10%～20%。盖式中间包的浇口直径按式（7－1）计算：

$$D = 2.2\sqrt{\frac{W}{t\sqrt{h}}} \quad (7-1)$$

式中 D——浇口直径（cm）；

W——处理铁液量（kg）；

t——浇注时间（s）；

h——盖式中间包中的铁液高度（cm）。

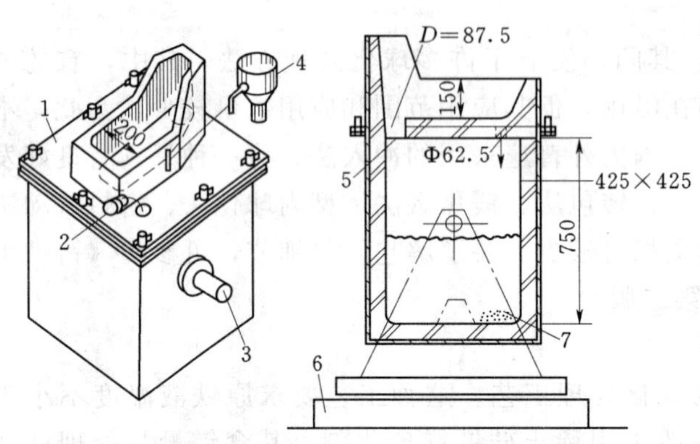

图 7－4 盖包法处理装置

1—中间包；2—合金投入孔和塞；3—倾动机构；4—合金投料斗；5—浇口；6—铁液称重负荷传感器；7—球化剂

采用合金投料斗通过合金投入孔将球化剂（稀土硅铁镁合金）装入处理包底部，并将合金投入孔用钢塞堵上。通过负荷传感器测量，控制所处理的铁液量，以使其加入的球化剂量与所需处理的铁液量相匹配。

取决于原铁液中的含硫量、球化剂中的含镁量、铁液的纯净度、铁液的处理温度及工艺措施（如是否采用盖包）等，冲入法处理时，球化剂的加入量一般是处理铁液质量的 1.0%～1.6%。

要强调的是，盖包法球化处理工艺取得越来越多的认可，因而其应用将越来越广泛。

（二）喂丝法

1976 年日本开发出喂丝法，即 FM 法（Feeder Wire Process），又称芯线注入法，即 CWI 法（以下简称芯线法）（Core Wire Injection Process）。当时，主要目的是能够有效地向钢液中加入某些难以加入的合金元素（如 Ca、Ti 等），可以准确地调整钢液成分，实现微合金化。这是一种加入低熔点、低密度、与氧亲和力强、低蒸气压元素的极佳方法，因此，这种方法发展很快，应用广泛。

芯线法工艺需要的装备主要由芯线、喂丝机和导管构成。

芯线是用 0.2～0.4mm 厚钢板将合金粉末或微粒包裹起来，形成芯线，通常喂丝机将芯线以一定的速度插入金属液中，使冶金反应在包底进行。于是使合金元素的收得率提高、喷溅小、温度损失少。有的合金可直接制成丝状而勿须包钢板（如铝线）。对芯线的要求是在使用过程中不开裂，包裹的合金密度尽量大，单位长度成分相同。芯线断面形状有圆形、矩形。目前出售的芯线有两种包装：一种是将芯线缠绕在卷线盘上，拉出芯线时卷线盘转动，称外放式；另一种是将芯线卷成捆，芯线由线捆的中央拉出，线捆不转动，称为抽式。

喂丝机的驱动一般是用调速电动机来实现的。由几对齿轮带动咬线轮、导向校直轮、计数轮及显示有关参数（速度、时间、长度、加入量等）的系统构成，其构造示意图见图7-5。

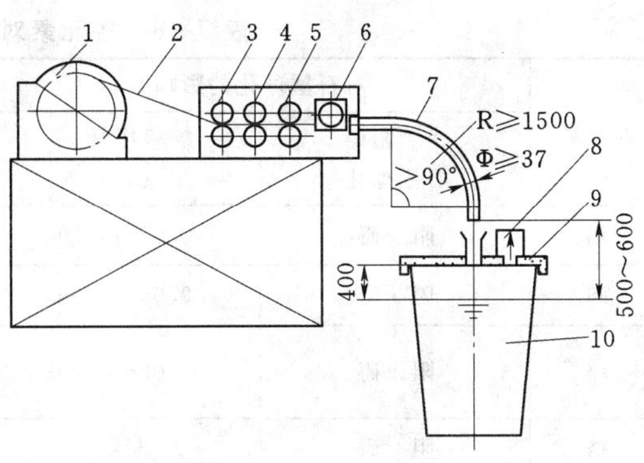

图7-5　喂丝机构造示意图

1—放线盘；2—芯线；3—咬线轮；4—校直轮；5—压下轮；6—计数轮；7—导管；8—抽烟装置；9—包盖；10—铁液包

导管的作用是改变芯线的运动方向，可保证芯线通畅地注入铁液深处，导管水平段与竖直段夹角大于90°，导管内径大于38mm，总长约4m，其末端与液面距离500～600mm。

喂丝法球化处理技术已在我国2672厂得到应用。此时，采用的球化剂成分（质量分数,%）为：Mg＝20～30，Ca＝1～2，Si＝40，其余为铁，芯线的直径为13mm，线质量为250g/m，处理1t铁液需用25～30m长的芯线。

喂丝法球化处理技术的优点是：

（1）提高镁的吸收率，可达40%～50%。

（2）减少二次氧化渣量，由此降低了铸件缺陷使铸造废品率降低。

（3）减少了球化处理时的闪光和烟雾，由此改善了劳动条件。

（4）可实现在线控制，可根据原铁液中的含硫量，决定芯线的长度，从而保证了球化质量稳定。

（5）既可适用于小批量的球墨铸铁生产，也可适应大量、流水线生产。

三、球化处理工序

（一）球化处理前的工序

为提高球化处理的效率和经济性，球化处理前工序，即原材料的选择、熔化设备与方法、铁液脱硫处理等工序是非常重要的环节。

1. 原材料的选择

选择球化干扰元素含量最少的原材料。关于球化干扰元素限量的数据有不同的报导，并且各元素间还有相互作用，故很难确切规定，表7-8汇总了各种报导的数据，故在表中以某一范围表示其限量。表7-8中列举了各元素对石墨球化和基体的影响。必须注意废钢中特殊钢和电镀层中混入的有害元素和锈蚀。对于废钢、生铁、硅铁、焦碳等均应规定入库标准，并进行相应的化学分析。

2. 熔化设备的选择

熔化设备主要是冲天炉和感应电炉。感应电炉有工频、中频和高频三种。我国球墨铸铁的生产以酸性冲天炉为主要熔化设备。近来，电炉应用逐渐增多，特别是采用冲天炉—感应电炉双联法在节能和改善球墨铸铁质量方面均取得了重要进展。对于冲天炉熔化，应考核焦铁比、铁液温度、底焦高度、鼓风风量、熔化速度、熔渣性状、碳当量测定等。

表 7-8 各元素对石墨球化和基体的影响

元 素	对石墨球化的影响		对 基 体 的 影 响	
	是否阻碍石墨球化	极限量（%）	凝固中的影响	共析反应中的影响
铝	阻 碍	0.05～0.10	强烈石墨化	促进铁素体、石墨形成
砷	阻 碍	0.05～0.09		稳定珠光体效果为锡的一半
铋	阻 碍	0.002～0.003	促进碳化物，但不形成碳化物	稳定珠光体效果非常缓和
铬	阻 碍		显著形成碳化物	强烈形成珠光体
铜	阻 碍	2.0～3.0	缓和石墨化	促进珠光体形成
锂	不阻碍			
锰	不阻碍		缓和形成碳化物	形成珠光体
钼	不阻碍		缓和形成碳化物	强烈形成珠光体
镍	不阻碍		石墨化剂	缓和促进珠光体
铅	阻 碍	约 0.009		
锑	阻 碍	0.004～0.01	在此用量时几乎无影响	强烈珠光体化
钪	阻 碍	0.03		
硅	不阻碍		强烈石墨化	促进铁素体、石墨形成
锡	阻 碍	0.05～0.08	在此用量时几乎无影响	强烈珠光体化
碲	阻 碍	0.01	非常强烈促进碳化物，但不是碳化物稳定剂	非常缓和稳定化珠光体
钛	阻 碍	0.07～0.10	石墨化剂	促进石墨形成
钒	阻 碍		非常强烈形成碳化物	强烈形成珠光体
钨	阻 碍			
锆	情况不明			

3. 脱硫处理

近代球墨铸铁的生产，脱硫是必需的。由此可减少球化剂数量和减少夹渣等。如果原铁液中的含硫质量分数在 0.03%以下，则可不进行脱硫处理。

脱硫剂一般采用碳化钙、苏打及以它们为基的混合物。碳化钙脱硫效果虽大，但存在熔点高的缺点，从而产生夹杂物。碳化钙的用量通常为铁液的质量分数的 0.5%～2.0%。苏打脱硫效果略差，其特点是熔渣易清除，用量是铁液的质量分数的 1%～2%，为兼顾两者的优点，常应用其混合物。脱硫处理后，铁液中硫应在 0.02%以下。脱硫处理后，应立即进行充分的扒渣，防止回硫。

脱硫效率是指 CaC_2 的理论需要量与其实际消耗量的比值。此值与脱硫温度、处理时间和脱硫方法有关。由于脱硫是吸热反应，脱硫处理温度通常在 1500℃以上。

几种脱硫方法的优缺点列举如下：

(1) 喷射法。用氮气向铁液中吹入粉状脱硫剂；脱硫效率高，温度降低多。

(2) 多孔塞法。从铁液包底的多孔塞吹入氮气，搅拌铁液，促使与表面加入的脱硫剂反应；脱硫效率高，温度降低多，应用最广泛。

(3) 摇包法。在偏心旋转台上摇动铁液包，搅拌脱硫剂和铁液、脱硫效率高，但处理时间长、温度降低多。

(二) 球化处理

1. 铁液管理

球化处理管理项目包括铁液的定量、铁液的处理温度和含硫量。铁液重量不准确时，由于球化剂过多或过少，使铸态组织中产生渗碳体或造成球化不良。铁液温度过高，反应剧烈，镁回收率降低；含硫量过高，使残留镁量降低，以致不球化。

2. 铁液包

采用深度与直径的比值为1.5∶1至2∶1，此时镁的吸收率稳定。

3. 采用稀土硅铁镁合金作球化剂、凹坑式包底冲入法

采用稀土硅铁镁合金作球化剂、凹坑式包底冲入法时，凹坑深度为100～200mm，可用球铁铁屑或废钢碎料覆盖球化剂，由此可提高镁的回收率15%～20%。

4. 球化剂

球化剂不得吸湿，保持干燥。球化剂的颗粒度适当，粉末过多，则易氧化；而粒度过大则反应熔化时间长，导致球化剂上浮至铁液表面烧损。

5. 温度

球化处理温度宜在1450～1500℃，国内当今多在1400～1450℃。

四、球化检测

(一) 炉前三角试样检验

球化孕育处理搅拌、扒渣后，从铁液表面下取铁液浇入图7-6所示试样的砂型中，待中心全部凝固后取出，表面呈暗红色。底面向下淬入水中冷却，打断观察断口。

判断球化的方法见表7-9。要注意的是，因淬水时间过早，会导致误判。后期浇注的铸件，因球化衰退致使其球化等级低于炉前试样。因此，炉前三角试样是控制球化工艺质量的手段，但不作为检验产品质量的依据。

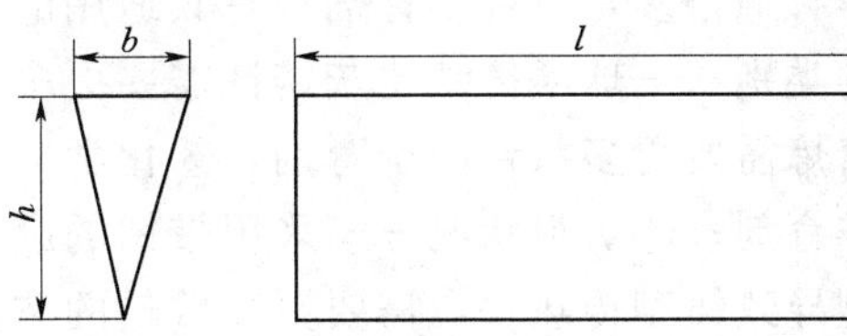

图7-6　炉前三角试样

(推荐尺寸：b=25mm，h=50mm，l=150mm)

(二) 炉前快速金相检验

为判断球化处理是否成功，在球化孕育处理搅拌、扒渣后，深入铁液面下取样浇注Φ10～30mm试样，中心凝固后淬火冷却，在抛光盘上制取抛光试样，将其放在金相显微镜下观察球化等级。本来，检验铸铁中的石墨应该是在放大100倍下进行观察，但在炉前快速金相检验时，由于试样冷却快，石墨细小，所以可放大200倍进行观察。此时，炉前试样的球化级别应高于铸件的球化级别。此项检验可在3～5min内完成。这种炉前快速金相检验只作为控制球化工艺质量的手段，不作为检验产品质量的依据。

表 7-9 炉前三角试样球化判断法

项 目	球 化 良 好	球 化 不 良
外 形	试样边缘呈较大圆角	试样棱角清晰
表面缩陷	浇注位置上表面及侧面明显缩瘪	无缩陷
断口形态	断口细密如绒或银白色细密断口	断口暗灰粗晶粒或银白色分布细小黑点
缩 松	断口中心有缩松	无缩松
白 口	断口尖角白口清晰	完全无白口、且断口暗灰
敲击声	清脆金属声，音频较高	低哑如击木声
气 味	遇水有类似 H_2S 气味	遇水无臭味

第二节 孕 育 处 理

一、孕育剂

在浇注阶段，将少量材料加入熔融金属，促使形成结晶核心以改善金属组织和物理性能、力学性能的方法叫做孕育处理。孕育处理时加入的材料称为孕育剂。

关于铸铁孕育剂的研究已达 80 年。对于球墨铸铁孕育剂来说，自 1948 年出现镁球墨铸铁以来，就开始了孕育剂的研究。当时得知，用作孕育剂的 FeSi75 硅铁中含 1%～1.5%的 Al 和含 0.5%～1.0%的 Ca，其孕育效果最好。在 20 世纪 60 年代，开始广泛采用电弧炉和感应电炉来熔炼铸铁，因此而改变了炉料配比、增大了废钢用量、提高了熔炼过热温度，由此，提出要采用新型复合孕育以改善形核过程和孕育效果，或者减少孕育衰退。经生产实践表明，$w(Si)=75\%$的硅铁中，附加 Ba、Sr、Mg、Mn 稀土元素等组成复合孕育剂，无论对于球墨铸铁，还是对于灰铸铁，都能改善组织和性能。尽管如此，FeSi75合金至今仍是国内外应用量最多、应用范围最普遍的孕育剂。现在，国内外商品化的孕育剂很多，每种孕育剂都有其适用的工艺条件。孕育剂的工艺参数可以归结为：①铁液的类别——球墨铸铁比灰铸铁需要更多数量的孕育剂；②熔炼方式——电炉熔炼比冲天炉熔炼需要更多数量的孕育剂；③化学成分——低碳、低硅、低硫的原铁液需要更多数量的孕育剂；④炉料状况——采用带锈的废钢需要更多数量的孕育剂；⑤铸型条件——高压造型导致铸型传热快，需要更多数量的孕育剂；⑥铸件因素——薄壁铸件需要更多数量的孕育剂；⑦温度条件——浇注温度高时，需要更多数量的孕育剂；⑧衰退时间——孕育效果随时间而减弱。

总的来说，在 FeSi75 合金基础上，附加石墨化元素和稳定珠光体的元素所制得的复合孕育剂，具有显著的孕育效果。这种孕育效果是 FeSi75 合金的 2～5 倍，其中白口倾向可降低 50%～90%，抗拉强度可提高 20～80MPa。

在球化处理时，在一般情况下，采用 FeSi75 合金作孕育剂，加入量（质量分数）在 0.8%～1.5%的范围内。采用复合孕育剂时，其加入量可减少。表 7-10 列举了一些国内外常用的复合孕育剂。表 7-11 是适用于各种不同用途的孕育剂。

表 7-10 国内外常用的复合孕育剂化学成分（质量分数,%）

序号	Si	Al	Ca	其 他	Fe
1	74～79	0.6～1.25	0.5～1.0	—	其余
2	74～79	0.4～0.5	0.1～0.2	—	其余
3	74～79	0.6～1.1	1.0～2.0	—	其余
4	46～50	<1.2	0.6～0.9	—	其余
5	46～50	<1.5	0.6～0.9	Mg=1.0～1.5	其余
6	58～61	0.9～1.2	0.5～0.7	Mg=2.0～2.5	其余
7	60～65	0.9～1.1	28～32	—	其余
8	50～65	1.0～1.3	5.0～7.0	Ti=9～11	其余
9	60～65	1.0～1.5	1.5～3.0	Mn=9.0～11.0，Ba=4.0～6.0	其余
10	60～65	0.75～1.25	0.6～0.9	Zr=5.0～7.0，Mn=5.0～7.0，Ba=0.6～0.9	其余
11	36～40	<0.5	<0.5	Ce=9.0～11.0，总稀土量=11～15	其余
12	73～78	<0.5	<0.1	Sr=0.6～1.0	其余
13	46～50	<0.5	<0.1	—	其余
14	78～82	1.0～3.0	2.25～2.50	Zr=1.25～1.75	其余
15	74～79	3.0～4.0	0.5～0.8	Mg=0.5～1.0	其余

表 7-11 球墨铸铁常用孕育剂

名称	化学成分（质量分数,%）								用途特点
	Si	Ca	Al	Ba	Mn	Sr	Bi	Fe	
硅铁	74～79	0.5～1	0.8～1.6	—	—	—	—	其余	常规
硅铁	74～79	<0.5	0.8～1.6	—	—	—	—		常规
钡硅铁	60～65	0.8～2.2	1.0～2.0	4～6	8～10	—	—		长效、大件、熔点低
钡硅铁	63～68	0.8～2.2	1.0～2.0	4～6	—	—	—		长效、大件
锶硅铁	73～78	≤0.1	≤0.5	—	—	0.6～1.2	—		薄壁件、高镍耐蚀铸件①
硅钙	60～65	25～30	—	—	—	—	—		高温铁液
铋	—	—	—	—	—	—	≥99.5	—	与硅铁复合，薄壁件

① 例如，含质量分数为Ni14%、Cu6%、Cr2%、Si15%的耐蚀球墨铸铁。

铋与稀土或钙复合添加可以显著增加石墨球数，适用于铸态薄壁铁素体球墨铸铁件。添加含 RE 和 Bi 的硅铁［成分 $w(\mathrm{Si})$ =70%～72%，$w(\mathrm{Al})$ =0.2%～0.25%，$w(\mathrm{Ca})$ =0.55%～0.60%，$w(\mathrm{RE})$ =0.40%～0.45%，$w(\mathrm{Bi})$ =0.50%］，可使 6mm 试样的石墨球数达到 1300 个/mm^2，比用 75 硅铁（FeSi75）孕育剂时增加 50%～150%。稀土镁球墨铸铁中 Bi 加入的质量分数由 0 增加到 0.002%，10mm 断面石墨球数从 652 个/mm^2 增加到 992 个/mm^2。由于原铁液条件不同，Bi 的适宜添加的质量分数可为 0.002%～0.01%，过量添加 Bi 将使石墨形态恶化。

用稀土镁硅铁球化剂和硅钙孕育处理，当添加 w(RE) =0.06%、w(Ca) =0.04%～0.06%可获得最高石墨球数（3mm 断面，950 个/mm^2），这表明稀土与钙有良好的复合孕育作用。但硅钙溶解性较差，易生成夹渣。

为获得最佳孕育效果，RE 或 Ce 有个最佳添加量范围，过多效果不好。但最适宜范围与原铁液的 S、Ca 及干扰元素含量有关。如含 w(S) =0.021%的纯净炉料，RE 添加的质量分数为 0.02%～0.06%最好。含 w(S) =0.01%～0.04%时，最适宜的 Ce 的质量分数为 0.006%～0.009%。

孕育剂中含 Al 不宜超过 2%，过多可能产生气孔缺陷。

二、孕育处理工艺

（一）一次孕育

在采用冲入法球化时，可把孕育剂全部覆盖在处理包内的球化剂上，待冲入铁液进行球化处理时，同时发生孕育作用。也可把孕育剂的一部分覆盖在处理包内的球化剂上，其余部分的孕育剂则放在出铁槽上，靠铁液冲入包内。采用压力加镁或转包法球化处理时，把孕育剂放在出铁槽上，靠铁液冲入包内，或在倒包时加入。根据浇包的铁液容量选用孕育剂粒度，见表 7-12。

表 7-12 孕育剂粒度的选用

铁液包容量 (kg)	≤20	20～200	200～1000	500～2000	2000～10000
粒度尺寸 (mm)	0.2～1	0.5～2	1.5～6	3～12	8～32

（二）二次孕育

为了克服因孕育衰退导致的孕育效果随时间的减弱，采取二次孕育（或叫瞬时孕育，也叫迟后孕育）是十分有效的。在生产中常采取如下的工艺：

1. 倒包孕育

在炉前一次孕育的基础上，在浇注前从运转包倒入浇注包时，再次添加孕育剂，可随铁流添加，可包底添加，也可在铁液表面添加后搅拌。可以添加多次。添加时间越接近浇注时，效果越好。添加孕育剂一般为 0.1%，粒度见表 7-12。它广泛应用于各种铸件，尤其是薄壁铸态铁素体铸件，效果特别显著。

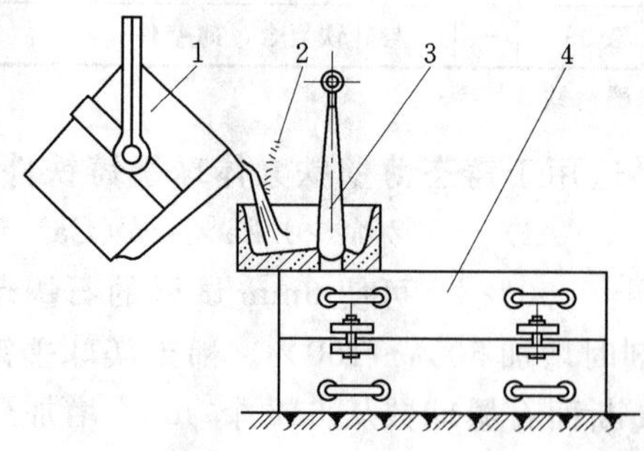

图 7-7 浇口杯孕育法

1—浇包；2—孕育剂；3—浇口杯塞杆；4—铸型

2. 浇口杯孕育

将粒度 0.2～2mm 的孕育剂放入带拔塞的定量浇口杯内，当铁液在浇口中有一定量后拔塞充型。添加 0.1%～0.2%的孕育剂，适用于大型铸件，见图 7-7。

3. 浇包漏斗随流孕育

采用茶壶式浇包或气压浇注包，在其侧面装有可控制孕育剂流量的漏斗，通过机械或光电管控制，使漏斗内的孕育剂在浇注期间均匀地随铁液流进铸型，见图 7-8。添加 0.1%～0.15%的孕育剂，粒度 20～40 筛号（相当于旧标准目，下同），适用的铸件壁厚在 100mm 以下。此法适用于中小铸件在流水线和批量生产或用于离心铸造球墨铸铁管的大量生产。

4. 型内孕育块

把孕育剂用水玻璃、石蜡或酚醛树脂粘结成团块，放在直浇道底部，加入量只要其质量分数的 0.02%～0.05%，就可达到瞬时孕育的效果，球化率有明显改善，渗碳体消除并且铁素体数量增加。它适用于批量和流水线生产，也可用于单件生产。

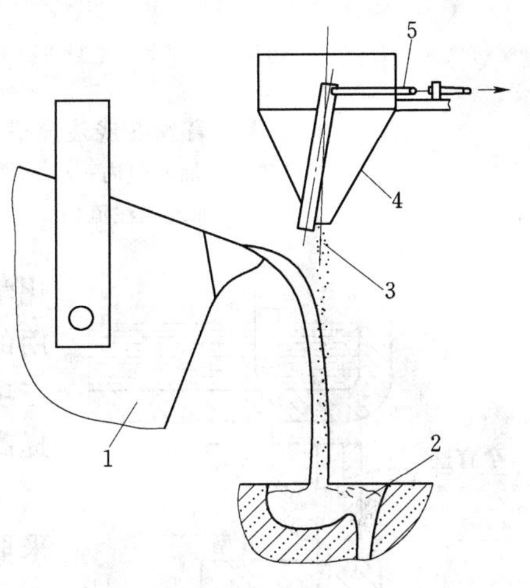

图 7-8　浇包漏斗随流孕育法

1—浇包；2—铸型浇口杯；3—孕育剂；4—漏斗；5—漏斗开关

孕育剂的主要成分是硅铁，也可附加少量其他元素，如稀土、锰等。最好是把孕育剂破碎成 100 筛号以下，用粘结剂结成固定的形状，也可用铸造方法浇注成孕育块。

孕育块的成分与制作工艺对型内孕育块能否在浇注过程中充分熔化与其分布均匀性有着直接关系。推荐采用如下成分的孕育块（质量分数，%）：Si=72～75，Al=1.2～1.5，Ca=1～1.5，Mn=4～4.5。这种孕育块的特点是熔点较低。

当前使用孕育块的最大铸件重量达 15t，最小的铸件重量为 2kg。用于重 2～200kg、壁厚 3～15mm 的铸件，其浇注温度为 1300～1350℃，铁液流量为 0.7～1.2kg/s。为了避免有未熔的孕育块部分进入铸件型腔，最好是在内浇道处安放过滤网。图 7-9 是孕育块工艺示意图。

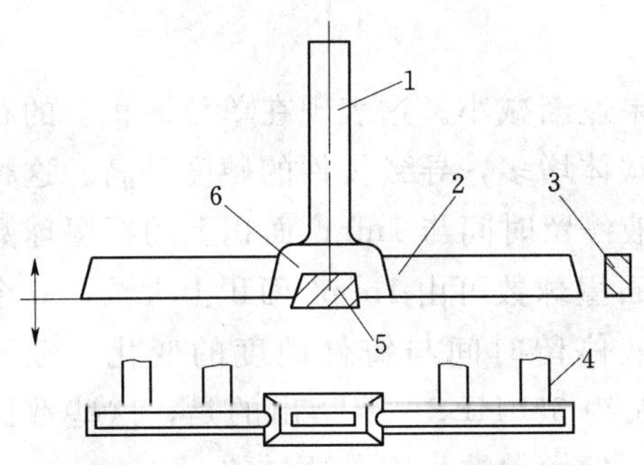

图 7-9　孕育块工艺示意图

1—直浇道；2—横浇道；3—横浇道横截面；4—内浇道；5—孕育块；6—孕育反应室

5. 孕育丝

孕育丝方法的装置和操作与喂丝法球化处理相同。采用孕育丝对球墨铸铁进行二次孕育处理时，是把铁液浇入铸型的过程中，采用内径为 4.77mm 的薄钢管，其中装满孕育剂，使钢管与铁液流不断接触，从而达到瞬时孕育的目的。把孕育剂粉碎成 40～140 筛号，装在薄钢管中捣实，在 1cm 长的钢管中，装入人约 0.06g 的孕育剂。

孕育丝的送进速度折合成孕育剂的加入量，一般是铁液质量的 0.02%～0.05%，即可满足二次孕育的需要。孕育过程可用计算机控制。由于孕育丝的熔化速度为一定值，所以要求铁液流量应与之相适应。对于球墨铸铁，在浇注温度在 1300～1350℃的情况下，铁液流量为 2.25kg/s。孕育丝工艺适合用于流水线生产（见图 7-10、图 7-11 和图 7-12）。

球墨铸铁必须进行球化处理，也必须进行孕育处理。孕育处理的效果取决于原铁液的

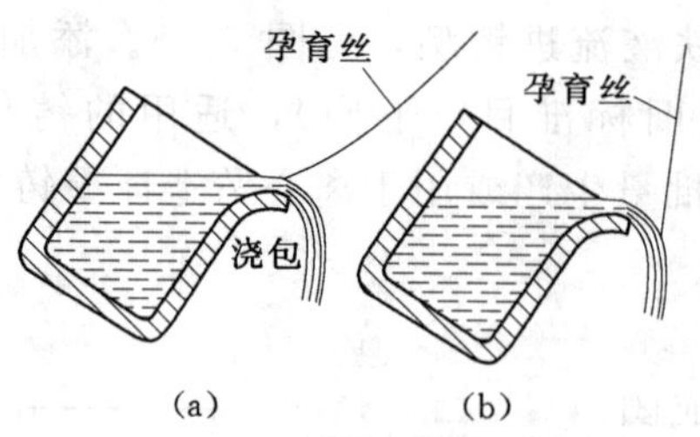

图 7-10 用孕育丝在浇注流进行孕育
(a) 把孕育丝加入包内；(b) 把孕育丝加入浇注流内

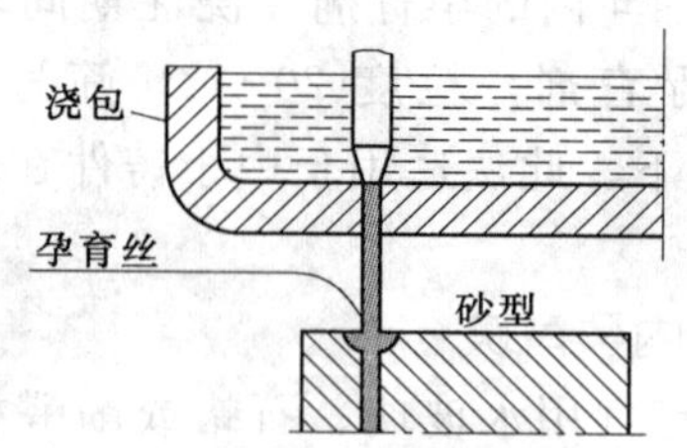

图 7-11 在使用备有塞杆的底注式浇包时，把孕育丝通入浇注流中进行孕育

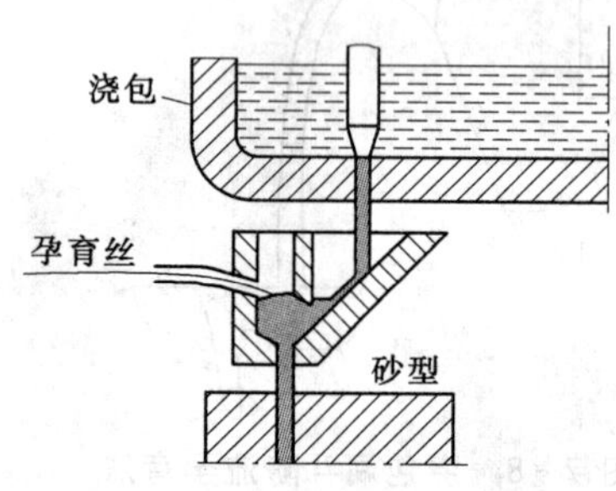

图 7-12 在使用备有塞杆和阻流墙的底注式浇包时，把孕育丝通入阻流墙内进行孕育

化学成分、冶金状态，也取决于所采取的孕育技术（采用的孕育剂和孕育处理工艺）。孕育处理的质量是由下列三项指标来评价：①游离渗碳体的消除；②球化等级的提高；③单位面积上石墨球数的增多。

采取一次孕育，可以实现上述三项指标的明显改善。采取一次孕育附加二次孕育处理后，可以实现在壁厚为10mm的铸件上没有游离渗碳体、在壁厚为30mm的铸件上球化等级为1级、在每平方毫米面积上的石墨球超过200个。

对球墨铸铁孕育效果作出评价，最有效、最可靠的方法是金相检验。根据《球墨铸铁金相检验》(GB/T 9441—88)，对检测的球墨铸铁件进行评估，同时也是对所采取的孕育技术进行评估。

此外，作为控制孕育工艺质量的手段，通过炉前三角试样的断口的白口宽度、缩松程度也可间接对孕育效果作出定性的初步评价。

（三）孕育衰退与防止

随着孕育处理后铁液停留时间的延长，孕育效果逐渐减小。这表现在单位面积上的石墨球数减少、石墨球尺寸变大、球化程度变差、渗碳体增多，导致铸件的硬度升高。这种现象就是孕育衰退。图7-13表示经球化处理后铁液停留时间与$1mm^2$面积上的石墨球数的变化。显然，在球化处理后铁液停留15min后，石墨球数可由$1mm^2$面积上大约260个降至大约160个。图7-14表示经球化处理后铁液停留时间与铸件硬度的变化。经过15min，布氏硬度可由原来的大约250HBS升高至大约350HBS。要指出的是，这些数据都是在一定的工艺条件下得到的，并不是一成不变。但倾向性肯定是这样的。

产生这种现象的根本原因是，经球化处理和孕育处理后，铁液中产生了大量的、尺寸细小的石墨球，它们的比表面积很大，因而在热力学上处于不稳定状态。当铁液长时间处于液态（迟迟未凝固），则小直径的石墨球就会自动地彼此团聚、形成大直径的石墨球。由此导致单位面积上的石墨球数减少。并且，由于浓度起伏和铁液的搅动，也会使石墨的圆整度变差。由于石墨球的减少，就会造成石墨化能力减弱，因而使铁液凝固后的白口倾向加大，渗碳体数量增多，使铸件硬度升高。

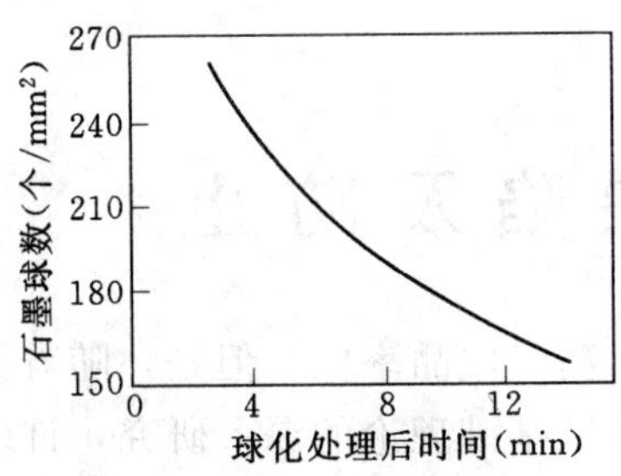

图 7-13　铁液停留时间与石墨球数的关系

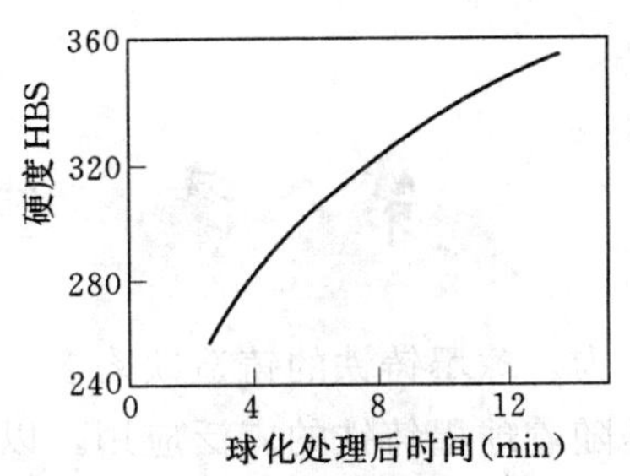

图 7-14　铁液停留时间与铸件硬度的关系

要防止孕育衰退，可采取如下措施：

(1) 尽量缩短从铁液球化、孕育处理至浇注的时间间隔。从铁液被放入浇包进行球化并孕育处理开始，至浇包内最后的铁液浇注结束的全部时间间隔，最长不得超过 15min。如果能在 10min 以内结束整个浇包的浇注，则是最好。

(2) 采用粒度偏大的孕育剂，对于处理 1t 以下的铁液时，用于一次孕育的孕育剂粒度一般为 1.5～6mm（见表 7-12）。由表 7-12 可以看出，随着处理铁液重量的增加，孕育剂的粒度也要相应增大。

(3) 采用长效孕育剂，含钡孕育剂可使孕育衰退时间从 15min 延长至 30min。这种孕育剂的成分可见表 7-11。

(4) 球化并孕育处理后的铁液温度不可过高，由于动力学的原因，温度越高则孕育衰退越快。

(5) 经一次孕育处理后，在铁液浇注进入型腔以前，采用瞬时孕育，即延后孕育。

思考题

1. 何谓球化剂，球化剂中的主要组成元素是什么？
2. 为什么在工业生产中镁是球化剂中的主导元素？
3. 在何种条件下可考虑采用含钇的球化剂？
4. 为什么在稀土镁合金球化剂中含有钙，它的作用是什么？
5. 请用生产实例，计算冲入法的镁吸收率？
6. 为什么球墨铸铁经孕育处理后缩松倾向加大？
7. 喂丝技术的优越性及其适用范围。
8. 分述几种脱硫方法的优缺点。
9. 何谓孕育衰退？如何防止？
10. 延后孕育的措施有哪些？它们各自适用哪些场合？

第八章 铸造缺陷及防止

一般认为，球墨铸铁的铸造缺陷多，导致废品率高，成品率低。但是，随着技术的进步，特别是随着球墨铸铁的广泛应用，以及对球墨铸铁基础理论的深入研究，许多问题得到澄清，球墨铸铁的生产工艺得到进一步改进和完善。因而，许多在生产中遇到的铸造缺陷被避免了。由此，球墨铸铁生产的废品率显著降低，至今，在工业发达国家其废品率可以控制在1%以下。本章将讨论在球墨铸铁生产中常见的铸造缺陷，分析其产生的原因，并提出防止的措施。

第一节 球化不良与球化衰退

一、球化不良

球化不良是指球化处理没有达到预期的球化效果。球化不良的金相组织为：集中分布的厚片状石墨和少量球状、团状石墨；有时还有水草状石墨。随着球化不良程度的加剧，集中分布的厚片状石墨的数量逐渐增多、面积增大，球化不良将使球墨铸铁的力学性能达不到相应牌号要求的指标。

关于球化不良产生的原因及其防止措施分述如下。

（一）原铁液含硫高

硫与镁（稀土）有很大的亲和力。因此，硫是主要反球化元素，含硫高会严重影响球化，按目前国内的具体情况，一般要求原铁液含硫量的质量分数要不大于0.06%。为保证球化，当原铁液含硫量偏高时，必须相应提高球化剂的加入量，含硫量越高，则球化剂的消耗量也越多。

（二）球化元素残留量低

球化元素首先要与铁液中的硫、氧结合，但是，为使石墨球化良好，球墨铸铁中必须含有一定量的残留镁和稀土。在我国现今主要是在冲天炉生产条件下，残留镁量不得小于0.03%；残留稀土量不得小于0.02%。

（三）铁液氧化

原材料中铁锈、污染及铁液在熔化与过热中的氧化，导致铁液中的FeO含量增多，因而在球化过程中要消耗更多的镁，致使残留的镁量过低。

（四）炉料中含有反球化元素

铅、砷、铋、钛、锡、锑等这些反球化元素均能促使在晶界处出现片状石墨。当这些反球化元素超出允许范围时，就会影响球化效果。要注意废钢中可能含有钛，还要注意电镀材料、铝屑、铅系涂料进入炉料中。

稀土有中和反球化元素的能力。例如，加0.03%的铈可以消除1%的铝的反球化作用。由于我国原生铁中含有较多的反球化（干扰）元素，故在我国的球墨铸铁生产中保证球化的残留稀土量比国外的要多。

（五）关于铁液的状态

铁液中的硫、氧含量除了石墨形核需用外要尽量降低至最小，同时球化处理温度不能过高，否则反应剧烈，镁的回收率低。出铁液到浇包中的时间尽量缩短，使其在达到足够高的液面（如600mm以上）以前，铁液不与放置在包内的球化剂进行反应。

（六）孕育效果差

由于孕育效果差、孕育不充分，或者出现孕育衰退，均会造成石墨球数量少，并且石墨球也不圆整。

二、球化衰退

（一）铁液的球化衰退

铁液的球化衰退的特征是，在球化处理后炉前检验球化良好，但在铸件上球化不好；或者同一浇包的铁液，先浇注的铸件球化良好，后浇注的铸件球化不好。

球化衰退的原因是镁量和稀土量，随着铁液停置时间的延长，而发生衰减。镁、稀土与氧的亲和力大于与硫的亲和力，所以浮在铁液表面的MgS、Ce_2S_3夹杂物与空气中的氧要发生下列反应：

$$2MgS + O_2 = 2MgO + 2S$$

$$2Ce_2S_3 + 3O_2 = 2Ce_2O_3 + 6S$$

此时，所生成的硫又返回到铁液中，与镁、稀土再次发生作用：

$$Mg + S = MgS$$

$$2Ce + 3S = Ce_2S_3$$

这样，随铁液停置时间的延长，硫不断与镁和稀土作用，不断生成MgS、Ce_2S_3，它们又不断地被空气中的氧所氧化，循环进行。结果，消耗了铁液中的镁和稀土，硫又重新从浮渣进入铁液中，出现“回硫现象”。

稀土铈、钇的沸点比镁高，在一般的铁液温度下它们不会发生汽化逸出。此外，稀土铈、钇的硫化物、氧化物的熔点高、密度大，上浮速度慢。所以，稀土铈、钇的衰减速率比镁要小，在1350～1400℃范围内，镁的衰减率为每分钟0.001%～0.004%；轻稀土铈的衰减率则为每分钟0.0006%～0.002%。重稀土钇的衰减率是每分钟0.0008%。各种球化元素的衰减速率与铁液中的含硫量密切相关，含硫量越多，则衰减速率就越快。

减少球化衰退的措施列举如下：

（1）缩短铁液的停置时间。从球化处理完成到浇注完毕，应在15min以内结束。

（2）降低原铁液含硫量。原铁液中含硫高，则需要消耗更多的球化元素，另外，也使渣中的硫化物浓度增大，促使“回硫现象”加剧。

（3）加强覆盖与扒渣。球化处理后加结渣剂（如珍珠岩或目前常用的火山岩结渣剂）覆盖，并采取多次扒渣措施，可减少“回硫现象”。

（4）适当增加球化剂用量。根据铁液中的含硫量，采取相应的增加球化剂用量的措施，是可行的、也是有效的，但不是最佳的；治本的措施是力求把铁液中的含硫量降至最低。另外，过多的加入球化剂，不仅增加成本，而且还会导致石墨球的恶化。

（二）界面反应的球化衰退

在铁液浇注入型腔时，由于铁液与空气的氧化作用和在铸型材料中的 SiO_2 与铁液发生的界面反应，就可能使铁液中的镁元素损耗。特别是在内浇道与铸件的交界处，由于此处的铸型温度最高，这种界面反应就更容易发生。由此，可发生下列反应：

$$2Mg + O_2 \longrightarrow 2MgO$$

$$2Mg + SiO_2 \longrightarrow Si + 2MgO$$

此外，在铸型中的某些辅助材料（如煤粉）中含有硫，它与铁液中的镁也会发生反应。当采用焦炭或含硫高的煤烘干铸型时，则含硫的燃烧产物便与铸型接触，在铸型表面形成富硫层，由此，甚至会在铸件表面形成厚达数毫米厚的片状石墨层。铸型中的硫与镁的反应是：

$$Mg + S \longrightarrow MgS$$

但是，在一般情况下，这种表面形成的片状石墨层深度在 0.5～1.5mm 之间。因此，它是在机械加工余量的范围之内，而在铸件表面层的内部则是健全的球墨铸铁，因此常不被发现。由此，在生产中常出现的情况是，在内烧口断面上出现一层外圈呈深灰色的灰铸铁薄层，甚至整个内浇口断面均呈灰铸铁组织。此时，应进一步检查铸件本体，如果本体也呈灰铸铁组织，则此铸件即当报废。但是也有这样的情况：虽然内浇口断口呈灰铸铁组织，但铸件本体却是完全良好的球墨铸铁组织，此时铸件是合格。

这种界面反应造成的球化衰退现象也发生在铸件的侧壁，自下而上，高度可达 25mm，其形成的原因也同样是铁液中镁与铸型表面的 SiO_2 或 S 发生反应的结果。

防止的措施列举如下：

(1) 在湿砂造型中广泛采用的含碳材料是煤粉，其含硫量最好是在 1.0%以下。另外，含水在 5.5%以下。

(2) 防止不恰当地将新砂加入到砂处理系统中，这样会逐渐增加型砂中的含硫量。为此，每次加入的新砂量应该只占浇入到铸型中的金属液质量的 10%～15%。对于购进的煤粉含硫量及新砂中的含硫量应及时测定。煤粉的允许硫量为 1.0%；新砂的允许硫量为 0.1%～0.15%。

(3) 对于冷硬树脂铸型，在采用含硫的硬化剂时，可使用含有 CaO 或 MgO 的涂料，以改善界面反应，并尽可能地减少树脂的加入量。此外，树脂中的 S、O、N 含量要尽可能降低。

(4) 提高浇注速度和改善铸型的透气性也可改善界面反应。

(5) 力求使铸件的残留镁量处于上限。这是因为适当提高残留镁量是解决内浇口断面上出现球化衰退最有效的措施。

（三）球片状畸变石墨

当球化处理后的铁液中残留镁量过多时，会出现球片状石墨。经电子探针查明，镁的浓度分布可相差 20 倍之多。在石墨球与片状石墨交界处，镁量明显增多；而在片状石墨的表面及在未长出片状石墨的石墨球表面上，则镁量明显减少。并且，研究还表明，球片状石墨的出现与球墨铸铁中的残留镁量密切相关。当残留镁量为 0.06%～0.08%时，没有球片状石墨出现；当残留镁量的质量分数为 0.10%时，有个别球片状石墨出现；当残留镁量为 0.14%时，则有大量球片状石墨出现。图 8-1 是球片状石墨的光学显微镜照片，图 8-2 是球片状石墨偏振光下的照片，图 8-3 是球片状石墨的扫描电子显微镜照片。图 8-1～图 8-3 表明，球状石墨首先形成，在其周界的某处则生长出片状石墨。

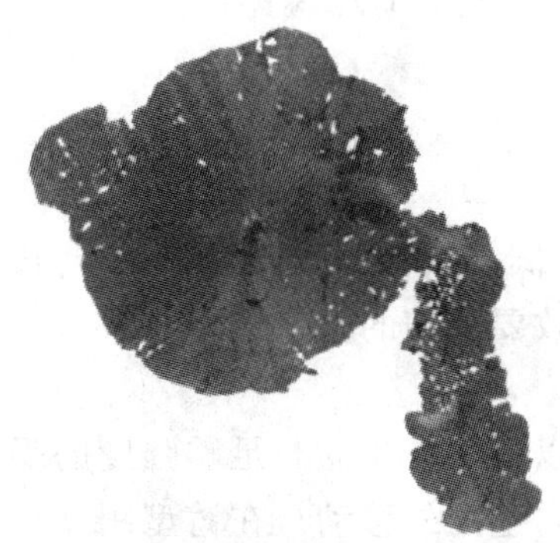

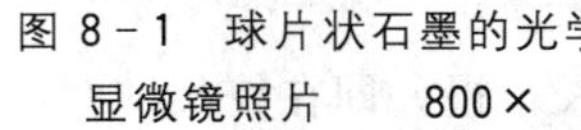

图 8-1 球片状石墨的光学显微镜照片 800×

图 8-2 球片状石墨的偏振光显微镜照片 300×

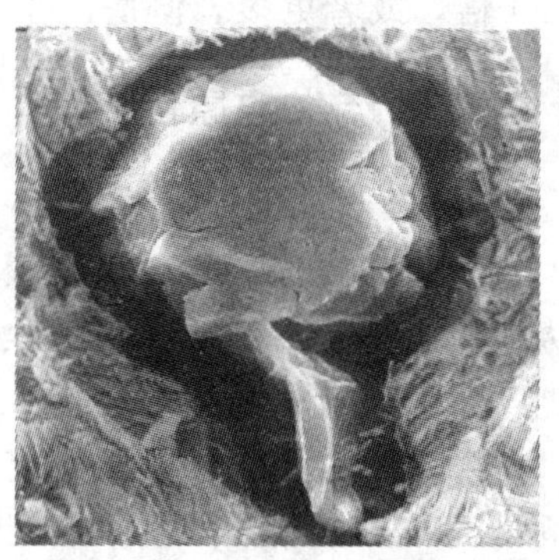

图 8-3 球片状石墨的电子显微镜照片 1200×

据研究认为，在球墨铸铁凝固的初始时刻，形成了球状石墨核心并开始长大。此时，石墨球与铁液相接触。由于镁在固态的石墨中和在奥氏体中的溶解度均比在铁液中的溶解度要小得多。因此，镁被排挤到石墨球与铁液的界面上。与此同时，由于石墨球的不断长大和由于温度的逐渐下降，则在石墨球周围形成固态的奥氏体壳。但是，镁使球墨铸铁的液相线温度降低。当含镁量很高，浓度的波动导致局部的球状石墨表面上有石墨穿过固态奥氏体壳而与液相的铁液相通。由此，石墨就沿这种通道长大，形成球片状石墨。并且，石墨沿这些通道长大的速度要比通过奥氏体壳以扩散形式长大要快得多。

解决防止球片状石墨形成的措施就是要控制球墨铸铁中的残留镁量，过量的残留镁量（其质量分数一般不要超过 0.07%）不仅在经济上不合理，而且还要使球状石墨畸变。

第二节 缩孔和缩松

一、特点

缩孔和缩松在球墨铸铁铸件中比在普通灰铸铁铸件中更为普遍。因此，必须给予更多的注意。能够明显看出的、尺寸较大而又集中的孔洞叫缩孔；不易看清的、细小分散的孔洞叫缩松。

大多在铸件热节的上部产生缩孔。在铸件热节处、在缩孔的下方往往有比较分散的缩松。但是，对于一些壁厚均匀的中心；或者是在厚壁的中心部位，也可能出现缩松。

有些缩松的体积很小，只有在显微镜下才能被发现。这种缩松呈多角形，有时连续、有时断续，分布在共晶团边界。这种缩松叫显微缩松。形成显微缩松的原因是，在奥氏体枝晶凝固后，残余的铁液则在枝晶间最后凝固，因得不到补缩而形成显微缩松。

表 8-1 球墨铸铁的缩孔和缩松体积与灰铸铁、白口铸铁和碳钢的对比

序号	材 质	缩孔和缩松的体积（%）
1	普通灰铸铁	2.0
2	白口铸铁	5.0
3	碳钢（碳）为 0.7%～0.9%	6.0
4	呈灰口凝固的球墨铸铁	6.7～8.65
5	呈白口凝固的球墨铸铁	10.35～11.0

球墨铸铁的缩孔与缩松体积比普通灰铸铁、白口铸铁和碳钢的都要大。表 8-1 中

列出了它们的对比数据。可以看出，球墨铸铁的缩孔与缩松体积有可能是普通灰铸铁的3～4倍，或者更多。但是，在生产中，也可采用无冒口工艺得到健全的球墨铸铁件。

二、产生的原因

(一) 收缩前膨胀量大

经球化处理后，球状石墨在铁液中析出，随着温度的降低，铁液中的石墨球逐渐长大。石墨球析出和长大的过程，伴随有铁液的膨胀。由此导致要补缩的量增大。

(二) 型壁移动

球墨铸铁呈粥样凝固决定了铸件外表面的凝固层很薄，以致不能建立起足够强度的凝固外壳，以抑制共晶凝固期间产生的石墨化膨胀，致使铸型内壁向外移动。在铸型刚度不够的情况下，使型腔尺寸增大，由此导致缩孔和缩松体积进一步增大。

球墨铸铁在凝固开始时，外壳表层比灰铸铁薄得多，并且增长很慢，即在较长的时间内球墨铸铁是在一个强度低、刚性差的塑性薄壳内凝固，薄壳内的铁液在很大范围内同时出现大量石墨并不断长大。析出石墨会引起体积胀大，每析出质量分数为1%的石墨，铸铁体积会增大2%。与之相应，会出现膨胀力，推动石墨四周的铁液，使之移动；并通过铁液，由石墨析出产生的膨胀力将传递给铸件表壳，致使铸型的型壁有向外移动的倾向。

对于刚性差的铸型来说，它将和球墨铸铁表壳一样抵挡不住来自铸件内部的石墨膨胀力，遂即产生退让现象，出现较大变形，铸件随之胀大。此时，倘若没有足够的铁液补充，将在铸件内部出现集中的缩孔。

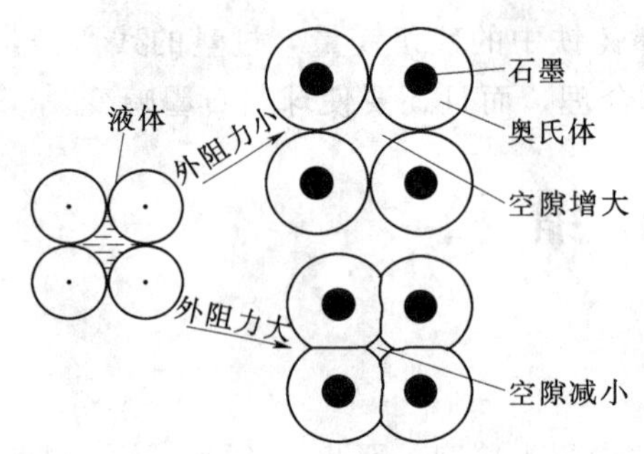

图 8-4 球墨铸铁缩松形成及消除示意图

石墨球在铁液里生长到一定尺寸后被奥氏体壳包围，如此形成石墨—奥氏体共晶团。随着这种共晶团的长大并逐渐彼此接触。这样，就造成铁液在其间的流动困难，不易补缩。因而在随后的凝固完成后，形成缩松。图 8-4 示出球墨铸铁缩松形成及消除示意图，图中示出外部阻力对形成缩松的作用。

(三) 球化处理使铁液的过冷度加大

球墨铸铁在铁液经过球化处理后，原有的氢、氧、氮和CO气体含量减少，铁液得到了净化，致使外来核心减少。并且，铁液的过热温度越高，净化程度也越高，由此导致的过冷倾向也加剧。此外，球化元素镁和稀土均能与碳形成碳化物，由此减小了石墨化程度，加大了收缩倾向。

三、防止措施

(一) 铁液成分

化学成分和球化剂量必须适当。含碳量高，可使缩孔和缩松的倾向减小，但含碳量过高，会产生石墨漂浮。对于薄壁铸件来说，碳、硅含量低时，易产生游离碳化物。对于厚壁铸件，可采用较低碳量，并适当增加硅量。锰高时易形成碳化物，容易促使形成缩孔和缩松。为此，应力求降低含锰量，尤其是对于铸态铁素体球墨铸铁，更是如此。此外，不要使镁和稀土残留量过高。

（二）铁液性状

采用热分析技术可判别铁液的收缩倾向。缩孔与缩松倾向小的铁液，所具有的冷却曲线的斜率应较小，过冷度要小，共晶凝固时的膨胀要小。图 8-5 示出了球墨铸铁随温度下降的体积变化。希望如曲线 A，即铁液的凝固收缩小、膨胀小、二次收缩也小。要使曲线 C 转变成曲线 A，要满足的条件是：①冷却速度慢；②碳当量高，析出石墨的倾向大；③铁液中有效石墨核心数量多；④良好的孕育效果。

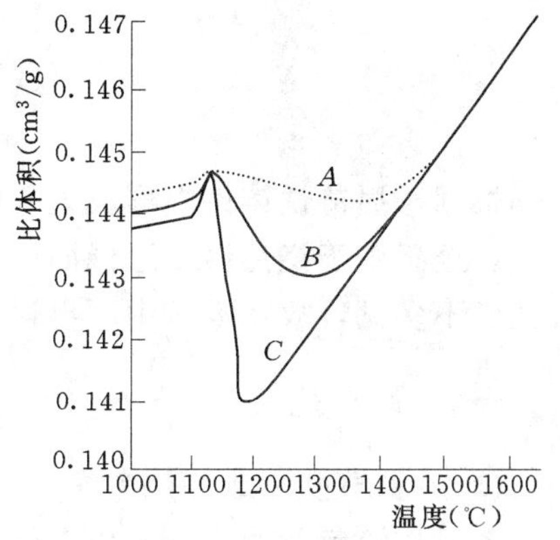

图 8-5 不同球墨铸铁冷却过程中的体积变化

（三）铸型的刚度

铸型的刚度可用铸型硬度表征。对于湿砂型来说，铸型硬度要在 90 以上，希望能达到 40MPa 的抗压强度。此外，砂箱的紧固也是十分重要的。对于金属型覆砂（覆砂厚度 6～8mm 左右）及用自硬砂制作大型铸件时，可以实现无冒口铸造。此时，要满足的条件见(8-1)：

$$G \geqslant \alpha_1 + \alpha_2 + \beta \tag{8-1}$$

式中 G——由碳的石墨化而引起的铁液膨胀量；

α_1——铁液的液态收缩；

α_2——凝固收缩；

β——铸型膨胀量。

以下举例说明。如果铁液的浇注温度是 1430℃，凝固温度为 1155℃，含碳量 $w(C)=3.6\%$，则铁液的过热度为 275℃。液态收缩量的体积分数为：$0.015\% \times 275 = 4.13\%$。铁液的凝固收缩的体积分数是 3.0%，由于铸型膨胀量的体积分数是 5%，因此，总的体积收缩量的体积分数为 $4.13\% + 3.0\% + 5\% = 12.13\%$。另一方面，如果 $a(C)=3.6\%$ 的碳全部石墨化，由此引起的铸型膨胀量为 10.6%，综合两者，$12.13\%_{体积分数} - 10.6\%_{体积分数} = 1.53\%_{体积分数}$，表明要收缩的体积分数为 1.53%。此时，如果铸型膨胀量不是体积分数的 5%，而是只有体积分数的 2.5%，则此时就不会产生缩孔与缩松，也就是可以用无冒口工艺生产铸件。

（四）浇注温度

为了防止产生缩孔和缩松，就要使液态收缩量减小。为此，浇注温度低是有利的。但是，对于薄壁（10mm）铸件来说，容易出现碳化物及浇不足。此时，采用冒口补缩却难以发挥作用。因此，适宜的浇注温度则取决于铸件结构与壁厚，在厚度为 37mm、面积为 100mm×100mm 平板上进行的浇注研究表明，浇注温度为 1350℃时，出现缩孔和缩松的几率最小。

（五）浇注系统

采取顺序凝固方式，对于铸件、冒口、冒口颈、内浇口和横浇口的设计与布置及外冷铁的设置和在必要时采取金属型等，均是行之有效的防止缩孔和缩松的措施。

第三节 气 孔

根据球墨铸铁铸件中形成气孔的具体情况，本节分别讨论氮气孔和皮下气孔的形成与防止。至于由于浇注温度过低而产生的CO（CO_2）气孔，随着工艺水平的提高，这种表观气孔已不多见，故在本节中不再讨论。

一、氮气孔

（一）氮气孔形成的热力学

氮是以溶解的原子态，以气体形式存在于显微裂纹中，存在于晶格有缺陷的地方，或者以析出的氮化物形式存在。在铁液中原子氮的溶解度为每100克铁液30cm³；在凝固时其溶解度约降至每100克铁液8cm³。氮在铸铁中的溶解度与其存在形式有关。如果氮是以氮化物形式存在，则与氮在铸铁中的溶解形式不同。在铸铁中各种氮化物的稳定性，取决于它们的生成自由能，后者的负值越大，则表明该氮化物越稳定。图8-6表明，各种氮化物的稳定性的次序是：ZrN、TiN、AlN、Mg_2N_2、Si_3N_4、VN、BN、铬的氮化物、铁的氮化物，最不稳定的是NH_3。

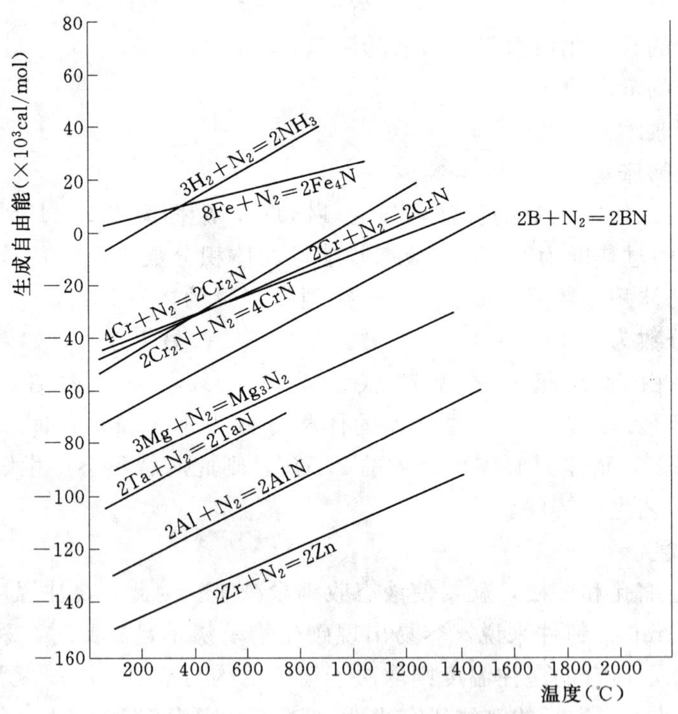

图8-6 各种重要的氮化物的稳定性

热力学表明，气体在铁中的溶解度$[S]$与温度T和压力P的关系为：

$$[S]=K_0\sqrt{P}\exp\left(-\frac{\Delta H}{RT}\right)$$

式中 K_0——常数；

ΔH——气体溶解热；

R——气体常数。

对于氮气来说，和其他气体一样，在铁中的溶解度与温度、压力密切相关。图 8-7 是在 1atm[1] 下，氮在铁中的溶解度与温度的关系。由图 8-7 可以看出，氮在铁中的溶解度随温度的升高而增加，即铁液比其在固态可含有更多的平衡氮量。当铸件凝固、冷却后，氮在铁中的溶解度大幅下降。此时，析出的氮气有可能聚集在铸件内部，形成氮气孔。另外，在铁发生固态相变时，氮的溶解度发生突变。呈面心立方晶格的 γ—Fe 比呈体心立方晶格的 α—Fe 和 δ—Fe 更有利于氮的溶解。由此表明，如果球墨铸铁件在奥氏体区域长时间保温进行热处理时，会吸收大量来自空气中的氮，以致它在随后的冷却过程中，析出并聚集在铸件内部，形成氮气孔。氮气孔属析出性气孔，在铸件断面上呈大面积分布，在冒口、热节处分布较密集，形状呈圆球形。它常发生在同一炉次或同一包浇注的一批铸件中。

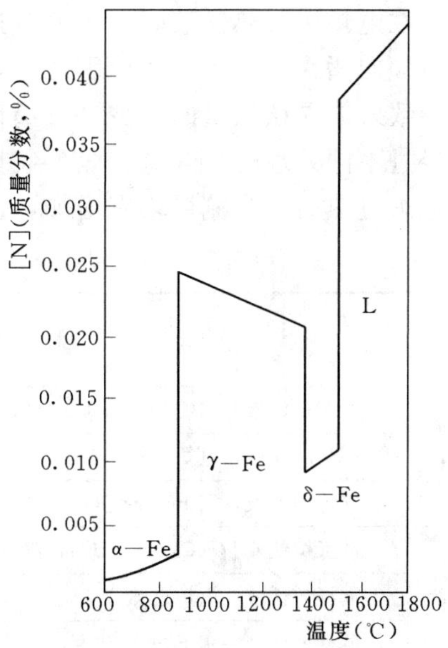

图 8-7 在 1atm 下氮在铁中的溶解度

(二) 氮气孔形成的冶金条件

熔炼时，采用的废钢量越多，则铁液中的含氮量也就越高（见图 8-8），例如，碳当量为 4.36%时，不加入废钢，此时含氮量 $w(\mathrm{N})=0.002\%$；如果炉料全部加入的是废钢，则含氮量 $w(\mathrm{N})=0.0075\%\sim0.0078\%$，即增加了 3 倍。此外，采用的铸造生铁中含碳、硅量越多，则其中含氮量就越少，由此熔炼出来的铸铁含氮量也越少（见图 8-9）。采用数理统计法得出铸铁含氮量 [N] 与碳当量 CE 的关系见式 (8-2)：

$$[\mathrm{N}] = 0.089\mathrm{e}^{-0.728\mathrm{CE}} \tag{8-2}$$

式中，含氮量、碳当量均以质量分数表示。

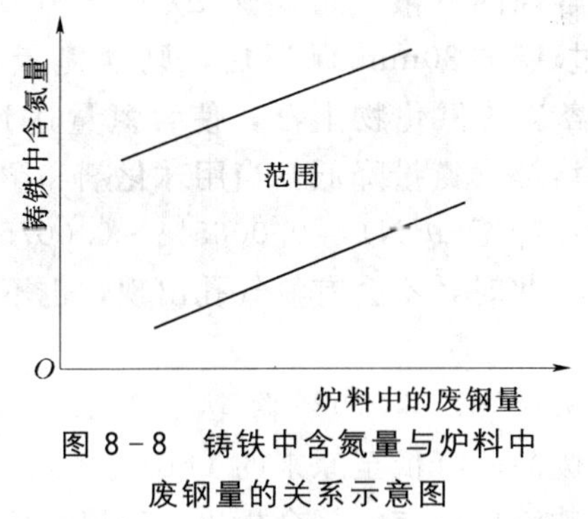

图 8-8 铸铁中含氮量与炉料中废钢量的关系示意图

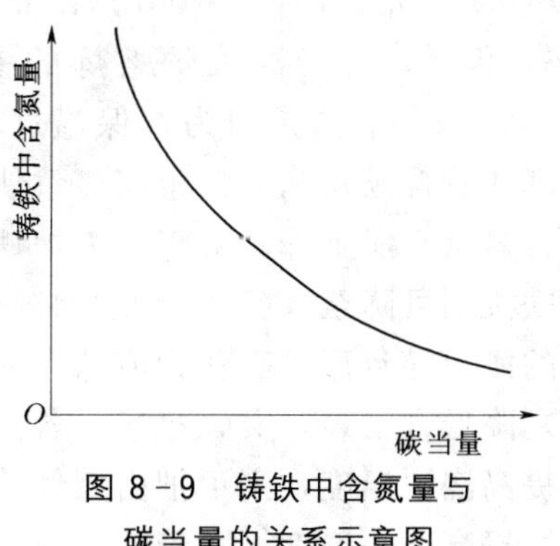

图 8-9 铸铁中含氮量与碳当量的关系示意图

[1] $1\mathrm{atm}=1.013250\times10^5\mathrm{Pa}$。

在电炉中过热铁液时，含氮量达 $w(N)=0.0008\%\sim0.004\%$。电炉过热会使铁液的白口倾向增大，其中主要原因之一，就是含氮量增加；另一个原因则是含氧量的降低，由此导致外来晶核数量的减少，石墨化能力减弱，造成白口倾向加大。表 8-2 中列举了铁液经过不同处理时，含氮、氢、氧量的变化。由表 8-2 中可以看出，不同碳当量的铁液，经电炉过热后，含氮量均有增加，但经 Fe—Si 孕育处理后，其含氮量略有下降。

表 8-2 电炉过热使铁液中气体量的变化

试样		气体含量（质量分数，%）		
		N	H	O
1	冲天炉铁液［$w(C)=3.3\%$，$w(Si)=1.2$］	0.0041	0.00035	0.0027
	同样的铁液，电炉过热	0.0056	0.00022	0.0012
	同样的铁液，用 Fe—Si 孕育	0.0043	0.00016	0.0024
2	冲天炉铁液［$w(C)=3.36\%$，$w(Si)=1.45\%$］	0.0051	0.00033	0.0034
	同样的铁液，电炉过热	0.0059	0.00029	0.0018
	同样的铁液，用 Fe—Si 孕育	0.0047	0.00036	0.0051

由于含氮量不同，是造成高炉生铁具有“遗传性”的重要原因之一。铸造生铁由于含氮量少，会具有大量的粗大石墨，并容易出现石墨漂浮。在厚大断面的铸件或热节中心处易出现氮气孔。

除了废钢带入氮以外，加入到铁液中的铁合金（锰、铬等），也会使铸件中的含氮量增加。此外，增碳剂、树脂粘结剂和涂料也会使球墨铸铁中的含氮量增高。

（三）防止产生氮气孔的措施

业经研究表明，铁液中的含氮量 $w(N)\leqslant0.009\%$，一旦超过 0.009%，则生成氮气孔的概率急剧增加。防止氮气孔的形成，可采取如下措施：

（1）降低废钢加入量，以减少带入的氮量。另外，增加碳当量也会使平衡含氮量降低。

（2）采用电炉熔炼。采用电弧炉或感应电炉熔炼时，铁液中的含氮量在球化处理前一般是：$w(N)=0.004\%\sim0.007\%$；而用冲天炉熔炼的铁液，可高达 $w(N)=0.007\%\sim0.014\%$。但是，对于冲天炉熔炼的铁液，经过 15～30min 保温后，则含氮量可降至 $w(N)=0.008\%$。这是因为在保温过程中，不溶解的氮化物上浮，使含氮量达到平衡。由于球墨铸铁含碳量和含硅量高，致使铁液中的溶解含氮量降低。当用球化剂和孕育剂处理后，含氮量有所下降。对于冲天炉铁液含氮量可降至 $w(N)=0.0065\%\sim0.0075\%$；对于电炉铁液则可降至 $w(N)=0.004\%\sim0.005\%$。此时，不会有氮气孔出现，也不会因含有许多的氮而导致形成碳化物或珠光体。

（3）降低含锰量。文献报导，若把含锰量由 $w(Mn)=0.9\%$ 降至 $w(Mn)=0.75\%$，并适当提高浇注温度，则可把由氮气孔而导致的废品率降低至原来的 1/10。

（4）提高浇注温度。随着铁液温度的降低，铁液中含有的氮会析出，经聚集后会形成一定尺寸的气泡。此时若提高浇注温度，气泡会靠自身建立起来的压力，从铁液中逸出。如果是在较低的温度下浇注，则形成的气泡不能逸出，停留在铸件中，将形成氮气孔。

二、皮下气孔

（一）现象

在球墨铸铁中最常见的缺陷就是皮下气孔。在湿砂铸型，特别是比表面积大的小型铸件中最易发生皮下气孔。皮下气孔往往位于铸件表面以下0.5～1mm处，孔径多为0.5～2mm的针孔，内壁光滑（内表面有时附有石墨膜），呈均匀分布在铸件上表面或远离内浇口的部位，但在铸件侧面和底部也偶尔存在。在铸态时，皮下气孔不易被发现；但是，铸件经热处理后，或是经机械加工，就会显露。皮下气孔影响铸件的表面质量，并且在出现皮下气孔的部位，往往伴随有片状石墨，因而恶化了该部位的力学性能。为此，对皮下气孔必须予以克服。

（二）产生的原因

对皮下气孔产生的原因，至今已基本上取得共识。在把铸件表层去除后，就会发现有许多小针孔，其中充满了硫化氢气体。由此，可以推断，此时会发生的化学反应是：当铁液中的硫化镁与铸型中的水相遇时，则产生硫化氢（$MgS+H_2O \rightleftharpoons MgO+H_2S$）。结果是，形成的$H_2S$气体在铸件快速凝固时，来不及上浮，就停留在靠近铸件表面上。因此，这些气泡不仅呈球形，有的还呈雨滴状，这些雨滴的尖端伸向铸件内部。

皮下气孔也可能由产生的氢气造成的，在经球化处理后的铁液中，会发生如下的反应：

$$(Fe、Mg)C + H_2O(\text{铸型中}) \longrightarrow (Fe、Mg)O + C_2H_2$$

$$C_2H_2 \longrightarrow 2C(\text{石墨膜}) + H_2\uparrow(\text{气泡})$$

$$Mg + H_2O(\text{铸型中}) \longrightarrow MgO + H_2\uparrow(\text{气泡})$$

此外，在皮下气孔内，有时会发现渣状夹杂物，这些渣中Si、Al、Mn、Mg、Ca含量较高，由此，形成的Al_2O_3、CaO、MgO、SiO_2、MnO等氧化夹杂物可为气泡的异质形核提供结晶衬垫。

在温度大于1530℃时，会发生反应：

$$SiO_2 + 2C \longrightarrow Si + 2CO\uparrow$$

在温度大于1400℃时，会发生反应：

$$MnO + C \longrightarrow Mn + 2CO\uparrow$$

在温度大于720℃时，会发生反应：

$$FeO + C \longrightarrow Fe + CO\uparrow$$

上述的三个反应均会形成CO气体，导致铁液中CO气体过饱和程度，产生过大的析出压力，因而加剧了皮下气孔的形成。

（三）防止措施

（1）采用湿型铸造时，必须严格控制型砂中的水分，其最多含水量不得超过5.5%。

（2）提高浇注温度，特别是对于薄壁铸件，浇注温度不得低于1350℃。

（3）球化处理后扒渣、浇注前挡渣，以防止更多的MgS随铁液进入铸型。

（4）球化处理后，令铁液静置片刻，这对MgS颗粒上浮进入渣中后排除有利。

（5）提高铸型的透气性，有助于减轻皮下气孔。

(6) 采用冰晶石粉可有效减轻皮下气孔，冰晶石粉遇水发生如下反应：

$$Na_3AlF_6 + 2H_2O \longrightarrow NaAlO_2 + 2NaF + 4HF$$

由于冰晶石与水的作用结果，就避免了水与铁液中 MgS 的作用。

(7) 避免铁液中含有铝，因为它易与水蒸气反应，而产生氢气孔，按下式进行反应：

$$3H_2O + 2Al \rightleftharpoons Al_2O_3 + 3H_2 \uparrow$$

为此，硅铁中的含铝量限制在 0.5%～1.0%范围内。如果含铝量大于 2%，则易生成氢气孔。

(8) 在型砂中附加还原性的碳质添加物，可防止皮下气孔的产生。

(9) 改进浇注系统设计。

第四节 夹 渣

夹渣缺陷多出现在铸件上表面，或是型芯下表面的死角处。按形态，夹渣有三种类型：第Ⅰ型粗大渣是 $2Mg \cdot SiO_2 + MgS$（FeS）；第Ⅱ型是条状渣 MgO；第Ⅲ型细小渣是 MgO+MgS。它们是以单独的或复合型析出的。另外，Ⅰ型粗大渣中还常混有 Al_2O_3。

按形成的时间，夹渣可以分为一次夹渣和二次夹渣。一次夹渣产生于球化处理过程，一般容易清除干净，但有时也可进入铸件中，便构成一次夹渣。从球化处理完毕至铸件凝固结束这段时间形成的夹渣称作二次夹渣。这种渣不易清除，进入铸件中构成二次夹渣，使力学性能降低。

夹渣断口呈灰褐色，无金属光泽；有的呈大面积分布，有的则呈斑点分布在铸件的基体中。距铸件表面较近处往往是一次夹渣，在铸件内部则往往是二次夹渣。

在光学显微镜下观察，在夹渣区域除有球状石墨外，还有片状石墨、晶间点状石墨及氧化物、硫化物等。夹渣区的石墨数量一般比正常组织中高出许多，甚至高出 1 倍。氧化物多以灰色树枝状或条纹状形式存在；硫化物则多以点状或不规则条状集合体形式存在。夹渣物周围有白亮色的铁素体。在低倍光学显微镜下，很难区分夹渣物与片状石墨；但在高倍下则很容易区分。

在夹渣区，由铸件表面至内部，化学成分不断变化。为此，可将夹渣区分为夹渣层（一次夹渣）、夹杂物层（二次夹渣）和石墨偏析层（表 8-3）。由表 8-3 中可以得知，夹渣层含硫、硅、镁较多。例如，硫比正常组织区要高数倍，镁可高出 1～2 倍，硅可高出

表 8-3 球墨铸铁夹渣区和正常组织区的化学成分

部位 \ 化学成分（质量分数,%）	碳	硫	硅	磷	锰	镁
夹渣层	3.55	0.198	3.15	0.063	0.64	0.05～0.15
夹杂物层	4.20	0.132～0.08	2.66	0.069	0.54	0.05～0.15
石墨偏析层	5.54	0.02～0.04	2.36	0.064	0.58	0.05～0.08
正常组织区	3.44	0.02～0.08	2.40	0.068	0.53	0.05～0.08

50%。在夹杂物层中硫、镁、硅的含量比夹渣层的要少，但仍比正常组织区的高出许多。在石墨偏析层（它与正常组织区紧密相连）中，含碳量稍高，其他硅、镁的含量则属正常。在夹渣区内，有相当部分的硅、镁、硫是以化合物形式存在。经分析，夹渣区的化合物组成有：MgO、SiO_2、$MgSiO_3$、Mg_2SiO_4、MgS、Al_2O_3、Fe_2SiO_4 及一些玻璃相，其中，MgO、SiO_2 和镁的硅酸盐几乎占夹渣总量的一半。并且，一次夹渣多为 Mg_2SiO_4；二次夹渣则多为 $MgSiO_3$。

因此，要采取的预防措施就是：在保证球化的前提下，尽量减少残留镁量，原铁液中的氧、硫含量必须减至最低；在球化剂中含有稀土和钙，可减少加镁量和残留镁量。

采用茶壶式前炉和铁液包，使所产生的熔渣完全分离开。

浇注温度低，产生 MgO 和 SiO_2，它们相结合而形成镁橄榄石，与 Al_2O_3 也能结合，由此形成夹渣，在 1350℃以下时会急剧产生镁橄榄石。另外，铁液紊流易氧化，促进了这些反应，因此，必须在浇注系统、浇注方法上注意，避免铁液发生紊流。

球化处理时，在球化剂表面添加 0.02%～0.1%的冰晶石粉或氟碳酸钠粉，能减少夹渣的形成。在浇注系统设计方面，可采取以下措施：在直浇道底部或在横浇道连接部位设置集渣包；或者在浇注系统中设置阻流挡渣及滤网。浇注时的压头必须尽可能降低。必要时，把横浇道分成上型、下型，以减小压力。也可在横浇道中设置集渣冒口，使铁液旋转渣子上浮。在型内孕育时，要使 FeSi 反应充分，以防未溶解的 FeSi 上浮至表面而形成异常的组织，造成机械加工性能恶化。还可以在横浇道的顶端延伸一段用作集渣段，但在此处不得开设内浇口。

生产经验表明，采用珍珠岩或其他优质结渣剂对于消除一次夹渣具有明显效果。提高铁液的纯净度和提高浇注温度可显著减少二次夹渣。

第五节 石 墨 漂 浮

石墨漂浮是指在铸件的上表面，有大量的石墨球聚集，并且，此时石墨球的形态，由原来致密的球状转变成开花状，由此，恶化了铸件的表面质量和力学性能（见图 8-10）。

球墨铸铁件的健全程度与其碳当量密切相关。一般是采用共晶成分，以减少缩孔和缩松倾向。由于加镁进行球化处理，导致铁液过冷，致使铁液的共晶成分向右偏移。因此，对于一般的球墨铸铁，大多采用的碳当量为 4.3%～4.7%，这对于中小型铸件是适用的，但是，对于厚大断面的球墨铸铁，则要把碳当量范围降至 4.3%～4.4%。否则，就会出现石墨漂浮现象。表 8-4 示出，随铸件壁厚增加，液相线共晶成分 CEL 值要减少，以避免产生石墨漂浮。

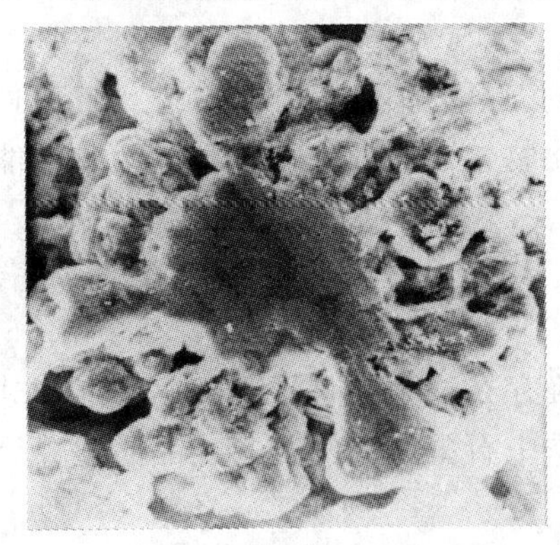

图 8-10 开花状石墨的扫描电镜照片 500×

产生石墨漂浮现象的可能性，不仅与铁液的碳当量有关；也和铸件的几何形状和冷却速度有关。另外，它还可能与铁液的形核程度有关。但是，其中冷却速度的影响要明显得多。对于厚大断面的球墨铸铁，如果采用金属型以加速冷却，则把碳当量提高到4.6%～4.7%，也不会出现石墨漂浮。

石墨漂浮现象还与浇注温度有关，当浇注温度过高时，铁液会较长时间不能凝固，致使在液态析出的石墨球，因热力学上不稳定，故它们会自动地彼此团聚，聚集成体积更大的石墨球，由于石墨球与铁液的密度差很大，因而加剧了石墨的上浮速度，最后导致在铸件上表面出现石墨漂浮现象。

表8-4 出现石墨漂浮的临界最大液相共晶成分与铸件壁厚、浇注温度的关系

CEL① （质量分数%） 浇注温度（℃）	铸件壁厚（mm）			
	20	30	50	80
1315	4.56	4.52	4.44	4.31
1340	4.53	4.49	4.41	4.27
1370	4.50	4.46	4.38	4.24
1400	4.47	4.43	4.35	4.21
1425	4.45	4.40	4.32	4.19
1455	4.42	4.37	4.29	4.15

① $CEL=C+\frac{1}{4}Si+\frac{1}{2}P$。

由表8-4中可以看出，随着铸件壁厚的增加及浇注温度的提高，临界最大液相共晶成分降低，也就是允许的碳当量降低。此时，若超过允许的碳当量值，出现石墨漂浮的概率会增大。若要提高液相共晶成分值，例如，若要将其值由4.15%提高至4.31%，对于壁厚为80mm的铸件来说，就要把浇注温度从1455℃降至1315℃。

第六节 反 白 口

一、现象

在铸铁件的断面上，出现与正常的断面相反的现象。在铸铁件的中心部位或是在缓慢冷却（热节）的部位，本来应该是出现灰口组织，但却出现的是白口组织或是麻口组织；但是，在铸铁件的外表层或是在冷却较快的部位，本来应该是出现白口组织或是麻口组织，但却出现灰口组织。

广义来说，在灰铸铁和球墨铸铁件都会出现反白口现象。不过，在灰铸铁领域，一般是在生产过共晶成分的活塞环时出现。在球墨铸铁领域，特别是在我国球墨铸铁件生产中，往往加入了更多的稀土和硅，因而，经常在缓慢冷却的厚大断面球墨铸铁件和热节部位出现反白口现象。

在铸铁件中出现反白口现象，使机械加工困难、加剧刀具磨损；另外，在产生反白口现象的部位，往往出现缩松，基体组织中含有较多的碳化物，因而导致该部位的力学性能降低，特别是使塑性指标降低。

二、产生的原因

近代对球墨铸铁的微区成分分析表明，成分偏析的确存在，尤其是慢冷的厚大断面球墨铸铁件，其偏析现象更为严重。用电子探针对球墨铸铁中石墨球周围及其共晶团边界元素分布所进行的分析结果如图8-11所示。

由图8-11可以看出，在共晶团边界常富集的有锰、铬、钼、钒、稀土等形成碳化物元素及磷、硫、锡、锑、铋、砷等低熔点元素，这些元素富集在共晶团边界称作正偏析元

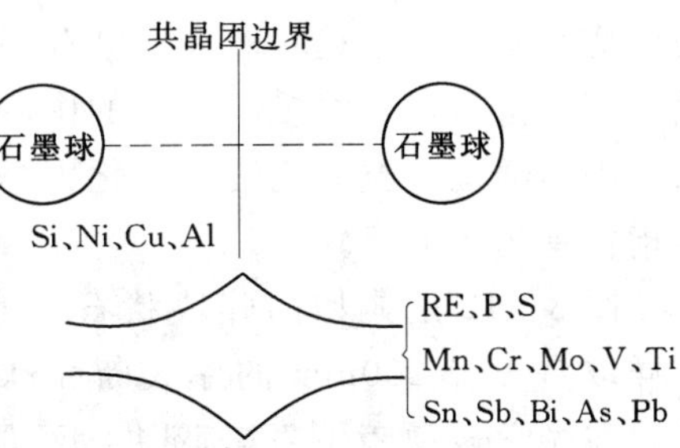

图 8-11 球墨铸铁中各元素的微区偏析

素；而在共晶团内部、沿石墨球周围，则富集硅、铜、镍、铝等促进石墨化元素，这些元素称作负偏析元素。例如，某大型轧辊的平均成分是：$w(C)=4.0\%$，$w(Si)=2.52\%$，$w(Mn)=0.71\%$，$w(P)=0.41\%$，$w(S)=0.015\%$，$w(Cr)=0.086\%$；经测定，在呈正偏析的区域里，$w(C)=5.09\%$，$w(Si)=0.09\%$，$w(Mn)=1.72\%$，$w(Cr)=0.44\%$；在呈负偏析的区域里则 $w(C)=0.93\%$，$w(Si)=2.55\%$，$w(Mn)=0.65\%$，$w(Cr)=0.08\%$。

球墨铸铁中的含硅量越多，则硅的偏析也就越严重。根据 Fe—C—Si 相图分析，在接近平衡的条件下，先结晶凝固的是高硅相，因而容易出现灰口组织；后结晶凝固的则是低硅相，因而容易出现白口组织。因此，在快速冷却的部位可以出现灰口组织，而缓慢冷却的部位，则反而会出现白口组织（或是麻口组织）。

在出现硅呈负偏析的同时，还会出现碳化物形成元素在共晶团边界的正偏析，特别是，由于球化剂中的稀土元素，它们易形成碳化物，因而在铸件缓慢冷却的部位出现稀土元素的富集，并形成碳化物，导致白口倾向加大，使反白口现象加剧。

三、防止措施

(1) 控制球墨铸铁中的含硅量不得过高。即使是铁素体基体的球墨铸铁，建议其最高含硅量不超过 2.5%～2.7%。对于珠光体基体的球墨铸铁，其最高含硅量不超过 2.2%。

(2) 控制球墨铸铁中的含锰量，即使是珠光体球墨铸铁，建议其最高含锰量不超过 0.8%；对于铁素体基体的球墨铸铁，其最高含锰量不超过 0.3%。

(3) 控制球墨铸铁中的残余稀土量。为此，使用含稀土量较少的球化剂，球化剂中的稀土在 3%以下为宜。

(4) 改善孕育技术，提高孕育效果，采取延后孕育，使球墨铸铁在一次结晶时，出现尽可能多的石墨球。

(5) 在工艺设计方面，尽量消除铸件各部位在冷却速度上的过大差别。可采用相应的冷铁工艺。

(6) 在熔炼方面，要防止底焦过低和送风量过大，由此会导致元素烧损严重和铁液中 FeO 含量过高。

(7) 采取高温退火工艺，可局部消除反白口现象，但要完全消除各元素的微区分析，即使采取高温均匀化退火，也是不可能的。

第七节 碎块状石墨

一、现象

碎块状石墨是厚大断面（壁厚不小于 100mm）球墨铸铁中或是在热节部位经常出现

的畸变石墨。在宏观断口上，可看到 1～3mm 大小的黑色斑点密布在铸件缓慢冷却的中心区域。出现碎块状石墨的部位，质地疏松，恶化力学性能，特别是塑性指标有明显下降。

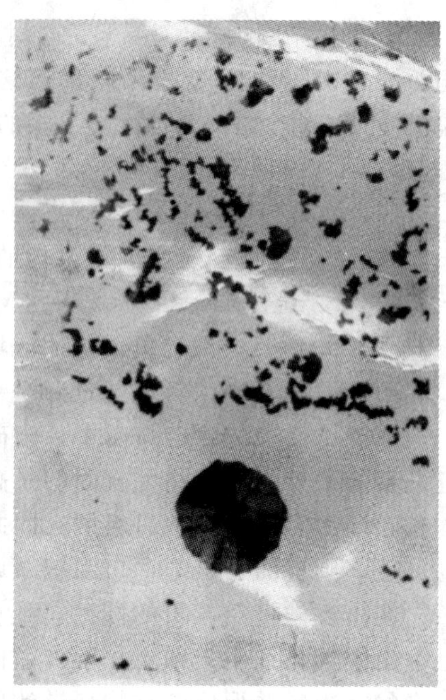

图 8－12 碎块状石墨的光学显微镜照片 300×

图 8－12 是典型的碎块状石墨光学显微镜照片。试样取自直径 200mm 的厚大断面球墨铸铁的热中心处。在光学显微镜下看来碎块状石墨是彼此孤立的，并且往往伴随有圆整的球状石墨。但是，把试样进行深腐蚀并在扫描电子显微镜下观察发现，碎块状石墨有其自己的共晶团，在一个共晶团内部，碎块状石墨是互相联系在一起的；并且，由于它是在缓慢凝固时得到的，因而共晶团得以发展长大，所以它比球状石墨共晶团要大得多，其几何形状也大体上呈球形。图 8－13 是碎块状石墨共晶团经深腐蚀后的扫描电子显微镜照片。图 8－14 是经深腐蚀后，在高倍下揭示的碎块状石墨呈角锥体互相联系在一起的情况。从图 8－14 中可以看出，碎块状石墨是沿（0001）向，向外长大的。由于这些石墨很细小而且分枝频繁，所以碎块状石墨共晶团内往往伴随的金属基体是铁素体。

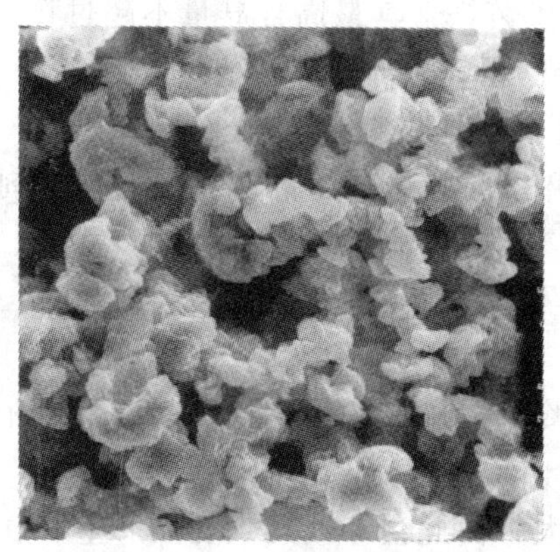

图 8－13 经深腐蚀后，在扫描电镜下的碎块状石墨（低倍） 1000×

图 8－14 碎块状石墨呈角锥体辐射长大的扫描电镜照片（深腐蚀） 3000×

二、产生的原因

关于碎块状石墨形成的机制，至今尚不完全清楚。

由扫描电子显微镜观察表明，铁液对碎块状石墨有冲蚀作用。首先生成的是碎块状石墨共晶团。后来，由于凝固过程进行十分缓慢，形成的共晶团尺寸粗大；又由于这种碎块状石墨分枝频繁和细小，因而在其端部的联系松散，在铁液热对流的作用下，有可能使靠近共晶团边界的石墨，被冲蚀而形成游离的碎块。另外，较大尺寸的碎块状石墨在热对流作用下，分裂成尺寸更小的碎块状石墨，因而，从共晶团内游离出来，漂浮在共晶团边界处。

另外，由于凝固缓慢，析出的石墨球比一般的初生石墨球要大得多。当超过某一尺寸时，这些石墨球中的铁包含物增多。随着这些石墨球在铁液中的进一步长大，因尺寸变化会形成内应力。由于在长大过程中所引起的内应力的不断增加，超过一定值时，致使石墨球开始破裂形成碎块。在凝固过程中，铁液对流可使这些碎块变得更小，并且，它们被铁液的热紊流作用冲入树枝晶间，形成碎块状石墨的结晶核心。

三、防止措施

（一）化学成分

碳当量的影响最大。在厚大断面球墨铸铁中，在不产生石墨漂浮的前提下，应尽量提高碳当量。经研究表明，碳当量的变化会明显影响石墨形状。随着碳当量增加，石墨球数增加，非球状石墨减少。因此，对于亚共晶成分的球墨铸铁，冷却速度缓慢将使球状石墨畸变；对于共晶成分的球墨铸铁，即使冷却速度缓慢，石墨仍然保持球状；对于过共晶成分的球墨铸铁，则石墨不仅圆整，而且细小。但是，在球化剂中含有稀土的情况下，则碎块状石墨容易形成。为此，建议碳当量在4.2%～4.4%之间。

另外，碎块状石墨与含硅量有密切关系，增加含硅量将促使碎块状石墨的形成。为此，在厚大断面球墨铸铁中，尽量采取较低的含硅量，例如，对于珠光体球墨铸铁，其最高含硅量不超过2.2%。

过量的稀土将导致碎块状石墨的加剧。生产实践表明，如果残余稀土量超过残余镁量，在厚大断面球墨铸铁中，必然会出现碎块状石墨。为此，残余稀土量不得超过0.03%。此外，在厚大断面球墨铸铁中，由于凝固过程缓慢，导致镁的蒸发损失。为此，要把残余镁量控制在更高的水平，残余镁量不得小于0.05%。

（二）孕育

对于厚大断面球墨铸铁，当每1mm^{2}面积上的石墨球数达60个以上时，可不出现碎块状石墨。

采取延后孕育，对于增加厚大断面球墨铸铁的石墨球数也同样是有效的。采用型内孕育，可使石墨球数增加2倍。

采用长效、高效孕育剂如采用含锶和锆的孕育剂，可使凝固时间长达3h的厚大断面球墨铸铁中仍保持有细小、均匀的球状石墨。采用含钡2%的75SiFe，也具有长效孕育的作用。

对于厚大断面球墨铸铁，采用粗颗粒的（如3～5mm）或是团块状的孕育剂进行孕育处理，对克服碎块状石墨是有利的。但是，孕育过量也将导致形成碎块状石墨。为此，延后孕育采用的孕育剂加入量，不得超过0.1%。

（三）微量元素

在厚大断面球墨铸铁中，可与铈一起加入适量的锑、铋等微量元素。锑和铋本来是干扰球化的元素，这时不但不会干扰石墨球化，反而能消除碎块状石墨。

在没有铈和其他微量元素的情况下，加入0.002%锑，可使200mm断面球墨铸铁的中心部位的石墨球非常圆整。锑的吸收率为80%～85%，而且回炉料中的锑也大部分可以回收。在用回炉料和未知成分炉料时，易使锑超过0.005%。因此，在加锑的同时，要加入0.01%～0.05%的铈，以抵消锑和其他干扰元素的破坏作用。

（四）工艺措施

最有效的工艺措施是采用金属型或是冷铁。实践表明，采用金属型可显著缩短凝固时间。因而，减少碎块状石墨出现的几率。对于Φ300mm的圆柱形铸件，在砂型中的凝固时间是120min；而在金属型中的凝固时间缩短为60min；对于Φ200mm的圆柱形铸件，在砂型中的凝固时间为60min；而在金属型中的凝固时间则缩短为30min。此时，就不会有碎块状石墨的出现。此外，浇注温度要尽量降低，不要超过1400℃。还要防止采用过大的冒口。

思考题

1. 何谓回硫现象？如何防止？
2. 何谓“界面反应的球化衰退”，它有哪些危害，如何防止出现？
3. 为什么球墨铸铁的缩孔与缩松体积比灰铸铁、白口铸铁和铸钢的都要大？
4. 形成氮气孔的原因是什么？如何防止？
5. 为什么夏季出现皮下气孔的概率明显增多？
6. 提高浇注温度能减少夹渣的原因是什么？为什么温度越高，铁液越不易氧化？
7. 什么是“反白口现象”，如何防止？
8. 对石墨漂浮现象如何判断？如何区分“石墨漂浮”和出现“碎块状石墨”？

第九章 球墨铸铁热处理

第一节 球墨铸铁热处理基础

一、球墨铸铁共析转变的临界温度范围

球墨铸铁是以铁、碳、硅三元素为主的合金。因此，用“Fe—C—Si”三元状态图可基本反映球墨铸铁在不同温度下的相组成。但是，直接把三元状态图表征在平面上有困难，因此，通常采用某一含硅量的Fe—C相图来表征该球墨铸铁的相组成。图9-1是含硅为2.08%的Fe—C相图中三相区（γ+α+G）随加热与冷却的变化。

根据Fe—C合金二元平衡相图，A_1线的平衡温度（对于稳定态）是738℃。但是，对于含硅为2.08%的Fe—C相图来说，则出现了γ—Fe、α—Fe和G（石墨）三相区。此三相区的位置随加热和冷却而改变。加热时，三相区的位置抬升；冷却时三相区的位置下降。并且，加热速度越快，则三相区的位置抬升越高，冷却速度越快，则三相区的位置下降越低。这种现象是因为相转变滞后于温度变化所致。此三相区就是球墨铸铁共析转变的临界温度范围。球墨铸铁由室温加热，开始出现奥氏体（γ—Fe）的温度叫加热时临界温度范围的下限（用A_{C1}^{S}表示），全部转变为奥氏体或铁素体（α—Fe）最后消失的温度叫加热时临界温度范围的上限（用A_{C1}^{Z}表示）。完全奥氏体化的球墨铸铁在冷却过程中，由奥氏体开始析出铁素体的温度叫冷却时临界温度范围的上限（用A_{r1}^{S}表示），奥氏体最终消失的温度叫冷却时临界温度范围的下限（用A_{r1}^{Z}表示）。

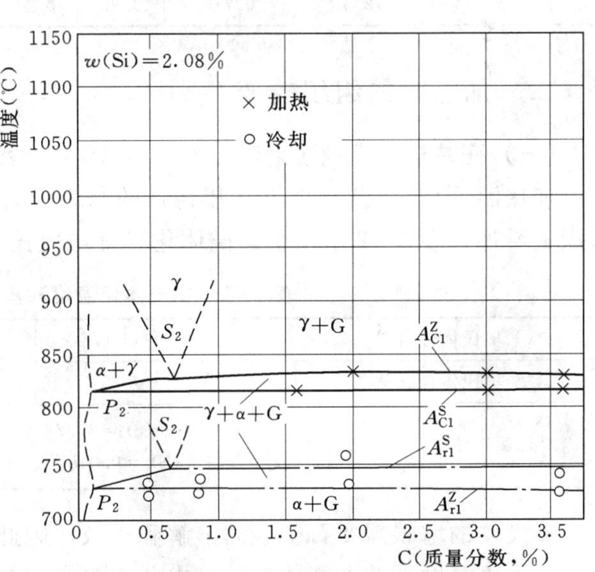

图9-1 含硅为2.08%的Fe—C相图中三相区（γ+α+G）随加热与冷却的变化

在化学成分中，对球墨铸铁共析转变临界温度范围影响最大的通常是硅。从“Fe—C—Si”三元状态图上也可看出，硅使临界温度范围显著上升并变宽（同时还降低碳在奥氏体中的溶解度）（见图9-1）。和硅相反，锰则降低临界温度范围，但在一般球墨铸铁中，锰量的波动范围不如硅量大，所以相对来说，影响比硅小。此外，磷和镁也是提高临

界温度的元素，因它们含量很少，影响不显著。

此外，合金元素对共析转变温度范围的影响各异，镍使共析转变温度范围降低，而铬则使共析转变温度范围提高，铜的作用与其含量有关，当 $w(Cu)<0.8\%$ 时降低，当 $w(Cu)>1.45\%$ 时提高。

在共析转变（临界）温度范围内，奥氏体 γ、铁素体 α 和石墨 G 共存。改变加热温度、保温时间和冷却速度，可获得不同数量和形态的铁素体、珠光体或其他奥氏体转变产物及残余奥氏体，从而可在很大范围内调节或改变球墨铸铁的基体组织和力学性能。两种化学成分球墨铸铁的共析转变临界温度列于表 9－1。

表 9－1 不同成分球墨铸铁的共析转变临界温度

序号	主要成分（质量分数，%）					共析转变临界温度（℃）			
						加热时		冷却时	
	C	Si	Mn	Cu	Mo	A_{C1}^{Z}	A_{C1}^{S}	A_{r1}^{S}	A_{r1}^{Z}
1	3.6～3.8	2.0～2.5	0.3～0.8	—	—	870～880	795～805	～810	～730
2	3.95	2.6	0.719	0.92	0.41	835	770	—	670

二、加热时的组织转变

（一）在共析转变温度范围以上（$>A_{C1}^{Z}$）加热

加热温度在 A_{C1}^{Z} 以上时，球墨铸铁的组织中会发生一系列变化。首先是奥氏体的平衡含碳量增加。表 9－2 示出了奥氏体化温度与奥氏体含碳量的关系。

表 9－2 奥氏体化温度和奥氏体含碳量关系

奥氏体化温度（℃）	850	900	950	1050
奥氏体含碳量（%）	0.73	0.93	1.1	1.2
球墨铸铁的化学成分（%）	$w(c)=3.32\%$，$w(Si)=2.52\%$，$w(Mn)=0.29\%$，$w(p)=0.037\%$，$w(S)=0.015\%$，$w(Mg)=0.054\%$			

奥氏体的增碳需要石墨碳的溶解和扩散，因此奥氏体的含碳量也是随着时间的延续而逐步达到该温度下的平衡数量的。由此，提高加热速度和缩短保温时间，将使奥氏体的实际含碳量低于该温度下的平衡含碳量，得到低碳的奥氏体。如果加热速度很快，在达到某奥氏体化温度前球墨铸铁中尚保留着大量的原始组织，则原始组织的状况将会影响到奥氏体的实际含碳量。具有铁素体基体的球墨铸铁在 A_{C1}^{S} 以上随炉升温中，吸收不多的碳量即可能转变为含碳量较低（低于共析碳量）的奥氏体。珠光体基体的球墨铸铁，因其中碳的扩散距离较短，则容易转变为含碳较高的奥氏体。

奥氏体化温度、保温时间及加热速度，甚至原始组织的不同，都会影响到奥氏体的实际含碳量，使奥氏体的含碳量可以在一个很广阔的范围内变化。而奥氏体的含碳量对它在冷却时的转变过程和转变产物的性能有重要的影响。

球墨铸铁在共析转变温度范围以上加热时，还可能发生游离渗碳体的石墨化。因有时球墨铸铁的铸态组织中常形成少量的游离渗碳体，而这部分游离渗碳体在低于共析温度和共析转变温度范围内的石墨化速度是十分有限的。只有在相当高的温度（一般大于880℃）时，游离渗碳体的石墨化进行得才比较迅速。这时，渗碳体分解为石墨和奥氏体。石墨的析出，通常是通过渗碳体的分解，碳向球状石墨的扩散及碳在球状石墨上的沉积来完成的。温度升高时，游离渗碳体的石墨化速度急剧加快，图9-2即反映了这种关系。此外，化学成分对于渗碳体的分解速度也有重要的影响。硅、碳、铝等元素加速它的分解，而锰、硫、钼、铬等元素则阻碍它的分解。

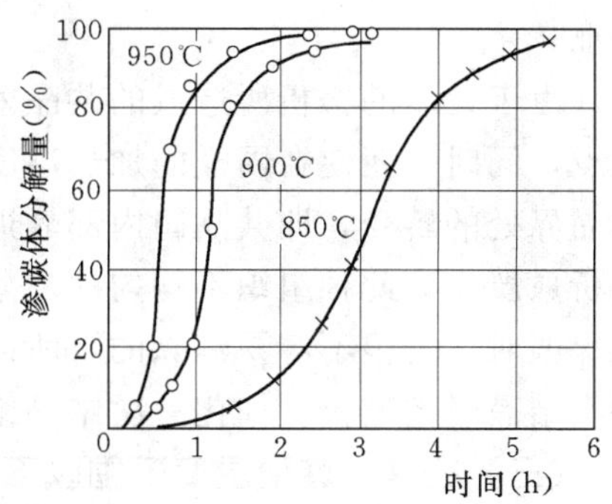

图9-2 石墨化温度对游离渗碳体分解速度的影响

高温加热还会导致磷共晶中的渗碳体分解，磷共晶的棱角会熔化，出现磷共晶钝化现象，乃至磷共晶熔化。

球墨铸铁在共析温度范围以上加热，伴随有奥氏体晶粒长大和成分均匀化。两者皆随温度升高而加剧，温度低于900℃，奥氏体晶粒尺寸变化不大，多在0.025～0.035mm范围内。温度超过900℃，奥氏体晶粒急剧长大到0.035～0.050mm。温度达到1050℃，奥氏体晶粒尺寸达到0.050～0.070mm，几乎比900℃以下大了1倍。

（二）在共析转变温度范围内（A_{c1}^{S}～A_{c1}^{Z}）加热

在铁素体中形成的奥氏体，具有独特的生长方式。一般情况下，奥氏体首先在共晶团晶界处形成，而不在球状石墨周围形成。随着温度的升高，奥氏体数量不断增多，逐渐占据了共晶团晶界，然后向共晶团晶粒内生长。奥氏体晶粒一般呈杆状或棱片状，当它们沿着铁素体晶界长入共晶团内部时，便使原来互相衔接成片的铁素体晶粒分割开。随着温度的进一步升高，奥氏体数量继续增加，便形成围绕石墨分布的、有集聚倾向的“破碎铁素体”组织。在形成此种组织的温度进行长时间保温，分散的破碎铁素体不会集聚成为大块牛眼状铁素体。而牛眼状铁素体组织在此温度保温时，会迅速转变为破碎状。所以，在这种温度时，破碎铁素体与牛眼铁素体相比，是一种更为稳定的状态。

在这种部分奥氏化处理的球墨铸铁组织中，一般情况是，共晶团晶界处，铁素体量少，而在球状石墨周围，铁素体量多。增长保温时间并不能消除铁素体分布的这种不均匀状态。

在共析转变温度范围内形成破碎状铁素体的这种现象，和球墨铸铁一次结晶组织中硅、锰、磷等元素的偏析及碳的扩散特点有密切的关系。共晶团晶界的硅量偏低，锰、磷量偏高，在共晶团中心部位靠近球状石墨处则相反，硅量偏高，锰、磷量偏低。

因此，共晶团晶界的临界温度偏低，内部则偏高。这样，在加热过程中，共晶团晶界的铁素体首先达到共析转变温度，因而，奥氏体就从晶界处开始形成。另一方面，铁素体转变成奥氏体时所需要补充的碳来自石墨，因而，碳从石墨向奥氏体晶粒的扩散是奥氏体继续生长的必要条件之一。而碳的扩散沿着铁素体晶界进行较为容易，所以奥氏体的生长就首先沿着铁素体晶界向石墨的方向发展。当大量奥氏体晶粒形成后，单靠沿铁素体晶界扩散过来的碳，已不能满足奥氏体生长的需要。这时，奥氏体得到从铁素体晶粒内部扩散过来的碳的补充，便以杆状或棱片状长入铁素体晶粒内部，造成了破碎状铁素体组织的特征。

由于元素的偏析所造成的共晶团内部临界温度偏高的现象，不但影响了奥氏体的生长特点，同时，还使在同样的加热温度时，共晶团内部向奥氏体转变的完全程度落后于共晶团晶界处的转变，即共晶团内部靠近球状石墨处有着较多的平衡的铁素体量。化学成分的偏析愈严重，此种组织不均匀的现象就愈显著。而化学成分的偏析，在共析转变温度范围内保温时，是很不容易消除的，所以增长保温时间并不能减轻组织的不均匀性。只有减轻一次结晶时的偏析，细化一次结晶组织，高温扩散退火等，才能使组织趋于均匀。

（三）在共析转变温度范围以下（$<A_{C1}^{S}$）加热

在此温度范围内，发生共析渗碳体的粒状化和石墨化，即片状珠光体→粒状珠光体和共析渗碳体→铁素体＋石墨。

共析渗碳体由片状转变成粒状，因而表面积减少，表面能降低，从而降低了系统自由能，所以这个过程能自发进行。随着加热温度升高，珠光体的粒化过程加速。另外，珠光体中的渗碳体是不稳定的，在有足够高的温度和时间时，则要分解成铁素体和石墨。在共析渗碳体的石墨化过程中，加热温度和保温时间对共析渗碳体的分解，起着十分重要的作用。当加热温度越接近 A_{C1}^{S} 点，则这个过程就进行得越剧烈。保温时间越长，则石墨化进行就越充分。这时由共析渗碳体分解而成的二次石墨，向原有的石墨表面扩散、聚集，形成包围原有石墨周围的外壳。

影响共析渗碳体分解的因素除温度和保温时间外，化学成分也有十分重要的作用。

当含硅量增加时，可缩短保温时间。但硅使球墨铸铁的共析转变温度升高。因此，当含硅量增加时，共析渗碳体分解要求的保温温度也要相应提高。

锰阻碍共析渗碳体分解，并且其阻碍作用随着含锰量的增加而增加。因此，生产铁素体球墨铸铁时，其含锰量不大于 0.3%；对于铸态铁素体球墨铸铁，其含锰量要不大于 0.2%。

磷阻碍共析渗碳体分解。当铸态组织中有磷共晶组织时，在其周围的珠光体很难在渗碳体分解过程中进行彻底分解。

球墨铸铁通常含硅量大于 2%，共析渗碳体石墨化要比其粒化过程进行得更为强烈。因此，要使球墨铸铁具有粒状珠光体组织，就要降低含硅量，并提高含锰量 [$w(\mathrm{Mn})=1.0\%\sim1.5\%$]，且要配合适当的加热制度。

三、冷却时的组织转变

球墨铸铁冷却时，奥氏体中的碳将处于过饱和，随着冷却速度的不同，或析出石墨，或析出渗碳体。从热力学分析，在由共晶温度到共析温度的整个温度范围内，碳在奥氏体中的过饱和部分只能以石墨形式析出。此时析出的石墨生长在铸件凝固时已形成的球状石墨上，使石墨球增大，但不改变原有的球状特征。

共析分解是球墨铸铁另一个重要的组织转变，由此决定了球墨铸铁的最终组织。由于化学成分和冷却条件不同，奥氏体按照不同的方式分解：第一种情况是 $\gamma\rightarrow\alpha+G$ 反应，此时形成铁素体基体；第二种情况是 $\gamma\rightarrow\alpha+Fe_3C$ 反应，这时形成珠光体基体；第三种情况是，上述两个反应同时进行，此时则形成铁素体—珠光体混合基体。

在共析转变正常进行时，奥氏体不仅与铁素体接触，还与石墨接触，也可能由奥氏体析出石墨。另外，也可通过包围球状石墨的铁素体壳，由奥氏体析出石墨输送给石墨球表面，这是因为碳在铁素体中的扩散速度要比在奥氏体中的扩散速度高出几个数量级。

在同一个铸件内通常是：一些区域在共析转变开始时就没有奥氏体—石墨的直接接触；而在另一些区域，直到共析转变的最后阶段，奥氏体—石墨仍保持接触。在这两种情况下，共析转变均导致了铁素体和石墨的形成。

在稍许加快冷却速度时，奥氏体已经过冷到 A_{r1}^{Z} 温度以下，共析转变奥氏体→铁素体＋渗碳体便开始进行，形成了珠光体组织。开始时，在 A_{r1}^{S}～A_{r1}^{Z} 温度范围内，奥氏体中的大部分是按奥氏体→铁素体＋石墨转变进行，只有小部分转变为珠光体。加快冷却速度，会减少奥氏体→铁素体＋石墨转变的数量，而转变为珠光体的部分增加，由此形成了铁素体—珠光体混合基体组织。当冷却速度进一步加大，使奥氏体→铁素体＋石墨转变完全受到抑制时，则全部奥氏体转变成铁素体＋渗碳体。在这种情况下，球墨铸铁的基体组织是珠光体。

除了铁素体基体、铁素体—珠光体混合基体和珠光体基体外，还可能有珠光体—渗碳体的球墨铸铁。此时，在很快的冷却速度情况下，石墨从奥氏体中的析出不仅在共析转变时受阻，而且在共析转变温度以上二次高碳相析出时也受阻。在由共晶温度到共析转变温度进行冷却时，与析出二次石墨的同时，还可能析出二次渗碳体，而后，奥氏体转变成珠光体，其中除石墨外，还有网络状和针片状的共析渗碳体。在珠墨铸铁热处理时，如果奥氏体化温度过高和冷却速度过快就会出现这种二次（共析）渗碳体。

奥氏体→铁素体＋石墨转变的动力学与球墨铸铁凝固时获得的石墨球数量相关。石墨球数量越多，则这个转变进行得就越完全、越快。因此，熔炼条件、球化与孕育处理等状况对共析转变过程具有重要影响。

球墨铸铁中奥氏体的共析转变是扩散型的相转变。它是通过奥氏体晶格的改组和溶解在奥氏体中的碳在各相间的扩散重新分布形成的。晶格的改组是原子通过扩散在界面进行，这种转变是在温度高于 550℃时进行的。

在更低的温度时相转变是滑移机制，此时晶格进行有序的改组即 γ→α 转变，在这种改组过程中，原子的热运动不起多大作用。此时原子移动的距离比原子间距离还小。这种移动的机制是位错，它与奥氏体共析转变的分解是由于扩散机制是迥然不同的。

当球墨铸铁冷却到 200～550℃温度范围时，在奥氏体基体中发生贝氏体转变，铁晶格的滑移改组 γ→α 与碳的重新分布同时进行。一般是在石墨球附近开始转变，这显然与奥氏体稳定性的降低有关，因为奥氏体在这里贫碳。贝氏体经由针状 α 相形成的途径生长，包围针状 α 相的 γ 固溶体中富碳，因此发生碳化物的析出（在含硅量大于 2.5%时，此过程受到抑制。高碳相将以石墨形式析出，聚集在已有的石墨球上）。当贝氏体转变温度降低时，针状 α 固溶体中碳的过饱和度增大，致使碳化物质点变得更小，故贝氏体分成高温的上贝氏体和低温下贝氏体。

当过冷到 200℃和更低一些时，则进行不带有碳重新分布的 γ→α 滑移转变，碳化物质点的析出受阻，奥氏体转变为马氏体。无扩散过程的马氏体转变是在一个温度区间进行。因为在凝固后继续冷却的球墨铸铁中，碳在奥氏体中的浓度不小于共析点的浓度，而马氏体转变的终止温度低于室温。所以，冷却到室温，铸件中仍能保留部分奥氏体，从而使马氏体基体中总保留一部分残留奥氏体。

用稳定奥氏体的合金元金（镍、锰等）可使球墨铸铁件获得在室温时也稳定的奥氏体基体。在这种情况下，在铸件冷却时不仅共析转变受阻，而且贝氏体转变和马氏体转变也都受阻。

四、奥氏体等温转变曲线

球墨铸铁在 A_{C1}^{Z} 以上温度作适当保温后，其组织是奥氏体和石墨。从奥氏体化的温度冷却到 A_{r1}^{S} 以下，奥氏体要经历一系列的转变。奥氏体的转变过程及转变产物和转变时的过冷度、球墨铸铁的化学成分、奥氏体化的温度及保温时间等因素有关。为了掌握奥氏体在不同过冷度下的转变规律，以此作为制定球墨铸铁热处理工艺的依据，就需要对球墨铸铁奥氏体的等温转变作仔细的研究和分析。为此，把一组试样自 A_{C1}^{Z} 以上温度急速冷却到 A_{r1}^{S} 以下的不同温度进行恒温保温，在此过程中观察奥氏体随着时间的延续而发生转变的过程。将试验结果用曲线的形式表达出来，就得到了奥氏体的等温转变曲线，因其形状类似S形，故又称为S—曲线。测定S—曲线一般采用热磁仪和金相分析相配合的方法。下面将绘制S—曲线时数据的整理方法作简单的介绍。

表9-3 过冷奥氏体的转变时间与转变量的关系

转变时间（s）	20	60	170	200	280	340	800
转变量（%）	始	10	25	50	75	90	终

如将一批球墨铸铁试样加热到 A_{C1}^{Z} 以上，保温后，将其中一组迅速过冷到700℃，用热磁仪和金相法测定在这个温度时过冷奥氏体的转变情况，得到表9-3所列数据。

以表9-3数据绘制该成分球墨铸铁在700℃时的奥氏体等温转变动力学曲线（见图9-3）。

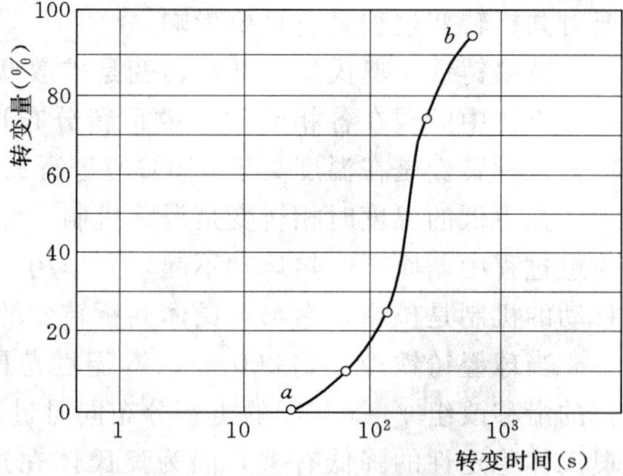

图9-3 过冷奥氏体的转变时间和转变量的关系

从上述试验结果可以看到，当奥氏体过冷到700℃时，它并不立即开始转变，而要经过20s以后才开始转变。这一段时间即称为转变的孕育期。经过孕育期后，逐渐进行转变，转变速度也逐渐增大，反映在转变量—时间曲线上，出现了陡坡。以后，当转变进行到一定程度以后（约50%），转变的速度又重新减慢。至 b 点时，转变量已趋近100%，但尚不是真正转变完结。这时，转变速度已经极慢了，b 点就被有条件地认为是转变终了点。可见，在实际的时间限度内，总还会残存少量奥氏体。用同样的方法，可测制奥氏体在650°、600°、550°、500°、……、200℃等不同温度时的等温转变曲线，相应地得到一系列的转变开始点和终了点。将这些点综合在一张“等温温度—等温转变时间”为坐标的图上，并将所有开始点和终了点分别相连，就得到了在不同过冷度下进行等温转变的“开始”和“终了”曲线。同样地也可划出表示转变到某一程度，如25%、50%、75%、90%的曲线。这样便得到了该成分球墨铸铁的奥氏体等温转变S—曲线（见图9-4）。

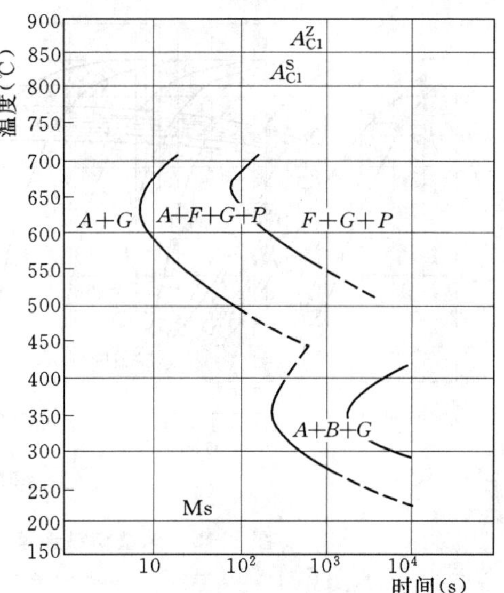

图9-4　球墨铸铁奥氏体等温转变曲线

[球墨铸铁成分（质量分数，%）：C3.415，Si2.96，Mn0.78，P0.058，S0.019，Mg0.036，Mo0.17，RxOy0.028；测试方法：金相法；测试单位：沈阳铸造研究所]

A—奥氏体；*B*—贝氏体；*C*—渗碳体；*F*—铁素体；*P*—珠光体；*G*—石墨；Ms—马氏体转变起始温度

提高奥氏体化温度、延长保温时间，则奥氏体含碳量增加，晶粒尺寸变大，成分均匀化，这都使奥氏体稳定性提高，即促使转变曲线右移。增加含硅量使转变开始曲线左移，使转变终了曲线右移，并使珠光体转变区域上移。增加含锰量使转变曲线右移，并使珠光体转变区与贝氏体转变区分离，上、下贝氏体转变区明显分离，马氏体转变温度Ms降低。添加钼、铜、镍，使转变曲线明显右移，使珠光体转变区与贝氏体转变区分离，马氏体转变温度Ms下降。奥氏体等温转变产物见表9-4。

表9-4　各种温度下奥氏体等温转变产物

相变类型	转变温度（℃）	主要等温转变产物	相变类型	转变温度（℃）	主要等温转变产物
高温珠光体型转变	≈700	珠光体＋铁素体	中温贝氏体型转变	350～450	上贝氏体＋奥氏体
	600～650	索氏体＋铁素体		230～350	下贝氏体＋残余奥氏体
	550～600	托氏体＋铁素体	低温马氏体型转变	<约230	马氏体＋残余奥氏体

五、奥氏体连续冷却转变

图9-5是某种成分球墨铸铁的过冷奥氏体连续冷却转变曲线和半冷时间—硬度曲线。该曲线的测试条件是：加热速度2℃/min，奥氏体化温度T_A900℃，保温时间20min。A_{C1}表示加热时的下临界温度，T_A表示加热时的上临界温度。图9-5中连续冷却曲线下端数字是硬度值（10HV）。半冷时间t_{HC}是指从奥氏体化温度T_A冷却到T_A与室温之间的中值温度T_{HC}所需时间。

在连续冷却转变中，硅提高共析转变温度，降低淬透性；钼、铜、镍有效提高淬透性；硼提高贝氏体转变时过冷奥氏体的稳定性，对珠光体转变没有影响。钼、铜、镍有利于厚大断面球墨铸铁件在连续冷却时，转变成贝氏体—奥氏体、索氏体、珠光体，并改善贝氏体转变的淬透性。

由于热处理的冷却过程大多是连续冷却过程，因此使用过冷奥氏体连续冷却转变曲线可以更准确地预测组织和硬度。可以根据一定尺寸的工件在不同介质中冷却时，将其截面上各部位的冷却曲线叠绘在其相应成分的连续冷却转变曲线上，即可预测该工件的组织和

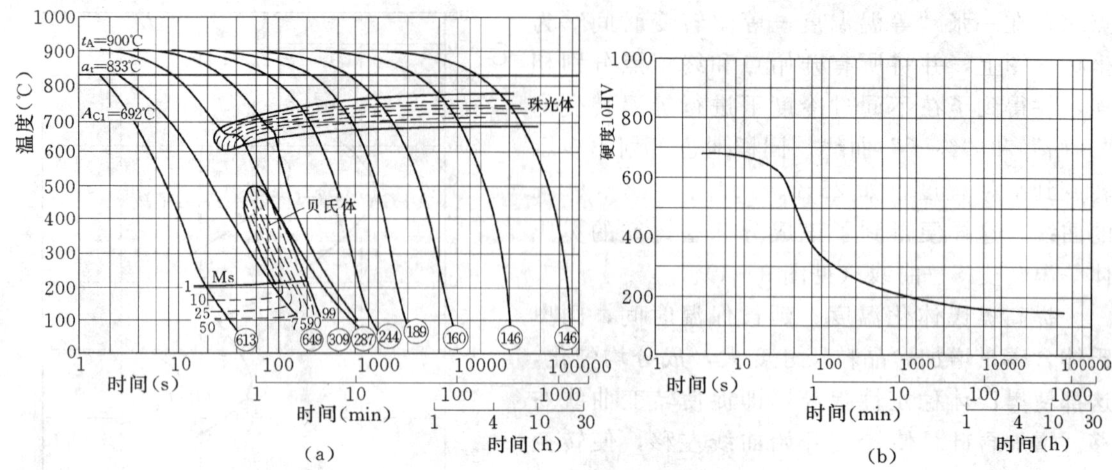

图 9-5 球墨铸铁连续冷却转变曲线和半冷时间—硬度曲线
[w(c)=3.59%，w(Si)=2.71%，w(Mn)=0.29%，w(P)=0.024%，w(S)=0.007%，w(Cr)=0.04%，w(Ni)=0.03%，w(Mg)=0.024%]
(a) 连续冷却转变曲线；(b) 半冷时间—硬度曲线

硬度。也可根据半冷时间预测硬度，这对于厚大断面铸件更有实用价值。

第二节 球墨铸铁热处理工艺

一、退火

退火的目的是获得高韧度的铁素体球墨铸铁。当铸态球墨铸铁组织中渗碳体的体积分数不小于3%，磷共晶的体积分数不小于1%或出现三元及复合磷共晶时，均要进行高温石墨化退火。球墨铸铁通常采用两个阶段退火，高温阶段消除渗碳体、三元或复合磷共晶；低温阶段是由奥氏体转变成铁素体，最终获得以铁素体为主的基体组织，其典型工艺示于图9-6。也可在高温保温后随炉缓冷完成第二阶段退火，其工艺示于图9-7。但是，这种工艺难以保证得到全铁素体的基体组织，其中将有少部分是珠光体组织。

当铸态组织中渗碳体的体积分数小于3%，无三元或复合磷共晶，铁素体的体积分数小于85%或低于图纸规定时，可采取低温石墨化退火，以使珠光体分解，改善塑性和韧度，其典型工

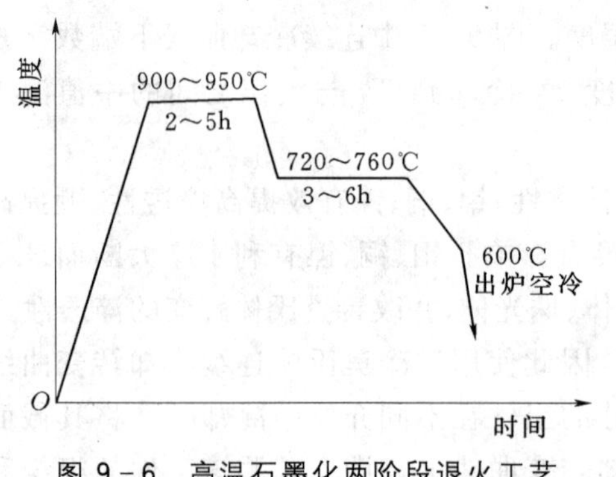

图 9-6 高温石墨化两阶段退火工艺

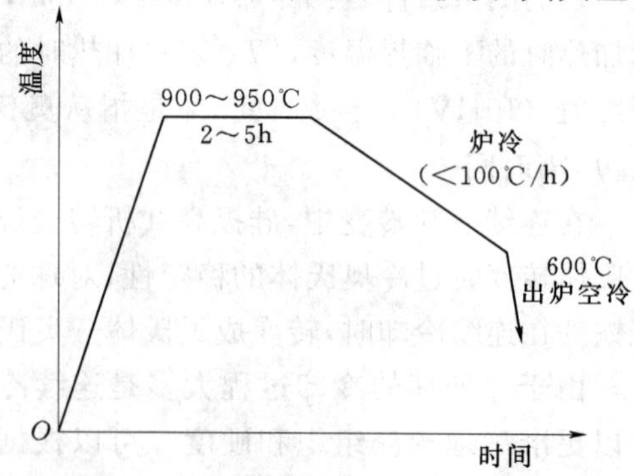

图 9-7 高温石墨化随炉缓冷退火工艺

艺示于图 9-8。

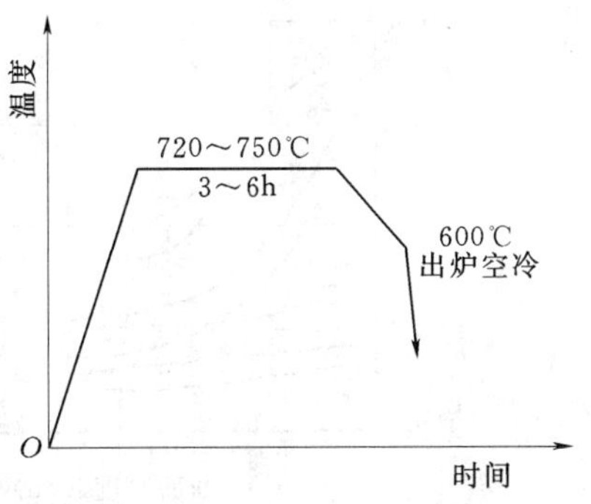

图 9-8 低温石墨化退火工艺

当含硅量增多时，应适当提高低温阶段的退火温度，由此可缩短保温时间。当含锰量增多时，应适当延长低温阶段的退火时间。当含磷量较高时，应适当延长低温阶段退火时间，并适当提高高温退火温度。在含有钒、铬、钼时，应提高高温阶段的退火温度，延长保温时间。对于含铜球墨铸铁，应延长低温阶段的退火时间。为了减小应力，对于复杂铸件或者厚大铸件，要减缓退火时的升温速度。根据铸件壁厚和其中游离渗碳体的含量，确定高温阶段的退火保温时间；根据铸件壁厚和其中珠光体的数量，确定低温阶段的退火保温时间。

当出炉温度小于 550～600℃时，会出现回火脆性。此时，把铸件再重新加热到 600～700℃保温后，在不小于 600℃出炉快冷，则可消除回火脆性。添加 Mo，使 Mo 为 0.1%～0.2%，降低硅、磷含量，可以避免回火脆性。

二、正火

（一）普通正火

普通正火的目的是获得珠光体或索氏体球墨铸铁，如要获得球墨铸铁的牌号性能为 QT800-2、QT700-2、QT600-3。

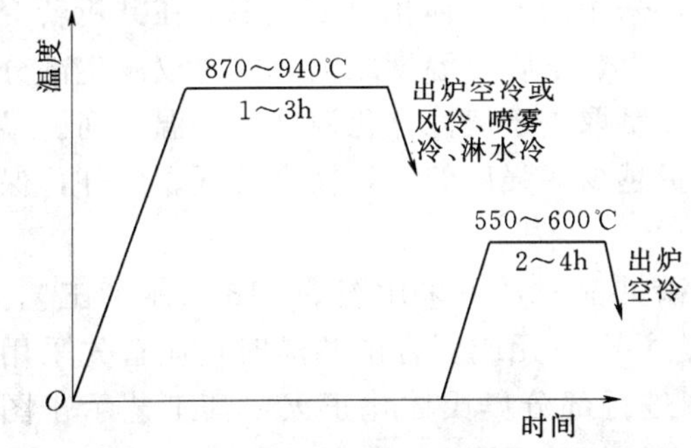

图 9-9 无渗碳体时的正火工艺

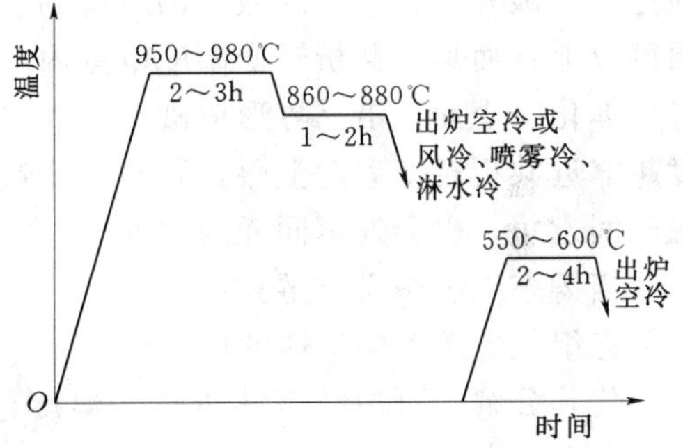

图 9-10 有渗碳体时的正火工艺

当铸态组织中没有游离渗碳体、三元或复合磷共晶时，可采用图 9-9 所示的正火工艺。当铸态组织中游离渗碳体的体积分数不小于 3%，有三元或复合磷共晶时则应采用高温分解游离渗碳体后，炉冷至较低奥氏体化温度，保温正火的工艺，如图 9-10 所示。

当非合金化球墨铸铁中没有游离渗碳体时，推荐采用表 9-5 所示的正火温度、保温时间。

表 9-5 非合金化球墨铸铁正火温度、保温时间

铸件壁厚（mm）	正火温度（℃）	最少保温时间（h）
<13	≥870	1
13～25	940	1
>25	940	2

要使厚大断面铸件经正火后获得完全是珠光体基体组织，可以添加铜、钼、镍、钒等稳定珠光体元素，由此可提高厚大断面铸件的硬度（见图 9-11）。

球墨铸铁正火后要进行回火，以改善韧度

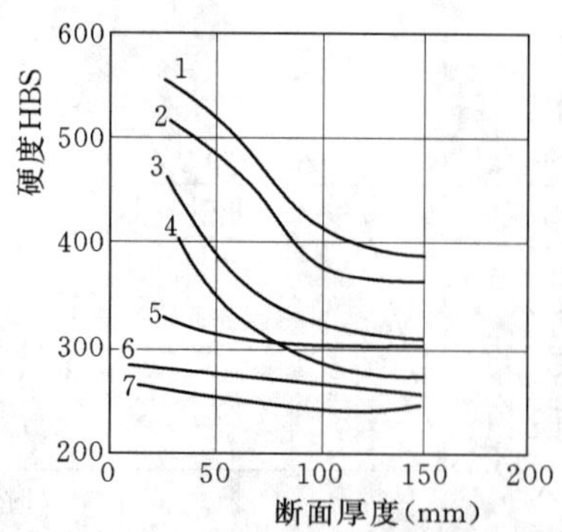

图 9-11 合金元素对厚大断面球墨铸铁件正火后硬度的影响

1— w(Ni)=3.75%、w(Mo)=0.55%；2— w(Ni)=3.75%、w(Mo)=0.25%；3— w(Ni)=2%、w(Mo)=0.55%、w(V)=0.25%；4— w(Ni)=2%、w(Mo)=0.55%；5— w(Ni)=3.75%；6— w(Ni)=2%；7—非合金化

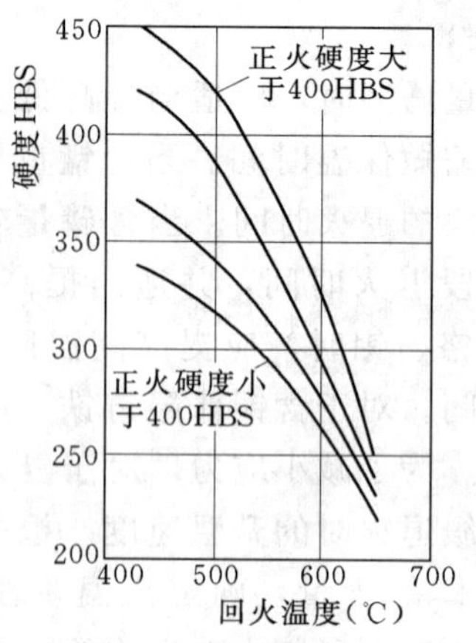

图 9-12 正火球墨铸铁的回火温度对硬度的影响

和消除应力。回火温度为 550～600℃，回火温度小于 550℃，有可能会进入回火脆性区；回火温度高于 600℃，有可能使强度和硬度下降过多。回火温度对硬度的影响示于图 9-12。

（二）部分奥氏体化正火

部分奥氏体化正火目的与普通正火相似，即获得珠光体基体组织。但不同的是，此时通过控制破碎状铁素体的数量以改善韧度。为此，采用的奥氏体化温度，不是在共析转变温度以上，而是在共析转变温度范围内，也就是在上、下临界温度之间，此时仅发生部分奥氏体化。由此，沿晶界形成破碎状铁素体，其数量取决于奥氏体化温度和保温时间。温度越靠近共析转变温度上限，则破碎状铁素体数量越少，强度偏高，韧度偏低。此外，保温时间过短，也会发生同样的情况。

当铸态组织中没有游离渗碳体、三元或复合磷共晶时，可采用图 9-13 所示的工艺。当铸态组织上游离渗碳体的体积分数不小于 3%、并有三元或复合磷共晶时，应首先采用高温使其分解，再炉冷至共析转变温度范围内，进行部分奥氏体化正火，其工艺示于图 9-14。要指出的是，部分奥氏体化温度与含硅量密切相关，图 9-14 给出的工艺适用于硅为 2%～3% 的球墨铸铁。

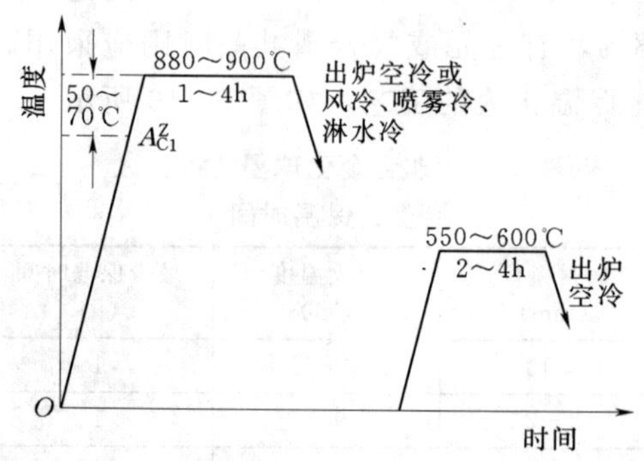

图 9-13 无渗碳体时的部分奥氏体化正火工艺

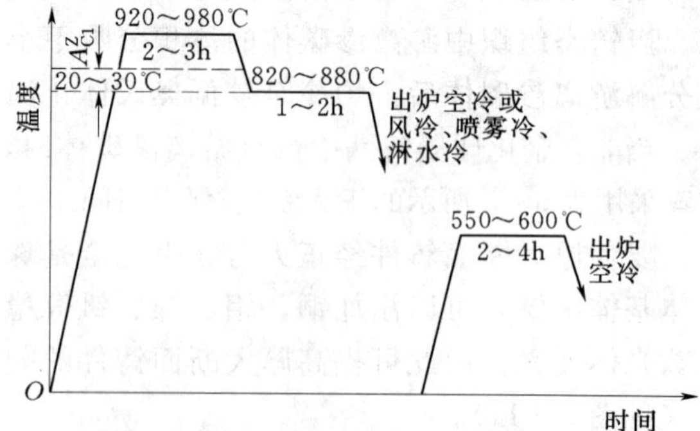

图 9-14 有渗碳体时的部分奥氏体化正火工艺

三、淬火与回火

铸态组织中没有游离渗碳体、三元或复合磷共晶，具有细小均匀共晶团的铸件可进行淬火＋回火处理。铸态组织中游离渗碳体的体积分数不小于3%、存在三元或复合磷共晶、共晶团粗大、组织不均匀的铸件，应首先进行高温石墨化退火或正火，使其成为均匀的铁素体或珠光体组织后，再进行淬火＋回火处理。

采用淬火＋回火处理（又称调质处理）旨在获得强度、塑性与韧度综合性良好的力学性能。

（一）淬火

采用860～880℃保温（保温时间视铸件壁厚而定，每25mm保温1h），进行奥氏体化以后，在淬火介质中淬火，以获得马氏体基体组织。

由于球墨铸铁的淬透性好，所以可使用较缓和的淬火介质，如10号或20号锭子油或柴油，当采用水或盐水作淬火介质时，一定要慎重，以防铸件产生裂纹。各种淬火介质及其循环程度对淬火强烈程度 H 值的影响列于表9-6。H 值是在淬火后中心获得马氏体的圆棒直径。H 值越大，则淬火速度越快。

表9-6　淬火介质和循环程度对淬火强烈程度（H 值）的影响

循环程度	H 值			
	空气	油	水	盐水
介质不循环，试样不搅拌	0.02	0.25～0.30	0.9～1.0	2.0
轻微循环	—	0.30～0.35	1.0～1.1	2.0～2.2
中度循环	—	0.35～0.40	1.2～1.3	—
良好循环	—	0.40～0.50	1.4～1.5	—
强循环	—	0.50～0.80	1.6～2.0	—
激烈循环	—	0.80～1.10	4.0	5.0

（二）回火

1. 低温回火

140～250℃回火，2～4h后空冷或风冷、油冷、水冷，对于厚大铸件可延长回火时间，获得回火马氏体和残余奥氏体组织，硬度达46～50HRC，具有良好的强度和耐磨性。经低温回火后，可消除淬火应力，减少脆性。回火温度不应超过250℃，在250～300℃回火将出现低温回火脆性。

2. 中温回火

350～450℃回火，2～4h后空冷或风冷、油冷、水冷，获得回火托氏体和残余奥氏体组织，硬度达42～46HRC，具有较好的耐磨性，并保持一定韧度。在

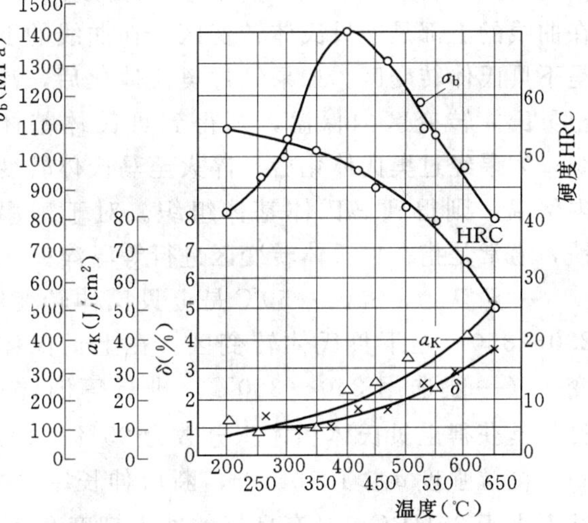

图9-15　球墨铸铁880℃油淬回火后的力学性能

［铸件化学成分（质量分数，%）：C=3.53，Si=2.05，Mn=0.75，P=0.059，S=0.023，Mg=0.017，RE=0.03］

450～510℃回火或慢冷有可能出现高温回火脆性，而再加热至此温度范围以上保温后快冷，可消除高温回火脆性。

3. 高温回火（淬火后高温回火也称作调质处理）

550～600℃回火，2～4h后空冷或风冷、油冷、水冷。获得回火索氏体和残余奥氏体组织，硬度250～330HBS，具有高强度和良好韧度相结合的综合力学性能。

回火温度对力学性能的影响示于图9-15。调质处理比正火可获得更好的综合力学性能（见表9-7）。

表9-7 球墨铸铁调质处理与正火处理的力学性能比较

热处理工艺	金相组织	抗拉强度 σ_b (MPa)	断后伸长率 δ (%)	冲击韧度 a_K (J/cm²)	硬度 HBS
调质 980℃退火 900℃油淬 580℃回火	回火索氏体	784～981	1.7～2.7	25.5～31.4	240～340
正火 980℃退火 900℃正火 580℃回火	索氏体＋ 体积分数小于 5%的铁素体	686	2.5	9.8	317～321

四、等温淬火

等温淬火的全称是奥氏体等温淬火。图9-16示出的奥氏体等温转变原理图。由图9-16可以看出，在230～450℃的中温区，是贝氏体转变区；在Ms点（230℃）至Mf的温度范围是马氏体转变区。贝氏体转变区分成两部分，在曲线的上部是上贝氏体转变区，在曲线的下部是下贝氏体转变区。如果经过奥氏体化后，淬火至贝氏体转变区内保温，则得到贝氏体基体组织；如果经过奥氏体化后，淬火至马氏体转变区内保温，则得到马氏体基体组织。对于球墨铸铁，通常是指在贝氏体转变区进行等温淬火。

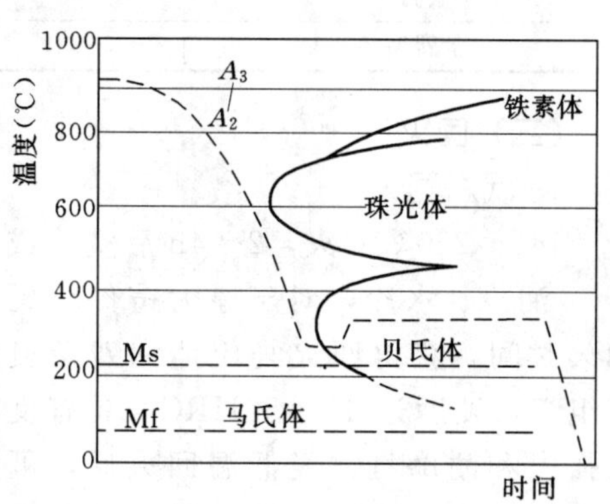

图9-16 奥氏体等温转变原理图

注：A_1、A_2分别代表共析转变温度的上下限

一般认为，350～450℃是上贝氏体转变区，230～350℃是下贝氏体转变区。在上贝氏体转变区（一般选用350～380℃）进行等温淬火，目的是获得上贝氏体和体积分数为25%～40%的高碳稳定奥氏体组织，其力学性能可达到：抗拉强度$\sigma_b \geqslant 1000$MPa，断后伸长率$\delta \geqslant 10\%$，无缺口冲击韧度$a_K \geqslant 80$J/cm²，硬度不小于30HRC，具有良好的冲击韧度和疲劳强度。在下贝氏体转变区（一般选用270～330℃）等温淬火，目的是获得下贝氏体组织（常伴有少量的残余奥氏体和马氏体组织）。其力学性能可达到：抗拉强度$\sigma_b \geqslant 1200$MPa，断后伸长率$\delta \geqslant 2\%$，无缺口冲击韧

度 $a_K \geqslant 30J/mm^2$，硬度不小于 38HRC，具有良好的耐磨性和较高的疲劳强度。表 9-8 示出在不同盐浴温度（等温温度）时，获得的基体组织和力学性能。

表 9-8　不同盐浴温度对基体组织和力学性能的影响

特　征	硬度 HBS	最小值			盐浴温度 (℃)	基体组织
		抗拉强度 σ_b (MPa)	屈服强度 $\sigma_{0.2}$ (MPa)	断后伸长率 δ (%)		
马氏体高硬度	430～550	1300	1000	0.5	<250	马氏体、残余奥氏体
下贝氏体半硬的	350～480	1200	800	2	270～330	下贝氏体、少量马氏体和残余奥氏体
上贝氏体和奥氏体高强度韧性	280～350	1000	680	5	>350	上贝氏体和奥氏体
		850	550	10		

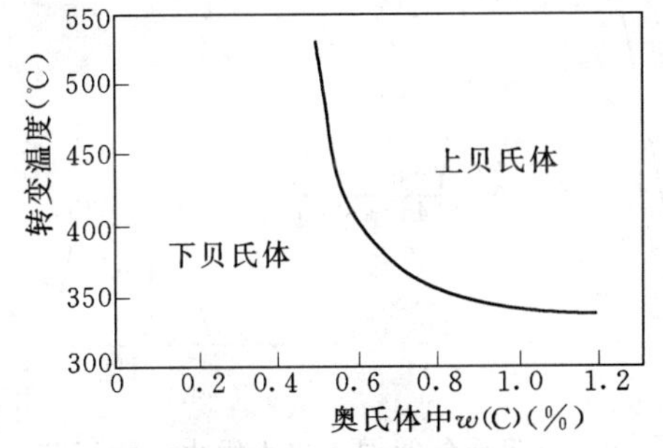

图 9-17　奥氏体含碳量对上、下贝氏体转变温度的影响

在进行等温淬火以前，要求铸件的铸态组织球化良好（球化等级 1～2 级），共晶团细小（石墨尺寸小于等于 6 级），无游离渗碳体。如果铸态组织中游离渗碳体的体积分数大于 1%，则要预先进行高温石墨化退火。

奥氏体化温度越高，则奥氏体含碳量也越高，形成上贝氏体的下限温度越低，因而有利于形成上贝氏体和稳定的奥氏体。图 9-17 是奥氏体含碳量对上、下贝氏体转变温度的影响。上贝氏体等温淬火时采用较高的奥氏体化温度。

也可以在较低的奥氏体化温度（≤850℃）进行处理，以保留少量分散的铁素体。采取这种部分奥氏体化等温淬火，可改善韧度。

一般采用盐浴等温淬火。表 9-9 列出等温淬火用盐浴组成和使用温度。为了缩短等温时间，也可采用两段等温淬火，即先在 200℃低温盐浴或温水浴中短时间冷却后，再进入预定温度的等温盐浴（见图 9-18），这可使断面较大的铸件心部获得贝氏体组织。必须注意的是，不可冷却过分，否则，如图 9-18*d* 线所示，表层可能生成马氏体。*b* 线、*c*

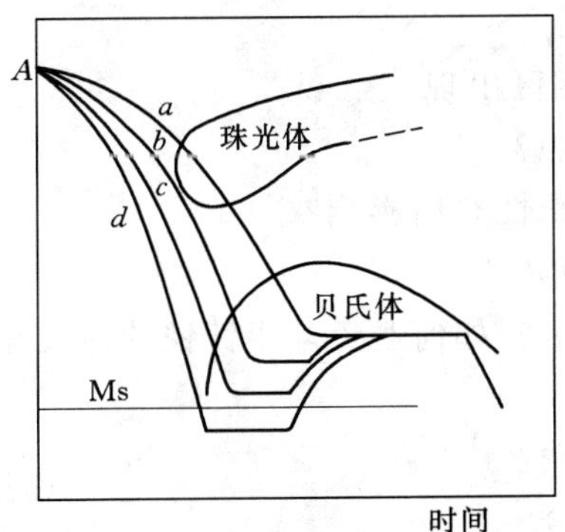

图 9-18　两阶段等温淬火示意图
A—奥氏体；Ms—马氏体转变温度

表 9-9　等温淬火盐浴用硝酸盐组成和使用温度

序号	盐浴组成（质量分数,%）			使用温度 (℃)
	$NaNO_3$	$NaNO_2$	KNO_3	
1	55	45	—	260～310
2	50	50	—	280～310
3	25	25	50	260～280
4	—	46	54	350
5	—	50	50	260～280

线是正常的两段等温淬火。a 线则冷却速度过慢，出现珠光体组织。

（一）上贝氏体等温淬火工艺

典型工艺示于图 9-19 奥氏体化温度为 $A_{C1}^{Z}+(70\sim80)$℃，根据含硅量选定。含硅量较高时取上限。奥氏体化时间取决于铸件壁厚，每 25mm 保温 1h。为提高奥氏体稳定性以保持一定数量的残余奥氏体，改善韧度，可适当延长奥氏体时间。等温淬火温度 350～380℃，最佳的温度 370℃。等温淬火保持时间过短，则上贝氏体数量不足；保持时间过长，则析出碳化物，均使力学性能下降。添加 Mo、Cu、Ni 可提高淬透性，减少对等温淬火保持时间的敏感性。

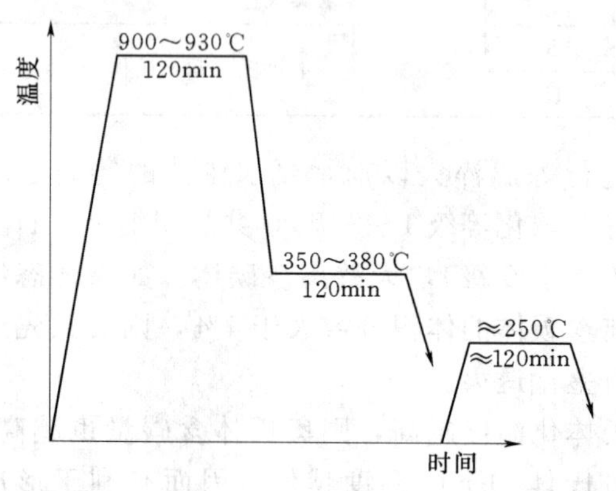

图 9-19 上贝氏体等温淬火＋回火典型工艺

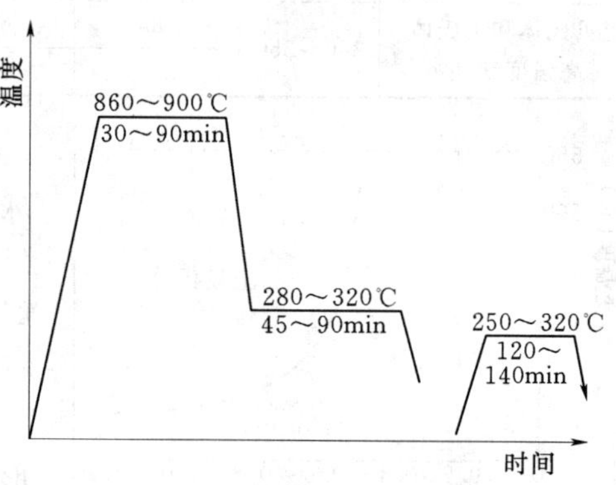

图 9-20 下贝氏体等温淬火＋回火典型工艺

（二）下贝氏体等温淬火工艺

典型工艺示于图 9-20。奥氏体化温度为 $A_{C1}^{Z}+(30\sim50)$℃，略低于上贝氏体奥氏体化温度。采用部分奥氏体化等温淬火时，奥氏体化温度略低于 A_{C1}^{Z}。奥氏体化时间也是取决于铸件壁厚。等温淬火温度视性能要求而定，一般为 280～320℃，延长等温淬火保持时间可减少残余奥氏体和马氏体数量，改善性能。等温淬火后进行回火，可以促使残余奥氏体转变为下贝氏体，马氏体转变为回火马氏体。

思 考 题

1. 为什么球墨铸铁会有 γ—Fe、α—Fe 和石墨三相区出现？
2. 怎样利用三相区控制最终得到所期望的基体组织？
3. 奥氏体化温度和保温时间对球墨铸铁的强度和塑性有何影响？
4. 球墨铸铁经正火热处理后，一般还要采取回火吗？
5. 什么是第一回火脆性区？什么是第二回火脆性区？如何避免球墨铸铁的回火脆性？
6. 何谓部分奥氏体化处理？它适用何种场合？
7. 要采取何种热处理制度生产 QT500-7 球墨铸铁？
8. 何谓奥氏体等温淬火？这种工艺适用怎样的场合？
9. 何谓调质处理？球墨铸铁经淬火后，是否必须要回火处理？

第十章 铸态球墨铸铁

铸造工业是耗能较多的一个部门。根据每生产1t合格铸件所需的能量消耗分析（见表10－1）生产各种铸件的能量利用率很低，其中，球墨铸铁的能量利用率只有15%～35%。法国曾对铸铁车间所需的能源种类、用途及能源组成进行了统计分析（见表10－2）。由表10－2看出，在法国的铸铁车间里，总能量的70%～80%用于铁液的熔炼、保温和铸件的热处理，其中热处理的耗能量占总能量消耗的18%。

表10－1　1t合格铸件所需的能量消耗

铸件种类	理论值(kW·h/t)	实际值(kW·h/t)	利用率(%)	铸件种类	理论值(kW·h/t)	实际值(kW·h/t)	利用率(%)
铸钢	1200	3000～5000	24～40	球墨铸铁	1050	3000～7000	15～35
可锻铸铁	1050	3000～7000	15～35	普通灰铸铁	550	1400～2600	21～29

表10－2　法国铸铁车间能源种类和用途以及能源利用的组成

耗能部门	焦炭(%)	石油(%)	天然气(%)	电能(%)	总计(%)
熔炼	40	1.0	1.0	10.0	52.0
热处理	—	5.5	11.0	1.5	18.0
浇包预热	—	2.5	3.0	0.5	6.0
其他加热	—	2.0	2.0	1.0	5.0
压缩空气	—	—	—	2.0	2.0
铁水保温	1.0	4.0	2.0	—	7.0
压缩空气以外的电能消耗	—	—	—	10.0	10.0
总计	41.0	15.0	19.0	25.0	100.0

球墨铸铁产量与日俱增（2004年全世界球墨铸铁产量已超过1800万t），且球墨铸铁在全部铸铁中所占比重也日益加大。因此，分析球墨铸铁不经热处理生产的可能性与现状，这不仅具有很大的经济效益，而且从节能的角度和因节能而给环境保护带来的好处，也具有迫切的现实意义。

第一节　生产铸态球墨铸铁铸件的可能性

在球墨铸铁投入工业生产的初期，都是采取热处理以控制基体组织，从而达到所要求的力学性能。可是到了20世纪60年代，由于生产技术水平的提高及合金化研究的深入，可以在铸态得到所要求的铁素体或珠光体基体组织。

一、石墨球数与冷却速度对基体组织和力学性能的影响

当孕育处理良好并且是薄壁铸件时，石墨球数在每 $1mm^2$ 上可达 1500 个或者更多，伴随的金属基体是铁素体；在非常缓慢冷却的厚大断面（壁厚 250mm）铸件中心部位，石墨球数在每 $1mm^2$ 上可能只有 5 个，由于碳的扩散距离加长，伴随的金属基体则是珠光体。在单位面积上的石墨球数与铁液所提供的有效石墨核心数量有关，尤其是与冷却速度有关。随着铸件壁厚的增加（即冷却速度的减慢），石墨球数减少，因而力学性能恶化（图 10-1）。当主要是铁素体基体时，抗拉强度随铸件壁厚增加而下降的程度不大，但伸长率却明显下降；相反，对于主要是珠光体基体来说，抗拉强度随铸件壁厚增加而迅速下降，而伸长率却下降不多（这是因为它在薄壁时的数值很小）。此时，力学性能的恶化是由于形成了不规则的石墨球和粗大的共晶团所致。在缓慢冷却时，由于偏析还会出现晶间碳化物。在厚大断面的球墨铸铁件中因出现畸变石墨和晶间碳化物，致使力学性能急剧下降。

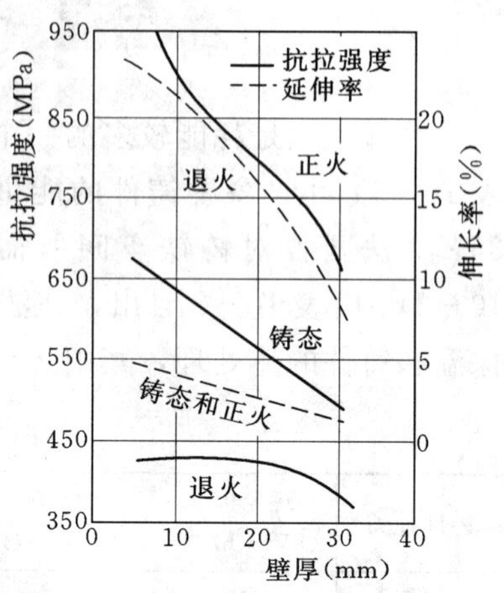

图 10-1 铸态与经正火和退火处理的球墨铸铁抗拉性能的对比

二、合金元素对铸态基体组织的影响

通过回归分析，研究了各种合金元素对球墨铸铁铸态基体组织的影响。结果表明，在铁素体—珠光体基体组织中的铁素体百分比，有如下的公式：

$$F = 961e^{-P_x} \tag{10-1}$$

式中：F——铁素体百分比；

P_x——珠光体系数，在式中为自然对数底 e 的指数。

$$P_x = 3.0Mn - 2.65(Si - 2.0) + 7.75Cu + 90.0Sn + 357Pb + 333Bi + 20.1As + 9.6Cr + 71.7Sb \tag{10-2}$$

式（10-2）中的临界浓度范围是（%）：

As≤0.02，Pb≤0.005，Mn≤1.0，Sb≤0.005，Bi≤0.005，Al≤0.02，Sn≤0.2，Cr≤0.15，Mg=0.05～0.09，Cu≤0.2，Si=2.1～3.1。

如果对于主要是铁素体基体来说，则铁素体含量有式（10-3）：

$$F(\%) = 92.3 - 96.2Mn - 211Cu - 1427Pb - 2815Sb \tag{10-3}$$

式（10-3）的可信度为 90.5%，其临界浓度 Mn≤0.27%，Cu≤0.14%，Pb≤0.0019%，Sb≤0.014%。

由式（10-1）、式（10-2）和式（10-3）可知：

（1）列举的合金元素，除 Si［$w(Si)>2.0\%$以上时］能促进生成铁素体以外，基他均是促进生成珠光体的元素。

（2）为了得到全铁素体基体的球墨铸铁，最有效的措施是要求原材料纯净，即炉料不含有铜、锡、铅、铋、砷、铬、锑等，且要求采用低锰生铁，也就是说，除了炉料纯净以外，铸态最终的铁

素体含量在很大程度上取决于含锰量。含锰量越低，得到的铁素体数量越多。

(3) 为了得到全珠光体基体的球墨铸铁，除了控制含硅量不得太高以外（硅在2.0%～2.5%范围内），最好的途径是附加铜（一般加铜为0.5%～1.5%）。当然，附加在0.05%以下的锡，也很有效，但有时由此会出现畸变石墨和锡的富集。另外，虽然锰是促进生成珠光体的元素，但由于易形成碳化物并富集在共晶团边界，导致脆性，因此应避免采用锰作为铸态形成珠光体的元素。

(4) 铅、铋、砷、锑等元素有强烈形成珠光体的倾向，其作用比锰、铜要大得多，但由于它们都是干扰球化的元素，所以在采用这些元素时，一定要谨慎。

(5) 铬是强烈形成珠光体的元素，但铬也强烈形成碳化物，导致白口组织。因此，轧辊除外，在一般球墨铸铁生产中，都不用铬作为合金元素。

由上述分析可知，决定球墨铸铁铸态组织的因素是：与石墨球数相关的冷却速度和合金元素的影响。此外，石墨球数还与孕育的效果直接有关。强有力的孕育措施会使单位面积上的石墨球数增多，这时就很容易得到铁素体基体；相反，要得到全珠光体基体，若也采取强有力的孕育措施，可能就达不到预期的目的。为此，建议把单位平方毫米面积上的石墨球数即共晶团数，作为一个重要的球墨铸铁金相检验指标，用它可以帮助我们评价各种孕育措施的效果，帮助我们分析基体的组成和改变基体的潜力，也可以帮助我们判断铸态球铁的冶金质量，从而为预测铸态球墨铸铁的力学性能提供依据参考。

第二节　铸态球墨铸铁生产工艺要点

一、铁素体基体

(1) 纯净的生铁，其中：①含磷量小于0.06%；②干扰球化元素Pb、Sb、Bi、As等总量应在0.01%以下；③含钛量在0.06%以下；④强烈形成碳化物元素（V、Cr、B等）的总量在0.1%以下。

(2) 采用低锰生铁，其含锰量最好不要超过0.2%。

(3) 球墨铸铁的终硅量在2.2～2.5范围内。

(4) 强化孕育，增加石墨球数，对于壁厚25mm的铸件来说，在每1mm^{2}面积上的石墨球数应不少于300个。

(5) 加强检验，在线检查金相组织中不得有游离渗碳体和体积分数大于15%～20%的珠光体。

二、珠光体基体

(1) 纯净的生铁中含磷量、干扰球化元素、含钛量及强烈形成碳化物元素（V、Cr、B等）总量均与铸态铁素体基体的要求相同。

(2) 采用低锰生铁，其最大含量不得超过0.3%。

(3) 球墨铸铁的终硅量在2.0%～2.5%的范围内。

(4) 取决壁厚，附加铜 $w(Cu)=0.5\%\sim1.5\%$。

(5) 适当孕育。每 $1mm^2$ 面积上石墨球数要适当，过量会增加铁素体量，在壁厚为 25mm 的铸件上石墨球数在 200～300 个之间。

(6) 加强检验。在线检查金相组织中不得有游离渗碳体。除非有特殊要求，一般可允许有体积分数为 10％以下的铁素体。

三、铁素体—珠光体混合基体

基本上采取与铸态铁素体基体球铁相同的工艺要点，但要适当地增加珠光体含量，如附加铜，其加入量约为铸态珠光体基体要求量的 $\frac{1}{2}$，并且，孕育量要适当增大，使单位面积上的石墨球数比珠光体基体的有所增加，这样可满足 QT500－7 牌号的力学性能要求。

第三节 铸态球墨铸铁生产中的问题

一、100％的基体组织

基体组织中铁素体数量增多，则断后伸长率随之增高。图 10－2 示出铸态球墨铸铁中铁素体数量与断后伸长率的关系。由图 10－2 可以看出，当铁素体数量达 60％以上时，断后伸长率可以达到 10％以上，当铁素体数量达 90％以上时，断后伸长率可以达到 15％以上，即此时可以满足 QT400－15 牌号中对塑性指标的要求，而此时的抗拉强度也能满足要求。但是，对于牌号 QT400－18 来说，要满足断后伸长率达 18％以上，则按照图 10－2 示出的数据，就要求基体组织为接近 100％铁素体。另外，QT400－18 还有冲击韧度的要求，图 10－3 表明，只有铁素体数量接近 100％时，才有可能满足对冲击韧度的要求，因此，生产中不能只靠增加铁素体量的方法在铸态得到牌号为 QT400－18 的球墨铸铁。图 10－3 表示铸态球墨铸铁中铁素体含量与冲击韧度的关系。可以看出，冲击韧度数值的波动范围较大，这给对冲击韧度有要求的 QT400－18 带来困难。

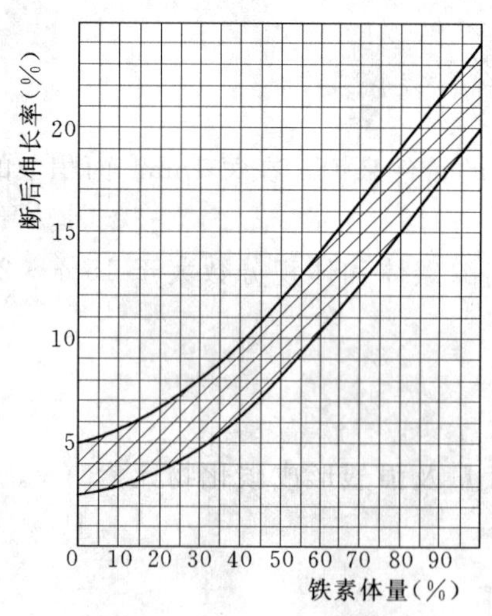

图 10－2 铸态球墨铸铁中铁素体数量与断后伸长率的关系

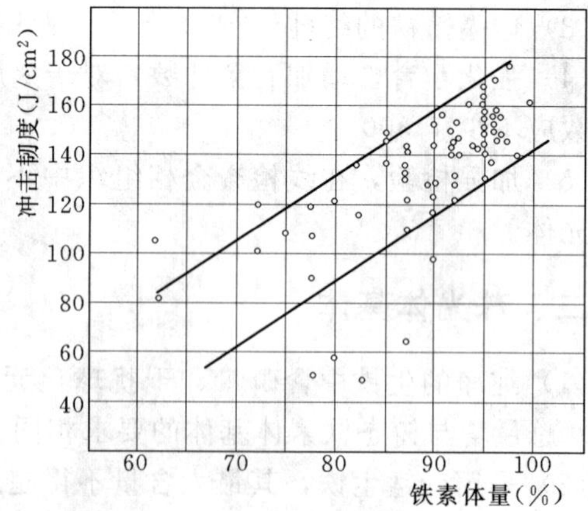

图 10－3 铸态球墨铸铁中铁素体量与冲击韧度的关系

生产实践表明，在铸态获得由铁素体—珠光体组成的球墨铸铁是容易实现的。可以获得由铁素体组成的铸态球墨铸铁（牌号为QT400－15和QT450－10）；也可以获得由珠光体组成的铸态球墨铸铁（牌号为QT600－3和QT700－2）；另外，还可以获得由铁素体—珠光体混合基体组成的铸态球墨铸铁（QT500－7）。但是，要求在铸态下获得全部为100%铁素体或是全部为100%珠光体基体的球墨铸铁，则给生产带来很大的困难，造成工艺的宽容度狭窄，导致生产成本增加。因此，在铸态球墨铸铁的生产中不要刻意追求单一基体组织达到100%。

球墨铸铁是以所要求的力学性能作为验收标准的，只要性能达到要求即为合格，而不必考虑基体中含有珠光体和铁素体各自的比例。并且，已有研究表明，具有体积分数为90%珠光体＋体积分数为10%铁素体基体组织的综合力学性能比体积分数100%珠光体基体组织的要好；同样，具有体积分数90%铁素体＋体积分数10%珠光体基体组织的综合力学性能比体积分数为100%铁素体基体组织要好。

二、化学成分的范围

（一）铜

在铸态球墨铸铁的生产中，控制珠光体数量的最佳措施就是附加铜。但是，当加铜量小于0.4%时，对于珠光体数量没有明显影响。而在加铜量超过0.5%方有明显效果。但是，当加铜量超过2%时，会出现富铜相，导致力学性能的恶化。因此，在铸态球墨铸铁的生产中，加铜量为0.5%～1.5%。在相同的铸件壁厚条件下，加铜量增多，则珠光体数量增多；随铸件壁厚的增加，加铜量也要相应增加。

（二）硅

加硅可以显著增加球墨铸铁中的铁素体含量，当硅量达3%以上时，很容易在铸态得到铁素体基体组织。但是，硅能使球墨铸铁的脆性转变温度提高，这对低温工作的零件是极其不利的。图10－4是不同含硅量对球墨铸铁临界转变温度的影响。可以看出，随含硅量增加，球墨铸铁的临界转变温度升高。当含硅量为2.77%时，其临界转变温度大约是－30℃；而当含硅量增至w(Si)＝3.63%时，则临界转变温度升高至零度。由此表明，这种球墨铸铁不宜在低温下工作。为此，即使对于铁素体球墨铸铁，其终硅量也限制在2.5%以下。

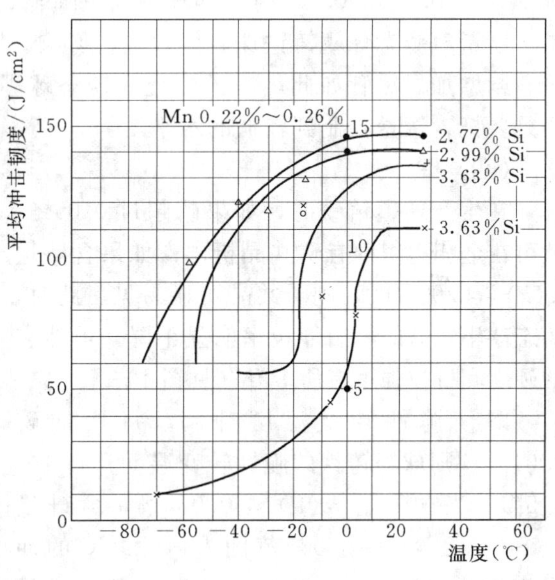

图10－4 硅对临界转变温度的影响

（三）锰

锰可以显著增加球墨铸铁中珠光体含量，但是锰也形成碳化物，富集在共晶团边界，导致力学性能恶化。为此，即使对于珠光体基体球墨铸铁，其含锰量也不应超过0.3%；

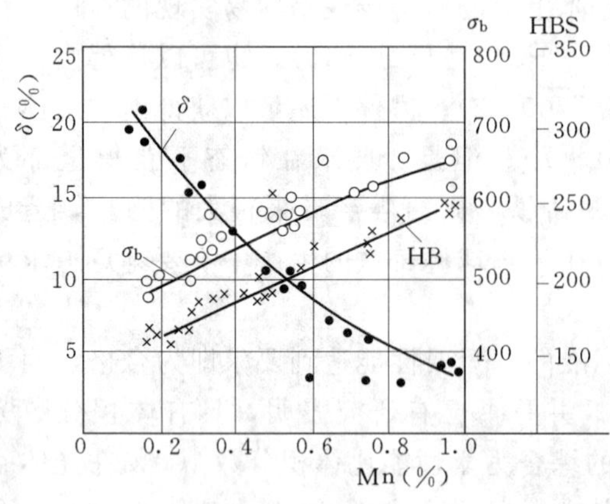

图 10-5 锰对铸态球墨铸铁力学性能的影响

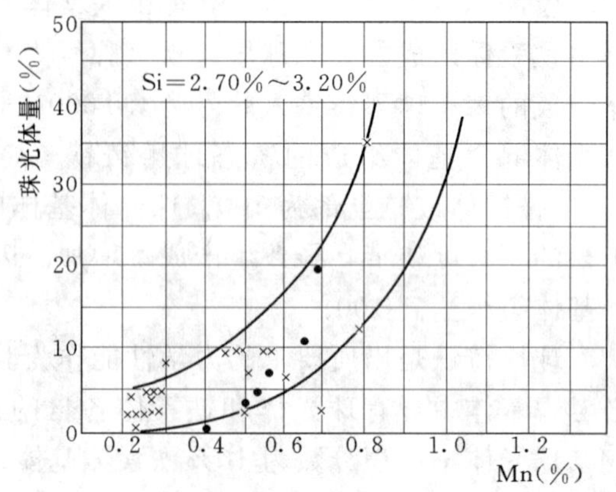

图 10-6 锰对铸态球墨铸铁珠光体数量的影响

对于铁素体球墨铸铁，其含锰量则应在 0.2%以下。图 10-5 是锰对铸态球墨铸铁力学性能的影响。图 10-5 表明，随含锰量的增加，抗拉强度和硬度增加而伸长率下降，当含锰量 w(Mn) ≤0.35%时，伸长率为 15%~21%，抗拉强度为 450MPa；当含锰量 w(Mn) =0.35%~0.7%时，伸长率为 7%~14%，抗拉强度达 500~600MPa；但是当含锰量 w(Mn) =0.6%~0.9%时，伸长率则下降至 3%~7%，抗拉强度大于 600MPa。图 10-6 是含锰量对铸态球墨铸铁珠光体数量的影响。图 10-6 表明，随着含锰量增加，珠光体数量急剧增加。尽管如此，为了防止在铸态球墨铸铁中出现游离渗碳体（含锰的碳化物），还是要把含锰量控制到较低的水平。

（四）磷

在生产球墨铸铁时，如果磷超过 0.05%，就可在金相组织中有磷共晶析出；如果含磷量 w(P) ≥0.08%时，则磷共晶明显易见。此时，铸态球墨铸铁的断后伸长率明显下降，虽然它的硬度和抗拉强度有所上升（见图 10-7）。

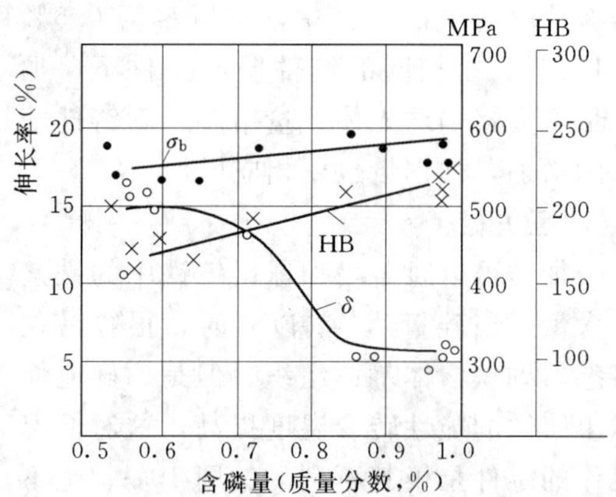

图 10-7 磷对铸态球墨铸铁力学性能的影响

磷使脆性转变温度升高。每增加磷 0.01%，则球墨铸铁的脆性转变温度升高 4~4.5℃。当含磷量 w(P) ≤0.075%、含硅量 w(Si) =2.5%~3.0%范围内，-40℃的冲击韧度在 100J/cm² 以上。但是，当含磷量 w(P) ≥0.08%、含硅量 w(Si) ≥2.6%时，-40℃的冲击韧度急剧下降至 40J/cm²。由此可见磷对球墨铸铁冲击韧度及冷脆转变温度的影响十分显著。为此，应力求减少铸态球墨铸铁的含磷量，最好是 w(P) ≤0.06%。

三、铸态球墨铸铁的技术经济效果

（一）铸态球墨铸铁曲轴

铸态珠光体球墨铸铁曲轴与正火曲轴、40Cr 调质锻钢曲轴的耐磨性能对比结果示于

表 10-3 中。由此可见，铸态珠光体球墨铸铁曲轴轴颈经高频淬火后，其耐磨性能与 40Cr 调质锻钢相近。虽然它比 40Cr 调质锻钢的疲劳性能略差。对此，可通过圆角滚压或喷丸处理等措施提高曲轴本体的疲劳性能。

表 10-3 铸态和正火球墨铸铁曲轴与 40Cr 调质锻钢曲轴耐磨性对比

曲轴材质	硬 度	磨损量（mm^3/1000hr）
铸态珠光体球墨铸铁	92～95HRB	241
铸态珠光体球墨铸铁（高频率火）	51HRC	110.3
40Cr 调质锻钢	55～59 HRC	108.3
Cu、Mo 合金球墨铸铁（正火）	94～95 HRB	147.7

另外，铸态的 195 型曲轴与其经正火—回火处理的对比表明，两种铸件中的残余应力无明显区别，其数值大约都是其抗拉强度的 1.3 倍左右。并且，两者的疲劳强度和小能量多次冲击性能也相近似。还曾对 6100 型曲轴进行了解剖分析研究，它是铸态珠光体基体，各断面的硬度分布均匀一致，球化等级、石墨大小及珠光体数量的波动很小，虽然在不同厚度的断面上，在薄断面处珠光体组织较细，石墨尺寸较小。由此表明，铸态球墨铸铁曲轴的性能可以满足使用要求。

（二）铸态球墨铸铁的经济效益

（1）节能效果显著。据俄罗斯卡玛斯汽车厂统计，采用铸态珠光体球墨铸铁，每吨铸件可节约天然气 112m^3；采用铸态铁素体球墨铸铁，则每吨铸件可节约天然气 200m^3。我国第二汽车厂统计表明，每年生产 1 万 t 铸态球墨铸铁件，则可节约电能 760 万 kW·h。

（2）性能好。在生产铸态铁素体球墨铸铁时，在铁素体含量的体积分数不小于 90% 的情况下，统计分析的抗拉强度达 549～637MPa；此时的断后伸长率为 7%～14%，布氏硬度为 175～205 HBS。由此，可以满足性能要求。

（3）工时缩短。由于取消了高温奥氏体化热处理，由此避免了铸件在高温热处理时形成的氧化皮，因而减少了清理工时，清理工作量随之减少了 15%～25%。

（4）废品率降低。由于取消了高温奥氏体化热处理，铸件避免了由此产生的变形和皮下气孔等缺陷，因而可减少废品 50%。

当前，在全世界年产量达 1800 万 t 的球墨铸铁中，铁素体和珠光体基体的铸件占其产量的 90%以上。到目前为止国内外在球墨铸铁铸件的生产工厂中除了牌号 QT400-18、QT900-2 和部分 QT800-2 球墨铸铁件的力学性能还通过热处理才能达到以外，其他牌号的球墨铸铁件大多数均在铸态生产实现。从能源、环境和经济考虑，生产铸态球墨铸铁铸件是势在必行。

思 考 题

1. 热处理占生产 1t 球墨铸铁件的百分比是多少？要生产 1t 合格球墨铸铁时，热处理要消耗多少电能？

2. 具备怎样的生产条件才能生产铸态球墨铸铁？

3. 生产珠光体球墨铸铁，需要采取哪些技术措施？

4. 生产铁素体球墨铸铁，需要采取哪些技术措施？

5. 生产牌号 QT500-7 球墨铸铁，需要采取哪些技术措施？

6. 采取控制开箱时间，是否能得到铸态球墨铸铁？

7. 在球墨铸铁中的哪些元素对珠光体增加最显著？

8. 在生产铸态球墨铸铁中，为什么硅有两重性？即低硅时，增加珠光体量；而高硅时，则增加铁素体量？

9. 为什么主要是采用铜控制铸态球墨铸铁中的珠光体量？

10. 为什么不采用硅控制铸态球墨铸铁中的铁素体量？

第十一章 厚大断面球墨铸铁

厚大断面球墨铸铁件（一般指壁厚不小于100mm）由于冷却速度缓慢，往往在厚壁中心或热节处出现变态石墨，石墨球数减少，组织粗大、晶间碳化物和石墨漂浮等，由此导致力学性能下降，尤其是塑性下降更为严重。

1972年以来，国际铸造技术委员会对当时的铸造关键技术问题，提出了15份报告，其中，厚大断面球墨铸铁被列入其中。关于厚大断面球墨铸铁在生产中出现的问题，国际铸造学会下属的技术委员会提出了专门报告。报告分析了厚大断面球墨铸铁的凝固特性、指出了力学性能下降的原因，并在此基础上提出了应对措施。

我国于1974年曾就当时的大马力球墨铸铁曲轴的生产进行了统计调查。调查结果显示，生产厚大断面球墨铸铁件的废品率很高，六种曲轴的废品率曾高达30%。产生废品的原因是石墨畸变、缩松和力学性能达不到要求，并且力学性能数值变化大，例如，在靠近铸件外表面的抗拉强度为730MPa，断后伸长率为2.7%；而在靠近铸件中心部位的抗拉强度则为560MPa，断后伸长率则只有1.7%。另外，即使是在铸件相同部位取样，力学性能也变化较大，抗拉强度在561～700MPa之间，断后伸长率则在1%～2%范围内波动。要指出的是，对于厚大断面球墨铸铁，随着壁厚的进一步增加，力学性能则进一步恶化。与此相应，疲劳强度也要下降，尽管此时弹性模量和屈服强度变化不大。

厚大断面球墨铸铁在代替铸钢件、某些锻钢件及其他材料时，在提高使用性能和降低成本方面，都具有独特的优越性。以生产6300型曲轴为例，该曲轴净重900kg，锻钢毛坯重达4t；而球墨铸铁毛重仅有1.2t。这样，不仅节约了大量钢材，而且加工工时也节省了近5/6，由此生产成本下降了85%。

为此，最近30年来国内外铸造工作者在厚大断面球墨铸铁方面不遗余力地进行了大量研究，取得了卓有成效的成果。重量达100t的球墨铸铁核燃料储运器的研制成功并投入生产运行，标志在此领域取得的突破性进展。

第一节 厚大断面球墨铸铁的凝固特性

一、凝固时间长

球墨铸铁的凝固时间是从浇注开始，降温至铸件完全由液态转变到固态时为止的时间间隔。由于球墨铸铁呈粥样凝固，要确定最终转变成固态的温度是有困难的，为此，一般规定，最终转变成固态的温度 $T_s=1080℃$。随着铸件壁厚的增加，球墨铸铁的凝固时间延长。如表11-1所示，对于250mm立方体，凝固时间长达140min。研究结果显示，当铸件壁厚超过250mm以上时，一般出现畸变石墨是很难避免的。凝固时间长是厚大断面球墨铸铁生产中出现各种问题的根源。

二、基体组织反常

表 11-1 不同壁厚球墨铸铁的凝固时间

断面尺寸	凝固时间（min）
25mm 基尔试块	5
152mm 立方体	30
200mm 立方体	80
250mm 立方体	140
特大断面	>140

在一般情况下，当铸件的冷却速度较快时，会得到更多的珠光体组织；而当铸件的冷却速度较慢时，则会得到更多的铁素体组织。但是，对于厚大断面球墨铸铁来说，由于冷却速度特别缓慢，致使单位面积上的石墨球数减少。此时，石墨球之间的距离加大，致使碳原子扩散距离加长，与其碳向已有的石墨球表面沉积，形成铁素体；不如就地形成 Fe_3C，后者即是形成珠光体的领光相，导致珠光体数量增多。

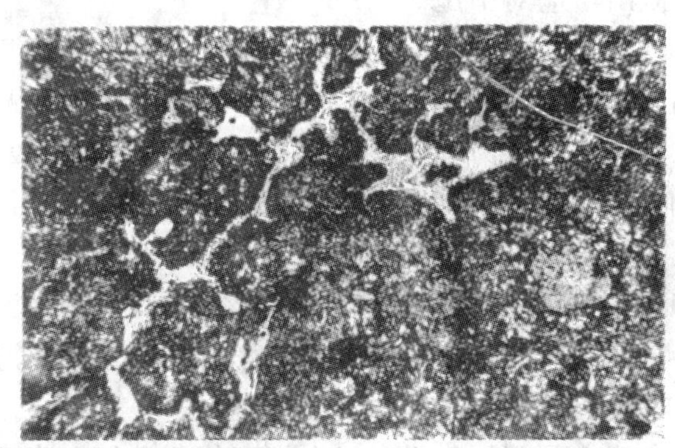

图 11-1 在 6320 型（含铜、钼的球墨铸铁）曲轴冒口中心处的金相组织，磷共晶呈鱼骨状分布在共晶团边界 100×

对于厚大断面球墨铸铁，无论宏观偏析和微区偏析都会加剧，宏观偏析导致反白口现象。在铸件慢冷的部位，出现碳化物。微区偏析也表现在共晶团边界处，特别是由质量分数为 0.1%的磷和质量分数为 0.13%的钼与 Fe、C 共同形成四元磷共晶，呈鱼骨状富集在共晶团边界，对力学性能影响极大。本书作者曾在现场生产的 6320 型曲轴热节处取样，发现在共晶团边界出现鱼骨状磷共晶（见图 11-1）。由于这种组织的存在，使该处的抗拉强度为 870～900MPa，但其断后伸长率只有 0.2%～0.8%。

在厚大断面球墨铸铁中，硅和铜呈明显的负偏析，它们富集在共晶团内部，理应不会对力学性能产生影响。但是，这些元素都是促进石墨化的，特别是硅，当它富集在共晶团内部时，必然在共晶团边界上贫化，致使形成碳化物的元素更易于在共晶团边界处富集，从而硅也间接地因偏析而使厚大断面球墨铸铁的力学性能恶化。

三、石墨球数减少和畸变

随着球墨铸铁件壁厚的增加，石墨球数减少，而石墨球的尺寸增大。石墨球数随铸件壁厚增加而减少的情况示于表 11-2 中。

从表 11-2 可以看出，对于直径为 300mm 的球体，其石墨球数在每 $1mm^2$ 面积上只有 9～10 个；而在尺寸为 125mm 立方体中，在每 $1mm^2$ 面积上的石墨球数可达 60～200 个。

除了石墨球的数量随铸件壁厚增加而锐减以外，石墨形态也会发生变化，在厚大断面球墨铸铁中，还会发生石墨畸变，一般有下列几种：

(1) 不规则的石墨球。形状呈团块状，这在厚大断面球墨铸铁中是极为常见的。当孕育不充分或铁液碳当量偏低时，则更容易出现。

表 11-2　厚大断面球墨铸铁件的石墨球数随壁厚的变化

铸件类型	尺　寸 (mm)	化学成分（%）		每 1mm² 面积上的石墨球数
		C	Si	
立方体	125	3.5～3.7	2.1～2.3	60～125
立方体	125	3.3～3.8	1.4～3.0	100～200
圆柱体	壁厚 125	2.19～3.65	2.32～3.4	17～50
球体（发热铸型）	Φ125	3.3～3.8	1.7～2.5	20～40
立方体	200	3.51	2.62	80
立方体	200	3.77	1.18	37
椭圆体	300/240	3.36～3.82	2.6～3.19	12～34
球体	Φ300	3.29	1.62	10
球体	Φ300	3.42	1.87	9

(2) 团片状石墨。当残留镁量不足时，就会发生。在厚大断面球墨铸铁中，如果不能保持最低的残留镁量[w(Mg)＝0.03%～0.04%]，就会出现这种团片状石墨。

(3) 近片状石墨。形成这种石墨的原因是原材料不纯净，在最后凝固的铁液里，最容易出现这种石墨。由于原材料中的铅、锑、铋、砷、碲和钛等这些干扰元素随着冷却速度的降低，富集在最后凝固的铁液里，就会产生干扰石墨球化的作用，特别是当它们这些元素的总量达到 0.02%～0.03%时，更加严重。此外，这些干扰元素还会使石墨畸变成“水草状”。

(4) 开花状石墨。这与加入的促进球化的元素过量有关，尤其是与加入的铈过量有关。当稀土总量大于 0.08%时，首先在石墨漂浮区里，出现这种石墨。

(5) 碎块状石墨。在厚大断面和一般壁厚的热节及冒口处出现，也就是在缓慢冷却的区域里就会出现。对此，详见第八章第七节。

四、冷却曲线的特征

本书作者与同事曾对 6300 型大柴油机球墨铸铁曲轴进行了冷却曲线的测定。采用压力加镁进行球化处理。加镁量是铁液的 0.22%，加入稀土硅铁合金是铁液的 0.3%；作为孕育剂，75 Fe—Si 的加入量是铁液的 0.8%，另附加 0.2%的硅钙合金。采用 XWC—200A 型平衡记录仪同时两点记录了曲轴冒口根部（冷却速度最缓慢的位置）和曲轴底部试块处（冷却速度最快的位置）的冷却曲线。测得的两条冷却曲线上的特征点如表 11-3 所示；测得的冷却曲线如图 11-2 所示。

表 11-3　在 6300 型曲轴上测得的冷却曲线特征点

曲轴编号	冷却曲线上的特征点，温度（℃）								备　注
	浇入铸型温度 T_0	开始析出石墨温度 T_{GL}	共晶初始形核温度 T_{EN}	大量共晶转变初始温度（共晶过冷）T_{EU}	大量共晶转变最高温　度（再辉）T_{ER}	共晶结束温度 T_S	共晶平台时间间隔 (min)	从浇入铸件到 T_S 点的时间间隔 (min)	
1623	1264	1237	1155	1134	1147	1080	106	112	冒口根部中心
	1238	1217	—	1143	1144	1080	13	16	曲轴底部试块

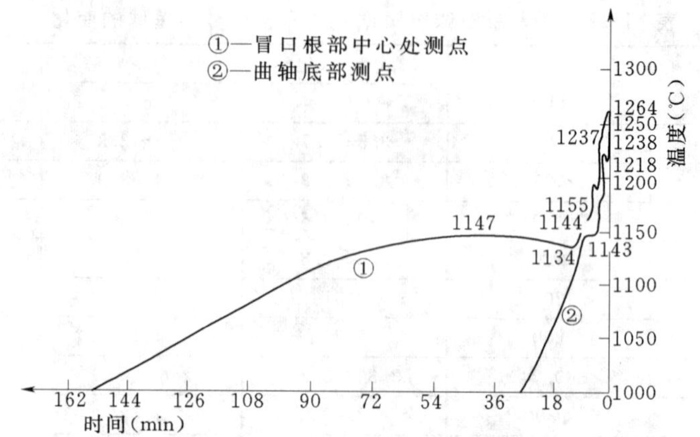

图 11-2 6300 型曲轴的冷却曲线

[1623 号曲轴的成分：w(c)＝3.84%，w(Si)＝2.41%，w(Mn)＝0.26%，w(P)＝0.037%，w(S)＝0.018%，w(Mo)＝0.5%，w(Cu)＝0.96%]

由表 11-3 和图 11-2 中的对比可以得知：

(1) 在同一铸件的不同位置，凝固时间有很大的差异(冷却慢者为 112min；冷却快者为 16min)。它们之间的差异是在共晶平台阶段(从 T_{EN} 至 T_S 之间的时间间隔，冒口根部冷却慢者为 106min，曲轴底部试块冷却快者为 13min)。

(2) 在冒口根部中心处的共晶平台时间长，石墨球的数量少，石墨尺寸大，并且发生畸变(见图 11-3)。

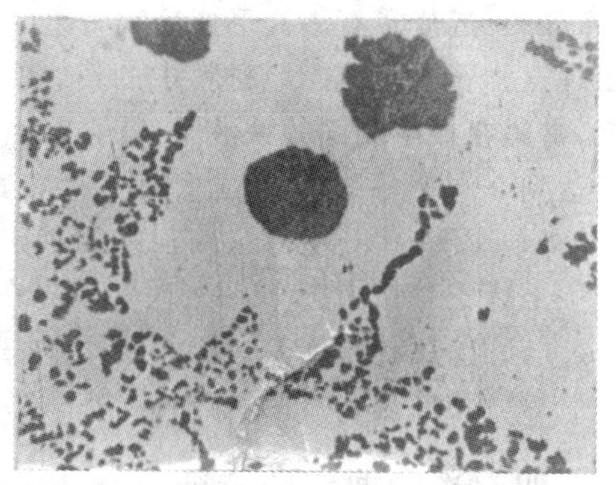

图 11-3 在 6300 型曲轴冒口中心处的石墨畸变 100×

(3) 由回升温度($T_{ER}-T_{EU}$)，可以看出石墨的畸变程度，如果回升温度越高，则石墨球化不良的程度也就越大。由表 11-3 可以看出，冒口中心处的回升温度是 13 ℃，而在曲轴底部的试块处的回升温度只有 1℃。由此表明，冒口中心处的石墨球严重畸变——呈典型的碎块状石墨(见图 11-3)。

(4) 利用厚大断面球墨铸铁冷却曲线上的特征点，可以监测现行厚大断面球墨铸铁工艺措施的合理性，并对制订新产品的工艺参数提供相关信息。

第二节 提高厚大断面球墨铸铁质量的措施

一、原材料

与普通灰铸铁不同，在制作球墨铸铁时，对原材料有较高的要求。对于厚大断面的球墨铸铁来说，对原材料的要求就更严格。如果在处理的过程中不附加稀土元素的话，则少量的有害干扰元素就更容易促使不良石墨的形成，但是另一方面，过量稀土元素与很少量的干扰元素相结合，同时也会得到不希望有的蠕虫状石墨。为此，对于非常纯的原材料，就不需采用含有稀土元素的镁合金处理。

近来，为了要对是否应附加稀土元素这个问题给予十分满意的回答，只能对有问题的原材料浇铸厚大断面铸件进行试验研究。仅仅根据对干扰元素的化验来进行判断原材料的质量，至今还是不适当的。

对于铁素体基体的铸件，尽可能采用含有碳化物和珠光体稳定元素数量极少的原材料。这些元素不仅包括铬、锰、钒、锡等，而且还有像铅、锑、铋和砷这样的干扰元素。在缓慢冷却时，在残余的铁液中，这些少量的微量元素就会富集并加剧了它们的干扰作用。在制作珠光体基体的球墨铸铁时，也建议采用很纯净的炉料。但为了防止出现较多的铁素体，应附加适宜的合金元素，最好是加入铜和镍。

二、化学成分

碳当量 C_E（$\%C+\frac{1}{3}\%Si$）应精确控制，并且要尽可能地提高碳当量，因为随着碳当量的提高，石墨球数量增加。由于共晶团数量同时也随着增加，则在共晶团边界出现的偏析就分布在较大的范围里，因而也就不再显现出形成碳化物的影响。并且，提高碳当量也能减少收缩倾向。但在另一方面，对石墨漂浮要提高警惕，因为它是随着碳当量的增加而增加。推荐的碳当量值在4.2%～4.4%之间。

高的含硅量，如大于2.5%，可保证在铸态得到占有优势的、具有很高强度的铁素体基体组织。若是要求铸件具有较高的延伸率和韧性，则含硅量应该降低。这种级别的铸件有时应考虑进行铁素体化退火。

对于珠光体基体的铸件，含硅量要更低，一般在2.0%～2.2%之间。此时，含锰量也应该尽量低（最大0.5%）。其他能形成碳化物的元素，如铬和钒不应超过0.02%。

此外，含磷量应力求最低。研究表明，当厚大断面球墨铸铁中含磷量 $w(P)=0.015\%$ 时，与其 $w(P)=0.05\%$ 者相比，断面减缩率可提高1～2倍。

在厚大断面球墨铸铁中，采用最多的合金元素是铜（镍）和钼。它们均可提高抗拉强度、屈服强度和断面均匀性，但却在一定程度上降低断后伸长率和冲击韧度。尽管如此，在厚大断面球墨铸铁结构零件中，往往要附加这些合金元素，并且，加钼还可有效防止在厚大断面球墨铸铁件上出现回火脆性，加入量 $w(Mo)=0.15\%～0.2\%$。若要显著提高铸件的断面均匀性，加钼量可达 $w(Mo)\geqslant 0.5\%$。铜、钼元素对力学性能的影响见表11-4。

表 11-4　铜钼合金元素对厚大断面球墨铸铁力学性能的影响

合金元素加入量（质量分数，%）	抗拉强度（MPa）	断后伸长率（%）	冲击韧度（J/cm^2）	合金元素加入量（质量分数，%）	抗拉强度（MPa）	断后伸长率（%）	冲击韧度（J/cm^2）
0	842	4	35	0.4%Cu	852	4.3	30
0.2%Mo	833	1.7	26	0.8%Cu	888	3.6	35
0.4%Mo	858	2.4	12				

表11-4的数据表明，加入铜钼合金元素看来并未使力学性能得到明显改善。但是，为了提高淬透性，改善断面均匀性及为了提高材质的屈服强度，在厚大断面球墨铸铁中合

金元素往往是必加的。

由于加铜过量会有不利影响，因此在许多厚大断面球墨铸铁中，附加镍取代部分或全部铜。例如，附加 $w(\mathrm{Ni})=3.75\%$ 和 $w(\mathrm{Mo})=0.55\%$ 可在 150mm 壁厚上得到最佳的断面均匀性，最高的抗拉强度和硬度。

三、球化剂

迄今为止，全世界生产球墨铸铁均是采用以镁为主的球化剂。为了对付干扰球化元素，加入少许（其中主要是含有铈的）轻稀土合金。对于厚大断面球墨铸铁，因共晶凝固持续时间很长，因而镁损耗甚多，导致球化衰退。为此，要把残留镁量提高到 $w(\mathrm{Mg})=0.04\%\sim0.07\%$；但是，当残留镁量 $w(\mathrm{Mg})\geqslant0.1\%$时，则石墨畸变，出现球片状石墨。

为此，进入 20 世纪 60 年代，不断有人研究加钇制作球墨铸铁。原因是研究发现，钇的抗球化衰退能力比镁要强，这对于生产厚大断面球墨铸铁是有利的。钇、铈和镁的物理性能对比示于表 11－5。由表 11－5 中可以看出，钇的熔点和沸点均比镁高出许多，并且，钇的密度也比镁大很多。这将有利于球化处理时钇不易烧损和上浮。但它在球化处理时的沸腾去气作用却比镁要差。

表 11－5 钇、铈、镁的物理性能对比

元素	熔点（℃）	沸点（℃）	密度（g/cm^3）	原子量
钇	1503	3038	4.48	88.92
铈	804	3471	6.77	140.13
镁	650	1107	1.74	24.38

钇的脱硫能力很强，这是因为 Y_2S_3 的生成热是 308kcal/mol，Ce_2S_3 的生成热是 284kcal/mol，对比硫与镁形成 MgS 的生成热则是 70.33kcal/mol。因此，在采用镁球化处理后，铁液中的含硫量一般为 $w(\mathrm{S})=0.01\%\sim0.03\%$。但是采用钇球化处理后，铁液中的含硫量 $w(\mathrm{S})<0.01\%$。

钇的抗球化衰退能力主要表现在球墨铸铁长时间处在液态的情况下；在共晶凝固期间。其抗球化衰退的能力并不比镁的强。铁液在 1450℃保温，钇的衰退速率为每分钟衰减 0.00021%；而镁的衰减速率为每分钟衰减 0.0001%。并且，铁液在 1150℃保温的试验表明，经镁处理的铁液在保温 30min 后，球状石墨仍然保留，没有变化。但是，经钇处理的铁液保温 30min 后，石墨已经畸变，出现大量蠕虫状石墨，石墨球已少见。因此，钇抗球化衰退的原因主要是，钇处理铁液后，只有在其残留钇量不小于 0.15%时，才能保证球化，这也就是说，球化处理后钇的残留量要比镁高得多，可供其在液态较长时间的衰减。

钇的价格昂贵，在国际市场上它的价格大约是混合（轻）稀土价格的 100 倍。并且，经钇处理，虽然反应平稳，没有闪光和烟雾，但铁液呈严重的过冷，白口倾向大，这需要很大量的孕育才可免除白口组织。因此，尽管我国是钇资源富有的国家，但如要在生产厚大断面球墨铸铁时采用钇作球化剂，也必须综合考虑。

四、热处理

厚大断面球墨铸铁一般都要进行热处理。对于要求是铁素体基体来说，要采用两段热处理。首先进行奥氏体化退火，并随后缓慢通过共析转变临界温度范围，并在稍低于临界温度处保温，这样可提高断后伸长率。经长时间的在奥氏体化温度保温，可在一定程度上减少在共晶团边界上的偏析程度，但要使偏析物完全溶解则是不可能的。同样，对于珠光体基体的厚大断面球墨铸铁来说，采取正火热处理也不能完全消除偏析物，虽然经正火热处理总能使屈服强度和抗拉强度提高，尤其重要的是塑性的改善。这种通过热处理提高厚大断面球墨铸铁力学性能的原因是由于晶粒度细化的结果。

表 11-6 列举了采用铜、镍、钼合金化的厚大断面球墨铸铁的化学成分。用这样成分的球墨铸铁，进行了正火热处理的试验研究。结果表明，全部试样中，90%以上石墨呈圆整球形，平均球径为 40～50μm。采用正火工艺为 850℃保温 4h，炉冷至 780℃空冷，基体呈很细的珠光体。

表 11-6 铜镍钼合金化厚大断面球墨铸铁的成分

炉 次	化 学 成 分								
	C	Si	Mn	P	S	Mg	Cu	Ni	Mo
0	3.67	1.06	0.22	0.022	0.015	—	—	—	—
1	3.74	1.78	0.75	0.040	0.006	0.083	0.99	—	—
2	3.58	1.83	0.23	0.045	0.006	0.083	0.89	—	0.63
3	3.65	1.79	0.22	0.045	0.009	0.060	0.79	1.09	—
4	3.63	1.82	0.22	0.045	0.008	0.078	0.67	2.01	—
5	3.58	1.87	0.58	0.045	0.008	0.060	0.82	1.06	—

采取铜、镍、钼合金化经这种正火热处理后，在断面为 25～150mm，抗拉强度和伸长率均能达到 QT800-2 性能要求，虽然在壁厚尺寸超过 100mm 时，抗拉强度有小幅下降，并且断后伸长率随合金元素的加入总是要下降。

正火状态，在壁厚为 25～150mm 的球墨铸铁试块上，硬度为 280～320HBS。对于壁厚为 150mm 的试块，增加锰和钼含量，均使硬度增加。

在壁厚尺寸为 100mm 以下时，V 形缺口的冲击韧度均在 $20J/cm^2$ 以上，但在 150mm 壁厚上，有个别的冲击韧度小于 $20J/cm^2$。正火状态的冲击韧度对于从 25～150mm 所有壁厚的试块，均保持常值，其平均值几乎是铸态的 2 倍。

对于壁厚为 25～150mm 各种断面来说，表 11-6 中各种成分的弯曲疲劳强度几乎是一致的（在 255～294MPa 之间），但是，对于壁厚为 150mm 来说，弯曲疲劳强度下降了几乎 20%。由此表明，正火对厚大断面球墨铸铁的弯曲疲劳强度影响较小。

对于厚大断面球墨铸铁，经正火、退火与铸态相比，不同壁厚的力学性能如图 11-4 所示。

五、微量元素的作用

研究表明，在厚大断面球墨铸铁中加入微量元素锑可以防止石墨畸变，增加石墨球数，明显提高力学性能，特别是塑性有较大改善。但是，加锑不能消除，甚至增多晶间析出物，故必须严格控制其加入量。用稀土镁硅铁合金作球化剂处理铁液，加锑 $w(Sb)=0.005\%$，在直径 200mm，高 400mm 的试块中心，经正火热处理后可得到较好的力学性能：抗拉强度为 690MPa，断后伸长率为 2.3%，冲击韧度达 $16.6J/cm^2$。当加锑超过

0.01%时，由于在共晶团边界析出富锑相，致使抗拉强度和断后伸长率都要下降，并且，随着锑量的增加，冲击韧度会显著降低。为此，在厚大断面球墨铸铁中加锑量的范围是 w(Sb) = 0.002% ～ 0.005%。此时，最好还要附加 0.02%～0.05%的铈，以中和锑干扰球化的不利影响。

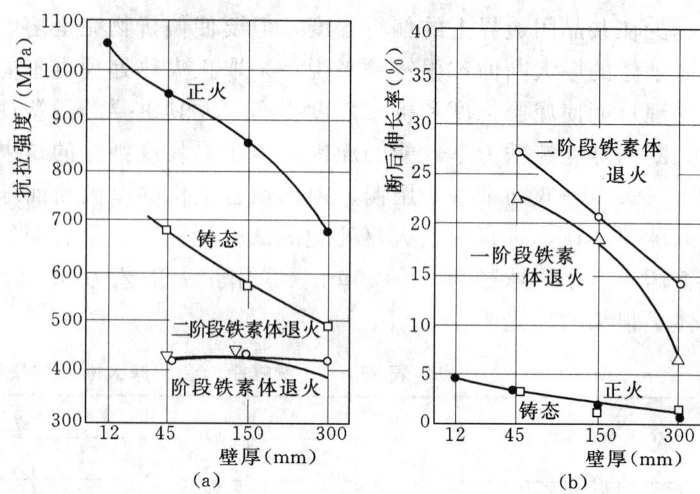

图 11-4 断面壁厚与抗拉强度和断后伸长率的关系

(a) 断面壁厚与抗拉强度的关系；(b) 断面壁厚与断后伸长率的关系

此外，附加 0.05%的锡，可防止厚大断面球墨铸铁中出现碎块状石墨。附加各为 0.01%的锑和铋，可使 200mm 壁厚上的抗拉强度为 575～672MPa，断后伸长率达 2.2%。

由此表明，在厚大断面球墨铸铁中，适当地附加微量元素（锑、锡、铋等）可改善石墨畸变，增加石墨球数和提高其圆整程度，并可增加基体组织中珠光体含量，由此可提高综合力学性能。

六、工艺条件的改进

（一）孕育

对孕育工艺应给予极大的注意。对铁液力求除渣干净后，再进行球化与孕育处理。要缩短球化，孕育处理与浇注之间的时间间隔。

增加石墨核心数，可使石墨球的数量增多。研究表明，若每 1mm² 面积上的石墨球数超过 70 个时，则不会发生畸变。但是，孕育量不宜过大。对于厚大断面球墨铸铁，如果石墨核心数量过多，则导致过早地形成石墨球，由此形成的奥氏体壳将很薄弱，致使石墨早期就发生畸变。为此，一般要求孕育剂量是处理铁液重量的 0.6%以下。采用延后孕育（瞬时孕育、型内孕育等）是有效的。可以采用含硅为 75%的 Fe—Si 合金，也希望采用长效孕育剂，如含有 1%～2%钡的硅铁合金，可明显延长厚大断面球墨的孕育衰退时间。

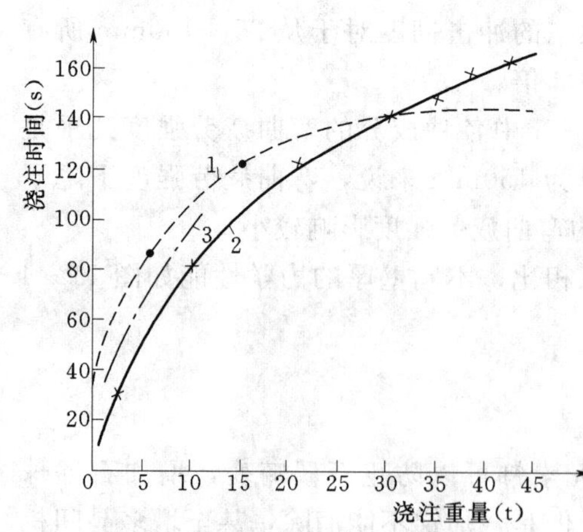

图 11-5 大型球墨铸铁件的浇注时间和铁液重量的关系

（"××××"表示三菱重工(株)神户造船厂的实际值）

1—S. I. Karsay；2—M. Ishihara；3—R. White

（二）浇注

在铁液进入铸型时，力求使液流平稳，减少紊流程度，但要迅速充满。浇注的铁液重量与浇注时间的对应关系，可参照图 11-5 给出的曲线。图 11-5 中，曲线 1、曲线 2、曲线 3 分别取自加拿大学者、日本学者、美国学者给出的数据。

（三）采用金属型

只要有可能，在防止产生渗碳体的条件下，应尽可能提高厚大铸件的冷却速度。在铸件冷却最缓慢的部位，放置激冷砂或放置用铸铁或石墨制成的冷铁均是行之有效的防止石墨发生畸变的措施。

此外，在工艺条件允许的情况下，应尽量避免采用大冒口，以减少因热流搅动造成镁的丢失和由此而产生的石墨球化衰退。

第三节　核燃料储运器

由于地球上现在所提供的能源日趋紧张，所以由核电站提供的能源将在能源结构中占有越来越大的比例。至今，主要工业国家的核电装机量占发电装机总量的 40%还要多，我国的核电站工业也正在兴起。

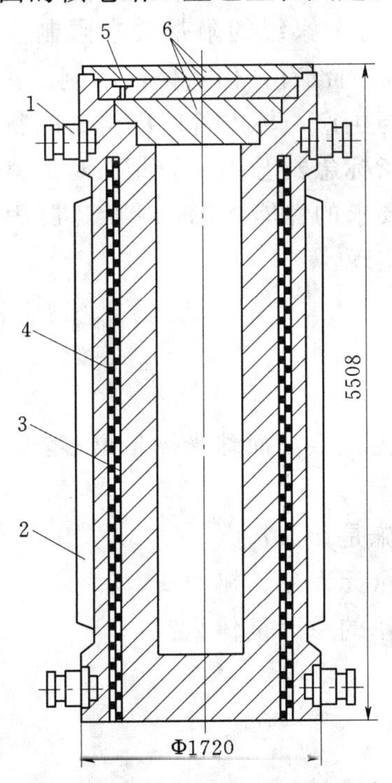

图 11-6　CASTOR(Typ 1C)型核燃料储运容器的结构图

1—运载吊耳；2—冷却筋；3—容器本体(GGG—40)；4—深孔中装入的减速棒；5—控制盖板系统的监测仪器；6—三层盖板系统（采用金属和人造橡胶密封）

为了把核电站的废燃料 U—235 进行再加工，以利用剩余的 50%核能，已有多种由球墨铸铁制作的、供运输和储存核燃料的容器，其中最有代表性的是 CASTOR 型和 TN1300 型。它们在结构上彼此是有区别的，但是两者的本体都是采用了球墨铸铁。采用德国球墨铸铁牌号 GGG 40・3，它要求抗拉强度不小于 400MPa，屈服强度不小于 250MPa，断后伸长率不小于 18%，在 —20℃时三个冲击试样的平均冲击韧度不小于 14J，其中最小值为 11J。采用球墨铸铁 GGG 40・3，是因为它具有优良的吸收射线的能力，而且还具有很高的抗拉强度和断后伸长率。

这种核燃料储运器的重量在 70～120t，因其大小和型式不同而异。它们分别可容纳 2.1～4.8t 的铀燃料。

CASTOR 型（Typ 1C）容器重 85t，长 5.5m，直径 1.72m，在其壁厚为 440mm 断面上钻有 80 个长 4.5m、直径 60mm 的深孔，其中放置能吸收中子的材料。此外，容器内壁衬以 1mm 厚的镍板。容器内通入 0.5atm 的氢气保护。容器在工作过程中所取得的数据，由光学和声学仪器监控和报警。CASTOR（Typ 1C）型容器的结构图见图 11-6。

CASTOR 型容器有 48 条加强筋，每条筋高 120mm。在温度为 44℃时，筋的冷却能力为 30kW。另一种型式的核燃料储运器是 TN 1300 型，其重量为 92.7t，直径 2.5m，长 7m，壁厚为 400mm。在该容器的外围有 10 圈冷却筋，每圈由 60 条冷却筋组成。

在德国材料试验协会的30m高试验台上，进行了核燃料储运器的下落试验。试验台拥有1000t重的混凝土基础，上面覆盖30cm厚的钢板，重达35t。试验温度为－40～20℃，试验台采用的一般落差为9m。由85t重的核燃料容器下落9m所产生的动量，具有极大的冲击能。

另外，为了模拟，还把大型炮弹从坦克上发射，以几乎接近声速射击到核燃料容器上。在所有这些试验中，该容器均经受了严峻的考验，只是表面有轻度损伤和变形。由此表明，这种核燃料储运器能够绝对安全地胜任对射线的密封性。

还要经受耐热试验，在800℃承受持续30min的高温试验，这是考虑到容器在运输或储存燃料过程中，由于其中燃料燃烧所造成的温升。

最后，要经受仔细的探伤检验，并由德国材料试验协会和物理技术协会对CASTOR型核燃料储运器授予最高的评价、颁发最高级的安全证书Typ—B（U）。

为了安全地运输和储存放射性材料，国际原子能署同100多个会员国规定了环保安全法。对于高放射性材料，必须拥有取得Typ—B（U）证书的容器。为此，国际原子能署制定了严格的检查与质量控制、安全要求及相应检验的全部文件。其中，从M级到U级之间是有区别的。M级意味着“许可”是有限度的，还要有国家级的附带要求限制；而Typ—B（U）证书则具有最高级的安全性，它适用于国际，而没有任何具体的限制。

显然，重达百吨的大型球墨铸铁核燃料储运器的制作与生产，标志着球墨铸铁的新水平。对于这种重型、厚大断面的铸件，石墨畸变将使塑性指标急剧恶化。为此，对炉料纯度要求很高，如含铅量要求低到百万分之一级。为了达到要求的性能指标，冶金、凝固理论和检测技术等各方面，都必须要提高到很高的水平才能实现。

思考题

1. 厚大断面球墨铸铁凝固时间长，理应铁素体量多，为什么反而珠光体量增多？
2. 为什么厚大断面球墨铸铁的石墨球数很少？
3. 对于厚大断面球墨铸铁，防止石墨畸变的最有效措施是什么？
4. 在怎样的条件下可以在厚大断面球墨铸铁中附加微量元素锑、铋？
5. 为提高力学性能，在厚大断面球墨铸铁中往往添加钼的原因是什么？
6. 添加铜过量，会导致怎样的后果？
7. 对于厚大断面球墨铸铁的化学成分有何特殊要求？
8. 延后孕育能否改善厚大断面球墨铸铁的性能？
9. 当你了解了核燃料储运器的制作工艺后，应对生产厚大断面球墨铸铁采取怎样的工艺措施才是最有效的？
10. 在生产厚大断面球墨铸铁时，在怎样的情况下才添加镍？

第十二章　等温淬火球墨铸铁

第一节　等温淬火球墨铸铁的特征及应用

一、发展概况

在20世纪70年代末期，中国、美国和芬兰彼此独立而几乎又是同时地宣布各自研究成功了贝氏体球墨铸铁。其中，我国研究成功的是下贝氏体球墨铸铁；美国研究成功的是下贝氏体+部分马氏体球墨铸铁；芬兰则研究成功的是上贝氏体+部分奥氏体球墨铸铁。

在这三种贝氏体球墨铸铁当中，性能最优异、最为引人注目的是奥氏体—贝氏体球墨铸铁。1977年，M. Johanson宣布芬兰Kymi-Kymmene公司所属的Karkkila铸造厂开发了这种新型铸铁，并且，在1978年召开的第45届国际铸造年会上宣读了这项研究的论文。从此，这种材质引起了各国的广泛重视，并在美国、英国、法国、加拿大、前联邦德国等13个国家申请了专利（如USA Patent No. 3860457，芬兰专利1996/72，前联邦德国专利2853870）。到目前为止，由于这种材质是要靠等温淬火处理得到，因此，在英文中把它叫做奥氏体等温淬火球墨铸铁（Austempered Ductile Iron）简称ADI铸铁；在德文中把它叫做中间阶段调质球墨铸铁（Zwischenstufen-verguten von Gußeisen mit Kugelgraphit）；在日文中也把它叫做奥氏体等温淬火球墨铸铁（オーステンパーげこ球状黑铅铸铁）；在我国，则根据其基体组织，将其称之为奥氏体—贝氏体球墨铸铁，简称奥—贝球墨铸铁。2002年，在第三届全国等温淬火球墨铸铁会议上，就其命名取得了共识，正式命名为等温淬火球墨铸铁。

等温淬火球墨铸铁具有强度、塑性和韧度都很高的综合力学性能，它显著优于铁素体—珠光体球墨铸铁，也优于经调质热处理的球墨铸铁。例如，它的抗拉强度可达1000MPa，伸长率可达10%，特别是它具有很高的疲劳强度和良好的耐磨性。因此，等温淬火球墨铸铁的出现被誉为是近40年来铸铁冶金方面的重大成就之一。

1949年W. W. Braidwood曾预言，针状组织（贝氏体）铸铁可能是力学性能最好的铸铁。1952年美国International Harvester公司对球墨铸铁进行了大量的热处理试验，其中包括等温淬火热处理，试验中成功地得到了具有硬度高、韧度好而又耐磨的球墨铸铁，其力学性能为：抗拉强度为1034MPa，屈服强度为760MPa，伸长率为8%，硬度为340HBS。用这种材质可代替高锰钢制作军用车的履带板。

在其后的20多年间，由于多种原因，在等温淬火球墨铸铁领域的进展实质上处于停顿状态。直到20世纪70年代后期，中国、芬兰和美国均采用等温淬火球墨铸铁制作汽车螺旋伞齿轮取得了成功。其中，美国通用汽车公司于1976年宣布，采用等温淬火球墨铸铁取代锻钢制作Pontiac轿车的后桥螺旋伞齿轮，年产量达100万套，为此，获得了美国设计奖。

1978 年以后，世界各国的材料与铸造工作者对这种新材料的制造技术给予了广泛的重视，并从不同角度进行了大量的基础研究工作，我国是最早研究与应用等温淬火球墨铸铁的国家之一。

现已得知，等温淬火球墨铸铁的抗拉强度是普通铁素体—珠光体球墨铸铁的 2 倍，并有良好的塑性（见表 12 - 1）。

表 12 - 1 等温淬火球墨铸铁与其他钢铁材料力学性能对比

材质 / 性能	铸铁				钢	
	等温淬火球墨铸铁	灰铸铁	可锻铸铁	铁素体—珠光体球墨铸铁	铸钢	锻钢
抗拉强度（MPa）	860～1360	138～414	414～724	414～690	414～483	552～1172
屈服强度（MPa）	586～965	—	221～586	274～433	207～276	310～1000
伸长率（%）	10～2	<1	10～1	13～3	24～22	22～10

由表 12 - 1 可见，等温淬火贝氏体球墨铸铁的力学性能，已达到钢的水平。因此，这种材料已经引起材料界、设计界、热处理界和铸造界的极大兴趣和关注。

进入 20 世纪 80 年代，许多国家对等温淬火贝氏体球墨铸铁进行了深入研究。为此，1984 年在美国芝加哥城召开了第一届国际等温淬火球墨铸铁学术会议。会议是由美国汽车工程师学会、美国球墨铸铁协会、美国铸造学会及美国齿轮学会共同发起召开的。专家对这次会议的评价是，虽然研究工作将继续确定最佳工艺，但是已经取得的进步已超出了实验室阶段，并正在被大量应用于各个工业领域中。尤其是世界各国试验研究所获得的结果非常一致，这表明已经具备了工业上可行的工艺。

两年后，1986 年在美国密歇根大学召开了第二届国际等温淬火贝氏体球墨铸铁学术会议。这次会议是由美国铸造学会、美国齿轮学会、美国金属学会、英国铸铁学会、美国球墨铸铁协会、德国铸造协会、日本球墨铸铁协会、美国金属性能委员会、美国汽车工程师学会及美国密歇根大学共同发起的。由此可以看出，这种新材质在全世界工程界引起的重视。

1991 年，仍是在美国，在伊利诺斯州召开了第三届国际等温淬火球墨铸铁学术会议。这次会议主要是交流了各国的生产经验及扩大应用，表明这种材质的发展已日臻成熟。

我国铸造工作者对等温淬火球墨铸铁的发展也十分重视。1987 年在北京召开了第一届全国学术会议，会后，成立了全国奥氏体—贝氏体球墨铸铁技术委员会。四年后，1991 年在吉林省大安市召开了第二届全国奥氏体—贝氏体球墨铸铁学术会议，会上交流了许多来自企业的生产经验。2002 年在辽宁省大连市召开了全国第三届学术会议。在此会议上，将奥氏体—贝氏体球墨铸铁正式命名为等温淬火球墨铸铁。

等温淬火球墨铸铁在全世界的发展很迅速。以美国为例，1984 年等温淬火球墨铸铁的产量是 4000～6000t，1985 年是 8000t，1986 年是 12000～16000t，至今已年产超过 10 万 t，且仍在以每年 15%的发展速度递增。

我国等温淬火球墨铸铁的年产量也在增加，已达 2 万～3 万 t。虽然与工业发达国家相比仍有差距，但这种差距正在缩小。

二、等温淬火球墨铸铁的优点

(一) 强度高、塑性好

在同等伸长率情况下，等温淬火球墨铸铁的抗拉强度是普通球墨铸铁的 2 倍；在同等抗拉强度情况下，其伸长率是普通球墨铸铁的 2 倍以上。表 12－2 示出了等温淬火球墨铸铁（ADI）国际标准的 1999 年讨论稿。

表 12－2　ISO－ADI 国际标准（1999 年讨论稿）

牌　号	抗拉强度（MPa）	屈服强度（MPa）	伸长率（%）
800－8	≥800	≥500	≥8
900－7	≥900	≥600	≥7
1050－5	≥1050	≥750	≥5
1200－3	≥1200	≥900	≥3
1400－1	≥1400	≥1100	≥1

(二) 质量轻

等温淬火球墨铸铁的密度为 7.1t/m³ 左右，而钢的密度为 7.8t/m³，由此，同样尺寸的零件，它要比钢轻 10%左右。因此，它的比强度（每单位质量可提供的抗拉强度）大于锻钢和铝合金，这有助于产品的轻量化。

(三) 疲劳强度和断裂韧度与低合金钢相当

等温淬火球墨铸铁的弯曲疲劳强度与低合金钢相当；并且，经喷丸处理后，它的疲劳强度与淬火钢或表面氮化钢相当。此外，它的断裂韧度也可与低合金钢相当，在－40℃时仍能保持 70%的室温断裂韧度。

(四) 减振性良好

等温淬火球墨铸铁含有石墨球，因而能迅速吸收振动，使机械运动趋向平稳，其减振性比钢好，这对降低齿轮传动时减少噪音有重要作用，特别是由于石墨有润滑功能，这对于抗咬合磨损性能比钢要好。

(五) 生产成本比钢低

由于等温淬火球墨铸铁的大部分机械加工可在等温淬火处理前完成，此时它的机械加工性能比钢要好，由此可提高功效和减少刀具消耗。它比锻钢件更易于生产近无余量零件，所以它的材料利用率高，减少能耗和降低成本。例如，美国通用汽车公司用等温淬火球墨铸铁代替淬火钢生产汽车后桥齿轮，节约能耗 50%；锻钢曲轴改为等温淬火球墨铸铁生产，成本可降低 30%。

三、应用

由于等温淬火球墨铸铁具有优良的性能，故它能应用于几乎所有对材料有高强度要求的领域，包括汽车制造、通用和工程机械、建筑材料、铁路、农业机械、冶金、矿山等工业领域。

预计今后国内等温淬火球墨铸铁将在汽车工业取得重要发展。为了节约能源、减少排放污染，汽车将要减少自重、降低噪声，这就为等温淬火球墨铸铁在汽车工业中的扩大应用提供了机会。当前，柴油发动机功率日益增大，对曲轴材质要求越来越高。为了降低成本，现正在考虑采用等温淬火球墨铸铁代替锻钢来生产大功率柴油机曲轴。另外，在汽车上的许多齿轮、后桥上许多零件也将得到应用。

我国已将等温淬火球墨铸铁用于铁路车辆上斜楔、衬套等方面，预计今后将进一步扩大在其他部件上的应用。

随着应用领域的不断扩大，我国等温淬火球墨铸铁的产量将有较大增长。到2020年，我国球墨铸铁产量有可能达到500万t。若等温淬火球墨铸铁产量占球墨铸铁的比例为3%～4%，则届时它的年产量将达15万～20万t。

第二节 等温淬火过程的组织转变

一、概述

等温淬火作为热处理工艺是20世纪30年代研究合金钢低温奥氏体转变时产生的。这种工艺的突出优点是：①转变过程容易控制；②避免了从奥氏体温度迅速冷却到室温时可能产生的应力、畸变和脆裂现象。等温淬火的特点是：①通过采取不同的奥氏体化温度和保温时间，可以控制工件中奥氏体的含碳量；②通过采取不同的等温淬火温度和时间，可以控制奥氏体的分解程度和最终组织形态。

在球墨铸铁生产过程中应用等温淬火工艺是从钢中移植过来的。由于钢与铁存在着重要差别，因此，同样的等温淬火，最后在钢与铁中得到的组织则不尽相同。首先，对于钢进行等温淬火时形成的贝氏体组织是由针状铁素体和碳化物组成的，这就是在针状铁素体的形成过程中伴随有碳化物的沉淀析出。而在铸铁中，高的含碳量和含硅量却可以抑制碳化物的析出。此时，在针状铁素体形成的过程中，并不伴随有碳化物的析出，而是与高碳奥氏体并存。其次，在钢进行等温淬火时，其最终组织中是不允许有残余奥氏体出现，要求具有百分之百的贝氏体组织；而在铸铁中则要求保持有一定量的残余奥氏体。在钢中，出现残余奥氏体，尤其是在数量比较多时，一般认为是有害的。这是因为在钢中，残留奥氏体的Ms温度通常高于室温，当工件温度低于Ms温度时，残余奥氏体就趋向于转变成马氏体组织。这种没有经过回火的、又硬又脆的马氏体随时都可能引起工件断裂。由于对钢和铸铁的等温转变组织要求不同，等温淬火热处理的目的也不同。前者目的在于获得完全的贝氏体组织；而后者目的在于获得无碳型贝氏体组织（亦即针状铁素体）的同时，还要获得一定量的、较高碳量的稳定奥氏体。

由于受到对钢的认识的影响，开始把等温淬火工艺引入球墨铸铁的研究与应用时，人们的注意力主要集中在低温等温淬火（200～300℃的温度范围）。这时得到的性能虽然有相当高的强度，但其塑性却相对较差。到了20世纪70年代，人们才注意到中温等温淬火（300～400℃的温度范围），认识到残余奥氏体在球墨铸铁中的特殊作用。这时，人们对具有一定数量（高碳）残余奥氏体组织的贝氏体球墨铸铁的认识也有了一个飞跃。

二、在等温淬火过程中贝氏体组织的转变

图9-16是奥氏体等温淬火转变原理图。由图9-16可以看出，在贝氏体转变曲线的上半部进行等温（300～400℃）处理，可得到上贝氏体组织；在下半部等温（200～300℃）处理，可得到下贝氏体组织。

钢中的贝氏体由针状铁素体和碳化物组成，但在铸铁中由于含硅量高［w（C）＝2.5%～

3.2%]，则抑制了碳化物的形成，因而形成没有碳化物的针状铁素体—贝氏体组织。

等温淬火后的基体组织不仅取决于含碳量及其他化学成分，也取决于由奥氏体化温度冷却至等温转变时的过程。当转变温度为350～470℃时，按一般方式的转变，首先沉淀析出针状的、碳呈过饱和的铁素体，不能再溶解的碳则富集在奥氏体中，此时的基体组织是由针状铁素体（贝氏体）和与之相邻的奥氏体组成。此时，奥氏体中的含碳量可达 w（C）＝2%。随着转变温度的降低，针状铁素体细化。在转变过程中针状铁素体量增加，并且由于此时奥氏体中碳的浓度增加使奥氏体得到稳定。由于转变时间的不同，可把转变过程分成三个区域（见图12-1）。开始时，经短暂的转变之后，因碳量不足，先形成的奥氏体在室温转变时形成马氏体；在中间区域，当奥氏体量在25%～50%的情况下，甚至直到－100℃以下，奥氏体也呈稳定状态。在转变非常缓慢的情况下，不再有硅的富集，而硅的富集可以抑制碳从高度过饱和的奥氏体中沉淀析出；在第Ⅲ区域中，大多析出呈针状或板条状的硅—碳化物。由此，奥氏体变得失稳并转变成针状铁素体和碳化物。在400℃时保温时间超过1h，转变的第Ⅲ阶段就会发生。另外，降低转变温度或附加合金元素，都会显著地阻碍硅—碳化物的沉淀析出。

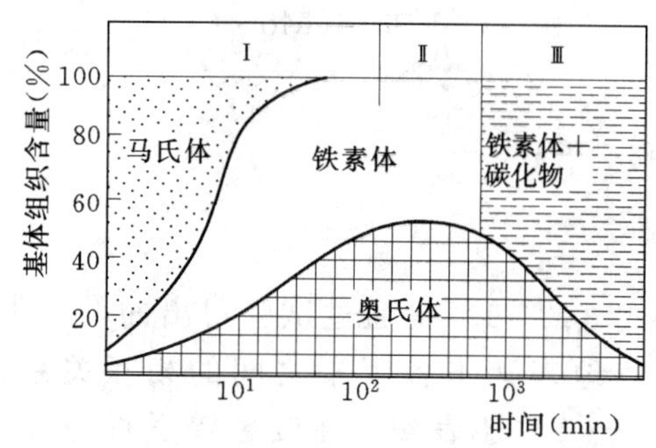

图12-1　在350～470℃范围内冷却至室温时各种基体组织随时间的变化

图12-2是转变温度对基体组织的影响。在超过400℃时转变非常快，在实验室条件下，可得到硅—碳化物；但在实际生产中，由于铸件冷却缓慢，则得到针状铁素体和碳化物。在低于350℃时，大部分奥氏体都非常稳定，以致不会发生转变，直到室温把马氏体包围起来。

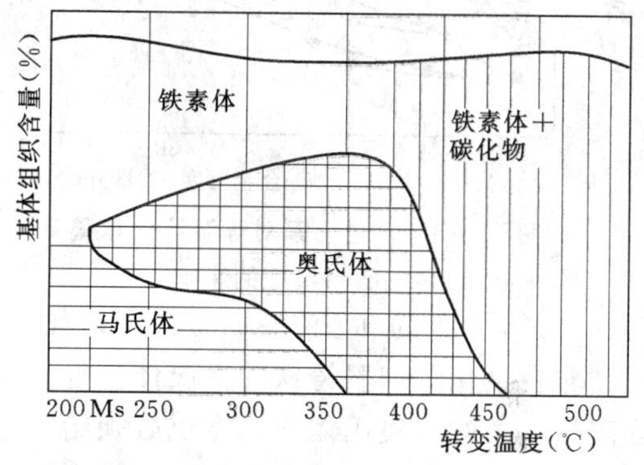

图12-2　不加合金元素的球墨铸铁，等温转变（保温1.5h）温度与基体组织的关系

第三节　化　学　成　分

一、概述

当壁厚大于10mm的铸件进行等温转变处理时，必须加入合金元素以确保顺利地进行淬火，以防止出现任何过早的珠光体转变。加入合金元素不但可以延缓珠光体转变（增加珠光体的淬透性），同时还可以延缓第二阶段转变的开始。一般来说，不希望合金元素的加入量（与珠光体具有足够淬透性所需的合金元素量相比）过多，这是因为几乎所有的合金元素均会使贝氏体球墨铸铁的塑性与韧度有所降低。

一般来说，在促进淬透性方面，质量分数为1%的钼大约是1.6倍的锰的作用，而镍与铜的作用分别只有锰作用的30%。式（12-1）包括了合金元素相互间的作用，用它可以衡量加入与不加入合金元素的球墨铸铁淬透性：

$$J_{dp}=2.9(T_r)^{\frac{1}{2}}+18.2(Mn)+25.3(Mo)+6.0(Cu)+28.6(Mo\cdot Cu)+38.6(Mo\cdot Ni)+13.6(Mn\cdot Ni)+50.9(Mo\cdot Cu\cdot Ni)-82.2 \quad (12-1)$$

式中 J_{dp}——临界淬透性距离（珠光体淬透性判据）(mm)；

T_r——奥氏体化温度（℃）。

合金元素以质量百分数计。

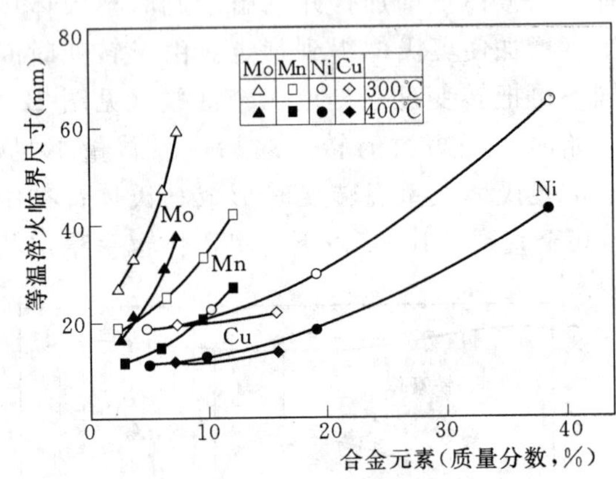

图 12-3 合金元素对等温淬火球墨铸铁临界尺寸的影响

式（12-1）是通过试验得出的，它非常出色地表达出各因素之间的相互关系。式（12-1）还表明，在改善淬透性方面，少量多元合金元素比大量单元合金元素更加有效。

不同的热处理条件将导致最大断面的临界尺寸发生很大的变化。图12-3表明，能否成功地进行奥氏体等温处理，这要取决于合金元素（珠光体淬透性）和等温处理温度。

由于普通、非合金球墨铸铁中的含硅量和含锰量在很宽广的范围内变化（Si为2%～3%，Mn为0.1%～0.8%），并且硅锰也能强烈地影响奥氏体等温转变。因此，对于“非合金化”球墨铸铁的奥氏体等温转变也必须给予充分的注意，甚至对（与奥氏体中含碳量相关的）奥氏体化温度也必须给予考虑，把它看成是“合金元素变量”。

因此，有必要对球墨铸铁中的基本元素（C、Si、Mn等）及常用合金元素（Cu、Ni、Mo）在等温转变中的行为及其对组织与性能的影响分别进行讨论。

二、基本元素在等温转变过程中的行为

（一）碳

碳有稳定奥氏体、阻碍贝氏体转变的作用，并改变上贝氏体的下限温度，也就是碳把其下限温度降低。碳对残余奥氏体的稳定性具有决定性的影响。而残余奥氏体的数量及其含碳量除了对抗拉强度和韧度有影响外，还影响着工件的加工硬化程度、抗应变马氏体转变的能力及低温组织的稳定性等。此外，碳是石墨化形成元素，球墨铸铁中含碳量高，可阻碍渗碳体的析出；增加凝固时的液态膨胀量，可减少因凝固收缩造成的缩孔、缩松倾向，因而能改善铸造性能、提高铸件的健全度。一般含碳量为w（C）=3.6%～3.8%。

（二）硅

硅不仅能提高共析温度，而且还加宽了共析转变的温度范围，缩短了珠光体和贝氏体转变的孕育期，因而降低了淬透性，并且使转变终了时间延迟。这是由于硅能降低碳在奥氏体中的溶解度，降低过冷奥氏体的稳定性，加速相变，因而缩短了孕育期。贝氏体球墨

铸铁的性能随着含硅量的增加而提高，特别是当原来的含硅量较低时，效果更显著。这是因为随着含硅量的增加，石墨球径变小，铁素体量增加；且硅促进贝氏体转变，形成细针状贝氏体，从而提高了球墨铸铁的力学性能。当含硅量 w（C）>2%时，将明显地延缓第二阶段的转变，因而可得到高韧度的铁素体和呈稳定的奥氏体基体组织。把含硅量由 w（Si）=2.5%提高到 w（Si）=3.1%时，第二阶段转变的开始可由 70min 延缓至 4.5h。显然，含硅量对于控制奥氏体等温转变动力学至关重要。

把含硅量增加 w（Si）=3.2%时，对于拓宽贝氏体球墨铸铁的热处理工艺范围具有明显的作用。虽然含硅量高会使普通球墨铸铁的塑性—脆性冲击转变温度增高。但是，在等温淬火的贝氏体球墨铸铁中至今尚未发现这种情况。总的来说，在等温淬火的贝氏体球墨铸铁中含有更高的硅量可以改善韧度和具有较宽的热处理工艺范围。硅的最大优点就是硅在贝氏体转变中抑制碳化物的析出，使针状铁素体的形核与长大过程并不伴随有碳化物的析出。

一般在等温淬火球墨铸铁中的含硅量比铁素体—珠光体型球墨铸铁的含硅量要高，通常是 w（Si）=2.5%～3.0%。

（三）锰

锰扩大奥氏体区，降低过冷奥氏体的分解速度，提高奥氏体的稳定性，并使 C 曲线右移，显著提高淬透性。锰还使高温相变区和中温相变区分离，并使上、下贝氏体相变区域明显分开。锰还显著降低马氏体点（Ms）。锰有抑制下贝氏体形成的作用。锰降低贝氏体球墨铸铁的塑性，同时强度也有所降低。锰对贝氏体球墨铸铁力学性能的不良影响是由于它在基体中分布不均匀所造成的。锰在共晶凝固时呈正偏析，因此，在 350～400℃进行等温转变时，在共晶团周界上会出现马氏体—奥氏体混合组织。这种组织将明显恶化基体的塑性，同时也使强度降低。但是，在含锰量 w（Mn）≤0.3%时，几乎不影响基体的塑性和韧度。表 12-3 是锰对贝氏体球墨铸铁冲击韧度的影响。锰还可以使残余奥氏体数量达到很高的数值。例如，含 w（Mn）=1.23%能使残余奥氏体量达到 40%以上，但此时伸长率则不超过 2.5%。

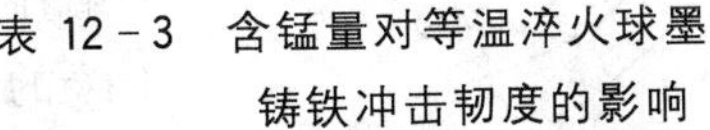

表 12-3　含锰量对等温淬火球墨铸铁冲击韧度的影响

Mn（质量分数，%）	冲击韧度（J/cm²）	比例
0.07	782	1
0.47	555	0.71
0.74	363	0.46

锰可以延缓第一阶段和第二阶段转变的开始，但它也延缓第一阶段转变的结束，缩小热处理工艺范围。在采用高温奥氏体化和高温奥氏体等温转变时，锰的这种不利作用特别明显。图 12-4 是锰对 C 曲线的影响，当含锰 w（Mn）=0.35%增加至含锰 w（Mn）=0.75%时，C 曲线明显右移（见图 12-4）。

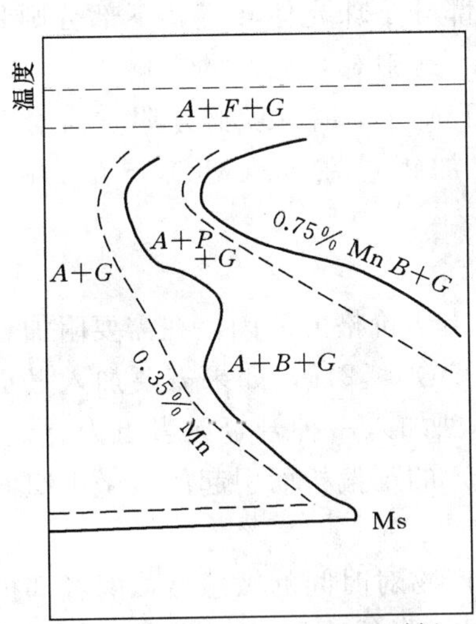

图 12-4　锰对 C 曲线的影响

A—奥氏体；F—铁素体；P—珠光体；G—石墨；B—贝氏体

锰对等温淬火球墨铸铁的韧度有明显的影响（见表12-3），含锰量w（Mn）=0.07%增加至w（Mn）=0.74%时，冲击韧度值下降了1倍。为此，对于等温淬火球墨铸铁，其含锰量w（Mn）≤0.3%。

三、合金元素在等温转变过程中的行为

（一）钼

钼易形成碳化物。在共晶转变时，钼呈正偏析，并且其偏析程度比锰更强烈，比锰更容易产生共晶碳化物。这种碳化物非常稳定，甚至通过长时间的石墨化退火（950℃/30h）也难以完全消除。由于钼与锰具有同样的性质，因此较高的含钼量对贝氏体球墨铸铁的强度和塑性都起降低作用。钼使材质具有良好的淬透性，对于厚断面的工件或者要求淬火速度比较温和的场合，钼是不可缺少的元素。

钼也延缓第一阶段和第二阶段转变的开始。虽然钼也在共晶团周界富集，但它不像锰那样形成“延缓的转变区”。

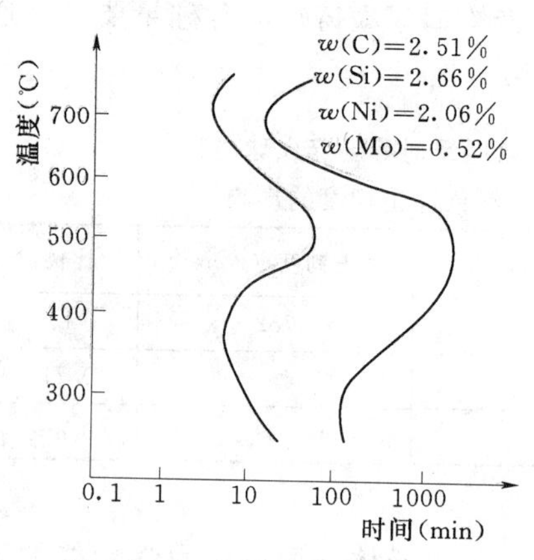

图12-5 钼对C曲线的影响

贝氏体相变是以铁素体为核心，碳的扩散是在每个单独的地方进行，所以不需要合金元素的扩散，由于碳的扩散速度V_C大于合金元素的扩散速度$V_{合金}$，即$V_C>V_{合金}$，所以合金元素对贝氏体形核没有过多的影响。

另外，钼有双重作用。在奥氏体向珠光体转变时，钼使C曲线的上半部分右移；在奥氏体向贝氏体转变时，由于钼促使α—铁素体形成，因而使C曲线的下半部分左移。结果，由于钼的加入，把C曲线分成了上下两部分：上部分是珠光体转变，下部分则是贝氏体转变。图12-5是钼对C曲线的影响。

在等温淬火球墨铸铁的生产过程中，当铸件壁厚大于10mm时，就必须附加合金元素、视铸件壁厚而定，一般是钼、铜（镍）复合加入，加钼量在w（Mo）=0.1%～0.5%的范围内。

（二）铜（镍）

铜与镍在球墨铸铁等温转变过程中的行为是相同的。由于价格的原因，在需要附加合金元素铜或镍时，首选是铜。但是铜的最多加入量是w（Cu）≤2%；如果需要加入量更多时，则加入镍。另外，铜与镍（还有钼）复合加入比单独加入一种合金元素更为有效。铜（镍）在共晶凝固时呈负偏析，能抵消部分由于钼（锰）的正偏析而引起的显微组织的不均匀性，并且镍（或铜）也可使C曲线右移，提高淬透性。

镍（或铜）都阻碍奥氏体分解，减少贝氏体等温转变产物对时间的敏感性，两者都扩大奥氏体区，形成固溶体，但不形成碳化物，并且它们都能降低冷脆转变温度。镍（或铜）的加入，对于残余奥氏体量的影响不大，这是因为它们的加入量毕竟很少，质量分数只有百分之几。

镍（或铜）能明显提高贝氏体球墨铸铁的塑性和韧度，这是由于它们在等温转变时能抑制

贝氏体中碳化物的形成。强度和硬度的降低可归结于针状铁素体沉淀硬化程度的降低。

当含镍 w（Ni）＜3％、含铜 w（Cu）＜1.5％时，能在一定程度上延缓第一阶段和第二阶段转变，但它们对奥氏体等温转变后的性能，只有很少或者根本就没有破坏作用。镍与铜的作用是同向的，它们均可提高钼合金化的作用。对于厚壁贝氏体球墨铸铁，采用镍钼、铜钼或镍铜钼合金化，可具有非常良好的奥氏体等温转变性能。无论是镍还是铜，均可形成“延缓转变区”。

在球墨铸铁中采用铜合金化时，要给予特殊的注意。首先，由 Fe—Cu 相图得知，当含铜 w（Cu）＞5％时，在液态会出现富铜相，也就是在凝固过程中，将发生严重的比重偏析。另外，由含铜量较低的 Fe—Cu 相图的细部得知：在固态时，铜在 α—Fe 中的最大溶解度为 w（Cu）＝1.4％，并且随温度的降低而降低；到 650℃以下，降低的速率减慢；到室温时，α—Fe 中的含铜量只 w（Cu）＝0.35％。由此表明，在球墨铸铁中的含铜量不能很多，一般 w（Cu）≤1.5％。并且，随着温度降低会有沉淀硬化现象。由此会使材质的脆性增加。

为了促进奥氏体等温转变而要选择加入合金元素时，还要考虑其他因素，如生产成本及所要求的铸态组织等。加入镍和钼能促使在铸态得到铁素体，从而改善了铸态的机械加工性能；加入锰和铜则能促使在铸态得到珠光体，从而恶化了铸态的机械加工性能。

要获得理想的贝氏体球墨铸铁基体组织，必须对化学成分及合金元素的加入进行正确的设计，对此，还必须考虑铸件的壁厚，因为它将影响铸件在一次结晶和二次结晶的组织。对于含 w（C）＝3.3％，w（Si）＝2.4％，w（Mn）＝0.32％的球墨铸铁，要达到完全等温淬火所需的合金元素加入量与铸件壁厚的关系见表 12－4。

表 12－4　贝氏体球墨铸铁达到完全等温淬火所需的合金元素量

壁　厚 (mm)	淬　火　介　质	
	盐　浴	空气强制冷却
8	不需要	0.3％Mo
10	不需要	0.35Mo＋1％Cu 或 0.48％Mo
25	0.2％Mo	0.3％Mo＋1.0％Ni 或 0.3％Mo＋1.5％Cu
37	0.5％Mo 或 0.35％Mo＋1％Cu	0.7％Mo＋1％Cu 或 1％Mo＋0.6％Ni
50	0.5％Mo 或 0.35％Mo＋1％Cu	0.5％Mo＋2.3％Ni

注　表中百分数均指质量分数。

第四节　热　处　理

要使等温淬火球墨铸铁具有优异的力学性能，就必须对其等温转变的全过程进行严格控制。等温淬火球墨铸铁的强度和硬度取决于奥氏体化温度，合金元素和微区成分偏析则决定了奥氏体等温转变的动力学。为此，要严格控制的热处理工艺参数有：奥氏体化温度和时间及奥氏体等温转变温度和时间。关于等温淬火的具体工艺，在第九章已有阐述。

一、奥氏体化温度和时间

一般来说，等温淬火球墨铸铁的奥氏体化温度在900℃或者再低一些。尽管在850℃进行奥氏体化对塑性与韧性是有益的，但是在这样低的温度下进行奥氏体化，所得到的性能结果是很离散的。

为使等温淬火球墨铸铁完全奥氏体化，其最低的奥氏体化温度与含硅量密切相关，具体数据如表12-5所示。

表12-5 贝氏体球墨铸铁最低奥氏体化温度与含硅量的关系

Si（%）	温度（℃）	Si（%）	温度（℃）	Si（%）	温度（℃）
2.0	799	2.6	833	3.2	875
2.1	804	2.7	840	3.4	(891)
2.2	810	2.8	847	3.6	(907)
2.3	815	2.9	854	3.8	(924)
2.4	821	3.0	861	4.0	(942)
2.5	827	3.1	866	4.2	(960)

注 括号中数字指90%～95%奥氏体化温度。

其他合金元素也会影响奥氏体化的最低温度，但是它们并不像硅的影响那样大。在含硅量低时，850℃奥氏体化温度是可以接受的。但在含硅量高时，或者对于厚壁铸件，或者对于含石墨球数较少的铸件（此时，硅的偏析严重），则要采用高温奥氏体化。在选定了奥氏体化温度以后，必须考虑其温度的变化范围（通常为±25℃）。

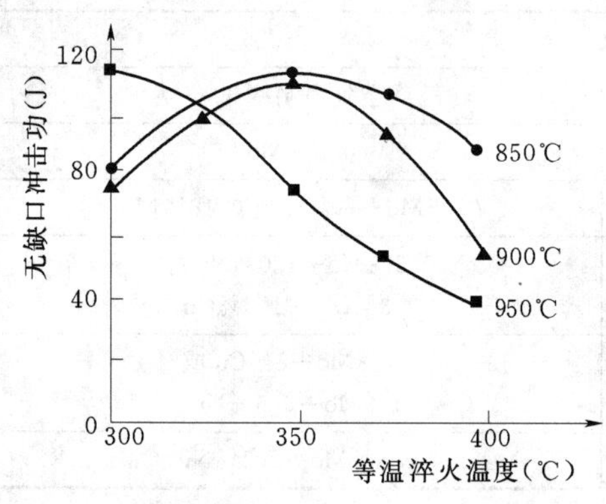

图12-6 奥氏体化与不同等温转变温度对冲击韧度的影响

奥氏体化温度偏低可能导致塑性与韧度有轻度增加，但抗拉强度、屈服强度与硬度会急剧下降。当然，过高的奥氏体化温度在许多情况下也必须防止。

研究结果表明，奥氏体化温度较高对获得高强度贝氏体球墨铸铁有利，但应在较低的温度（325℃以下）进行等温转变处理。此时，Cu—Ni合金化的贝氏体球墨铸铁将具有良好的塑性与韧度。但是，这种情况并不适合于含锰量较高或者是含钼的球墨铸铁。对于含锰量较高或者是含钼的球墨铸铁来说，奥氏体化温度高将加速形成“延缓的转变区”，缩小热处理工艺范围，从而降低塑性和韧度。图12-6示出Cu—Ni合金化球墨铸铁奥氏体化温度与奥氏体等温转变温度及冲击韧度的关系。

还要指出的是，长时间地进行奥氏体化保温，将有助于铸态形成的碳化物的重新溶解。但是，在晶界有碳化物形成元素的严重偏析时，不能指望通过长时间的奥氏体化保温将这种碳化物消除。这是因为，即使此时碳化物被消除，但此时与之相伴随的偏析将导致发生呈不均匀的奥氏体等温转变。

如图 12－7 所示，短时间进行高温奥氏体化可非常显著地改善贝氏体球墨铸铁的韧度。生产实践表明，在盐浴中热处理时，必须采取短时间的奥氏体化。但是，这种短时间高温奥氏体化的效果只有在进行奥氏体化之前完全是铁素体基体时才能体现。为此，要在 930℃保持 12h，炉冷至 650℃，然后空冷至室温，在这种情况下，在奥氏体化之前就能得到全部是铁素体的基体组织。这是因为，短时间的奥氏体化可以防止全部的碳扩散到锰、钼富集的晶界区域。晶界区域含碳量低，可使奥氏体等温转变稍许加快，从而导致更加均匀的转变，亦即没有“延缓的转变区”，并由此提高材质的冲击韧度。

为此，奥氏体化温度一般在 850～880℃之间。保温时间取决于壁厚，一般是每 25mm 保温 1h。

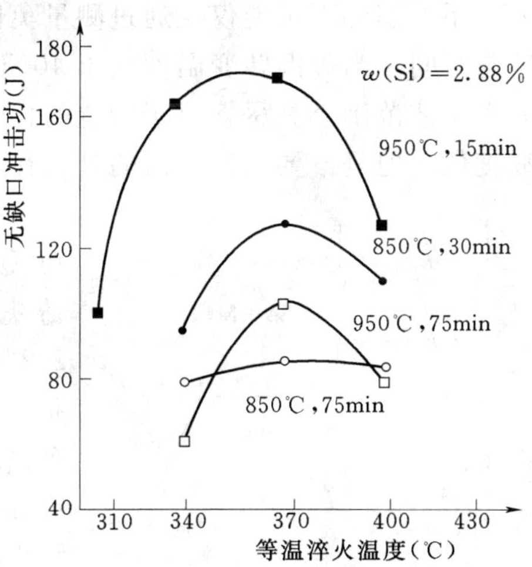

图 12－7　奥氏体化温度与时间及在不同温度下进行奥氏体等温转变对冲击韧度的影响

二、奥氏体等温转变温度和时间

奥氏体等温转变温度和时间直接影响贝氏体球墨铸铁的力学性能。适宜的奥氏体等温转变温度与时间，可得到最高的塑性与韧度及所期望的高强度。但是，对于每种不同成分的球墨铸铁来说，其奥氏体等温转变过程是不相同的。所以，对于给定成分的球墨铸铁来说，应具体、特定地选择进行奥氏体等温转变的条件。

对不同条件下贝氏体形核与长大的研究表明，在 330～500℃为上贝氏体区，330℃以下至 Ms 点为下贝氏体区。在贝氏体的形成过程中，转变开始阶段只有针状铁素体析出与生长，并没有碳化物的析出。在转变后期，在针状铁素体之间会析出碳化物，这要取决于奥氏体的稳定程度。

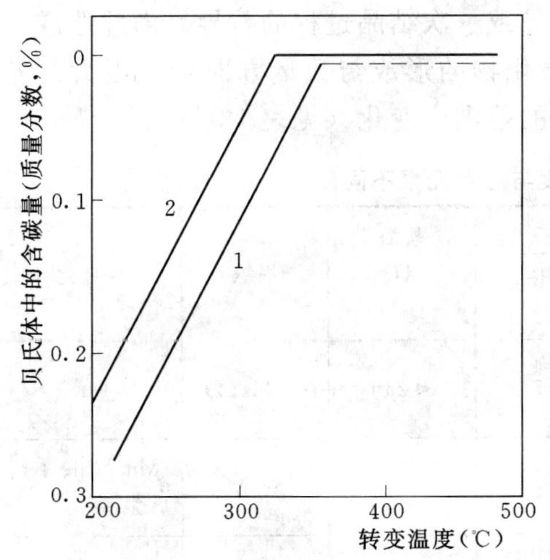

图 12－8　不同等温转变温度下碳在贝氏体中的溶解量

1—奥氏体化温度 875℃，保温 1h；2—奥氏体化温度 925℃，保温 1h

由于合金元素在共晶团边界分别呈正、负偏析的作用结果，在共晶团周边的等温转变比共晶团内部的转变要慢。关于合金元素的微区偏析情况，促进石墨化元素 Si、Ni、Cu 等富集在共晶团内部，降低了奥氏体中的含碳量，有助于贝氏体的形成。因此，贝氏体（亦即针状铁素体）是在石墨与奥氏体界面上形核并长人的。

另外，在平衡条件下，上贝氏体铁素体中的碳固溶量很低；但在下贝氏体铁素体的碳固溶量则随温度的降低而增加。由此，在没有析出碳化物的条件下，在进行上贝氏体转变时，更容易得到稳定的奥氏体。图 12－8 是在不同等温转变温度下，碳在贝氏体铁素体中的溶解量。

虽然在冲击韧度与奥氏体量之间存在着一定

的关系，但却不可能仅仅通过测量奥氏体含量来预测冲击韧度或者选择奥氏体等温转变温度与时间。当等温转变温度高于400℃时，就不会得到最高的塑性与韧度，因为此时的热处理工艺范围小。尽管对于特定的化学成分，采用400℃等温转变处理可得到最大的冲击韧度值，但是，要强调指出的是，在一般情况下最佳的等温淬火温度是370～380℃之间。

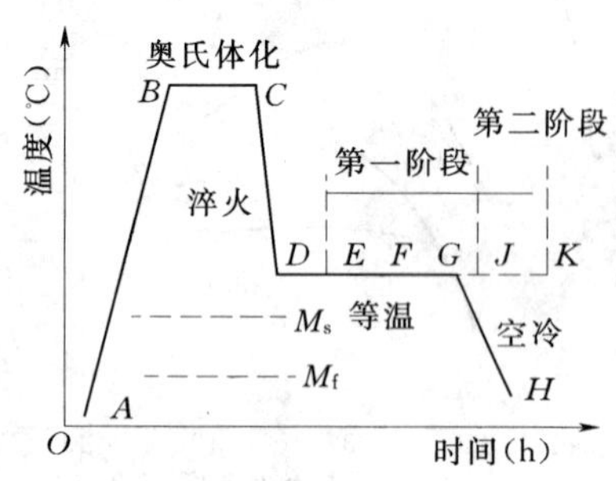

图 12-9 球墨铸铁奥氏体等温淬火工艺过程示意图

关于奥氏体等温转变的时间的确定，最近研究表明，奥氏体等温淬火后其组织转变如图12-9所示。认为球墨铸铁奥氏体等温转变（$E\sim G$）使含碳量增至1.8%～2.2%，这种奥氏体在室温时热力学上是稳定的，力学上也是稳定的，机械加工或使用时受力不会转变为马氏体。这种高碳奥氏体加上针状铁素体的混合组织是奥氏体等温淬火球墨铸铁所期望的组织，即图12-9中的第一阶段反应。如果保温时间不够（$E\sim F$），此时的奥氏体中含碳量仅1.2%～1.6%，这种奥氏体在室温时是稳定的，但力学上不稳定，受力或机械加工时会转变为马氏体。如果铸件在等温盐浴中保温时间再延长（$J\sim K$），即产生第二阶段的反应。此时高碳奥氏体将分解为更加稳定的铁素体和碳化物，产生类似于钢中的贝氏体。碳化物的出现对于力学性能非常有害，会降低伸长率和韧度。进一步的研究表明化学成分、合金元素和球化率、石墨球数等因素对这两个阶段反应有影响，从而提示我们在实际生产中应注意的问题。因此，奥氏体等温转变的时间一般在30～60min，这要取决于工艺条件、铸件壁厚及冶金质量等因素。

第五节 力 学 性 能

等温淬火球墨铸铁的力学性能是由相应的基体组织所决定的。对此，则取决于化学成分和奥氏体等温转变。并且，由于铸件壁厚的差异导致一次结晶过程的差异，由此造成的共晶凝固组织中，在石墨球数、元素偏析程度及碳化物的形成与数量方面会有很大的差异。因此，等温淬火球墨铸铁的力学性能可在很大的范围内变化（见表12-6）。

表 12-6 等温淬火球墨铸铁因盐浴（等温）温度与合金元素不同而得到不同的性能

特 征	硬度 HBS	最 小 值			盐浴温度（℃）	组织	合金化
		抗拉强度（MPa）	屈服极限（MPa）	伸长率（%）			
马氏体 硬的	430～550	1300	1000	0.5	＜250	α、M（γ）	Mn
下贝氏体 半硬的	350～480	1200	800	2	270～330	α、M	Mn Cu、Ni Mo
奥＋上贝氏体 韧 的	280～350	1000	680	5	＞350	α、γ	Cu、Ni、Mo
		850	550	10			

注 α为针状铁素体（贝氏体），M为马氏体，γ为奥氏体。

要实现强度与塑性的最佳配合，基体组织应由细化的针状铁素体（贝氏体）和呈稳定的奥氏体组成，石墨呈细小、均匀分布，不应有脆性碳化物和磷共晶组成。通过简单的改变奥氏体等温转变温度（盐浴温度），就可用同一种成分生产出具有不同力学性能的贝氏体球墨铸铁。其中，有的含有马氏体，有的是下贝氏体，有的是上贝氏体和奥氏体。

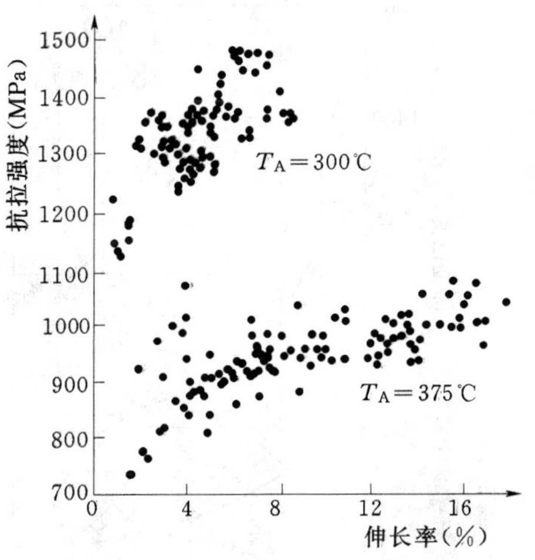

图 12－10　不同等温温度淬火的球墨铸铁在特定条件下的抗拉性能

对于一定的合金成分来说，等温淬火的贝氏体球墨铸铁的力学性能与其质量因素（冶金质量、组织细化等）密切相关。在特定的情况下，其抗拉强度与伸长率呈戏剧性同步增长，而在一般情况下，随着抗拉强度的增加，伸长率则要下降。如图 12－10 所示，在两种等温淬火温度（$T_A=300$℃和 $T_A=375$℃）进行等温转变后的球墨铸铁在特定条件下的抗拉性能。

一、抗拉性能

图 12－11 示出经等温淬火后球墨铸铁的抗拉强度、屈服强度和断后伸长率的关系，图中阴影部分表示工业用、壁厚达 100mm 以下的铸件抗拉性能。图 12－11 表明，对于工业用的等温淬火球墨铸铁，当抗拉强度为 950MPa 时，断后伸长率可达 11%。

二、冲击韧度

具有体积分数为 40%奥氏体的贝氏体球墨铸铁表现出良好的冲击韧度值。许多研究结果表明，在 325～370℃进行等温淬火，可以得到较佳的冲击韧度值。要取得最大的冲击韧度值，除了要正确选择奥氏体化温度、奥氏体等温转变温度和奥氏体等温转变时间以外，还要正确选定合金元素的加入量。

经优化后，等温淬火球墨铸铁无缺口试样的冲击韧度值为 100～140J/cm^2，对于 V 形缺口试样，达到的冲击韧度值为 9～15J/cm^2。

等温淬火球墨铸铁的低温韧度和塑性—脆性转变温度也是很重要的。对于无缺口的试样，在低温时，这种球墨铸铁的冲击韧度急剧降低；但在采用有缺口试样时，随着温度的降低，其冲击韧度呈渐变的、缓慢下降。由此表明，等温淬火球墨铸铁因含有一定数量的奥氏体，故在低温时对缺口不敏感。这也就是说，如果等温淬火球墨铸铁的基体组织中含有体积分数为 20%～40%的奥氏体，由于奥氏体呈面心立方晶格，故等温淬火球墨铸铁从塑性到脆性没有明显的转变。因此，等温淬火球墨铸铁的低温冲击韧度甚至有可能超过铁素体球墨铸铁的低温冲击韧度（见图 12－12）。

三、疲劳性能

至今，在等温淬火球墨铸铁的弯曲疲劳强度与抗拉强度之间并没有直线关系。并

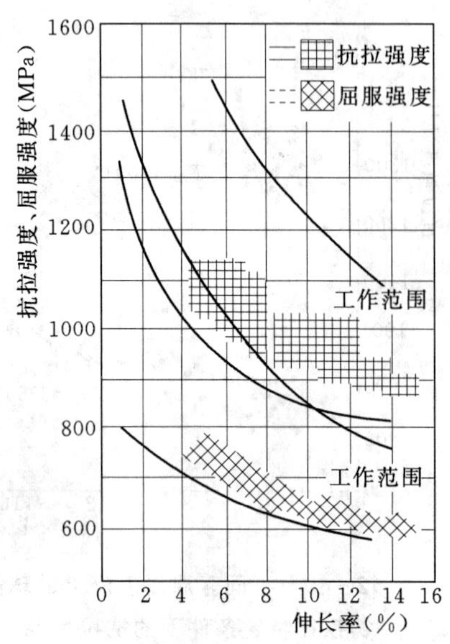

图 12-11 经等温淬火后球墨铸铁抗拉强度、屈服强度和伸长率的关系

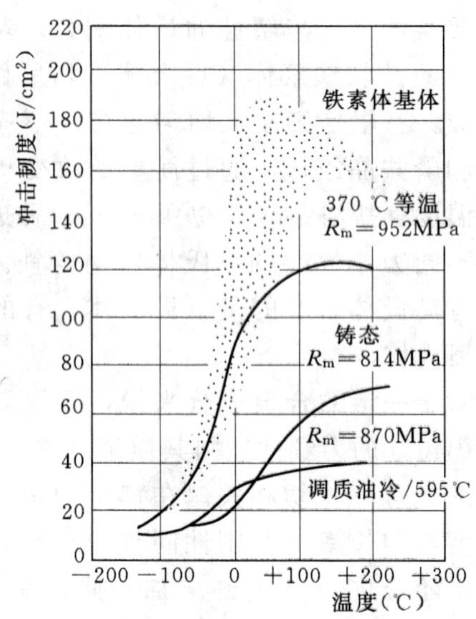

图 12-12 等温淬火球墨铸铁冲击韧度随温度的变化

R_m—抗拉强度

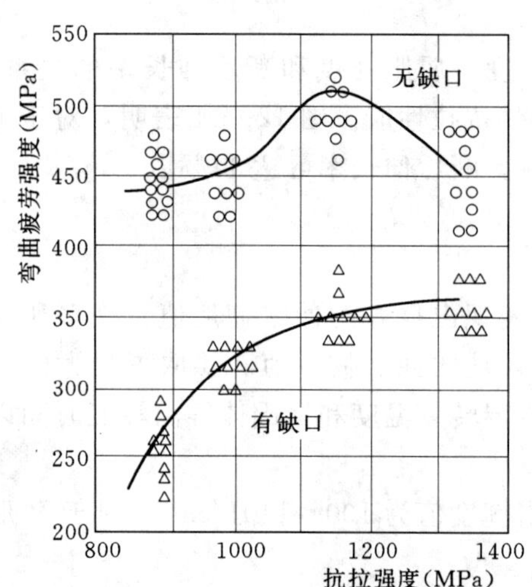

图 12-13 等温淬火球墨铸铁弯曲疲劳强度与抗拉强度的关系

且，在中间温度（380℃左右）进行等温转变时，得到的弯曲疲劳强度是最高的。这显然与观察到的、呈稳定态的奥氏体含量有关。由此，可以改善有缺口的和无缺口的试样的弯曲疲劳强度。图 12-13 示出含有铜钼合金的等温淬火球墨铸铁有缺口和无缺口弯曲疲劳强度与抗拉强度的关系。

此外，等温淬火球墨铸铁的疲劳强度还与试样的表面状况（经过冷加工或未经过冷加工）有关，并且它还取决于疲劳试样的形式。例如，在385℃进行等温转变处理后，等温淬火球墨铸铁的疲劳强度值因试样不同和是否有圆角滚压而具有下列不同的数值（见表 12-7）。

由图 12-13 可以看出，对于工业上采用的铜钼合金等温淬火球墨铸铁来说，当抗拉强度达 1000MPa时，其弯曲疲劳强度可达 360～420MPa。表 12-8 列举了几种材质弯曲疲劳强度的对比数据。经等温淬火含体积分数20%～40%奥氏体的球墨铸铁的弯曲疲劳强度可与合金锻钢相当；而经等温淬火，基体由下贝氏体组成的球墨铸铁弯曲疲劳强度只有 320MPa。

表 12-7 球墨铸铁因试验工艺不同而具有不同的疲劳强度

试验工艺	疲劳强度（10^7 次循环）(MPa)
推挽式	380
转动弯曲	450
预应力弯曲	410
预应力弯曲＋圆角滚压	620

表 12-8 几种材质的弯曲疲劳强度

材质	XC42 锻钢	珠光体—铁素体球墨铸铁	下贝氏体球墨铸铁	含 20%～40%奥氏体的贝氏体球墨铸铁
性能（MPa）	480	280	320	400～500

思考题

1. 为什么等温淬火球墨铸铁又称“奥—贝球铁”?

2. 分述中国、美国、芬兰各自独立开发的等温淬火球墨铸铁的特点。

3. 等温淬火球墨铸铁的力学性能与其他钢铁材料的对比分析。

4. 你认为力学性能最佳的等温淬火球墨铸铁应具有怎样的基体组织和采取怎样的热处理制度?

5. 为什么在等温淬火球墨铸铁中需要添加更多的硅?

6. 试分析钼在等温淬火球墨铸铁中的行为，何时可不加钼?

7. 试分析等温淬火球墨铸铁的适用范围。

8. 要具备怎样的条件才能生产等温淬火球墨铸铁?

9. 如果等温淬火处理后，强度不足、塑性有余时怎么办? 如果强度有余、塑性不足时怎样办?

10. 如果等温淬火处理后，在基体组织中出现游离渗碳体—碳化物，怎样消除?

第十三章 球墨铸铁的性能

第一节 力 学 性 能

一、常温静态拉伸性能

在力学性能中，常温静态抗拉强度是最基本的性能。在各种工程材料标准中，往往是根据材料的抗拉强度划分牌号。世界各国的球墨铸铁标准也都是按抗拉强度分类的。

（一）抗拉强度和伸长率

一般来说，材料的伸长率随抗拉强度的增加而降低。图 13-1 示出了各种基体组织球墨铸铁的抗拉强度和伸长率的关系。其中，P+F 表示珠光体和铁素体混合基体组织，ADI 表示等温淬火球墨铸铁。对于珠光体—铁素体基体组织的球墨铸铁，伸长率 δ（%）和抗拉强度 σ_b（MPa）的关系，可用式（13-1）表示：

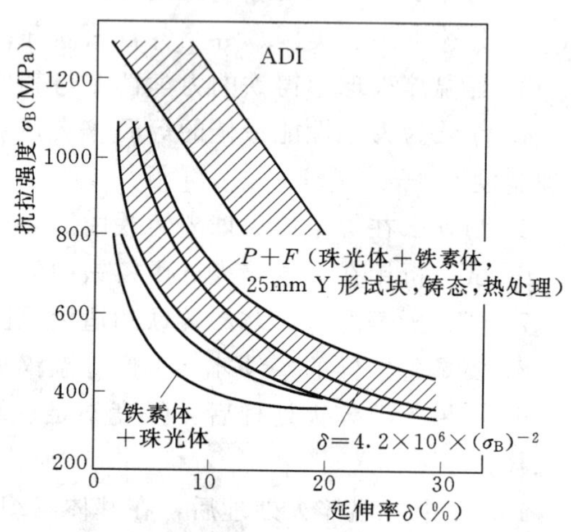

图 13-1 各种球墨铸铁的抗拉强度和伸长率的关系

$$\delta(\%) = 4.2 \times 10^6 \times [\sigma_b(\text{MPa})]^{-2} \tag{13-1}$$

经铁素体化热处理后，伸长率可达 30%；高强度的珠光体球墨铸铁具有百分之几的伸长率。

等温淬火球墨铸铁（ADI）的抗拉强度—伸长率的范围与珠光体—铁素体基体组织的球墨铸铁相比，具有高强度和高伸长率的特征，即使抗拉强度为 800～1000MPa，其伸长率仍能维持 10%以上；当抗拉强度为 1000～1300MPa 时，仍能得到 5%～8%的伸长率。

（二）屈服强度

屈服强度又称屈服点，也称屈服极限。由于球墨铸铁呈连续屈服行为，通常将 0.2%塑性变形应力 $\sigma_{0.2}$ 称为 0.2%屈服强度，视为与屈服点相当。对于塑性变形小的球墨铸铁（如高强度珠光体球墨铸铁），有时也有用 0.1%塑性变形应力 $\sigma_{0.1}$ 表征，称为 0.1%屈服强度。球墨铸铁的屈服强度一般是抗拉强度的 0.6～0.8 倍。或者，采用屈服比（$\sigma_{0.2}/\sigma_b$ 即 0.2%屈服强度/抗拉强度）表征球墨铸铁的抗塑性变形能力，它比碳钢的屈服比（一般在 0.5～0.6）要高。

等温淬火球墨铸铁（ADI）的屈服比在 0.6～0.85 之间，这取决于化学成分和采取的热处理制度。随着抗拉强度的增加，其屈服比有稍许增加。此时，等温淬火球墨铸铁的比例极限（弹性极限）大约是 $\sigma_{0.2}$ 屈服强度的 70%～80%，是抗拉强度的 50%～60%。

（三）弹性模量

球墨铸铁的弹性模量一般在140～180GPa之间；普通灰铸铁的弹性模量在80～130GPa之间；而普通碳钢的弹性模量则在200～210GPa之间。也就是说，球墨铸铁的弹性模量是普通碳钢的70%～80%。球墨铸铁的弹性模量与其抗拉强度有关，抗拉强度越高，则弹性模量也就越高。因此，球墨铸铁的弹性模量主要取决于基体的抗拉强度，但是，它也与石墨球的面积比率有关。

若将球墨铸铁看作是由基体和球状石墨组成的复合材料，其弹性模量可由复合法则表示，弹性模量 E_c 可由式（13-2）估算：

$$E_c = E_m(1-f_g)+E_g f_g \tag{13-2}$$

式中　E_m——基体的弹性模量；

E_g——石墨的弹性模量；

f_g——石墨的面积比率。

石墨的弹性模量 $E_g \approx 5$GPa，由于 $E_g \ll E_m$，故弹性模量 $E_c \approx E_m(1-f_g)$。

当石墨的面积比率为8%～15%，$E_m=205$GPa时，则 $E_c=174\sim189$GPa（计算值）。

但是，球墨铸铁弹性模量的实测值却小于上述计算值，这可能是呈弹性变形的球状石墨的应力集中效应所致。根据Paul理论，石墨面积比率约为12%的球墨铸铁弹性模量应在136～183GPa之间。

现以石墨面积比率11.8%、石墨平均球径29μm的球墨铸铁为例，计算得出的弹性模量 $E_c=159\sim172$GPa，实测结果得出的弹性模量 $E_c=152\sim181$GPa，由此得出的两种结果很接近。

当基体和石墨的泊松比（横向应变/纵向应变）分别为0.29和0.16时，由此计算得出的泊松比 $\nu=0.275\sim0.30$；由实际测量得出的泊松比 $\nu=0.25\sim0.33$。由此表明，实测与计算结果相符。

在弹性变形范围内，由于石墨的弹性模量和强度与基体相比甚小，通常几乎都把石墨球作为空洞处理。不过，石墨球对压缩具有抗力，并且按照载荷方向能显示出与钢相当的弹性模量，故应将石墨球看作是变形抗力的一部分。石墨球可使弹性模量升高的作用，与石墨的结构、致密程度密切相关，其作用程度可达20%。

（四）硬度

硬度与抗拉强度有良好的相关性。钢铁材料均具有相应的直线关系。对于结构钢，其抗拉强度大约是其布氏硬度的1/3（$\sigma_b \approx 1/3$HBS）；对于灰铸铁，布氏硬度HBS=100+4.3σ_b。对于球墨铸铁，也有类似的关系式。

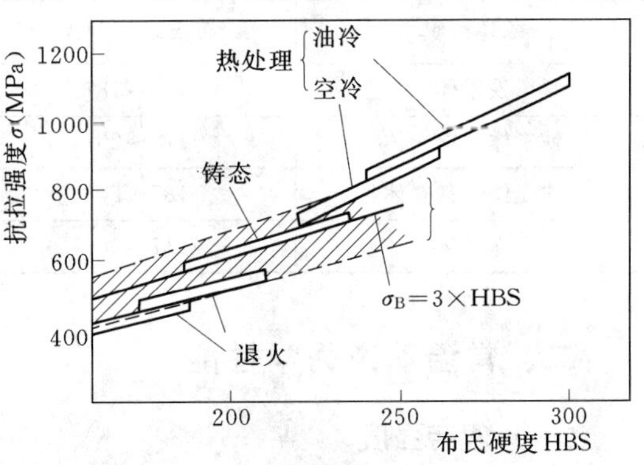

图13-2　布氏硬度与抗拉强度的关系

图13-2所示为布氏硬度与抗拉强度的关系。可见，包括铸态、退火态、热处理油冷（淬火态）和热处理空冷（正火态）的球墨铸铁的布氏硬度和抗拉强度之间一般均呈直线关系。对于铁素体—珠光体混合基体的球墨铸

铁，具有关系式（13-3）：

$$\sigma_b = (2.5 \sim 3.4)\text{HBS} \qquad (13-3)$$

式中 σ_b——抗拉强度（MPa）；

HBS——布氏硬度。

平均值 $\sigma_b = 3\times\text{HBS}$（MPa）

图 13-2 中，$\sigma_b > 800$MPa 的范围对应的是热处理态的球墨铸铁，此时的关系可用式（13-4）表示：

$$\sigma_b = 5\times\text{HBS} - 400\ (\text{MPa}) \qquad (13-4)$$

由于球墨铸铁的抗拉强度与其伸长率具有良好的相关性，因此，球墨铸铁的硬度和伸长率之间也具有相关性。据报导的实验结果，铸态、退火态、正火态和淬火态（油冷）球墨铸铁的伸长率和硬度之间均有相应的关系（见图 13-3）。

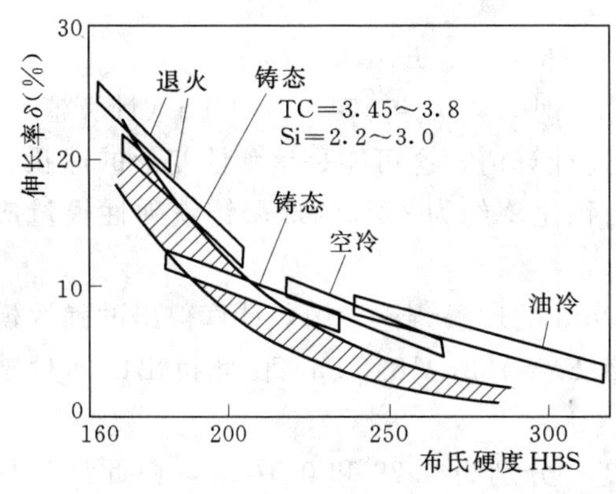

图 13-3 布氏硬度和伸长率的关系

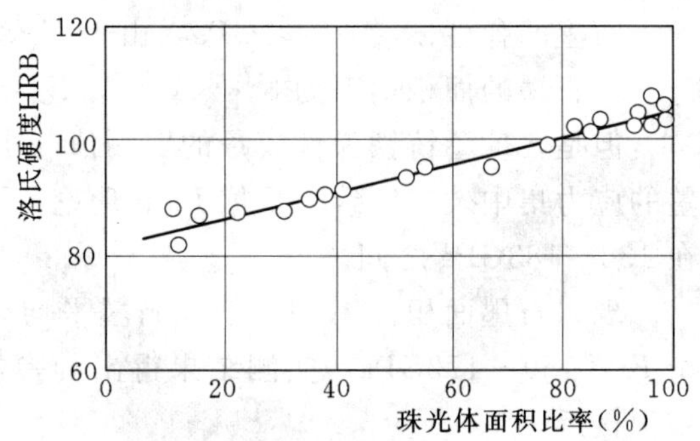

图 13-4 球墨铸铁的珠光体面积比率与洛氏硬度 HRB 的关系

也可以通过基体组织中铁素体—珠光体的面积比率来估算硬度值。图 13-4 是洛氏硬度 HRB 和珠光体面积比率的关系。可见，两者之间具有良好的线性关系。

球墨铸铁的基体组织决定了它具有相应的硬度，表 13-1 示出各种基体组织球墨铸铁的硬度范围。

表 13-1 各种基体组织球墨铸铁的硬度

基体组织	布氏硬度 HBS	基体组织	布氏硬度 HBS
铁素体	149～187	贝氏体	260～350
铁素体—珠光体	170～207	回火马氏体	350～550
珠光体—铁素体	187～248	奥氏体	140～160
珠光体	217～269		

二、常温动态力学性能

（一）疲劳强度

在交变应力作用下，可以经受无数周次的应力循环而仍不断裂时所能承受的最大应力叫作疲劳极限。材料在交变应力下，通常没有明显的疲劳极限。因此，常根据需要，取其交变应力循环一定周次 N 后断裂时所能承受的最大应力称为疲劳强度，以 σ_N 表示。各种基体组织球墨铸铁的弯曲疲劳强度示于表 13－2。

表 13－2　各种基体组织球墨铸铁的弯曲疲劳强度

材　料	抗拉强度（MPa）	无缺口试样		有缺口试样（45°，V 形）		
		疲劳强度（MPa）	疲劳强度/抗拉强度	疲劳强度（MPa）	疲劳强度/抗拉强度	缺口敏感系　数①
铁素体球墨铸铁	461	206	0.45	—	—	—
铁素体球墨铸铁	470	245	0.52	—	—	—
珠光体球墨铸铁	735	255	0.347	—	—	—
珠光体球墨铸铁	760	269	0.35	—	—	—
珠光体球墨铸铁	710	262	0.37	—	—	—
贝氏体球墨铸铁	1176～1470	304～343	0.23～0.26	—	—	—
铁素体球墨铸铁	490	210	0.43	145	0.30	1.4
珠光体—铁素体球墨铸铁	621	276	0.44	166	0.27	1.7
回火马氏体球墨铸铁	931	338	0.36	207	0.22	1.6
上贝氏体球墨铸铁	1088	412	0.38	353	0.32	1.2

①　缺口敏感系数 $=\dfrac{\text{无缺口疲劳强度}}{\text{有缺口疲劳强度}}$。

表 13－2 数据表明，球墨铸铁的弯曲疲劳强度与其抗拉强度的增加呈正相关。因此，要提高材质的疲劳强度，就要提高材质的抗拉强度。

采用滚压、喷丸等机械方法使工件表面变形强化。它使晶格畸变加剧，提高表面残留压应力和表面硬度，可明显提高工件的疲劳强度。

（1）滚压。对工件圆角滚压，是球墨铸铁表面强化技术中，最富有成效的，它能最大限度地提高工件的疲劳强度。表 13－3 是球墨铸铁不同状态下的疲劳强度与铸钢、锻钢的对比。由表 13－3 中可以看出，珠光体基体球墨铸铁经圆角滚压后的疲劳强度，可与经氮化处理的锻钢相同。并且，还可以看出，与未经圆角滚压相比，珠光体基体球墨铸铁经圆角滚压后，疲劳强度可提高 1 倍。

表 13－3　球墨铸铁不同状态下的疲劳强度与铸钢、锻钢的对比

材　质	状　态	疲劳强度（%）
球墨铸铁	珠光体基体	100
	索氏体基体	115
	珠光体基体，氮化处理	150
	珠光体基体，圆角滚压	200
铸　钢	共析成分	110
	共析成分，氮化处理	150
锻　钢	热处理后抗拉强度 800MPa	150
	在此基础上氮化处理	190

表 13－4　喷丸对各种合金贝氏体球墨铸铁弯曲疲劳强度的影响

球墨铸铁类型	合金加入量	弯曲疲劳强度（MPa）	
		木喷丸	喷丸
CuMo 球墨铸铁	Cu0.5，Mo0.2	280	320
CuMoV 球墨铸铁	Cu0.5，Mo0.2，V0.1	320	340
CuV 球墨铸铁	Cu0.5，V0.1	220	280
V 球墨铸铁	V0.1	240	330
Mo 球墨铸铁	Mo0.2	250	290

(2) 喷丸。为提高球墨铸铁的疲劳强度，特别是要提高球墨铸铁齿轮的疲劳强度，可采取喷丸处理使齿面强化。试验结果表明，各种合金球墨铸铁的弯曲疲劳强度经喷丸处理后，可提高7%～40%。经喷丸处理的齿轮台架试验寿命可提高47%～170%，实际使用结果表明，没有喷丸处理的齿轮使用寿命约2000h，喷丸处理后的齿轮使用寿命则超过3000h。表13-4是喷丸对各种合金贝氏体球墨铸铁弯曲疲劳强度的影响。

(二) 韧度

汽车的底盘上许多零件对安全性有很高的要求，为此，它们必须在室温和低温(-40℃)具有很高的冲击韧度值。国家标准和国际标准均对牌号400-18球墨铸铁规定了应具有的最小冲击韧度值（见表13-5），并且还规定了试样标准，即必须采用V形缺口试样。

表13-5 QT400-18最小冲击韧度［《球墨铸铁》(GB 1348—88)］ 单位：J/cm²

试样类别	参考壁厚 (mm)	常温（23±5℃）		低温（-20±2℃）	
		三个试样平均	个别	三个试样平均	个别
单铸试块		14	11	12	9
附铸试块	30～60	14	11	12	9
	60～120	12	9	10	7

此外，各种基体组织球墨铸铁在常温下具有不同的冲击韧度值。表13-6示出各种基体组织球墨铸铁常温下无缺口试样的冲击韧度范围。表13-6显示，铁素体球墨铸铁因其含硅量的波动，而贝氏体球墨铸铁因其奥氏体含量的变化，致使它们的冲击韧度变化范围较大。

表13-6 各种基体组织常温冲击韧度（无缺口试样）

基体组织	铁素体	珠光体	贝氏体	回火索氏体
冲击韧度 (J/cm²)	50～150	15～35	30～100	20～60

很多机器零件如曲轴在工作时承受小能量多次冲击载荷。试验表明，珠光体球墨铸铁的小能量多次冲击韧度优于正火钢（含碳为0.45%）；铁素体球墨铸铁的小能量多次冲击韧度则优于铁素体可锻铸铁。表13-7示出珠光体数量对球墨铸铁小能量多次冲击韧度的影响。表13-7显示，珠光体球墨铸铁的小能量多次冲击韧度优于铁素体球墨铸铁。但是，常规的一次冲击韧度则相反。

表13-7 珠光体量对球墨铸铁小能量多次冲击韧度的影响

冲击吸收功 (J)	2.35	1.57	0.78	0.49	一次冲击韧度（无缺口）(J/cm²)
珠光体量 (%)	冲击次数 N (×10⁴)				
100	0.797	38.9		8770	23.62
95	0.804	17.3	1610	7310	20.29
85	0.505	10.9	1260	5390	33.81
75	0.546	9.8	900	3140	33.61

第二节　物　理　性　能

一、密度

密度取决于含有的石墨量，球墨铸铁的密度与钢相比，要降低8%～12%。常温下，不同基体和成分的球墨铸铁密度列于表13-8。熔融状态下球墨铸铁的密度列于表13-9。增加石墨化元素，则促使球墨铸铁的密度减小；增加阻碍石墨化元素，则促进密度增加。另外，球墨铸铁中各组成成分不同，也会影响其密度。表13-10示出球墨铸铁各组成成分的密度。

表13-8　球墨铸铁的常温密度

材　料	密度（g/cm^3）
铁素体球墨铸铁	6.9～7.2
珠光体球墨铸铁	7.1～7.5
中硅耐热球墨铸铁①	7.10

① 含硅的质量分数为4.5%～5.5%。

表13-9　熔融状态镁球墨铸铁的密度

温度（℃）	1225	1250	1300	1335	1350	1375	1400	1415	注
密度（g/cm^3）	7.05	—	6.94	6.91	6.85	6.78	—	6.75	①
	—	6.90	6.87	—	6.83	—	6.80	—	②

① 成分（质量分数,%）：C=3.44，Si=2.56，Mn=0.22，P=0.11。
② 成分（质量分数,%）：C=3.3～3.6，Si=1.6～2.6，Mn=0.4～0.5。

表13-10　球墨铸铁各组成成分的密度

组成成分	密度（g/cm^3）	组成成分	密度（g/cm^3）
铁素体	7.86	石墨	2.25
含 w（Si）=3.5%铁素体	7.67	磷共晶	7.32
珠光体	7.78	奥氏体含 w（C）=0.9%	7.84
渗碳体	7.66	马氏体含 w（C）=0.9%	7.63

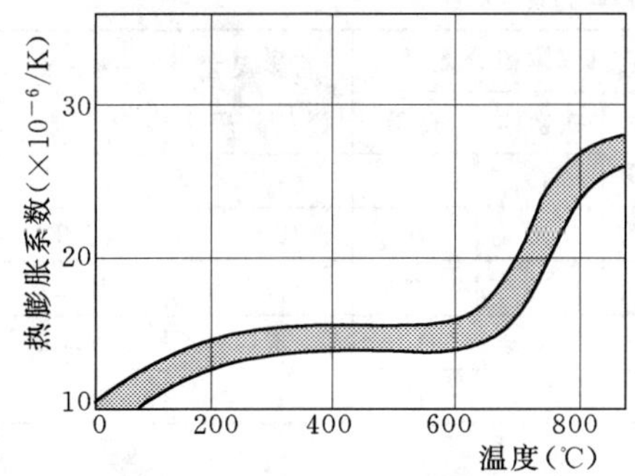

图13-5　温度对球墨铸铁线膨胀系数的影响
［化学成分（质量分数,%）：C=3.65～3.72，Si=2.59～3.47，Mn=0.24～0.59］

二、线膨胀系数

线膨胀系数受温度影响，温度对球墨铸铁线膨胀系数的影响示于图13-5。图13-5显示，随温度升高，线膨胀系数增大。此外，基体组织也会影响线膨胀系数，表13-11示出各种基体球墨铸铁在各温度范围的线膨胀系数。由表13-11可以看出，铁素体球墨铸铁与珠光体球墨铸铁的线膨胀系数相近，但奥氏体球墨铸铁在20～200℃温度范围内的线膨胀系数却比铁素体基体和珠光体基体球墨铸铁要小得多，相差近2倍。

表 13-11 球墨铸铁线膨胀系数 单位：$\times10^{-6}$/K

温度范围（℃）	铁素体球墨铸铁	珠光体球墨铸铁	奥氏体球墨铸铁①	温度范围（℃）	铁素体球墨铸铁	珠光体球墨铸铁	奥氏体球墨铸铁①
20～100	11.5	11.5	—	20～500	—	13.4	—
20～200	11.7～11.8	11.8～12.6	4.19	20～600	13.5	13.5	—
20～300	—	12.6	—	20～700	—	13.8	—
20～400	—	13.2	—				

① 含镍的质量分数为 20%～26%。

三、热导率

热导率取决于成分、组织、石墨形态和温度。石墨比基体组织的热导率大；石墨沿基面比沿棱面的热导率要大 1～2 个数量级。因此，球墨铸铁的热导率高于钢，但却低于普通灰铸铁。在 100℃时，它比灰铸铁小 20%～30%；在高温时，则差别更大。表 13-12 列出各种基体组织的球墨铸铁热导率。Si、Ni 对球墨铸铁的热导率见图 13-6 和表 13-13。Al、Mn、P、Cu 均使球墨铸铁的热导率降低，如锰的质量分数为 1.5%降低热导率 3.3%；磷为 1.0%降低热导率 6%；铜的质量分数为 1.0%降低热导率 5%。Cr、Mo、W、V 降低热导率的作用微弱。碳增加热导率，如图 13-7 所示。

此外，热导率随温度升高而降低（见图 13-7）。在 1300℃时，处于熔融状态的球墨铸铁热导率为 37.26W/（m·K）。

表 13-12 球墨铸铁的热导率

材 料	化学成分（质量分数,%）				热导率［W/（m·K)］	
	C	Si	Ni	Mg	100℃	400℃
铁素体球墨铸铁	3.52	2.05	0.05	0.066	38.89	38.14
珠光体球墨铸铁	3.22	2.44	1.35	0.056	31.06	30.06
奥氏体球墨铸铁	2.95	1.85	20.7	0.12	19.05	18.29

表 13-13 硅对球墨铸铁热导率的影响

编号	化学成分（质量分数,%）							基体组织（体积分数,%）			石墨尺寸（$\times10^{-2}$mm）	热导率［W/(m·K)］
	Si	C	Mn	S	P	Mg	Ni	珠光体	铁素体	石墨		
1	1.12	3.57	0.33	0.004	0.035	0.06	1.33	61	30	9	4.71	37.67
2	2.27	3.56	0.33	0.010	0.025	0.06	1.30	40	50	10	3.07	37.17
3	3.52	3.47	0.29	0.012	0.030	0.06	1.30	35	55	9	2.44	36.21
4	4.34	3.36	0.40	0.010	0.030	0.06	1.23	5	85	10	2.06	35.16
5	2.28	3.33	0.50	0.010	0.055	0.06	1.12	85	5	10	4.44	35.67

四、比热容与熔化潜热

球墨铸铁的比热容与普通灰铸铁大体相同（见图 13-8），常温下为 500～700J/（kg·K），一般取 540J/（kg·K）。温度升高，则比热容增大。另外，含碳量增加使比热

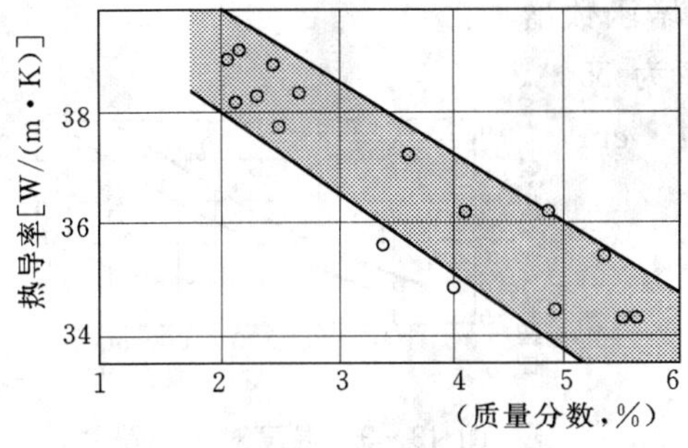

图 13-6　Si 和 Ni 对铁素体球墨铸铁热导率的影响

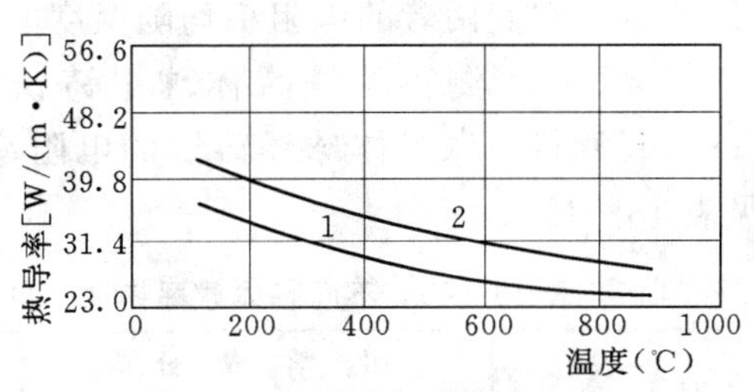

图 13-7　温度和含碳量对球墨铸铁热导率的影响

1—w (C) =2.52%；2—w (C) =4.12%

容增大，图 13-8 中的化学成分及组织见表 13-14。表 13-15 示出液态球墨铸铁的比热容与温度的关系。

表 13-14　图 13-8 中的铸铁成分和组织

编号	石墨形态	基体组织（体积分数,%）		化学成分（质量分数,%）		
		珠光体	铁素体	C	Si	Mn
1	球状+片状	50	50	3.72	2.60	0.24
2	球状+5%片状	10	90	3.05	3.47	0.59
3	球状	25	75	2.65	2.59	0.28
4	片状	20	80	3.45	2.65	0.29
5	片状	20	80	3.30	2.63	0.26

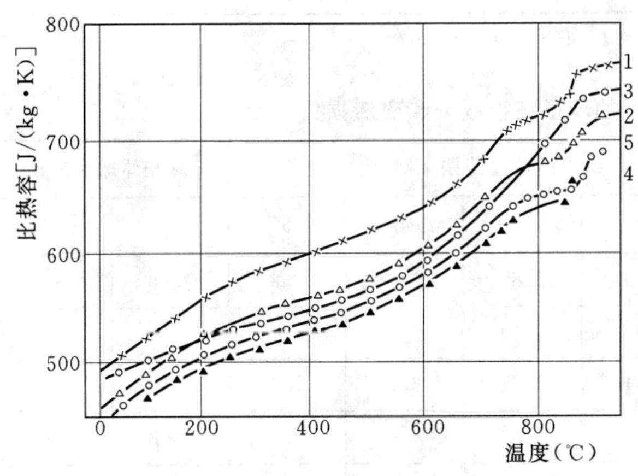

图 13-8　球墨铸铁与灰铸铁比热容与温度的关系

表 13-15　液态球墨铸铁的比热容

温度（℃）	1200	1300	1350
比热容 [J/(kg·K)]	917	913	963

球墨铸铁的熔化潜热与普通灰铸铁的相当，一般是 210～230J/g。

五、电阻率

球墨铸铁的电阻率低于灰铸铁，高于可锻铸铁。C、Si 均增加电阻率，Al、Mn、Ni 分别在 0.5%～1.0%范围时，对电阻率影响不大，但是，当 Al、Mn 分别超过 1%或者当镍超过 3%时，均会使电阻率增大。图 13-9 示出温度对球墨铸铁电阻率的影响。图 13-9 显示，珠光体基体球墨铸铁比铁素体基体球墨铸铁的电阻率要大；并且，它们两者的电阻率均随温度的升高而呈增函数增加。

在常温下，测得的铁素体球墨铸铁的电阻率为 55 μΩ·cm；测得的珠光体球墨铸铁的电阻率为 59μΩ·cm（见表 13-16）。

表 13-16 不同基体球墨铸铁的电阻率

材 料	化学成分（%）				电阻率（μΩ·cm）
	C	Si	Mn	P	
铁素体球墨铸体	3.60	2.40	0.50	0.087	55
珠光体球墨铸铁	3.62	2.40	0.50	0.087	59

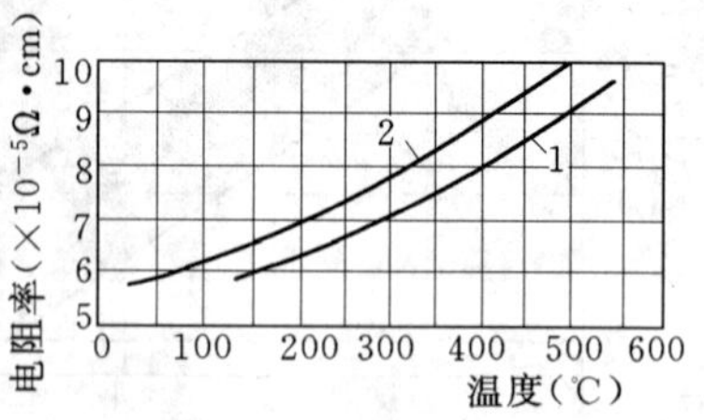

图 13-9 温度对球墨铸铁电阻率的影响

1—铁素体球墨铸铁；2—珠光体球墨铸铁

六、磁性

球墨铸铁的磁性列于表 13-17 中。图 13-10 和表 13-18 中列举的是 5 种铁素体球墨铸铁和 2 种珠光体球墨铸铁的磁化曲线、化学成分和磁滞损失。从图 13-10 和表 13-18 中可见，与珠光体球墨铸铁相比，铁素体球墨铸铁的磁导率和磁感应强度较大，矫顽力和磁滞损失较小。

表 13-17 球墨铸铁的磁性

材 料	矫磁力 H_c（A/m）	剩 磁 Br（T）	最大磁导率 μ_m（μH/m）	μ_m 时的磁场强度 H（A/m）	饱和磁感 Bs（T）	
					H=5968（A/m）	H=7162（A/m）
铁素体球墨铸铁	191	0.51	1.76	437.3	1.61	1.91
珠光体球墨铸铁①	716	0.80	0.69	1114	1.85	4.93

① 成分（质量分数,%）：C=3.6，Si=2.5，Mn=0.6，P=0.08，S=0.009。

表 13-18 图 13-10 的球墨铸铁成分和磁滞损失

材 料			铁素体球墨铸铁					珠光体球墨铸铁	
图中代号			1	2	3	4	5	6	7
化学成分（质量分数,%）	总碳量		3.64	3.3	2.84	—	3.3	2.90	—
	化合碳量		0.06	0	0.19	—	—	0.7	0.72
	Si		1.41	2.4	2.61	3.1	2.4	2.61	3.1
	Ni		0.03	0.7	2.23	—	0.7	2.18	—
磁滞损失[J/（m^3Hz）]	磁感应强度（T）时	1.00	448	—	729	544.6	—	3250.7	1985.6
		1.21	—	—	—	—	2974.2	—	—
		1.31	—	735.6	—	—	—	—	—
		1.50	—	—	—	687.3	—	—	3233.2

表 13－19 示出一些元素对球墨铸铁磁性的影响。其中，硅增加球墨铸铁的磁导率，却减少矫顽力和磁滞损失。碳与硅却相反。Mn、Cr、Ni、Cu 均减少磁导率并增大磁滞损失。

表 13－19 某些元素对球墨铸铁磁性的影响

磁性＼元素	C	Si	Mn	Cr	Ni	Cu
饱和磁感	—	—	—	—		
磁导率	—	＋	—	—	—	—
矫顽力	＋	—	＋	＋		
剩余磁感	＋		—	—		
磁滞损失	＋	—	＋	＋	＋	＋

注 “＋”为增加，“－”为减少。

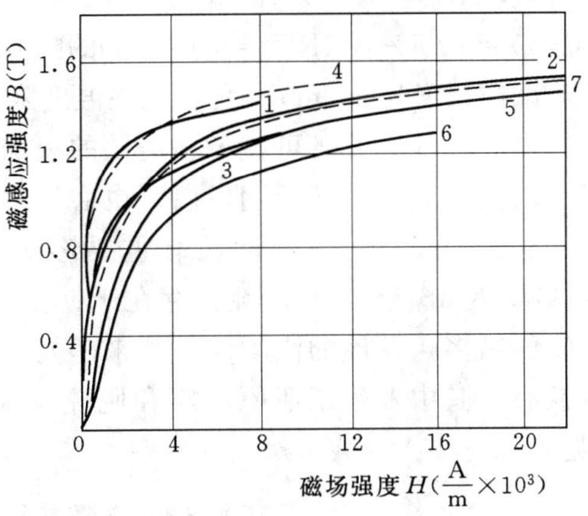

图 13－10 铁素体球墨铸铁与珠光体球墨铸铁磁化曲线的比较

1～5—铁素体球墨铸铁；6～7—珠光体球墨铸铁

第三节 工 艺 性 能

一、铸造性能

（一）流动性

流动性是指液态金属充满铸型的能力。广泛采用螺旋形试样测定流动性，尽管这种方法不够完善。

来自实验室和生产实践的数据表明，无论是共晶成分，还是过共晶成分，球墨铸铁的流动性总是比灰铸铁的要好。

与灰铸铁一样，球墨铸铁的流动性取决于金属本身的性质；还取决于铸型的传热与充满过程的条件。因此，影响流动性的因素主要是化学成分和浇注温度。

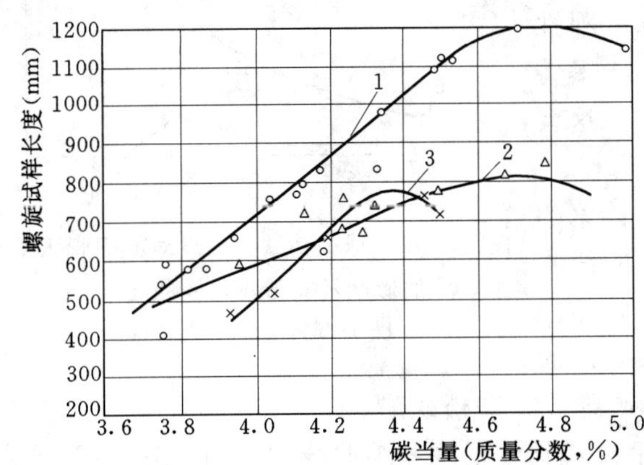

图 13－11 球墨铸铁与灰铸铁流动性与碳当量的关系

1、2—球墨铸铁；3—灰铸铁

对比普通灰铸铁和球墨铸铁的流动性曲线表明，对于普通灰铸铁，当碳当量为 4.2%～4.3%时，具有最好的流动性；对于球墨铸铁，碳当量为 4.4%～4.7%时，具有最好的流动性，并且，它的螺旋形试样长度比普通灰铸铁要长（见图 13－11）。

改变铁液温度对流动性影响很大，特别是在浇注温度较低（低于液相线温度）时，由于析出固相，会使流动性明显降低。数据显示，在浇注温度为 1338℃时，球墨铸铁[成分为 w(C)＝

3.62%，$w(Si)=1.91\%$，$w(Mn)=0.27\%$，$w(P)=0.064\%$，$w(S)=0.027\%$，$w(Cu)=0.4\%$，$w(Mg)=0.05\%$，$w(RE)=0.043\%$]的螺旋试样长度为980mm；把浇注温度降至1296℃时，螺旋试样长度为660mm；再把浇注温度降至1280℃，则螺旋试样长度降至410mm。

提高浇注温度，可使球墨铸铁的表面张力降低，这与相伴随的镁元素的蒸发和石墨形状的改变有关。铁液长期保温，也会使表面张力降低。

非金属夹杂物对流动性有重要影响，特别是氧化物和硫化物（FeO、MnO、SiO_2、Al_2O_3、MnS等），它们经常存在于铁液中，并且其熔点很高。因此，随着这些非金属夹杂物的增多，铁液的流动性会越来越差，以致最后丧失流动性。当铁液经镁处理变成球墨铸铁后，其中发生了还原反应和脱硫反应，致使非金属夹杂物数量减少致使流动性改善（见表13-20）。

表13-20 球墨铸铁的流动性及其与灰铸铁的比较

材料	灰铸铁（Cr为0.3%）	稀土镁球墨铸铁		镁球墨铸铁
碳当量（质量分数，%）	4.0	4.6～4.7		
浇注温度（℃）	1295	1270	1260	1250
螺旋试样长度（mm）	380	1107	1106	750

基于上述，球墨铸铁的流动性比灰铸铁高的主要原因是：

（1）球墨铸铁的碳、硅含量较高，其碳当量接近共晶成分，而共晶成分的铁液流动性最好。

（2）球墨铸铁经镁处理后，发生了脱氧、去硫、排气和排除非金属夹杂物的过程，使铁液得到净化，故流动性得到提高。

（3）球墨铸铁的共晶凝固温度较低，因此，在相同浇注温度下，其流动性较好。

（二）收缩倾向

球墨铸铁呈糊状凝固，因此，在凝固初始的一段时间内，凝固层增长较慢。由此，因析出石墨引起的体积膨胀向铸型壁传递，表现为凝固膨胀压力较大。湿型时，此压力达0.29～0.69MPa；刚性铸型时，此压力为4.0～4.9MPa。因此，球墨铸铁的凝固膨胀量大于灰铸铁（见图13-12），这会影响铸件最后形成缩孔，缩松缺陷。

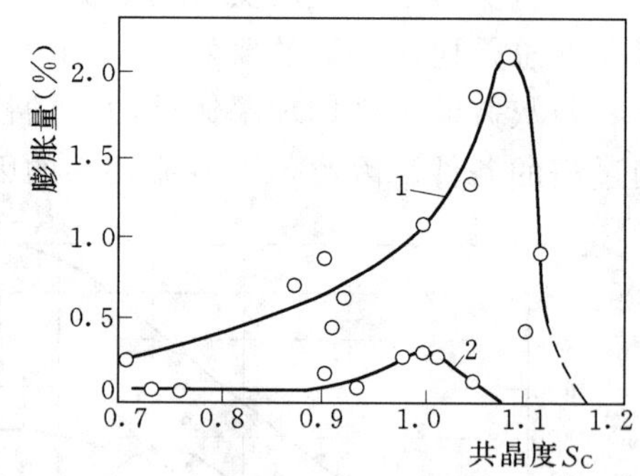

图13-12 球墨铸铁共晶度对凝固膨胀量的影响及其与灰铸铁的比较

1—球墨铸铁；2—灰铸铁

球墨铸铁的自由线收缩及其与灰铸铁、铸钢的比较示于表13-21和图13-13。各种材质的线收缩大小，将会影响铸件最终的尺寸。另外，收缩前膨胀量过大，也会使浇注的液态金属量加大，因而使需要的补缩量加大，也会在一定程度上影响缩孔，缩松缺陷。

由图13-13表明，普通灰铸铁和孕育后球墨铸铁的线收缩曲线均由四部分组成：

（1）收缩前膨胀。即共晶凝固膨胀，是因析出石墨引起的。灰铸铁的收缩前膨胀只有0～0.3%，而经孕育后的球墨铸铁的收缩前膨胀量可达0.94%，比灰铸铁大得多。未经孕育的球墨铸铁在共晶凝固时，只有少量石墨析出，因而其收缩前膨胀量最多只有0.025%；碳钢在凝固过程中没有石墨析出，则没有收缩前膨胀。

表 13-21　球墨铸铁的自由线收缩及其与灰铸铁、铸钢的比较

合金种类	自由收缩（%）					受阻收缩（%）
	收缩前膨胀	珠光体前收缩	共析膨胀	珠光体后收缩	总收缩	
灰铸铁	0～0.3	0～0.4	0.1	0.94～1.06	0.7～1.3	0.8～1.0
球墨铸铁	0.4～0.94	0.3～0.6	0～0.03	0.14～1.00	0.6～1.2	0.7～1.0
未孕育球墨铸铁	0	0.7～1.35	0	0.92～1.01	1.6～2.3	1.5～1.8
碳钢	0	1.06～1.47	0～0.011	0.9～1.07	2.03～2.4	1.8～2.0

（2）共析转变膨胀。纯铁 $\gamma \to \alpha$ 转变引起体积膨胀，体积增加0.8%，线膨胀量达0.27%。对于普通灰铸铁，在析出较多铁素体的情况下，由此可析出石墨（最多可达0.4%的石墨），故它的共析线膨胀量最高可达0.24%。但是，球墨铸铁与灰铸铁相比，共析膨胀量大约只有0.03%。

（3）珠光体前收缩。因温度下降引起金属基体收缩，此时碳钢为1.06%～1.47%，未经孕育处理的球墨铸铁为0.7%～1.35%，经孕育处理的球墨铸铁为0.3%～0.6%；普通灰铸铁的珠光体前收缩为0%～0.4%。由此表明，在此范围石墨析出量对收缩量影响甚大。

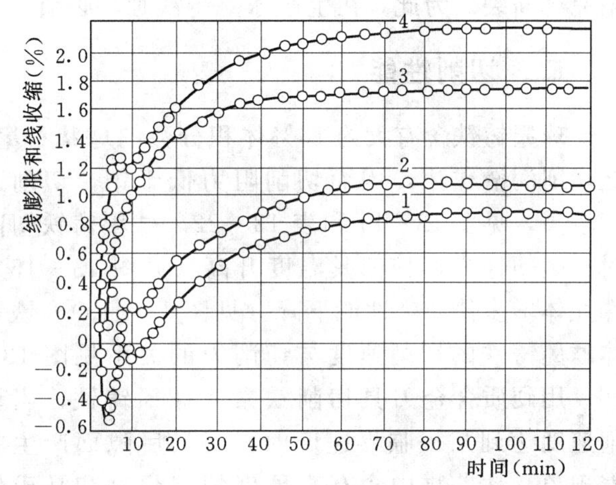

图 13-13　自由线收缩曲线

（正值为收缩，负值为膨胀）

1—孕育后球墨铸铁；2—灰铸铁；3—未孕育球墨铸铁；4—碳钢

（4）珠光体后收缩。珠光体后收缩发生在共析转变温度以下。此时，温度下降引起金属基体收缩。表13-21中几种金属材料的基体大致相近，故它们的珠光体后收缩大致相同，约为1%。

表13-21中各种金属材料的总线收缩量取决于各阶段收缩和膨胀量的总和。由此表明，球墨铸铁的总的线收缩量是最低的，这不会影响铸件最后是否形成缩孔或缩松缺陷。但是，球墨铸铁的共晶凝固膨胀量却是最大的。因此，在工艺措施不当的情况下，它的收缩倾向将是最大的，从而导致在铸件中出现缩孔与缩松。如果在工艺措施得当（采用刚性大的铸型），则它的受阻收缩量将是最小，甚至不采用冒口，也可得到健全的球墨铸铁件。

（三）裂纹倾向

球墨铸铁的铸造应力是灰铸铁的2～3倍，与铸钢相近。在一定条件下分别测得的铸造应力为：球墨铸铁39.2～108MPa，灰铸铁19.6～49MPa，铸钢49～108MPa。因此，球墨铸铁比灰铸铁具有更大的裂纹倾向。

在铸件中产生的应力，可由式（13－4）表征：

$$\sigma \infty E_0 \Delta t \alpha \quad (13-4)$$

式（13－4）表明，铸造应力 σ 与材质的弹性模量 E_0、铸件内的温度差 Δt 及材质的线膨胀系数 α 三者的乘积成正比关系。

普通灰铸铁的弹性模量在 75000～110000MPa，球墨铸铁的弹性模量在 170000～186000MPa，由此造成的应力将比灰铸铁大。

灰铸铁的导热能力比球墨铸铁的要大。灰铸铁的热导率为球墨铸铁（在 100℃时相比）的要大 20%～30%。由此，在相同的冷却条件下，球墨铸铁的温差 Δt 比灰铸铁件要大 20%～30%，因而导致的应力也相应增大。

基于上述，球墨铸铁具有较大的铸造应力，铸件可能因之扭曲、变形、出现裂纹，甚至完全断裂。为此，在生产球墨铸铁时，必须采取减少甚至消除铸造应力的措施。

二、切削性能

球墨铸铁含有大约 10%体积分数的球状石墨，起切削润滑作用，因而切削阻力低于钢，切削速度较高，见图 13－14 和表 13－22。球墨铸铁切削时产生塑性变形使刀具温度升高（见图 13－15）。珠光体增多使切削性能下降（见图 13－15）。铁素体球墨铸铁的切削速度与切削力的关系见图 13－16。用硬质合金刀具切削铁素体球墨铸铁，当切削速度达到某一临界速度时，刀具后隙面产生粘着现象。粘着物中含有高硬度的碳化物和马氏体组织，致使切削力增大并发生振动，加工表面质量恶化。为防止此现象的发生，可采用含钛硬质合金刀具或陶瓷刀具，适当增大刀具后角或者使用切削液。

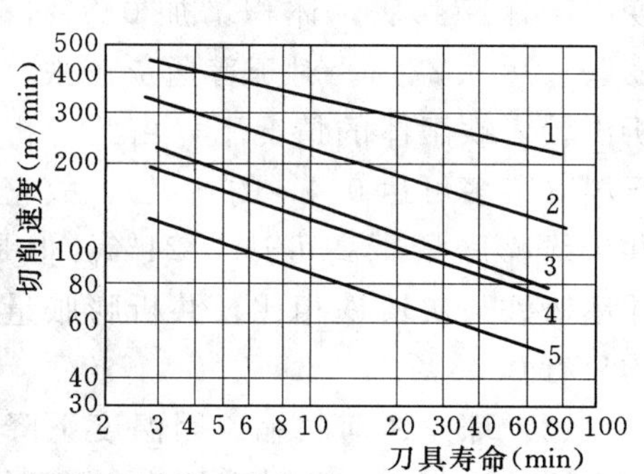

图 13－14 球墨铸铁的切削速度与刀具寿命的关系及其与其他钢铁材料的比较

1—黑心铁素体可锻铸铁；2—铁素体球墨铸铁；3—25 铸钢；4—珠光体灰铸铁；5—珠光体球墨铸铁

表 13－22 图 13－14 中各种金属材料的成分和力学性能

材料名称	图 13－14 中编号	化学成分（质量分数，%）						力学性能		
		C	Si	Mn	S	Cr	Mg	抗拉强度（MPa）	伸长率（%）	硬度 HBS
黑心铁素体可锻铸铁	1	2.47	0.98	0.36	0.107	0.029	—	345	15.1	116
铁素体球墨铸铁	2	4.00	2.51	0.58	0.017	—	0.053	479	20.3	143
铸钢	3	0.25	0.45	0.72	0.02	—	—	467	23.7	128
珠光体灰铸铁	4	3.91	1.80	0.55	0.028	—	—	286	—	149
珠光体球墨铸铁	5	4.00	2.51	0.58	0.017	—	0.053	581	2.5	241

图 13－14 表明，黑心铁素体可锻铸铁的切削性能最好，其他是铁素体球墨铸铁、铸钢、灰铸铁和珠光体球墨铸铁依次下降。这种关系是与金属材料的金相组织密切相关。铁

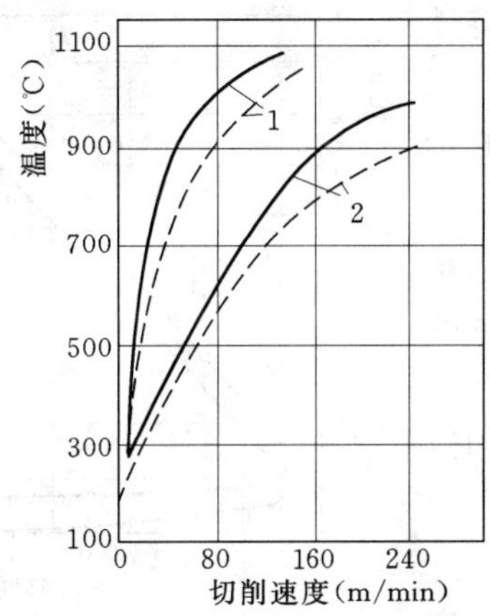

图 13-15　球墨铸铁切削速度与切削温度的关系

1—珠光体球墨铸铁 w (Cr) =0.41%，335HBS；2—铁素体球墨铸铁 187HBS

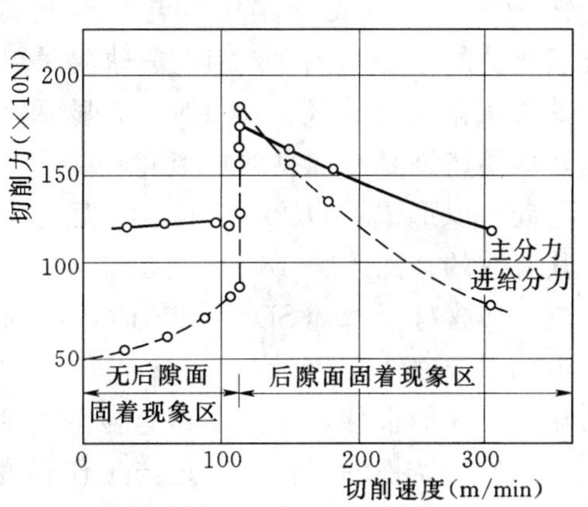

图 13-16　铁素体球墨铸铁的切削速度与切削力的关系

（硬质合金刀，吃刀深度 2.54mm，走刀量 0.254mm/r）

素体球墨铸铁的强度和硬度较低，又有石墨，故具有良好的切削性能，优于铸钢。但铁素体球墨铸铁的含硅量比黑心铁素体可锻铸铁的要高，因而基体得到了强化，故其切削性能不如黑心铁素体可锻铸铁。珠光体球墨铸铁的硬度在这五种材料中最高（241HBS），因此它的切削性能最不好，切削速度与切削刀具寿命也最差。灰铸铁的硬度在这五种材料中排第四（149HBS），故它的切削性能仅稍好于珠光体球墨铸铁（见图 13-14 和表 13-22）。

切削性能还与金相组织的均匀性有关，灰铸铁的组织不均匀，虽然硬度与铁素体球墨铸铁相当，但切削性能并不比后者好。

总之，球墨铸铁的切削性能并不比灰铸铁差，有时甚至更好。

第四节　使　用　性　能

一、耐热性能

球墨铸铁的耐热性能是与其在高温时的应用密切相关的。球墨铸铁的耐热性包括抗氧化性、抗生长性和热疲劳性。

（一）抗氧化性

铸铁在相当高的温度下保持长时间以后，会在表面产生起皮现象，这种起皮是由氧化铁组成。

球墨铸铁中的球状石墨彼此分离，与呈片状石墨的灰铸铁相比，阻碍了氧在高温时的扩散。因此，球墨铸铁的抗氧化性优于灰

表 13-23　球墨铸铁与灰铸铁的抗氧化性的比较

材　料	氧化速度 [g/ (m² · h)]	
	300℃	600℃
孕育灰铸铁	0.038	3.91
合金灰铸铁	0.023	3.28
球墨铸铁	0.015	2.41

铸铁。表 13－23 是球墨铸铁与合金灰铸铁、孕育灰铸铁抗氧化性的比较。图 13－17 是球墨铸铁与可锻铸铁、灰铸铁抗氧化性的比较。图 13－17 显示，随保温时间的持续，球墨铸铁具有优良的抗氧化性。

硅可以形成 SiO_2 保护膜，因而它对基体抗氧化性是极其有效的。图 13－18 是不同含硅量对铸铁氧化增重的影响。当含硅量 w（Si）≥4%时，随时间的推移，氧化增重无明显变化；但是，在含硅量 w（Si）≤3.1%时，则随着时间的推移，氧化增重有显著增加。

另外，铸铁的氧化增重还与工作温度有关。

显然，随着工作温度的升高，铸铁氧化增重急剧增加。图 13－19 是含硅量对球墨铸铁高温（650～950℃）氧化增重的影响。由图 13－19 可以得知，经过 96h 后，含硅量低者与高者相比，可相差数倍。

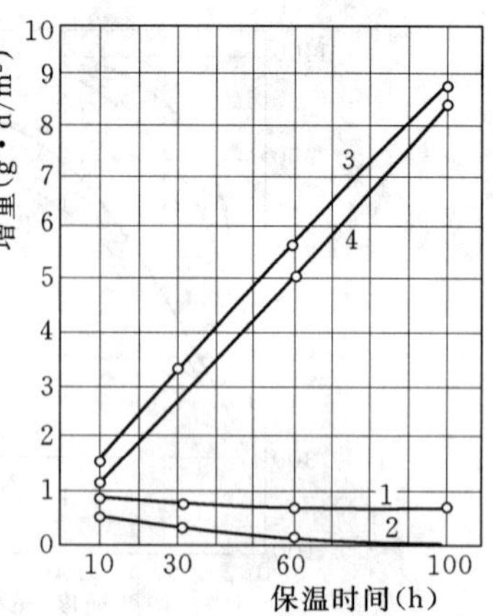

图 13－17 球墨铸铁与可锻铸铁、灰铸铁的抗氧化性比较

1—球墨铸铁，w(Mn)＝0.9%；2—球墨铸铁，w(Mn)＝2.0%；3—灰铸铁；4—可锻铸铁

（二）抗生长性

抗生长性是铸铁特有的性能。在高温长时间加热，以及反复地加热与冷却而使体积产生永久性的增加现象，叫作铸铁的生长。同时，即使在不产生裂纹的情况下，其强度也急剧降低。对于钢锭模、炉箅、炉用底板等工件，这是常见的现象。图 13－20 是成分为：3.56%C、2.7%Si、0.39%Mn、基体为珠光体组织的普通铸铁，在 400～900℃之间反复加热—冷却 30 次后所得到的热膨胀曲线。这里虽然是普通铸铁，但与球墨铸铁的生长机理是基本相似的。

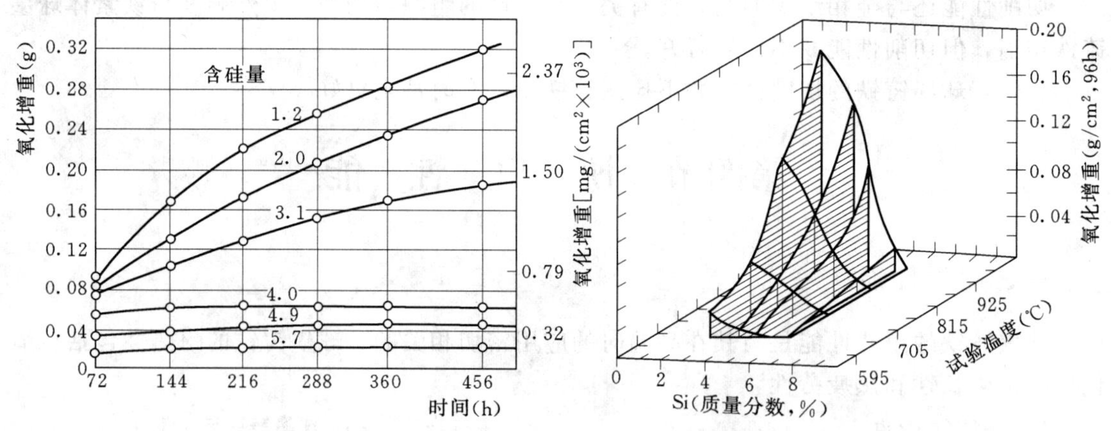

图 13－18 不同含硅量对铸铁氧化增重的影响

图 13－19 含硅量对球墨铸铁高温（650～950℃）氧化增重的影响

由图 13－20 可以看出，铸铁由 400℃加热至 900℃时发生 α→γ 相变；并且，在温度低于 α→γ 相变温度、在 α→γ 的相变温度范围和温度高于 α→γ 相变温度时，在铸铁中均会发生不同程度的长大。对此，现进行分述。

1. 低于相变 α→γ 温度的低温生长

此时，珠光体中的渗碳体分解，即 $Fe_3C \rightarrow 3Fe + C$（石墨），1%的 Fe_3C 分解，铸铁的体积增加 2.4%。

2. 在 α→γ 相变温度范围内的生长

（1）珠光体发生分解。

（2）石墨的不断溶入和析出，造成微观孔洞，特别是对于片状石墨，因高温且有氧化性的气体沿石墨片侵入基体，一方面是使石墨氧化，变成 CO（CO_2）气体，沿石墨片逸出；另一方面则是基体的被氧化。

（3）由于石墨和金属基体的热膨胀系数不同（石墨为 7.9×10^{-6}，铁素体为 12.5×10^{-6}），在其边界会形成空隙（裂纹），由此侵入高温氧化性的气体，因而就更促进了铸铁的生长。

3. 高于相变 α→γ 温度的生长

此时，发生氧化和相变生长两者的叠加。

为了防止铸铁的生长，一般采取如下的措施：

（1）设法使铸铁中的石墨细小、基体组织致密。

（2）附加稳定碳化物（渗碳体）的元素：Cr、Mn、Mo、V 等，防止珠光体分解。

（3）附加提高 α→γ 相变温度的元素：Si、Cr。

（4）采用球墨铸铁，石墨呈球形时，其比表面积最小；球墨铸铁具有更高的弹性模量，致使其变形量减小，因而使铸铁的生长现象减弱。

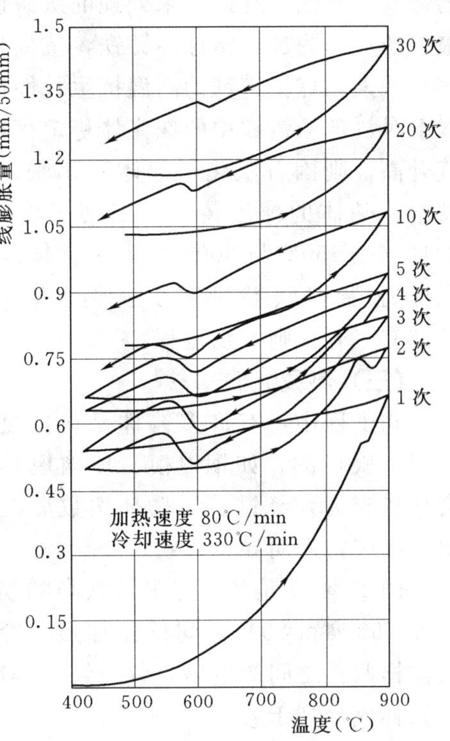

图 13-20　铸铁在 400～900℃反复加热—冷却的热膨胀曲线

图 13-21 是球墨铸铁与灰铸铁高温生长性比较，以及铬钼对抗生长性

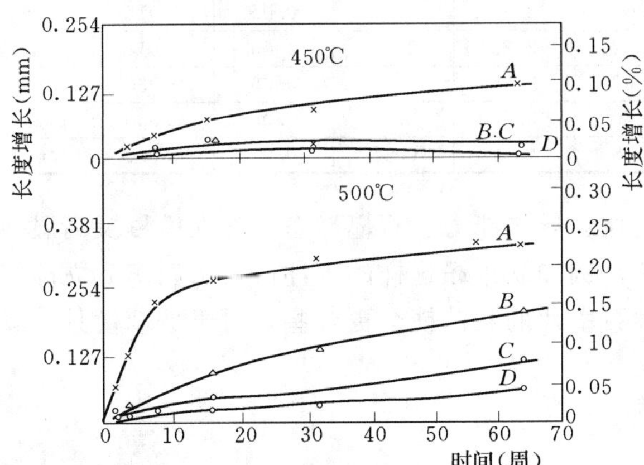

图 13-21　球墨铸铁与灰铸铁生长性比较及铬钼的影响

A—未处理的普通灰铸铁；*B*—*A* 灰铸铁加铬 *w*（Cr）=0.3%；*C*—与 *B* 成分相同的球墨铸铁；*D*—*C* 球墨铸铁中再加钼 *w*（Mo）=0.45%

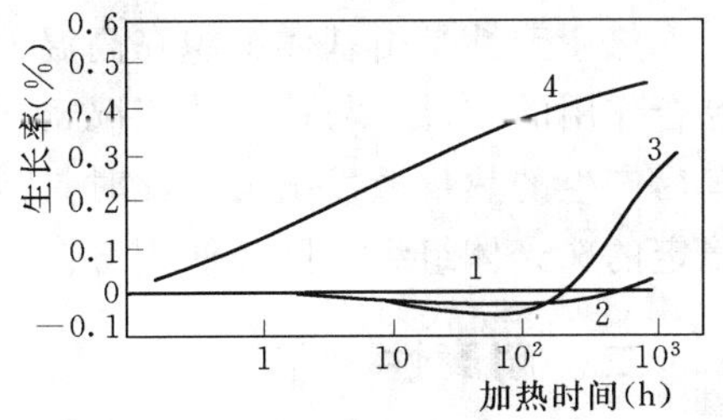

图 13-22　A_1 点以下球墨铸铁的生长

1—铁素体球墨铸铁（500℃）；2—铁素体球墨铸铁（550℃）；3—珠光体球墨铸铁（500℃）；4—珠光体球墨铸铁（650℃）

的影响。显然，普通、未处理的灰铸铁无论是在450℃，还是在500℃，其抗生长性能是最差的；而附加钼铬球墨铸铁，抗生长性能则是最佳的。

铁素体球墨铸铁的高温抗生长性优于珠光体球墨铸铁，见图13-22。在温度为450℃以下时，球墨铸铁中的珠光体稳定存在，但在超过此温度时，珠光体粒状化；如果温度继续升高，则因石墨化引起体积膨胀。显然，具有铁素体基体的球墨铸铁，则具有较低的生长率。并且，在550℃与500℃时，铁素体球墨铸铁与珠光体球墨铸铁差别不大。但是，在更高温度(650℃)时，则差别显著。

(三)热疲劳性

在工程中，有许多铸件是在反复受热—冷却工况下服役的，如钢锭模、玻璃模具，由于产生交变热应力，经过若干循环次数后，工件表面会出现裂纹，进而导致失效。

图13-23是各种球墨铸铁与蠕墨铸铁、灰铸铁在650℃和20℃之间反复加热、冷却时，在平板试样两孔之间产生热疲劳裂纹循环次数的比较，其试样成分列于表13-24中。由此表明，球墨铸铁，尤其是合金球墨铸铁具有较好的抗热疲劳性能。但由于球墨铸铁比灰铸铁具有较高的弹性模量和较低的热导率，所以，在较激烈的急冷急热条件下，球墨铸铁的抗热疲劳性能将不如灰铸铁。

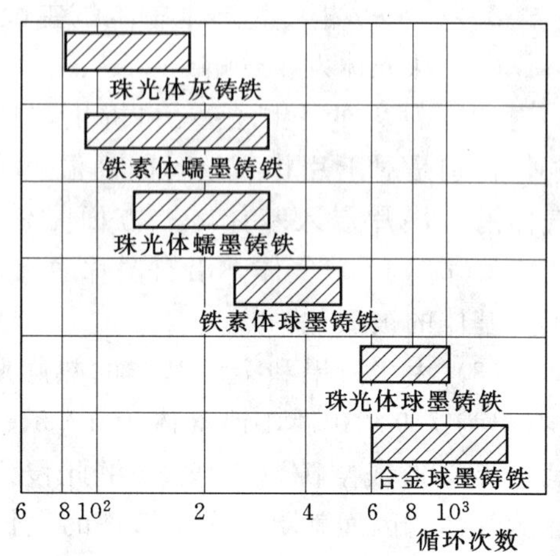

图13-23 球墨铸铁在650℃和20℃之间反复加热和冷却产生裂纹的次数及其与蠕墨铸铁、灰铸铁的比较

表13-24 图13-23中热疲劳对比试验的铸铁成分(质量分数,%)

代号	材 料	C	Si	Mn	P	Mg	合金元素
A	HT350灰铸铁	2.96	2.90	0.78	0.07		0.12Cr
B	铁素体蠕墨铸铁	3.52	2.61	0.25	0.05	0.015	
C	珠光体蠕墨铸铁	3.52	2.25	0.40	0.05	0.015	1.47Cr
D	铁素体球墨铸铁	3.67	2.55	0.13	0.06	0.030	—
E	珠光体球墨铸铁	3.60	2.34	0.50	0.05	0.030	0.54Cu
F	合金铁素体球墨铸铁	3.48	4.84	0.31	0.07	0.030	1.02Mo

热疲劳性是由基体组织在高温的稳定性、导热能力、石墨形态、弹性模量及高温强度综合作用的结果。与铸件的工况密切相关，例如刹车毂这样的零件，要求刹车后立即把刹车后产生的热量散发出去，此时具有粗大石墨片的灰铸铁会更好些。对于玻璃模具，具有稳定的珠光体组织，则其使用寿命会更长。

二、耐磨性

球墨铸铁具有良好的耐磨性能，是良好的耐磨和减磨材料。石墨球镶嵌在坚硬的金属基体中，工件运转时，金属基体可以承受负荷，石墨球可以充当润滑剂，它剥落下来，留下的空洞可以储藏润滑剂，这就为减少摩擦提供了有利条件。

球墨铸铁的耐磨性能和石墨球径及金属基体的组织结构密切相关。马氏体和贝氏体球墨铸铁的耐磨性能最好，珠光体次之，铁素体球墨铸铁的耐磨性能最差。当铁素体的体积百分数超过40%时，则球墨铸铁的耐磨性下降极为显著。为此，对于要求耐磨的零件多采用珠光体球墨铸铁。例如，柴油机曲轴，珠光体的体积分数多在70%以上，其磨损量显著减少。原用锻钢经表面淬火，运行1000km后，主轴颈磨损为0.02～0.06mm，曲柄轴颈磨损为0.03～0.11mm；采用球墨铸铁，经正火＋回火，运行1500km，其主轴磨损量为0.002～0.006mm，曲柄轴颈磨损为0.001～0.004mm磨损量减少了一个数量级。

球墨铸铁的润滑磨损也优于灰铸铁。二者分别与GCr15钢的润滑磨损对比示于表13-25中。显然，球墨铸铁在运转50万次后的磨耗量仅是灰铸铁的1/6。

表13-25　球墨铸铁、灰铸铁与GCr15钢的润滑磨损对比

材　　料	热处理状态	硬度HBS	运转50万次磨耗量（mg）
HT300灰铸铁	铸　态	229	34.0
珠光体球墨铸铁	正　火	277	5.5

球墨铸铁在磨料磨损条件下也有一定的应用。与白口铸铁、低合金钢相比，普通球墨铸铁的抗磨性能要低；但是采用合金化的贝氏体球墨铸铁，则其抗磨性能将有明显提高，见表13-26。

表13-26　不同材质抗磨试验结果

材　质	磨前硬度 HRC	磨后硬度 HRC	平均失重 (mg)	相对耐磨系数（%）
45号热轧钢	13.7	14.4	192.6	100
普通球墨铸铁正火、回火	30	—	196.0	98
普通球墨铸铁280℃等温淬火	41	—	131.0	147
中锰球墨铸铁	45.9	47.4	127.03	152
合金贝氏体球墨铸铁	52.0	52.2	106.0	182
65Mn钢油淬，200℃回火	57.8	—	55.5	347

注　MLS—23湿砂橡胶轮磨损试验机试验结果，转速210r/min。新会砂40/70目，载荷69N。

图13-24是各种减摩材料与淬火SAE52100钢在无润滑滑动摩擦（干磨损）时，耐磨性的比较（相对滑动速度25.4m/s），摩擦副温度达315℃。可见，高强度球墨铸铁的干滑动磨损和用于特种活塞环的灰铸铁［w（C）＝3.95%，w（Si）＝2.95%，w（Mn）＝0.60%，w（P）＝0.60%，硬度240HBS］相近似，而优于83-7-7-3铸造青铜、铝合金、铍青铜和冷拉黄铜。

三、耐蚀性

金属受周围介质作用而引起的破坏叫腐蚀。

腐蚀按反应的性质可分为化学腐蚀和电化学腐蚀。化学腐蚀指金属和介质直接起化学作用。例如，金属和空气中的O_2、SO_2、H_2S等气体或非电解质液体之间的作用。常温下铸铁的化学腐蚀速度不大，但高温下却很快，铸铁浇注过程中，表面上很快形成一层氧化膜即是明证。电化学腐蚀指因电解质溶液（如潮湿空气、酸、碱、盐溶液）作用而引起

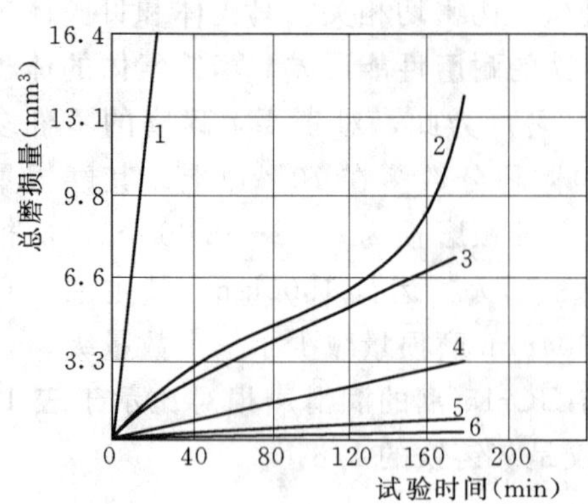

图 13-24 球墨铸铁及5种材料与淬火SAE52100钢干滑动磨损的比较

(滑动速度 25.4m/s)

1—冷拉黄铜；2—铍青铜；3—铝合金 4—83-7-7-3 铸造青铜；5—球墨铸铁；6—活塞环灰铸铁

的破坏。金属在常温下主要是电化学腐蚀。

和钢相比，普通铸铁因有大量石墨片，又有多量硅，两者腐蚀情况不一样。球墨铸铁的石墨呈团、球状，表面积小，互相隔开，所以，和灰铸铁腐蚀情况又不一样。铸铁中常见的金相组织：铁素体、珠光体、磷化铁、渗碳体和石墨，它们的电极电位依次增高。石墨在铸铁中电极电位最高，可以充当阴极，是最不活泼的组成部分；相反，铁素体的电极电位最低，可以充当阳极，最容易受到腐蚀（见表 13-27）。铸件内部的气孔、缩孔、缩松也是腐蚀介质进入铸件内部的渠道，可以加速铸件内部腐蚀。表 13-28 对比了球墨铸铁、灰铸铁、钢材在不同介质下的腐蚀情况。

稀硫酸（3%、5%）、醋酸及盐酸皆为非氧化酸。在这些介质中，石墨可以充当阴极，并有氢由阴极析出，形成所谓析氢腐蚀。石墨越多，即阴极越多，腐蚀则越剧烈，故铸铁在这些介质中腐蚀速度比钢大得多。球状石墨互相隔离，表面积小，因此，它的腐蚀速度又比灰铸铁低得多。珠光体里的渗碳体（阴极）和铁素体（阳极）也可以构成微电池，加速金属的腐蚀。铁素体为单一相，没有微电池，腐蚀速度比珠光体或者珠光体＋铁素体混合组织小得多。表 13-28 中 30 号铸钢（铸态）的腐蚀速度比球墨铸铁大得多，这是因为铸态铸钢中有较大的内应力，组织粗大。

表 13-27 几种材料的电极电位

铸铁	电解铁	软钢	钢	石墨
−0.762	−0.755	−0.755	−0.744	+0.372

注 使用 1%NaCl 溶液测定，单位为 V。

表 13-28 球墨铸铁、灰铸铁、钢材不同基体不同介质下的腐蚀速度

腐蚀剂及腐蚀条件		试验中是否去除腐蚀生成物	试验时间	腐蚀速度[g/(m²·h)]					
				铁素体球墨铸铁	铁素体＋珠光体球墨铸铁	珠光体球墨铸铁	珠光体灰铸铁	铸态铸钢(30号)	正火轧钢(50号)
硫酸	3%，25℃	未	6h	30.7	230.0	234.1	39.7	122.7	5.6
	5%，50℃	去除	65min	99.5	—	780.7	1280.0	—	—
		未	3h	160.1	—	988.0	925.0	—	—
醋酸	0.5%	未	52h	—	—	0.043	1.800	—	—
盐酸	1%，20℃	去除	46h	1.7	—	3.4	24.8	—	—
		未	49h	2.9	—	4.5	23.3	—	—
硫酸铵	10%，20℃	去除	121h	0.422	—	0.605	0.695	—	—
		未	120h	0.316	—	0.359	0.518	—	—

续表

腐蚀剂及腐蚀条件		试验中是否去除腐蚀生成物	试验时间	腐蚀速度［g/（m²·h）］					
				铁素体球墨铸铁	铁素体＋珠光体球墨铸铁	珠光体球墨铸铁	珠光体灰铸铁	铸态铸钢（30号）	正火轧钢（50号）
碳酸钠	10%，50℃	去除	730h	0.0079	—	0.0054	0.0137	—	—
		未	736h	0.0083	—	0.0104	0.0154	—	—
含 0.037%SO_2 的空气（湿度 95%～99%）		未	1440h	0.2375	0.1959	0.1834	0.2014	0.1472	—
工厂烟气（屋面上）		未	2880h	0.1512	0.1259	0.1173	0.1175	0.1016	—
流动海水（20℃，2.38m/s）		去除	480h	0.292	—	0.288	0.229	—	—
		未	454h	0.206	—	0.206	0.200	—	—
食盐 3%，15～19℃		未	720℃	0.0641	0.0691	0.0699	0.0700	0.0659	—
20℃活水（螺旋器内）		未	2160h	0.1799	0.2147	0.2376	0.2229	0.1918	—

球墨铸铁和灰铸铁在碱溶液中的耐蚀性能相当，并与普通钢相近似在稀释的碱溶液中，球墨铸铁无明显腐蚀；在温度低于 80℃、体积浓度不超过 70%的碱溶液中，其腐蚀速率低于 0.2mm/年；在沸腾的碱溶液中，其腐蚀速率高达 20mm/年。在高浓度碱溶液中，球墨铸铁对应力腐蚀的敏感性高于灰铸铁。

球墨铸铁在大气中具有一定的耐蚀性。一般来说，球墨铸铁比普通钢的耐蚀性更好，与灰铸铁、可锻铸铁相当。这可能与各种铸铁中含硅量比钢多有关。表 13－29 和图 13－25 是球墨铸铁与其他钢铁材料在大气中腐蚀的对比。

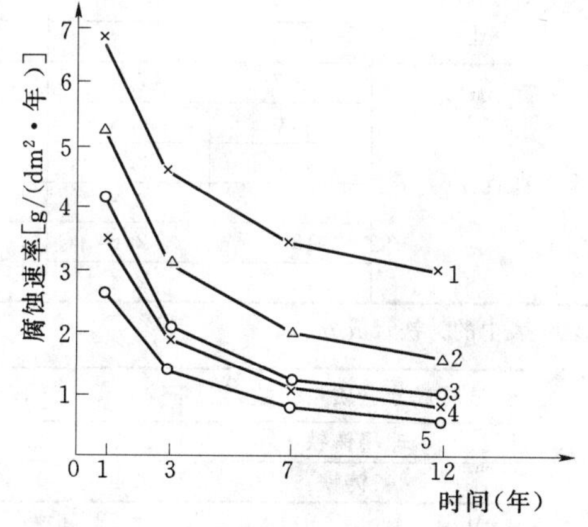

图 13－25　球墨铸铁与其他钢铁材料在大气中腐蚀速度的比较

1—A1S1 1020 钢；2—含铜轧钢板；3—球墨铸铁；4—可锻铸铁；5—含铜可锻铸铁

球墨铸铁在土壤中的耐蚀性远优于钢（是钢的 30 倍），与灰铸铁相近似。表 13－30 是 Φ150mm 球墨铸铁管在土壤中的耐蚀性，两者的腐蚀重量损失速度相近似，球墨铸铁抗点蚀能力略强，但球墨铸铁管经腐蚀后的强度损失则远远小于灰铸铁管。因此，在输水管线中广泛应用球墨铸铁管。

表 13－29　球墨铸铁在大气中的腐蚀速度及其与其他钢铁材料的比较

单位：mg/（dm²·d）

材　料	郊　区	城　市			工　业　区				矿　区	
		1	2	3	1	2	3	4	1	2
工业纯铁	—	25	—	—	—	—	15～19	—	—	—
钢	10	—	12	—	—	34	24～32	—	36	27
灰铸铁	—	14～21	—	—	—	32	11～12	—	6	—
白口铸铁	—	1～3	—	—	—	13	—	—	—	—

续表

材料		郊区	城市			工业区				矿区	
			1	2	3	1	2	3	4	1	2
可锻铸铁	铁素体	6~7		21	49	10~19	—	—	33~56	—	9~12
	珠光体	5	—	—	—	11	—	—	—	—	10
球墨铸铁	铁素体	9	—	—	—	12	—	—	—	—	16
	珠光体	6	—	—	—	13	—	—	—	9	10

表 13-30　Φ150mm 球墨铸铁管的土壤腐蚀及其与灰铸铁管的比较

土壤	埋入年限（年）	平均重量损失 [mg/ (dm²·d)]		平均最深点蚀 (mm/年)		平均破裂强度损失 (%)	
		球墨铸铁	灰铸铁	球墨铸铁	灰铸铁	球墨铸铁	灰铸铁
炉渣土	3.7	12.2	10.6	0.889	0.889	<10	20
	5.9	15.9	16.0	0.813	0.813	<10	30
	7.9	12.5	13.8	0.686	0.711	<10	31
	9.4	10.6	11.7	0.457	0.559	<10	27
	13.5	9.3	11.3	0.279	0.508	<15	40
碱性土	3.7	7.2	5.4	0.559	0.406	<10	10
	6.0	4.3	3.2	0.330	0.254	<10	10
	8.0	3.2	2.3	0.254	0.356	<10	24
	9.9	2.3	1.6	0.254	0.229	<15	42
	12.0	2.6	2.2	0.203	0.254	<15	41
	14.0	2.4	1.9	0.229	0.330	<9	39

注　表中的铸铁管成分见下表：

铸铁管成分（质量分数，%）	C	Si	Mn	P	S	Mg
球墨铸铁	3.40	2.40	0.30	0.05	0.01	0.04
灰铸铁	3.40	1.50	0.50	0.60	0.08	—

思　考　题

1. 试分析 45 碳钢与球墨铸铁（QT600-3）的屈服强度/抗拉强度比值不同的原因。

2. 在怎样的条件下可以通过测量布氏硬度即可得知球墨铸铁的抗拉强度？

3. 根据金相组织中珠光体和铁素体的含量是否可以判断球墨铸铁的牌号和性能？

4. 为什么球墨铸铁的密度比普通碳钢（含碳 0.1%～0.5%）的密度要小？

5. 球墨铸铁的导热能力比普通灰铸铁的要差，其原因何在？

6. 试分析“铸铁长大”的原因，并解释为什么球墨铸铁的耐热性能比普通灰铸铁要好？

7. 试分析球墨铸铁裂纹倾向大的原因。

8. 为什么球墨铸铁的流动性比灰铸铁的要好？

9. 在怎样的情况下，球墨铸铁的收缩量与铸钢相当；又在怎样的情况下，球墨铸铁的收缩量可以为零？

10. 如何提高球墨铸铁的弯曲疲劳强度？

第十四章 球墨铸铁的生产应用

第一节 应 用 领 域

一、概述

球墨铸铁已经广泛用于工业各个领域。并且，因球墨铸铁具备的许多优良性能和经济性，它已经取代了且还在不断扩大所要取代的材料。球墨铸铁自其被发现以来，主要是与锻钢件、冲击钢件竞争。例如，美国有 40％的球墨铸铁件是代替锻钢件、冲压钢件和焊接件，并代替了 25％的可锻铸铁件、20％的灰铸铁件和 15％的铸钢件。

球墨铸铁没有明显的屈服点，在比例极限以上的应力—应变曲线呈连续的渐变，石墨球在拉应力作用下，在纵向形成了空隙，使体积增大，而这种体积增大不能靠横向的压缩得以补偿。图 14－1 示出低碳钢和铁素体球墨铸铁的应力—应变曲线。对比表明，虽然低碳钢的最终的伸长率比球墨铸铁明显要大，但其主要的区别则是在萌生断裂后产生局部的拉长。

与灰铸铁相比，球墨铸铁不仅具有优良的力学性能，而且还有优良的化学性能、物理性能。在耐热、耐腐蚀性能方面，球墨铸铁均有良好的表现。主要是由于力学性能优良，球墨铸铁广泛用于结构材料。迄今为止，铁素体—珠光体型的球墨铸铁应用最普遍。其中，铁素体基体球墨铸铁占球墨铸铁产量总重的 60％；珠光体基体的球墨铸铁占球墨铸

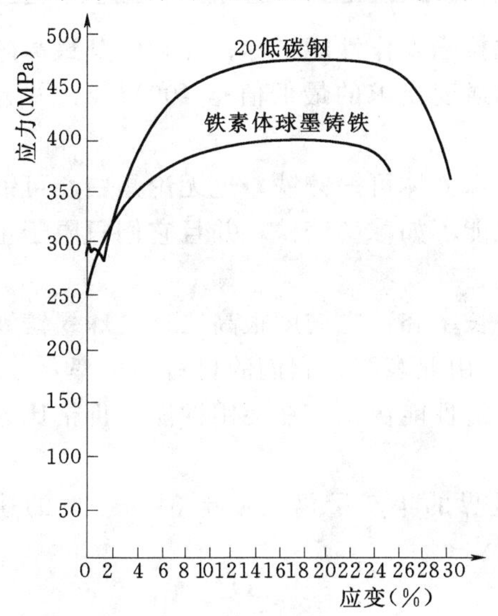

图 14－1 20 低碳钢与铁素体球墨铸铁应力—应变曲线对比

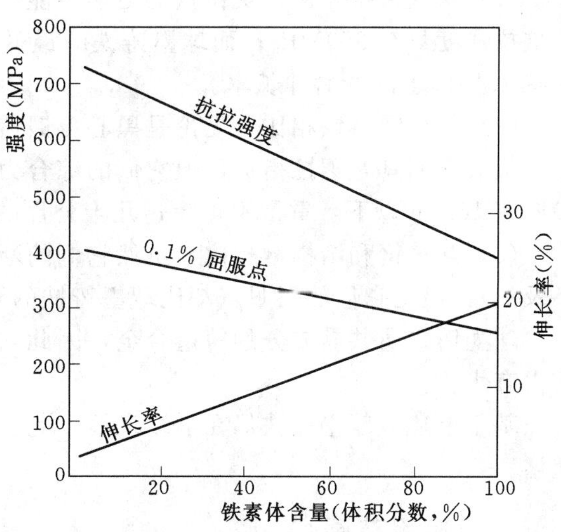

图 14－2 铁素体含量对球墨铸铁抗拉性能的影响

铁产量总重的15%；铁素体与珠光体混合基体的球墨铸铁占球墨铸铁产量总重的20%，其他基体的约占5%。这也就是说，铁素体—珠光体球墨铸铁占全部球墨铸铁产量的95%。

由国家标准《球墨铸铁》（GB 1348—88）中可以看出，各种牌号的球墨铸铁可具有不同的抗拉强度和伸长率，这要取决于相应的基体组织。改变铁素体含量，可有不同的力学性能（见图14-2）。

表14-1列举了球墨铸铁与其他钢铁材料力学性能的对比。球墨铸铁的力学性能在强度和塑性方面均具有优越性。由表14-1可以看出：

表14-1 球墨铸铁与其他钢铁材料力学性能的对比

材料		最小抗拉强度（MPa）	最小伸长率（%）	最小屈服点（MPa）	冲击韧度（J/cm²）
球墨铸铁	珠光体基体	60	3	370	—
	正火珠光体基体	70	2	420	—
	珠光体—铁素体基体	50	7	320	—
	铁素体基体	40	15	250	—
	高韧性铁素体基体	40	18	250	13
灰铸铁	高强度珠光体基体	350	—	—	—
可锻铸铁	珠光体基体	700	530	2	—
	铁素体基体	370	—	12	—
钢	铸钢	450	22	220	34
	结构钢	450	23	160	41

（1）与灰铸铁相比，灰铸铁的力学性能仅以抗拉强度作性能指标；并且，其最高牌号的抗拉强度只有350MPa；而球墨铸铁的最低抗拉强度要求的最低值是400MPa，并且还具有10%以上的断后伸长率。

（2）与可锻铸铁相比，无论是黑心可锻铸铁、珠光体可锻铸铁，也无论是白心可锻铸铁，虽然它们具有塑性指标，但它们的综合力学性能不如球墨铸铁，并且它们只限于生产壁厚在10mm以下，重量不得超过几十公斤的铸件。

（3）与铸钢和结构钢相比，虽然它们的断后伸长率和冲击韧度很高（这是球墨铸铁所不及的），但是它们的屈服点却比球墨铸铁的要低，由此表明，它们的材料利用率要差。

球墨铸铁属共晶成分的铸造合金，因此它的铸造性能优良，在使用性能与价格比方面均占有优势。

基于上述，球墨铸铁仍在继续发展，它在全世界的年产量仍以每年3%～5%的速率递增。

二、应用范围

在全世界范围里，球墨铸铁在各个领域中应用分配百分数为：铸管及其管件占40%

~50%，汽车铸件占20%~35%，其他部门占15%~30%。

因国情不同，世界各国的球墨铸铁在各个领域中应用分配百分数有所不同；另外，因年代不同，在同一国家球墨铸铁在各个领域中应用分配百分数也会有较大变化。表14-2列举了球墨铸铁应用范围。

表14-2　球墨铸铁应用范围

应用部门	典型铸件	性能特点	牌　号
水、气、油输送管道	离心铸管、管接头直径不大于2600mm	耐压、耐蚀抗地震及土层力	本体抗拉强度 不小于420MPa 伸长率不小于10%
汽车拖拉机	曲轴、凸轮轴、连杆、齿轮、驱动桥壳、平衡轴支架、差速器壳等	耐磨、抗疲劳、高强度和韧度、-40℃下承受冲击载荷	QT900-2、QT800-2、QT700-2、QT600-3、QT400-15、QT450-10
船舶、机车、柴油机	曲轴、连杆、凸轮轴、齿轮、缸套	耐磨、抗疲劳高强度	QT900-2、QT800-2、QT700-2、QT600-3
农业机械	机引犁柱机引耙、轴盖、收割机护刃器、齿轮	高韧度、抗冲击载荷	QT400-15、QT450-10、QT500-7
中低压阀门	水、蒸汽、油用阀体等	耐压、工作温度-20~350℃，公称压力1.6~4MPa，直径不大于1800mm	QT400-18、QT400-15、QT450-10
冶金机械	轧辊	耐磨、抗热疲劳、高强度	合金球墨铸铁 QT900-2、QT800-2、QT700-2、QT600-3
冶金机械	钢锭模、渣罐	在不喷水条件下有较好的抗热疲劳性	QT500-7 珠光体35%~45%
机床	齿轮、轴类	耐磨、抗疲劳、低噪声	QT900-2、QT800-2、QT700-2、QT600-3
液压件	阀体、泵体	耐油压、耐磨	QT400-15、QT450-10
起重运输机	齿轮、轴类、天车轮	耐磨、高强度	QT900-2、QT800-2、QT700-2、QT600-3
通用机械	水泵壳体、底座、机架、齿轮、轴类	耐水压、耐蚀、高强度和刚度、耐磨	QT400-15、QT450-10、QT600-3、QT700-2、QT800-2、QT900-2
	球磨机衬板、球磨粉碎机颚板	抗磨	等温淬火球墨铸铁

下面就球墨铸铁的几个主要应用领域进行分述，旨在对其应用情况取得具体的信息与了解。

（一）铸管及管件

20 世纪 50 年代初，一些国家就开始生产球墨铸铁管。1969 年由日本久保田制作的直径 2.6m、长 6m 的球墨铸铁管，是迄今世界上最大的球墨铸铁管。

当前，世界上年产量超过 40 万 t 球墨铸铁管的厂家有法国的 Pont à Mousson，日本久保田公司、美国 U. S. Pipe Co. 和中国的新兴铸管厂。球墨铸铁管在整个管道领域按重量大约占 30%，钢管占 50%，塑料管和水泥管则占 20%。至今，球墨铸铁管的产量仍在逐年增长，而塑料管和水泥管的年产量在下降。球墨铸铁管现处于供不应求的状况，特别是在一些发展中国家和严重缺水的国家。

与铸管配套的是球墨铸铁管件，它的价格取决于规格、尺寸，一般是球墨铸铁管价格的 3～5 倍。管件产量占球墨铸铁管产量的 7%～10%。管件有等直径的，也有变直径的；有直通式的，也有弯头。

至今，全世界离心球墨铸铁管的年产量约 600 万 t（我国的年产量约 100 万 t），占球墨铸铁总产量的 40%，是球墨铸铁中产量最大的铸件品种。离心球墨铸铁管的耐蚀寿命是钢管的 30 倍。离心球墨铸铁管的耐压能力是灰铸铁管耐压能力的 6～7 倍，因而，它的抗振能力大幅度提高。离心球墨铸铁管的安装费用低于钢管、塑料管和灰铸铁管。它可敷设于严寒、干燥或潮湿地区，适用于高压上水管和煤气管道，水管内可衬水泥。

国际标准《压力管道用球墨铸铁管、管件及附件》［ISO 2531—1991（E）］规定离心球墨铸铁本体取样的力学性能是：直径 80～1000mm 管的抗拉强度不小于 420MPa，屈服点不小于 300MPa，伸长率不小于 10%；管径大于 1000mm 的管抗拉强度不小于 420MPa，屈服点不小于 300MPa，伸长率不小于 7%。压环试验、变形不小于 25%D（D 为管的公称直径）时不出现裂纹。水压试验：公称压力为 2.5MPa。

（二）汽车铸件

随着汽车工业的发展，球墨铸铁在此领域中的应用也迅速发展。1971～1972 年，日本球墨铸铁产量的 64%是铸管和管件，汽车铸件只占球墨铸铁产量的 11%；到 1984 年，日本汽车年产量达 1240 万辆，汽车铸件则占当年球墨铸铁产量的 30.8%；而铸管和管件的比重则下降至当年球墨铸铁产量的 47.4%。

美国有三个工业部门消耗了球墨铸铁总产量的大部分，其中，汽车铸件占 40%，铸管和管件占 26%，农业机械占 5%。表 14-3 是汽车上各种球墨铸铁件的应用实例。从表 14-3 中可以看出，汽车铸件有用铁素体基体球墨铸铁（QT400-15）制作的；也有用高韧度铁素体球墨铸铁（QT400-18）制作的；有用珠光体基体球墨铸铁（QT600-3）制作的；也有用铁素体—珠光体混合基体球墨铸铁（QT500-7）制作的。另外，为了提高轿车发动机排气管的热疲劳性能，还在高档轿车上使用 SiMo 合金球墨铸铁或高镍奥氏体球墨铸铁。

（三）机床铸件

近来，大型球墨铸铁件在机床领域得到了广泛应用，见表 14-4。

（四）球墨铸铁轧辊

轧辊中心部位要求具有较高的抗拉强度（σ_b 达 300～400MPa）；而在表面则要求具有良好的抗磨性能，要有很高的硬度（一般的洛氏硬度 HRC≈50），因而要有较多的游离渗碳体。为此，这种铸件在凝固时要求采用金属型，进行表面激活。

表 14－3　汽车球墨铸铁件应用实例

零　件　名　称	重量和尺寸	材质牌号
四缸轿车曲轴	16～18kg	QT600－3
轿车的缸体支撑	6.9kg	QT400－18
轿车安全系统结构件	1.42kg，最大 200mm	QT400－18
轿车发动机排气管	14.7kg，长度 900mm	SiMo 合金球墨铸铁
中型轿车前轮毂	19.7kg	QT600－3
载重汽车后桥	125kg	QT400－18
轿车刹车壳体	3.1kg	QT500－7、QT600－3
轿车后轴箱体	8kg	QT400－18
载重汽车刹车支撑	13.1kg	QT500－7
载重汽车气动弹簧轴承座	20kg，470mm×200mm	QT600－3
平衡驱动壳体	37kg，直径 400mm×200mm	QT500－7
平衡驱动壳体	28.5kg，380mm×310mm×200mm	QT500－7
圆盘轮	42kg	QT400－15
轿车后轴箱体	8kg	QT400－18
前轴刹车片的刹车鞍	3.4kg	QT400－15

表 14－4　球墨铸铁在机床领域应用实例

零　件　名　称	重量和尺寸	材质牌号
大型机床滑板	9.4t，800mm×800mm×5200mm	QT700－2
卧式镗床和铣床工作台	32.7t，9m×1m×1.73m	QT600－3
5 轴 CNC 型铣床刀具支架	540kg，850mm×650mm×500mm	QT600－3
龙门铣床横梁	45t，9.5m×1.1m×1.7m	QT600－3
大型机床工作台	33t，7.5m×1m×0.45m	QT600－3
立车的平面隔板	42.5t，6m×1.1m	QT600－3
自动卡盘	13t，直径 3.3m	QT400－15
薄板压力机主机体	16.5t，2m×2m×1.57m	QT500－7
压力机偏心轮	4.9t，直径 2.02m×1.5m	QT600－3
25MN 压力机立柱	96.7t，5.1m×4.7m×2.8m	QT400－15
压力机模具	22.2t，2.35m×1.36m×3.75m	QT400－15
压力机座	39.5t，4.5m×3.05m×1.45m	QT400－15
40MN 压力机立柱	165t，11.3m×3.8m×3m	QT400－18
用于转盘结构的冲模	1.2t，2.2m×1.8m×0.28m	QT500－7
转轴压力机立柱	51.8t，4.78m×3m×1.32m	QT400－18
水压机横梁	13t	QT400－18

轧辊广泛应用于冶金工业，但是对于非冶金用轧辊，它不仅表面具有很高的硬度，而且还要求表面具有很高的光洁度。因此，对于非冶金轧辊，不适宜采用球墨铸铁制作。不

过，这种轧辊只占全部轧辊总重量的10%以下。

球墨铸铁轧辊又分冷硬球墨铸铁轧辊、半冷硬球墨铸铁轧辊和无限冷硬球墨铸铁轧辊。它们之间在化学成分、制作工艺上均有所区别。表14－5是各种球墨铸铁轧辊的化学成分。

表14－5 球墨铸铁轧辊的化学成分

轧辊分类		轧辊名称	化学成分（%）										
			C	Si	Mn	P	S	Ni	Cr	Mo	W	Cu	Mg
冷硬轧辊	球墨铸铁复合轧辊	普通球墨铸铁复合轧辊	2.9～3.7	0.4～1	0.4～1	≤0.5	≤0.03	—	—	—	—	—	≥0.04
		钼冷硬球墨铸铁复合轧辊	2.9～3.7	0.4～1	0.4～1	≤0.5	≤0.03	—	—	0.2～0.6	—	—	≥0.04
		铬钼冷硬球墨铸铁复合轧辊	2.9～3.7	0.4～1	0.4～1	≤0.5	≤0.03	—	0.2～0.6	0.2～0.6	—	—	≥0.04
		铬钼铜冷硬球墨铸铁复合轧辊	2.9～3.7	0.4～1	0.4～1	≤0.5	≤0.03	—	0.3～0.8	0.3～0.8	—	0.8～1.6	≥0.04
		钨钼铬冷硬球墨铸铁复合轧辊	2.9～3.7	0.4～1	0.4～1	≤0.5	≤0.03	—	0.2～0.6	0.2～0.6	0.2～0.6	—	≥0.04
		高镍铬钼冷硬球墨铸铁复合轧辊	2.9～3.7	0.4～1	0.4～1	≤0.5	≤0.03	3.0～4.5	0.8～1.5	0.2～0.6	—	—	≥0.04
	芯部球墨铸铁	普通冷硬球墨铸铁芯部轧辊	2.9～3.7	0.25～0.8	0.2～0.7	≤0.5	≤0.03	—	—	—	—	—	—
		钼冷硬芯部球墨铸铁轧辊	2.9～3.7	0.25～0.8	0.2～0.7	≤0.5	≤0.03	—	—	0.2～0.6	—	—	—
		铬钼铜冷硬芯部球墨铸铁轧辊	2.9～3.7	0.25～0.8	0.2～0.7	≤0.5	≤0.03	—	0.3～0.8	0.3～0.8	—	0.8～1.6	—
		高镍铬钼冷硬芯部球墨铸铁轧辊	2.9～3.7	0.25～0.8	0.2～0.7	≤0.5	≤0.03	3.0～4.5	0.8～1.5	0.2～0.6	—	—	—
半冷硬轧辊	球墨铸铁	普通半冷硬球墨铸铁轧辊	2.9～3.8	0.8～2.5	0.5～1.2	≤0.3	≤0.03	—	—	—	—	—	≥0.04
		低铬半冷硬球墨铸铁轧辊	2.9～3.8	0.8～2.5	0.5～1.2	≤0.3	≤0.03	—	0.2～0.6	—	—	—	≥0.04
		低铬钼半冷硬球墨铸铁轧辊	2.9～3.8	0.8～2.5	0.5～1.2	≤0.3	≤0.03	—	0.2～0.6	0.2～0.6	—	—	≥0.04
		镍铬钼半冷硬球墨铸铁轧辊	2.9～3.8	1.5～2.5	0.2～0.7	≤0.12	≤0.02	1.5～2.5	0.2～0.4	0.3～0.8	—	—	≥0.04
无限冷硬轧辊	球墨铸铁	低铬无限冷硬球墨铸铁轧辊	2.9～3.8	0.8～2.5	0.5～1.2	≤0.3	≤0.03	—	0.2～0.6	—	—	—	≥0.04
		低铬钼无限冷硬球墨铸铁轧辊	2.9～3.8	0.8～2.5	0.5～1.2	≤0.3	≤0.03	—	0.2～0.6	0.2～0.6	—	—	≥0.04
		中镍铬钼无限冷硬球墨铸铁轧辊	2.9～3.8	0.8～2.5	0.5～1.2	≤0.3	≤0.03	1.0～3.0	0.3～1.2	0.2～0.8	—	—	≥0.04
		高镍铬钼无限冷硬球墨铸铁轧辊	2.9～3.8	0.8～2.5	0.5～1.2	≤0.3	≤0.03	3.0～4.5	0.6～1.5	0.2～0.8	—	—	≥0.04

注 1. 冷硬轧辊可采用单一铁液浇注，也可采用两种铁液复合浇注，工艺方法多采用半冲洗法、全冲洗法及离心铸造法。

2. 半冷硬轧辊一般是用来代替锻钢或铸钢轧辊，要求有较高的强度，适当的硬度，多采用球墨铸铁或合金铸铁制造。

3. 无限冷硬轧辊，多采用合金铸铁制造，加入镍、铬、钼等合金元素，改变铸铁的基体组织，这种轧辊的辊身也是在金属型中浇注的，轧辊从表面到中心其硬度是缓慢递减的。

第二节　球墨铸铁标准和选用

一、球墨铸铁的牌号和标准

国家标准《球墨铸铁》（GB 1348—88）规定 8 种球墨铸铁牌号。用单铸试块验收时，对球墨铸铁力学性能的要求列于表 14-6。在表 13-5 中对 QT400-18 规定了室温和低温（－20℃±2℃）的冲击韧度。要求检验低温冲击韧度的牌号又称 QT400-18L。对于质量不小于 2000kg、壁厚 30～200mm 的铸件，优先采用附铸试块验收力学性能，其 5 种牌号的力学性能列于表 14-7。一般规定是按抗拉强度和伸长率验收力学性能；如有需要，冲击韧度、屈服点和硬度也可作为附加的验收依据；必要时，可检验金相组织。

表 14-6　单铸试块的力学性能［《球墨铸铁》(GB 1348—88)］

牌号	抗拉强度 σ_b (MPa)	屈服点 $\sigma_{0.2}$ (MPa)	伸长率 δ (%)	供参考	
	最小值			硬度 (HBS)	主要金相组织
QT400-18	400	250	18	130～180	铁素体
QT400-15	400	250	15	130～180	铁素体
QT450-10	450	310	10	160～210	铁素体
QT500-7	500	320	7	170～230	铁素体＋珠光体
QT600-3	600	370	3	190～270	珠光体＋铁素体
QT700-2	700	420	2	225～305	珠光体
QT800-2	800	480	2	245～335	珠光体或回火组织
QT900-2	900	600	2	280～360	贝氏体或回火马氏体

表 14-7　附铸试块的力学性能（GB 1348—88）

牌号	壁厚 e (mm)	抗拉强度 σ_b (MPa)	屈服点 $\sigma_{0.2}$ (MPa)	伸长率 δ (%)	供参考	
		最小值			布氏硬度 (HBS)	主要金相组织
QT400-18A	$30 \leqslant e \leqslant 60$	390	250	15	130～180	铁素体
	$60 < e \leqslant 200$	370	240	12		
QT400-15A	$30 \leqslant e \leqslant 60$	390	250	15	130～180	铁素体
	$60 < e \leqslant 200$	370	240	12		
QT500-7A	$30 \leqslant e \leqslant 60$	450	300	7	170～240	铁素体＋珠光体
	$60 < e \leqslant 200$	420	290	5		
QT600-3A	$30 \leqslant e \leqslant 60$	600	360	2	180～270	珠光体＋铁素体
	$60 < e \leqslant 200$	550	340	1		
QT700-2A	$30 \leqslant e \leqslant 60$	700	400	2	220～320	珠光体
	$60 < e \leqslant 200$	650	380	1		

在生产工艺稳定的条件下，可以根据硬度值验收力学性能，按硬度规定的牌号列于表14-8。按硬度规定的牌号与按强度规定的牌号有对应关系。由于热处理工艺（等温淬火、调质、正火、退火）及基体组织不同，在硬度相同时，球墨铸铁的强度和韧度可有不同。强度与硬度的对应关系是建立在球化合格、化学成分、孕育、铸造工艺合理稳定的基础上的。为保证力学性能，规定按硬度验收时，必须检验金相组织，球化等级不得低于4级。即使硬度和球化合格，由于基体中存在渗碳体、磷共晶、高硅固溶强化或脆化铁素体等，也可使强度、韧性达不到要求。因此，不具备生产工艺稳定的条件，不能根据硬度值验收力学性能。

表 14-8 球墨铸铁铸件硬度牌号

硬度牌号	硬度（HBS）	主要金相组织	供参考		
			抗拉强度 σ_b （MPa）	屈服点 $\sigma_{0.2}$ （MPa）	伸长率 δ （%）
			最小值		
QT-H330	280～360	贝氏体或回火马氏体	900	600	2
QT-H300	245～335	珠光体或回火组织	800	480	2
QT-H265	225～305	珠光体	700	420	2
QT-H230	190～270	珠光体+铁素体	600	370	3
QT-H200	170～230	铁素体+珠光体	500	320	7
QT-H185	160～210	铁素体	450	310	10
QT-H155	130～180	铁素体	400	250	15
QT-H150	130～180	铁素体	400	250	18

单铸试块的尺寸，参见《铸铁手册》（北京：机械工业出版社，2002年第二版），可任选用其中一种。单铸试块与所代表的铸件用同一批量的铁液，在每包铁液浇注后期浇注。试块的冷却条件与所代表的铸件相近，落砂温度不超过500℃。采用型内球化时，试块与铸件用共同的浇注系统分别铸成，或者与所代表铸件相近的型内球化工艺单独铸成。需要热处理时，试块与所代表铸件同炉处理。

附铸试块的形状与尺寸参见《铸铁手册》（北京：机械工业出版社，2002年第二版）。试块位置应不影响铸件的使用、性能和外观质量，并保证试块无缺陷。需要热处理时，处理后从铸件上切取附铸试块。

必要时，经供需双方商定，也可从铸件本体取样验收力学性能。

二、选用原则

选用球墨铸铁材质牌号时，应考虑铸件的各种性能要求、制造工艺性、生产条件。

（一）根据铸件性能要求选择牌号

1. 力学性能

设计者根据《球墨铸铁》（GB 1348—88）球墨铸铁标准规定的力学性能，并参照本书第十三章关于球墨铸铁各种力学性能数据，根据铸件服役时承载情况选择牌号。注意铸件本体与试块的力学性能会有不同程度的差别。尽管标准中规定了不同尺寸的试块，并对厚大铸件规定了附铸试块，但仍不能忽视两者的差异。尤其是厚大断面或薄壁小件、离心铸造、连续铸造等特种工艺制造的铸件，它们的差异更大。

铸件制造厂的生产工艺稳定性对铸件力学性能有重要影响，尤其是缩松、缩孔、夹渣、气孔、石墨漂浮、反白口、石墨畸变等缺陷均会不同程度地降低铸件本体的力学性能。

考虑尺寸效应和工艺稳定性的因素，选用牌号时，要有合适的安全系数，对于特殊重要的零件，应通过试验选定。

要求提高弹性模量，可选用淬火—低温回火的高强度牌号球墨铸铁。

2. 使用性能和物理性能

要求耐磨性铸件选用 QT900－2、QT800－2、QT700－2、QT600－3，基体为贝氏体或回火马氏体、托氏体、索氏体、珠光体的球墨铸铁。要求具有一定的耐蚀性、抗氧化、抗生长的铸件，则选用牌号为 QT400－18、QT400－15 或 QT450－10，具有单一铁素体基体的球墨铸铁。

在不很强烈的激冷激热条件下（如用于空冷的钢锭模），球墨铸铁热疲劳性能优于灰铸铁。但在强烈的激冷激热条件下（如用于水冷的钢锭模及大马力柴油机排气管），则球墨铸铁的热疲劳性能不如灰铸铁和蠕墨铸铁。

（二）制造工艺性

1. 铸造工艺性

各种牌号的球墨铸铁碳当量都较高，其铸造工艺性大体相同，添加某些高合金者铸造工艺性要差。一般来说，球墨铸铁的铸造工艺性能优于铸钢、可锻铸铁；流动性优于高牌号灰铸铁。因此，可以选用球墨铸铁制造形状复杂、重量从几克到数百吨的铸件。但是，球墨铸铁件具有较多的夹渣、在铸型刚度不足时，具有较大的生成缩松、缩孔倾向，与灰铸铁、可锻铸铁相比，球墨铸铁力学性能对壁厚更加敏感。因此，球墨铸铁件的壁厚差不宜过大，要有适当的圆角和工艺补贴。

2. 热处理工艺性

可以采用非合金化方法生产铸态的 QT500－7、QT600－3、QT450－10 球墨铸铁件。采用高纯炉料和强化孕育工艺或者采用型内球化工艺，可以生产铸态 QT400－15，甚至 QT400－18 球墨铸铁件。此外，对于牌号为 QT900－2、QT800－2 的中小型球墨铸铁件，在没有合金元素的情况下，可采用淬火—回火或者盐浴等温淬火工艺生产。但是，对于大型厚断面铸件，或者是形状复杂的铸件，则采用合金化和正火工艺生产。

3. 机械加工工艺

球墨铸铁的切削性能优于铸钢，抗拉强度高的球墨铸铁，切削性能略差。采用等温淬火工艺生产的贝氏体球墨铸铁件，如牌号为 QT900－2 的球墨铸铁件，应在粗加工后再进行等温淬火。

（三）生产条件

要根据本企业的设备、技术等条件，承接生产。要生产 QT400－18L、QT400－18 牌号时，应考虑具备低磷、低锰、适当含硅量的纯净炉料条件及必要的脱硫、球化孕育条件。生产 QT900－2、QT800－2、QT400－18 和 QT400－18L 牌号的球墨铸铁件时，应具备热处理条件。此外，选择相应牌号的球墨铸铁时，还应考虑生产条件的经济性。

思 考 题

1. 全世界球墨铸铁产量迅速增长的原因是什么？

2. 对比分析球墨铸铁和可锻铸铁的力学性能。

3. 列举球墨铸铁的应用领域。

4. 分析球墨铸铁管在球墨铸铁应用领域占有较大比重的原因。

5. 试分析球墨铸铁轧辊与普通（珠光体—铁素体基体）球墨铸铁的成分差别，特别是硅低、磷高的原因。

6. 为什么世界各国球墨铸铁标准只规定力学性能指标，却不规定化学成分的限制？

7. 何时采用单铸试块，何时采用附铸试块，以评价力学性能？

8. 为什么球墨铸铁的废品率比普通灰铸铁的要高？

9. 有哪些牌号的球墨铸铁必须采取热处理才能达到其性能指标？

10. 企业具备了怎样的生产条件，方可组织球墨铸铁生产？

第十五章　蠕 墨 铸 铁

第一节　蠕墨铸铁的发现与进展

一、发现

蠕墨铸铁是指其石墨大部分呈蠕虫状，少部分呈球状的一种铸铁，其组织和性能处于球墨铸铁和灰铸铁之间，具有良好的综合性能。

早在 1947 年，英国人 H. Morrogh 在研究用铈处理球墨铸铁的过程中，就发现了蠕虫状石墨。由于 H. Morrogh 当时及后来的研究工作主要集中在研究怎样得到球状石墨及球墨铸铁的性能，而蠕虫状石墨则被认为是处理球墨铸铁失败的产物，因此，没有引起人们的重视。

1955 年，美国人 J. W. Estes 和 R. Schneidenwind 首次提出建议，制作蠕墨铸铁。1966 年，又由 R. D. Schelleng 继续提出应用蠕墨铸铁。美国在 1965 年的一项专利中提到，通过加入合金，使铁液成分：镁 0.05%～0.06%、钛 0.15%～0.50%、稀土金属 0.001%～0.015%，就能得到具有蠕虫状石墨的铸铁。到 1976 年，美国 Foote 矿业公司将这些主要元素按一定比例配制成 Mg—Ti 系合金，作为商品供应市场，称为“Foote”合金。由此，蠕墨铸铁在工业上有了较多的应用。

此外，在欧洲，奥地利的研究工作者在 20 世纪 60 年代研究了稀土对球墨铸铁原铁液的影响，从中得到了生产蠕墨铸铁的可靠方法，于 1968 年获得奥地利专利。从此，奥地利开始大量生产铁素体蠕墨铸铁的卡车和拖拉机零件。

我国对蠕虫状石墨的认识，也是随着球墨铸铁的出现而开始的。尤其是在 20 世纪 60 年代初，在用稀土硅铁镁合金制作球墨铸铁时，这种蠕虫状石墨更为常见。然而，有意识地把含有这种蠕虫状石墨的铸铁作为新型工程材料来研究和应用，则是从 1965 年开始的。

进入 20 世纪 60 年代，在高碳铁液中加入稀土硅铁合金，发现其中部分试样的宏观断口呈“花斑”状，石墨为蠕虫状，其性能超过 HT300 灰铸铁的指标。鉴于当时国内高级灰铸铁生产中废钢来源的短缺，于是不加废钢，仅用稀土硅铁合金直接处理冲天炉高碳铁液来生产高级灰铸铁件，就成了当时研究课题的出发点。例如，大量消耗废钢的机床铸造业，曾试图在低牌号铸铁中加入不同量的稀土以节省废钢，从而获得高牌号的灰铸铁。试验发现，具有蠕虫状石墨的铸铁，其强度大幅度提高，因而获得了不加废钢的高强度灰铸铁。

由于这种高级铸铁是用稀土处理得到的，因而曾先后将其命名为稀土高牌号灰铸铁、稀土（灰）铸铁。20 世纪 70 年代末，根据扫描电子显微镜下看到的石墨形态，在我国文献中，把这种含有大部分是蠕虫状石墨的铸铁称为蠕虫状石墨铸铁，现在简称为蠕墨铸铁。

此外，在1977年召开的第44届国际铸造年会上，成立了“蠕虫状石墨铸铁委员会”，同时也规定了这种铸铁的名称为“Compacted/Vermicular graphite cast iron”，即“紧密或蠕虫状石墨铸铁”，简称“CV铸铁”。

二、组织特点

蠕虫状石墨是界于球状石墨和片状石墨之间的中间石墨形态。

在光学显微镜下观察，蠕虫状石墨成簇分布，且与少量球状石墨共存，两者比例，因蠕化处理和凝固条件不同而异。

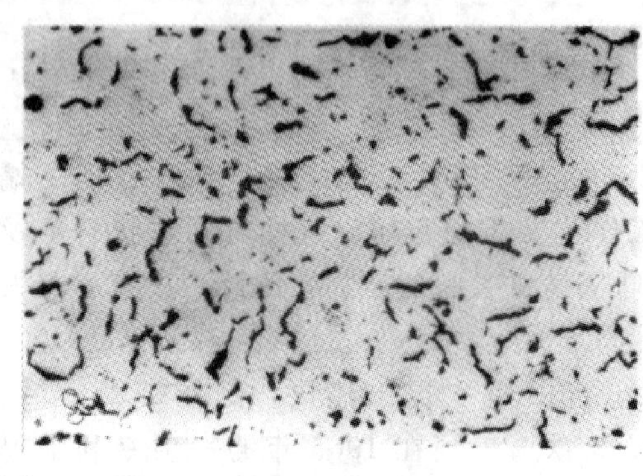

图 15-1 蠕虫状石墨 200×

蠕虫状石墨的长度与宽度的比值较片状石墨要小，一般为2～10，片状石墨的比值一般大于30；球状石墨的比值则近似于1。蠕虫状石墨的侧面起伏不平，端部圆钝（见图15-1）。

在扫描电子显微镜下观察，蠕虫状石墨在每个共晶团内是互相连接在一起的，并呈许多分枝，见图15-2。并且，石墨枝干两侧呈层叠状结构，其端部圆钝，有的呈球状结构，且有明显的螺旋位错生长特征，见图15-3。特别要指出的是，在光学显微镜下观察到的球状石墨，有一部分可能是蠕虫状石墨的端部或分枝上某一局部的截面。

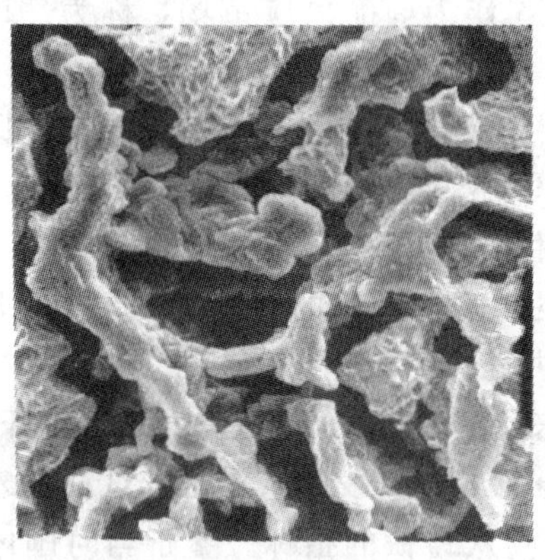

图 15-2 蠕虫状石墨（SEM，深腐蚀） 1000×

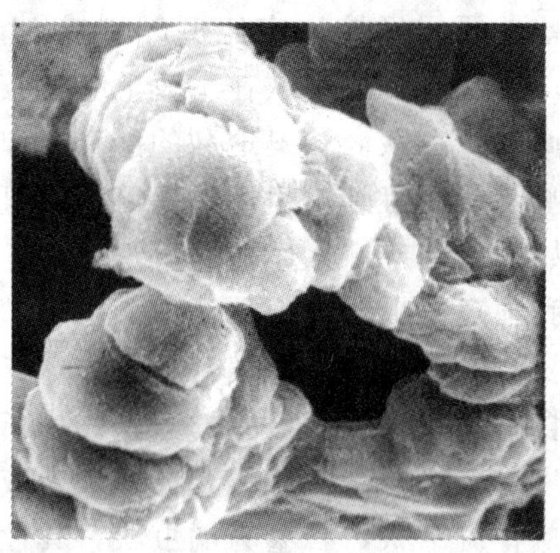

图 15-3 蠕虫状石墨在高倍下的形貌（SEM，深腐蚀） 2600×

一般情况下，铸态蠕墨铸铁的基体组织是铁素体组织，这是因为蠕墨铸铁的含碳量偏高，特别是由于蠕虫状石墨的强烈分枝，导致在凝固过程中，大量的碳原子扩散距离缩短，因而形成铁素体。因此，要获得珠光体基体或者其他基体组织的蠕墨铸铁，就必须加入合金元素或采取特殊的热处理工艺。

蠕墨铸铁的共晶团是由蠕虫状石墨—奥氏体共晶团和球状石墨—奥氏体共晶团组成。在每个蠕虫状石墨—奥氏体共晶团内石墨互相连接，与灰铸铁的结构相似，但其尺寸则比灰铸铁的片状石墨—奥氏体共晶团的尺寸要小。灰铸铁的共晶团数为 10～20 个/cm，共晶团直径大约为 0.5～1.0mm；球墨铸铁的共晶团数为 90～110 个/cm，其共晶团直径小于 0.1mm；而蠕墨铸铁的共晶团数 30～50 个/cm，其共晶团直径则为 0.2～0.35mm。蠕虫状石墨共晶团与片状石墨、球状石墨的共晶团模型如图 15-4 所示。

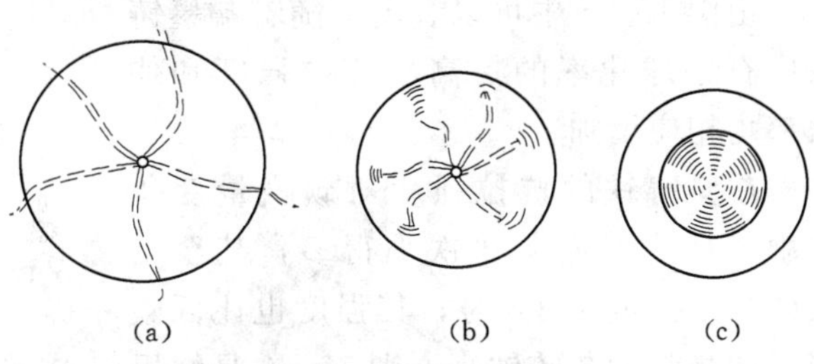

图 15-4　蠕虫状石墨、片状石墨和球状石墨的共晶团模型

(a) 片状石墨；(b) 蠕虫状石墨；(c) 球状石墨

三、最新发展

近几年，蠕墨铸铁的应用，特别是在欧洲得到了长足的进展。这是在发现蠕墨铸铁后，首次作为一种材质在国外发动机缸体等重要铸件上得到的广泛使用。应用的同时又掀起了进一步深入研究的高潮。目前，欧盟已制订出蠕墨铸铁标准草案，发给各企业，正在征求意见，并预定在一年内正式公布。美国在 2002 年就把蠕墨铸铁的产量从球墨铸铁中分离出来统计，表明了他们对蠕墨铸铁的重视程度。在 2003 年 6 月的 GIFA 展览会上，许多铸造企业都把蠕墨铸铁作为供货范围，并举出了相应的生产实例。例如，宝马汽车公司（BMW）V8 柴油发动机缸体，戴姆勒·克莱斯勒汽车公司（Daimler Chrysler）12L 排量的 8 缸发动机缸体，达夫公司（DAF）的 12.6L 排量、功率为 390kW 的六缸发动机缸体都用蠕墨铸铁铸造。年产 3.5×10^5t 发动机铸件的弗里茨·维特公司（Fritz Winter），在研究开发的基础上，2003 年安装了一条 Kuengel Wagner 静压多触头造型线，砂箱尺寸为 1350mm×1100mm×400mm，每年用来生产 3.0×10^5t 发动机薄壁蠕墨铸铁缸体。年产 4.0×10^6 个发动机缸体、2.0×10^6 个缸盖的爱森·布吕尔（Eisen Bruehl）公司在充分对比的基础上，已开始在轿车发动机缸体上使用蠕墨铸铁。德国阿乌哥斯特·坎泼公司（August Kuepper GmbH）已成为一个蠕墨铸铁的专业生产厂，使用 2 条迪砂造型线，每年生产 3.6×10^4t 蠕墨铸铁件，主要供奥迪、奔驰、大众、宝马、斯柯达等汽车公司的排气管与增压器壳体。美国福特（Ford）公司与辛特（Sinter）公司合作，在 1999 年就在巴西生产出 1.0×10^5 个蠕墨铸铁 V6 缸体。瑞典达劳斯（Daros）活塞环厂开发了蠕墨铸铁活塞环。

第二节　蠕墨铸铁的性能

蠕墨铸铁的性能因其石墨形态介于球状石墨和片状石墨之间，故其性能也介于它们两者之间。

一、力学性能

蠕墨铸铁中球状石墨占有的比例对其力学性能具有决定性的影响。图 15-5 是蠕墨铸铁中石墨球化率与其抗拉性能的关系。

由图 15－5 中可以看出，随着蠕墨铸铁中石墨球化率的提高，抗拉强度和伸长率均相应增加。

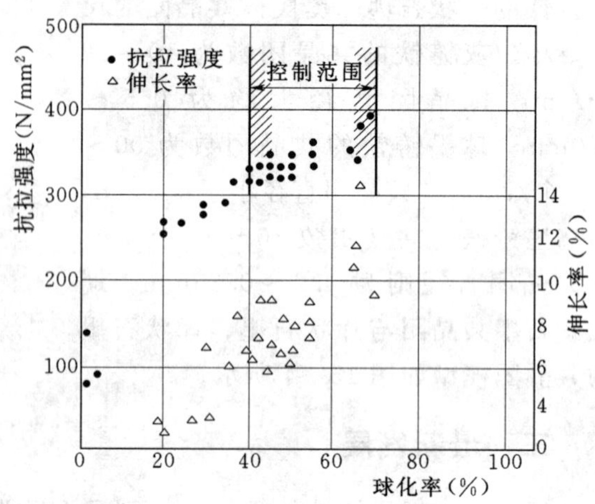

图 15－5 蠕墨铸铁中石墨球化率与抗拉性能的关系

蠕墨铸铁的抗拉强度对碳当量变化的敏感性比普通灰铸铁小得多，甚至当其碳当量接近 4.3%时，其强度也比低碳当量的高强度灰铸铁高。图 15－6 是蠕墨铸铁、灰铸铁及球墨铸铁浇注直径为 30mm 试棒的抗拉强度比较。此外，蠕墨铸铁对断面尺寸的敏感性也较灰铸铁要小。从图 15－7 可见，当断面厚度增加到 200mm 时，蠕墨铸铁的抗拉强度约下降 20%～30%，而灰铸铁断面增厚到 100mm 时，强度下降了约 50%，其绝对值则更低。

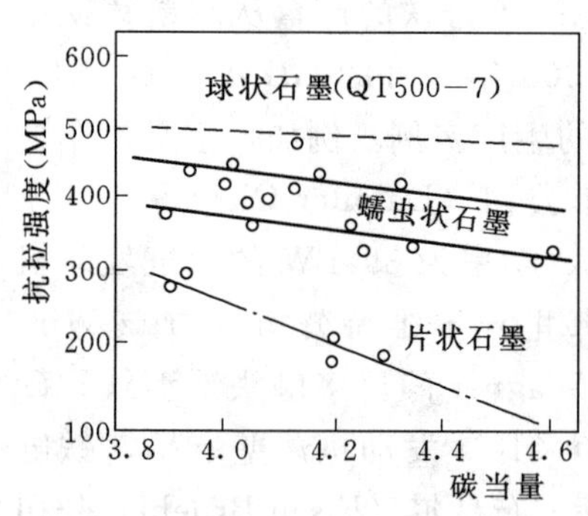

图 15－6 碳当量对不同铸铁抗拉强度的影响

此外，从材料实际使用时要求的强度性能出发，屈服强度 $\sigma_{0.2}$ 更具重要性，而蠕墨铸铁的 $\sigma_{0.2}/\sigma_b$ 值在铸造材料中属最高，其比较数据见表 15－1。

表 15－1 蠕墨铸铁、球墨铸铁及铸钢的 $\sigma_{0.2}/\sigma_b$ 值

材料名称	蠕墨铸铁	球墨铸铁	铸　钢
$\sigma_{0.2}/\sigma_b$	0.72～0.82	0.65～0.70	0.50～0.55

蠕墨铸铁的冲击韧度及伸长率均较球墨铸铁低而高于灰铸铁，其值随石墨的蠕化率、基体组织而有所变化。蠕化率低或基体中铁素体含量高，则韧度及伸长率高，此外，蠕墨铸铁与球墨铸铁相似，当温度降低时，亦有从韧性到脆性的转变点（见图 15－8）。

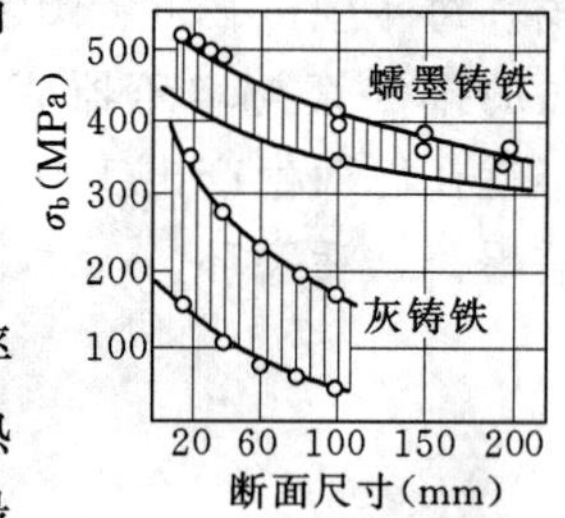

图 15－7 两种铸铁的抗拉强度随断面尺寸的变化

二、耐热性能

图 15－9 示出蠕墨铸铁与灰铸铁、球墨铸铁对比的热扩散率与温度的关系。如图 15－9 所示，随温度的升高，三种铸铁的热扩散率均下降。在室温至 200℃的范围内，灰铸铁的热扩散率最好，蠕墨铸铁次之，球墨铸铁最差。随着温度进一步升高，三种铸铁的热扩散率趋于一致，但灰铸铁仍然最好，蠕墨铸铁居中，此时三者的差距缩小。

图 15－10 是蠕墨铸铁的热扩散率与球化率的关系。随着球化率增加，蠕墨铸铁的热扩散率降低，由此也表明，蠕墨铸铁的热扩散率优于球墨铸铁。

图 15－11 示出，在不同温度条件下，蠕墨铸铁的热导率与其球化率的关系。由图 15

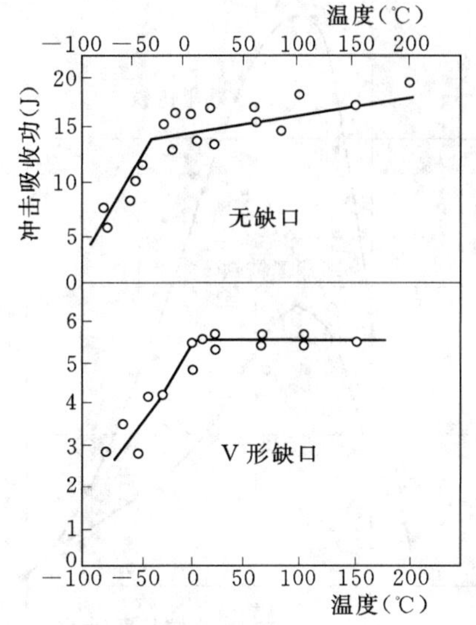

图 15-8　蠕墨铸铁冲击吸收功随温度的变化

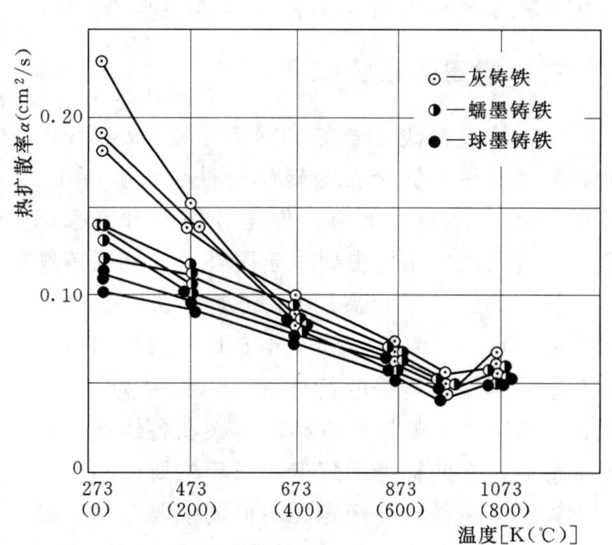

图 15-9　蠕墨铸铁与灰铸铁、球墨铸铁对比，热扩散率随温度的变化

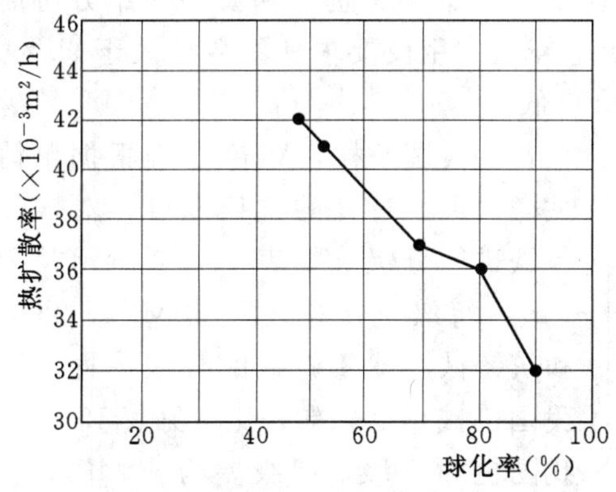

图 15-10　球化率与热扩散率的关系

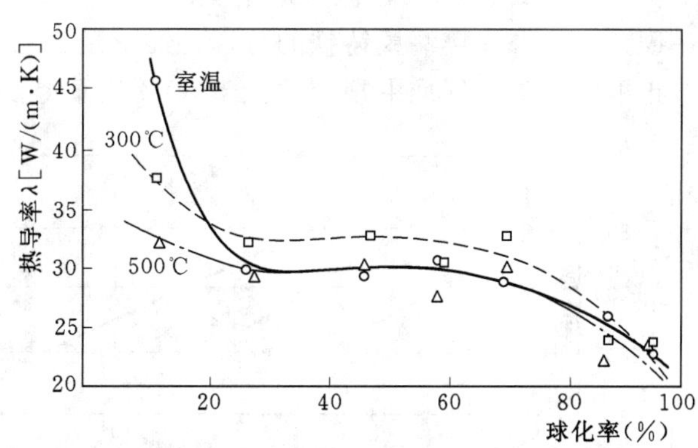

图 15-11　不同温度下蠕墨铸铁的热导率与球化率的关系

-11 得知，无论在室温，也无论是在 300℃或 500℃，铸铁的导热率均随着球化率的增加而减小。并且，在室温、球化率最低的情况下，铸铁的导热率最高。这是由于石墨的导热能力比基体导热能力要高的缘故。

蠕墨铸铁与球墨铸铁相比较，球墨铸铁的热疲劳裂纹扩展速度比蠕墨铸铁的要慢。球墨铸铁的热疲劳裂纹也比蠕墨铸铁的要小。由此表明，蠕墨铸铁的高温热疲劳性能不如球墨铸铁，原因是球墨铸铁中的石墨圆整，应力集中破坏基体的作用较小。由此，可以推断，蠕墨铸铁的高温热疲劳性能会优于灰铸铁的高温热疲劳性能。图 15-12 是蠕墨铸铁和球墨铸铁裂纹长度与扩散速率的关系。图 15-13 是球墨铸铁、蠕墨铸铁和灰铸铁的热疲劳循环次数与温度的关系。由图 15-13 可以得知，蠕墨铸铁的热疲劳循环次数比灰铸铁要好，但比球墨铸铁要差。

三、蠕墨铸铁的标准

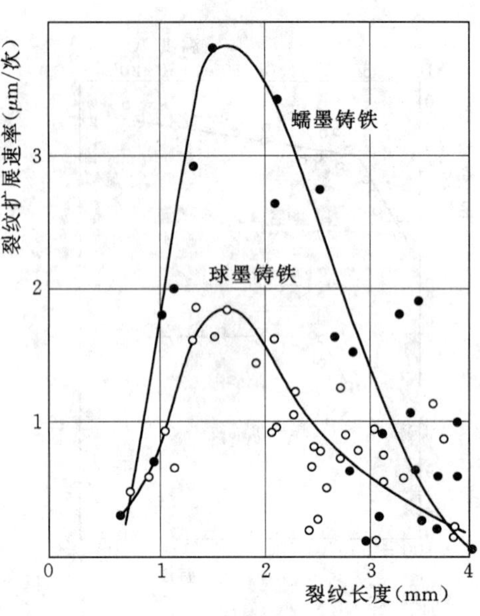

图 15-12 蠕墨铸铁和球墨铸铁裂纹长度和扩展速率对比

对于蠕墨铸铁，早在 1984 年和 1987 年我国就制定了蠕墨铸铁金相与蠕墨铸铁件行业标准，并在 1999 年进行了修订，但至今还没有国家标准，尽管我国应用历史要早于国外，如蠕墨铸铁排气管（第二汽车制造厂）、蠕墨铸铁缸盖（无锡柴油机厂）。德国在 2002 年 5 月，由德国铸造协会制定了蠕墨铸铁的行业标准，编号为 W50。现在正作为欧洲蠕墨铸铁标准草案在各铸造企业征求意见。在此标准中规定，石墨主要以蠕墨存在就算蠕墨铸铁，但规定在铸件的主要壁厚，蠕墨数量要大于 80%。由于壁厚影响到蠕墨数量，故进一步规定，在整个铸件上除不允许出现片状石墨外，在铸件其他次要部位的蠕墨数量可以有变动，也即低于 80%，但铸造企业认为蠕墨量也不应低于 60%，也可和铸件使用方协商一致。为取得纯粹蠕墨铸铁的特殊性能，瑞典在活塞环上应用就要求蠕墨数量大于 90%。与此相比，我国标准中规定的大于 50%就显得要求较低。

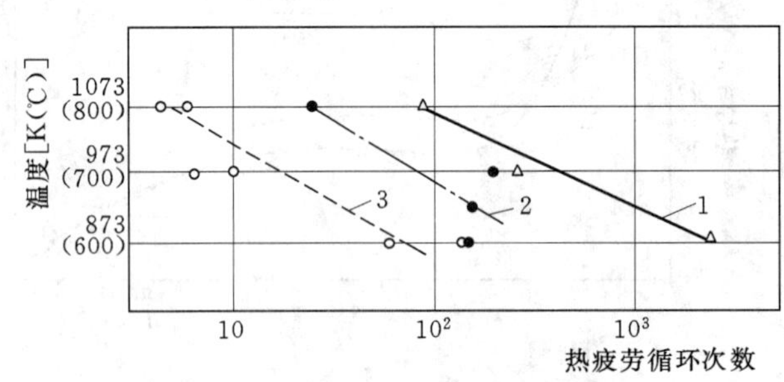

图 15-13 热疲劳循环次数与温度的关系

1—球墨铸铁；2—蠕墨铸铁；3—灰铸铁

和我国一样，W50 标准根据单铸试样（加工过）的抗拉强度，对蠕墨铸铁进行分级。如表 15-2 所示共分 5 级，每级抗拉强度差 50MPa，也即和灰铸铁、球墨铸铁的分级一样。和我国机械行业标准相比（见表 15-3），我国也为 5 级，但级差为 40MPa，整个强度性能要比国外低一级。在硬度上，我国允许的硬度范围较大，且高值硬度也高。这表明，国外用蠕墨铸铁更注重它的强度性能，同时又要求它有较好的机械加工性能。

表 15-2 蠕墨铸铁的分级及力学性能

牌号	σ_b（MPa）	$\sigma_{0.2}$（MPa）	断裂时的 δ（%）	HBW30
GJV-300	300～375	220～295	≥1.5	140～210
GJV-350	350～425	260～335	≥1.5	160～220
GJV-400	400～475	300～375	≥1.0	180～240
GJV-450	450～525	340～415	≥1.0	200～250
GJV-500	500～575	380～455	≥0.5	220～260

表 15-3　我国蠕墨铸铁的分级［《蠕墨铸铁》(JB/T 4403—1999)］

牌号	σ_b（MPa）	$\sigma_{0.2}$（MPa）	断裂时的 δ（%）	HBW30
Ru420	420	335	0.75	200～280
Ru380	380	300	0.75	193～274
Ru340	340	270	1.0	170～249
Ru300	300	240	1.5	140～217
Ru260	260	195	3	121～197

注　σ_b、$\sigma_{0.2}$、δ 值均为下限。

第三节　蠕墨铸铁的制取

蠕墨铸铁的制取通常包含下列环节：①选择合适的化学成分并熔炼合格的铁液；②炉前处理（蠕化处理及孕育处理）；③炉前检验及控制。

一、化学成分

蠕墨铸铁化学成分基本上与球墨铸铁相似，要求有高的碳当量，低的磷、硫含量和一定的含锰量。但蠕墨铸铁也有一些与球墨铸铁的不同之处，下面分别加以介绍。

（一）碳和硅

在球墨铸铁中，为获得尽可能大的石墨化膨胀量来得到致密的铸件，在碳当量一定的前提下，要求高的碳量，因而以高碳低硅为原则。但在蠕墨铸铁中，由于高的碳量易促进球状石墨的形成，因而在蠕墨铸铁中的碳量通常可较球墨铸铁低些，较常用的碳为 3.4%～3.8%，薄壁件取上限值。蠕墨铸铁中的硅量通常是用来调整基体组织的，随硅量增加，基体中珠光体量减少，而铁素体量增加。但为获得尽可能多的珠光体量，仅靠降低硅量仍不足以防止在蠕墨周围形成铁素体，而且硅量过低会产生白口。因而要获得珠光体基体量较高的蠕墨铸铁，还应采取其他措施。

（二）锰

锰在常规含量范围内对石墨的蠕化无影响。锰在铸铁中起稳定珠光体作用，在蠕墨铸铁中亦如此。但由于蠕墨分支繁多，因此锰的促进珠光体作用有所减弱。通常锰小于 1% 时，不会对蠕墨铸铁的硬度及石墨形态产生影响。当生产珠光体基体的蠕墨铸铁时，锰含量可取高值。

（三）磷

磷对石墨蠕化无影响，过高会产生磷共晶，降低冲击韧度，提高冷脆转化温度，通常磷应在 0.08%以下。

（四）硫

硫量极低［w（S）＜0.002%］时，快速凝固可获得蠕虫状石墨。硫和蠕化剂中的镁、钙、稀土元素均有很大的亲和力，因此铁液中含硫量增加会消耗蠕化剂，从而形成硫化物夹杂，同时导致蠕化衰退。因此，原铁液中的含硫量对蠕化处理、对蠕化剂的消耗和最终蠕化率的高低，具有决定性的影响。为此，许多工厂采用炉外脱硫技术（吹气处理或摇包脱硫），使蠕化处理前铁液的含硫量稳定在0.01%～0.03%之间，并且，最佳的范围是0.01%～0.02%。

（五）合金元素

生产珠光体蠕墨铸铁时，可适量加入稳定珠光体的合金元素，如加锑［$w(S_b)$ = 0.008% ～ 0.010%］，可明显增加珠光体含量。此外，加铜对获得珠光体基体的蠕墨铸铁是十分有效的。图15-14示出，对于Mg—Ti系和Ca—Re系蠕化剂不同加铜量对蠕墨铸铁力学性能的影响。图15-14显示，加铜可使强度和硬度显著增加，伸长率略有下降。为了提高蠕墨铸铁的抗热疲劳性能，还可附加Mo［w(Mo)＝0.4%～0.6%］和Cr［w(Cr)＝0.15%～0.30%］等合金元素。

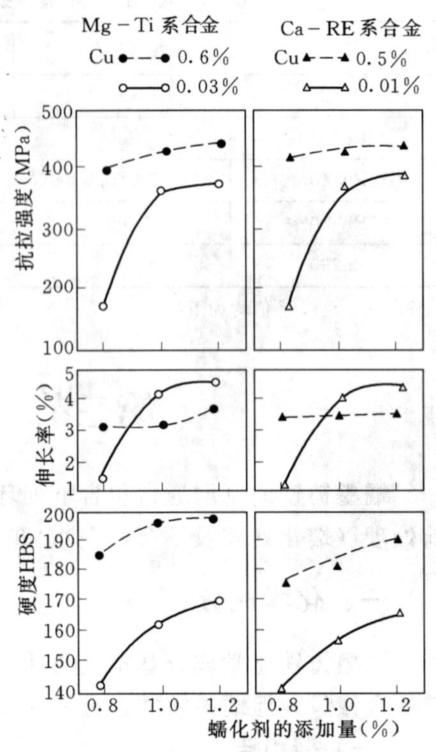

图15-14 加铜对蠕墨铸铁力学性能的影响

二、炉前处理

（一）蠕化剂

所有能使石墨球化的元素均可使石墨蠕化，只要能够有效地控制其加入量。一般来说，球化剂量加入不足，就可得到蠕虫状石墨。

镁是使石墨改变形态能力最强的元素，但是单独用镁作蠕化剂却十分困难，因为镁使石墨蠕化的含量范围极其狭窄，其允许的波动范围仅为0.005%以内，如图15-15中曲线1所示。由于镁加入时的沸腾烧损及与氧、硫的化合，使实际进入并残留在铁液中的镁量极难控制在如此狭小的含量范围内，因而使实际生产难于实现。

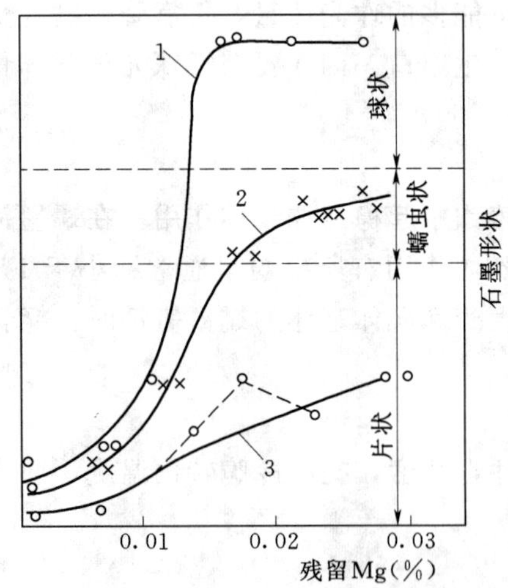

图15-15 单加镁及加镁钛合金对蠕化范围的影响

1—单加镁；2—加镁钛稀土合金；3—含干扰元素但采用不含稀土的镁合金

用稀土硅铁来处理铁液生产蠕墨铸铁曾有一些工厂中使用，但除其和镁处理同样有适宜的含量范围窄而生产不易控制外，还由于处理时铁液无沸腾作用，而使稀土硅铁熔化吸收不好；以及处理后的铁液对激冷作用敏感，从而使铸件中残留有一定数量的自由渗碳体而影响性能，使这一生产工艺较难推广应用。为了克服稀土硅铁处理时的上述缺点，改用稀土和镁（分别以RESiFe及REMgSiFe的形式加入）两者联合处理的方法来获得蠕墨铸铁，其中镁作为引爆剂，在对铁液起到搅拌作用的同时，适量地留在铁液中。稀土和镁的综合作用见图15

-16，图中黑框部分是蠕虫状石墨的稳定区。

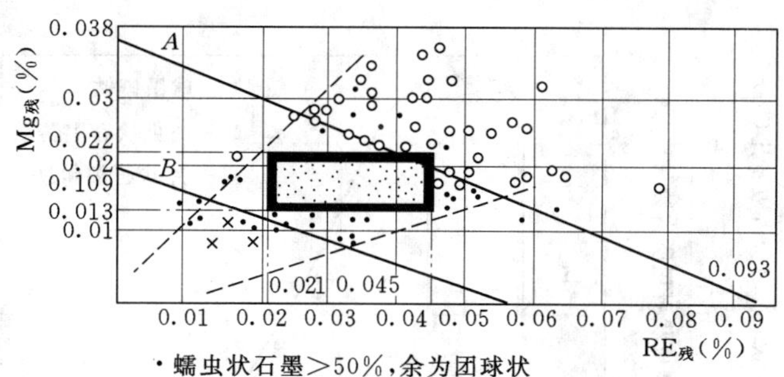

图 15-16 石墨形态与残留 Mg、RE 含量的关系

为了拓宽使石墨蠕化所适宜的镁和稀土的残留量范围，使这些球化元素即使略有过量也不致出现球状石墨，因而采用附加反球化元素，即用球化元素加反球化元素制成复合蠕化剂。例如，在镁合金中加入少量反球化元素钛，制成镁钛合金作蠕化剂，此时镁的适宜得到蠕虫状石墨的范围可扩大到 0.015～0.035（见图 15-15 中的曲线 2），但要指出的是，这种合金应含有稀土元素，否则会得到片状石墨（见图 15-15 中的曲线 3）。镁钛合金在蠕墨铸铁中得到广泛应用。表 15-4 示出由英国铸铁研究所研制的镁钛合金（Foote CG 合金）的化学成分。

表 15-4 Foote CG 合金化学成分（质量分数，%）

Mg	Ti	Ce	Ca	Al	Si	Fe
4.0～5.0	8.5～10.5	0.25～0.35	4.0～5.5	1.0～1.5	48.0～52.0	余量

在蠕化剂中少量的钙不仅可扩大球化元素的含量范围，而且可放宽对原铁液中硫的限制。我国也根据上述复合蠕化剂的思路，研制了稀土镁钛及稀土镁锌等蠕化剂，同时一些工厂采用稀土蠕化剂已有成熟的应用，其成分见表 15-5。

表 15-5 我国研制和应用的几种蠕化剂成分（质量分数，%）

种类＼成分	Re	Mg	Ca	Al	Si	Fe
稀土类	25～34	—	6～9	—	40～45	余量
稀土镁锌类	13～15	3～4	<5	1～2	40～44 Zn 3～4	余量
稀土镁钛类	1～3	4～6	3～5	1～2	45～50 Ti 3～5	余量

为了确定蠕化剂中球化与反球化元素两方面作用的比例对石墨蠕化的影响，提出了复合蠕化系数的概念。复合蠕化系数（K_2）可由式（15-1）表示：

$$K_2 = K_1 / w_{Mg} \qquad (15-1)$$

$$K_1 = 4.4Ti + 2.0As + 2.3Sn + 5.0Sb + 290Pb + 370Bi + 1.6Al \qquad (15-2)$$

式中 w_{Mg}——铁液中残留的镁量；

K_1——反球化元素（包括往铁液中加入的和铁液中原有的微量反球化元素）的当量值，以式（15-2）折算。

复合蠕化系数 K_2 的数值与石墨形状间的对应关系见图 15-17。

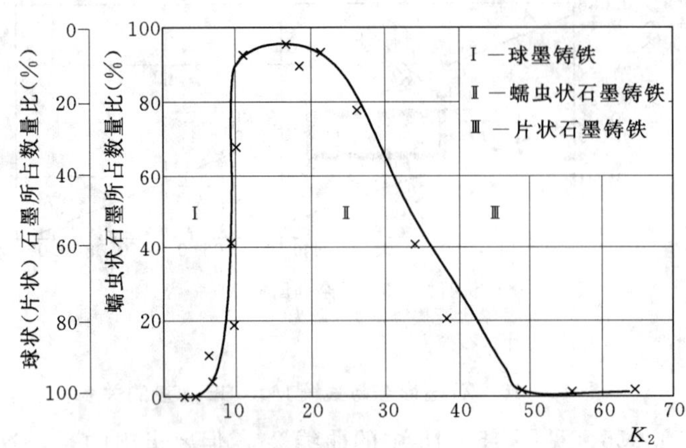

图 15-17 系数 K_2 的数值与石墨形态及数量的关系

采用复合蠕化剂处理铁液的优点是允许有较宽的蠕化元素残留量，便于生产控制；缺点是用此法生产的蠕墨铸铁中含有钛等反球化元素，这种铁的回炉料不能作为生产其他种类铸铁（特别是球墨铸铁）使用，因而给炉料管理带来了麻烦。

近些年来，为了防止钛对炉料的污染，大多采用 FeSiMgRE 合金作蠕化剂。其中，镁为 4%～5%；RE 中主要是铈，RE 为 0.5%～6%不等，但多数采用 1%～1.5%的 RE；含硅为 50%；其余是铁。考虑到钙有促使形成蠕虫状石墨的独特作用，也采用附加钙的 FeSiMgCaRE 合金，其中，钙一般在 5%以下。

（二）蠕化处理

与球化处理相似，蠕化处理过去一般是采用冲入法。与球化剂中的镁、稀土一样，在进行蠕化处理时，镁、稀土、钙等均会与氧、硫化合，特别是镁在铁液中的沸腾烧损，导致蠕墨铸铁要求极其严格的控制。

凝固后，在铸铁件中的石墨形态与其残余镁量密切相关。研究表明，当 w (Mg) ≤0.01%时，呈片状石墨；当 w (Mg) =0.01%～0.018%时，可获得蠕墨铸铁；当 w (Mg) =0.025%～0.04%时，为球墨铸铁。由此，要获得蠕墨铸铁，残余镁量的范围是±0.004%。在实际生产中，每隔 5min 镁的烧损量是 0.001%。因此，增加了质量控制的难度。

近来，喂丝技术有了长足发展。由于喂丝法有控制精确，改善生产环境的优点，尤其是可用计算机根据快速测定的铁液中的含硫量来精确控制喂丝量，因此，国外喂丝技术发展迅速，特别是，它更适合于蠕墨铸铁的生产。表 15-6 列举了德国近些年来采用喂丝技术处理铁液的企业数量年增长的情况。

表 15-6 德国使用喂丝技术

年　份	1989	1993	1994	1995	1997
企业数量	1	12	15	18	30

由于蠕化处理后铁液中镁和稀土的作用，使铁液亦具有结晶过冷和在组织中出现游离渗碳体的倾向，因此孕育处理亦是蠕墨铸铁生产中的一个必要环节，其作用至少有以下三方面：

（1）消除结晶过冷倾向，减少自由渗碳体。

（2）提供足够的石墨晶核，增加共晶团数，使石墨呈细小均匀分布，提高力学性能。

（3）延缓蠕化衰退。

蠕墨铸铁的孕育和球墨铸铁类似，通常采用含硅 75%的硅铁，也有用含钡硅铁及其他孕育剂的。为防止孕育衰退，应尽量做到延后孕育，必要时亦可采用两次孕育的方法。孕育剂的加入量通常可按铁液的 0.4%～0.6%计算，并应适当考虑壁厚条件，薄壁件应适当加强孕育。

(三)蠕墨铸铁的炉前检验

和球墨铸铁一样，大多数生产工厂仍采用炉前试样检验，少数工厂则采用快速金相检验方法。

三、蠕墨铸铁的质量控制

蠕墨铸铁的体收缩及线收缩与蠕化率有关。蠕化率越低则越接近于球墨铸铁，反之，接近于灰铸铁。其型壁移动倾向也介于灰铸铁和球墨铸铁之间。因而，要获得无内外缩孔及缩松的致密铸件比球墨铸铁容易，但比灰铸铁要稍困难些。

在蠕墨铸铁的生产中，除因蠕化元素残留量控制不严造成蠕化不足或过量蠕化，使蠕化率降低及因孕育不足，使铸件的白口倾向严重外，最常见的缺陷即为夹渣，但由于蠕墨铸铁铁液中镁、稀土等元素的残留量较球墨铸铁低，因此其产生夹渣的可能性亦较球墨铸铁低。和球墨铸铁相同，为了防止夹渣缺陷的产生，应严格控制原铁液的含硫量，并保证蠕化—孕育后的铁液温度不低于1350℃，以创造条件使铁液中的夹渣上浮，并在浇注中加强除渣措施。

优质蠕墨铸铁件的获得首先取决于其生产过程的工艺控制，主要为：

(1) 选择适当的原材料，控制较低及稳定的硫量，并使用低磷原料。

(2) 选择适当的碳硅含量，以保证所需的碳当量，并据基体组织的要求控制珠光体形成元素的加入量。

(3) 准确掌握处理铁液的质量及其含硫量，并根据处理工艺准确确定蠕化剂的加入量，以保证蠕化元素在合适的含量范围内。

(4) 采用合适的孕育处理方法，以保证孕育处理的效果。

(5) 控制铁液的处理温度。

(6) 使用高刚度铸型及优质型芯。

(7) 严格炉料管理。

第四节 蠕墨铸铁的生产应用

一、生产概况

蠕墨铸铁发展到现在，随着研究工作的大量而深入的开展，特别是由于生产技术的进步(炉前快速定硫技术和喂丝技术的发展)，现已掌握这种材质的特点，因而它的应用范围正在逐步扩大。当今，蠕墨铸铁在国内外，均已进入大量生产阶段。这主要是由于蠕墨铸铁具有一系列优点。归纳起来，蠕墨铸铁比灰铸铁具有以下优点：

(1) 不用昂贵的合金而达到较高的抗拉强度，因此可以通过减薄壁厚以减轻铸件重量。

(2) 比较高的韧度、抗裂纹的安全极限较高。

(3) 较好的抗氧化、抗生长性能。

(4) 壁厚敏感性小。

蠕墨铸铁与球墨铸铁相比具有以下优点：

(1) 铸造性能较好，工艺出品率高。

(2) 较好的导热性能。

(3) 较好的尺寸稳定性。

(4) 较低的弹性模量，较小的应力。

汽车的发展要求轻量化，据统计，每辆轿车自重减轻100kg，则每100km可节约燃油0.3L。为此，铝、镁合金在汽车工业得到越来越多的应用。预计，铝合金汽缸体还会有增加。但是，发动机的比功率（kW/排量L）加大，导致发动机汽缸体和汽缸盖的工作温度升高，其许多部位的温度已超过200℃，这时，铝合金的强度迅速下降。因此，有必要再考虑用铸铁制作汽缸体和汽缸盖。蠕墨铸铁具有球墨铸铁的强度，和灰铸铁相比又有类似的防振、导热能力和铸造性能，而又比灰铸铁有更好的塑性和耐疲劳性能，因而就有了蠕墨铸铁发动机机体的开发及应用。现代的铁液处理技术已能确保得到必须的蠕虫状石墨。因此，蠕墨铸铁至今在汽车工业得到了迅速的发展。特别是，用蠕墨铸铁批量生产汽缸体取得了成功。此外，用蠕墨铸铁生产汽缸盖、排气管等在国内外均已取得了显著的经济效果。蠕墨铸铁在液压、机床、轧辊等领域的应用，也取得了良好的效果。为此，以下对蠕墨铸铁的生产应用实例进行分述。

为了全面了解各种铸铁的性能，现列表示出各种铸铁的使用性能、力学性能和特点等（表15-7）的对比。

二、生产应用实例

（一）汽缸体

德国哈尔贝格（Halberg）铸造厂，从1991年开始为奥迪（Audi）轿车生产V8型蠕墨铸铁汽缸体。汽缸体主要壁厚为3.5mm，3L排量功率为150kW的汽缸体重量为74kg。铁液是在感应电炉中熔炼。化学成分为：w（C）＝3.3%～3.5%，w（Si）＝2.10%～2.25%，w（Mn）＝0.25%～0.30%，w（S）＝0.010%～0.014%，w（P）＜0.03%，w（Cr）＜0.06%。使用含镁为5%的FeSiMg合金作蠕化剂，每次处理1200kg。使用喂丝法将蠕化剂准确定量地加入铁液中。在汽缸体所有要求性能的壁厚处，蠕虫状石墨数量占90%以上。要求汽缸体材质的抗拉强度为400MPa，实际达到450MPa。详细情况可参阅本章第一节三。

（二）汽缸盖

北京二七车辆厂从1978年开始试制3000马力柴油机缸盖。原设计要求采用铬钼铜合金铸铁。由于试压时，在缸盖的气门导管、喷油孔、螺栓孔和气阀座等处均有泄漏现象，使水压合格率只有52.6%。另外，当这种材质的汽缸盖运行10万km后，在气阀座根部、清砂孔边缘处相继发生裂纹。经过分析，认为蠕墨铸铁是适用于这种柴油机缸盖的材质。

该厂采用1.5t的工频感应电炉熔炼铁液，当铁液温度达到出炉温度（1480～1500℃）时，将稀土硅铁合金加入炉内，加入量视炉前分析出来的铁液含硫量而定。采用加大孕育的方法，有效地控制了铸件的白口倾向和孕育衰退。

表 15-7 各种铸铁性能的比较

材质		抗拉强度	屈服强度	伸长率	硬度	冲击强度	弹性模量	疲劳强度	铸造性能	切削性能	耐蚀性能	耐热性能	耐磨性能	抗拉强度范围（MPa）	伸长率范围（%）	特点	备注
灰铸铁	HT150				○				▲	●				147～167	—	抗振性好，抗压力大	
	HT200				○				●	○	○		○	196～225	—		
	HT250	○			○		○		●	○	○		○	245～274	—	强度好，耐磨性好	
	HT300	●			○	○	○		○	○	○	○	●	294～343	—		
	HT350	●			●	○	●	○	○	○	○	○	●	343～392	—		蠕墨铸铁范围
球墨铸铁	QT400-15	●	○	▲		●	●	○	○	○	○	○	●	392～509	≥15	耐蚀性较好，耐磨性良好，强韧性好，可取代可锻铸铁和铸钢	
	QT450-10	●	●	●	○	●	●	○	○	○	○	○	●	441～568	≥10		
	QT500-7	▲	●	○	●	●	●	●	○	○	○	○	●	490～617	≥7		
	QT600-3	▲	●		●	○		●	○	○	○	○	▲	588～735	≥3		
	QT700-2	▲	▲		●	○			○	○	○	○	▲	686～833	≥2		
黑芯可锻铸铁	KTH300-06	○		○		●	●		○	●	○	○		≥300	≥6	冲击强度好，切削性能好，耐蚀性能较好	
	KTH330-08	●		●		●	●	○	○	●	○	○		≥330	≥8		
	KTH350-10	●		●		●	●	○	○	●	○	○		≥350	≥10		
珠光体可锻铸铁	KTZ550-04	▲	○	○	○	○	●	○	○		○	○	●	≥550	≥4	抗拉强度大，耐磨性能好	
	KTZ650-02	▲	●		●	○	○	○	○		○	○	○	≥650	≥2		

注 ▲—最优秀，●—优秀，○—良好。

处理后抗拉强度达到 360～390MPa，抗弯强度达到 700～800MPa，布氏硬度 179～183HBS，蠕虫状石墨量占 80%～90%，基体中的珠光体量大约占 30%。

（三）排气管

第二汽车厂先后用稀土钙镁合金和镁钛合金制作 EQ140 汽车发动机排气管。排气管长度 676.5mm，壁厚 5mm，重量 13.5kg，属于薄壁壳体铸件。

排气管原材质是灰铸铁 HT150，使用寿命只有 1 万～3 万 km，都是由于开裂而报废。该厂也曾用球墨铸铁生产排气管，行驶 3 万 km 后没有开裂，但是变形严重，大修后无法再安装。为此，从 1980 年开始生产蠕墨铸管排气管。

该厂采用 10t 无芯工频感应电炉熔炼铁液，严格控制原铁液中的含硫量，使其小于 0.035%，出炉温度为 1540～1560℃。采用冲入法处理后，用 FeSi 75 孕育，加入量为铁液的 0.5%～0.6%。在转包时进入二次孕育（用 FeSi 75，加入量为铁液的 0.1%～0.2%）。

采用的两种蠕化剂成分见表 15-8。稀土硅钙镁合金的加入量为铁液的 1.0%～1.3%。采用镁钛合金作蠕化剂时，其加入量为铁液的 1.5%～1.6%。采用这种蠕化剂的特点是反应平稳、熔渣较少、操作较简便。

用以上两种蠕化剂分别处理铁液，均可使在 Φ30mm 试样上测出的力学性能达到要求：抗拉强度达到 380～480MPa，抗弯强度为 750～900MPa。排气管中蠕虫状石墨占

70%左右。

表 15-8 第二汽车厂采用的蠕化剂成分（质量分数,%）

蠕化剂	Re	Mg	Ca	Ti	Si	Fe
稀土硅钙镁合金	12～16	2～4	7～10	～	44～50	余
镁钛合金	0.6～1.6	5～6	4～5	6～9	44～50	余

（四）液压件

液压铸件对材质要求较高。采用高牌号灰铸铁 HT300 经常出现以下问题：①油道不光洁；②铸件渗漏，不耐压；③铸件废品率高，工艺出品率低。

为此，榆次液压件厂采用蠕墨铸铁制作液压铸件。

采用 1.5t 工频感应电炉熔炼，每次处理铁液 500kg。采用稀土硅钙合金作蠕化剂，其成分（质量分数）为：w（Si）=50%，w（Re）=10%～15%，w（Ca）=15%～20%，余为铁。加入量视铁液中的含硫量而定。当含硫量为 0.02%～0.03%时，蠕化剂的加入量是铁液为 0.8%～1.0%，处理温度为 1450～1520℃，视铸件尺寸取处理温度的上限或下限。

处理后，得到的蠕墨铸铁的抗拉强度为 350～400MPa，抗弯强度为 700～1000MPa，硬度 187～207HBS。蠕虫状石墨占 60%～80%，铁素体占 50%以上。

由于蠕墨铸铁的流动性比 HT300 的要好，由此消除了油道不光洁缺陷，又由于蠕墨铸铁的收缩小，消除了渗漏缺陷，冒口减少了 1/4～1/2，因而提高了工艺出品率，耐压试验和爆破试验结果均达到了要求。

美国 Foote 矿业公司生产的液压阀体，改用蠕墨铸铁后，可经受 1.5 百万次循环试验而不损坏，而原用灰铸铁只能经受 12000 次循环试验即损坏。

（五）榨糖机轧辊

榨糖机轧辊是甘蔗压榨机的主要易损零件。原来采用中磷中锰合金铸铁，使用寿命为 1 个榨季至 3 个榨季，其报废原因主要是崩齿和磨损。改成中磷中锰蠕墨铸铁以后，轧辊强度成倍提高，使用性能得到改善。

由广州重型机器厂生产的这种榨糖机轧辊。采用稀土硅铁合金处理铁液，原铁液含硫量为 0.04%～0.08%时，加入稀土硅铁合金是铁液的 2.2%，采用插入式吹氮装置进行搅拌铁液。处理和搅拌后不需进行孕育处理即可浇注。处理时，出铁槽铁液温度为 1360～1400℃，浇注温度为 1260～1280℃。

蠕墨铸铁榨糖机轧辊本体的抗拉强度比原用中磷中锰合金铸铁的抗拉强度提高 1 倍。冒口颈处的抗拉强度在 160～300MPa 之间，轧辊底部的抗拉强度达到 250～400MPa，硬度在 230HBS 左右。

（六）大型机床铸件

大型机床铸件要求有较高的强度和刚度，受载荷后不易变形，而且要求耐磨，使用寿命长。为此，蠕墨铸铁可以满足这些要求。

从 1966 年，武汉重型机床厂开始生产大型机床的立柱、横梁、工作台、床身、底座等。重量一般为 3～20t，最大铸件重 40t。

该厂采用15t冲天炉熔炼铁液，采用稀土硅铁镁合金（含镁为2%～4%）。出铁温度1400℃左右，浇注温度为1350～1370℃。当铁液中含硫为0.05%～0.08%时，加入稀土硅铁镁合金是铁液的1.2%～1.8%。处理后用铁液0.3%～0.6%的硅铁（FeSi 75）进行孕育。为了促进珠光体基体的形成，附加0.05%的锑，处理后珠光体量达70%，蠕虫状石墨量达60%。

蠕墨铸铁机床铸件的抗拉强度比灰铸铁提高30%～60%，弹性模量提高30%～50%。机床大修期由灰铸铁的3～5年延长到8～10年。

思　考　题

1. 何谓蠕墨铸铁？用图描述这种铸铁的石墨微观结构。

2. 蠕墨铸铁在20世纪70年代曾迅速发展，以后停滞，最近又开始迅速发展，这是由何种原因造成的？

3. 蠕墨铸铁是介于球墨铸铁和灰铸铁之间的铸铁，其性能是更接近球墨铸铁呢？还是更接近灰铸铁？请分析。

4. 生产蠕墨铸铁的关键技术是什么？

5. 试分析蠕墨铸铁的化学成分与球墨铸铁的区别。

6. 哪些零件适用于蠕墨铸铁生产？

7. 蠕墨铸铁需要热处理吗？请分析原因。

8. 蠕墨铸铁要发展，是取代部分灰铸铁零件呢？还是要取代部分球墨铸铁件？举例说明。

参 考 文 献

1 Piwowarsky. E. Hochwertiges Gusseisen. Berlin：Springer－Verlag，1961

2 Angus. H. T. Cast iron. London：Butter worth，1976

3 张伯明，陆文华等．铸造手册　铸铁卷．北京：机械工业出版社，2002

4 大桥正昭．Materials Competition. 铸物，1983（2）：71－72

5 Sergeant. G. F.，et al. The production and properties of compacted graphite iron. The British Foundrgman. 71，1978（5）：115－124

6 铸铁石墨形态分类与命名委员会．铸铁石墨形态分类与命名．球铁，1981（1）增刊

7 Geier，M. Metallurgie de Fonderie. Editions Eyrolles，1978，Tome 1

8 沈阳铸造研究所等．球墨铸铁．北京：机械工业出版社，1982

9 河南省机械局球墨铸铁编写组．稀土镁球墨铸铁生产技术及应用，郑州，1976

10 B. 刘克斯等．铸铁冶金学．北京：机械工业出版社，1983

11 van de Velde. Untersuchungen zum Erstarrung－prozess von GGG：in der deutsche－meehanite－tagung 1993［J］. Giesserei Erfahrungaustausch 1994（3）：105－108

12 I. Karsay. Giesserei mit Kugelgcaphit，QIT－FER et TITANE INC. 1992

13 C. R. Loper，R. W. Heine. Dendritic structure and spiking in ductile iron. AFS Transactions，76，1968：547－554

14 I. Minkoff the physical metallurgy of cast iron，Chichester，John Wiley and Sons Ltd. 1983

15 Borut Marincek，Thermodynamic of liquid iron treated by Mg. Giesserei Tech－Wiss Beihefte，17，1965（2）：57－60

16 K Rohrig. Niedriglegierte Gusseisenwerkstoffe，Giesserei－Praxis，1982（1－2）：1－16

17 草川隆次．特殊铸铁铸物．东京：日刊工业新闻社，1970

18 郑州机械研究所，清华大学等．国内外球墨铸铁基础技术和基础理论研究发展概况．见：球墨铸铁基础理论和稀土应用座谈会资料选编．无锡柴油机厂．1980

19 周继扬．球墨铸铁基础理论的近代发展．铸造世界报，2001（11）：2－12；2001（12）：11－17

20 山本美喜雄．球状黑铅铸铁的理论和实际．日本金属学会铸造分科会，1966

21 K. Rohrig. Legiertes Gusseisen，Band 2. Düsseldorf Giesserei Verlag GMBH. 1974

22 E. Scheil. Über die Kristallisation des Graphits bei der Erstarrung des Gusseisen. Giesserei Tech－Wiss. Beihefte，4. 1962（2）：71－77

23 R. Wlodawer. Gelenkte Erstarrung von Gusseisen. Berlin：Springer Verlag，1977

24 堀江皓．铸铁的黑铅球状化阻害元素的分类．铸物，49，1977（7）：393－399

25 P. Boier. 关于球墨铸铁球状石墨晶核的研究．球铁，1979（3）：95－101

26 H. Trenkler，W. Krieger. Metallurgie des Eisens，Band 5，Berlin：Springer－Verlag，1978

27 B. Wolters. Jahresübersicht von Gusseisen mit Graphit. Giesserei，70，1983（13－14）：402－412

28 陈希月等．球铁皮下针孔的影响因素及防止措施．现代铸铁，1983（2）：1－7

29 吴德海．铸铁中的钙．现代铸铁，1985（1）：27－31

30 曹兴言等．芯线注入法在球墨铸铁生产中的应用．铸造，1996（9）：28－31

31 日下レアメタル研究所，NDテスター2应使用レて，Kusaka Technical News 3，1984（2）

32 贾健生等．用振动法检测球墨铸铁球化质量的研究．铸造，1996（5）：42－45

33 大石进．铸铁石墨球化处理现状．铸锻造和热处理，33，1980（5）：1－8
34 K. J. Best. 用孕育丝和镁处理丝处理金属．国外铸造，1985（3）：48－49
35 潘应君等．球铁件中 CO 皮下气孔的形成机理研究．现代铸铁，1994（2）：17－24
36 F. Martin，S. I. Karsay. Lokale Lamellengraphitausscheiclung infolge einer Reaktion zwischen flüssigem Gusseisen mit Kugelgraphit und einigen Formstoffbestandteilen. Giessrei－Praxis，1981（12）：218－224
37 ASM. Metals Handbook. Ninth Edition. Vol4. Heat Treating，Ohio：ASM. 1981
38 Dodd，John Irvine. High Strength，High ductility ductile iron. Modern Castings. May，1978：60－68
39 吴德海等．大断面球墨铸铁曲轴的热分析试验．清华大学学报，1978（4）：79－92
40 K. Reifferscheid，Die mechanischen Festigkeitskennwerte von Gusseisen mit Kugelgraphit und voll－perlitischen Grundfüge（GGG－80）im Wanddickenbereich von 25－150mm. Giesserei－Praxis，1975（21）：350－357
41 吴德海执笔．大断面球墨铸铁的研究．球铁，1983（4）：7－20
42 H. Mayer Dickenwandig Gusseisen mit Kugelgraphit，Giesserei，1973（7）：175－181
43 N. K. Datta. Influence of Ni，Mo，Sn and Cu on the isothermal transformation of carbide in ductile iron，Transactions of AFS，83，1975：121－126
44 喜多新男．预防球墨铸铁铸造缺陷的措施．现代铸铁，1986（2）：60－64
45 吴德海．铸态球铁与节能．北京机械，1981（7）：31－33
46 Susumu Yoda，Kaoru Ishihara. Global energy prospects in the 21st century：a battery－based society，Journal of Power Source，68，1997：3－7
47 Wolfgang Wild，Zukunftsperspektiven Energieversorgung. Giesserei，67，1980. 13：397－402
48 两角亲人等．大型球状黑铅铸铁铸物的制造．铸物，48，1976（8）：532－541
49 A. Münnich. 160t Press Frame World Record SG Iron Casting，Giesserei，1984（13－14）
50 吴德海．大型核燃料储运容器．球铁，1986（3）：60－62
51 F. Shilling. Sicherheit für Extremfalle. Konstruieren und Giessen，7，1982（3）：44－46
52 K. И. Ващенко，Л. Софрони. Магниевый чугун. Москва：МАШГИЗ，1957
53 李超荣等．水平连续铸造球墨铸铁塑性变形的研究．机械工程学报，1989（1）：66－70
54 张忠仇，李克锐，吴建基．我国等温淬火球铁的现状及前景．铸造，2004（2）：87－92
55 魏秉庆，吴德海等．贝氏体球墨铸铁．北京：机械工业出版社，2001
56 原田昭治，小林俊郎．球墨铸铁的强度评价．沈阳：东北大学出版社，2002
57 M. Johansson. Austenitic－Bainitic ductile iron. AFS Transactions，85，1977：117－122
58 D. Pohl，Jahresübersicht von Gusseisen mit Spheroidal Graphit. Giesserei，1974（15）：465－475
59 BCIRA. Engineering data on nodular cast iron－SI units. Birmingham，1974
60 R. Barton. Graphite－Nodule number and distribution－thier effects on nodular graphite iron castings，Foundry Trade Journal，1985（2）：117－126
61 姚朴等．奥贝球墨铸铁汽车螺旋伞齿轮国内外应用情况．铸造，1994（2）：38 40
62 F. Schilling. Sicherheit für Extremfälle，Konstruieren und Giessen，7，1982（3）：44－46
63 Wolters B. ，Jahresübersicht Gusseisen mit Kugelgraphit. Giesserei，70，1983（13/14）：402－403
64 张联芳等．重稀土球墨铸铁薄板轧辊．球铁，1982（1）：24－29
65 张伯明．蠕墨铸铁的最新发展．铸造，53，2004（5）：341－344
66 何祚芝．蠕墨铸铁理论与实践．北京：机械工业出版社，1985
67 陆文华等．铸造合金及其熔炼．北京：机械工业出版社，2002
68 中国铸造学会铸铁及熔炼专业委员会．第三届全国等温淬火球铁（ADI）技术研讨会论文集．2002
69 铸造技术シリーズ3. 铸铁的生产技术教本编集部会．铸铁的生产技术．东京：素形材センター，1993

第三篇

铸铁熔炼

di san pian

di san pian

第十六章 冲天炉熔炼

第一节 概　　述

铸铁的熔炉类型很多，有冲天炉、感应炉、电弧炉等。冲天炉是其中应用最为广泛的一种，它具有结构简单、操作方便、维修容易、熔化连续、生产率高、电耗少和熔炼成本较低等优点；但在铁液质量和环保治理方面，则不如感应炉。

冲天炉热能来自燃料的燃烧热。生产中应用的是燃焦冲天炉，它以焦炭为燃料，少数情况下以煤粉和天然气为辅助燃料。完全使用煤粉或重油或天然气的所谓非焦化铁炉，极少应用。

一、冲天炉的基本构成与主要结构参数

冲天炉属于竖炉范畴。它由炉身、炉顶、支撑、过桥和前炉等五大部分构成，如图 16－1 所示。

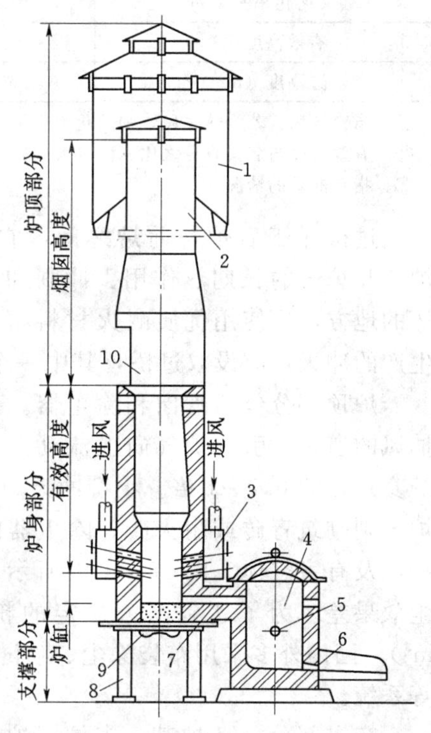

图 16－1　冲天炉构成示意图

1—除尘器；2—烟囱；3—风箱；4—前炉；5—出渣口；6—出铁口；7—过桥；8—支柱；9—炉底板；10—加料口

炉身是冲天炉的主要部分，它位于炉底板和加料口下沿之间。炉身用 6～12mm 的钢板作外壳，里面由耐火砖和耐火材料形成炉膛。在外壳与耐火层之间留有 15～30mm 的间隙，供充填硅酸铝纤维、石棉、硅藻土或灰渣之用，起绝热作用，同时亦为受热后的耐火砖留出膨胀的余地。加料口处由于常受炉料的冲击，一般用空心的铸铁砖砌筑。为了增加炉身的刚度和承托耐火砖，在炉壳内侧每隔一定距离焊一圈角钢。炉身上设有风箱，鼓风经由风口送入炉内。炉身分作有效段和炉缸两部分，底排风口中心线至加料口下沿为有效段，底排风口中心线至炉底为炉缸。它们的高度分别称作有效高度和炉缸高度。有效高度和炉子内径（即炉膛内径）是冲天炉的两个重要结构参数。炉子内径或炉子名义直径基本决定了炉子的名义熔化率（俗称炉子吨位）；炉子有效高度基本决定了炉料预热和炉气热量利用的程度。表 16－1 给出了常用冲天炉的吨位、名义直径、熔化率、有效高度、炉缸高度的关系。

冲天炉一般都有前炉。前炉可以储存铁液，均匀化学成分和温度。由于铁液及时由后炉流入前炉，缩短了与焦炭接触的时间，减少了增碳和增硫，有利于铁液质量的提高。在前炉中，渣铁分离也较为有利。但设前炉，铁液温度有所下降。因此，前炉用硅酸铝纤维

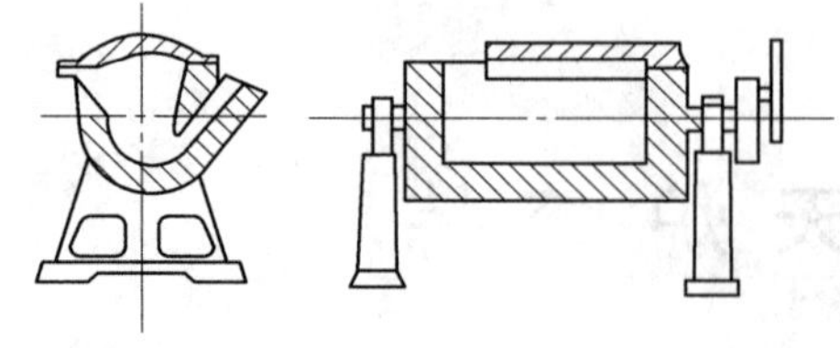

图 16-2 转动前炉

毡保温很有必要，前炉内衬表面搪修材料中常配有相当比例的焦炭粉，亦是为了加强保温作用。含焦炭粉的搪修层不粘渣铁，剔修很方便。前炉容量一般取冲天炉熔化率的 0.5～1 倍。在出铁频繁的车间，多使用转动前炉（见图 16-2）。此时，为了不使炉渣进入前炉，可在后炉出渣或在过桥上设置分渣器，如图 16-3 所示。

表 16-1 冲天炉吨位、名义直径、熔化率、有效高度、炉缸高度的关系

吨位（t）	1	2	3	5	7	10	15
名义直径（mm）	450	600	700	900	1100	1300	1600
名义熔化率①（t/h）	1	2	3	5	7	10	15
有效高度比②	6～8			5.5～7		4.5～5.5	
炉缸高度（mm）③	150～200		200～250		250～350		

① 指冷送风。若为热送风，则熔化率可提高 10%～30%。

② 有效高度与名义直径之比。两排大间距冲天炉，有效高度应高于计算值 300～500mm。

③ 指有前炉的情况。

过桥介于后炉与前炉之间，它的断面较小，受铁液、炉渣和炉气的长期热作用、冲刷和侵蚀，是冲天炉容易损坏的地方，应使用优质耐火材料精心修筑，对于长期连续生产的冲天炉应设双过桥，其中一个过桥备用。

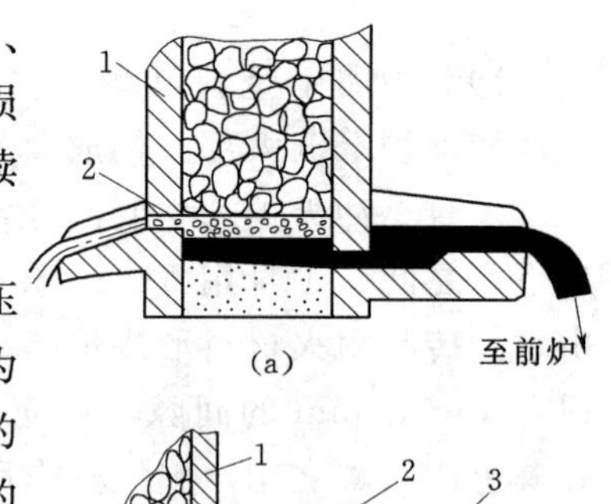

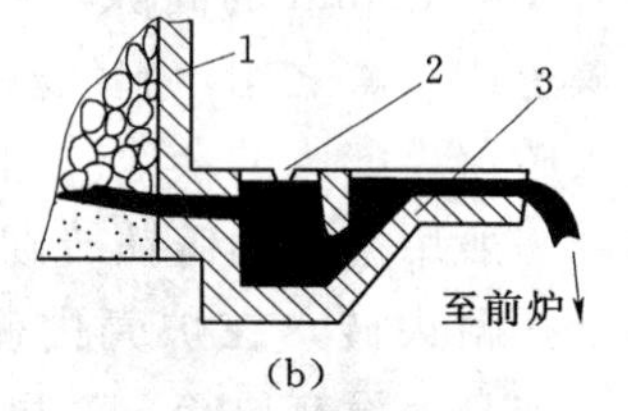

图 16-3 渣铁分离方法
(a) 后炉分渣；(b) 虹吸分渣
1—后炉；2—出渣口；3—虹吸分渣器

炉顶部分包括烟囱和除尘器。烟囱的作用是利用负压抽风的道理，引导炉气向上流动并排出炉外。烟囱直径为炉身外径的 0.7～1 倍。小型冲天炉烟囱无内衬，3t 以上的炉子则砌筑青砖或耐火砖。除尘器的作用是减少炉气中的粉尘及有害气体。图 16-1 中所示的除尘器最简单，但除尘效果差。为了达到国家规定的粉尘排放标准（200mg/m^3），国内外多采用布袋除尘、喷淋塔除尘或文丘里管除尘等系统。

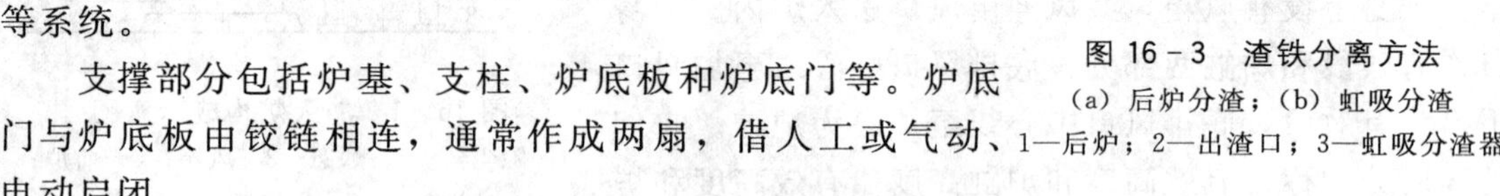

支撑部分包括炉基、支柱、炉底板和炉底门等。炉底门与炉底板由铰链相连，通常作成两扇，借人工或气动、电动启闭。

二、冲天炉作业原理

冲天炉炉身下部装有相当高度的焦炭，称作底焦。底焦之上为批料，它们按石灰石—铁料—焦炭（称作层焦）的顺序，分批加至加料口下沿附近，一般约加 6～8 批层料。

开风熔炼后，底焦燃烧放出巨大热量，一方面使炉内温度迅速提高，一方面燃烧产生的高温炉气向上运动。在底焦因燃料而消耗的同时，批料逐渐下降，不断被高温炉气所加热。铁料在底焦顶面附近熔化，熔化后的铁滴沿底焦表面蜿蜒而下，它受红热焦炭和高温

炉气的共同作用，温度不断上升而被过热。过热的铁液经由炉缸、过桥流入前炉。石灰石在下行的过程中，经预热、分解，尔后与由焦炭灰烬、炉衬及铁料而来的杂质发生造渣过程。流动性良好的炉渣可改善炉内的透气性，并对铁液起一定的净化作用。

由于铁料与炉气，铁液与焦炭、炉气、熔渣之间的相互作用，改变了铁液的化学成分。一般的规律是铁液中C、S增加，Si、Mn减少，而P保持不变。

必须指出，层焦在预热过程中可认为是不发生气化的（略有消耗）。它的作用是补偿底焦的消耗，使底焦高度维持稳定。在熔炼过程中降低了的料面，应及时地由后继批料加以补充，以维持料位的稳定。生产实践表明，维持底焦高度和料位高度对于保证熔炼的稳定性是极为重要的。

冲天炉熔炼中，各种物料的收支情况随原材料条件、铸件要求和操作因素的不同而定。以下数据可供参考：熔化100kg铁料约需10～14kg焦炭，3～8kg石灰石，侵蚀1～3kg炉衬，获得97～98kg铁液，产生3～8kg炉渣。而鼓入炉内的1份空气约产生1.05～1.10份的炉气，随炉气带走的灰尘约为每吨铁液2～20kg。

三、对冲天炉熔炼的要求

（1）稳定地得到化学成分合乎要求的铁液。C、Si、Mn含量的波动均应不超过±0.1%。

（2）足够高的出铁温度。低的出铁温度不但容易产生气孔、夹渣、冷隔和浇不足等缺陷，而且对于炉况顺行、化学成分的稳定、元素烧损和去硫都有不利影响。高的出铁温度可减少炉料的不良“遗传性”，并提高铸铁的力学性能。一般而言，根据铸件的不同情况，出铁温度至少应达到1440～1480℃。

（3）元素烧损要少。在酸性冲天炉中，一般希望硅的烧损小于10%～15%，锰的烧损小于15%～20%，铁的熔损小于2%～3%。渣中FeO含量应控制在3%～7%，低则更好。

（4）熔化要快。在确保铁液质量的前提下，应设法提高炉子的熔化率，充分发挥炉子的生产能力。但需指出，过快的熔化率和低的熔化率一样均是不正常现象，对铁液质量是不利的。

（5）焦耗要合理。焦耗是冲天炉熔炼的重要工艺参数，对炉内的热工过程和冶金过程影响很大。我国焦炭紧缺，节约焦炭符合可持续发展的国策，但过分地追求节焦而牺牲铁液质量会导致铸件大量报废。因此，一定要以质量为本，根据炉子特点和铸件要求确定一个合理的焦耗。

（6）操作方便，劳动条件较好。

四、冲天炉的类型与应用

送风质量和送风方式是冲天炉熔炼中最易调节、最为活跃、影响最大的因素，也是冲天炉分类的主要依据。

按送风质量的不同，冲天炉有冷风、热风和加氧送风之分。

按送风部位的不同，可分为侧送风和中央送风。

按风口排数，分为单排、双排、三排和多排。

按风口间排距，分为普通排距和大排距。

我国目前生产中应用的主流炉子为两排大间距冲天炉、热风冲天炉和水冷长炉龄冲天炉。

两排大间距冲天炉的排距一般为炉子内径的 0.8～1.1 倍，比普通排距（150～250mm）大得多。这种炉子的特点是铁液温度高、元素烧损少、炉况稳定、铸件成品率高，适于生产球墨铸铁件和高牌号灰铸铁件。由于该炉增碳率大，生产高牌号灰铸铁要多配废钢。

热风温度为150～200℃的冲天炉，克服了风口结渣现象，改善了炉况，铁液温度提高不多，在生产规模不大的中小企业中常有使用。风温超过 350℃的炉子，冶金能力大大加强，铁液温度高、硫分低、含氧量少，元素烧损亦少，当风温达到 500℃以后，硅量非但没有烧损，甚至还会有所增加。热风操作熔化速度快，焦耗少。开炉时间长的规模生产车间，上述优势更加明显。风温在 350℃以上的热风冲天炉是大型企业中大型冲天炉的首选。

加氧送风的作用与热风类似。但全程加氧的情况不多，为了获得第一包高温铁液，或为了排除过桥、出铁口堵塞，或多牌号生产在变更炉料改熔球墨铸铁时，加氧送风不失为一种迅速有效的提温手段。

在连续长时间熔炼的车间，常采用水冷长炉龄冲天炉（冷风或热风）。该炉炉径稳定，铁液温度及化学成分波动小，熔渣少（只有一般炉的 1/15～1/10），耐火材料消耗和修停炉工时大为减少。这种炉子的插入式水冷铜风口伸入炉内的距离可调，因此熔化率可以变化，对造型线的适应性较强。

风口在四排以上的冲天炉和中央送风冲天炉，20 世纪在焦炭质量差（块度小，固定碳含量低）的时期曾发挥过一定的作用。但由于这两类炉子存在元素烧损大、炉况不稳和铁液易氧化的缺点，如今已很少应用。

第二节 冲天炉内的燃烧过程

一、碳氧反应

焦炭由固定碳、挥发物、灰分、硫分和水分等组成。其中固定碳、挥发物和一部分硫是可燃物质。但挥发物和可燃硫的含量不多，挥发物又在预热带内受热逸出而不参与底焦内的燃烧。因此，所谓冲天炉内底焦的燃烧，实质上就是其中固定碳的燃烧，即碳与空气中氧之间的化学反应。

不同条件下，可以发生四种不同的碳氧反应。

当空气供应充足时，发生完全燃烧，放出大量热量：

$$C + O_2 = CO_2 + 34070\text{kJ/kg} \tag{16-1}$$

当空气供应不足时，发生不完全燃烧，放出热量较少：

$$C + \frac{1}{2}O_2 = CO + 10268\text{kJ/kg} \tag{16-2}$$

CO 是可燃气体，如果遇到空气，CO 还能二次燃烧，并继续放出热量：

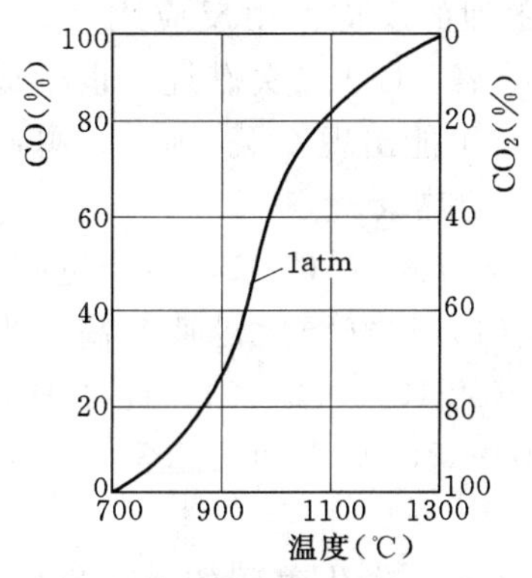

图 16－4　平衡气相成分与温度的关系

$$CO + \frac{1}{2}O_2 = CO_2 + 23802kJ/kg \qquad (16-3)$$

反应式（16－2）和反应式（16－3）相加，恰是反应式（16－1）。这说明，不管反应是一步完成还是两步完成，反应产物和放热量是一样的。

很显然，碳的不完全燃烧是不经济的，它放出的热量只有完全燃烧的 1/3，其余 2/3 的化学热潜存于 CO 中。如果不采取措施，任凭 CO 逸出炉外，无疑是一种浪费。

以上三个反应都有氧参与，都释放出热量。碳氧反应中另有一个 CO_2 被还原吸热的反应，简称为还原反应：

$$CO_2 + C = 2CO - 13534kJ/kg \qquad (16-4)$$

反应式（16－4）与反应式（16－2）相比，从节能角度看更为不利，它既消耗了碳，又消耗了热量。因此，为了节约燃料，提高铁液温度，必须适度抑制还原反应。图 16－4 为平衡条件下气相成分与温度的关系。由图 16－4 可知，当温度低于 705℃时，气相中全为 CO_2，即还原反应不发生；而在 1300℃时，CO_2 被全部还原为 CO。高温和缺氧是 CO_2 被还原的两个条件，如果高温区氧未耗尽，或者在高温区补送氧气，则还原反应将受抑制。

图 16－5 为碳—氧系各反应的自由焓变化 ΔG^0 和平衡常数 K_p 与温度的关系。由图 16－5 可知：① 三个氧化反应的 ΔG^0，在 978K（图中虚线所示）时相同，即反应趋势相同。当温度低于 978K 时，$2CO + O_2 = 2CO_2$ 反应的 ΔG^0 最小而 K_p 最大，因此 CO_2 比 CO 更具稳定性。当温度高于 978K 时，$2C + O_2 = 2CO$ 的 ΔG^0 最小而 K_p 最大，CO 比 CO_2 更为稳定。②当温度高于 978K，还原反应的 ΔG^0 下降而 K_p 上升，生成 CO 的热力学稳定性不断增加。③温度升高，三个放热的氧化反应的 K_p 下降，温度对氧化反应的热力学条件不利。相反，温度升高时对吸热的还原反应有利。

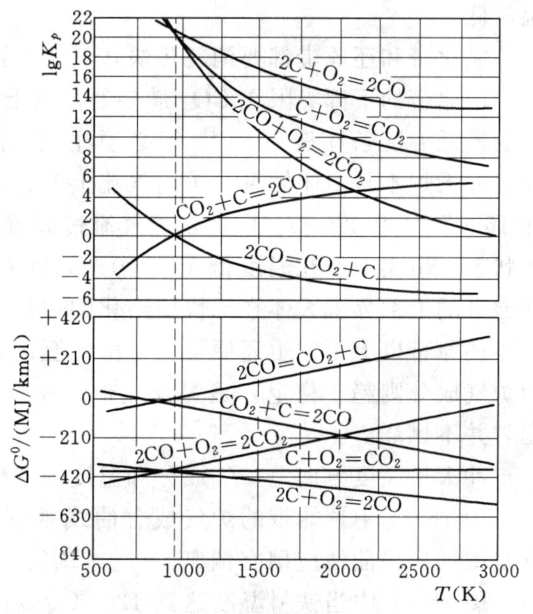

图 16－5　碳—氧系各反应的 ΔG^0、K_p 与温度的关系

二、底焦内的燃烧

（一）底焦燃烧与区域划分

冲天炉内底焦的燃烧属于厚层燃料的分层燃烧。在底焦的不同高度上，下部送入空气，氧气充沛；中部氧气减少，供氧不足；而上部则处于缺氧状态。这样就必然在各处发生不同的燃烧反应。

在点火过程中，底焦已被烧红。当开风以后，鼓入的空气先在风口前端很快地被加热到着火温度（600～700℃），然后空气中的氧便与焦炭发生激烈的反应。由反应式（16-1）和反应式（16-2）得 CO_2 与 CO。由于风口附近有大量的氧，CO 二次燃烧，也生成了 CO_2。实践证明，只有当炉气中含氧低于 3%～4%时，才有可能出现 CO。因此，总起来说，在风口一带所发生的是碳的完全燃烧，伴随着放出巨大的热量。

随着炉气的上升，反应式（16-1）、反应式（16-2）、反应式（16-3）不断进行，空气中的氧逐渐消耗，炉气中的 CO_2 含量逐渐增加。与此同时，炉气温度迅速升高。当炉气中的氧基本耗尽（约剩 1%～2%）时，CO_2 达到最高值（约 19%～20%），此处炉温也达到最高，在冷送风的情况下，这个最高炉温一般在 1700～1750℃之间。通常，炉衬的最大侵蚀即发生在这个部位。

由底排风口中心线至最高炉温或 CO_2 含量最高处的这段区域，发生着碳的氧化反应，称作氧化带。氧化带的高度与炉型结构、风量、风温、焦炭质量和块度等有关。在单排风口、冷送风的条件下，氧化带约为 6～8 个焦炭直径的高度。氧化带炉气中除 N_2 和 CO_2 外，还有自由氧，在氧化带上端有少量 CO。因此氧化带炉气的氧化性强。

由氧化带向上，由于缺氧，反应式（16-1）、反应式（16-2）、反应式（16-3）停止，炉气中 CO_2 与炽热的焦炭起还原反应（16-4）。于是，炉气中 CO_2 减少，CO 成倍增加，炉气温度也由于还原吸热而急剧下降。发生 CO_2 还原的地区称作还原带。还原带的炉气中除了 N_2 和 CO_2 外，有相当数量的 CO，而自由氧极少，炉气的氧化性较弱，炉温较低。

氧化带和还原带都要消耗焦炭，习惯上把它们统称作燃烧带。

还原带的下部界限在 CO_2 最多处，其上部界限会在哪里？如图 16-4 所示，还原反应的最低温度条件是 705℃。但必须注意，图 16-4 所示系指反应处于平衡状态下的情况。冲天炉不是封闭体系，炉内气流上升速度很大，粗略计算，在 1000℃时为 18.5m/s，在 1600℃时为 28m/s。因此，炉气流过高温区的时间十分短暂，还原反应来不及达到平衡状态。事实上，在温度低于 1000～1100℃时，炉内的还原反应即告结束。也就是说，还原带的上部界限大体在比快要熔化的炉料略高一些的地方。

还原带以上不发生还原反应。由此至加料口之间，炉料被预热，炉气温度继续下降，而炉气成分则趋于稳定，是为预热带。在预热带内焦炭只发生水分的蒸发和挥发物的析出，并不燃烧。

冲天炉高度方向上炉气成分和温度的变化见图 16-6。

图 16-6 中预热带的炉气成分曲线垂直向上，如果考虑到石灰石因热分解而使 CO_2 含量增加，该曲线应稍有偏离。

图 16-6 中当铁料温度达到 1200℃左右时，开始熔化。由于各种金属炉料的熔点参差不齐，料块大小不一，炉料的熔化过程是在一个区间内进行的，这个区间称作熔化带。熔化带以下为过热带与炉缸区。过热带包括全部氧化带和绝大部分还原带，它是冲天炉中最值得研究的区域。很显然，过热带越长，过热带内炉温越高，铁液过热越充分，出铁温度就越高。

除了不同高度上燃烧不一致以外，在炉子截面上的燃烧也是不相同的。

冲天炉内的料柱，在炉壁处空隙多，对气流阻力小，透气性好。因此，沿炉壁上升的

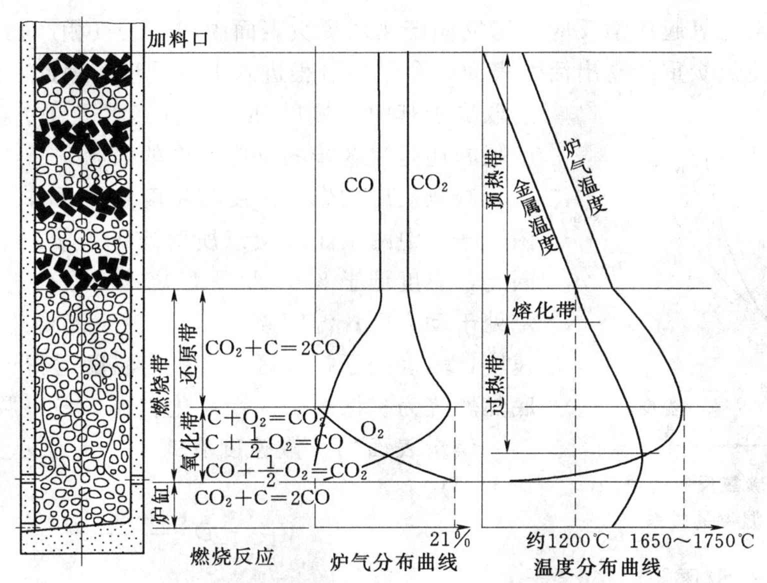

图 16-6　冲天炉内炉气成分及温度沿高度的变化

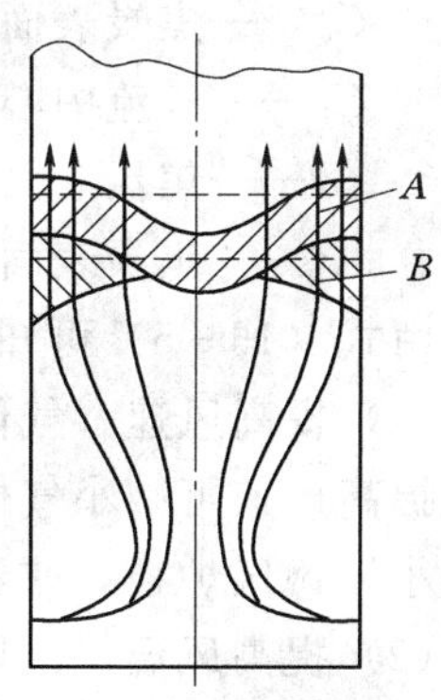

图 16-7　炉壁效应对熔化带形状的影响

气流速度和数量要比中心部位大，供氧较充分，因此氧要在较高的部位才能耗尽。这样就造成了炉子同一截面上炉气成分和温度的不均匀性。位置越高，这种不均匀性就越大。当炉径大、炉料碎而块度不均匀时，边缘气流更是发展，所谓“炉壁效应”也就愈加突出。图 16-7 是熔化带形状因炉壁效应而发生畸变的情况。图 16-7 中虚线是内外阻力相同，炉气均匀上升，没有炉壁效应时理想熔化带的位置；实线是畸变了的实际熔化带。实际熔化带由 A、B 两部分组成。其中 A 部分盆形带与炉气的等温曲面相应。由于炉壁部分的底焦供风多，四周的炉料又在较高的位置先熔化，所以一部分在炉子中心的炉料向四周移动，在炉壁熔化，这样就构成了熔化带的 B 部分环形带。

边缘气流的发展给熔炼过程带来了不良影响。一方面，由于炉壁温度高，炉料先熔化，造成同一批炉料在炉膛不同部位下降的不均匀性，干扰了熔炼进程。使分批配料部分地失去其意义，铁液化学成分难于控制。严重时，边缘焦炭消耗过快，大块炉料预热不足，会造成风口见铁（落生）。另一方面，当风口吹入的空气其速度和静压不足时，无法穿透至炉子中心，则炉心产生燃烧死区，见图 16-8；或因缺氧而促使还原吸热反应的大量进行，降低炉温。显然，燃烧死区的存在对铁液过热极为不利，它大大减少了炉子的有效工作断面。因此，如何克服和限制炉壁效应，保证断面送风尽量均匀，使熔化带形状趋于平坦，乃是一个值得重视的问题。

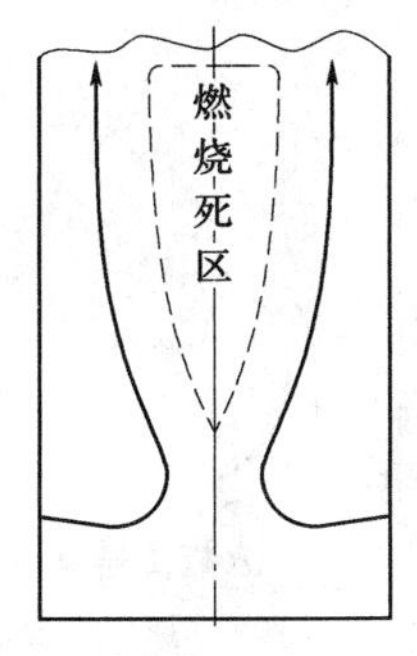

图 16-8　炉心燃烧死区

（二）底焦燃烧的强化途径

焦炭的燃烧是发生于气相和固相之间的不均匀多相反应。整个燃烧过程由五步组成：①氧分子扩散到焦炭表面；②扩散来的氧分子被焦炭表面吸附；③碳与氧起化学反应；④反应产物从焦炭表面脱附；⑤气相产物离开焦炭表面向气流扩散，使焦炭重新露出活性表面，令燃烧过程进入下一循环。因此，燃烧过程的速度取决于其中最慢的环节，看其是受①、⑤步的扩散速度限制还是受③步的反应速度的限制。

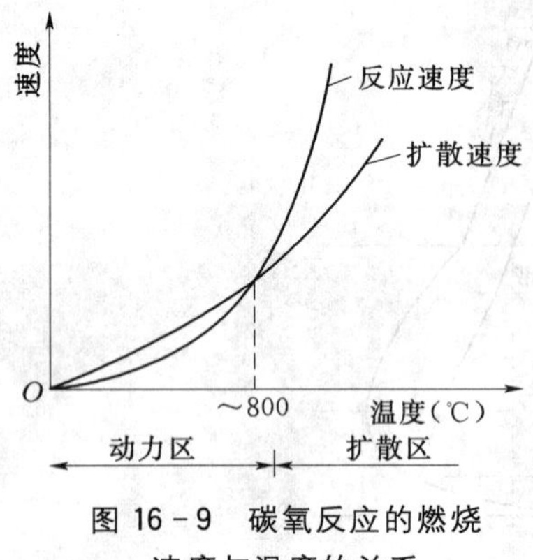

图 16-9 碳氧反应的燃烧速度与温度的关系

碳氧反应的燃烧速度与温度的关系如图 16-9 所示。图 16-9 中两条曲线交点所对应的温度约在 800℃左右。因此，温度低于 800℃时，燃烧速度取决于反应速度，燃烧处于动力区；温度高于 800℃时，燃烧速度取决于扩散速度，燃烧处于扩散区。底焦内温度远高于 800℃，因此底焦燃烧为扩散燃烧。欲强化燃烧，必须强化扩散速度。

焦炭表面的扩散速度有式 16-5 所示关系（对照图 16-10）：

$$V_{扩} = D\frac{C_1 - C_0}{a}F \tag{16-5}$$

式中 $V_{扩}$——扩散速度；

D——扩散速度系数，与绝对温度的 1.7～2 次方成正比；

C_0——焦炭表面的氧浓度。由于燃烧反应快，氧消耗迅速，故 $C_0 \approx 0$；

C_1——气流中心的氧浓度；

a——焦炭表面隔离层厚度，由灰渣层和反应产物的气体附面层组成；

F——焦炭表面积。

由式（16-5）可知，强化扩散过程的措施有：

(1) 提高风速。气体附面层由炉气的流动特性所决定，其厚度与气流速度的开方成反比。提高风速可减小气体附面层，同时还可冲薄灰渣层。增加送风量，或者保持风量不变而缩小风口区炉径，或者采用小风口等均可提高风速。

(2) 提高风温，以增加 D。

(3) 富氧送风，以增加 C_1。

(4) 采用低灰分焦炭、合理造渣以洗刷焦炭，均可减小灰渣层。

(5) 使用块度均匀的焦炭，料柱透气性好，气流畅通，有利于减薄隔离层厚度。

使用小块焦和气孔率大的焦炭，虽能增加 F，加快扩散燃烧，但也促进还原反应的发展。因此，不予推荐。

强化底焦燃烧，加快了燃烧速度，缩短了氧化带，又增加了单位时间内放出的热量。因此，提高了氧化带内的最高温度。

（三）冲天炉的燃烧比

底焦中发生的还原反应，使炉气中 CO_2 减少，CO 增多。前已述及，还原反应在略高于熔化带的地方终止，由此向上，炉气成分不变。在加料口下方一定距离的层料中抽取气样，分析出炉气中的 CO_2 和 CO 含量，通过式（16-6）计算出的燃烧比 η_v 作为冲天炉的燃烧比：

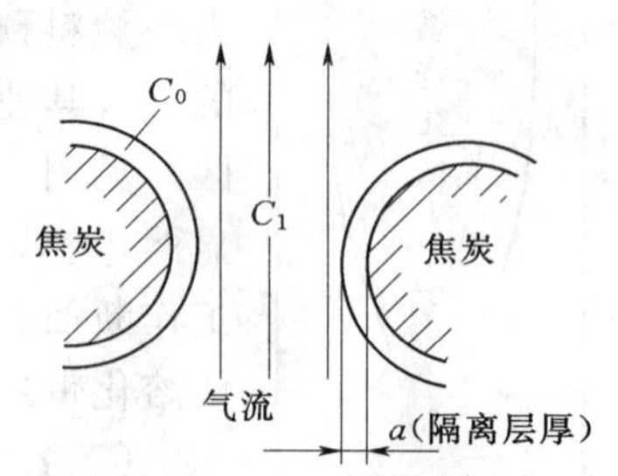

图 16-10 焦炭燃烧中的扩散示意图

$$\eta_v = \frac{CO_2}{CO_2 + CO} \times 100\% \qquad (16-6)$$

式中　CO_2、CO——分别为炉气中 CO_2 和 CO 的体积百分比。

η_v 可表征底焦燃烧的完全程度。η_v 越小，焦炭利用率越低，化学热损失越大；$\eta_v=0$，炉气中没有 CO_2，为不完全燃烧；$\eta_v=1$，炉气中没有 CO，为完全燃烧。

从节能角度考虑，η_v 越高越好，但炉气中 CO 与 CO_2 的比例不同，对金属元素氧化的强弱亦不同。表 16-2 列出了不同温度下划分炉气性质的界限。CO：CO_2 值大于表列数据或 η_v 小于表列数据，炉气属还原性，反之属氧化性。在冲天炉熔炼条件下，炉气对于铁来说总是氧化性的，只是炉子不同位置炉气成分不同、氧化程度轻重不同而已。显然，风口以上各处的燃烧比都要高于由加料口下方测得的炉子燃烧比。为了避免增加金属元素的烧损，η_v 应有适度控制。

表 16-2　中性炉气的 CO：CO_2 与 η_v 值

温度（℃）	600	800	1000	1200	1300
CO：CO_2（体积比）	1.17	1.86	3.00	3.35	3.54
η_v（%）	46	35	25	23	22

表 16-3 为炉气按氧化性的分类及说明。可将冲天炉的 η_v 与之比照，判断炉气的氧化性。

表 16-3　炉气氧化性分类

炉气氧化性	η_v	CO_2	说　明
强氧化性	＞75%	＞16.5%	常发生于焦耗低或送风过量时。此时铁液温度低，元素烧损大
中等氧化性	45%～75%	11%～16.5%	多见于铁焦比为 5～10 而风量正常时，元素烧损正常
弱氧化性	＜45%	＜11%	元素烧损少。如焦耗正常，预热送风，可获得高温铁液

三、炉内热交换

一般而言，铁料由投料至获得 1450℃的铁液约需热量 1261kJ/kg。其中熔化前预热需热量 791kJ/kg，占 62.73%；熔化需热量 230kJ/kg，占 18.24%；过热需热量 240kJ/kg，占 19.03%。而铁料通过预热带的时间约为 30～35min，铁料在熔化带熔化约需 5～6min，铁滴（液）流经过热带的时间约为 10～30s。令铁料或铁液在相应的空间和时间里获得足够的热量，首先必须了解炉内各区域热交换的特点，其次要设法采取措施加强热交换。

（一）预热带的热交换

预热带下沿的最高温度约 1200℃左右，上沿温度约 200～400℃。由于预热带平均温度不高，平均温差小，而炉气的流速较大，因此热交换的主要方式是炉气与炉料表面之间的对流传热。

炉料预热所需的热量很大，如何保证预热充分十分重要。如果炉料预热不好，会加重熔化带的负担，降低熔化带高度，影响铁液过热，一旦发生落生，后果更加严重。

加强预热带热交换的措施有：①提高气流速度，增大对流传热系数；②采用较小块度的炉料，增加受热面积；③增加有效高度以增多蓄料批数，延长预热距离；④采用由熔化带向上逐渐收缩的炉膛形状，使气流合理分布，改善炉子中心传热条件；⑤不许枝叉和过长的炉料入炉，避免卡料。

（二）熔化带的热交换

熔化带内热交换仍以炉气对流传热为主，其次是炉气的辐射传热。此处炉料处于由固态向液态转化之中，传导传热所占比例不大。熔化带是炉内最窄小的区域，炉气与炉料间温差小，热交换强度不大。因此，熔化带容易因供热不足而过多地消耗底焦，致使底焦高度下降。这样，不但对铁液过热不利，也会使铁液氧化和增加元素的烧损。

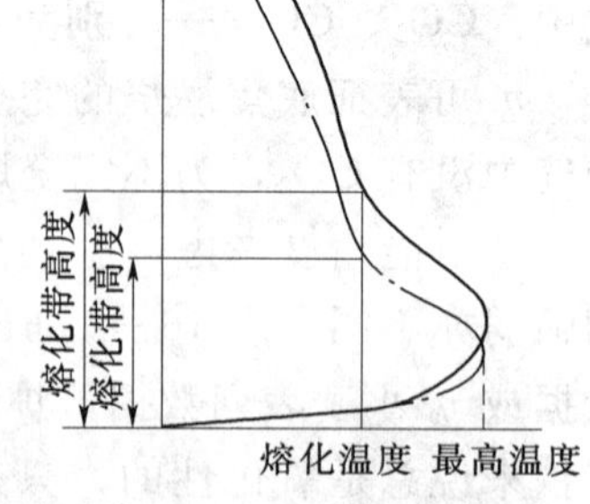

图 16－11 炉气温度对熔化带位置的影响

以下措施可加强熔化带的热交换：①平缓在横截面上的熔化带区域，充分发挥炉膛断面上的供热熔化能力；②在熔化带下部用喷入煤粉等办法，补加供热量；③调控炉气温度曲线，如图 16－11 中虽然两条曲线的最高温度相同，但实线对应的熔化带位置较高，热交换较为有利。

（三）过热带的热交换

过热带是炉内热交换最为活跃的区域。由熔化带滴落下来的铁液，受着四种方式的传热作用，即红热焦炭的接触传导传热和辐射传热，以及高温炉气的对流传热和辐射传热。其中，红热焦炭的接触传导传热约占75%，居于主导地位。其余三者依次占18%、6.6%和0.4%。欲获得高温铁液，应充分发挥铁液与焦炭的接触传导传热作用。因此，炉气最高温度及过热带长度起着决定性作用。

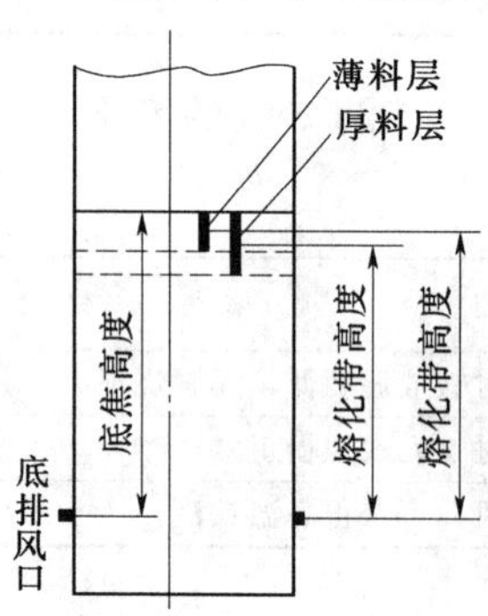

图 16－12 料层厚度对熔化带高度的影响

加强过热热交换的措施主要有：

（1）增加过热距离，以增加铁滴与红热焦炭的接触机会。具体方法很多，比如增加底焦高度；减薄批料厚度，以提高熔化带的平均高度（见图 16－12）；限制炉壁效应，平缓熔化带也可以提高熔化带平均高度（见图 16－13），并强化炉心过热效果；加强炉料预热，提高熔化带的位置。

（2）强化燃烧，提高炉内最高温度。纵使延长过热距离，铁液通过过热带的时间毕竟还是短促的。铁液温度的提高除了需有足够的过热距离外，更主要的还应强化底焦燃烧［见本节二（二）］，并通过风口角度和风量分配的配合，造成集中的燃烧中心，使炉内最高温度提高。焦炭表面温度的上升及炉气温度的升高，增加了焦炭、炉气与铁液间的温差，进而强化了接触传导传热和辐射传热。根据理论计算，底焦温度如提高 100℃，铁液将提高 70～80℃。必须指出，氧化带炉温的提高，必然会使还原带内 CO_2 的还原加剧。因此，生产上一般要采用反应性低的焦炭。合理的曲线炉膛对还原反应也可起一定的抑制作用。比如，缩小风口区炉膛直径，提高送风强度［单位面积上的送风量，$m^3/(min \cdot m^2)$］以利于 $C+O_2$ 的燃烧；扩大还原带炉膛直径，降低气流速度，以限制 CO_2+C 反应。

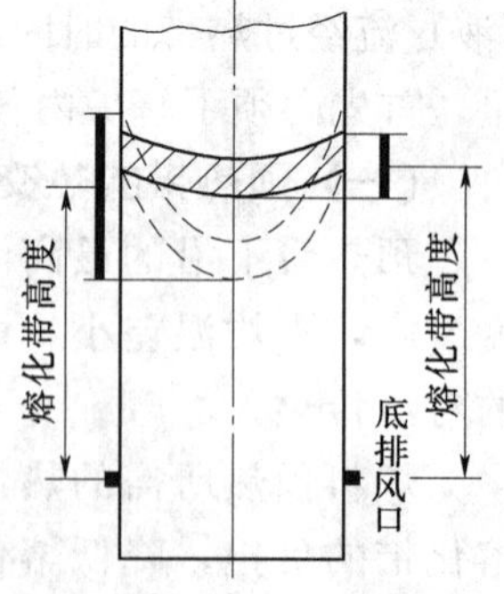

图 16－13 熔化带形状对熔化带高度的影响

必须强调，冲天炉内由于受过热时间短和氧化带区域有限的约束，铁液的过热是比较困难的，过热带的热效率仅为7%。要进一步提高铁液温度必须多消耗焦炭。所以将冲天炉与感应炉双联，过热的主要任务由感应炉去完成是比较合理的选择。

(四) 炉缸的热交换

一般情况下，炉缸内没有空气，不燃烧发热。因此，对高温铁液而言，炉缸是个冷却区。炉缸越深，冷却作用越大。如果开渣口操作或在前炉顶部设放气口，因有部分空气进入炉缸，使其中焦炭发生一定程度的燃烧，则有利于铁液的过热。一般，开炉初期由于炉缸、过桥和前炉温度较低，采取开渣口操作是有意义的。铁液温度正常后，如继续开渣口操作，由于过桥受高温气流冲刷而扩大，进入炉缸的风量增加，反而会增加元素烧损和铁液的氧化。

(五) 冲天炉的热效率

从热工角度看，冲天炉相当于一个庞大的热交换器。在其换热过程中，焦炭本身释放出多少热量，它又将多少热量用于铁料的预热、熔化和过热，是衡量冲天炉热工效果的两项重要指标。通常这两项指标用焦炭的发热效率和炉子的热效率来表示。

焦炭的发热效率，又称燃烧效率（$\eta_{燃}$），它与冲天炉燃烧比有式（16－7）所示关系：

$$\eta_{燃}=(0.7\eta_{v}+0.3)\times 100\% \tag{16-7}$$

$\eta_{v}=1$ 时，$\eta_{燃}$ 为100%；$\eta_{v}=0$ 时，$\eta_{燃}$ 为30%，其化学热损失率为70%。

焦炭燃烧效率、化学热损失率与 η_{v} 的关系见图16－14。

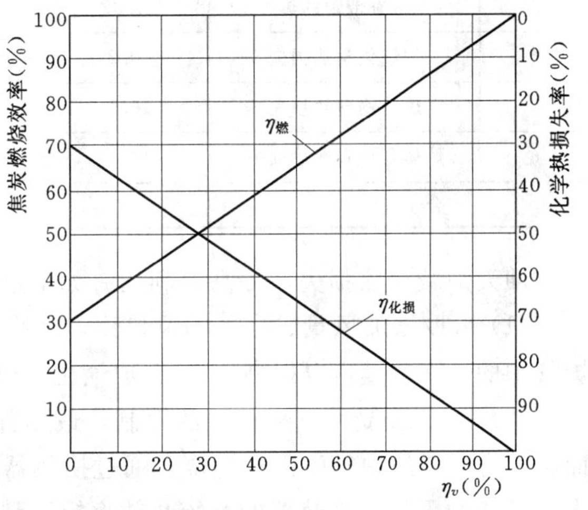

图16－14 焦炭燃烧效率、化学热损失率与 η_{v} 的关系

冲天炉的热效率，又称熔化热效率。一般可近似地以出炉铁液所获得的热量（有效热）与相应消耗的焦炭完全燃烧发热量之比来表示：

$$\eta_{炉}\approx\frac{(C_1\Delta t_1+q+C_2\Delta t_2)K}{QC}\times 100\% \tag{16-8}$$

式中 C_1、C_2——固体铁料和铁液的平均热容量；

Δt_1、Δt_2——固体铁料的预热温升和铁液过热温升；

q——铸铁的熔化潜热；

Q——1kg焦炭完全燃烧的发热量；

K——铁焦比，即熔化铁量与消耗焦量之比，相当于1kg焦炭所熔化铁量的公斤数；

C——焦炭固定碳含量。

鉴于 C_1、C_2、Δt_1、q 和 Q 为常量。因此，$\eta_{炉}$ 为过热温度和铁炭比 K/C（写作 K_c）的函数，即 $\eta_{炉}\approx f(\Delta t_2, K_c)$。为了简化计算，作者将 $\eta_{热}$ 整理成列线图示于图16－15。

当铁焦比为8，焦炭固定碳含量为88%，出铁温度为1450℃时，可算出 $K_c=8/88\%=9.1$，由图16-15可查得 $\eta_{炉}$ 为34%。

冲天炉的热效率不高，有必要了解热量的去向，寻求热量合理利用的途径。

某冷风冲天炉的热量支出如表16-4所示。该炉的热效率仅为32.4%。大部热量因4、5、6三项而蒙受巨大损失，其中尤以炉气化学热损失最为主要。

表16-4 某冷风冲天炉的热量支出

项目序号	项目名称	支出比例（%）
1	铁料熔化与过热需热	32.4
2	石灰石分解需热	3.9
3	熔渣带走的热	4.3
4	炉气化学热损失	30.2
5	炉气物理热损失	16.1
6	炉体蓄热和散热损失	13.1
合计		100

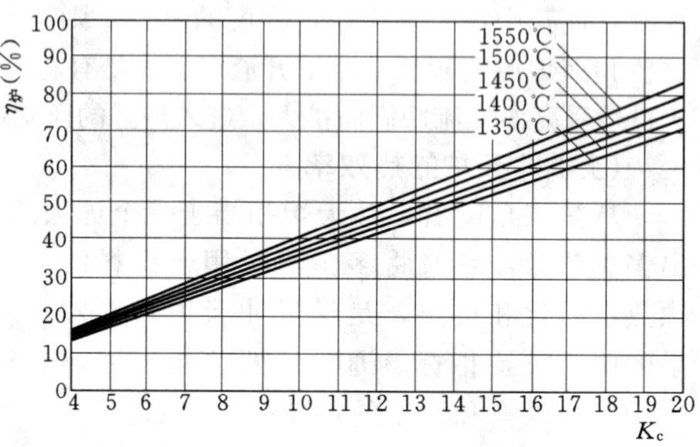

图16-15 冲天炉热效率与铁炭比、铁液温度的关系

冲天炉减少热损失，提高热利用有如下措施：

(1) 采取增加风量、合理的风口比、缩小风口区炉径和扩大还原带炉径等办法，降低炉气中的CO含量，以提高 η_v 减少炉气化学热损失。

(2) 提高 η_v 受炉气氧化性的限制，最妥善的做法是保证熔化在弱氧化性气氛下进行，而将富含CO的炉气引出再燃烧，通过换热器来提高风温。此时，由于热风将热量回归炉内，可使冲天炉—换热器的系统热效率提高到40%～45%。

(3) 增加有效高度、使用小块炉料、预热带设炉胆等办法，降低加炉口炉气温度以减少炉气的物理热损失。

(4) 加强炉缸、过桥和前炉的保温，减少散热损失。

(5) 使用净料、低灰分焦炭、优质炉衬材料，并精心修炉维炉，减少渣量和相应的熔渣热损失。

四、影响铁液温度的主要因素

（一）焦炭的影响

1. 焦炭的组分

焦炭组分中固定碳越高、灰分越少，发热量越大，熔炼过程中由灰分形成的渣量少，因而有利于提高炉内最高温度，进而加强焦炭对铁液的接触传导传热，有利于铁液过热。采用固定碳高的焦炭是提高铁液温度的根本措施。我国特级铸造焦的灰分不大于7%。

必须指出，灰分数量相同的焦炭，使用性能未必一样。如果灰分中 Al_2O_3 过多而 SiO_2 较少，炉渣往往粘稠，若不采取措施，造成风口发黑，对铁液温度将有较大的影响。

2. 焦炭的块度

焦炭的块度大小有正反两方面的作用。块度过小，燃烧反应加速，虽有利于提高炉内最高温度，但也促进还原反应的发展。此外，小块焦炭妨碍料柱透气性影响炉心燃烧。因此，过小的块度，铁液温度不高。然而块度过大，虽然还原反应受到一定限制，但氧化带扩大，燃烧不集中，炉内最高温度也并不高，于铁液过热不利。一般而言，层焦块度为炉子内径的 1/10 左右，底焦块度为炉子内径的 1/8 左右。表 16－5 推荐了焦炭的块度。

表 16－5　推荐焦炭块度　　单位：mm

炉膛直径	500～600	700	900～1100	1300～1500
底焦块度	60～100	80～120	100～150	120～200
层焦块度	40～80	60～100	70～120	80～150

实践表明，焦炭块度的均匀性十分重要。大小不匀的焦炭对燃烧的强化和炉气分布的均匀性影响很大。因此，焦炭应进行筛分后分级入炉，小于 25mm 的碎焦不宜入炉使用。

3. 焦炭的强度

焦炭的抗压强度一般在 100～150kg/cm^2，远较炉内所受的压力大。焦炭在炉内的机械破碎主要是装料时的撞击和运行中的摩擦。因此，焦炭强度的测定都采用转鼓法。我国以前采用大转鼓（松格林转鼓）法，现在改用国际通用的小转鼓（米贡转鼓）法。该试验用直径和宽度均为 1m 的封闭转鼓，内壁每隔 90°焊角钢一块，共四块。将 50kg 的大于 60mm 的焦炭装入鼓内，以 25r/min 的速度转动 4min。然后倾出，以 Φ40mm 和 Φ10mm 的圆孔筛筛分，以大于 40mm 焦炭的百分数作为破碎强度（M40），以小于 10mm 焦炭的百分数作为磨损强度（M10）。我国优质铸造焦的 M40≥80%～85%，地方土焦只有 34%～56%。转鼓强度低的焦炭，在炉内不能保持块度，恶化了料柱的透气性，特别是在炉子下部，碎焦或粉焦与炉渣结合，使炉渣变稠，会引起炉况不顺、结瘤和风口发黑等。

转鼓强度没有反映高温对焦炭强度的影响。焦炭的灰分、挥发物和裂纹都会影响焦炭在炉内的实际使用强度。为了保证焦炭的使用强度，灰分、挥发物和裂纹越少越好。特别要指出的是灰分削弱了结焦性能，使焦炭强度下降。此外由于灰分与固定碳具有不同的热膨胀系数，高灰分的焦炭在受热时易于碎裂（热裂）。

4. 焦炭的反应能力

反应能力系指焦炭还原 CO_2 的能力，以 R 表示。通常在管式炉瓷舟内放焦炭末，于 900℃下通入 CO_2，发生 $C+CO_2=2CO$ 反应，当反应平衡后测定其中 CO_2 和 CO 的体积含量，由式（16－9）即可算出 R 值：

$$R=\frac{CO}{2CO_2+CO}\times 100\% \tag{16-9}$$

R 值高，说明这种焦炭还原 CO_2 的能力强，冲天炉炉气中 CO 多，焦炭燃烧得不完全，铁液过热条件较差，焦耗较多。铸造焦的 $R\leqslant 30\%$，一般控制在 15%～25%，而冶金焦 R 约为 30%～32%。

焦炭的反应能力与焦炭的生产方法、挥发物含量、气孔率和块度有关，其中气孔率关系较大。我国铸造焦标准规定：特级焦显气孔率不大于 40%，一级、二级焦显气率不大于45%。某铸造型焦，其显气孔率仅为20%～25%。

5. 底焦高度

底焦高度对冲天炉熔炼的正常进行至关重要。底焦顶面应与铁料熔化开始的位置相吻合。若底焦高度偏高，则底焦顶面的温度低于铁料开始熔化的温度，只有等到炉料下降进入开始熔化温度的位置时才能熔化。在此情况下，炉料预热充分，熔化带平均位置提高，有利于铁液的过热，但焦耗增加，熔化变慢。若底焦高度偏低，则熔化带下移，底焦顶面温度高而熔化加快，加之过热距离缩短，铁液温度必然下降，元素烧损增加。由此可见，冲天炉工作中必须严格控制并稳定底焦高度。

6. 层焦量

层焦的作用是补足底焦的消耗，维持底焦高度的稳定。如果焦炭的补给与供风不相适应，致使底焦高度下降，则铁液温度将降低。冲天炉熔炼过程中应密切关注铁液温度的变化，适时调整层焦量或追加接力焦。追加接力焦只宜作为应急措施，如果熔炼过程中频繁地靠接力焦去救温，铁液温度时起时伏，对车间的正常生产是十分不利的。因此合理选定层焦用量，力求风焦平衡，维持相对稳定的底焦高度，才是冲天炉工作的第一要务。

（二）送风的影响

1. 风量

在一定范围内提高冲天炉的进风量，将提高进风速度并增加参与燃烧的空气量，因而强化焦炭燃烧，使炉气最高温度提高、熔化带上移、过热距离扩展，对提高铁液温度有利。但超过一定范围，由于焦炭燃烧过快，使铁料加速下降，致使预热不足，熔化带下移，过热距离缩短，则对铁液温度不利。图16-16为铁液温度与送风强度和焦耗的关系。图16-16中横坐标为送风强度（即单位面积单位时间内的进风量）和风量。在讨论强化燃烧时，运用送风强度的概念比风量（单位时间内的进风量）更为贴切。

由图16-16可知，在一定的焦耗下，都有一个获得最高铁液温度的最佳送风强度。最佳送风强度随焦耗的增加而增加，如图中虚线所示。

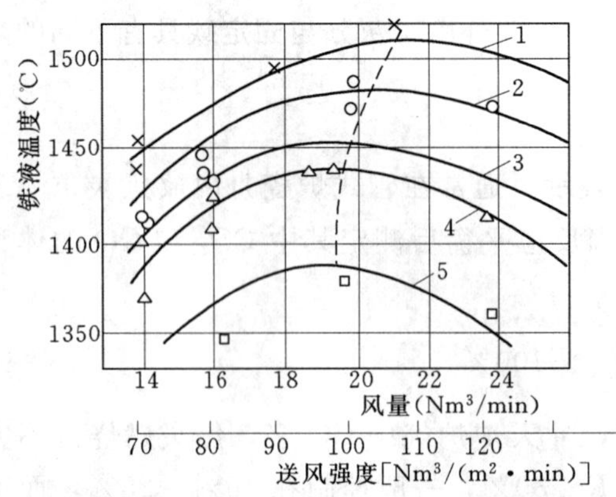

图16-16 铁液温度与送风强度和焦耗的关系

1—焦耗16.5%；2—焦耗14%；3—焦耗11%；4—焦耗9.5%；5—焦耗7.5%

2. 进风速度

提高进风速度，因减薄焦炭表面的隔离层而强化燃烧，提高炉气温度；提高风速使空气进入炉心，改善炉气与温度的分布，减少炉衬侵蚀，有利于铁液温度的提高。但风速过高会扩大风口冷却区（空气预热区），对焦炭有吹冷作用，反而会恶化燃烧反应，降低铁液温度。如果风速过高使焦炭表面达到熄灭的临界温度，风口处焦炭将被吹黑，风口出现凝渣，甚至造成事故。

铁液温度与进风速度的关系，见图16-17。该图反映了在不同风量下，缩小风口时铁液温度随着进风速度的增加，先升后降的规律。最佳进风速度与焦炭灰分和块度有关，焦炭灰分高、块度小，宜用较高风速。根据我国当今焦炭的状况，风口比（风口总面积/炉膛截面积）较小，一般进风速度在 30～50m/s；国外风口比较大，进风速度在 10m/s 左右。预热送风时，最佳进风速度可以提高。

3. 风温

风温提高，增加了炉子的热来源、加快了氧向焦炭表面扩散的速度，同时空气因热膨胀而提高了风速，这些都改善了焦炭的扩散燃烧，使氧化带缩短、炉温升高。炉温升高加剧 CO_2 的还原反应、降低燃烧比。

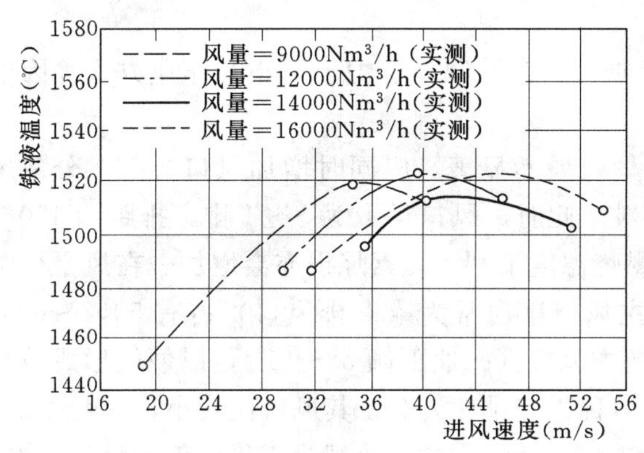

图 16－17　铁液温度与进风速度的关系

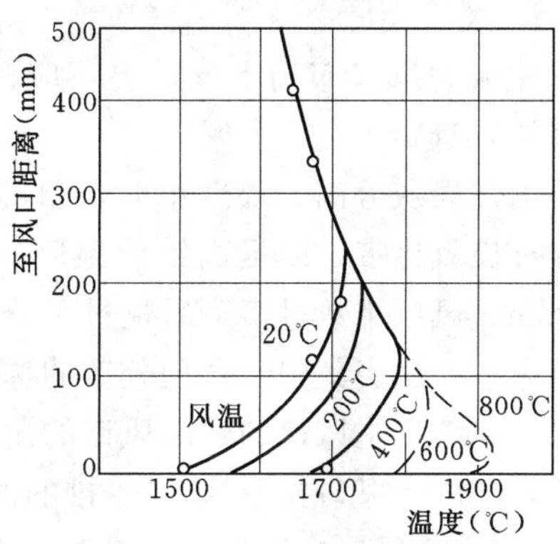

图 16－18　风温对底焦中炉气温度分布的影响

图 16－18 为风温对底焦中炉气温度分布的影响。风温越高，炉气最高温度越高，氧化带缩短，但高温区域并不减小。由此可见，热风对热交换有利。预热送风是获得高温优质铁液、提高熔化率、降低元素烧损的有力措施。据统计，风温每提高 100℃，铁液温度可提高 10～20℃。

4. 风中含氧量

提高送风中的含氧量，称作富氧送风。富氧送风强化了焦炭的燃烧，又因供风中氮气含量相对减少而减少了燃烧产物，从而提高了燃烧温度，其效果与热风相似。有资料介绍，风中含氧量为 24%时，就能达到 400℃热风的熔炼效果。也有资料介绍，风中每增加 1%的氧，铁液温度可提高 15～40℃。

（三）金属炉料的影响

1. 金属炉料的块度

金属炉料的块度越大，所需预热和熔化的时间也就越长，造成熔化带位置下降，过热距离缩短，因而不利于铁液的过热。炉料尺寸过长，还会造成卡料，进一步恶化热交换过程。炉料块度过小，也会阻塞炉气正常流通，显著降低铁液温度，并造成严重氧化。一般要求，金属炉料的最大长度不得超过炉径的 1/3，切屑和轻薄料应打包后使用。

2. 金属炉料的净洁度

金属炉料表面的铁锈和粘附的砂泥、回炉料中的砂芯，阻碍料块受热，还会增加渣量，对提高铁液温度和减少含硫量不利，必须尽量避免。工艺严格的工厂，为了提高金属炉料的洁净度专门设置了表面清理工序。

3. 金属炉料的批重

每批炉料的重量过大，熔化批料的时间加长，虽然熔化带初始位置相同，但化完这批料时，熔化带下沿位置较低，相当于熔化带平均高度降低，因此过热带缩短，铁液温度下降。此外，由于批料重量大，层焦厚度相应增大，使底焦高度波动范围加大，凭添了冲天炉工作的不稳定性。当然，批铁重量过小，层焦过薄，易造成前后批铁相混，也是不好的。

一般而言，合适的批铁重量为冲天炉熔化率的1/10～1/8，大型冲天炉有时为冲天炉熔化率的1/12～1/10。

(四) 炉型的影响

1. 风口布局

冲天炉风口布局十分重要，应根据焦炭质量、铸铁牌号、炉子大小和作业方式等因地制宜加以选定。

当焦炭灰分高、块度小时，单纯增加风量效果不显著，应同时增加风口排数，分散风量，拉长氧化带，以提高铁液温度、节约焦炭。此时，风口排数为3～4排，排距为150～250mm。风口排数过多，风量过于分散，对燃烧温度不利，元素烧损亦会增加。在风量分配上，应本着适当集中、合理分散的原则，使主风口（通常为第一排风口）占有50%～60%的风量，邻近主风口的辅助风口的角度应偏向主风口（一般下倾5°～15°），以便能形成较集中的高温区。风口排数为3～4排的冲天炉，习称作多排冲天炉，其风口比较小，一般取3%～6%。多排风口适于焦炭质量差的中小型冲天炉上使用，这应该视为不得已而为之的措施。

当铸件要求高时，目前较普遍采用两排大间距冲天炉。该炉在下排风口处形成一个高温燃烧中心；在上排风口处，送风使焦炭燃烧外，还使上升炉气中的CO燃烧，形成又一个高温燃烧中心，拉长了过热带，强化了热交换，十分有利于铁液的过热。与多排风口冲天炉相比，铁液温度高，元素烧损较少，炉况较为稳定。

中央送风冲天炉，改善了炉子断面的供风条件，熔化带较为平坦，可提高炉温20～30℃。但如不严格控制风量，将由于熔化过快、使炉况不稳而降低铁液温度。中央送风冲天炉的元素烧损较大，且受中央风嘴寿命的限制，连续熔化时间不长，目前已很少使用。

2. 炉膛形状

按炉膛纵向断面形状的不同可分为直线（或直筒）炉膛和曲线炉膛。

曲线炉膛的基本做法是：①风口区炉径缩小，增加送风强度，改善炉心燃烧，提高炉气温度；同时减少了风口上部炉衬侵蚀程度及有关的热损耗。②炉径自风口区向上扩大以减慢气流速度，在一定程度上减缓了还原反应。这种向上扩大的炉膛有利于底焦的落实，对接触传导传热有利。③炉径在熔化带处最大。这样可减薄批料厚度并增大熔化面积，提高熔化率，减少底焦高度波动，对铁液过热有利。④自熔化带向上，预热带炉径逐渐缩小，可减少棚料的机会。向上汇拢的气流对预热炉料稍为有利。

曲线炉膛应使用优质炉衬材料砌修。

(五) 操作因素的影响

1. 防止预热带棚料

预热带棚料（卡料），一方面影响蓄料批数和炉料预热距离，另一方面无谓消耗底焦，降低了底焦高度，对铁液温度不利。因此，应防止过长的，特别是有枝叉的炉料入炉，一旦发现棚料应及时排除。

2. 防止底焦内脱空

如果风量过大，焦炭燃烧过快，此时若焦炭灰分较多，焦炭相互粘连，则上部焦炭的下落跟不上焦炭的消耗，底焦中会出现“脱空”现象。显然，“脱空”处将丧失接触传导传热作用，并使元素烧损加剧。通过合理的造渣制度可防止底焦脱空。

3. 及时补焦

风焦失衡，中途停风，午休时间过长，炉衬侵蚀而致炉膛扩大等都会降低底焦高度，应通过及时补焦加以解决。

4. 维护好风口

操作中应保证风口明亮，不结渣，使送风畅通。需要捅风口时，应小心，切忌捅大捅坏风口。

5. 及时放渣

冲天炉的熔渣温度低于铁液，当铁液通过熔渣层时将损失一些热量。因此，要及时放渣，避免厚渣层的负面影响。

通过以上对风、焦、料、型和操作等五方面对铁液温度影响的讨论。可以总结出提高铁液温度的基本途径有：采用优质的焦炭，认真备料，合理供风，良好的炉型和严格的操作等。另外要指出的是铁液经过过热带所获得的温度，并不是出铁温度。其间铁液经过炉缸、过桥、前炉和出铁槽会降温。据资料介绍，炉缸约降温 20～50℃，过桥及前炉约降温 50～80℃，出铁槽约降温 30～50℃。冲天炉的过热效率比较低，应十分珍惜来之不易的过热铁液，尽量减少相关的温降。例如，炉体和前炉采取保温措施，缩短出铁槽长度，浇包尽量接近出铁槽，浇包液面覆盖保温剂和减少铁液在包内的停留时间等。

第三节　冲天炉内的冶金过程

一、冶金介质

(一) 焦炭

焦炭在炉内起着四方面的作用：发热，传热，支撑炉料并透气以及质量交换等。就质量交换而言，焦炭中的 C、S 直接影响着铁液的化学成分。而焦炭通过其燃烧产生的炉气和由灰分参与造渣，对铁液的化学成分起着间接的影响。当然，焦炭燃烧所产生的高温为炉内冶金过程提供了不可或缺的基础。

焦炭对铁液化学成分的影响见表 16－6。

表 16－6　焦炭对铁液化学成分的影响

因素名称		对铁液化学成分的影响
直接因素	焦炭中固定碳	增 C，在一定条件下 C 可作为 FeO、SiO_2、MnO 的还原剂
	焦炭中灰分	削弱增 C
	焦炭中硫分	增 S
间接因素	燃烧产生的炉气	使 Fe、Mn、Si 烧损
	灰分参与其中的炉渣	对 S 有影响，对 Fe、Si、Mn 烧损有一定作用

(二)炉气

冲天炉内的炉气,在不同高度上有不同的成分。在氧化带内除有大量 CO_2 和少量 CO 外,尚有自由氧。进入还原带,氧为痕量而 CO_2 减少、CO 增加。及至预热带,炉气成分大体稳定。

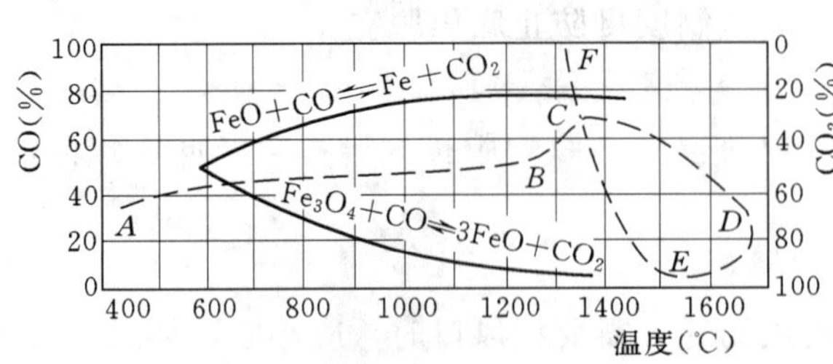

图 16-19 冲天炉炉气在 CO_2—CO—Fe 平衡图中的位置

图 16-19 中虚线为某测试炉气成分随炉温度变化的曲线。图中 *AB* 对应于预热带,*BC* 对应于熔化带,*CD* 对应于还原带,*DE* 相当于氧化带,*EF* 相当于炉缸(不进入空气的情况)。图中纵坐标值指 CO 及 CO_2 在 $CO+CO_2$ 总量中所占的体积百分数。

图 16-19 中两实线分别为反应 $FeO+CO=Fe+CO_2$ 和反应 $Fe_3O_4+CO=3FeO+CO_2$ 的平衡位置。显然,炉气成分高于上面一条实线时为 Fe 的稳定区,炉气成分在两实线之间时为 FeO 的稳定区,炉气成分低于下面一条实线时为 Fe_3O_4 的稳定区。

对比虚线和实线的相对位置可知,冲天炉各区域炉气对于 Fe 都是氧化性的。对于与氧亲和力比 Fe 更大的 Mn、Si 等易氧化元素来说,炉气的氧化性尤其如此。氧化带内,由于有自由氧,CO_2 浓度又高,因而炉气的氧化性最强。炉缸区,在不过空气的情况下,其下部由于高温缺氧,CO_2 还原反应充分进行,炉气中的 CO_2 迅速还原为 CO,进入了 Fe 的稳定区,此时 Fe 非但不被氧化,铁液中的 FeO 反而能被 CO 和 C 还原。如果开渣口操作,则炉缸内炉气性质与氧化带相同,呈强氧化性。

(三)炉渣

熔炼过程中,焦炭中的灰分、随炉料带入的砂泥铁锈、被侵蚀下来炉衬、金属元素烧损所形成的氧化物都转化为炉渣。这种熔炼时自然形成的炉渣称作自然渣。自然渣含 SiO_2 很高,十分粘稠,为了降低炉渣的熔点和粘度,常以碱性的石灰石为熔剂,加入炉内。

冲天炉内的造渣,自上而下经历着石灰石的热分解,固相反应,粘结并熔融为初渣,以及转化为终渣等过程。入炉的石灰石,在下降时被加热,于 760℃ 开始分解,于 920℃ 化学沸腾,并很快完成其全部分解过程:$CaCO_3=CaO+CO_2$。在预热带下部,CaO 与由炉料表面铁锈和附砂而来的 FeO、Fe_3O_4、SiO_2 等发生固相反应,反应产物相互粘连,连同尚未参与反应的 CaO、FeO、Fe_3O_4、SiO_2 一起,在熔化带融熔成半流动状态的初渣。随后,初渣在下降过程中,温度不断提高,焦炭中的灰分和因元素烧损、炉衬侵蚀而来的氧化物相继熔入,改变了初渣的成分,最后形成流动性良好的终渣。终渣和初渣在成分及性质方面相差很大,表 16-7 给出的数据可供参考。

表 16-7 冲天炉初渣与终渣成分对比

名称	主要成分[①](%)				$\frac{CaO\%}{SiO_2\%}$	特点
	CaO	SiO_2	Al_2O_3	FeO		
初渣	64	24	1	8	2.66	温度低,碱度高,流动性不好
终渣	26	43	10	12	0.60	温度高,碱度低,流动性好

① 质量分数。

炉渣中的主要成分为 SiO_2、CaO 和 Al_2O_3，三者总和约占 80%～90%。为使炉渣有较小的黏度，三元系炉渣的熔点宜在 1300～1380℃，其成分范围应在图 16－20 的阴影区之内。

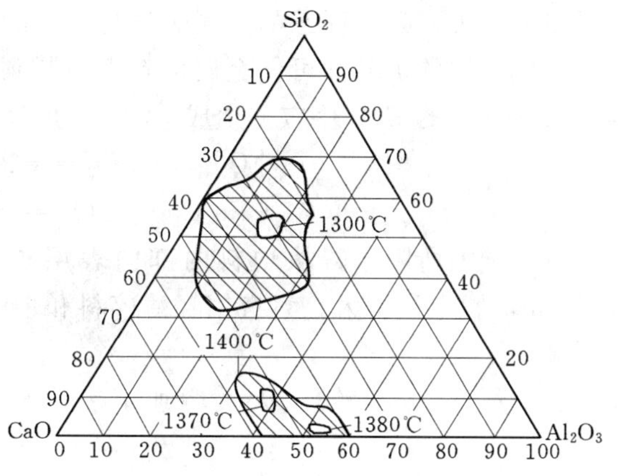

图 16－20　冲天炉炉渣成分在炉渣三元状态图中的位置

炉渣来源众多，成分复杂。其中所含氧化物按化学性质的不同，可分为酸性（SiO_2、P_2O_5 等）、碱性（CaO、MgO、MnO、FeO 等）和中性（Al_2O_3、Fe_2O_3 等）三种。在这些氧化物中，对炉渣化学性质起主导作用的是炉渣中碱性氧化物含量与酸性氧化物含量之比，称作炉渣的碱度，以 R 表示。通常简便地以 $R=CaO\%/SiO_2\%$ 计算。当炉渣中 MgO 较多时，以 $R=(CaO+MgO)\%/SiO_2\%$ 计算。依 R 的不同，炉渣有酸性、碱性和中性之分，见表 16－8。表 16－9 列出了两种炉渣的成分范围。

表 16－8　炉渣化学性质与碱度的关系

炉渣性质	酸性	中性	碱性
炉渣碱度	<0.8	0.8～1.2	>1.2

表 16－9　冲天炉炉渣的成分范围（质量分数，%）

名称	SiO_2	CaO	Al_2O_3	MgO	FeO	MnO	P_2O_5	FeS
酸性渣	40～55	20～30	5～15	1～5	3～15	2～10	0.1～0.5	0.2～0.8
碱性渣	20～35	35～50	10～20	10～15	≤2	≤2	≤0.1	1～5

生产中，冲天炉以酸性耐火材料作炉衬。炉渣碱度多控制在 0.6～0.8。当风温在 350℃以上时，碱度可提高到 0.9～1.1。对酸性炉渣来说，炉渣熔点和黏度随渣中 CaO 含量的增加而降低，流动性变好。此外，正常酸性渣中应使 $SiO_2\%/Al_2O_3\% \geqslant 3$，如果 Al_2O_3 过高，流动性将降低。黏度低、流动性良好的炉渣，对强化燃烧、发挥炉渣的冶金作用非常必要。流动性好的炉渣易收容铁液中的夹杂物且易于与铁液分离。当然，炉渣过稀时铁液温度不易保持，也是不好的。

渣中的 FeO 能有效降低酸性渣的黏度。但高 FeO 的炉渣，影响铁液去 S，铸件易生白口和气孔。因此，不提倡采用提高渣中 FeO 含量的方法来降低黏度。生产中，铁液中的 FeO 与渣中的 FeO 是同向变化的，即渣中 FeO 多则铁液中 FeO 高；反之则反。因此，为了保证铁液质量和减少元素烧损，常对（FeO）规定了限量。例如，某厂生产球墨铸铁要求（FeO）≤5%。

综上所述，冲天炉需要造就 R 适当（0.6～1.1）、（FeO）较少而流动性良好的炉渣，以便获得低 S 和低氧化性的优质铁液。

二、冲天炉内铁液化学成分的变化

（一）碳的变化

1. 炉内不同区域碳的变化

冲天炉内同时发生着脱碳和增碳两个过程。

在预热带，处于固态的金属炉料与焦炭的接触面少，该处温度也低，固态增碳可忽略不计。氧化性的炉气却可使金属炉料表面脱碳。此时炉料表面以 Fe_3C 和石墨形式存在的碳，与炉气中的 CO_2 反应，生成 CO，随炉气逸出炉外，其反应如下：

$$[C]_{石墨}+CO_2 = 2CO \quad 吸热$$

$$[Fe_3C]+CO_2 = 3Fe+2CO \quad 吸热$$

由于炉温所限，碳从炉料内部向表层扩散很缓慢，因此脱碳层很薄，一般不超过 0.25mm，脱碳量不大。只有用轻薄碎料和带油污的切屑进行熔炼时，熔化前的脱碳才比较明显，不容被忽视。

当炉料熔化后，铁以大大增加了表面积的铁滴形式存在，流过过热带时情况比较复杂。

一方面，铁滴蜿蜒地经过红热的焦炭，大量吸收其中的碳。铁滴与焦炭接触的时间越长，接触面越大，炉温越高，则铁液增碳越多。炉渣起着洗刷焦炭表面灰分的作用，使焦炭露出活性表面。因此，R 适当、流动性良好的炉渣，可以促进增碳。反之，粘稠的炉渣，阻碍增碳。

另一方面，过热带高温的氧化性炉气对铁滴进行脱碳，其反应如下：

$$[C]+O_2 = CO_2 \quad 放热$$

$$[C]+CO_2 = 2CO \quad 吸热$$

在风口区，自由氧浓度大，脱碳反应剧烈进行。在过热带内，铁本身氧化所生成的 FeO 及炉渣中的 FeO 也都起着脱碳作用：

$$[FeO]+[C] = Fe+CO \quad 吸热$$

$$(FeO)+[C] = Fe+CO \quad 吸热$$

一般来说，过热带内增碳大于脱碳，只是在风口附近的局部地区，脱碳才居优势。

在炉缸部分，由于铁液通过过热带时已吸收了大量的碳，增碳程度较小。大约炉缸深度每增加 100mm，铁液含碳量增加 0.1%左右。当开渣口操作时，炉缸中有 CO_2 和自由氧存在，铁液会出现脱碳倾向，如果操作不当，炉缸过气太多，甚至会达到铁液氧化、严重脱碳的地步。

2. 影响铁液含碳量的主要因素

(1) 焦炭。铁液增碳来源于焦炭。焦炭消耗量，底焦高度，焦炭块度、成分与反应能力都直接影响着铁液温度、铁液与焦炭的接触时间和反应面积，以及炉气氧化性的强弱。因此，对铁液含碳量具有重要影响。在供风条件一定时，增加焦耗量或提高底焦高度，将使熔化带上移、铁液温度提高、炉气氧化性减弱、熔化率下降、铁液与焦炭接触机会增加，因而加强增碳而削弱脱碳。当焦耗一定时，采用固定碳高的焦炭，由于炉温高、焦炭表面灰渣层少和氧化带缩短而有利于铁液增碳。在保持铁液温度不变的条件下，采用块度小或反应能力高的焦炭，由于缩短氧化带、增加铁液与焦炭的反应面积而有利于增

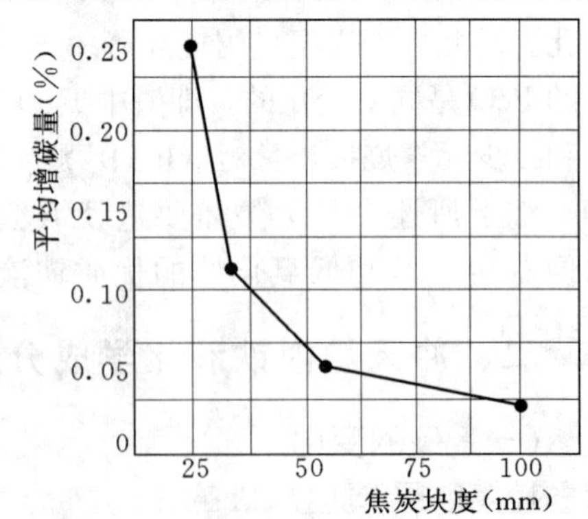

图 16-21 焦炭块度对铁液增碳的影响

碳。图 16－21 为焦炭块度对铁液增碳的影响。

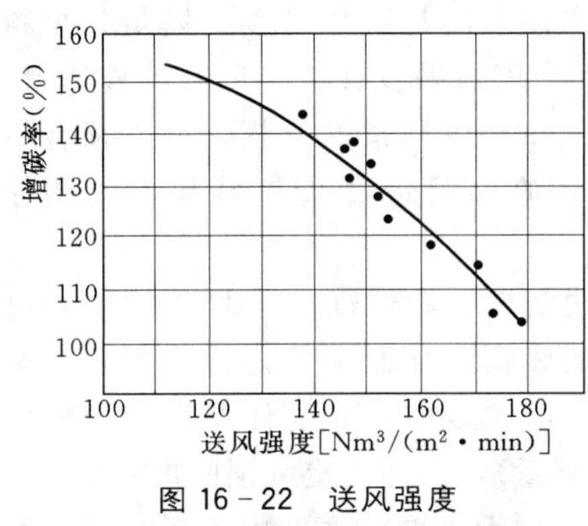

图 16－22　送风强度对增碳的影响

(2) 供风条件。在焦耗一定的条件下，提高风量将使氧化带扩大，增强炉气氧化性，提高熔化率而不利于增碳。送风强度越大或熔化强度越高，铁液的增碳量就越低，如图 16－22 和图 16－23 所示。焦耗一定时，提高风温和风中含氧量，由于提高炉温和缩短氧化带，因而对增碳有利。但在采用热风或富氧送风的同时，适当降低焦耗量，采用大块焦或反应能力较小的焦炭，则由于熔化率提高和增碳界面的减小而削弱铁液的增碳。此外，风口的排数和进风速度等对铁液的含碳量亦有一些影响。

(3) 炉渣。炉渣通过黏度和（FeO）含量两方面影响铁液的含碳量。流动性良好的炉渣能很好地清除焦炭表面灰渣层，且能保持风口畅通，维持炉温，从而使增碳量提高。如果金属炉料锈蚀严重或使用烧结铁、切屑团，或送风过量，致使（FeO）过量，则有利于脱碳反应，减弱铁液增碳。

(4) 炉料。冲天炉内有着相当高度的底焦，过热带内的温度又很高，溶解—扩散增碳过程十分活跃。因此，增碳常常优于脱碳，居于主导地位，结果表现为增碳。不过，炉料配碳量的高低对铁液碳量的变化不可小视。配碳量低，增碳速度大，增碳量多；配碳量高，增碳速度小，增碳量少；如果配碳量超过临界配碳量，还会造成减碳。图 16－24 示出了某炉铁液含碳量与炉料含碳量的关系。图中临界配碳量约为 3.4%。$C_{配}<3.4\%$为增碳，配碳越低，增碳率越大，增碳量越多，碳量受熔炼工艺因素变化的波动也较大；$C_{配}>3.4\%$为减碳。

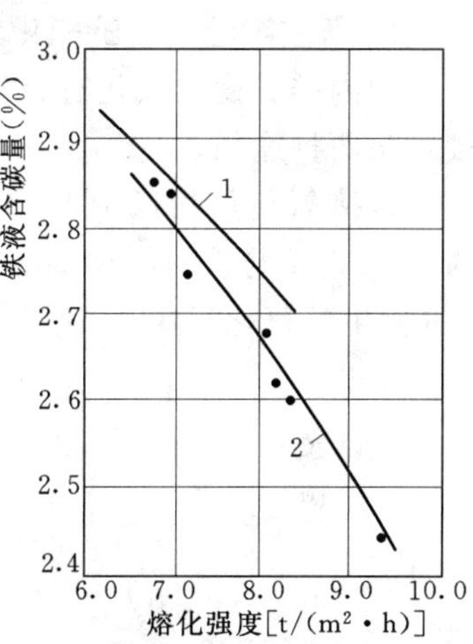

图 16－23　熔化强度对铁液含碳量的影响
1—炉料含碳量 1.35%；
2—炉料含碳量 1.15%

在冲天炉熔炼过程中，铁液含碳量的变化总是趋向于共晶成分的含碳量。所以，通常将共晶碳量定为铁液的饱和碳量 C_0，比如：

$$C_0 \approx 4.3 - \frac{1}{3}(\mathrm{Si}+\mathrm{P}) \quad (\%)$$

此处的 C_0 即是上述临界配碳量的理论基础，$C_{临界} \approx C_0$。由此可见，$C_{临界}$ 是一个与铁液化学成分有关的数值，凡是影响共晶碳量的元素，均影响 $C_{临界}$。由于铁液的共晶碳量随 Si、P、S 的增加而降低，随 Mn、Cr 的增加而提高，因此 Si、P、S 能促使铁液中碳量的减少，而 Mn、Cr 能促进铁液中碳量的增加。熔炼含 Si 量为 5%的耐热铸铁，其含碳量不超过 2.5%，原因就在于硅的排碳作用，降低了 C_0 的缘故。

必须指出，球墨铸铁由于 Mg、RE 的关系，共晶碳量提高，铁液的饱和碳量也相应提高了。

3. 铁液含碳量的基本调控手段

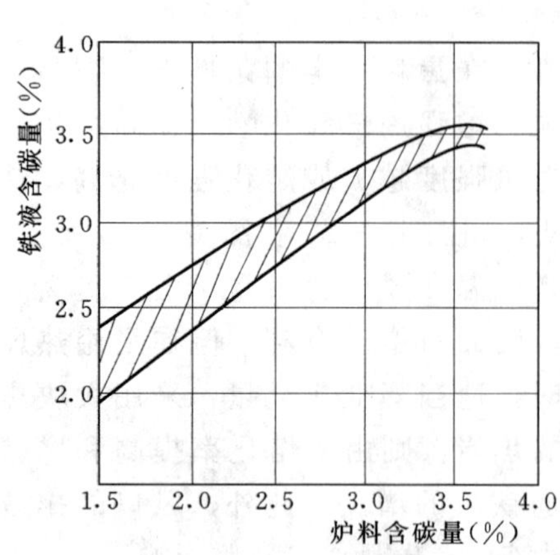

图 16－24 铁液含碳量与炉料含碳量的关系

生产上，冲天炉结构、焦炭和炉料确定之后，铁液含碳量的可调控手段是底焦高度、风量和炉料配碳量。其中底焦高度需顾及铁液温度和铁液质量，风量需顾及熔化率和金属元素的烧损，所以都有一定局限性。因此，炉料配碳量成为最基本的调控手段。

为了获得低碳铁液，如熔炼高牌号灰铸铁和可锻铸铁，采用多加废钢，配低碳量是最方便，也是最有效的方法。生产实践中，应统计积累炉子的增碳率（增碳量/配碳量），以便决定废钢的加入量。

表 16－10 列有冲天炉增碳率。由于影响增碳率的因素很多，各厂条件又不尽相同，因而表中数据仅供参考。

表 16－10 冲天炉增碳率

熔炼铸铁名称	HT200	HT250～HT350	可锻铸铁	球墨铸铁
增碳率（%）	5～15	20～35 (40～50)*	45～55	－8～－3

* 括号内为两排大间距炉数据。

（二）硅、锰的变化

1. 铁液中硅、锰的氧化过程

炉内硅、锰的氧化有直接氧化和间接氧化两种途径。

直接氧化是指风中的 O_2 和炉气中的 CO_2 直接与铁料、铁滴表面层中 Si、Mn 发生的氧化反应：

$$[Si] + O_2 = (SiO_2) \quad 放热$$

$$[Mn] + \frac{1}{2}O_2 = (MnO) \quad 放热$$

$$[Si] + 2CO_2 = (SiO_2) + 2CO \quad 放热$$

$$[Mn] + CO_2 = (MnO) + CO \quad 放热$$

间接氧化是指铁液中的 Si、Mn 与熔解于铁液中的 FeO 发生的氧化反应：

$$[Si] + 2[FeO] = (SiO_2) + 2Fe \quad 放热$$

$$[Mn] + [FeO] = (MnO) + Fe \quad 放热$$

按热力学条件看，Si 和 Mn 与 O_2 的亲和力比 Fe 大；由动力学条件看，由于铁液或铁料中 Fe 的浓度远远大于 Si 和 Mn，Fe 与氧化剂 O_2 和 CO_2 接触的机会更多，反应进行更快，故 Fe 首先被氧化生成 [FeO]，当 FeO 在铁液中扩散时才发生 Si、Mn 的间接氧化反应。Fe 的氧化反应如下：

$$2[Fe] + O_2 = 2[FeO] \quad 放热$$

$$[Fe] + CO_2 = [FeO] + CO \quad 吸热$$

由于铁液中溶解较多的 FeO、Si 和 Mn 氧化的途径主要是间接氧化。

Si、Mn 的氧化主要发生在过热带、熔化带及风口附近的空气预热区。

由风口吹入的空气，在空气预热区内焦炭尚未燃烧，空气中的氧与流经此处的铁液中的 Fe、Si、Mn 发生激烈的直接氧化。反应的激烈性固然与氧的大量存在有关，但与反应的强烈放热效应亦密不可分，温度较低的空气预热区为 Si、Mn、Fe 的氧化提供了方便。

氧化带内，Si、Mn 同时发生着直接氧化反应和间接氧化反应。氧化带内温度的骤然上升，在一定程度上抑制了放热的直接氧化反应，却使 Fe 与 CO_2 的吸热反应得到发展，Fe 强烈地为 CO_2 所氧化，生成大量的 FeO 。正是这种 FeO 在氧化带内的大量产生，使铁液中的 Si、Mn 大量氧化。氧化带是 Si、Mn 烧损的主要地区。还原带由于炉气成分和温度的变化，Si、Mn 烧损较氧化带少。

熔化带单纯从炉气成分和温度方面考虑，氧化作用理应逊于还原带。然而，熔化过程由表及里逐层进行，单位重量铁液暴露的表面积大、熔化时间长，一般每熔化一批料需 4～6min，比铁滴通过过热带的时间长得多。因而熔化过程中的氧化是不可忽视的。如果还原带短，炉气中 CO_2 多，Si、Mn 烧损将增大。

预热带内，炉料仅限于表面氧化，据理论计算，固态 Fe 被 CO_2 氧化的起始温度约为 670℃。因此，预热带中 Si、Mn 氧化极少。

2. 影响硅、锰氧化的主要因素

(1) 炉温。温度是决定冲天炉熔炼过程中硅、锰等元素烧损程度的重要因素。由图 16－25 可知，金属元素与氧的亲和力都是随着温度的提高而下降，而且，这些元素的氧化都是放热反应，故温度越高，金属元素的烧损越小。从图 16－25 中还可以看到，当温度超过金属元素与碳的 $\Delta G_m^\Phi—T$ 线的交点时，金属元素的氧化物就有可能被碳还原。富氧送风和预热送风由于炉温的升高，因而会使硅和锰的烧损率减少，甚至会发生炉渣及炉衬中的 SiO_2 被还原，铁液中含硅量非但不降低，反而有增高的现象。

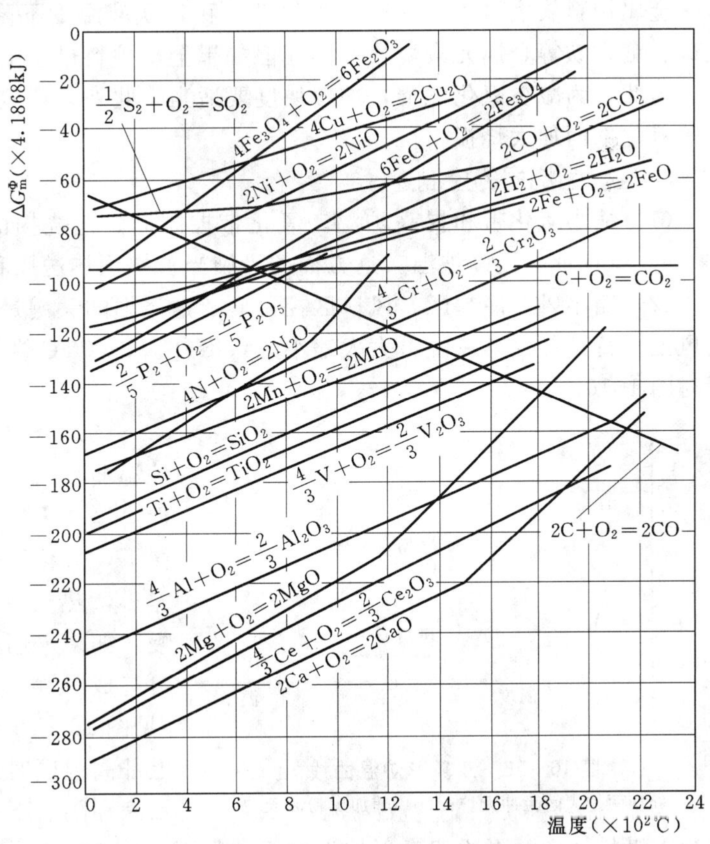

图 16－25　元素与氧化合的自由焓与温度的关系

(2) 炉气氧化性。炉气的氧化性是决定硅、锰氧化烧损程度的另一重要因素。从减少元素烧损角度出发，要求炉气氧化性尽量低，特别是熔化带，若炉气为强氧化性，则将很容易氧化，而导致严重的氧化烧损。因此，应维持冲天炉的燃烧状况正常。重要的是选用适宜的铁焦比和送风强度。如果不适当地片面追求过高的铁焦比，或使送风强度过大。都将使氧化带向上延伸，并使熔化带的炉气变为强氧化性。由于熔化带铁液温度低的特点，必须避免熔化带存在自由氧，绝不允许在熔化带下部设置高位风口。

（3）炉渣性质。由于铁液与炉渣之间的相互作用，使得铁液中的硅、锰含量与炉渣中的 SiO_2 和 MnO 成分的活度成一定的平衡关系。生产上使用的冲天炉大多数是酸性的，酸性炉渣中 SiO_2 的活度较大，而 MnO 的活度较小。与此相对应，铁液中硅的烧损较小，而锰的烧损则较高。碱性冲天炉的情况正好相反。

（4）金属炉料。金属元素在炉料中的含量对元素的烧损影响很大。元素含量越高，元素与氧接触的几率越大，烧损也越大。当金属元素在炉料中的平均含量相同时，炉料中铁合金配入量越大，烧损就越大。因此，在冲天炉熔炼中用作炉料的生铁和铁合金，其硅、锰含量低一些为好。

金属炉料块度过大，往往因熔化带下移，铁液温度下降和熔化带处炉气 η_v 较高而导致硅、锰、铁等金属元素烧损增大。但如果金属炉料过于细薄，由于表面积大，也是不好的。因此，为减少氧化烧损，炉料块度要适当。此外，还应力求炉料洁净，以免因带入铁锈等氧化剂而加大烧损。

3．硅、锰烧损的控制途径

（1）缩小氧化带和提高炉温。氧化带控制硅、锰烧损的关键是设法强化燃烧以缩小（紧密）氧化带，提高炉温。这方面的措施当首推预热送风和富氧送风。

（2）缩小风口冷却区。风口区控制硅、锰烧损的关键是减少风口排数、个数，以及提高风温。特别是提高风温可大大缩小风口冷却区，400℃热风时风口冷却区的体积只有冷风时的1/16。

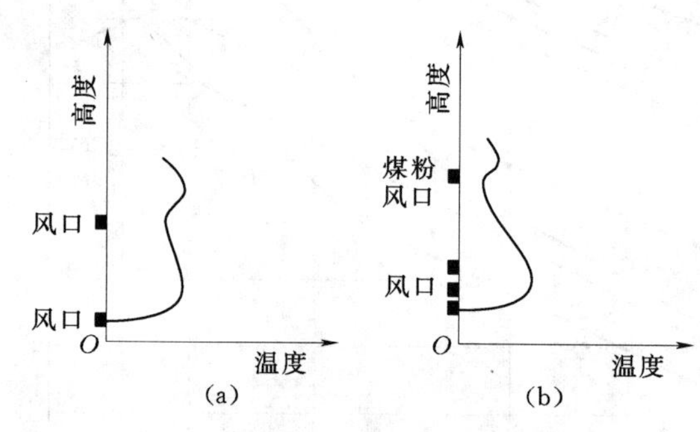

图 16-26 双鼻形炉温曲线

（a）两排大间距冲天炉；（b）辅加煤粉冲天炉

（3）令熔化后的铁液迅速升温。传统的炉温曲线高温区只有一个，处于主风口附近，呈单鼻形（见图 16-6）。在这种炉温规律下，熔化下来的铁液因其与周围环境的温差小，热交换强度不大，铁液升温比较缓慢。如果采用两排大间距送风，在底焦上部再造成一个高温中心，炉温曲线呈双鼻形[见图 16-26（a）]，则熔化下来的铁液流经上部高温区时迅速升温，十分有效地抑制了铁滴在随后下落过程中的烧损。在熔化带下部吹入煤粉，亦会形成双鼻形炉温曲线[见图 16-26（b）]，有类似的效果。

（4）利用炉缸内的还原作用。冲天炉在闭渣口操作条件下，炉缸是炉内唯一能使 Fe、Mn、Si 的氧化物还原的区域。由图 16-23 可知，纯物质状态下，SiO_2 被 C 还原的温度约在 1480℃，MnO 的还原温度低一些（约在 1380℃），而 FeO 的还原温度更低。炉缸中 SiO_2、MnO、FeO 被铁液中的 C 或焦炭中的 C 所还原的温度比上述相应的温度还要低。例如，当 C 为 3.3%、Si 为 1.5%时，SiO_2 被还原的临界温度为 1410℃。超过此温度，炉缸内被还原出来的 Si 可补偿铁液进入炉缸前 Si 的烧损。热风温度超过 400℃时，炉缸内的温度相当高，Si 的大量还原，超过了 Si 的烧损，以致出现熔炼增 Si 现象。显然，这是炉渣中的 SiO_2 有一部分也被还原出来，进入铁液的缘故。总之，利用炉缸的还原作用，可以减少 Mn、Si 的烧损，明显降低铁液中的 FeO，在特定条件下甚至有 Si 量增高的现象。

在正常熔炼条件下，冷风酸性冲天炉中 Si 的烧损率为 10%～15%，Mn 的烧损率为 15%～20%。而碱性冲天炉中 Si 的烧损率为 20%～25%，Mn 的烧损率为 10%～15%。

（三）硫的变化

1. 炉内的增硫过程

冲天炉内硫来源于焦炭和炉料。一般来说，酸性冲天炉熔炼时，铁液中的硫总是增加的，根据熔炼工艺及使用的炉料、焦炭的不同，约增硫 40%～100%。

铁液硫量的变化，包括气相增硫、溶解增硫和铁液中硫氧化损失三个过程。

一般焦炭含有 0.5%～1.5%的硫。焦炭中的硫以三种形式存在：有机硫（CS_2、H_2S）占 65%～70%，化合硫（FeS、FeS_2、CaS、MaS）占 25%～30%，其余为硫酸盐硫（$FeSO_4$、$CaSO_4$、$MgSO_4$）。熔炼过程中，焦炭中的有些硫通过热分解和燃烧生成 SO_2，随炉气上升，其余的硫溶解进入铁液与炉渣。上升炉气中的 SO_2，一部分与铁料、铁液表面作用，生成 FeS，最终进入铁液，构成气相增硫，其余的 SO_2 随炉气逸出炉外。

炉料中的 S，以 FeS 形式存在。炉料熔化后，在还原带，特别是氧化带，有一定的氧化烧损。

2. 炉内控制铁液含硫量的措施

（1）焦炭方面。选用含硫量低的、没有黄褐色斑点、色泽银灰发亮的优质焦，底焦要挑选块度大的焦炭。要通过合理的送风制度，在保证必要的出炉温度的前提下，提高铁焦比，限制入炉焦炭的总硫量。

（2）炉料方面。炉料的含硫量、块度和清洁程度对铁液含硫量很有影响。生产球墨铸铁、可锻铸铁和高牌号灰铸铁时，应选用低硫量的生铁。锈蚀的炉料不宜使用，切屑和散料要冷压或烧结成块后才许入炉，否则会使吸硫增多。配料时，要注意 Mn、S 的关系，利用 Mn 脱硫，其反应如下：

$$Mn + [FeS] = Fe + (MnS) \quad 放热$$

反应生成的 MnS 熔点为 1620℃，它在铁液中的溶解度很小，绝大部分转入炉渣，从而达到了脱硫的目的。

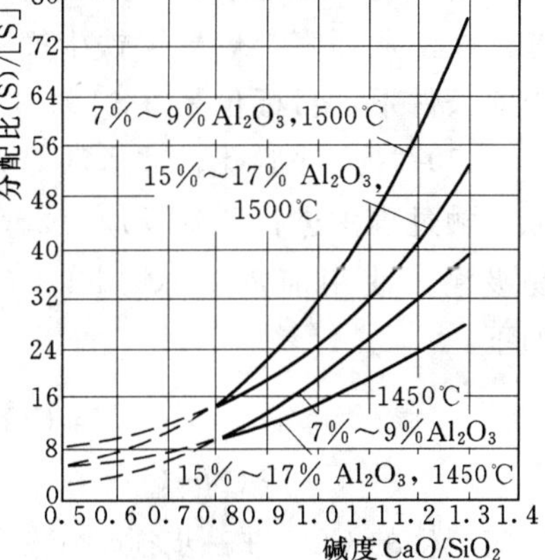

图 16-27　炉渣成分、温度与 L_s 的关系

（3）炉渣方面。研究表明，在一定条件下，达平衡时炉渣中 FeO 和铁液中 FeO 保持一定的比值，即 (FeS) / [FeS] $=L_s$，称 L_s 为硫的分配系数。L_s 值取决于温度和炉渣成分。图 16-27 给出了炉渣主要成分、温度与 L_s 的关系。图 16-28 为酸性炉渣中 FeO 含量与 L_s 的关系。在酸性冲天炉中，炉渣的 R 低，CaO 受大量 SiO_2 的束缚，能通过下列反应起脱硫作用的 CaO 不多：

$$[FeS] + (CaO) = (FeO) + (CaS) \quad 吸热$$

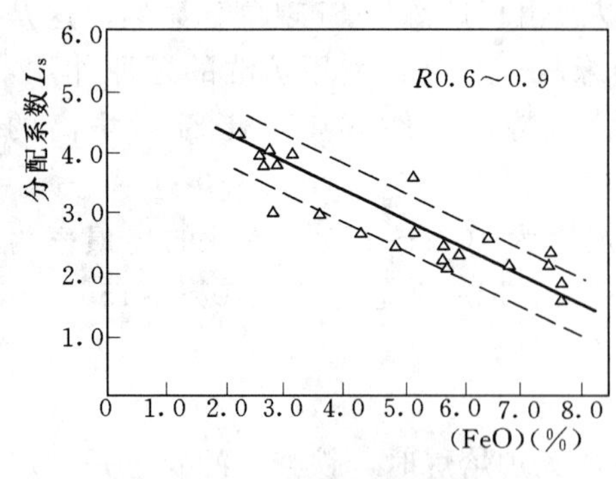

图 16-28 酸性炉渣中 (FeO) 与 L_s 的关系

提高炉温对上述吸热反应有利，也使 L_s 增大，可促使 S 由铁液向炉渣的转移。铁液中的 C 和 Si 能减少 (FeO)，因此高 C、Si 量的铁液脱硫效果较好。不过，酸性冲天炉里，炉渣的脱硫率并不大，一般为 20%～30%，低于增硫率较多，所以酸性冲天炉熔炼时，硫常常是增加的。要大幅度地脱硫必须改用碱性或中性炉衬，造碱性渣。高炉温、高 R (1.4～2.0) 的炉渣，脱硫率可达 70%～80%。必须指出，高 R 的炉渣黏度大，采用热风来提高炉温，改善炉渣的流动性是非常必要的。热风还可以创造低氧化性气氛，造就低 (FeO) 炉渣。但一般碱性冲天炉炉衬寿命较短，要求操作水平高，又需要高温热风等条件配合，目前在我国这种冲天炉应用极少。将 R 控制在 0.9～1.2 的低氧化性炉渣则常见于水冷无炉衬热风冲天炉。

(4) 使用铸造电石。20 世纪，在酸性冲天炉内随层焦加入少量（约为铁料重量的 2%）电石，是炉内脱硫工作的一项新思维、新措施。电石在氧化带内发生下列反应：

$$CaC_2 + [FeS] + 2O_2 = (CaS) + Fe + 2CO_2 \qquad \text{放热}$$

在脱硫的同时放出大量热量，使高温区温度提高 100℃左右、铁液温度提高数十度。温度提高又进一步改善炉渣的流动性，促进炉渣的脱硫效果。据统计，电石本身的脱硫率在 30%左右。电石的成分对使用效果很有影响。国内气焊用电石，含 CaC_2 为 80%以上，其余是 CaO，其熔点高（约 1900℃），在冲天炉内不能熔化，燃烧不完全，利用率不高。如生产 CaO 为 28%的共晶成分电石，其熔点可降为 1670℃，使用效果最好。这种成分的电石，国外称为铸造用电石或简称铸造电石。除了炉后加块状电石外，还有一种由风口吹入粉状电石的方法。此时电石的利用率更高。

3. 炉外脱硫

炉外脱硫是为了减轻酸性冲天炉的脱硫负担，国内外普遍采用的一种比较灵便的措施。在工业国家，球墨铸铁生产一律需炉外脱硫，并要求脱硫后 [S] ≤0.01%，在我国当前条件下，目标位是 [S] ≤0.02%。

(1) 冲入法脱硫。冲入法是将脱硫剂置于包底，利用冲入铁液的搅动，在铁液与脱硫剂接触过程中进行脱硫反应。20 世纪六七十年代常以苏打（Na_2CO_3）为脱硫剂。苏打容易吸潮，使用前需除水。Na_2CO_3 遇到铁液，首先受热分解，然后进行脱硫。其反应如下：

$$Na_2CO_3 \xrightarrow{1300℃} Na_2O + CO_2 \qquad \text{吸热}$$

$$(Na_2O) + [FeS] = (Na_2S) + (FeO) \qquad \text{吸热}$$

反应产生的 CO_2 进一步搅动了铁液，对脱硫有利。一般加入量为 0.3%～0.5%，脱硫率为 15%～30%。这种方法的缺点是处理时黄烟飞扬，恶化环境，铁液降温多，脱硫率不稳定。因而，此法已很少使用。现在包内冲入法倾向于使用低熔点复合脱硫剂，它由

$CaO+CaF_2$ 或 $CaO+CaC_2+CaF_2$ 再配以添加剂而成，其中 CaO、CaC_2 为脱硫剂，CaF_2 为助熔剂。脱硫反应分别为：

$$(CaC_2)+[FeS]=(CaS)+Fe+2C \quad \text{放热}$$

$$(CaO)+[FeS]=(CaS)+(FeO) \quad \text{吸热}$$

$$(CaC_2)+2(CaO)+3[FeS]=3(CaS)+3Fe+2CO \quad \text{吸热}$$

加入量：CaO 系为 1%～1.5%，$CaO+CaC_2$ 系为 1%。脱硫率为 30%～50%。电石脱硫时放热，对铁液的降温作用较少。虽然有的复合脱硫剂作了钝化处理，但仍需注意它的包装和储放，以防返潮。为了保证处理时脱硫剂处于液态，铁液温度应高于 1450℃。

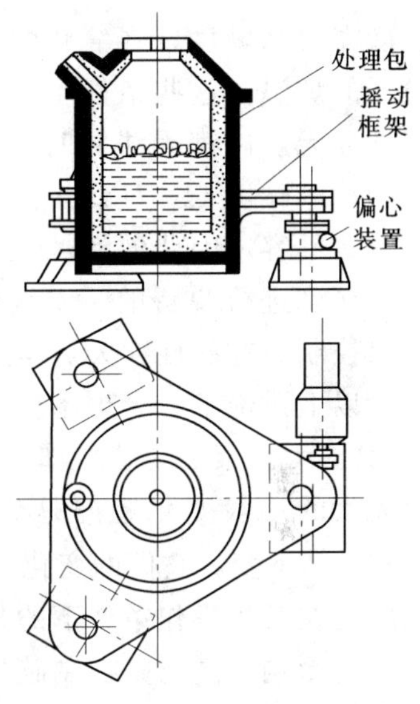

图 16－29　摇包脱硫

（2）强化脱硫法。冲入法处理的根本弱点是脱硫剂与铁液的作用时间短，反应接触面积少，因此脱硫率并不高。包内强化脱硫的方法是将脱硫剂加于液面，通过强化搅动，不断变换铁液与脱硫剂的接触面，以促进脱硫过程。20 世纪 60 年代以后，国外有一段时间盛行摇包脱硫法。该法是将浇包置于摇动框架上（见图 16－29），通过偏心装置和曲柄，带动摇动框架产生偏心迴转，使液面产生波浪，并使包底铁液向液面涌动，令铁液与脱硫剂有良好的接触。如果偏心装置作定期的正反迴转，则搅动作用更为强烈。脱硫剂加入量为 1%～1.5%，原铁液 S 为 0.1%，摇动 5min 可脱至 0.02%，即此时脱硫率为 80%，摇动时间延长，脱硫率还可提高。摇包脱硫效果好，但机构复杂、投资大，处理时降温多，加上浇包转移过程中的降温，总温降达 90～120℃之多。气动脱硫与摇包脱硫相比，装置简单，使用方便，温降少，脱硫效果好，是当前国内外受青睐的脱硫方法。气动脱硫法以氮气为气动源，氮气通过浇包或座包底部的多孔塞吹入铁液之内，吹入的气体由于压力的下降（转为常压）和高温的双重作用而膨胀，在上升中使铁液强烈搅拌，达到强化脱硫的目的。气动脱硫法示意于图 16－30。气动脱硫的脱硫率在 80%～95%。脱硫率与脱硫剂的品质、加入量和粒度、供气压力和供气时间、铁液温度，以及铁液的原含硫量等因素有关。前述脱硫率范围仅供参考。气动脱硫多为浇包间断处理。在大量流水生产车间，则常在冲天炉与前炉之间设一个带多孔塞的茶壶式座包，对流经的铁液进行连续脱硫。由冲天炉而来的铁液宜切向流入座包，以增加旋转搅动，使脱硫效果更佳。为便于浮渣从座包一侧溢出，多孔塞应安装在偏离座包中心线的另一方。单包脱硫温降为 60～80℃，座包连续脱硫温降为 20～40℃。用大型浇包脱硫或对高炉（高炉—感应炉双联对）的大宗铁液脱硫时，

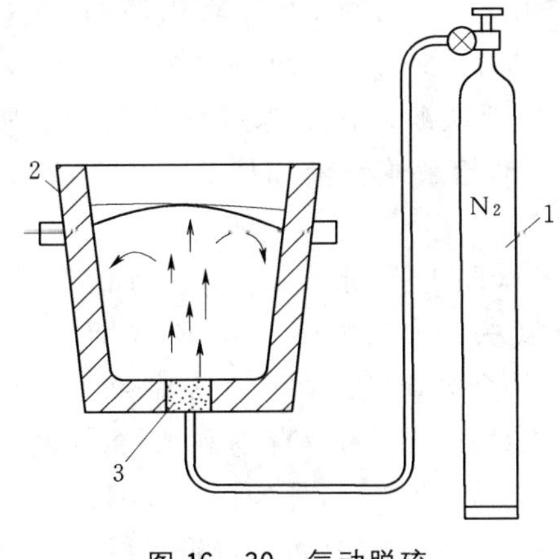

图 16－30　气动脱硫

1—氮气瓶；2—浇包；3—多孔塞

可采用喷射脱硫法。该法以氮气为载体，将脱硫剂吹入铁液，如图 16－31 所示。喷射脱硫法效果比气动脱硫法好，但温降大。因此，喷射脱硫法不适于 1t 以下的浇包。

（四）磷的变化

冲天炉熔炼中，磷的变化不大。磷在铁液中以［Fe_2P］形式存在，脱磷反应为：

$$2[Fe_2P]+5(FeO)+4(CaO) \!=\!=\!= (4CaO \cdot P_2O_5)+9Fe \quad 放热$$

脱磷需要高碱度、强氧化性、流动性好的炉渣和较低的炉温。这些条件不论在酸性冲天炉还是在碱性冲天炉内都无法同时满足。特别是酸性冲天炉的炉渣碱度低，且低炉温和强氧化性又为铁液质量所不容，因此酸性冲天炉内是无法脱磷，也是不允许进行脱磷的。铁液中的磷只能通过配料加以控制。在酸性冲天炉熔炼中，磷没有增减。

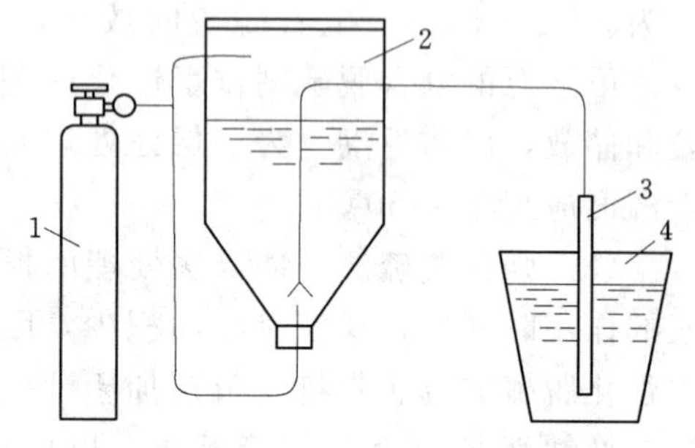

图 16－31 喷射脱硫

1—氮气瓶；2—料斗；3—喷射管；4—浇包

以上讨论了冲天炉熔炼过程中，C、Si、Mn、S、P 五大元素的变化规律。在酸性冲天炉内，这些元素的一般变化趋向是：C、S 增加，Si、Mn 烧损，P 不变。它们的变化大小，取决于炉料、焦炭、送风、炉气及炉渣的状况，以及它们之间在具体操作条件下的相互影响。应该强调，铁液温度对铁液化学成分的变化具有决定性的影响，高温是控制碳量、减少硫量、降低硅锰烧损的基本条件。因此，务必从改进炉子结构与优化操作工艺等方面入手，加强熔炼过程的控制，以确保向车间提供合格的铁液。

（五）氢、氧、氮的变化

氢、氧和氮与铸铁的铸造性、组织和力学性能，以及铸造缺陷等有密切的关系。因此，近代冶金学上把它们与五大元素一起作为铸铁的基本元素。了解氢、氧、氮在冲天炉中的变化，并加以控制是铸造工作者的天职。

1. 铁液中氢、氧、氮的存在形式与限量

铁液中的氢与氮主要以溶解形式［H］、［N］存在，个别情况下有氮化物如 TiN、AlN 等。铁液中的氧，少量以溶解氧［O］，多数以各种氧化物（如 SiO_2、MnO、FeO、Al_2O_3、MgO 等）的形式存在。不过，多数氧化物不溶于铁液，在熔炼过程中被炉渣所收容，留存于铁液中的氧化夹杂物不多，只有 FeO 能同时熔解于铁液和炉渣之中。所以，铁液中的氧主要是［FeO］和［O］。

冲天炉熔炼中，一般［H］为 0.0001%～0.0004%（即 1～4ppm），［N］为 0.002%～0.008%（即 20～80ppm），［FeO］＋［O］即全氧为 0.003%～0.01%（即 30～100ppm）。铸铁要求：［H］＜0.00025%（即 2.5ppm）；全氧量控制在 0.003%～0.007%（即 30～70ppm）（全氧量中［O］一般约占 1/3），过低对灰铸铁的孕育不利；［N］的限量较为宽松，一般认为少量的氮有利于细化石墨和稳定珠光体，当［N］＞0.01%（即 100ppm）时铸件易出现氮气孔，［N］＞0.012%（即 120ppm）时会妨碍可锻铸铁的石墨化退火。

2. 氢、氧、氮的控制

冲天炉铁液中氢、氧、氮的含量与炉料及熔炼条件有关。其中，炉料具有决定性的影响。

(1) 炉料方面。铁液中的［N］主要与炉料中废钢用量和废钢品种有关。常用炉料的氢、氧、氮含量见表16－11。电弧炉钢，由于电弧处空气被离解，氮离子进入高温钢液，故其［N］高，相当于生铁［N］的三倍。转炉钢［N］较低。奥氏体钢的溶氮能力大，铬钢因加入铬铁而带入较多的氮，因此奥氏体钢和高铬铁素体钢的［N］均较高。为了控制较低的［N］，不宜多加废钢，［N］高的高合金钢应慎用或不用。锈蚀的废钢，特别是带油污又生锈的切屑，在熔炼高级铸铁时不应使用。否则［O］、［H］和［N］均将增加。为了防止生锈，生铁和废钢不应露天堆放。配料中的C、Si量对［H］、［O］、［N］均有影响。冲天炉熔炼时，Fe受到C、Si的保护，C与Si增加时，［FeO］降低。［H］随C的增加而减少；含硅较高的铸铁，因炉料中配加较多硅铁，而硅铁携带的氢较多，故使［H］稍有增加。C可降低［N］；Si的作用大于C，能有效抑制铁液中氮量的增加，图16－32为铸铁中［N］与CE的关系。

表16－11　常用炉料的氢、氧、氮含量（质量分数，%）

炉料名称	生铁	碳素废钢	硅铁	锰铁	铬铁
氢含量	0.0007～0.0013	0.0001～0.0005	0.0015	0.0012	0.001
氧含量	0.005～0.015	<0.01	0.024	0.002	0.07
氮含量	0.002～0.005	0.005～0.015	0.001～0.005	0.0014	0.04

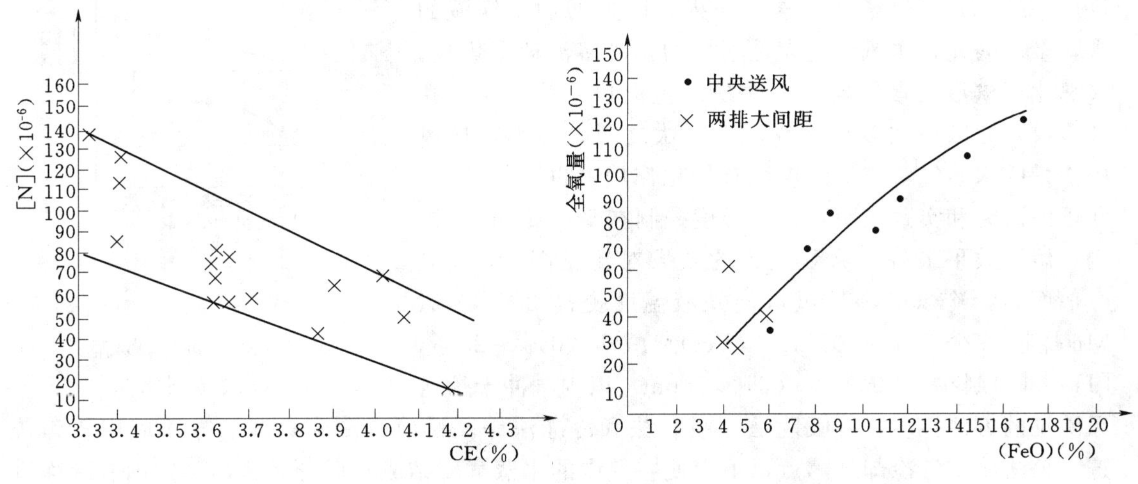

图16－32　铸铁中［N］与CE的关系　　图16－33　灰铸铁中全氧量与（FeO）的关系

(2) 熔炼方面。作者曾测试了灰铸铁和可锻铸铁中的全氧量，它们与（FeO）的关系如图16－33和图16－34所示。由图可知，全氧量随（FeO）的增加而增加。两排大间距冲天炉熔炼，由于（FeO）较少，铁液中的全氧量较少；可锻铸铁的熔炼温度比灰铸铁高，其全氧量较低。熔炼温度对铁液中的全氧量至关重要。凡是能提高炉温的措施，都能

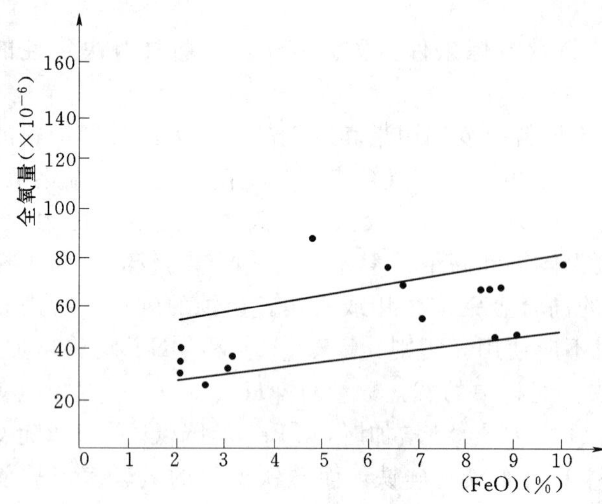

图 16-34 可锻铸铁中全氧量与（FeO）的关系

减少铁液中的全氧量。富氧送风和预热送风，在强化燃烧的同时提高了熔化率，快速熔炼的结果，减少了铁液与炉气接触的面积和时间，所以［N］较少。在元素周期表中，氢的原子半径最小，最容易扩散。炉料中的氢，在预热带受热后有相当部分通过扩散外逸，随炉气而去。最终铁液中的氢是由鼓风中的水分而来的。由送风带入的水蒸气与赤热焦炭发生反应，生成水煤气：

$$H_2O+C═CO+H_2 \quad 吸热$$

同时水蒸气在高温下分解：

$$2H_2O═2H_2+O_2 \quad 吸热$$

以上两个吸热反应，降低了炉温，导致铁液温度和熔化率的下降。水蒸气在冲天炉内对许多元素都有氧化作用，产生如下反应：

$$2H_2O+Si═SiO_2+4\ [H]$$

$$H_2O+Mn═MnO+2\ [H]$$

$$H_2O+C═CO+2\ [H]$$

$$H_2O+Fe═FeO+2\ [H]$$

反应的结果，不仅增加元素的烧损，而且增加了铁液的含氢量。因此，送风湿度大是不好的，既多消耗了焦炭，又恶化了铁液质量。夏季铸件易产生白口、缩孔、气孔和裂纹，原因往往多是空气湿度过大之过。当然，送风中少量的水蒸气对焦炭的燃烧有催化作用，也不能抹杀。我国的研究和实践表明，送风湿度控制在 5～7g/m³ 范围内，熔炼效果最好，除湿送风的效果对比见图 16-35。一般而言，冷风除湿送风可使铁液温度提高 20℃，Si、Mn 烧损减少 5%～10%， （FeO）减少 20%～25%，［H］可控制在 0.00025%（即 2.5ppm）以内。冲天炉送风除湿的方法很多，有吸附法、吸收法和冷冻法等。目前以冷冻除湿的方法应用较为普遍。该法将空气冷却到露点以下，使空气中的水蒸气凝结成水后分离排出。国内有冷冻机可供选用，其除湿效率高，运行费用低，容易实现程序化操作。

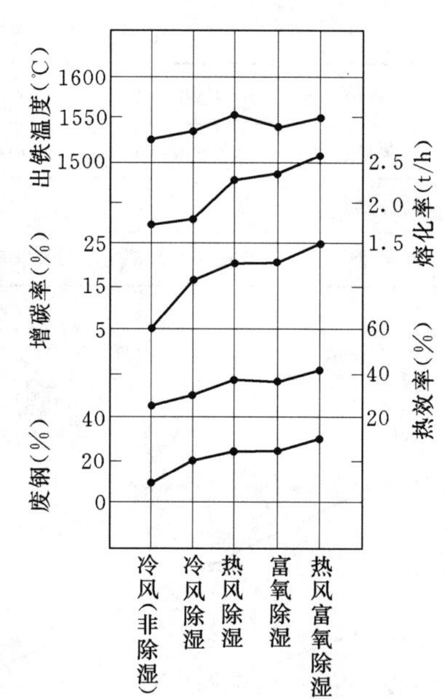

图 16-35 冲天炉除湿送风效果对比

（3）烘炉方面。试验统计资料表明：冲天炉炉衬材料的烘干与否，对铁液中的含氢量影响很大。某试验表明，熔炼前期由于炉衬不干，［H］较高，如图 16-36 所示。由图 16-36 可知，开风后 100min 内的铁液不适于浇注重要铸件，100min 后［H］才稳定在 0.00025%（即 2.5ppm）之内。因此，为了防止［H］超标，冲天炉点火后，维持一定的烘炉时间把炉衬烘干是非常必要的。

(六) 关于矿物在炉内还原的提示

人们容易产生一种错觉：似乎冲天炉内既然是氧化性炉气，就只存在元素被氧化的条件，而绝无氧化物被还原的可能。其实，这种看法是片面的。

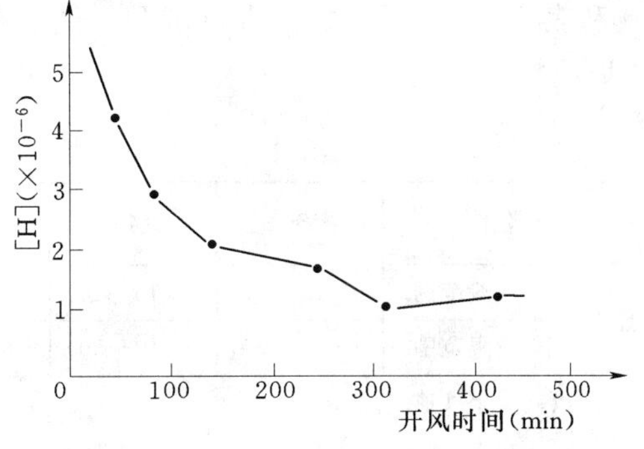

图 16－36 冲天炉开风时间与［H］的关系

以铁为例，炉内除了铁料被 CO_2、O_2 氧化之外，还存在着铁氧化物被还原的另一面。由图 16－19 知，在冲天炉内铁氧化物稳定存在的形式是 FeO。所以高价的铁氧化物，如 Fe_2O_3 和 Fe_3O_4，将转变为低价的铁氧化物 FeO。20 世纪 60 年代，我国即有冲天炉上利用铁矿石代替废钢的尝试，当时由于冷风操作和忽视 C 的直接还原作用等原因，因［FeO］过高而归于失败。后来，以团球矿代替铁矿石，并在团球矿内配以碳素还原剂，又采用了 400℃以上的热风操作，改善了直接还原的动力学条件，在团球矿加入量占炉料 15％的情况下，经作者检查，团球矿中的铁氧化物全部实现了铁化，渣中 FeO 仅 1％～3％。

另一个矿物在炉内还原的例子是，在硼铸铁生产中炉后加柱硼镁石实现炉内硼的合金化。柱硼镁石的主要组成是 $MgB_2O_4 \cdot 3H_2O$，它在预热带失去结晶水，并分解为 B_2O_3 后，熔化，在大于 1400℃的高温下被 C、Si 所还原，生成 B 和 B_4C，进入铁液。

列举以上两个例子的目的在于拓展视野，避免思想僵化，绝无推荐之意。一种工艺方法在彼时彼地能否采用，需经技术和经济层面的考量之后才能作出决定。

三、配料计算和炉前调整

(一) 配料计算

所谓配料就是根据铸件所要求的化学成分，计算并确定各种金属炉料的配比。

1. 配料原则

(1) 炉料易得。尽量结合国情，就地取材，充分利用来源广泛、无有害元素而价格合理的炉料。

(2) 多用废旧材料。尽量多用废旧钢铁和回炉料，少用生铁和铁合金，以降低配料成本。尤其是本厂回炉料应优先使用，作到收支平衡，避免积压。

(3) 减少炉料品种和换料次数。炉料品种要少，熔炼中尽量减少换料次数，最好不换，以减轻炉后称量和上料的负担，避免混乱。

(4) 考虑生铁的配用。如果生铁货源不固定，为稳定铸铁质量最好同时使用两种生铁。

2. 配料步骤

(1) 掌握原始数据。掌握铸件所要求的化学成分，各种金属炉料的化学成分，冲天炉内各种元素的增减率。各种元素的增减率随炉子结构、熔炼工艺、熔炼操作和炉料特征等因素而定，应在生产实践中积累可靠的数据。对于尚无统计数据的工厂，可参照表 16－

10 和表 16－12 所列数据进行试配，然后根据熔炼所得的铁液化学成分进行修正，作为下一炉配料计算的依据。

表 16－12 冲天炉内元素的增减率 单位：%

元素名称		Si	Mn	S	P	Cr	Mo	V①	Ti①
增减率	一般范围	－(10～15)	－(15～20)	＋(40～75)	0	－(5～10)	－(3～4)	－(30～40)	－(40～50)
	极限范围	－25～＋5	－(10～30)	＋(35～100)	0	—	—	—	—

① 以钒钛生铁形式加入。

（2）计算炉料中元素含量。炉料中各元素应有的含量，用式（16－10）计算：

$$E_{炉料}=\frac{E_{铁液}}{1+a} \tag{16-10}$$

式中 $E_{炉料}$——炉料中 E 元素含量（%）；

$E_{铁液}$——铁液中 E 元素含量（%）；

a——E 元素在熔炼中的增减率。

（3）确定回炉料配比。根据本厂回炉料的实际情况，确定回炉料的比例。

（4）计算确定生铁和废钢的配比。令回炉料、生铁和废钢三种炉料的配比相加为100%，用解二元一次方程组的办法求得生铁和废钢配比。

（5）计算确定铁合金的补加量。铁合金补加量，用式（16－11）计算：

$$铁合金补加量=\frac{炉料中应有的合金含量-上述三种炉料带入的合金含量}{铁合金中合金含量\times(1-合金烧损率)} \tag{16-11}$$

（6）核验硫、磷含量。将由炉料带来的 S、P 含量，与炉料中应有的 S、P 含量相比，如 $S_{炉料(带入)}<S_{炉料(应有)}$，则上面的配比成立。否则，应重新计算，调整配比。

（7）列配料单。

3. 配料举例

某铸件材质为 HT200，主要壁厚为 25mm，湿型铸造。

（1）原始数据。选定铁液化学成分，采用炉料及其化学成分，以及炉内元素增减率汇总于表 16－13。

表 16－13 配料原始数据（质量分数，%）

名称		化学成分				
		C	Si	Mn	P	S
铁液		3.3	2.0	0.7	<0.3	<0.12
炉料	铸造生铁（Z20）	4.2	2.0	0.1	0.06	0.04
	本厂回炉料	3.4	2.0	0.8	0.12	0.10
	废钢	0.5	0.3	0.3	0.05	0.05
	锰铁（GFeMn64）	—	2.0	65.0	0.40	0.03
	硅铁（FeSi45）	—	45	0.7	0.04	0.02
炉内增减率		＋10	－15	－20	0	＋50

(2) 确定炉料中各元素的含量。计算如下：

$$C_{炉料}=C_{铁液}(1+0.10)=3\%$$

$$Si_{炉料}=Si_{铁液}(1-0.15)=2.35\%$$

$$Mn_{炉料}=Mn_{铁液}(1-0.20)=0.87\%$$

$$P_{炉料}=P_{铁液}<0.3\%$$

$$S_{炉料}=S_{铁液}/(1+0.5)=0.08\%$$

(3) 计算炉料配比。先根据本厂回炉料情况，确定回炉料的配比为40%。然后设铸造生铁配比为$x\%$，废钢配比为$y\%$。根据炉料含碳量，可列出方程组：

$$\begin{cases}4.2\%x+0.5\%y+3.4\%\times40\%=3.0\%\\x+y+40\%=100\%\end{cases}$$

解方程，得$x=36\%$，$y=24\%$。

(4) 计算硅铁、锰铁补加量。根据炉料中Si、Mn应有含量与三大炉料带入的Si、Mn量之差值，可求得硅铁、锰铁补加量：

$$硅铁补加量：\frac{2.35\%-(2.0\%\times36\%+2.0\%\times40\%+0.3\%\times24\%)}{45\%\times(1-0.15)}=1.99\%$$

$$锰铁补加量：\frac{0.87\%-(0.1\%\times36\%+0.8\%\times40\%+0.3\%\times24\%)}{65\%\times(1-0.2)}=0.85\%$$

(5) 核验硫、磷含量。校验如下：

$$P_{炉料(带入)}=0.06\%\times36\%+0.12\times40\%+0.05\%\times24\%=0.081\%$$

$$S_{炉料(带入)}=0.04\%\times36\%+0.1\%\times40\%+0.05\%\times24\%=0.066\%$$

P、S含量均小于要求值，故上述配料确认。

(6) 配料单。批料以300kg计，配料单如下：

回炉料	120kg
生　铁	108kg
废　钢	72kg
另：硅铁	6kg
锰铁	2.6kg

本例中，无炉前孕育处理。如铸铁有炉前处理，如球化、蠕化和孕育等，应将炉前处理时有关元素的增量从铸铁化学成分中扣除后作为原铁液化学成分进行配料计算。

(二) 炉前调整

若需进行炉前调整时，按式(16-12)计算

$$合金加入量=\frac{元素应含量-原铁液中该元素含量}{合金中该元素含量\times该元素回收率} \tag{16-12}$$

常见元素的炉前回收率见表16－14。

表16－14 常见元素的炉前回收率 单位：%

元素	使用材料	回收率	元素	使用材料	回收率
Si	硅铁	80～90	B	硼铁	40～60
Mn	锰铁	85～95	P	磷铁	约75
Cr	铬铁	>85	Ni	镍	100
Mo	钼铁	>95	Sb	锑	75～85
W	钨铁	>95	Sn	锡	90～95
V	钒铁	约85	Al	铝	约70
Ti	钛铁	60～70	Bi	铋	30～50

第四节 冲天炉作业与炉况

一、程序作业

(一) 修炉

修炉须待炉身冷却后进行。先清理炉壁，敲击时避免震裂炉壁。清理后砖面不得残留炉渣和铁豆。

耐火砖侵蚀深度超过2/3或有破碎及松裂现象时应重新换砖。砌砖时耐火泥应布满接合面，间隙不得超过3mm，上下砖缝必须错开。锤紧时砖上应垫木块。炉壁侵蚀不足2/3可用耐火混合料搪修，用木锤敲紧修平，但不得用刮刀压平。

炉膛尺寸、风口、过桥、出铁口及出渣口的尺寸应符合工艺要求。修炉底时，先铺垫一层干旧砂，再铺一层型砂，捣实时用力要均匀。炉底与炉壁连接处要作成圆角。炉底以过桥一侧为基准，厚度需在150mm以上，斜度为1∶12。

(二) 点火与烘炉

由工作门先放进刨花和一部分木柴，把炉底铺满、堆好，其余的木柴由加料口装入。接着加入40%左右的底焦。之后，用耐火砖和耐火泥封堵工作门，仅留一个孔洞，供点火之用。点火成功之后可将预留孔洞堵死（亦有的工厂，在开风熔炼前再堵）。待焦炭全部烧红后，由风口处捅动焦炭，令其落实。再加入40%～50%底焦。在烘炉时，前炉和出铁槽同时进行烘烤。烘炉时间应不低于1.5～2h。

点火与烘炉过程中，各个风口、出铁口、出渣口应打开，令冲天炉处于自然通风状态。

(三) 装料与熔化

装料前先短时送风，吹去炉内灰烬。同时用铁钎捅捣各个风口，落实底焦。然后加入余下的底焦。停风后测量底焦高度，决定是否需补加焦炭。待底焦调整到规定高度后即可装料。

装料时，先在底焦上面加入不少于批料石灰石用量2倍的石灰石，再加入废钢、生铁、铁合金和回炉料。然后按焦炭—石灰石—废钢—生铁—铁合金—回炉料的次序加料，直至加料口下沿料位为止。最初 2～3 批铁料的块度应细小、均匀些，回炉料的比例可大一些，以便顺利地得到温度较高的初期铁液。装料要注意布料均匀，石灰石和铁合金尽量投到炉子中心，以减少熔剂对炉衬的侵蚀和铁合金的烧损。大一些的铁料应加到炉壁附近。

加满炉料后，一般需要焖火 15～30min，使铁料得以充分预热，以保证第一包铁液的温度。焖火期间，风口、出铁口和出渣口仍处打开状态，保持自然通风。

焖火以后，即可送风熔化。启动鼓风机应按不同类型风机的特点和要求进行操作。待风机运转正常后，即可关闭风口，并将风量、风压调到规定范围。

一般开风 5～7min 后，在风口处即可看到有铁滴下落。等放出最初的冷铁液后，将出铁口堵塞（若铁液温度高，可不放铁液就堵出铁口）。根据具体情况，决定熔化初期是否要开渣口操作。

熔化过程中务必做到以下几点：

(1) 要保持风口畅通、明亮。一旦有风口结渣，应及时处理。如需捅风口时，要一个一个地捅，不能同时捅多个风口，避免破坏正常送风。

(2) 不得无故中途停风。若中途需停风，必须先打开风口。待继续送风后关闭风口窥视孔，以免发生 CO 爆炸。

(3) 应及时加料，维持料位高度基本稳定。一旦出现棚料现象，应及时排除。

(4) 要时刻注意掌握风焦平衡，维持底焦高度的稳定。变更炉料要加隔离焦。炉前要把握铸铁牌号变更的时机，适时放净上一种牌号的铁液。相混的交界铁液不能浇注重要铸件。

(5) 要密切关注铁液温度的变化，决定是否需加接力焦或增减层焦用量。

(6) 要定期出铁、出渣。出铁前应清理出铁槽。

(7) 根据炉前热分析结果或三角试样的信息，对炉后投料作必要的调整。

(8) 关注炉渣黏度和冷态特征。必要时调整石灰石加入量及与炉温有关的控制因素。

(四) 打炉

在投完预定的最后一批铁料后，为保证末尾几批铁料的正常熔化，需加两批“压炉铁”(有炉胆热风装置的冲天炉，其“压炉铁”的数量由工厂自行决定)。停止投料后的熔化过程中，要减少风量。

打炉前必须放净炉内（或前炉内）铁液与炉渣，炉底地面必须干燥无水，以防铁液遇水发生爆炸事故。做好以上准备工作后，打开炉底门，落下余焦残铁。随即喷水熄火。

炉胆热风的冲天炉，为了保护炉胆，熔炼结束后应继续送风一段时间。

二、基本熔炼工艺参数的确定

(一) 冲天炉网状图

20 世纪 40 年代，网状图就见于国外有关书籍。以后由于测试方法和变量单位选择的不同，各种冲天炉网状图不断出现，形态各有不同，但总的变化规律是一致的。网状图揭示了冲天炉风量、焦耗、铁液温度和熔化率四者之间的关系。图 16－37 是诸多网状图中具有代表性的网状图。为了对生产实践能起更为普遍性的指导作用，该图整理为送风强度、炭耗、铁液温度和熔化强度之间的关系。

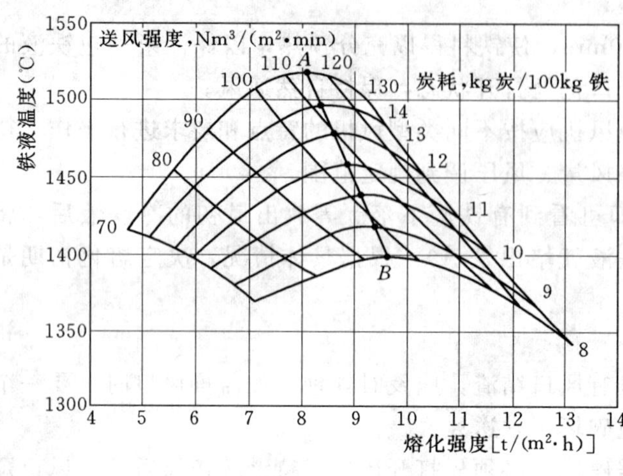

图 16－37 冲天炉网状图

由图 16－37 可知：

（1）当炭耗一定时，随着送风强度的增加，熔化强度迅速增加，而铁液温度增加到最高值后又逐渐下降。因此，在每一炭耗下，都有一个对应于最高铁液温度的送风强度，人们称这一送风强度为最佳送风强度。炭耗越大，最佳送风强度也越大。在网状图上，获得最高铁液温度的点称作最佳工作点。当炭耗变化时，最佳工作点沿图中 AB 线移动。

（2）当送风强度一定时，随着炭耗的增大，铁液温度提高，熔化强度下降。

（3）为达到一定的铁液温度（请划一水平线），炭耗和送风强度可有多种配合。但只有落在 AB 线上的工作点才是最合理的。冲天炉在最佳工作点送风，可以用最少的炭耗，获得最高的铁液温度，此时元素烧损也最少。在最佳工作点附近工作（风量波动时），铁液温度的波动最小。

（二）风量的确定

冲天炉工作的基本任务是要使风量和炭耗作适当的配合（即风炭适配），保证炉子在最佳工作点附近工作。

最佳送风强度与炭耗（C/K）有如式（16－13）所示关系：

$$q_m = 71 + \frac{10}{3} \times \frac{C}{K} \tag{16-13}$$

式中 q_m——最佳送风强度 [$Nm^3/(m^2 \cdot min)$]；

C——焦炭中固定碳含量（%）；

K——层铁焦比。

当焦炭固定碳含量为 80%时，层铁焦比与最佳送风强度的关系列于表 16－15。将最佳送风强度乘以炉膛平均截面积即为最佳风量。

表 16－15 铁焦比与最佳送风强度的关系

层铁焦比	15	14	13	12	11	10	9	8	7	6	5
最佳送风强度 [$Nm^3/(m^2 \cdot min)$]	89	90	92	93	95	98	101	104	109	115	124

注 焦炭固定碳含量为 80%。

表16－16为国内两排大间距冲天炉最佳热工参数表。其中最佳送风强度是以炉膛平均截面积计算的。

表16－16　两排大间距冲天炉最佳热工参数*

100kg铁的炭耗量（kg）		14	13	12	11	10	9	8	7	6	5
层铁焦比	焦炭含固定碳85％	6.1	6.5	7.1	7.7	8.5	9.4	10.6	12.1	14.2	17.0
	焦炭含固定碳80％	5.7	6.2	6.7	7.3	8.0	8.9	10.0	11.4	13.3	16.0
	焦炭含固定碳75％	5.4	5.8	6.3	6.8	7.5	8.3	9.4	10.7	12.5	15.0
最佳铁液温度（℃）①		1550	1545	1535	1520	1505	1490	1470	1450	1430	1410
最佳熔化强度［t/（m^2·h）］		7.8	8.0	8.2	8.5	8.8	9.1	9.5	9.9	10.3	10.7
最佳送风强度［Nm^3/（m^2·min）］		113	109	105	102	99	95	91	87	82	76

①　系指浇包中由快速微型热电偶所测的温度。

*　该炉主要熔制HT300且采用250℃炉胆热风，故铁液温度较高。

举例：要求获得1450℃的铁液，用固定碳80％的焦炭，查表知采用的层铁焦比最高不得超过11.4。与此相应的最佳供风强度为87Nm^3/（m^2·min）。若炉径为Φ750mm，则最佳风量为$\frac{\pi}{4}$（0.75）^{2}×87＝38.3Nm^3/min。如果工厂尚未安装风量计，亦可由表16－16中之最佳熔化率作出判断。其方法是，由表16－16中查出最佳熔化强度为9.9t/（m^2·h），算出应有的最佳熔化率为$\frac{\pi}{4}$（0.75）^{2}×9.9＝4.38t/h。若实际熔化率为3.8t/h，则表明熔化慢、风量低，应增加风量。增风的结果，熔化率也随之增大。如由于受浇注速度限制，最高熔化率不宜增加，则应采取修小炉径的办法。

根据以上的数据或公式送风，是否能取得最佳效果，是有条件的。这些条件是：

（1）炉料大小适当，且熔炼过程中不发生棚料现象。

（2）炉衬材料和修炉质量好，熔炼过程中炉膛尺寸比较稳定。

（3）开炉时间应在4h以上。这样，不但炉衬已达到热平衡状态，而且底焦已处平衡工作高度。炉子处于稳定的工作状态。

虽然风焦适配对冲天炉熔炼效果起关键作用。但熔炼效果毕竟与焦炭、炉料状况、底焦装炉高度及风量分配等因素也有一定关联。因此，以网状图为基础的最佳风量计算有其近似性和局限性。工厂可以前面给出的最佳送风强度为基础，根据实际的铁液温度和熔化率，掌握调控的方向，从实践中总结出适合于木厂具体情况的风焦适配关系。

最后还须指出两点：

（1）冲天炉最佳工作点所指示的风量是以标准状态下的空气为基准的。因此，铸造厂应考虑海拔高度和季节变化的因素，对风量值进行修正。风量如何修正，可参阅有关专著。

（2）所计算出来的风量系指进入炉内的实际风量。工厂应注意送风管道的连接和风口盖的设计，减少漏风损失。一般情况下，送风的漏风率为10％～20％。

（三）风压的参考范围

冲天炉的风压是指入炉风压，即风箱风压。

冲天炉风压的作用是：①克服炉内阻力，确保向炉内送入所需的风量；②适应炉径的大小，使鼓风渗入炉心，保证断面送风的均匀性。入炉风压与下列因素有关：风口结构与大小、炉子有效高度、炉料与焦炭的块度及其均匀性、铁焦比、炉渣状况、风量、炉衬的侵蚀程度，以及非正常炉况等。由此可见，风压无法进行理论计算，而且硬性规定多大的炉子、用多大的风压也是不恰当的。对冲天炉送风而言，决定性的是风量，送风压力只是炉内阻力系统的客观反映和保证送风的必要条件而已。

表 16－17 给出了冲天炉的风压参考值。鉴于风压测定多用液柱式压力计，表中风压单位使用了毫米水柱（mmH_2O）❶。

表 16－17 冲天炉的风压参考值

冲天炉名义熔化率（t/h）	1	2	3	5	7	10	15
风压（mmH_2O）	500～600	700～850	900～1100	1100～1300	1200～1500	1400～1700	1600～1900

注 适用于风口比为 3%～5%、铁焦比为 10 的炉胆热送风条件。

（四）冲天炉对送风的要求与风机选择

冲天炉熔炼要求风机提供基本稳定的风量和足以克服不同炉况下炉内阻力所需的风压。目前生产中普遍采用高压离心风机（冲天炉专用）和罗茨式风机（不同行业通用）。

罗茨式风机主要由机壳和两个 8 字形转子所组成，两个转子以相同速度相向转动，其工作示意图见图 16－38。图 16－39 为该风机的特性曲线和工作点，图中 1 线是该风机的风量—风压特性曲线，2 和 2′为冲天炉阻力曲线（2 的阻力大于 2′的阻力），交点为工作点。由图 16－39 可知，该风机性能特点是：风压变动时，风量变化很少。这对稳定熔化十分有利。因此不少冲天炉，特别是大型冲天炉采用罗茨式风机。不过，罗茨式风机的缺点是结构复杂、造价高、电耗多、噪音大、维修要求高。

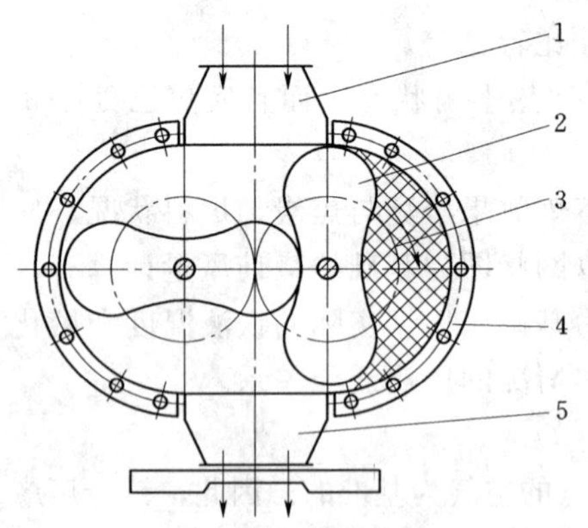

图 16－38 罗茨式风机工作示意图
1—入风口；2—转子；3—齿轮；4—机壳；5—出风口

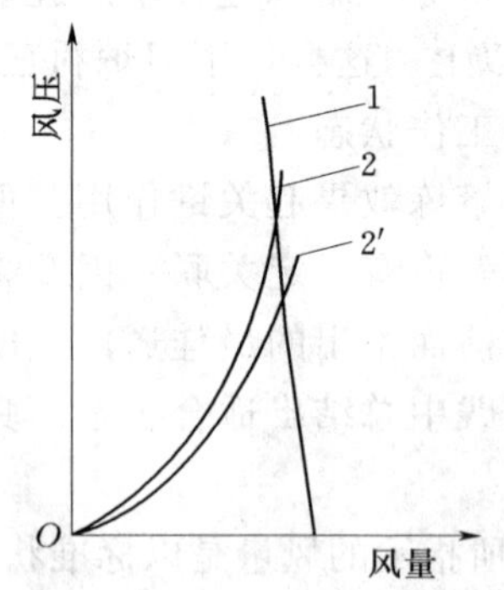

图 16－39 罗茨式风机特性曲线及工作点
1—风机风量—风压特性曲线；2、2′—冲天炉阻力曲线

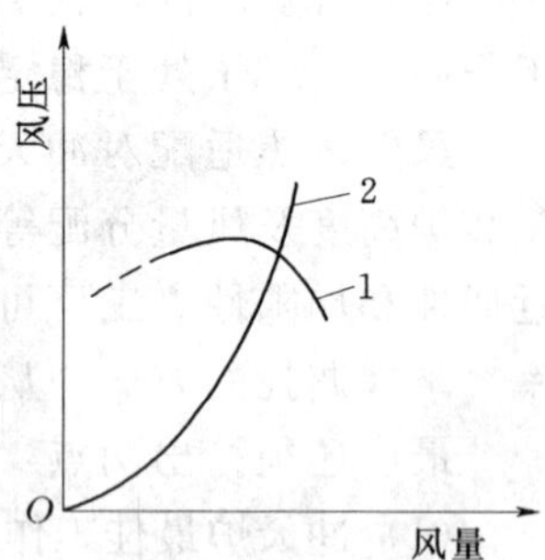

图 16－40 冲天炉高压离心风机特性曲线及工作点
1—风机风量—风压特性曲线；2—冲天炉阻力曲线

❶ $100mmH_2O=1kPa$。

离心式风机结构简单、便宜、电耗少、噪音低、易于维修。但普通离心风机的风压低，炉内阻力变化时风量变化较大，这与冲天炉的要求相悖。20 世纪 70 年代出现了冲天炉专用的高压离心风机。这种风机为了提高输出风压，提高了叶轮转速，增大了叶轮直径；为了使风量随风压变化尽量的小，采用了后倾式叶片。在叶轮设计上也充分考虑了不同熔化率冲天炉对风量的实际需要。从而改善了风机的风量—风压特性，提高了风机对冲天炉的适配性。图 16－40 是该风机的特性曲线和工作点，图中 1 为风机风量—风压特性曲线，2 为冲天炉阻力曲线，交点为工作点。这种风机的风压能满足冲天炉的需要，在冲天炉正常的风压波动范围内风量变化较少（变化大于罗茨式风机）。在 5 t/h 以下的冲天炉上它的应用较多。表 16－18 和表 16－19 是两种冲天炉专用离心风机的型号与规格。

表 16－18　冲天炉专用 HTD 高压离心风机的型号与规格

风机型号	风量（m^3/min）	风压（kPa）	电机功率（kW）	配用冲天炉（t/h）
HTD12－11	12	11	2.1	0.5
HTD20－11	20	11	5.1	1
HTD20－12	20	13	6.1	1
HTD30－11	30	14	9.8	1.5
HTD35－12	35	12	10.4	2
HTD50－11	50	13	14.3	3
HTD50－12	50	15	16.7	3
HTD50－13	50	17	18.9	3
HTD50－14	50	18	22.9	3
HTD85－21	85	20	37.6	5
HTD85－22	85	24	43.7	5
HTD85－23	85	28	50.6	5
HTD85－24	85	30	54	5
HTD120－21	120	25	64.2	7
HTD150－21	150	28	88.9	10
HTD300－21	300	25	154	15

表 16－19　冲天炉专用 8－09、9－12 高压离心风机的型号与规格

<table>
<tr><th>风机型号</th><th>风量（m³/min）</th><th>风压（kPa）</th><th>电机功率（kW）</th><th>配用冲天炉（t/h）</th></tr>
<tr><td>8－09－11No. 7.1D</td><td>18</td><td>12</td><td>7.5</td><td>1</td></tr>
<tr><td>8－09－11No. 8D</td><td>36</td><td>16</td><td>15</td><td>2</td></tr>
<tr><td>8－09－11No. 9D</td><td rowspan="3">54</td><td>17</td><td>18.5</td><td rowspan="3">3</td></tr>
<tr><td>8－09－11No. 8D</td><td>20</td><td>30</td></tr>
<tr><td>9－12－11No. 9D</td><td>17</td><td>30</td></tr>
<tr><td>8－09－11No. 9D</td><td rowspan="3">84</td><td>19</td><td>37</td><td rowspan="3">5</td></tr>
<tr><td>8－09－11No. 8D</td><td>18</td><td>37</td></tr>
<tr><td>9－12－11No. 9D</td><td>22</td><td>55</td></tr>
<tr><td>9－12－11No. 9D</td><td>112</td><td>22</td><td>55</td><td>7</td></tr>
</table>

（五）层铁量和层焦量的确定

1. 层铁量

前已述及薄批铁料层有利于提高熔化带高度和减少底焦高度的波动范围，对铁液温度

的提高有利。但过薄，相邻铁料容易窜混，上料也过于频繁。一般取冲天炉小时平均熔化率的1/12～1/8（多数取1/10）作为层铁量。

2. 层焦量

根据层铁焦比，可计算出层焦量：

$$W_{层焦}=\frac{W_{层铁}}{K} \tag{16-14}$$

式中　$W_{层焦}$——层焦量（kg）；

$W_{层铁}$——层铁量（kg）；

K——层铁焦比。

为了保证层焦能较好地将各批铁料分隔开，层焦厚度应不低于160～200mm。据作者计算，当铁焦比高于9时，由式（16-14）算得的层焦量无法满足必要的层焦厚度。此时，应先按式（16-15）计算层焦量：

$$W_{层焦}=F_{熔}\ h_{层焦}\rho \tag{16-15}$$

式中　$W_{层焦}$——层焦量（kg）；

$F_{熔}$——熔化带炉膛截面积（m^2）；

$h_{层焦}$——层焦应有厚度，0.16～0.2m；

ρ——焦炭堆积密度，取450～500kg/m^3。

然后，由铁焦比计算确定层铁量。

（六）底焦高度的确定

底焦高度是指第一排风口中心线至底焦顶面之间的高度，这是影响铁液温度和化学成分的一个十分重要的参数。理论上，冲天炉底焦的正常高度应处于还原带的上平面，它运行时波动的下限应超过最上一排风口形成的氧化带。底焦顶面的温度约为1200℃左右。运行时底焦高度波动范围应为一批层焦高度。这样，金属料在氧化性较弱的气氛中熔化，既能防止过分氧化，又能保证铁液有足够的过热高度。但实际波动范围受焦炭、送风情况、操作等多种因素影响，波动范围越小，冲天炉运行越正常。

装炉时底焦高度由于考虑到焖炉时的消耗和装料后被压实的影响，应比实际运行时底焦上顶面高250mm左右。装炉底焦高度针对不同结构的炉子，有不同的估算方法。

多排小风口冲天炉：

$$h_{底焦}=D_{max}+(500\sim700)\text{mm} \tag{16-16}$$

式中　$h_{底焦}$——底焦高度（mm）；

D_{max}——最大炉膛直径（mm）。

两排大间距冲天炉：

$$h_{底焦}\approx L_p+(800\sim1200)\text{mm} \tag{16-17}$$

式中　L_p——风口排距（mm）。

在熔化率不大于5t/h的冲天炉或风口倒置时取高限；熔化率大于5t/h的冲天炉或风口顺置时取低限。

底焦高度是否合适，往往可以通过经验观察来予以校核和修正。

（1）观察开风后的滴铁时间。如果开风6～8min后主排风口处能见铁滴，说明初选的底焦高度合适；如果时间小于5min，说明底焦高度不够；如果时间大于10min，说明底焦高度过高。

（2）观察炉衬侵蚀高度。冲天炉熔化时，从熔化带上界面开始，炉衬将有明显侵蚀，且往往在炉壁四周挂有少量熔渣，此处亦正是运行底焦的顶面。当初次选定的装炉底焦高度略高于此，即可判定初选的装炉底焦高度合适。

（七）熔剂量的选定

冲天炉用熔剂主要是石灰石。合适的熔剂加入量应根据焦炭的灰分、铁料带入的泥沙和对炉渣成分的要求，通过配渣计算来决定。但由于计算比较麻烦，生产上大多按经验来决定，例如：

焦炭和铁料质量一般时，熔剂量为层焦量的30%；

焦炭灰多硫高时，熔剂量为层焦量的40%～50%；

生产球墨铸铁时，熔剂量为层焦的50%～60%；

炉料中切屑团配比多时，熔剂量为层焦量的60%～80%。

有时，为了稀释炉渣，还随石灰石一起加入一些氟石。但生成的氟化物对人体和农作物有害，不推荐使用。当风口结渣时，作为权宜之计，才从风口加入氟石粉末。

三、冲天炉检测

冲天炉的经验判断简单易行，但只能对炉况作出定性的估计。要对熔炼过程的工艺参数，特别是铁液质量进行定量分析，必须借助于现代化的检测技术。这样，才能达到控制熔炼过程、稳定炉况、提高熔炼技术经济水平的目的。

冲天炉检测按检测部位的不同，分为炉后、炉子本体、前炉和炉前四大部分。炉后加料量和批数统计，不属本书讨论范围，从略。其余三部分内容纷繁，本书仅重点介绍其中风压、风量、炉气成分、铁液温度和炉前热分析等检测方法。

（一）风压检测

冲天炉风压系指入炉风压，故需在风箱上取压。取压孔应设在风箱顶部或侧面气流平稳处，不能靠近进风管或风箱边角。

风压显示多用液柱式压力计，常用型式为U形管压力计和单管压力计，见图16-41。管内装水或水银。冬季为了防止冰冻，应配成混合液，例如，水70%＋甘油30%时冰点为－10.6℃（密度1.077g/cm³），水45%＋甘油15%＋酒精40%时冰点为－28℃（密度0.987g/cm³）。U形压力计便宜、简单，但指示目标小，不醒目，不能自动记录。在检控水平高的冲天炉上，采用膜盒压力计和远传压力计等，它们除指示外，兼有记录、报警等功能。

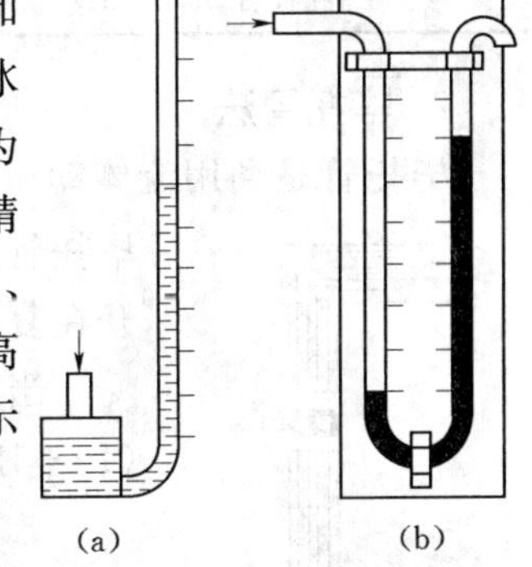

图16-41　液柱式压力计
(a) 单管压力计；
(b) U形管压力计

（二）风量检测

风量的测定在风管上进行，常用的测定方法有标准孔板法和毕托管法。

1. 标准孔板法

孔板是节流装置中构造最简单的一种，并已实现了标准化。标准孔板法利用流体通过孔板时，由于流速变化，在孔板前后产生压力降，以测得的压差经计算得出流量。图 16－42 是一种带环室的标准孔板工作示意图。

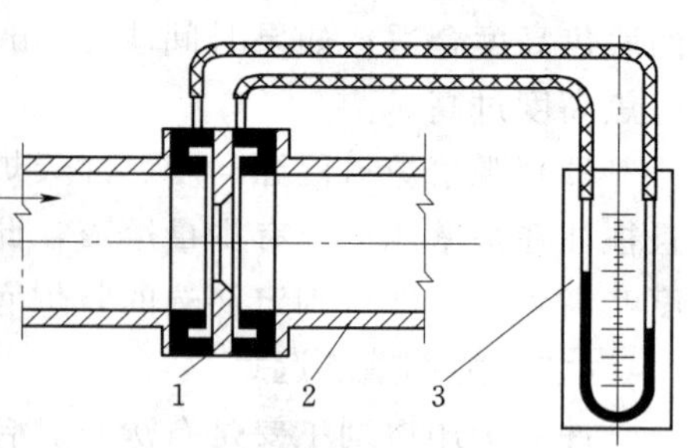

图 16－42 环室标准孔板工作示意图

1—环室标准孔板；2—风管；3—U 形管差压计

实用风量用式（16－18）计算：

$$Q_{20}=187.4\alpha d^2\sqrt{\Delta h} \qquad (16-18)$$

式中 Q_{20}——风量（m^3/min）；

d——孔板开孔直径（m）；

Δh——压差（mmH_2O）；

α——流量系数。

流量系数可由孔板制造商提供，也可由表 16－20 查得。

表 16－20 带环室标准孔板的流量系数

d^2/D^2 D（mm）	0.40	0.45	0.50	0.55	0.60	0.65	0.70
50	0.676	0.693	0.713	0.736	0.761	0.791	0.827
100	0.670	0.686	0.706	0.727	0.752	0.782	0.817
200	0.663	0.679	0.699	0.720	0.745	0.773	0.808
≥300	0.660	0.677	0.695	0.716	0.740	0.768	0.802

注 D 为风管内径，d 为孔板开孔直径。

孔板前后应有足够的直管段长度，以保证测量精度。直管段长度的规定见表 16－21。

表 16－21 孔板前后的直管段长度

d/D		0.50	0.55	0.60	0.65	0.70	0.75	0.80
直管段长度	孔板前	20D	22D	26D	32D	36D	42D	50D
	孔板后	6D	6D	7D	7D	7D	8D	8D

2. 毕托管法

毕托管是利用流体动压与流速有关的原理进行工作的动压测定管。图 16－43 为标准毕托管，它是一种复式结构，全压孔开在半球头顶端，静压孔均匀地开在复式管的四周。

图 16－43 标准毕托管结构简图

当毕托管插入 1/3D 处（平均流速处）测量时，实用风量用式（16－19）计算：

$$Q_{20}=189.9D^2\sqrt{\Delta h} \qquad (16-19)$$

式中 Q_{20}——风量（m^3/min）；

D——风管内径（m）；

Δh——平均流速处测得的压差（mmH_2O）。

当毕托管在风管中心（最大流速处）测量时，实用风量用式（16－20）计算：

$$Q_{20}=159.5D^2\sqrt{\Delta h} \tag{16-20}$$

式中　Δh——最大流速处测得的压差（mmH_2O）；

Q_{20}，D 的含义同前。

毕托管测风量时，安装位置很重要，它的插入深度要准确，全压孔务必对准气流方向，测点前应有 8～10D 直管段，测点后应有 3～4D 直管段。

风量测定的二次仪表除了液柱式差压计外，如采用电动单元组合仪表（即 DDZ 仪表），可实施信号远传、指示、记录和报警，通过执行机构还可进行风量的调节。

（三）炉气分析

冲天炉炉气成分通常是指加料口以下 400～500mm 处的炉气成分。它由 CO_2、CO、N_2，微量的 O_2 和少量的 H_2、CH_4、SO_2 等组成。通过对炉气中 CO_2 和 CO 含量的测定，可评价冲天炉的燃烧状况和炉气的氧化性。

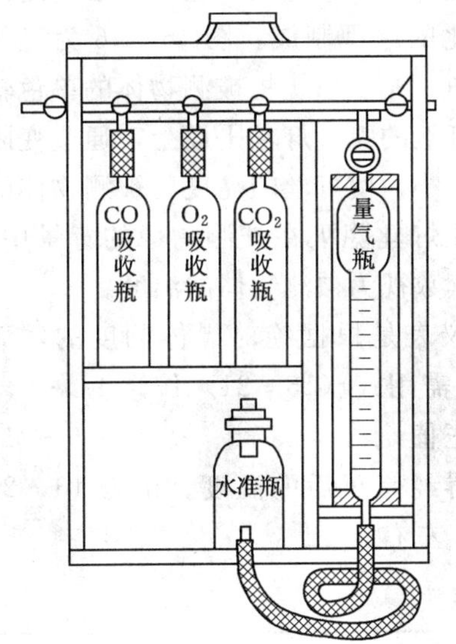

图 16－44　奥氏气体分析仪结构

炉气分析方法很多，以下介绍化学吸收法和热导法。

1. 化学吸收法

化学吸收法多用奥氏气体分析仪（见图 16－44）。它由吸收瓶、梳形管、量气瓶和水准瓶等组成。分析时，令 100mL 炉气气样依次通过 CO_2、O_2 和 CO 的吸收液，分别吸去炉气中的 CO_2、O_2 和 CO。气样体积的每次减少量，就是相应成分的体积，再除以原始容量 100mL，即为该成分的体积百分含量。

为了保证分析的准确性，需注意以下几点：①一定要在料线下规定距离处取气，以免受料面上空气的影响。吸气装置和分析器，在集气前应先用炉气清洗 2～3 次，以驱赶留存的空气。②气样要在 2h 内使用。③分析按 CO_2—O_2—CO 次序进行，不能颠倒。④为使分析结果有代表性，应多次取样分析，取其结果之平均值。⑤分析数据，若 $O_2>0.5\%$则该气样作废。⑥核验 $CO_2\%+O_2\%+0.605CO\%$是否在 19～21 范围之内，若超标，该组数据作废。

2. 热导法

热导式气体分析器是利用各种气体的热导率不同而设计的。由铂丝或钨铼丝桥臂的四个热敏元件组成热导池电桥，见图 16－45。其中 R_2、R_3 为电桥的参比臂，四周充满空气；R_1、R_4 为电桥的工作臂，与被测炉气相通。制作时，R_1、R_2、R_3、R_4 的电阻完全相同。如果工作臂通以空气，则由于热导率相同，各臂的热敏元件将被加热到相同的温度，所以电阻也相同，电桥处于平衡状态，C、D 两端没有电信号输出。当工作臂通以炉气后，由于其热导率与空气不同，工作臂与参比臂的热敏元件温度出现差异，C、D 两端

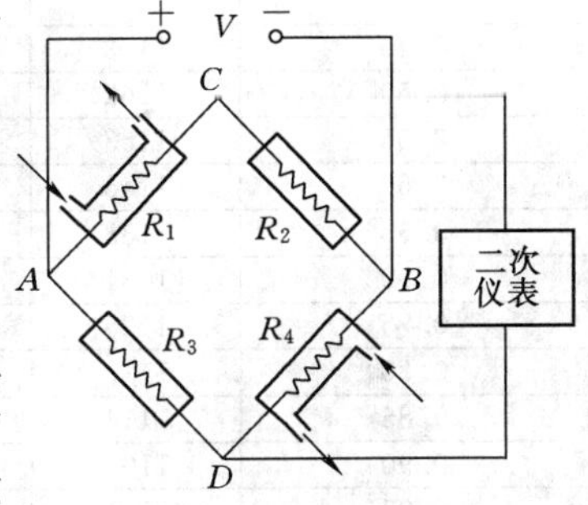

图 16－45　热导池电桥

有相应的电信号输出，在仪表上直读出炉气中一种成分（通常是 CO_2）的含量。

热导法与化学吸收法相比，仪器简单，操作方便，出结果快。但只能作单组分析（CO 含量需通过计算，得出近似值），测量精度低（最小分度为 0.5%CO_2），而且分析结果受炉气中 H_2 和 CH_4 的干扰很大。因此，生产中奥氏气体分析仪使用比较普遍。

（四）铁液温度检测

铁液温度是冲天炉工作的重要指标，要求测量及时、迅速和准确。铁液温度测量分非接触测温和接触测温两大类。以下介绍非接触测温的光学高温计测温和接触测温的热电高温计测温。

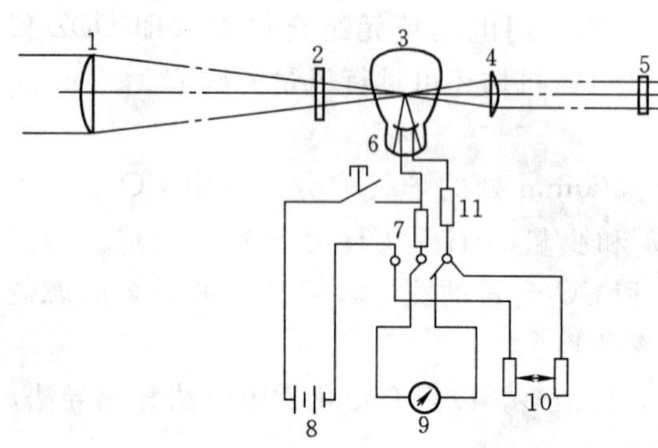

图 16-46 光学高温计原理图
1—物镜；2—吸收玻璃；3—灯泡；4—目镜；5—红色滤光镜；6—开关；7—电阻Ⅰ；8—干电池；9—指示表；10—变阻器；11—电阻Ⅱ

1. 光学高温计测温

光学高温计利用物体的单色辐射强度随温度变化而变化的原理制成。图 16-46 为光学高温计原理图。光学系统将被测物体的单色辐射像反映到灯泡的弧形灯丝平面上，通过变阻器调节电流大小，使灯丝的亮度与被测物体的亮度相同，让灯丝隐灭在被测物像的背景中。此时仪表的读数视为被测物体的温度。

由于该仪表是根据绝对黑体刻度的，而被测物体并非绝对黑体，因此，指示温度低于真实温度，需用式（16-21）作修正：

$$真实温度 = 指示温度 + 修正值 \qquad (16-21)$$

修正时先由表 16-22 查出修正系数，再由表 16-23 查得经修正后的温度。由表 16-23 可知，在通常铁液温度范围内，出铁温度的修正值在 80℃左右。

表 16-22 光学高温计的修正系数

被测对象	表面无渣的包内铁液	出铁时的铁液	浇注时的铁液
修正系数	0.9	0.55	0.50

表 16-23 光学高温计修正后的温度值　　单位：℃

修正系数 \ 指示温度	1100	1200	1300	1400	1600	1800	2000
0.40	1183	1296	1410	1525	1758	1996	2237
0.45	1172	1283	1395	1508	1736	1968	2204
0.50	1162	1272	1382	1493	1717	1945	2175
0.55	1153	1261	1370	1480	1700	1923	2149
0.60	1145	1252	1360	1467	1685	1905	2126
0.65	1138	1244	1350	1457	1671	1838	2106
0.70	1131	1236	1341	1447	1659	1872	2087
0.75	1125	1229	1333	1437	1647	1858	2069
0.80	1119	1222	1325	1429	1636	1844	2054
0.85	1114	1216	1318	1421	1626	1832	2039
0.90	1109	1210	1312	1413	1617	1821	2025
0.95	1104	1205	1306	1407	1608	1810	2012
1.00	1100	1200	1300	1400	1600	1800	2000

光学高温计价格便宜，操作简单，使用成本低，但测量精度低，且读数易因人而异，在有条件的工厂多数已采用热电高温计测量。

2. 热电高温计测量

热电高温计是根据两种不同偶接材料的热电势随着工作端（热端）和自由端（冷端）的温度变化而变化的原理制成的。

浸入式热电偶测温，不受铁液表面状况和人为因素的影响，比光学高温计准确可靠。为了减少热惰性和方便使用，现场都采用可更换的快速微型热电偶，可在3～4s内迅速测出温度，其结构如图16－47所示。

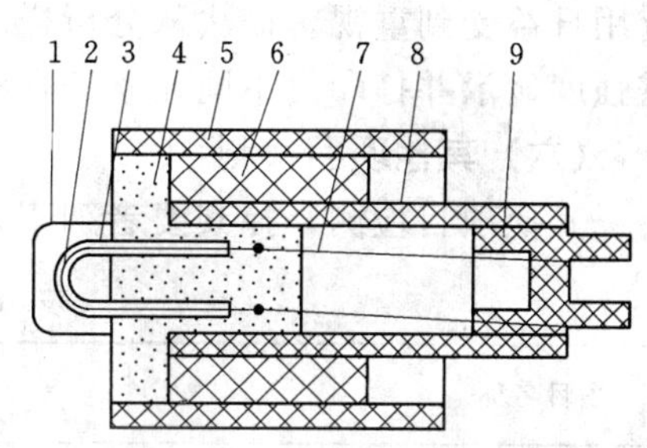

图16－47 快速微型热电偶

1—保护帽；2—偶丝；3—石英管；4—高温水泥；5—外纸管；6—绝缘填料；7—补偿导线；8—小纸管；9—插座

铁液测温用热电偶材料可参阅表16－24选用。热电偶与二次仪表之间用补偿导线相连。分度号为S和WL的热电偶有专用的补偿导线；而分度号为B的热电偶可用普通铜导线连接。

热电偶分度是以冷端温度0℃为条件的，当冷端温度不为0℃时，需进行温度修正，此时：

$$t_{实} = t_{指} + kt_{冷} \quad (16-22)$$

式中 $t_{实}$——实际温度（℃）；

$t_{指}$——仪表指示温度（℃）；

$t_{冷}$——冷端温度（℃）；

k——修正系数。

表16－24 铁液测温用热电偶材料

偶的名称	分度号	使用温度（℃）		说　明
		长期	短期	
铂铑$_{10}$－铂	S	1300	1600	稳定性、复现性好。抗氧化性好，抗还原性气氛差。用于点测
铂铑$_{30}$－铂铑$_{6}$	B	1600	1800	精度高，稳定性、复现性好。抗氧化性好，抗还原性气氛较差。适于连续测温
钨铼$_{5}$－钨铼$_{20}$	WL	2000	2400	便宜，需在真空、惰性或弱还原气氛下使用。宜用于点测

当使用铂铑$_{10}$－铂热电偶时k取0.5；使用铂铑$_{30}$－铂铑$_{6}$热电偶时$k=0$，即无需修正。有些二次仪表本身能作温度补偿，就不必再加修正值了。

炉前测温（俗称点测）多使用便携式数显仪表，该仪表由快速微型热电偶、测温枪和安装在手柄上的二次仪表所组成，使用方便灵活。

为了记录熔炼过程中铁液温度的变化进行全程监视，有些工厂在过桥或前炉中埋管进行连续测温（俗称连测）。此时，在热电偶外有双层保护套管，其内套管一般为刚玉管，外套管为石墨管或金属陶瓷管。

（五）炉前热分析

炉前热分析法是将铁液浇入样杯（带热电偶，又称快杯），记录铁液在凝固过程中的冷却曲线，由计算机根据相关临界点的温度，按设定的数学模型计算确定铁液的C、Si含量。此法在3min内可出结果，测试精度C为±0.05%，Si为±0.1%。炉前热分析法作为一种快速、简便的方法，颇受现场青睐。但需指出，由于数学模型中的常数受铁液化学成分、炉料特点、熔炼工艺的影响会有变化，因此要经常用化学分析的结果对数学模型进行修正。

国内外铸铁热分析法正向多功能方向发展，除测报C、Si外，还能预判孕育、球化和蠕化效果，预报抗拉强度和硬度等力学特性。

近年来，由于铸铁成分的多元化和对生铁、废钢成分的严格要求，光电直读光谱仪的应用日益受到重视。该法从分析样品中激发出不同波长谱线，由仪器根据谱线的位置和光谱强度显示并打印出不同元素的含量，所测元素的数量由仪器的通道数决定。

（六）其他项目检测

其他项目检测，择其要者列于表16-25。

表16-25 其他项目检测

项目名称		测量方法
热风温度		炉胆热风温度多在200～250℃，通常用水银温度计测量。测点可选在热风管下端便于观察处。插入深度要足够，尽量位于气流中心并迎着气流方向。为了防止碰损，水银温度计外应有金属保护套管
废气温度		通常在加料口下沿炉壁上开孔，用镍铬—考铜或铜—康铜热电偶进行测量，热电偶端部应与炉壁平齐，偶的四侧有绝热材料，以免传出热量，造成测量误差
铸铁含气量	氧	由库仑滴定法、气相色谱法、红外脉冲法测定总氧；由浓差电池法测定溶解氧（准确性尚需进一步研究）
	氢	气相色谱法
	氮	气相色谱法
炉前金相		浇金相样，磨平、抛光后观察球化、蠕化状况（不腐蚀）

四、炉况判断

冲天炉炉况正常与否，可从多方面观察，作出经验判断，从中寻找解决的办法。

（一）风口判断

开风后，从风口处观察铁液滴，若6～8min见到铁液滴下，则说明底焦合适；大于10min，底焦过高；小于5min，底焦过低。

熔化过程中，风口发白发亮，说明底焦燃烧良好，炉温较高。铁液落下速度快，说明底焦高度合适，铁液温度较高。若风口发暗，有黑渣，铁液发红，流动性差，滴到焦炭上停顿一下才落下，说明底焦太低，炉温及铁液温度偏低，应及时补加接力焦。

若风口情况良好，熔化率降低，说明底焦过高。

若风口结渣，说明炉温低，炉渣太黏。

（二）加料口判断

火焰呈桃红色并带有少量蓝色，加批料后即熄灭，说明风量正常。

若火焰旺盛，带黄色，加料后压不住火，说明风量过大。

加料口不见火焰，有白烟无力地旋出，表明炉内棚料。

铁焦比高时，炉气 CO 少，加料口处大多无火焰。

炉子有效高度高，有热风炉胆时，炉口温度较低，多在 100～150℃以下。

（三）风量、风压判断

用罗茨式鼓风机时，风量基本不变，而风压随炉内阻力大小而变化。当风压上升时，风机声音沉闷，说明炉内阻力增加，预示着炉内已棚料或风口有堵塞。风压下降时，表明料柱偏低或预热带上部料块过大造成棚料，或风箱漏风。

用离心式鼓风机时，风机的风量随炉内阻力变化而变化。风口结渣，炉料细碎时炉内阻力增加，风压增加，风量减少。炉内棚料或炉料不满时，风压降低，风量增加。

（四）出渣口判断

出渣口的火苗呈蓝色或黄色，有少量白烟，说明底焦合适，炉况正常。

火苗发红，说明底焦太低或炉内棚料，铁液温度下降。

喷出很多白渣棉，火焰有力，说明底焦偏高，风量大。

出渣口突然外喷，压力增加，表明炉内已经棚料，若外喷压力减少甚至停止外喷，表明过桥堵塞。

（五）炉渣判断

将炉渣拉成细丝，在亮处观察，黄绿色玻璃状，炉况正常，熔剂加入量合适。

带白道或白点，石灰石加入量多，渣子较稀，炉衬侵蚀增大。补加接力焦，并减少熔剂加以调整。

黑色玻璃状很致密，发重，炉温低，铁液氧化严重，渣中氧化铁较多，石灰石加入量少。应补加接力焦，减少风量和增加熔剂。

炉渣呈深咖啡色、疏松变黑并发泡，炉渣含硫较多，应勤放渣，防止炉渣回硫。此时炉前三角试片白口增加，Si、Mn 烧损严重，渣中 FeO 质量分数已大于 12%～15%。它与下列原因有关：风量过大，底焦下降太快或底焦过低，炉渣中酸碱度发生变化（炉料中带入的砂子多，炉衬脱落，熔剂不足）。此时，应及时减少风量，补加焦炭，但不能停风，以免冻炉。

（六）铁液判断

1. 温度

铁液发白、流动性好，说明铁液温度高；铁液不十分白，但流动性好，说明铁液中碳、硅量高，温度正常；铁液发白，流动性不好，说明铁液氧化较严重，铁液温度往往不高。

铁液温度前期高，而后逐渐下降。这是由于炉膛逐渐扩大，底焦下降或底焦不足所致。此时应调整风量，补加接力焦。

铁液温度突然下降，这是棚料造成底焦下降或是风口堵塞，炉衬塌落，风箱漏风所致。

铁液温度忽高忽低，其原因是炉料块度差别过大或批料过大，或送风不稳定或经常棚料，应调整风量和批量，料块应大小搭配使用。

2. 氧化情况

铁液表面不断产生很厚的氧化皮，铁液表面呈白亮色，但流动性差，三角试样白口增大，铸件补缩困难，易产生气孔，说明铁液氧化严重。此系风量过大，底焦高度下降所致。

3. 化学成分

铁液出炉至浇包时，铁液表面的碳、硅和空气中的氧接触发生氧化，因而在铁液表面形成时现时灭的花纹。花纹的种类与铁液的化学成分有关。观察花纹的变化，就可以在浇注之前大致判断铁液化学成分。一般规律是：随着碳当量的增加，花纹变得细小、越圆、越细，数量和出现的几率增多，延长了开始凝固的时间。花纹越细，灰铸铁牌号越低。

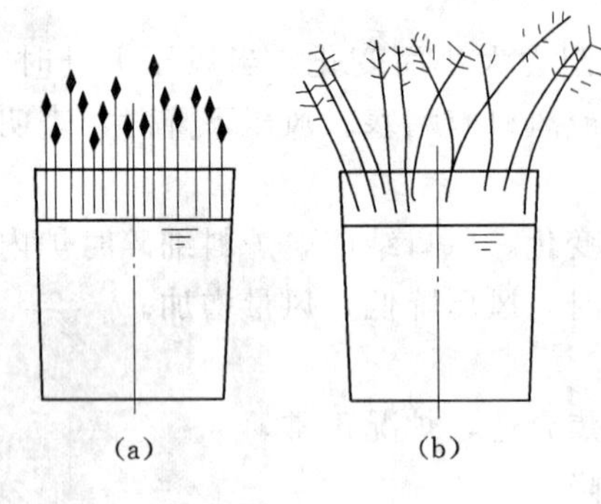

图 16-48 铁液的火花特征
(a) 扫帚状火花；(b) 雪花状火花

铁液从出铁槽流入浇包时，因铁液冲击而有铁豆飞出，铁豆小到一定程度就会出现火花，其形式有两种（见图 16-48）：在同样冲击下，碳硅量越低，铁液越硬，出现扫帚状火花越多。含碳量低时，扫帚状火花越多；含硅量低时，雪花状火花多，生产可锻铸铁时，雪花状火花特别多。

（七）炉衬侵蚀状况判断

氧化带顶端和熔化带这两处是炉衬侵蚀最大的地方。故通过打炉后次日对炉衬侵蚀状况的观察，可判断炉况：

侵蚀最深处的高度矮，说明氧化带短。

侵蚀不深，也不集中，炉膛较平滑无深凹，说明燃烧的高温区不集中。

熔化带侵蚀区低，说明底焦不高；熔化带侵蚀区较长，说明底焦波动大。

五、常见事故

冲天炉事故包括安全事故和质量事故，择要介绍于后。

（一）上部棚料

发生于预热带，此时料面停止下降，加料口火焰变旺，伴随着风压下降，并有低沉的嗡嗡声。

产生原因：①料块过大或形状不规则；②炉膛凹凸不平或呈上大下小的喇叭状。

解决办法：①用长铁杆橇捅炉料；②短期停风，令炉料降温收缩而下降；③炉料下落后，适当补加焦炭；④加强炉料准备；⑤预热带修成向下扩大的炉膛，表面应光整。

（二）下部棚料

发生于风口区以上部分，此时风口结渣、发黑，甚至有部分风口被堵死，风压升高，加料口料面下降迟缓。

产生原因：①炉料中脏物多，熔剂过碎；②焦炭灰分多，并混进脏物，致使焦炭彼此粘连，风口处炉渣被吹凉；③炉温低，在开炉初期炉温低时下部棚料发生的几率高。

解决办法：①交替关闭风口，使凝铁凝渣逐渐熔化（应同时减少风量）；②从风口吹入或放入氟石、脱水苏打、食盐或木炭等之一种或两种；③下部棚料严重时，应立即打炉；④如下部棚料刚发生，则发现风口炉渣发暗、发粘，应及时捅风口，清除结渣；⑤下部棚料排除后，应适时补加焦炭；⑥下次要注意焦炭质量，开炉初期谨防风量过大。

（三）落生

落生，即风口见到未熔尽的铁料。

产生原因：①铁料块度大，特别是有大块废钢料或钢球；②底焦过低，炉温又不高；③风量过大，炉料下降太快，预热不充分；④棚料时间长后，容易落生。

解决办法：①控制炉料块度；②调整底焦高度和风量。

（四）爆炸

冲天炉内有多种形式的爆炸，原因各有不同：①煤气爆炸是风机开风前或停风前，没有打开风口盖（窥视孔），使炉内CO进入风箱、风管。待重新送风时，CO与空气中O_2混合、燃烧，引起爆炸。②炉料中混入封闭的容器或易爆物，造成爆炸。③前炉炉底烘烤不干，铁液流入，大量水蒸气产生，引起爆炸。

只要加强岗位责任制，以上各种爆炸是完全可以避免的。

（五）炉壳发红

有时熔化带、过热带处炉壳有发红现象。一般多系开炉时间长，炉衬严重侵蚀所致。出现这种情况，用沾水的湿麻袋敷于红热处，并喷水冷却。这样炉内炉衬上会冷凝一层“冷铁”或凝渣，起暂时的保护作用。若红壳现象不能缓解，则应停炉。以后开炉，应考虑更换好的炉衬材料。此外，投料时，熔剂不能偏投炉壁，以防止偏蚀引起的炉壳发红。

（六）炉底漏铁液

产生原因：①炉底捶的不结实，或炉底与炉壁接触处圆角没有修好；②炉底门同炉衬之间有间隙；③炉底用型砂太干，型砂中混有钉子、碎木片等杂物；④装点火劈柴时砸裂炉底。

解决办法：①及时停风，并用耐火泥堵住漏处或喷水冷却；②严重时，应停风、出净铁液，打炉。

（七）过桥阻塞

如发现前炉窥视孔处或出渣口处火苗软弱无力，表明过桥已有阻塞。

产生原因：①过桥高度太矮，被焦炭堵塞；②过桥太长、斜度小，过桥未烤透，遇上先期铁液温度低而造成阻塞；③炉渣黏度大。

解决的办法：①开炉前，先打开前炉窥视孔。开风后，在窥视孔处见到大量的铁花后，说明过桥没有堵塞；如发现过桥堵塞，可用铁钎由窥视孔捅捣过桥，直到捅开为止。②停风，用氧气烧通后再送风。③当采取上述措施后，还没有排除事故，只好将过桥上盖扒开。清理好过桥后，封闭各检修部分，再送风熔化。④底焦块度尽量选大些，并在后炉和过桥搭接处，摆上几块大焦炭，这样细碎物质就不会进入过桥。⑤过桥应修成向前炉逐渐扩大的喇叭形。过桥务必烤透。⑥调控炉渣黏度。

（八）出铁口冻结

产生原因：①出铁口向里的喇叭口过小，出铁口的圆柱孔段过长；②送风后放冷铁液的时间短；③铁液含硫量高；④出铁口处烘烤不干；⑤前后两包出铁液相隔时间过长；

⑥堵出铁口时，泥球没有堵好；⑦中途停风时间过长。

解决的办法：①用钢钎打；②用氧气烧穿；③正确修搪出铁口的形状，保证其尺寸；④前炉设有备用出铁口。

（九）铁液氧化

铁液白亮，但流动性差，飞溅的铁液火花增多，炉前检验三角试样白口增大，表明铁液氧化。铁液氧化多在过量送风，底焦不足，炉料严重锈蚀或炉缸过浅时发生。扭转局面，应从提高铁液温度的种种措施着手，而炉后则应停止继续使用锈蚀的炉料。

（十）发渣

炉渣变黑，呈泡沫状，称作发渣。发渣的 FeO 含量高（15%～25%）、碱度低（0.25～0.35），流动性不好，相当黏，铸件浇不足、气孔和白口的倾向大。出现发渣，标志着冲天炉已病入膏肓。应放渣停炉，否则风口灌渣，后果严重。

发渣是黑渣的恶性发作。因此，应抓住发渣的初期征兆，根据风口、出渣口和出铁口的某些反常现象，及时作出判断。表 16－26 列有发渣的前期征兆。

表 16－26 发渣的前期征兆

判断方法	发渣的前期征兆
风口判断	1. 风口发暗 2. 铁滴较大而颜色发红，流动缓慢无力
出渣口判断	1. 渣多，流动性差，并有火花喷出 2. 渣口或前炉出气孔的花苗飘摇无力 3. 炉渣冷凝后重而发黑 4. 有时炉渣开始带有泡沫
出铁口判断	1. 铁液白亮，但流动性差 2. 出铁时，铁流外有“掉皮”现象

当发现有上述现象时，立即采取以下解决措施：①捅大出渣口，迅速将炉渣排出，防止炉渣起泡塞满前炉，堵住过桥，甚至灌了风口；②减风，以削弱继续氧化的条件；③加接力焦，以恢复底焦高度；④多加石灰石，并从风口加氟石粉、食盐等去稀释炉渣；⑤如果风口处见到落生的铁料，要暂时将此风口堵住，使落生铁料尽早熔化；⑥停止不洁的铁料入炉。

第五节 炉 例

冲天炉按其技术特征，大致可以分为普通冲天炉和现代冲天炉两个基本类型。普通冲天炉指普通炉衬，冷风或风温约 200℃的炉胆热风的冲天炉，结构较为简单，开炉时间短，一般工作几小时到十几小时就要打炉重新修炉。现代冲天炉指水冷薄（无）炉衬长炉龄冲天炉，冷送风或热送风，炉子结构体系复杂，每天熔化完毕，封炉不打炉，可连续使用数周至十余周而炉体无需修炉，能满足现代化铸造生产线的铁液需求。

以下介绍几例普通冲天炉和水冷长炉龄冲天炉。

一、普通冲天炉

（一）多排小风口冲天炉

多排小风口冲天炉的风口比为 3%～6%，风口排数为 3～4 排。三排风口冲天炉的主排风口设在底部，四排风口冲天炉的主排风口多设在第二排，主排风口的送风量一般占总送风量的 50%～60%。风口排距依延长氧化带、推迟还原反应的原则确定，一般排距不超过 250mm。图 16－49 比较了冲天炉单排与四排时的炉气温度曲线。很显然，与单排风口相比，多排风口冲天炉增加了过热距离。辅助风口吹入的空气，逼使上升中的炉气向炉心靠拢，改善了断面供风的均匀性，也有利于提高铁液温度。实践表明，当焦炭固定碳不高，块度不理想时，多排小风口冲天炉的作用较为明显。

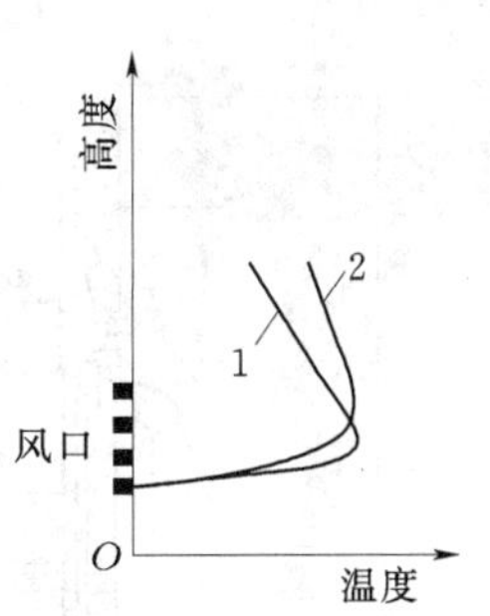

图 16－49　风口排数对炉气温度的影响

1—单排风口；2—四排风口

某 5t/h 三排小风口冲天炉采用曲线炉膛，最大炉径在熔化带，风口炉径缩小以强化燃烧，在预热带下部设有热风炉胆。

主要结构参数为：风口区炉径 Φ690mm，熔化带炉径 Φ900mm，有效高度 5300mm，底排风口 Φ35mm×8×5°，第二排风口 Φ25mm×8×10°，第三排风口 Φ20mm×8×15°，风口比 3.75%，排距 250mm。

主要工艺参数为：底焦高度 1400mm，风量 $60m^3/min$，风压 12kPa，风温 200℃。

熔炼效果为：焦耗 10%（焦炭固定碳含量 80%），出铁温度 1400～1430℃，熔化率 5t/h。

为了节约热能，改善炉况，炉胆热风在普通冲天炉上得到了普遍的采用。图 16－50 为密筋炉胆，该炉胆由内外筒组成，内筒上密集地通焊有筋板，炉胆两端有风箱，炉胆上有膨胀补偿圈。为了保护炉胆，安装时炉胆下沿应在熔化带以上 200～300mm 处；点火期间底焦不要装得太高，临装料前再投足底焦；开炉中途忌停风；打炉后要再鼓风 15～20min 冷却炉胆。炉胆制作质量十分重要，好的炉胆可使用 5000～6000h 或更长，差的炉胆用几百小时就会开裂变形。安装在预热带的炉胆，风温在 150～250℃，如果再与设在燃烧带的炉胆串联成两重炉胆，风温可达 300℃。

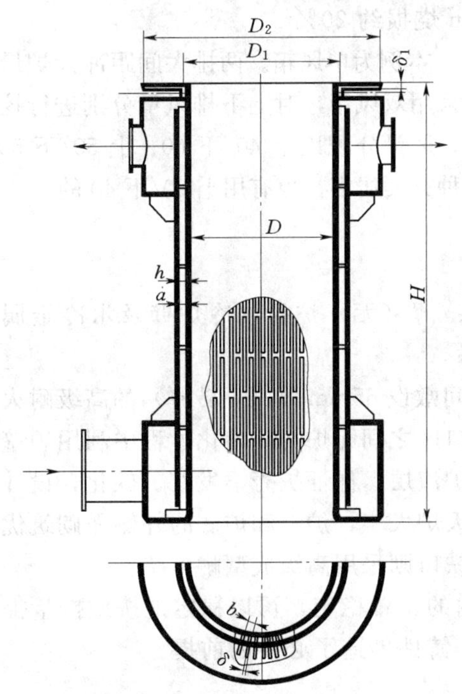

图 16－50　密筋炉胆

（二）两排大间距冲天炉

两排大间距冲天炉，由于排距大，底焦内形成了两个独立的燃烧带。第一排风口送风形成第一个氧化带和还原带。第二排风口送风使焦炭燃烧的同时，也使上升炉气中的 CO 再度燃烧形成了第二个氧化带，往上 CO_2 被还原形成第二个还原带。两排大间距冲天炉与多排风口冲天炉相比，风口排数少，送风相对集中，燃烧温度更高一些。由于该种炉子

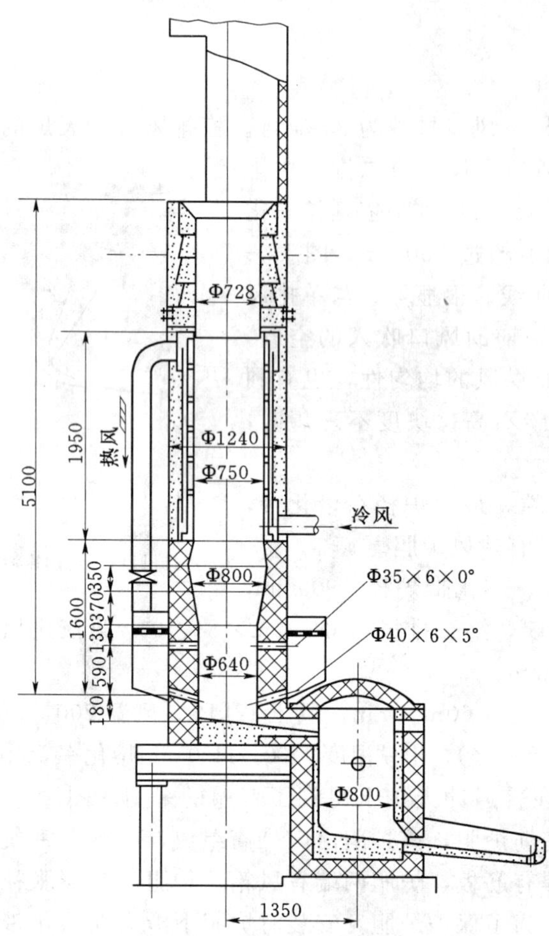

图 16－51 4t/h 两排大间距冲天炉简图
（单位：mm）

的过热距离长，炉内又有两个温度更高的高温中心，并且铁料熔化后就途经上高温区，使热交换得到强化，因而容易获得高温铁液（比一般冲天炉高约 30～50℃）。出铁温度高，炉况稳定，Si、Mn 烧损正常是两排大间距冲天炉的根本优点。

图 16－51 为两排大间距冲天炉简图。该炉为曲线炉膛，有热风炉胆。

主要结构参数为：风口区炉径 Φ640mm，熔化带炉径 Φ800mm，有效高度 5100mm，下排风口 Φ40mm×6×5°，上排风口 Φ35mm×6×0°，风口比 4.15％，排距 590mm。

主要工艺参数为：底焦高度 1500mm，风量 $50m^3/min$，风压 13.4kPa，风温 200～250℃。

熔化效果为：焦耗 10％（焦炭固定碳含量 82％），出铁温度 1460～1480℃，熔化率 4t/h，Si 烧损约 15％，Mn 烧损约 20％。

本例为单风箱。两排大间距冲天炉最好采用双风箱，对上下排风量分别进行控制。风量分配以上 40/下 60、上 50/下 50 两种方案居多，也有用上 60/下 40 的。

二、水冷长炉龄冲天炉

水冷长炉龄冲天炉必须具备两个基本结构特征：薄（无）炉衬水冷炉壁及水冷金属风口。

小型冲天炉采用薄炉衬，在预热带至水冷风口之间敷设 65mm 厚（一砖厚）的高级耐火砖。大型冲天炉采用无炉衬技术，即预热带至水冷风口区之间无炉衬，熔化过程中利用炉壁外的冷却水作用，使炉壁内侧形成约 40～70mm 的保护渣层，保证炉壳不发红、软化，设计时应通过计算对冷却水参数作出严格的规定。不论冲天炉大小，炉缸和炉底的外侧需砌筑优质耐火砖，再在其表面捣打一层可塑性耐火材料，出铁口则采用高级成型耐火砖。

水冷长炉龄冲天炉炉膛尺寸稳定，风口深入炉内的位置稳定，可以稳定地按质按量提供铁液，从而为现代化铸造企业组织生产和获得优质铸件创造了必要的前提。

（一）3t/h 水冷长炉龄冲天炉（炉胆热风）

3t/h 水冷长炉龄冲天炉如图 16－52 所示。该炉的结构特征主要反映在其水冷段，见

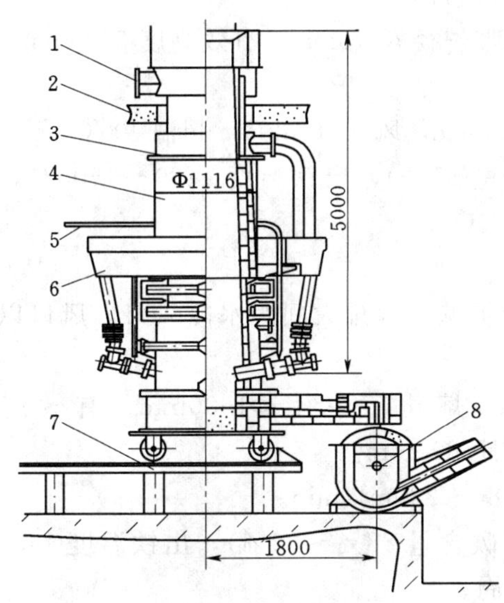

图 16-52　3t/h 水冷长炉龄冲天炉

1—风管接口；2—加料平台；3—热风炉胆；4—预热段；5—风口回水管；6—风箱；7—炉缸移动轨道；8—回转前炉

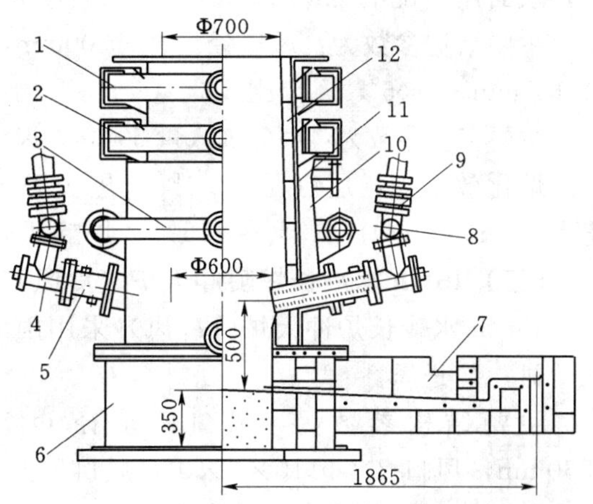

图 16-53　冲天炉水冷段

1—上雨淋供水管；2—下雨淋供水管；3—风口供水管；4—三通；5—水冷风口；6—炉缸；7—连续出铁槽；8—风口调风阀；9—膨胀节；10—水浴套；11—水冷炉壁；12—炉衬

图 16-53。炉壁由两道供水管雨淋冷却。炉壁为圆锥形，上小下大，便于冷却水顺壁而下冷却炉壁，也可防止炉内炉料搭棚。自炉壁雨淋下来的冷却水进入水浴套对炉壁和炉缸进行冷却。

水冷风口是水冷长炉龄冲天炉的最关键部件。图 16-54 为先进的贯流式水冷风口。冷却水切向进入风口外腔流向风口前端，再通过内腔到达回水口。外腔前端设置的螺旋流道将外腔划分为过流面积很小的流道，提高了冷却水的流速，强化了热交换。

每个风口的回水管路上，装有水温、水流量的仪表。一般认为，只要出水温度低于45℃，水冷风口就无熔失之虞。每个风口的水流量和水压，可通过调节阀调整。此外，每个风口进水口都装有截止阀，以备风口一旦熔失时截断水源，更换风口。

循环冷却水系统必须十分可靠。除了循环冷却水池外，还要城市自来水、高位水箱等应急备用水源。为了防止电网意外停电，应备有柴油发电机组。只有具有主泵、备用泵、高位水箱、城市自来水和自备电源驱动的应急泵的五重冷却水系统，才能确保冲天炉的安全运行。循环冷却水控制必须自动化，若冷却水池的水温高于40℃，冷却塔自动启动，对冷却水进行强制冷却；若冷却主泵出现故障，备用泵自动启动，等等。

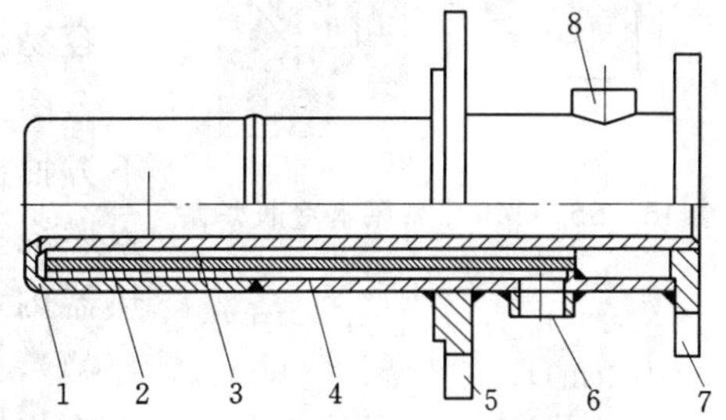

图 16-54　冲天炉贯流式水冷风口

1—风口帽；2—螺旋流道；3—导风管；4—外套管；5—大法兰；6—进水口；7—小法兰；8—回水口

3t/h 水冷长炉龄冲天炉风口以上炉衬采用优质高铝砖，炉缸和炉底也采用优质高铝砖，表面用自配的 Al_2O_3—SiC—G（石墨）可塑料捣打。

主要结构参数为：风口处炉径 Φ600mm，熔化带炉径 Φ675mm，有效高度 5000mm，风口 Φ55mm×6×5°，风口比 5%。

主要工艺参数为：底焦加入量 500kg，风量 $45m^3/min$，风压 10.8kPa，风温 100℃。

熔化效果为：层焦耗 12.8%（焦炭固定碳含量 85%），出铁温度 1460～1500℃，熔化率 3t/h，(FeO) 4.3%～4.5%，炉龄两周半。

（二）15t/h 水冷长炉龄冲天炉（冷风）

15t/h 水冷长炉冲天炉（冷风）采用雨淋水冷炉壁，两排大间距水冷风口，风口以上无炉衬，冷送风。

主要结构参数为：风口区炉径 Φ1700mm，熔化带炉径 Φ1600mm，有效高度 8550mm，风口 2×Φ110×6×0°，风口比 5%，排距 800mm。

主要工艺参数为：底焦高度 2400mm，风量 $180～220m^3/min$。

熔化效果为：层焦耗 12%～13%（焦炭固定碳含量 88%～90%），出铁温度 1480～1500℃，熔化率 15.2t/h，(FeO) 3.2%，炉龄四周。

据该炉统计，正常运行时水冷风口的水消耗量为 $120m^3/h$，风口冷却水最大温差 6℃；水冷炉壁水消耗量为 $28.3m^3/h$，炉体冷却水最大温差 28℃。炉子热效率约 35.5%，冷却水热损失约 11.1%，与普通冲天炉炉壁散热和炉衬蓄热损失相近。

（三）14t/h 水冷长炉龄冲天炉（炉外热风）

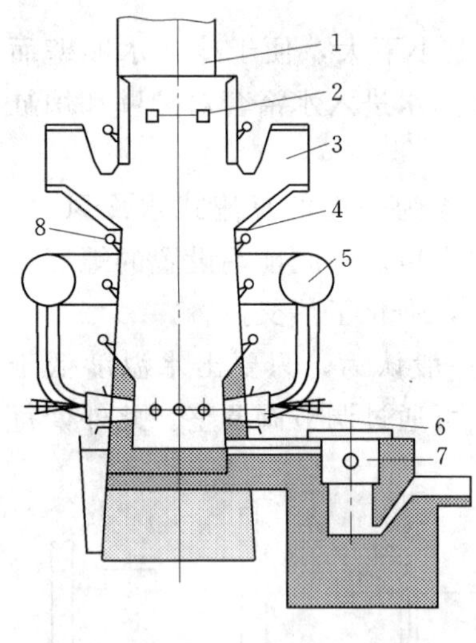

图 16-55 14t/h 热风水冷长炉龄冲天炉示意图
1—加料口；2—料位器；3—环形炉气引出口；4—炉壳；5—风箱；6—水冷风口；7—压力分渣器；8—炉壳雨淋管

14t/h 热风水冷长炉龄冲天炉示意于图 16-55。该炉为锥形炉壳，炉壳外设有三道环形雨淋管。加料口至风口区，除炉气引出口水冷却的部分砌有耐火砖外，没有炉衬。水冷风口插入炉内供风，以减少炉壁效应，改善底焦燃烧，并避免高温气流冲刷炉壁。风口、炉缸及炉底表面采用 Al_2O_3—SiC—G 可塑性捣打料，捣打密度为 $2.05～2.1g/cm^3$，炉缸捣打料外侧为碳素砖或高铝砖。出铁口用 Al_2O_3—SiC—G 砖。冲天炉设有两只压力分渣器（图 16-55 中只见一只，另一只与之成 45°分布），这是由于分渣器容易损坏（工作 15～20d），两只分渣器轮流使用。

图 16-56 为热风除尘系统布置图。由冲天炉加料口下方抽出的炉气（温度小于 350℃），经旋风重力除尘后进入燃烧室。在空气助燃下，令炉气中 CO 充分燃烧，在换热器内，来自燃烧室的高温炉气将鼓风加热至 400～450℃，热风经由管道送入冲天炉内。而换热后的炉气，经冷却器降温至 150℃以下后进入布袋除尘器，最后由引风机经过烟囱排放，粉尘含量为 $50～100mg/m^3$，低于环保标准（$\leqslant 200mg/m^3$）。

14t/h 热风水冷长炉龄冲天炉采用辐射对流式换热器，如图 16-57 所示。换热器管束由耐热钢制成，其排列紧凑，体积小，换热效率高。为防止炉气温度过高，危及换热器寿命，当燃烧温度高于 850℃时，在燃烧室上部送入冷空气降温，使燃烧室出口炉气温度不超过 800℃。

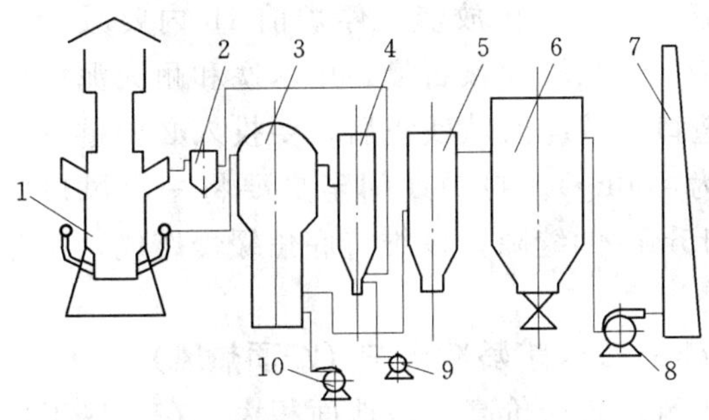

图 16－56　冲天炉热风除尘系统布置图

1—冲天炉；2—重力除尘器；3—换热器；4—燃烧器；5—冷却器；6—布袋除尘器；7—烟囱；8—引风机；9—助燃风机；10—鼓风机

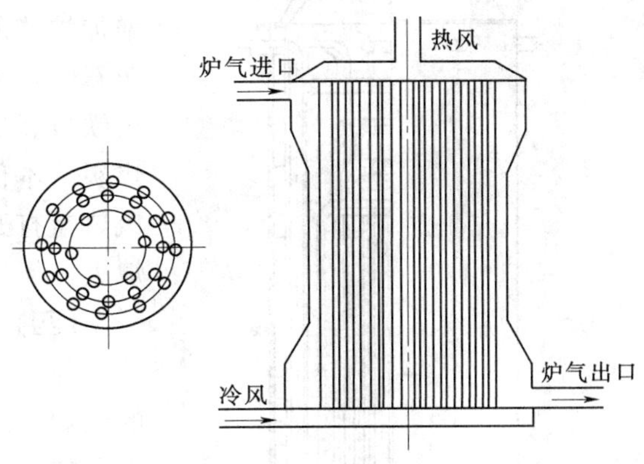

图 16－57　辐射对流式换热器

必须说明，燃烧室内有辅助燃烧装置，当燃烧室温度低于 CO 的着火温度 650℃时，由点火器点燃炉气；当燃烧室温度高于 650℃时，点火器熄火，炉气自燃。燃烧室顶部设有防爆阀，以保操作安全。

主要结构参数为：熔化带炉径 Φ1220mm，有效高度 6500mm，单排风口 Φ120×8×8°，风口比约 7.7%，风口插入距离可调。

主要工艺参数为：底焦高度 2000mm，风量 150～200m^3/min，风压：8～9kPa（热风）、9～10kPa（冷风），风温 400～450℃。

熔化效果为：铁焦比 6.5（焦炭固定碳含量不小于 86%），出铁温度 1480～1520℃，熔化率 14t/h，炉气燃烧比 40%左右，最大不超过 60%，（FeO）0.6%～2%，炉渣碱度 0.9～1.15，Si 烧损小于 5%，Mn 烧损小于 10%，炉龄 2 个月（内班工作）。

14t/h 热风水冷长炉龄冲天炉炉况十分稳定，渣量少（仅占铁液重量的 0.1%～0.3%），铁液化学成分波动小。如果利用炉内高温的有利条件，把炉渣碱度提高到 1.3 以上，可将原铁液的硫量降至 0.025%以下。通过风口插入深度、风量和风温等的调节、熔化

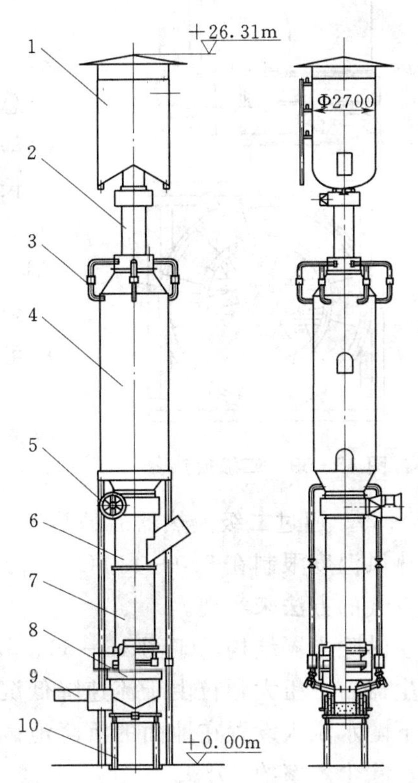

图 16－58　6t/h 水冷长炉龄炉顶热风冲天炉

1—喷淋除尘器；2—一级换热器；3—热风管道；4—二级换热器；5—冷却风机；6—加料口段；7—预热段；8—水冷段；9—连续出铁槽；10—炉腿

率可以在较大范围内变化，以适应生产发展的需要。

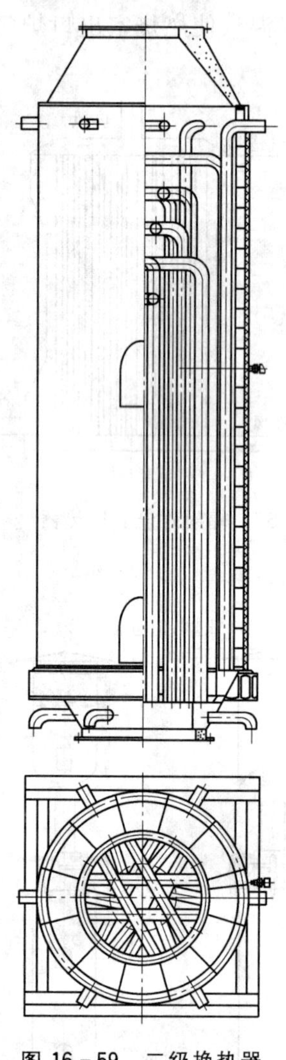

图 16－59 二级换热器

封炉工作要认真细致。停止加料后要逐渐减少风量，铁料化尽，炉前出铁后要将残铁、残渣放净。为了增加炉渣的流动性，利于放渣，停炉前 1h 内要减少石灰石的加入量，适当增加氟石量。用木塞和耐火泥堵好出铁口、出渣口。放净残铁残渣后，要投入必要重量的焦炭（本例为 400kg）。封炉期间至少要将一半风口的风口盖打开 15mm 的缝隙，以维持底焦缓慢燃烧，避免熄火。

（四）6t/h 水冷长炉龄冲天炉（炉顶热风）

外热式热风装置造价高，占地面积大，在一些工厂的建炉和改炉工作中难以实现。近年来，安装在加料口以上的炉顶热风装置亦可以获得 400℃以上的热风，冲天炉铁焦比达 7～8（引进的外热式炉为 6.5 左右），有一定的应用价值。

6t/h 水冷长炉龄炉顶热风冲天炉如图 16－58 所示。该炉加料口以上有两级换热器和喷淋除尘器，炉子总高达 26.3m。水冷段炉壳为雨淋冷却，炉缸水浴冷却，风口为贯流式水冷风口，其结构与前述 3t/h 水冷长炉龄冲天炉基本相同，不再赘述。本水冷热风冲天炉为薄炉衬，其中水冷段、炉缸和出铁槽用 Al_2O_3—SiC—G 砖，出铁口用成型 Al_2O_3—SiC—G 砖，其余部分使用高铝砖。出铁槽表面、炉缸与炉底表面用可塑料捣打。

一级换热器为类似于热风炉胆的环缝换热器。鼓风气流沿环缝自上而下，与高温炉气逆向换热，一般可将鼓风预热到 180℃左右。二级换热器为蛇形换热器，见图 16－59。通过二级换热器后的热风一般可达到 400～500℃。为了延长换热器的使用寿命，热风温度限制在 380～430℃，由设置在二级换热器和加料口之间的冷却风机通过鼓吹冷空气的方法来实现。

喷淋除尘器结构示于图 16－60。其内部设置着上、中、下三层共 18 只喷嘴。炉气进入除尘器后，粗大颗粒由于流速降低沉降于除尘器底部，随炉气上升的细小尘粒在水雾的裹挟下随水流入设置在地面的沉降池。该除尘器出口的炉气呈白色，烟气林格曼黑度小于一级。除尘效率约 70%。

主要结构参数为：炉膛名义直径 Φ1000mm，有效高度 4500mm，单排风口 Φ90mm×6×10°，风口比约 4%。

主要工艺参数为：底焦高度 1800mm，风量 110m³/min，风压 3.5kPa，风温 380～430℃。

熔化效果为：铁焦比 7.8（焦炭固定碳含量 85%），出铁温度 1500℃，熔化率 6t/h，（FeO）≤1.5%，炉龄 15～20d（三班工作）。

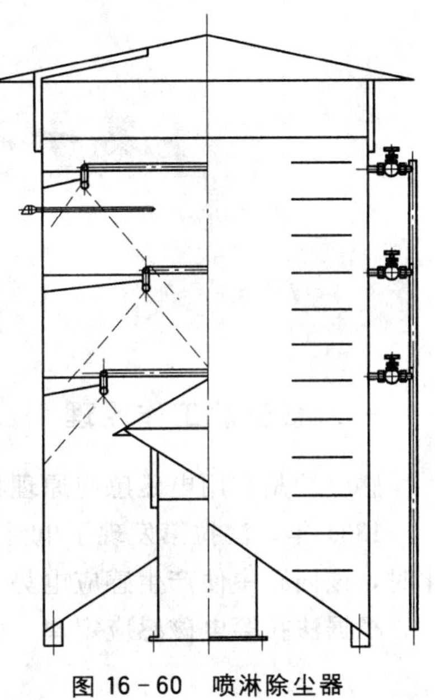

图 16-60　喷淋除尘器

通过以上四例，可以看出水冷长炉龄冲天炉的巨大生命力。实践证明，流水线生产的现代化铸造企业，采用水冷长炉龄冲天炉，虽然一次修炉费用高，但由于炉龄长，节约了吨铁液的耐火材料费用，节省了修炉人工费和废弃耐火材料的搬运费，扣除冷却水运行费用后，吨铁液消耗的炉衬综合费用大大低于普通冲天炉。据某炉龄为 4 周的冲天炉统计，吨铁液的炉衬综合费用仅为 5 元，比改炉前节约 80%以上。采用热风水冷长炉龄冲天炉，虽然冲天炉折旧费和机电运行费增加，但由于铸件成品率和生产效率的提高，铸件成本反而降低，企业从铸件售价的提升中，取得了良好的经济效益。因此，水冷长炉龄冲天炉无论是冷送风还是热送风，是冲天炉发展的重要方向。

思　考　题

1. 冲天炉内为什么既不能没有还原带，又不能使还原带过度发展？应如何调控？

2. 试由焦炭的燃烧规律，分析说明冲天炉内风速、风温和焦炭质量与焦炭燃烧反应的关系。

3. 试指出冲天炉内各区的热交换特点。各区热交换应如何强化？冲天炉内哪个区对铁液温度的影响最为关键？

4. 请列表说明冲天炉熔炼过程中影响铁液温度的各种因素。

5. 试分析 350℃以上的热送风与炉况、铁液温度和铁液化学成分之间的关系。

6. 冲天炉欲获得含碳量较低的铁液，可采取哪些措施？

7. 冲天炉欲获得硫含量低于 0.06%的原铁液，应采取哪些措施？

8. 炉外脱硫有哪些办法？它们各有哪些优缺点？

9. 铁液中的氧以什么形式存在？多了为什么不好？如何加以控制？为什么铁液中的氧量过少也不好？

10. 试根据冲天炉网状图，说明风量、焦耗与铁液温度、熔化率之间的关系。冲天炉的焦耗和风量应如何确定？

11. 冲天炉熔炼中，底焦起哪些作用？底焦高度主要根据什么来确定？

12. 请熟悉并记住冲天炉炉况判断的方法。

13. 现代冲天炉的含义是什么？它有什么结构特征？它适合在什么条件下使用？

14. 试分析水冷长炉龄冲天炉熔炼的技术经济优势。

第十七章　感应炉熔炼

第一节　概　　述

一、感应炉工作原理

感应炉是利用电磁感应原理将金属炉料加热成液态，进行熔炼的设备。

1831 年，法拉第发现了电磁感应现象：当通过导电回路所包围的面积内磁场发生变化时，该回路中便产生感应电势，若回路闭合，则产生感应电流。

根据法拉第电磁感应定律，感应电势的数学表达式为：

$$e=-\frac{d\psi}{dt} \tag{17-1}$$

式中　e——电势的瞬时值（V）；

ψ——电路的磁链（Wb）；

t——时间（s）。

通常感应回路串联有 N 匝，并且通过每匝的磁通相同，则有 $\psi=N\phi$（其中，ϕ 为磁通，单位为 Wb）。

当磁通按正弦规律变化时，则感应电势 E 的等效值可写为：

$$E=4.44fN\phi \quad (\mathrm{V}) \tag{17-2}$$

式中　f——频率（Hz）；

N 及 ϕ 符号含义同前。

置于交变磁场中的金属炉料，在感应电势的推动下炉料内产生电流，克服电阻而转换为热能。

根据焦耳—楞次定律，热量的数学表达式为：

$$Q=I^2Rt \tag{17-3}$$

式中　Q——电流通过电阻时产生的热量（J）；

I——感应电流（A）；

R——金属炉料的电阻（Ω）；

t——通电时间（s）。

由上可见，感应加热的基本条件是：①存在交变磁场；②被加热物体为导电材料。

二、感应炉分类与应用

（一）按电流频率分类

感应炉按电流频率分为工频、中频和高频三类：工频感应炉 50Hz；中频感应炉＞50

～10000Hz；高频感应炉＞10000Hz。

频率增加时，感应电势增加，提高了发热能力。在感应器电流不变的情况下，被加热物体单位面积接收的功率随频率的增加而增加，即加热速度加快。但频率提高的同时，由于集肤效应炉料的加热层变小，炉料的中心部分需靠热传导加热，从而降低了加热效率。因此，高频仅限于使用小块炉料的50kg以下的小炉子，供试验室采用。工频则适于3t以上的大容量感应炉，但工频感应炉需有开炉块。与工频感应炉相比，中频感应炉的功率密度大，无需开炉块，生产灵活，变更铸铁牌号方便。在同等生产率条件下，中频（变频）感应炉炉体尺寸小，占地少，而且不需三相平衡和功率因素补偿装置，造价较低。因此，中频感应炉在生产中得到广泛应用。随着变频器功率的大型化，工频感应炉在大容量炉子中的地位，将逐渐被中频感应炉所取代。生产中，中频感应炉的频率一般为1000～2500Hz。

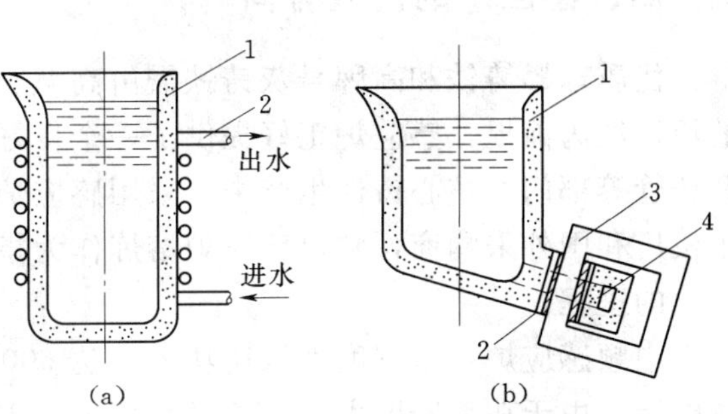

图17-1　感应炉炉体结构示意图

(a) 无芯感应炉；(b) 有芯感应炉（卧式）

1—坩埚；2—感应器；3—铁芯；4—熔沟

（二）按炉体结构分类

感应炉按炉体结构分为无芯（坩埚式）感应炉和有芯（熔沟式）感应炉两类，见图17-1。

无芯感应炉炉衬形状简单，筑炉方便，易于检查和修补炉衬，适于单品种或多品种生产，应用十分普遍。有芯感应炉，感应器绕在由硅钢片叠成的闭合铁芯上，加强了导磁作用。熔沟自成回路构成二次绕阻。感应器与熔沟之间的电磁耦合好，其电效率、热效率和功率因素比无芯感应炉高。但有芯感应炉不适于冷启动，起熔时间长，熔沟易损坏，修换困难。因此有芯感应炉主要用作保温炉和浇注炉，其频率多采用工频。

三、感应炉熔炼的优势

感应炉熔炼具有以下优势：

(1) 感应炉热量产生于炉料内部，无需外界传导，因而热效率高，加热速度快。

(2) 铁液过热度容易调节，出铁温度高。

(3) 元素烧损少，铁液中气体含量和非金属夹杂物少。

(4) 由于电磁搅拌作用，铁液的化学成分和温度均匀。

(5) 熔炼工艺稳定、易控，铁液化学成分准确。

(6) 可以多用或全部使用废钢，用增碳的方法生产合成铸铁。

(7) 切屑和边角碎料等细小的难以在冲天炉内直接利用的廉价废料，在感应炉内借电磁搅拌作用，很容易卷入铁液而迅速熔化，而氧化损耗却较少。

(8) 感应炉的烟气和粉尘较少，噪音小，作业强度低，环保治理比较方便。

(9) 与冲天炉相比，不存在铁液被焦炭硫污染问题。

(10) 容易实现自动化管理。

当然，感应炉熔炼亦存在一些不足。例如，炉渣不能感应发热，熔渣温度低。加之坩埚的高径比大，感应炉的冶炼能力远不如电弧炉，在一定程度上，感应炉是一种重熔设备。此外，感应炉铁液的过冷倾向大，炉前需采取防范措施等。

感应炉熔炼，耗电量比冲天炉大。不过，由此引起的成本增加完全可以由铸铁材质的提高和铸件废品率的减少而得到超额的补偿。近年来，由于焦炭价格的上涨和冲天炉环保治理费用的增加，感应炉熔炼更加受到人们的重视，其应用范围正不断扩大。可以预见，供电紧张的局面随着三峡发电机组的陆续投产将得到缓解，感应炉应用的前景十分看好。

四、感应炉的发展方向

优质球墨铸铁和高牌号灰铸铁需由高温、低硫、洁净，且化学成分准确而少干扰元素的原铁液为前提，感应炉正好提供了一个良好的平台。目前，在机械、动力、汽车、容器和铸管等部门的核心铸件生产中，采用感应炉熔炼或冲天炉—感应炉双联十分普遍。国内主机厂和国外采购商，常以感应炉熔炼作为指定供货条件，进一步推动了铸造厂熔炼感应炉化的进程。

中频感应炉功率密度大（比功率可达 600～1200kW/t），熔化速度快，起熔方便，节省电能。由于功率密度大，无相平衡装置，占地少，因此设备和土建费用较工频感应炉低10%～15%。中频感应炉成为铸造厂熔炼炉之首选。在国外，工频感应炉基本上仅保留其在有芯保温炉方面的一些阵地。

当今，中频感应炉的发展动向是：

(1) 提高比功率，实现电效率和热效率的双高和快速熔炼。

(2) 功率连续可调，以适应不同升温和保温能力的需要。

(3) 变频。如在熔化期间用较高频率，提升功率加快熔化；在后期用较低频率，以加大搅拌力，促进增碳和合金成分的调整。

(4) 双供电，即一套电源两个换炉开关，分别联系两个炉体。在两炉间可以任意分配功率，实现两炉同熔或一炉熔化一炉保温，确保随时能向浇注线提供铁液。也可以在一炉熔化的同时另一炉进行炉衬烧结。

(5) 自动化管理。如对熔化、保温、炉衬预热烧结实行可编程自动化作业；对电源、炉体和水冷系统进行诊断和作故障处理等。一个自动化程度高的炉子，人工操作仅限于接通电源，开启变频器和调定输入功率，无需设专人看守变频器或作其他操作调节。工作期间变频器控制板会自动根据加料量和温度等参数的变化，使变频器处于高效运行状态去完成升温、保温的全部过程。

(6) 宽口炉体。近期国外推出宽口炉体感应炉，可实现大料直接入炉。

第二节 无芯感应炉熔炼

一、无芯感应炉的构成

无芯感应炉由炉体系统、倾炉系统、水冷系统和电气系统四部分所构成。

(一) 炉体系统

炉体系统是无芯感应炉的主要工作部分，它包括坩埚、感应器、磁轭、炉架、炉盖、冷却集水管及馈电线等。无芯感应炉炉体系统见图17－2，现择其主要内容简介于后。

坩埚大多由炉衬材料捣制而成，胆式整体坩埚偶见于小容量感应炉。为了达到良好的电气性能，坩埚设计呈瘦长形，而壁较薄。有关坩埚用材料及坩埚的制作见本节的“三”部分。

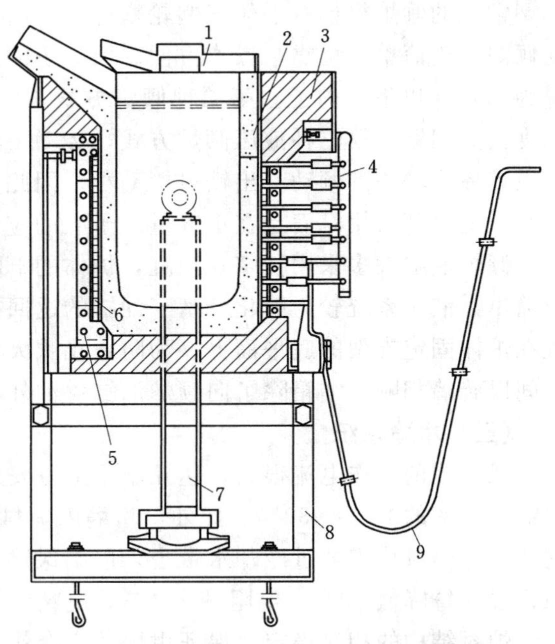

图17－2　无芯感应炉炉体系统

1—炉盖；2—坩埚；3—倾动炉架；4—冷却集水管；5—磁轭；6—感应器；7—倾炉油缸；8—固定炉架；9—馈电线缆

感应器由空心紫铜管绕制而成，中频感应炉多采用方形管和矩形管，工频感应炉采用异形管。大容量的炉子将感应器分成上、中、下三段，以调节功率及搅拌力度。例如，冷料熔炼时上、中、下三段都通电，以输入全功率加快熔炼；当需要脱硫或增碳时，使用上、中两段以强化搅拌；当炉子处于保温阶段时，使用中、下两段或仅用下段，以减小功率和熔池的搅动。

磁轭由硅钢片叠制而成，分数列均匀分布于炉体周围。磁轭的作用是辅助导磁，加强感应器对炉料的功率传递和两者间的电磁感应，约束漏磁的发散，减少炉架等金属构件的发热。磁轭与炉壳牢固连接，防止炉子工作时因电磁力引起的振动而使炉体系统产生松动。

有无炉盖和炉盖的开闭状态对电炉的保温功率影响很大。开盖时在熔池表面不同黑度下的辐射热损失见表17－1。炉盖由盖框和耐火材料组成。常用的耐火材料有耐火砖、可塑性耐火料和耐热混凝土。大容量感应炉的炉盖多用型钢焊制以减轻重量，炉盖上分设小盖，供检查炉况、添加合金料和取样之用，以减少辐射热损失。炉盖启闭分手动和液压两种。手动启闭机构简单，但倾炉时需移开，增加了热损失，恶化了作业环境。液压驱动的回转式炉盖启闭机构是现代感应炉采用的主要形式。

表17－1　熔池表面的辐射热损失

熔池温度（℃）	不同黑度下的辐射热损失（kW/m²）				
	0.3	0.5	0.7	0.9	1.0
1300	106	177	247	317	353
1400	136	226	317	406	452
1500	171	285	399	513	570
1600	213	355	496	639	710

（二）倾炉系统

倾炉系统包括倾炉机构、油箱和油泵及各种功能阀等。

常见的倾炉机构有手轮—蜗轮蜗杆式、电动机—减速机式和油泵—液压缸式三种。手动倾炉结构简单、可靠、操作方便。但炉子的出铁口摆动大，炉工操作强度大，仅适于容量为250kg以下的炉子。第二种倾炉方式，以电动机替代了人力，但仍存在出铁口摆动幅度大的问题。第三种液压倾炉方式，传动平稳、调速方便、占用空间小，由于实现了炉体以炉嘴为轴心的倾动，出铁口摆动小。因此，液压倾炉机构应用最为广泛，不仅在大容量炉子上全部采用，而且在小容量炉子上的应用也日趋增多。

倾炉油缸大多采用柱塞式油缸，炉体的下降借其自重来完成。因此，倾炉油缸结构比较简单，液压系统较为简化。基于油缸的返回行程系依靠炉体自重而实现，所以油箱应设置在炉体固定支架的底平面上。为防止飞溅火星引起油箱和油管着火，一般要求油箱与炉体间以砖墙相隔。油箱除了向倾炉油缸供油外，常兼作炉盖启闭的动力源。

（三）水冷系统

感应器的工作电流很大，达几千至上万安培，故自身电阻的发热量十分可观，约占电炉额定功率的20%～30%。此外，坩埚内炉料和熔池还通过炉衬向感应器不断传递热量。这两部分热量均需通过冷却水带走，以确保感应器工作温度和电阻率的降低。铜感应器的工作温度每降低10℃，电阻减少4%，电耗可相应降低4%。必须指出，感应器的水冷却对于炉衬结构的相对稳定，保证坩埚的安全作业和提高炉龄也是相当重要的。

除了感应器外，水冷却部位还有汇流母线排、电缆、电容器、磁轭、变频器和电抗器等，视需要而定。

为了节约水资源，必须设置带冷却池、冷却塔的循环水冷系统。

一般规定，冷却水的进水温度应低于35℃，出水温度不高于50℃。

（四）电气系统

电气系统包括主电路、控制电路和保护电路等。由于电气系统涉及相关的专门知识，此处仅作简要交待。

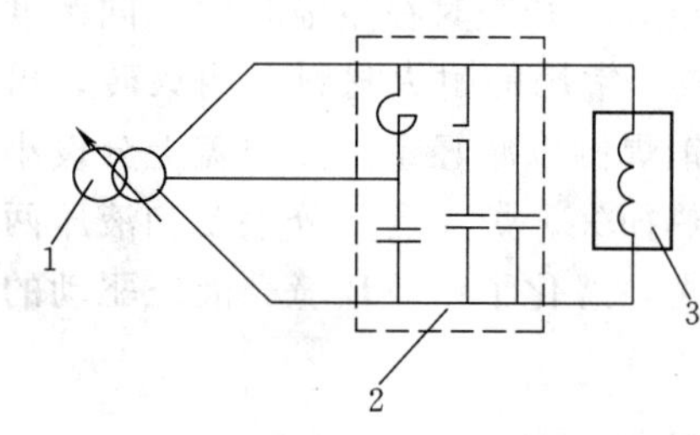

图17-3 工频感应炉的供电系统示意图

1—炉用变压器；2—平衡装置与补偿装置；3—感应炉

工频感应炉的功率因素很低，一般为0.10～0.25。因此，必须并联电容器以补偿无功功率，提高功率因素。为了克服感应炉单相负载对电网的影响，保持电网的三相平衡，必须配置三相功率平衡装置。三相功率平衡装置由平衡电抗器和平衡电容器组成。图17-3为工频感应炉的供电系统示意图。

中频感应炉的主电路较为简单，一般包括炉用变压器、变频器和感应炉。中频感应炉通常采用晶闸管变频器，它利用可控硅变频，其结构紧凑、无噪音、工作可靠、电能利用效率高达95%以上，已完全替代了早年应用的中频发电机组。晶闸管变频器可自动变频以适应炉料参数的变化，无需如工频感应炉那样通过接触器增减电容来补偿功率因素，也无需三相平衡装置。以并联谐振变频器为例，它通过晶闸管将三相交流电变换为二相直流电，再经平波后由逆变器中的晶闸管将二相直流电变换为二相中频交流电。负载为感应器和电容并联谐振回路。并联电容起补偿感应器功率因素和换相时提供能量关断晶闸管的双重作用。

感应炉电源的输入电压在一定范围内是可调的，以满足烘炉、熔化和保温时，对不同功率的需要。

二、无芯感应炉的容量与规格

无芯感应炉的容量（t）系列为 0.1，0.15，0.25，0.35，0.5，0.75，1，1.5，2，3，5，7，10，15，20，25，30，50 等。型号表示方法，各厂不尽相同，但基本参照全国型号的规定。如 GW1.5－500 中，G 表示感应炉，W 表示无芯，1.5 表示额定容量（t），500 表示额定功率（kW）。部分无芯感应炉的型号和主要规格见表 17－2～表 17－4，仅供参考。详细情况，用户可向制造商了解。

表 17－2 工频无芯感应炉的主要规格

型 号	额定容量（t）	额定电压（V）	额定功率（kW）	耗电量（kW·h/t）
GW1－360	1	500	360	650
GW1.5－500	1.5	750	500	610
GW3－800	3	1000	800	590
GW3－480	3	750	480	
GW5－1300	5	1000	1300	580
GW5－730	5	750	730	
GW10－2500	10	2000	2500	560
GW10－1000	10	650	1000	
GW20－3800	20	3000	3800	530
GW20－1700	20	2000	1700	
GW30－6000	30	3000	6000	520
GW30－2700	30	2000	2700	
GW50－12000	50	3000	12000	520
GW50－5400	50	2000	5400	

注 耗电量系指冷料至 1450℃铁液而言。

表 17－3 中频无芯感应炉的主要规格（熔炼用）

型 号	额定容量（t）	额定电压（V）	额定功率（kW）	耗电量（kW·h/t）
GW0.15－150	0.15	750	150	780
GW0.25－250	0.25	750	250	760
GW0.5－400	0.5	1400	400	720
GW1－800	1	1400～2500	800	650～620
GW1.5－1200	1.5	1400～2500	1200	630～590
GW2－1500	2	1400～2500	1500	610～590
GW3－2000	3	2300～2500	2000	600～580
GW5－3000	5	2300～2500	3000	600～580
GW7－4000	7	2500	4000	600～580

注 耗电量系指冷料至 1600℃铁液而言。

表 17-4 中频无芯感应炉的主要规格（保温用）

型　号	额定容量 (t)	进线电压 (V)	炉体电压 (V)	额定功率 (kW)	耗电量 (kW·h/t)
GWB3	3	380	1500	350	49
GWB5	5	380	1500	550	44
GWB7	7	380	1500	750	43
GWB10	10	380/660	1500/2500	1000	42/40
GWB15	15	660	2500	1500	39
GWB20	20	660	2500	2000	38

注　耗电量系指 1600℃铁液保温而言。

三、炉衬材料

（一）炉衬分类

感应炉坩埚有捣制坩埚、砌筑坩埚和成型坩埚（俗称炉胆）三种。捣制坩埚应用最为普遍，砌筑坩埚应用于一些大容量感应炉，而成型坩埚则偶见于 250kg 以下的感应炉。

炉衬材料必须具有以下特性。

（1）足够的耐火度和荷重软化温度。

（2）良好的抗热震性。

（3）不与铁液和熔渣发生化学反应。

（4）必要的高温强度，能承受铁液的压力、电磁搅拌力和加料的冲击力。

（5）为了减小炉子的热损失和保证炉子的安全运行，应有较小的导热性和良好的绝缘性能。

（6）资源丰富，价格便宜。

炉衬材料以耐火氧化物为主体，按其化学成分的不同分为硅质炉衬材料、镁质炉衬材料和高铝质炉衬材料三类，它们分别属于酸性、碱性和中性耐火材料之列。常见炉衬材料及其主要特性见表 17-5。

表 17-5 常见炉衬材料的主要特性

炉衬材料名称		化学组成 (质量分数，%)	最高工作温度 (℃)	抗热震性	抗渣性	其　他
酸性	天然石英砂	$SiO_2 \geqslant 98$	1650	良	抗酸性渣	荷重软化温度高
	熔融石英砂	$SiO_2 \geqslant 99$	1650	优		
碱性	普通烧结镁砂	$MgO \geqslant 84$	1700	差	抗碱性渣	导热性大，热胀系数大
	电熔镁砂	$MgO \geqslant 92$	1800	较差		
弱碱性	镁铝尖晶石	$MgO \geqslant 70$，$Al_2O_3 \geqslant 18$	1800	良	抗碱性渣	荷重软化温度高
中性	高铝矾土熟料	$Al_2O_3 \geqslant 85$	1800	优	抗酸碱性渣	热胀系数小，体积稳定性好，荷重软化温度高
	普通铝质熟料	$Al_2O_3 \geqslant 65$，$SiO_2 \geqslant 25$	1650	良		
	氧化铝尖晶石	$Al_2O_3 \geqslant 85$，$MgO \geqslant 8$	1750	优		

石墨铸铁的熔炼温度低于1600℃，使用酸性炉衬是最经济的选择。碱性炉衬虽然耐火度高，但热稳定性差，容易产生裂纹而又无自弥合能力。炉龄短，漏炉几率高，故仅用于熔炼含Cr量或含Mn量较高铸铁的中小型感应炉。中性炉衬综合性能优于酸性炉衬，而价格较高。当熔炼温度高，或有脱硫处理、炉渣多对酸性炉衬有严重侵蚀，或作球墨铸铁保温，为避免残余镁蚀损炉衬时可使用中性炉衬。必须指出，不同厂家生产的中性炉衬材料质量差异甚大，用户需认真考察决定取舍。本节仅阐述硅质炉衬。

（二）硅质炉衬及其捣打、烧结

1. 石英砂

炉衬用石英砂由石英岩破碎而得。石英岩系变质岩，它由火成岩或沉积岩经地质作用，在长期的高温高压下，重新结晶长大，变质为致密坚固的块体，变质岩因之得名。

作为炉衬材料的石英砂原砂应满足以下要求：

（1）SiO_2 不小于98%。

（2）碱性金属氧化物小于0.2%，Fe_2O_3 小于0.5%。

（3）地质年代久远，结晶状况好。即晶格完整、缺陷少，晶粒均匀。

国内外优质石英砂的化学组成见表17-6。由表可知，所列各地的石英砂，化学组成相近。差别主要在于变质状况，一般认为国外瑞典的石英砂最为优秀，国内长沙、秦皇岛的石英砂质量上乘。

表17-6 国内外优质石英砂化学组成（质量分数，%）

产地	SiO_2	Al_2O_3	TiO_2	Fe_2O_3	K_2O+Na_2O	CaO	MgO	灼热减量	合计
瑞典	98.7～99.3	0.3～0.5	0.05～0.15	0.1～0.3	0.05～0.15	0～0.1		0.10～0.15	
瑞典	99.02	0.38	0.11	0.21	0.08	0.06	0.13	0.01	
美国	98.81	0.26	0.04	0.46	0.04	0.04	0.32	0.03	
长沙	99.0～99.6	0.3～0.8		0.2～0.46					
秦皇岛	98.15	0.51		0.13			0.16	0.1	99.05
唐山	99.19	0.13		0.03				0.08	99.43
灵寿	99.59	0.24		0.01		0.03	0.008	0.24	100.04
长治	99.10	0.31		0.02		0.03	0.024	0.28	99.76
集宁	99.77	0.07		0.008		0.04	0.09		100.07

SiO_2 晶体有多种变体，可分为石英、鳞石英和方石英三个系列。自然界中 SiO_2 以石英态稳定存在，但由于地质原因可能有少部分介稳定态的鳞石英或方石英存在。石英在温度变化时的转变关系如图17-4所示。

石英、鳞石英和方石英之间的相互转变，称作横向转变。因为发生了晶型转变，又称重组性转变。重组性转变非常缓慢，在一定温度范围内由晶体表面向中心逐渐进行。因此，必须在转变温度下，保持相当长时间才能完成转变。要使转变速度加快，必须加入矿化剂。

同系列的α、β、γ形态之间的转变称作纵向转变。各变体间无晶型变化，只发生晶格

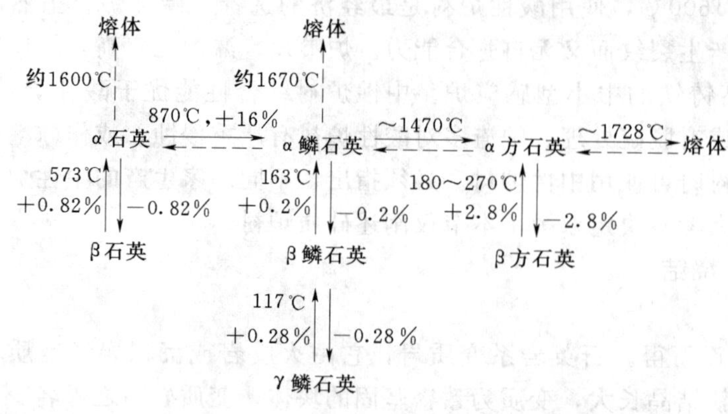

图 17-4 石英在温度变化时的转变关系

变形，故又称位移性转变。此种转变在一个确定的温度下，于全部晶体内发生，转变迅速完成，而且这种转变是可逆的。

多晶型转变时，伴随着体积的变化。在横向转变中以α石英→α鳞石英时体积变化最大（+16%）。在纵向转变中以方石英变体间体积变化最大（±2.8%），而鳞石英变体间的变化最小（±0.48%）。必须指出，受热过程中，横向转变虽然体积变化大，但由于转变速度慢、时间长，尚不致因相变应力而导致炉衬中裂纹的产生和扩大，反而可利用这种相变膨胀使炉衬变得更加致密。而纵向转变的体积变化虽小，但由于转变快，如果降温或升温过程中控制不当，却有使炉衬开裂的可能。

在平衡条件下，α石英至870℃转变为α鳞石英。如果加热速度过快，转变来不及进行，产生过热，α石英于1600℃熔融，成为熔体。如果加热速度较慢，则α石英在1000℃可转变为α鳞石英。同样，在平衡条件下，α鳞石英至1470℃转变为α方石英，否则也将过热，在1670℃熔融。相比之下，α方石英熔点更高，为1728℃。因此，实现方石英化的烧结层具有更高的炉衬寿命。完成结晶转变的烧结层，由于石英横向转变的不可逆性，在冷却过程中，α方石英不再向α鳞石英转变，而是在较低温度（180～270℃）时才发生纵向转变，即由α方石英转变为β方石英，伴随体积缩小2.8%。由此可见，烧结后的炉衬体积较之未烧结炉衬是比较稳定的。

2. 捣打料

酸性炉衬捣打料主要由石英砂和矿化剂所组成。

(1) 石英砂的粒度级配。石英砂除了应满足前面所述的原矿要求外，粒度级配亦很重要。粒度级配中，粗颗粒起着骨架作用，使炉衬具有一定的强度。一般粗颗粒限制在3～4mm左右（约6目），大容量炉子可放宽至5～6mm，对结晶状况较差的石英砂，粗颗粒限制在2mm左右（约12目）。中等颗粒充填粗粒之间，增加堆积密度，一定程度上可改善烧结性能。但光用粗颗粒和中等颗粒，炉衬开裂倾向较大，必须配有足够比例的细颗粒。细颗粒不但进一步提高了炉衬的致密性，而且由于其比表面积大，且经过粉碎的石英砂，其晶格缺陷增加，活性大增，在高温下易生液相，保证了炉衬的烧结质量和烧结网络的连续性，细颗粒通常指0.2mm以下的颗粒（约75～260目）。0～4mm石英砂的合理级配，以下比例可供参考：4～2mm占11%～14%，2～0.2mm占48%～58%，0.2～0.06mm占11%～15%，<0.06mm占约20%左右。

(2) 矿化剂。矿化剂又称胶结剂。常用的矿化剂为工业硼酸，细度小于0.5mm。硼酸的作用是降低炉衬的烧结温度，促进石英的横向转变，将炉衬融成整体，保证良好的炉衬强度等。硼酸在301℃前经两步脱水而分解为硼酐，反应式如下：

$$2H_2BO_3 \xrightarrow{171℃} 2H_2O + 2HBO_2 \xrightarrow{301℃} 3H_2O + B_2O_3$$

硼酐于582℃熔成液态，首先与粉末状石英结合形成玻璃相，存在于中、粗颗粒石英砂之间。温度升高时，使α石英向α鳞石英的转变加快。在烧结后期，液态硼酐与粗粒石英砂结合，最终形成完整的烧结网络。硼酸的加入量主要取决于熔炼温度，如图17-5中虚线所示。以无水硼酸，即硼酐替代硼酸，可以避免烘炉时硼酸结晶水析出所产生的水汽对感应器绝缘及炉衬耐火度的不利影响。硼酐的加入量见图17-5中实线部分。采用硼酐可以缩短烘炉时间。硼酸加入量与石英砂的粒度有关：粒度越小，或级配里中、细颗粒比较多，则硼酸的加入量应适当减少。硼酸加入量与炉衬外的保温层厚度亦有关。保温层加厚，炉衬内的温度梯度变小，致使炉衬内的温度上升。此时，应适当降低硼酸加入量，以防止烧结层过厚而松散层过薄的现象出现。

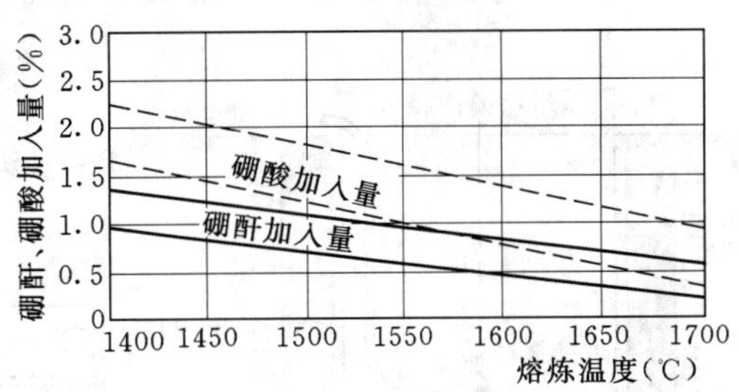

图17-5 硼酸及硼酐加入量与熔炼温度的关系

3. 炉衬的捣打

炉衬的打结或捣打按以下步骤进行：

(1) 配制捣打料。自行配制捣打料时，先要用磁铁清除铁质，并挑拣出草木等杂物，然后按级配要求配制好石英砂，再与硼酸充分混合均匀。如果采用湿法打结的，可加入1%～2%的水分，混合后放置1～2h再用。近十年来，品牌公司推出的袋装捣打料应用日渐扩大。使用这些炉衬材料简化了管理和操作，延长了炉衬的使用寿命。

(2) 炉衬绝缘保温层。在感应器内侧衬垫由玻璃布、云母纸（板）和石棉板（布）等组成的绝缘保温层（有时尚有报警电极网），并用胀圈将其压紧于感应器内侧。炉底没有绝缘要求，仅需铺垫石棉板保温层。

(3) 打结炉底。逐层用平锤捣实。第一层可加100mm厚的散料，以后每层的散料厚度不宜超过50～60mm。炉底的厚度一般应打结到下数第二个感应器的位置。炉底应检查是否保持水平。

(4) 放置坩埚模。用户应根据制造商提供的坩埚模图样制作坩埚模。坩埚模一般由钢板焊制（小型感应炉有时用铸铝模）。放置坩埚模应对正中心，钢制坩埚内放入熔铁料，以防打结炉衬时发生偏移。

(5) 打结侧壁。先将炉底接合处刮毛，然后分层填砂打结，每层砂子的加入厚度为60～80mm。当硬砂层达到上数第二个感应器位置时，转入炉口的打结操作。

(6) 打结炉口。炉口先涂刷水玻璃，填砂后以小锤打实。由于炉口区烧结条件差，捣打料中应增加细粉料的比例，或增加硼酸加入量，或添加适量的水玻璃及耐火泥，以保证炉口区的成型性和烧结强度。

人工打结炉衬的作业环境差，劳动强度大。大容量的感应炉应采用气动或电动的振动筑炉法。这样不但改善了劳动条件，减少了操作工人数，节省了筑炉时间，而且保证了筑炉质量。图 17-6 为气动锤击式筑炉机，压缩空气通过炉底振动块和炉壁振动器把振动力传递给砂料，使炉衬紧实。振动筑炉法的炉衬密度可达 2.1～2.2g/cm³。

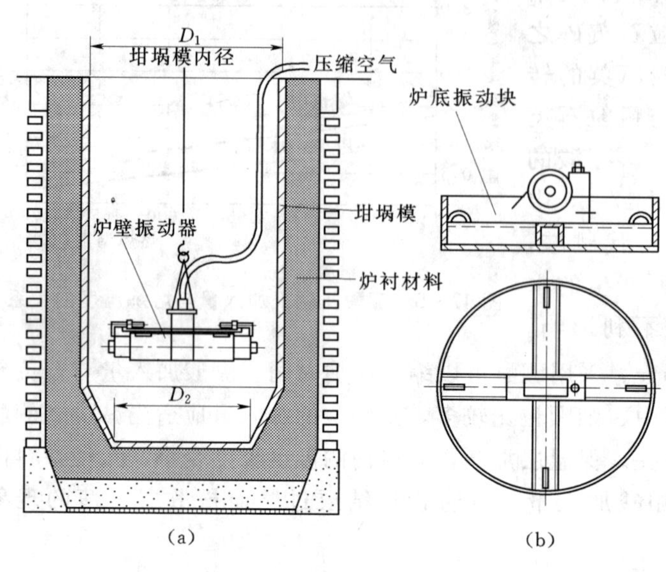

图 17-6 气动锤击式筑炉机

(a) 侧壁打结状态；(b) 炉底振动块

4. 炉衬的烧结

炉衬烧结的目的是使炉衬获得较高的强度和抗侵蚀力，提高炉龄。

烧结过程可分以下三个阶段：

第一阶段烧结温度在 850℃以下，主要发生湿打炉衬中水分的排除、硼酸的脱水、硼酐的熔化及实现β石英向α石英的转变。液态的 B_2O_3 与粉状 SiO_2（α石英）在 582℃以上生成玻璃相 $n\mathrm{SiO_2}\cdot m\mathrm{B_2O_3}$，将大颗粒石英砂黏结起来，使炉衬表面釉化。此时，炉衬表面强度不大，在内层大量水汽析出的作用下有可能产生初期微裂纹。因此，该阶段升温要缓慢，必要时在 600℃附近作低温保温。以硼酐为矿化剂的干捣料则无初期微裂之虞，对于品牌捣打料甚至可以每小时 150～250℃的升温速度直升至第二阶段的 1200℃。

第二阶段烧结温度在 850～1300℃之间。到达 870℃，α石英向α鳞石英的转变开始，但转变缓慢，到 1200℃以后，转变加速进行，体积大为膨胀。该阶段由于温度提高，$n\mathrm{SiO_2}\cdot m\mathrm{B_2O_3}$ 液相增加，加速了炉衬的釉化过程，烧结网络迅速形成，炉衬强度上升，烧结层厚度增大。同时，由于α鳞石英形成时的膨胀力，使外层炉衬进一步得到紧实。

第三阶段烧结温度在 1300～1550℃（或 1600℃）之间。此阶段完成α鳞石英向α方石英的转变，烧结厚度继续扩大，体积膨胀小于 1.2%。具有α方石英化的烧结层是耐火度最高、体积稳定性最好的烧结层。有些工厂所熔炼铸铁的出炉温度不是很高时，可适当降低烧结温度，但烧结温度应高于最高熔炼温度 50℃以上，以便保证使用中炉衬的热稳定性。

以上三个阶段如何升温、如何保温、各阶段烧结的时间该如何掌握等，取决于炉的容量、捣打料特性及使用者的经验和理念。不同工厂烧结周期出入很大，无法一概而论，本书不作介绍。

5. 炉衬结构的控制

生产中常以第一炉熔炼的方式进行炉衬的烧结。炉衬内表面的一层经历烧结的三个阶段，最终形成方石英化的烧结层。不同容量的炉规定有相应的炉衬厚度，表 17-7 列出了炉子容量、坩埚平均内径与坩埚壁厚的关系。据此，0.5t 炉的壁厚约 80mm，1t 炉的壁厚约 96mm，10t 炉的壁厚约 150mm。硅质炉衬为不良导热体，在炉衬内存在着很大的温度梯度，炉衬断面上将依次分布为烧结层、半烧结层和未烧结层。

表 17-7　炉子容量、坩埚平均内径与坩埚壁厚的关系

炉子容量（t）	<0.5	0.5～1	>1～5	>5～10	>10～30
坩埚壁厚（mm）	(0.28～0.21) d	(0.21～0.20) d	(0.20～0.14) d	(0.14～0.13) d	(0.13～0.11) d

注　d 为坩埚平均内径（mm）。

优良的烧结层是决定炉衬寿命的主体。半烧结层与烧结层一起，使炉衬具有足够的强度。半烧结层有一定的自行弥合能力，即当烧结层开裂而导致铁液进入半烧结层时，与鳍状铁液接触的尚未完全烧结的石英砂，在铁液的高温作用下迅速烧结，急剧的相变膨胀弥合了裂纹，阻挡铁液的进一步渗透。在未烧结层内石英砂处于松散状态，可以分散应力和阻止铁液的渗入，很好的起到了保护感应器的作用，故又称缓冲层。由上可见，炉衬结构中，三层各有作用，缺一不可。

首炉熔化烧结时，烧结层较薄，约占炉衬厚度的 25%左右。随着熔炼炉次的增多，烧结层加厚，至一定炉次后三层结构的比例趋于稳定。一般认为合理的比例为：烧结层占 30%～40%，半烧结层占 35%～40%，未烧结层占 25%～30%。熔炼中，当炉衬因侵蚀或损坏而减薄时，三层的界面将向感应器方向推移，一旦未烧结层消失，必然导致漏炉和感应器毁坏事故的发生。为了保证安全生产和较长的炉衬寿命，应从以下三方面加以控制：

（1）通过采用优质的捣打料，认真的捣打和正确的烧结工艺，确保获得致密的、强度高的、无裂纹的烧结层。

（2）通过调整矿化剂加入量、炉衬厚度和保温层厚度，确保有足够的未烧结层厚度。

（3）通过文明加料、适时清渣等加强炉衬的维护措施，避免炉衬的非正常减薄。一旦发现有损伤，要及时进行修补。

四、炉内电磁现象的正确运用

当感应器通以交流电时，在其周围形成交变磁场，使坩埚内的金属炉料产生感应电流。此时，感应电流集肤于金属炉料表层的一定深度之内。在电热转换过程中，金属炉料被加热熔化。由于感应器与金属炉料间的邻近效应，在铁液内产生电磁搅拌。在电磁搅拌作用下，最终完成熔炼任务。为便于正确制定熔炼工艺，了解炉内电磁现象是十分必要的。

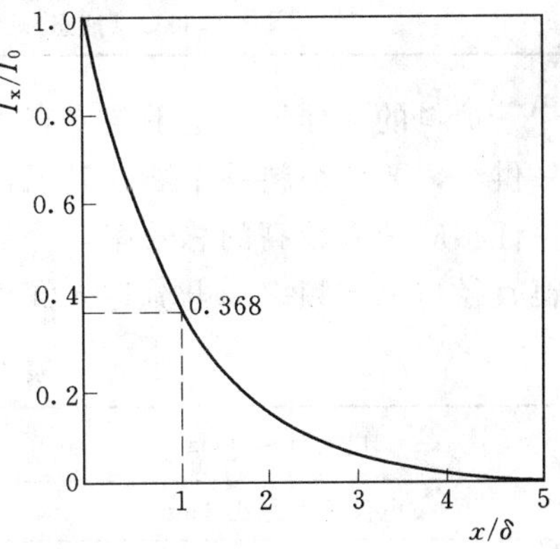

图 17-7　感应电流分布曲线

（一）电流透入深度与炉料块度

交流电在导体断面上呈集肤分布：电流密度表面最大，中心最小。其分布曲线见图 17-7。图 17-7 中将电流密度衰减至表面电流密度的 1/e（≈0.368）处的深度定义为电流透入深度。据理论计算，在感应

加热时，86.5%的功率是在电流透入深度内转化为热能的。在5倍电流透入深度处的电流接近于零。电流透入深度有式（17-4）：

$$\delta = 5030\sqrt{\frac{\rho}{\mu f}} \tag{17-4}$$

式中 δ——电流透入深度（cm）；

ρ——导体材料的电阻率（Ω·cm）；

μ——导体材料的相对导磁率；

f——电流频率（Hz）。

由式（17-4）可知，f越大，δ越小；ρ越大，δ越大。ρ随温度升高而增加，因此在加热过程中，δ相应增加。铁磁材料，在居里点以下温度时$\mu \gg 1$，比非磁性材料（$\mu=1$）的δ要小，温度在居里点以上，铁磁材料失去磁性，δ增大。表17-8列有常见材料的电流透入深度。

表17-8 常见材料的电流透入深度

材料名称		频率（Hz）			
		50	500	1000	3000
		电流透入深度（cm）			
碳钢（磁性区）	21℃	0.64	0.14	0.084	0.042
	300℃	0.86	0.19	0.122	0.058
	600℃	1.30	0.29	0.180	0.090
碳钢（非磁性区）	800℃	7.46	2.37	1.67	0.96
	1250℃	7.98	2.53	1.97	1.03
	1550℃（液态）	9.00	2.85	2.01	1.16
铜	50℃	1.01	0.32	0.23	0.13
	850℃	1.95	0.62	0.44	0.25
	1250℃（液态）	3.30	1.04	0.74	0.43
铝	常温	1.07	0.37	0.26	0.14
	450℃	2.01	0.64	0.45	0.26
	750℃（液态）	3.70	1.17	0.83	0.48

炉料的最佳尺寸范围与δ有一定关系。由于加热炉料的热量主要由集肤于表层的电流来供给，要使炉料整个断面升温，需靠热传导来实现。为了减少热传导过程中的热损失以保证感应炉有较高的总效率，一般来说炉料直径宜取（3～6）δ。以45号钢为例，最佳炉料直径与电流频率、电流透入深度的关系见表17-9。

表17-9 45号钢的最佳炉料直径

电流频率（Hz）	50	1000	3000
电流透入深度（mm）	73	16	9.5
最佳炉料直径（mm）	219～438	48～96	29～57

铸铁的最佳炉料直径可近似地依此确定。

（二）有功功率、电效率与炉料

金属炉料得到的单位有功功率有式（17-5）：

$$P = 2 \times 10^{-4} k(I\omega)^2 \sqrt{\rho\mu f} \tag{17-5}$$

式中　P——金属炉料单位表面得到的功率（W/cm^2）；

I——感应器中的电流（A）；

ω——感应器中 1cm 长度上的匝数；

ρ、μ、f 的含义同前。

由式（17-5）可知，感应器内 I 保持不变时，f 越大则 P 越高，加热速度加快。高电阻材料，如铸铁、钢和 Ti，比低电阻材料 Cu 和 Al 的加热效果好。在升温过程中，由于 ρ 的升高，炉料中的电流透入深度和 P 相应提高，使加热效果变得越来越好。炉料化清之后，液态 ρ 大幅上升，如铸铁和钢液态电阻率比 20℃时增长 10 倍以上，促使 P 增加，再考虑到电磁搅拌，熔池的升温变得很快。就炉料的磁性而言，铁磁材料加热时所得到的 P 比非磁性材料大得多，即功率容易上升，升温加快，但温度升至居里点以上后，这种优势消失。

必须指出，炉子的电效率随 f 的提高而上升；炉料的 ρ 大、μ 大则电效率增大，因此熔炼铸铁的电效率高于铸铜和铸铝。

（三）电磁搅拌的利用与限制

感应炉多采用单相供电。根据邻近效应，感应器中电流与熔化金属中的感应电流方向相反，感应器与铁液间有斥力：感应器受向外推力，铁液受指向炉心的推力，如图 17-8 所示。铁液之间可以看成许多同方向平行载流导线，相互有压缩力，力的方向示于图中。铁液在斥力和压缩力的共同作用下，产生如图 17-8 所示的所谓两段四区电磁搅拌，液面产生驼峰。

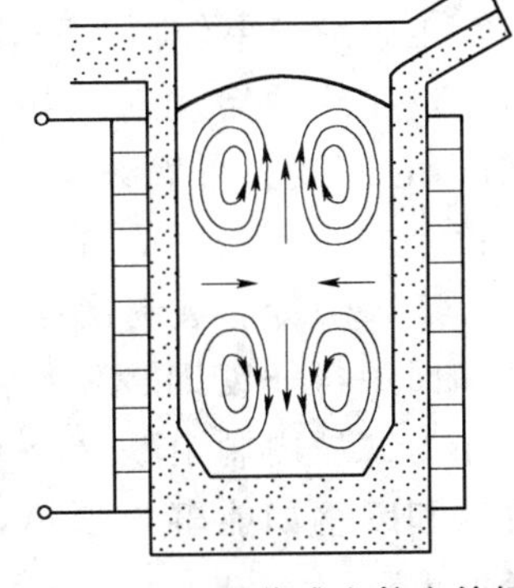

图 17-8　无芯感应炉内单相供电的铁液运动方向

电磁搅拌有助于炉料、合金和增碳剂的迅速熔解吸收、化学成分和温度的均匀，也有利于脱氧、脱气和去除夹杂物等。但过强的搅拌和过高的驼峰会使金属氧化和炉衬侵蚀加剧，并导致夹杂和气孔的产生。

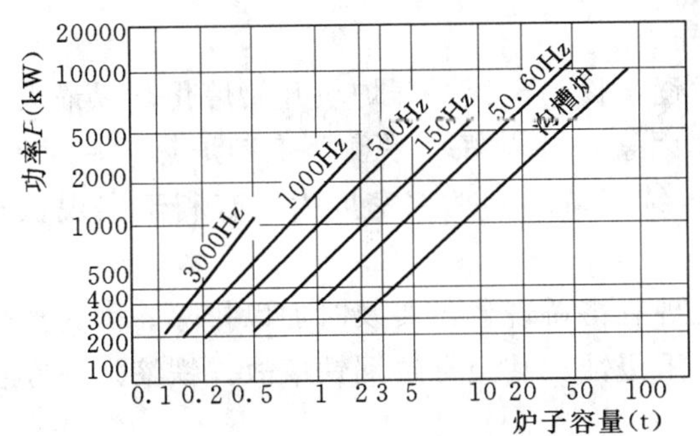

图 17-9　不同容量与频率下的最大输入功率

当炉料确定之后，电磁搅拌力与输入功率成正比，与频率的平方根成反比。因此，工频炉的搅拌作用比中频炉大得多，驼峰也高。为了抑制搅拌力，工频炉可把感应器分成若干组，熔化期所有组全用，化清后将上面一组断开以减驼峰；也可以通过令液面高出感应器上端面一定距离的方法，利用金属液本身重量来抑制驼峰。在一定的 f 下，则应从控制输入功率来限制搅拌力。不同频率、不同容量时，炉子的最大输入功率见图17－9。

中频炉熔炼后期，当需要以增碳剂调碳时，可采取减小频率来强化搅拌力度，加快增碳进程。

五、装料与熔炼作业

铸铁采用酸性炉熔炼。虽然感应炉熔渣温度低、渣量少，酸性渣没有脱硫脱磷能力，然而酸性炉具有炉龄长和电效率高（因为高温时石英砂的比电阻值小于镁砂）的优点。此外，酸性渣粘度比碱性渣大，能较好的保护铁液，减少大气污染和热辐射损失。

（一）装料

装料前要检查炉衬有无裂缝和炉衬厚度是否足够。有3mm以上的裂缝要进行修补；如炉衬厚度小，必须修炉；如上一炉漏电值超过规定或冷却水温偏高，应启用备用炉体。

炉料不得潮湿，锈蚀和附砂多的炉料应剔除，并严防管状和罐类废钢混入。为了操作安全，镀锌件不宜使用。

炉料尺寸参照前述最佳尺寸范围和感应炉内径确定。

工频炉频率低，集肤效应小，加热炉料的热能密度低。为了满足冷炉熔炼快速熔化的需要，在冷炉启动时需用“开炉块”。开炉块由铁液浇成，其直径小于坩埚内径10～20mm，高度为坩埚深度的1/3。工频炉热启动可提高炉子电效率，加快熔化，此时炉内保留上炉的30%～40%铁液，无需开炉块，可以多用切屑和轻薄料。

工频炉冷炉装料次序为：炉底装少量碎玻璃渣料或除渣剂→开炉块（要放实）→生铁和回炉料→废钢。装料高度应高于感应器高度，以利于用最大功率加热。热炉装料次序为：炉内剩余铁液→切屑和轻薄料→回炉料和生铁→废钢。向铁液投入回炉料、生铁和废钢如能事先预热，不但可以避免冷料投入时的飞溅，还可明显提高生产率和降低电耗。

中频炉装料是在不带剩余铁液的情况下进行的，无需开炉块。装料次序为：炉底少量渣料→回炉料和生铁→（切屑）→废钢。回炉料熔点低可及早形成熔池。底装渣料则可及时对初期熔池起保护作用。

装料重量应计入5%的熔损和烧损。

（二）熔化

工频炉冷炉启动，开始以低压供电，然后逐步提高电压。开炉块开始熔化时以最大功率供电。为了保证快速熔化，要及时调节功率因素，并做好相平衡。工频炉热炉启动时，一开始即可使用额定功率加热。中频炉功率连续可调，其功率密度大，有利于实现快速熔炼。

熔化期要密切注意炉料是否搭桥。一旦发现有搭桥现象，要及时加以排除。因为产生搭桥时，下部铁液将过热，引起底部炉衬的严重侵蚀，甚至导致漏铁事故。铁液过热亦会加剧元素烧损和含气量的增加。

熔化期后续料都要在前次投入的炉料未熔完前投入。切屑均匀投于熔池液面，一次投入量不宜超过炉容量的8%。必须指出切屑冷装在炉内是不允许的，因为那样将增大氧化烧失，增加熔化时间。废钢熔点高，在熔化后期逐渐加入，以利控制熔化期的炉温。

熔化期产生一定量的非金属夹杂物，它们由炉料和炉衬带来，也有的是元素氧化成的氧化物。非金属夹杂物绝大多数靠电磁搅拌浮升至液面，与渣料一起结合为熔渣，一部分粘附于炉壁，少部分残留在铁液之中。

（三）精炼

化清后，视具体情况补加渣料，使整个液面处于良好的覆盖状态。熔渣形成后即进入精炼期。

精炼期的任务是提高温度，调整化学成分和进一步清除非金属夹杂物和降低气体含量。

感应炉熔化期元素变化不大，在酸性炉内C烧损1%～7%，Si烧损1%～10%，Mn烧损1%～15%，P、S不变。工频炉的C、Si烧损稍高于中频炉，取上述烧损范围的中上限。

在取样分析后，先调C，然后调Si和添加合金成分。

除去液面熔渣后，加入增碳剂，利用电磁搅拌增碳。常用的增碳剂有石墨电极碎、石油焦、煅烧石油焦和天然石墨等。石墨电极碎质地纯：固定碳>99.5%，S<0.03%，N<0.001%，是球铁最适用的增碳剂。但其他增碳剂如果掌握其S、N含量，且不受潮，经过事先核算，用于球铁也是可能的，而用于灰铸铁，更是无妨。镜面加入增碳剂，其回收率为88%～95%，粒度一般为1～5mm。

如果增碳量较大，一般将大部分增碳剂随炉料装入炉子的底部与下部，粒度5～10mm。正常熔炼时，回收率可达95%左右。在精炼期仅进行碳的调补。

调添合金元素时，合金元素的回收率见表17-10。

表17-10　酸性无芯感应炉精炼期添加合金元素的回收率

元素	Si	Mn	Cr	Mo	P	Ni	Cu	B	Ti
添加材料	FeSi	FeMn	FeCr	FeMo	FeP	Ni	Cu	FeB	FeTi
回收率（%）	>99	85	85	95	75	100	100	40～60（包内）	60～70（包内）

感应炉单熔车间，铁液的硫量一般为0.03%～0.05%。有的工厂为进一步降硫，采用炉内脱硫措施。炉内脱硫温度条件好，但电磁搅拌力度不如脱硫包的气动搅拌大。为了减少碱性脱硫熔渣对酸性炉衬的损害，应制作一个直径小于炉内径的耐火圈，将加入圈内的脱硫剂与炉衬相隔。处理完毕，应迅速除渣。

铸铁的熔化温度为1150～1200℃。化清后熔池升温相当快，如果精炼操作延误或输送功率不当，当铁液温度超过了C—O—Si的平衡临界温度时，将发生SiO_2+2［C］→［Si］+2CO反应，造成铁液降碳增硅和炉衬侵蚀。铸铁不同C、Si量下的平衡临界温度列于表17-11。由此可见，对于高牌号灰铸铁和球墨铸铁，当温度超过1420℃，即有上述“沸腾”反应。

表 17-11 铸铁的平衡临界温度 单位:℃

Si (%) / C (%)	1.0	1.5	2.0	2.5	3.0
2.7	1410	1430	1440	1456	1460
2.9	1400	1425	1435	1445	1455
3.1	1395	1415	1430	1440	1445
3.3	1395	1410	1425	1435	1440
3.5	1380	1405	1420	1430	1435
3.7	1380	1400	1415	1425	1430

注 C、Si 均为质量分数。

根据铸铁牌号的不同，精炼温度在 1400～1500℃之间选取，但精炼末期的过热时间必须严加控制。

(四) 出铁

铁液化学成分和温度检查合格，炉前三角试样检查合乎要求，即可停电、扒渣、倾炉出铁。

出铁最好一次完成。如果大炉配小包，分包出铁，会由于剩余铁液烧损加大而造成前后铁液化学成分的偏差。如果由于意外等待，需对剩余铁液供电保温，则没有熔渣保护的铁液，其氧化烧损和吸气的问题就更为突出。

必须指出，与冲天炉铁液相比，相同化学成分的感应炉铁液的过冷倾向大，容易产生D型和E型石墨，三角试样白口大，铸件缩孔缩松倾向增大。炉前应加强孕育环节。

六、节能措施

感应炉是高能耗设备，熔炼 1t 铁液（冷装）耗电为 550～800kW·h，节约电能是感应炉工作的重要内容。

感应器的输入功率，经感应器的铜耗、磁轭的铁耗和炉体的热耗这三种损失之后，才是炉料熔化和过热所得的功率。据某炉统计，有如下数据：

$$\text{炉子热效率}=\frac{\text{炉料熔化和过热功率}}{\text{感应器输出功率}}=90.3\%$$

$$\text{炉子电效率}=\frac{\text{感应器输出功率}}{\text{感应器输入功率}}=76.8\%$$

$$\text{炉子总效率}=\frac{\text{炉料熔化和过热功率}}{\text{感应器输入功率}}=69.4\%$$

如果再把电容器和电抗器的损耗及水冷电缆、供电母线和专用变压器的损耗这些设备电损耗考虑进去，则用于熔化和过热的功率占总功率之比约在 60%～65%。

为了减少损耗、节约能源，可采取以下措施：

(1) 合理的坩埚绝热层厚度。为了减少坩埚壁的散热，需要一定厚度的绝热层。但绝热层增厚，绝热层内侧温度上升，会使烧结层和半烧结层扩展而压缩松散层。一般绝热层厚度在 5～7mm。若要增加绝热层时，捣打料中胶结剂的加入量应减少。

(2) 采用优质炉衬材料，延长炉龄。

(3) 在保证炉龄的前提下，炉衬不宜过厚。因为壁厚增加会降低电效率和感应器的输入功率，降低了生产效率，而且由于不易形成良好的初期烧结层，致使初期熔蚀较快。

(4) 增设炉盖，尽量减少开盖率。

(5) 使用净料，禁用粘砂和带砂芯的回炉料。

(6) 掌握炉料成分，准确配料，免除成分超标，减少不必要的成分调整工作。

(7) 设法缩短装料、熔化、取样和检测时间，提高功率利用率。

(8) 控制好终点，避免铁液过度过热。

(9) 连续熔炼。

(10) 尽量安排大容量的炉子熔炼。据测算，改用5t炉为10t炉时，吨铁电能单耗可降低4%～5%。

此外，在新购或改造电炉时，应选用较大截面积的感应器和水冷电缆，检查感应器和线缆用铜的纯度，以有效的降低供电线路的电耗，并有助于降低感应器和水冷电缆的工作温度，减少水垢形成的几率。水垢是不良导热体，其导热系数仅为0.464～0.8W/(m·K)，远远低于铜材[320W/(m·K)]。水垢的存在大大降低了换热效率，使感应器和水冷电缆温度上升，电阻增大，造成无功电耗增加的恶性循环。有一种新型阻垢器，能对结垢物产生洛伦兹力，起疏松和细化结垢的作用，其悬浮物可定期排出，效果较好。

第三节 有芯感应炉熔炼

一、有芯感应炉的炉型与感应体

(一) 炉型

有芯感应炉由炉体、感应器、倾炉机构、水冷系统和电气系统组成。在结构上，有芯

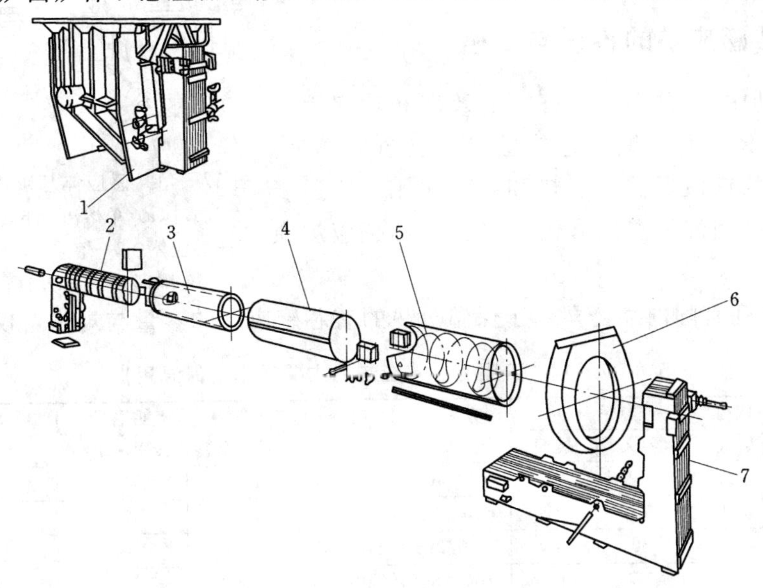

图17-10 感应体结构简图

1—壳体；2—铁心；3—水冷感应器；4—绝缘套；5—冷却水套；6—熔沟模；7—磁轭

炉与无芯炉的最大区别在于熔沟和感应器。按感应器所处位置的不同，有芯炉分为卧式和立式两类。立式炉与卧式炉相比，在相同容量下炉体构件重量轻，占地少，耐火材料用量减少 25%，保温功能降低 25%。因此，立式炉采用较广。

（二）感应体

有芯感应炉中与铁心和感应器同心布置的熔沟，工作条件相当恶劣，其中铁液的温度要比炉膛高 100～200℃，还承受着流动铁液的冲刷，熔沟耐火材料容易损坏。因此，时下已将熔沟与感应器等一起做成可拆换感应体，一旦熔沟侵蚀或阻塞严重时，倾侧炉子（不必倒出全部铁液），将其拆下，换上预先烘烤好的感应体。待炉子复位后，即可继续正常运行，从而把对生产的影响减至最小程度。图 17－10 为感应体结构简图。感应体包括壳体、铁心—磁轭、水冷感应器、绝缘套、冷却水套、熔沟模和炉衬（图中未绘）等。图 17－10 中非磁性的不锈钢冷却水套使感应器和铁心免受高温炉衬的影响，改善了感应体炉衬的工作条件。

为了顺利地拆卸感应体，在感应体与炉体喉部（喷口）连接处设置有水冷框（见图 17－11）。在其冷却作用下，可保证感应体与炉体结合面上的隔离材料不发生烧结。这样，在拆卸时感应体就可完整地与炉体分离。

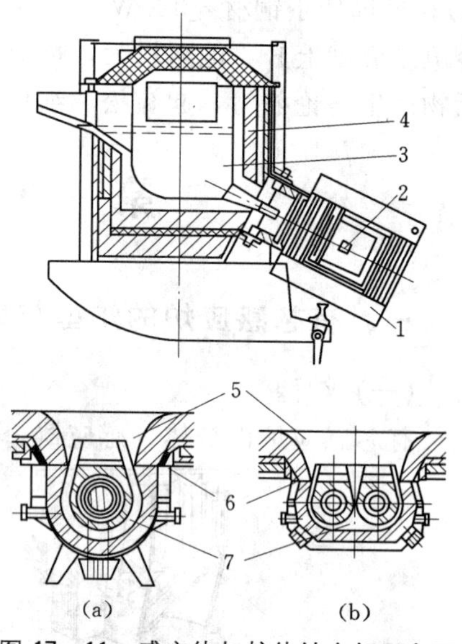

图 17－11 感应体与炉体结合部示意图
（a）单熔沟；（b）双熔沟
1—感应体；2—熔沟；3—炉膛；4—炉体
5—喉部；6—水冷框；7—熔沟模

熔沟模有实心和空心两种。前者适于冷启熔；后者适于热启熔，当炉衬烘烤到一定温度时，即向炉内兑入铁液，形成二次回路。熔沟模截面矩形、圆形和椭圆形均可，但椭圆形截面有利于减少炉衬裂纹倾向。熔沟模为钢质，表面要光洁以利该处炉衬的表面质量。

二、有芯感应炉的容量与规格

有芯感应炉的电磁耦合性好，电效率和功率因素比无芯感应炉高，而且炉体绝热层厚，热损失亦少，适于连续作业的铁液保温、过热和储存之用，亦适于作浇注炉准确控制浇注温度和浇注量。有芯感应炉通常采用工频。

表 17－12 列有国内某公司用于保温过热的有芯感应炉的容量与规格，仅供参考。

表 17－12 工频有芯感应炉的主要规格（保温用）

型号	结构型式	容量（t）		功率①（kW）	电压（V）	工作温度（℃）	耗电量（kW·h/t）	生产率②（t/h）
		名义	最大					
GY－3－250	立式	3	4.2	250/40	344/137	1450	50	5（150℃）
GY－15－600	立式	15	21	600/176	380/205	1500	57.6	10（150℃）
GY－30－1100	卧式	30	40	1100/295	365/190	1500	70	15.2（200℃）
GY－45－700	立式	45	64	700/280	740/470	1500	64	10.9（200℃）

① 分子为额定功率，分母为保温功率。

② 括号内温度系过热温度。

三、炉衬材料

炉膛和熔沟直接与铁液接触。炉膛的工作温度一般在1450～1500℃。熔沟中的铁液，由于大电流产生磁场的相互作用而产生电磁压缩效应，压缩力的方向由表面指向熔沟轴线。同时，由于熔沟中电流与感应器中的电流方向相反而产生电动效应，电动力（斥力）的方向沿着熔沟半径的方向向外。因为在熔沟与感应器之间漏磁较弱，电动力比压缩力小好几倍。综合压缩力和斥力的结果，在靠近熔沟中心最强，在熔沟外侧最弱，熔沟内侧铁液被排斥到熔沟外壁，沿着外壁被压入熔池。于是熔池中铁液的静平衡被打破，熔池中的冷液沿着熔沟内壁进入熔沟，不断进行新的循环。在等截面单熔沟中铁液的运动状态如图17-12所示。显然，如此运动的结果，熔沟内的铁液容易过热，在熔沟底部温度最高。因此，熔沟内铁液的温度往往要比熔池温度高出100～200℃。熔沟处炉衬中的温度梯度大，加上铁液流动的冲刷及熔沟又承受较大的铁液静压力，所以，工作环境很恶劣。与炉膛相比，熔沟要求耐火材料有更高的高温强度、耐火度和化学稳定性，应该有良好的组织致密性。

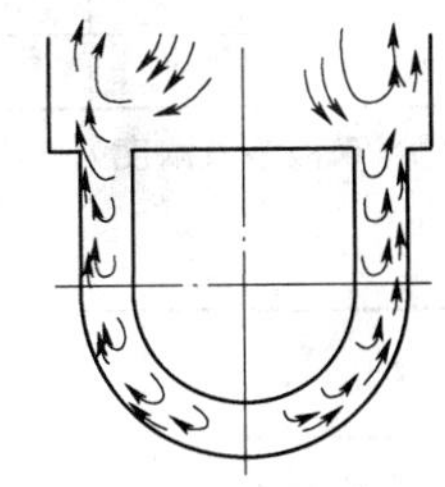
图17-12 有芯感应炉内铁液运动状态

炉膛由绝缘层、耐热层和内衬等组成。通常，绝热层和耐热层由硅藻土砖和高铝砖或黏土砖砌筑，内衬则由捣打料或浇注料制成。熔沟则外侧为绝热板，内衬由捣打料或浇注料制作。

（一）酸性炉衬材料

硅砂捣打料多见于3t以下有芯感应炉。胶结剂为硼酸，加入量取2%～4%。炉衬采用湿打，以保证复杂部位的成型性和紧实度。为此，另配加3%～4%的水。国内某厂捣打料硅砂的级配为：炉膛用，20～40目20%，40～70目40%，140目以上40%；熔沟用，40～70目40%，140目以上60%。

由于炉衬有一定水分，烘炉时间较长，一般在80～100h。

（二）中性炉衬材料

国内有芯感应炉上，高铝质中性炉衬材料应用较多。耐火骨料有高铝矾土熟料（特级或一级）和刚玉砂两种。高铝矾土的主要矿物组成为莫来石（$3Al_2O_3 \cdot 2SiO_2$），另有一些刚玉（$\alpha-Al_2O_3$）和微量方石英，耐火度1800℃。刚玉系α—Al_2O_3，耐火度可达1900℃，刚玉价贵，国内大多只用于熔沟。

按使用状态不同，分为捣打料和浇注料两类。捣打料以磷酸或磷酸铝溶液为胶结剂。利用升温过程中胶结剂发生聚合、多缩聚合及胶粘作用，捣打料逐步获得强度。加热到高温后，胶结剂与骨料之间相互作用加剧，引起矿物组成和组织结构的变化，并逐步形成陶瓷结合。浇注料以纯铝酸盐水泥为胶结剂，通过水化反应，胶体变稠和水化结晶而获得强度。浇灌成型具有施工方便，劳动条件好，施工质量稳定的优点，它作为一种无接缝筑炉法，近年发展十分迅速。但浇灌法在拆模后，需在10～30℃养护数天，方可进行烘炉。相比之下，捣打法干燥和烘炉时间较短。

中性炉衬材料的配比可参考表17-13～表17-15。

表 17-13 高铝矾土捣打料配比（质量分数）

序号	级配（%）						外加磷酸溶液①（%）
	10～13mm	5～10mm	3～5mm	1～3mm	1～0.088mm	<0.088mm	
1	40	20	10			30	9
2				47.5	20	32.5	11（磷酸铝）
3			40		30	30	9

① 磷酸溶液浓度为60%体积分数。

表 17-14 刚玉砂捣打料配比（质量分数）

级配（%）				外加（%）	
16目	100目	150目	240目	磷酸铝溶液①	钛白粉
34	19	24	23	4	2

① 磷酸铝溶液的密度为1.5g/cm³。

表 17-15 刚玉砂浇注料配比（质量分数，%）

序号	级配及成分						纯铝酸盐水泥	外加	
	骨料				掺合料			MF减水剂	水分
	5～10mm	1.6～5mm	0.2～1.6mm	成分	<0.088mm	成分			
1		40	24	电熔刚玉	20	氧化铝粉	16	0.15	7.5
2	15	30	25	烧结刚玉	14	一级铝矾土粉	16	0.15	7.5

（三）碱性炉衬材料

作熔沟的碱性炉衬材料，一般选用高纯度冶金镁砂，或电熔镁砂，或海水镁砂，最高工作温度大于2000℃。捣打料以卤水或焦油沥青为胶结剂，浇注料以铬酸钠或磷酸盐为胶结剂。目前，除了少数大容量的有芯炉外，碱性炉衬材料的应用并不多。

（四）面料和隔离料

面料和隔离料用于可拆换感应体与炉体的结合面处。要求其在高温下能紧密结合而不漏铁液，而在拆换感应体时又能顺利而无损坏地分离。

面料和隔离料应具有粒度小、耐火度高和活性小的特点。有中性熔沟的感应体，其面料和隔离料组成（质量分数）为：面料为小于1.2mm的电熔刚玉或烧结刚玉40%，小于0.088mm的煅烧氧化铝粉40%，氧化铝水泥20%；外加适量水，调成糊状；隔离料为小于0.088mm的煅烧氧化铝粉95%；耐火黏土粉5%外加适量水，调成稠状液。

上面料应在感应体和炉体喷口烘烤后准备连接前趁热进行。面料厚度一般为5～8mm，用平尺刮平，使其高出结合面法兰1～2mm。隔离料涂刷厚度为0.5～1mm，过厚会导致使用中渗漏。

四、熔炼保温作业

（一）起熔

有芯感应炉有两种起熔方式：一种是装入铁液的热起熔，另一种是冷起熔。

冷起熔时，烘炉与熔炼是相互衔接的。当喷口温度达到 700～1000℃时熔沟模内呈局部熔化状态。若为卧式有芯炉，此时应注意调整感应体的位置，使之呈直立状态，并加入第一批碎小铁料将喷口填满。

（二）投料与熔化

当喷口温度到达 1300～1400℃时，开始向铁液中加入第二批小铁料。待第二批铁料熔化后，便逐次添加较大块度的铁料。每次投入的铁料可控制为熔池中铁液重量的 1/10，直至装满熔池为止。每次投入的铁料要预热除气，以防冷料装入时铁液喷溅伤人。

在每次投料前，应视具体情况进行扒渣。熔化过程中渣层厚度不宜超过 10～15mm。

（三）调整

化清后，提温调整化学成分。作业内容可参考无芯感应炉相应部分。

必须指出，若为烘炉首炉熔炼，新炉要严格按照感应炉供应商规定的烘炉曲线进行。开头先低压供电，以后逐渐提高供电功率。为了保证炉衬的烧结质量，首炉铁液温度应提高到 1550℃，进行数小时的保温烧结。然后降温至正常温度，进行调整操作。

（四）出铁

检查铁液的化学成分和温度合格，炉前三角试样符合要求，即可停电、扒渣、出铁。出铁时，炉内应留部分铁液，供下一炉启炉之用。

（五）待用

如果炉内铁液暂不使用，则降电压保温待用。保温温度约为 1180～1250℃，渣层厚度约为 15mm。低压保温时，熔池扰动较弱。此时炉盖、炉嘴应封严，否则由于保温温度低于 C—O—Si 的平衡温度，在长时间待用状态下 Si 烧损会增加，甚至炉内会出现结瘤现象。

有芯感应炉膛密封性好，气相稳定，元素烧损少。通常烧损率 C 为 1%～5%、Si 为 1%～8%、Mn 为 1%～12%，外加合金元素的回收率与无芯感应炉相近（见表 17-10）。

（六）熔沟状态的监视

熔沟是有芯感应炉最薄弱的部分，熔炼过程中应密切监视熔沟的侵蚀和阻塞状况，以确定感应体的合理更换时机。常用的监视方法有以下两种：

（1）随时记录感应体冷却水套和外壳的温升，并相应作出温升—时间曲线。在熔炼过程中，一方面由于烧结层内伸，导致炉衬热导率的增大；另一方面熔沟受侵蚀而减薄，使得水套和外壳温度上升。根据温升程度和温升的突发情况，可作出熔沟状况的判断。

（2）根据熔沟电阻（R）和电抗（X）数值的变化来判断熔沟的侵蚀状况。熔沟的电阻是熔沟横截面面积的函数，而熔沟的电抗是熔沟与感应器间距离的函数。因此，无论是熔沟的侵蚀还是粘渣（结瘤），也无论是熔沟的同心侵蚀还是偏心侵蚀，都会影响 R 值和 X 值。关于电阻—电抗图（即 R—X 图）和电阻、电抗随时间的变化图（即 R—t 图和 X—t 图）的制作、用法和实例说明可参阅相关专业书籍，在此不作阐述。

五、铸铁的双联熔炼

随着近代工业对铁液质量要求的不断提高及企业生产规模的日渐扩大和自动造型线的广泛应用，双联熔炼在国内外发展很快。它是一种以较低能耗获得高温优质铁液的有效熔炼方法。

双联熔炼的主要形式如表 17-16 所示。

表 17-16 双联熔炼的主要形式

序号	炉子组合		炉子连接方式
	熔化炉	精炼或保温储存炉	
1	冲天炉	无芯感应炉	直接或间接
		有芯感应炉	
2	无芯感应炉	有芯感应炉	间接
		无芯感应炉	

(一) 冲天炉与感应炉双联

冲天炉具有连续熔化、生产率高的优点，但铁液温度偏低，质量不稳定。将其与感应炉双联，发挥了感应炉过热热效率高和在成分温度调节方面的优势。冲天炉与感应炉双联熔炼的主要特点如下：

(1) 感应炉的过热热效率（约 60%）比冲天炉（7%）高得多。为获得相同的出铁温度，冲天炉与感应炉双联较冲天炉单熔可节省能耗 15%～20%。此外，双联时可回收冷铁液，提高铁液的利用率。

(2) 鉴于感应炉的过热热效率高，如适当降低冲天炉出铁温度（由感应炉去完成过热任务），可相应提高冲天炉的熔化率。

(3) 能较可靠地实现铁液的供求平衡，把停工损失减到最小，并可最大限度地发挥出冲天炉的熔化能力。

(4) 化学成分和温度的调节较感应炉单熔更容易掌握，波动范围小。

(5) 在两班工作时，可利用感应炉存储铁液，使次日上班就有铁液供浇注使用，提高工作效率。

冲天炉与感应炉之间的连接方式，可以由中间包转运铁液，也可以通过流槽直接将冲天炉铁液流入感应炉。后者，为防止熔渣进入感应炉，流槽上需设置渣铁分离器。

感应炉采用无芯的还是有芯的，需视具体情况而定。如果需要变更铁液牌号，则宜采用无芯感应炉，因为无芯炉可倒空铁液，且精炼时由于无芯炉单位功率大，提温快，加入铁合金后成分调整快，生产率高。有芯感应炉容量大，铁液不能倒空，适于大批量单一品种生产。由于有芯炉可一边兑入铁液一边出铁，对连续出铁或频繁出铁十分有利。有芯炉的另一个优点是平衡铁液供求的能力较强。

冲天炉与感应炉两者容量的匹配要充分考量冲天炉出铁温度，炉前有无脱硫操作，感应炉的升温目标和升温能力，成分调整任务及车间的作业制度等因素。一般而言，感应炉容量与冲天炉容量之比，侧重精炼过热时为 0.5～1.8；侧重保温时为 1～3；以储存铁液为主时为 4～6。

必须指出，双联绝不意味着可以忽视冲天炉铁液的冶金质量。相反，为了经济地发挥出感应炉的技术优势，冲天炉应选择好的炉型，严格炉料和焦炭管理，实行科学化的稳定熔炼操作等。

(二) 感应炉与感应炉双联

这种双联通常以无芯感应炉作熔化炉，以有芯感应炉作保温炉。无芯感应炉作熔化炉可使用廉价的废钢和铁屑等原料，其搅拌作用良好，便于调整铁液化学成分和温度，炉内化学成分均匀。近年来，由于焦炭价格的上涨和冲天炉环境治理费用高昂，以无芯感应炉取代冲天炉的倾向比较明显。有芯感应炉作保温炉，其热效率和电效率高于无芯感应炉，故保温功率小，炉子投资和运行费用较低，但熔沟炉衬较贵。有芯炉内搅拌作用较弱，如果炉内合金成分调整幅度大或有强搅拌需要（如增碳脱硫）时，则以无芯感应炉作双联的第二炉为好。

必须指出，有芯感应炉熔池搅拌作用小并不是一个缺点，正是这一特点使它特别适合于作保温、过热和储存之用，且元素烧损很少。

六、浇注保温炉

(一) 对浇注保温炉的要求

在高生产率的高速造型线上，常需使用浇注保温炉，起着稳定浇注温度和自动浇注的作用。为了保证高的浇铸质量，对浇注保温炉有以下要求：

(1) 密封性好，减少或免除保温过程中的氧化与吸气。

(2) 挡渣作用好，免除浇注时熔渣和夹杂物的流出。

(3) 浇注工艺参数可调，浇注精度高。

(4) 结构安全可靠。

(二) 气压式浇注保温炉

浇注保温炉都为有芯感应炉。根据其浇注方式的不同分为：倾炉式、气压式、气压—塞杆式、塞杆底注式和电磁泵式等多种型式。其中气压式和气压—塞杆式应用最为普遍。图 17－13 为气压式浇注保温炉。其炉体是一个带有虹吸式加液道和升液道的密闭容器，借虹吸式结构能很好地起到挡渣作用，实现无渣浇注。该炉以干燥的压缩空气或氮气为压力介质，在保温球化处理的铁液时，可使用氩气以防止镁的氧化。据国外资料介绍，此时镁的衰退速度仅为每小时 0.002%。气压—塞杆式浇注保温炉的主要区别是在出铁口上方装有塞杆，由微处理器按事先存储的浇注曲线发出指令，通过执行机构控制塞杆的提升位置。因此，它具有更高的浇注精度。不过，当浇注球墨铸铁时，塞杆与浇口砖孔易挂渣，应引起注意。

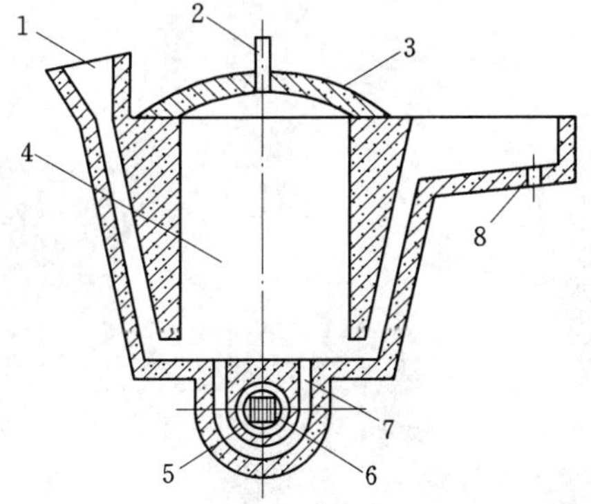

图 17－13 气压式浇注保温炉示意图

1—加液口；2—引压管；3—炉盖；4—炉膛；5—感应器；6—铁心；7—熔沟；8—出铁口

(三) 浇注中间包

在下列情况下，浇注保温电炉的功能仅限于铁液的保温与定量供应，而真正的浇注工作需由中间包来完成。

(1) 连续输送式造型线上进行浇注。

(2) 铸件重量大。

(3) 进行孕育处理或微合金化。

(4) 砂型上有浇注杯。

浇注中间包有倾注式和底注式之分。倾注式（扇形）浇注中间包紧挨着造型线布置，接受来自浇注保温炉的铁液，经定量后，倾动包体进行浇注。底注式（盆型）浇注中间包驾于造型线上方，借提起塞杆进行浇注。

思考题

1. 感应炉的热量从何而来？为什么它的热效率高？
2. 为什么铁液质量感应炉比冲天炉高？
3. 感应炉铁液为什么过冷倾向大？过冷倾向大是好事还是坏事？你怎么理解？
4. 中频炉为什么比工频炉应用广泛？
5. 在铸铁用感应炉上，为什么酸性炉衬应用较为普遍？
6. 弄清石英的多晶转变规律，并据此论述硅质炉衬的烧结工艺要点。
7. 阐述酸性炉衬三层结构的影响因素。
8. 感应炉频率与熔炼工艺有何关系？
9. 感应炉内如何进行合金化、增碳和脱硫？
10. 有芯感应炉的感应体与无芯炉有何不同？为什么常作成可拆换式的？
11. 中性炉衬为什么在有芯感应炉上较受重视？它用什么作为胶结剂？
12. 为什么说冲天炉与感应炉双联可优势互补？
13. 双联中，第二炉多用有芯感应炉，它有什么好处？
14. 浇注用保温炉与普通保温炉有何不同？为什么？

参 考 文 献

1 中国机械工程学会铸造分会．铸造手册（1）．第2版．北京：机械工业出版社，2002

2 陆文华，李隆盛，黄良余．铸造合金及其熔炼．北京：机械工业出版社，1996

3 孙克成，钱立．冲天炉熔炼．石家庄：河北人民出版社，1981

4 钱立，庞风荣．冲天炉检测与炉况控制．天津：天津科技出版社，1985

5 张武城．铸造熔炼技术．北京：机械工业出版社，2004

6 马敬仲，钱立，朱承永．铸铁与冲天炉实用手册．北京：中国农业机械出版社，1982

7 唱鹤鸣等．感应炉熔炼与特种铸造技术．北京：冶金工业出版社，2003

8 丁孑上．硅酸盐物理化学．北京：中国建筑工业出版社，1980

9 杉田清（日）．钢铁用耐火材料．北京：冶金工业出版社，2004